ANLEITUNGEN FÜR DIE CHEMISCHE LABORATORIUMSPRAXIS

HERAUSGEGEBEN VON H. MAYER-KAUPP

BAND X

GAS-CHROMATOGRAPHIE

VON

ERNST BAYER

PROFESSOR FÜR ORGANISCHE CHEMIE
AN DER UNIVERSITÄT TÜBINGEN

MIT 81 ABBILDUNGEN

ZWEITE, VÖLLIG NEU BEARBEITETE,
ERWEITERTE AUFLAGE

SPRINGER-VERLAG
BERLIN · GÖTTINGEN · HEIDELBERG
1962

ISBN-13: 978-3-540-02783-6 e-ISBN-13: 978-3-642-86796-5
DOI: 10.1007/978-3-642-86796-5

Softcover reprint of the hardcover 2nd edition 1962

Library of Congress Catalog Card Number 62-20634

Vorwort zur zweiten Auflage

Die stürmische Weiterentwicklung der Gas-Chromatographie in den Jahren seit dem Erscheinen der ersten Auflage machte eine Neubearbeitung notwendig. Beibehalten wurde der bewährte Aufbau und der Charakter des Buches, welches den Zweck erfüllen soll, bei jedem auftauchenden Trennproblem Auskunft zu geben, ob diese Trennung schon ausgeführt worden ist, und durch Vorschriften und tabellierte Retentionsvolumina die Trennung ohne Hinzuziehung von Originalquellen zu ermöglichen oder an die Literatur heranzuführen. Die wichtigste Literatur ist bis einschließlich 1961 in 1300 Zitaten so vollständig zitiert, daß dieses Buch auch als Handbuch angesprochen werden mag. Einige Literaturstellen aus dem Jahr 1962 konnten noch bei der Korrektur in Fußnoten eingefügt werden. Das Kapitel V ist entsprechend der breiten Anwendung, die die Gas-Chromatographie heute findet, um nahezu das Doppelte, und die Tabellen sind auf das Vierfache angewachsen. Auch in dieser Auflage sind die relativen Retentionen für die Tabellierung benutzt worden, da die meisten Daten auch weiterhin in dieser Form veröffentlicht werden und andere Vorschläge — wie der Retentionsindex — noch nicht die durchaus wünschenswerte Verbreitung gefunden haben. Der nunmehr direkt an den Text angegliederte Anhang über die Konstruktion von Detektoren ist im Umfang unverändert geblieben, obgleich eingehende Beschreibungen der neuen Ionisationsdetektoren eingefügt sind. Dies konnte durch eine wesentliche Kürzung der Beschreibung von Wärmeleitzellen erreicht werden, die heute in genügender Qualität im Handel erhältlich sind, so daß ein Eigenbau kaum noch notwendig sein dürfte. Erweitert und neubearbeitet wurden auch die Kapitel über Theorie, Trennsäulen und Apparaturen, und schließlich ist auch ein neues Kapitel über die Kapillar-Chromatographie hinzugekommen. Die Theorie wurde nicht nur in Kapitel II, sondern auch in den Abschnitten über Trennsäulen und Kapillarsäulen berücksichtigt, so daß dieses Werk als eine erste Einführung dienen kann. Da es mehrere ausgezeichnete Monographien über die Theorie der Chromatographie gibt, wird der Leser auf eine umfangreiche nochmalige oder variierte Darstellung in diesem Buch ohnehin verzichten können.

In das Sachregister sind mehr Stichworte aufgenommen worden. Neu angefertigt wurde ein Substanzregister, welches alle im Text oder in den Tabellen angeführten, gaschromatographisch getrennten Substanzen umfaßt, insgesamt 1200 Verbindungen, und wertvoller als ein Autorenregister sein dürfte, auf welches verzichtet worden ist.

Die in dem Buch gewählte Nomenklatur entspricht im wesentlichen den mit Frau Prof. Dr. Cremer und Herrn Dr. Kaiser vorgeschlagenen Bezeichnungen.

Für Hinweise bin ich vor allem Herrn Dozent Dr. I. HALÀSZ, Frankfurt, Herrn Dr. K. P. HUPE, Karlsruhe, aber auch vielen anderen Kollegen und Rezensenten dankbar. Unterstützt wurde die Arbeit durch das Entgegenkommen von Firmen und Kollegen, die unveröffentlichtes Material und Retentionsdaten freundlichst zur Verfügung gestellt haben, wofür ich mich auch an dieser Stelle herzlich bedanken möchte.

Beim Schreiben des Manuskriptes und der Zusammenstellung der Tabellen sowie der Register haben mir Frau Schenk, Fräulein Freund und Fräulein Funk und bei der Korrektur meine Frau geholfen. Ihnen sei ebenso gedankt wie Verlag und Herausgeber, die trotz des doppelten Umfanges und der teueren Setzarbeit der Tabellen den Preis nur wenig erhöht haben.

Karlsruhe, Mai 1962.

Ernst Bayer

Aus dem Vorwort zur ersten Auflage

Physikalische Methoden sind heute für den Chemiker unentbehrlich geworden. So gehören zu jedem modernen Laboratorium Spektrographen und Einrichtungen zur Chromatographie. Zu diesen Methoden gesellt sich nun die Gas-Chromatographie, die innerhalb weniger Jahre so viele begeisterte Anhänger gefunden hat. Wer gaschromatographisch gearbeitet, hat wird verstehen, wenn Prof. Dr. W. v. EGGERS-DOERING, New-Haven, darüber sagt: "It's fantastic! When I work with this apparatus, then I think . . . I am in a chemical heaven." Diese Begeisterung beruht wohl darauf, daß bei der gaschromatographischen Analyse, so wie sie heute praktisch durchgeführt wird, neben der Abtrennung immer eine Identifizierung und quantitative Bestimmung erhalten wird. Diese gesamten Prozesse wickeln sich automatisch ab und kommen somit einer selbsttätigen Analyse nahe.

Das vorliegende Buch behandelt die Fragen, die mit der praktischen und analytischen Anwendung der Gas-Chromatographie zusammenhängen. Bewußt wurde deshalb die Theorie kurz gefaßt. Der Aufbau von Gas-Chromatographen wird eingehend diskutiert und ein Anhang der Beschreibung und der Konstruktion von Detektoren gewidmet. Genaue Analysenvorschriften für die verschiedenen Substanzklassen finden sich im Kapitel V. Ergänzt werden diese Vorschriften durch die Tabellen der relativen Retentionsvolumina im Anhang. Diese Tabellen stellen einen ersten Versuch dar, die in der Literatur beschriebenen, auswertbaren Retentionsvolumina insgesamt zu koordinieren und sie in Form eines Tabellenwerkes für die Allgemeinheit zugänglich zu machen.

Siebeldingen an der Weinstraße, Oktober 1958.

Ernst Bayer

Inhaltsverzeichnis

IV. Apparaturen zur Gas-Chromatographie

V. Praktische Anwendung der Gas-Chromatographie

Anhang

I. Aufbau und Wirkungsweise von Detektoren

II. Tabellen der Retentionsvolumina und Selektivitätskoeffizienten

GAS-CHROMATOGRAPHIE

Einleitung

Die Gas-Chromatographie ist eine der bemerkenswertesten Neuentwicklungen in der analytischen Chemie, durch welche die Trennung von unzersetzt verdampfbaren Substanzen ermöglicht wird.

Eine chromatographische Auftrennung von Gasen stellt nur einen Spezialfall unter den chromatographischen Methoden dar. Es soll daher zunächst ein allgemeiner Überblick über die chromatographischen Methoden gegeben werden.

1. Chromatographische Methoden

Definition der Chromatographie: *Chromatographie ist eine physikalische Trennmethode, bei der die zu trennenden Substanzen zwischen zwei Phasen verteilt werden. Eine dieser Phasen ist stationär, die andere beweglich und durchsickert die stationäre Phase.*

Als stationäre Phasen kommen naturgemäß nur Festkörper oder Flüssigkeiten in Frage, während als bewegliche Phasen Gase oder Flüssigkeiten in Betracht gezogen werden müssen. Hieraus ergeben sich demnach vier grundverschiedene Kombinationen, die alle experimentell verwirklicht sind (Tab. 1).

Tabelle 1. *Die verschiedenen chromatographischen Verfahren*

		Stationäre Phase	
		Fest (Adsorption)	Flüssig (Verteilung)
Bewegliche Phase	Gas (Gas-Chromatographie)	Gas-Adsorptionschromatographie	Gas-Verteilungschromatographie
	Flüssig	Flüssigkeits-Adsorptionschromatographie (Tswettsche Adsorptionschromatographie)	Flüssigkeits-Verteilungschromatographie (z. B. Papierchromatographie)

Außer diesen chromatographischen Verteilungsverfahren gibt es in der Laboratoriumspraxis noch Verteilungsmethoden, bei denen beide Phasen z. B. im Gegenstrom zueinander bewegt werden. Nach der oben angegebenen Definition wären aber diese Verfahren nicht als Chromatographie zu bezeichnen.

Chromatographische Methoden, bei denen die stationäre Phase ein Festkörper ist, bezeichnet man als Adsorptionschromatographie, da sich die Vorgänge an festen Oberflächen durch die Adsorptionsgesetze von z. B. LANGMUIR und FREUNDLICH beschreiben lassen. Wenn nun die stationäre Phase eine Flüssigkeit ist, spricht man von Verteilungschromatographie, da diese Vorgänge dem Henryschen bzw. Nernstschen Verteilungsgesetz gehorchen. Trägt man die Konzentration der zu verteilenden Komponenten in der beweglichen Phase gegen die Konzentration in der stationären Phase auf (Abb. 1a und b), erhält man demgemäß für flüssige und feste stationäre Phasen bei Gültigkeit dieser Gesetze zwei grundverschiedene Kurven (Abb. 1a und b), die Verteilungs- bzw. Adsorptionsisothermen.

Die Neigung der Kurven *a* und *b* entspricht dem Verteilungskoeffizienten *k*

$$k = \frac{\text{Konzentration in stationärer Phase}}{\text{Konzentration in beweglicher Phase}}.$$

Im Falle der festen Adsorbentien ist diese Neigung und damit der Verteilungskoeffizient über den ganzen Konzentrationsbereich nicht konstant (Abb. 1a), während die flüssigen Absorbentien im Idealfall eine konstante Neigung und damit einen konstanten Verteilungskoeffizienten aufweisen.

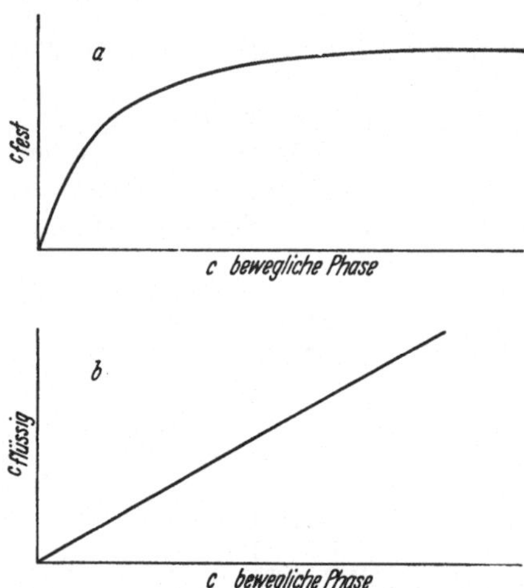

Abb. 1. *Verteilungsisothermen zwischen stationärer und beweglicher Phase.* a Festkörper, b Flüssigkeit als stationäre Phase

In logischer Fortführung würde man bei einer flüssigen, beweglichen Phase je nach der Art der stationären Phase von Flüssigkeits-Adsorptionschromatographie oder Flüssigkeits-Verteilungschromatographie und bei einer gasförmigen beweglichen Phase von Gas-Adsorptionschromatographie bzw. von Gas-Verteilungschromatographie sprechen.

Unter Flüssigkeits-Adsorptionschromatographie fallen die Tswettsche Adsorptionschromatographie oder analoge Trennmethoden, während die Papierchromatographie im wesentlichen eine Flüssigkeits-Verteilungschromatographie ist.

Da in vielen Fällen eine Aussage, ob der Trennvorgang eine Verteilung oder eine Adsorption darstellt, schwer möglich ist, hat sich in der Nomenklatur [*277*] die Bezeichnung nach dem Aggregatzustand der stationären Phase durchgesetzt. An Stelle von Gas-Adsorptionschromatographie spricht man deshalb heute von *Festkörper-Gas-Chromatographie* und an Stelle von Gas-Verteilungschromatographie von *Flüssigkeit-Gas-Chromatographie*. Die von einer internationalen Nomenklaturkommission [*14*] vorgeschlagenen englischen und deutschen Bezeichnungen sind in Tab. 2 wiedergegeben.

Die unter dem Sammelbegriff Gas-Chromatographie zusammengefaßte Festkörper-Gas-Chromatographie und Flüssigkeits-Gas-Chromatographie wird — wie die Tswett-Chromatographie — in Trennsäulen

Tabelle 2. *Nomenklatur der gas-chromatographischen Methoden*

Deutsche Bezeichnung	Englische Bezeichnung	Abkürzung
Festkörper-Gas-Chromatographie (Gas-Adsorptionschromatographie)	gas-solid chromatography	GSC
Flüssigkeit-Gas-Chromatographie (Gas-Verteilungs-Chromatographie)	gas-liquid chromatography	GLC

durchgeführt, die mit dem festen Adsorbens (z. B. Kohle) bzw. einem mit Flüssigkeit imprägnierten Trägermaterial (z.B. Dinonylphthalat auf Kieselgur) gefüllt sind. Die zu trennenden Substanzen werden gasförmig der beweglichen Gasphase beigemengt, welche durch die stationäre Phase strömt. Je nach Affinität werden die Substanzen von der stationären Phase mehr oder weniger stark zurückgehalten und treten am Ende der Säule als getrennte Fraktionen aus.

2. Geschichte der Chromatographie

Die chromatographischen Methoden sind im Vergleich zu anderen Trennoperationen, wie z. B. Destillationen, Kristallisationen, Extraktionen, sehr spät in die allgemeine Laboratoriumspraxis eingeführt worden. Den größten Aufschwung hat die Chromatographie in den vergangenen dreißig Jahren genommen.

Obgleich Trennoperationen, welche das Prinzip der Chromatographie experimentell schon verwirklicht hatten, bereits zu Beginn des 16. Jahrhunderts in dem Schrifttum auftauchen und in den seither verstrichenen fünf Jahrhunderten gelegentlich immer wieder erwähnt worden sind, blieb es der jetzigen Forschergeneration vorbehalten, diese faszinierenden analytischen Methoden zu der heutigen Vollkommenheit zu entwickeln und anzuwenden. Dies ist vor allem dem englischen Biochemiker MARTIN und seinem Arbeitskreis zu danken.

Außer den persönlichen Verdiensten hervorragender Wissenschaftler spielt aber bei Neuentwicklungen grundsätzlich die Reife für diese Entdeckung eine Rolle, sowie das Bedürfnis für die Anwendung. Reife und Bedürfnis werden durch die Entwicklung von Nachbardisziplinen und Fortschritte in Methodik und Technik allgemein bedingt. In der Geschichte der Chemie findet man oft die Erscheinung, daß Entdeckungen an verschiedenen Stellen der Erde gleichzeitig oder in zeitlichem Abstand, aber unabhängig voneinander, durchgeführt worden sind. Die Entwicklung der Technik oder Wissenschaft hatte zwangsläufig den Boden für die Entdeckung geebnet, und es bedurfte dann des intuitiven, zumindest im Unterbewußtsein auf der Summe der vorliegenden Erkenntnisse aufbauenden Forschers, diese Synthese zu dem neuen, wesentlichen Beitrag zu vollziehen.

Gerade die Geschichte der Chromatographie mit ihren oftmaligen Wiederentdeckungen lehrt diese Wechselwirkung zwischen Stand oder Bedürfnis der Wissenschaft bzw. Technik und den Beiträgen hervorragender Fachgenossen so augenscheinlich, daß es dem Autor verziehen sei, die Entwicklung dieser Methoden unter diesem eigenen Gesichtspunkt zu betrachten.

Wie BITTEL [*118*] festgestellt hat, wurde bereits im Jahre 1512 von dem Straßburger Wundarzt BRUNSCHWIG [*165*] das Prinzip der Gas-Verteilungschromatographie zur Reinigung von Äthylalkohol angewandt. So schreibt BRUNSCHWIG: „... man mag nemen ein subtylen und reinen bad schwamen ... und stoss in dann in ein boum oly[1] und truck ein wenig uss alzo das das oly nit in den kolben trieff ... so distillieren die spiritus allein durch den bad schwamen und die fuechtigkeit als das Wasser oder flegma mag nit dar durch vor dem boum oly gon ..."

Es handelt sich hier um die Gas-Chromatographie mit Baumöl (Olivenöl) als flüssiger stationärer Phase auf Schwamm als Trägersubstanz und mit Alkoholdampf als beweglicher Phase. Gemeinsam mit BORN [*76*] wurde bei der Nacharbeitung dieser über 400 Jahre alten Vorschrift festgestellt, daß man tatsächlich bei der Destillation wäßriger 20%iger Alkohollösungen über mit Baumöl getränktem Badeschwamm geringe Mengen reinen Alkohol erhält, der keine höheren Alkohole und nur wenig Wasser enthält. Zur präparativen Gewinnung von Alkohol ist dieses Verfahren nicht geeignet, da das rückfließende Kondensat das Olivenöl auswäscht und nach den ersten Fraktionen der Wassergehalt des weiteren Destillats zunehmend steigt. Dies deckt sich mit den Erfahrungen, daß die Gas-Chromatographie bisher vorwiegend eine analytische Methode ist und für technische Trennungen eine entsprechende apparative Umgestaltung notwendig ist. Im 16. Jahrhundert war man noch weit davon entfernt, eine solche analytische Methode verwerten zu können, da hierzu die theoretischen und praktischen Voraussetzungen fehlten und Bedürfnis nur nach der Gewinnung größerer Substanzmengen bestand. Hierfür war das Verfahren jedoch wenig geeignet und deshalb ist es nicht verwunderlich, daß es nach mehrfacher Erwähnung [*727*] im 16. und 17. Jahrhundert in Vergessenheit geriet.

Auch ein Vorläufer der Adsorptionschromatographie und der Papierchromatographie, die von RUNGE [*1051*] bereits zu Beginn des 19. Jahrhunderts beschriebenen „Kapillarbilder", welche eindeutig eine Trennungsmöglichkeit von Farbstoffen auf Papier zeigten, sind nicht allgemein benutzt worden, da ein Bedürfnis zur Trennung von Mikromengen nicht bestand. Es mußten erst die entsprechenden anderen Mikromethoden geschaffen werden.

Um 1900 trat die Bearbeitung von Naturstoffen in den Vordergrund des Interesses der Chemiker und Biologen. TSWETT [*1191*] wandte die als Flüssigkeits-Adsorptionschromatographie zu bezeichnende Adsorption von Pflanzenpigmenten an festen Adsorbentien erstmals zur Trennung an und hat auf Grund seiner an Farbstoffen durchgeführten Experimente den Namen Chromatographie („Farbschreiben") geprägt, der heute allgemein verwendet wird. Trotzdem dauerte es nochmals etwa 25 Jahre, bis die Flüssigkeits-Adsorptionschromatographie beachtet wurde. Es mußten zunächst analytische Mikromethoden und spektroskopische Unter-

[1] boum oly = Olivenöl.

suchungsmethoden geschaffen werden, ehe KUHN, WINTERSTEIN u. LEDERER [*769*] diese Methode wieder entdeckten und zur Trennung von Carotinen benutzten.

Die Flüssigkeits-Verteilungschromatographie wurde 1941 erstmals von MARTIN u. SYNGE [*847*] beschrieben und später zur Papierchromatographie ausgestaltet [*221*].

Schon in ihren 1941 erschienenen Veröffentlichungen haben MARTIN u. SYNGE [*847*] eindeutig aufgezeigt, daß eine Verteilungschromatographie auch mit Gasen möglich ist und Richtlinien für die Verwirklichung der Gas-Verteilungschromatographie gegeben. Obgleich zur selben Zeit schon viele Experimente über Gas-Adsorptionschromatographie durchgeführt worden waren, ist der Vorschlag von MARTIN u. SYNGE zunächst experimentell nicht untersucht worden, bis um 1950 JAMES u. MARTIN [*616*] selbst die Experimente durchführten. Seitdem wurde die Gas-Verteilungschromatographie in schneller Entwicklung zu einer der beachtenswertesten analytischen Methoden ausgestaltet.

Dieses jüngste chromatographische Verfahren hat wesentlich verbreitetere Anwendung gefunden als die Gas-Adsorptionschromatographie, die in nennenswertem Umfang nur für Substanzen mit Siedepunkten bis etwa 30° C anzuwenden ist.

Versuche zur kontinuierlichen Trennung von Gasen an Adsorptionsmitteln sind bereits von EUCKEN [*353*], PETERS [*963*], WICKE [*1245*], HESSE [*543–545*], DAMKÖHLER u. THEILE [*258*], CLAESSON [*211*] und TURNER [*1194*] beschrieben worden. Nachdem sich PHILLIPS [*464, 632, 969*], CREMER [*243–245*], TURKELTAUB u. Mitarb. [*1195, 1279–1282*], VYAKHIREV [*1209*], WIRTH [*1256–1258*] u. a. um die weitere Ausgestaltung der Gas-Adsorptionschromatographie kümmerten, wurde die Elutionsmethode der GSC besonders von JANAK u. Mitarb. [*637–669*] sowie RAY [*1015*] auf die verschiedensten analytischen Probleme angewandt.

Die Gas-Chromatographie hat viele Probleme gelöst, die mit anderen Methoden unlösbar erschienen. Besonders die Erdölchemie, die Leuchtgasanalyse, die Analyse von Fetten und Aromastoffen seien hier als Anwendungsbeispiele genannt.

3. Prinzip der gas-chromatographischen Arbeitstechnik und einige für die Praxis wichtige Begriffe

Die gas-chromatographische Auftrennung und Analyse wird vorwiegend nach der *Elutionstechnik* durchgeführt. Es sei jedoch darauf hingewiesen, daß es außer der Elutionstechnik noch die *Front-Analyse* und die *Verdrängungs-Entwicklung* gibt, welche sich aber in die gas-chromatographische Analysenpraxis bisher nicht in nennenswertem Umfang eingeführt haben.

Bei der Front-Analyse wird keine vollkommene Trennung erreicht, sondern immer nur ein Teil der am wenigsten von der Säule festgehaltenen Substanz am Ende der Säule als reine Substanzfront aufgefangen. Das Prinzip der Front-Analyse beruht auf der Besetzung der aktiven

Adsorptionszentren eines Adsorbens durch die stark adsorbierte Substanz. Die schwächer adsorbierbare Substanz reichert sich dann in der Wanderungsfront an und kann abgezogen werden, bis ein Gemisch beider Substanzen durchtritt. Die Front-Analyse kann für technische Zwecke, z. B. zur Abtrennung geringer Mengen Gasverunreinigungen, ein Anwendungsgebiet finden.

Bei der Verdrängungs-Entwicklung wird zur Elution eine stärker als die zu trennenden Substanzen adsorbierte, bewegliche Phase benutzt, welche die Substanzen von dem Adsorbens verdrängt. Auch hier treten keine scharf begrenzten Fraktionen auf, so daß die Verdrängungs-Entwicklung für analytische Zwecke kaum in Frage kommt.

Zur gas-chromatographischen Trennung von Substanzen nach der Elutionsmethode werden Trennsäulen von 2—100 mm Durchmesser und 1—20 m Länge mit der stationären Phase gefüllt.

Bei der Gas-Adsorptionschromatographie werden feste Adsorbentien, wie Kohle, Silicagel, Molekularsiebe usw. mit Korngrößen von 0,04 bis 0,8 mm Durchmesser in die Trennsäule gegeben. Zur Durchführung der Gas-Verteilungschromatographie wird die flüssige Phase in dünner Schicht auf ein inertes Trägermaterial (Korngröße 0,1—0,5 mm) aufgetragen. Das Trägermaterial soll durch den Flüssigkeitsfilm hindurch keine Adsorption der zu trennenden Substanz hervorrufen.

An diesen Säulen werden nun die Substanzen nach dem Elutionsverfahren aufgetrennt. Die zu trennenden festen, flüssigen oder gasförmigen Substanzen werden durch geeignete Probengeber auf die Trennsäule gebracht und mit einem Trägergas, welches von der stationären Phase nicht adsorbiert bzw. gelöst wird, durch die Säule getrieben. Die Strömungsgeschwindigkeit des Trägergases wird konstant einreguliert auf einen Wert zwischen etwa 0,3—10 Liter/Std.

Beim Durchwandern der Säule werden die Gemische aufgetrennt und mit dem Trägergas treten die getrennten Fraktionen am Ende der Säule aus.

Die Substanzen in dem fließenden Trägergasstrom werden nun durch Messung einer chemischen oder physikalischen Eigenschaft kenntlich gemacht und diese Messung durch Ablesung oder automatische Registrierung mit Schreibern fortlaufend festgehalten. Man erhält dann ein Diagramm, in welchem die Meßwerte gegen die Zeit aufgetragen sind. Der Meßwert steht nun je nach dem benutzten Meßinstrument, dem Detektor (in der Regel Wärmeleitfähigkeitszellen), in einer einfachen Beziehung zur Substanzkonzentration und aus der Zeitdauer läßt sich bei Kenntnis des konstant gehaltenen Durchflusses an Trägergas das zur Elution einer Substanz notwendige Volumen errechnen.

In Abb. 2 ist ein Elutionsdiagramm, wie es bei Anwendung einer Wärmeleitfähigkeitsmeßzelle erhalten wird, aufgezeichnet. Auf der Abszisse ist an Stelle der Zeit das Volumen aufgetragen.

Jede Substanz wird in diesem Diagramm, dem sog. *Gas-Chromatogramm* als *Bande* (auch Pik oder „peak“) sichtbar. Aus dem Diagramm lassen sich die für die praktische Anwendung wichtigen Parameter erkennen.

So bedeutet die Strecke *AD* das auf das Bandenmaximum *F* bezogene *Gesamtretentionsvolumen* V_R. Das Gesamtretentionsvolumen setzt sich aus der Strecke *BD*, dem eigentlichen *Retentionsvolumen* V'_R und der Strecke *AB*, dem sog. *Durchbruchsvolumen* V_M, zusammen. Als Durchbruchsvolumen bezeichnet man die Menge an Trägergas, welche notwendig ist, um ein nicht von der Säulenfüllung festgehaltenes, inertes Gas (z. B. Luft, N_2, H_2, O_2, He) zu eluieren. Das Durchbruchsvolumen setzt sich aus dem Gasraum der Trennsäule und den Totvolumina der Apparatur (Probengeber, Zuleitung, Detektor) zusammen und wird durch Injektion von Inertgas (z. B. N_2) bestimmt. Da das Durchbruchsvolumen und damit auch das Gesamtretentionsvolumen stark von der experimentellen Anordnung abhängen, ist als allgemein benutzbare und anzugebende physikalische Konstante nur das *Retentionsvolumen* V'_R anzusehen. Man korrigiert dieses Retentionsvolumen noch um den Druckabfall längs der Säule nach der unten angegebenen Formel, in der p_1 der Druck am Anfang und p_0 am Ende der Säule bedeuten. Auf diese Weise wird das *korrigierte Retentionsvolumen* V_N erhalten:

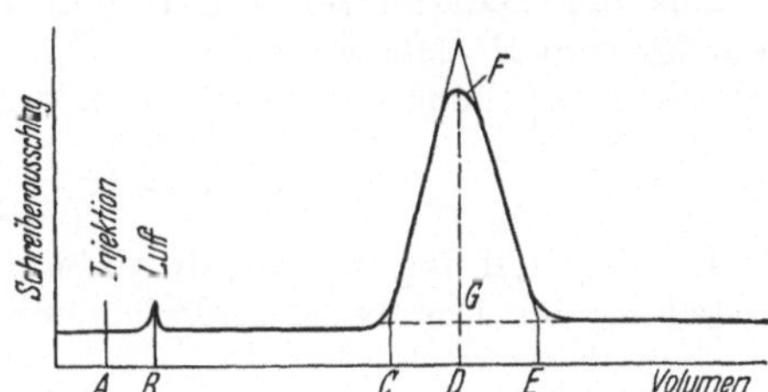

Abb. 2. *Elutionsdiagramm.* *AB* Gasraumvolumen der Säule; *BD* Retentionsvolumen V_R (bezogen auf Bandenmax.); *CE* Bandenbreite; *GF* Bandenhöhe

$$V_N = \frac{3\left(\frac{p_1}{p_0}\right)^2 - 1}{2\left(\frac{p_1}{p_0}\right)^3 - 1} \cdot V'_R . \tag{1}$$

Das *spezifische Retentionsvolumen* V_g erhält man, wenn V_N auf das Gewicht (in Gramm) der in der Säule befindlichen Trennflüssigkeit bezogen wird. Das spezifische Retentionsvolumen wird nach dem Vorschlag einer Nomenklaturkommission [*14*] auf 0° C bezogen:

$$V_g = \frac{V_N}{g\,\text{Trennflüssigkeit}} \cdot \frac{273}{T} . \tag{2}$$

In der analytischen Praxis hat sich die Bestimmung der relativen, auf eine Standardsubstanz bezogenen Retentionsvolumina V_R^{rel} sehr bewährt, deren Berechnung auf S. 73 dargestellt ist. Außer dem auf das Bandenmaximum bezogenen Retentionsvolumen ist manchmal auch das auf den Beginn oder das Ende der Banden bezogene Retentionsvolumen (Strekken *BC* bzw. *BE*) benutzt worden.

Über die *Temperaturabhängigkeit* des Retentionsvolumens liegen genauere Untersuchungen von Ambrose u. Purnell [*15*] vor. Diese Autoren schlagen die Formel

$$\log V_g = A + \frac{B}{t + C} \tag{3}$$

zur Erfassung der Temperaturabhängigkeit des spezifischen Retentionsvolumens vor (t = Temperatur in °C). Die Konstanten A, B, C wurden für verschiedene Säulenfüllungen bestimmt. Unter Zuhilfenahme dieser Konstanten können die Retentionsvolumina bei allen Temperaturen errechnet werden. Die Konstanten schwanken allerdings von Substanz zu Substanz und sind innerhalb einer homologen Reihe nicht gleich.

Durch Anlegen der Tangenten an die Elutionskurve wird die *Bandenbreite CE* ermittelt.

Aus der Bandenbreite und dem nicht um das Säulengasvolumen korrigierten Retentionsvolumen (Strecke AD, Abb. 2) wird nach Gl. (4) die Zahl der theoretischen Bodenhöhen n einer Kolonne bestimmt nach

$$n = 16 \cdot \left(\frac{AD}{CE}\right)^2 . \qquad (4)$$

Die Bestimmung der Anzahl theoretischer Bodenhöhen ist für die Beurteilung der Trennwirksamkeit einer Säule bedeutsam.

I. Theoretische Behandlung

Es ist für die experimentelle Arbeit sehr wichtig zu wissen, welche Faktoren die Güte einer Trennsäule bedingen.

Die chromatographische Trennung von verschiedenen Gasen an einem festen Adsorbens oder an einer Flüssigkeit wird durch deren mehr oder weniger starken Wechselwirkungskräfte mit der festen bzw. flüssigen Phase verursacht.

Aus einem Gasgemisch wird an einer Trennsäule für die Gas-Verteilungschromatographie immer das Gas stärker zurückgehalten, welches sich besser in der flüssigen Phase löst. Diese Lösungsunterschiede bewirken die Trennung.

Ein inertes, unlösliches Trägergas treibt die zu trennenden Substanzen durch die Säule. Dadurch kann sich das den Verteilungsgesetzen entsprechende Gleichgewicht nicht beliebig oft einstellen, da die Zeit zu gering ist. Je öfter sich allerdings dieses Gleichgewicht einstellt, desto bessere Trennungen werden erzielt.

Die *Trennwirksamkeit* einer Säule hängt damit entscheidend davon ab, wieviele solcher *Trennstufen* (theoretische Böden) je Längeneinheit vorhanden sind. Es sollen deshalb in den nächsten Abschnitten die Theorie der Trennstufen entwickelt werden und die Faktoren dargestellt werden, die optimal gehalten werden müssen, um zu einer möglichst großen Trennstufenzahl zu kommen. Es sei hier aber schon darauf hingewiesen, daß zur Trennwirksamkeit einer Säule auch die *Selektivität* der benutzten Trennflüssigkeit beiträgt. Hierauf wird im nächsten Kapitel (s. S. 28) eingegangen.

1. Einteilung der Säule in theoretische Bodenhöhen

Nach MARTIN u. SYNGE [*847*] kann zur Beschreibung der Trenngüte die sogenannte theoretische Bodenhöhe bzw. Trennstufe (englisch „height equivalent to one theoretical plate" HETP) dienen, welche in Anlehnung an die Verhältnisse in Destillationskolonnen definiert wird: In einer Kolonne der Länge l stellt sich im Verlauf des Durchwanderns der Substanzen n mal Gleichgewicht zwischen Gas- und Flüssigkeitsphase ein, wobei n die Zahl der theoretischen Bodenhöhen bzw. Trennstufen bedeutet:

$$H = \frac{l}{n} \, . \tag{5}$$

Je öfter sich dieses Gleichgewicht einstellt, desto besser trennt die Säule, desto kleiner ist H.

Bei homogener Füllung der Säule darf nun angenommen werden, daß jede theoretische Bodenhöhe gleich viel flüssige Phase V_F und gleiches Volumen Gasphase V_G enthält. Das Gleichgewicht einer zu trennenden Substanz zwischen den beiden Phasen in jedem theoretischen Boden der Ordnungszahl p wird bei Annahme linearer Verteilungsisothermen durch

$$c_{F(p)} = k \cdot c_{G(p)} \tag{6}$$

beschrieben, wobei c_G bzw. c_F die Konzentration der Substanz in der Gas- bzw. Flüssigkeits-Phase bedeuten und k deren Verteilungskoeffizienten. Abb. 3 stellt eine Sektion einer Trennsäule mit drei theoretischen Böden dar. In dem ersten theoretischen Boden stellen sich die Konzentrationen $c_{F(p)}$ und $c_{G(p)}$ ein; das bewegliche inerte Trägergas führt nun das Gasvolumen dV des ersten theoretischen Bodens in den zweiten, wo sich die Konzentrationen $c_{G(p+1)}$ und $c_{F(p+1)}$ einstellen.

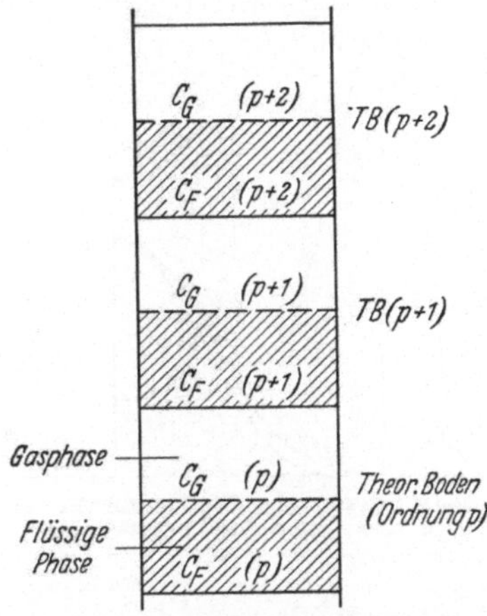

Abb. 3. Schematisches Modell eines Trennsäulenausschnittes mit drei theoretischen Bodenhöhen

Stellt man für den Boden $p + 1$ die Mengenbilanz auf, so ergibt sich, daß die Differenz der mit dem Trägergas ein- und ausströmenden Substanzmenge gleich der Änderung der im Boden erhaltenen Substanzmenge sein muß:

$$(c_{G(p)} - c_{G(p+1)})\, dV = V_G \cdot dc_{G(p+1)} + V_F \cdot dc_{F(p+1)} \tag{7}$$

oder nach Eliminieren von c_F gemäß Gl. (6):

$$\frac{dc_{G(p+1)}}{dV} = \frac{c_{G(p)} - c_{G(p+1)}}{V_G + k \cdot V_F} \, . \tag{8}$$

Bei Annahme der Substanzkonzentrationen $c_{G(0)}$ und $c_{F(0)}$ in dem ersten Boden erhält man

$$c_{G(p)} = c_{G(0)} \frac{e^{-v} \cdot v^p}{p!} \tag{9}$$

wobei

$$v = \frac{V}{V_G + k \cdot V_F} \tag{9a}$$

gesetzt ist. $V_G + k \cdot V_F$ wird als effektives Boden-Volumen bezeichnet, V bedeutet das Elutionsvolumen und v den dimensionslosen Quotienten dieser beiden Parameter. Wenn man nun den Quotienten der Konzentrationen

$$\frac{c_{G(p)}}{c_{G(0)}}$$

gegen v aufträgt, werden nach Formel (9) die in Abb. 4 wiedergegebenen Kurven erhalten (Poisson-Verteilung). Bei genügend großen p-Werten nähert sich die Verteilungskurve einer Gauß-Kurve. Nach GLÜCKAUF [*429*], KLINKENBERG u. SJENITZER [*743*] bestehen bei gleicher Anzahl theoretischer Böden zwischen den Bandenbreiten bei binominaler und Poisson-Verteilung Unterschiede.

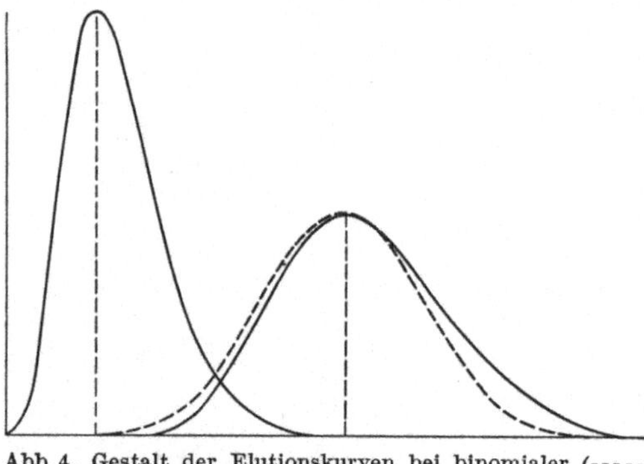

Abb. 4. Gestalt der Elutionskurven bei binomialer (-----) und Poisson-Verteilung (———)

Für die Bandenbreite w wird nach der Zeichnung folgende Beziehung erhalten:

$$w = 4\sqrt{p}\,. \tag{10}$$

Das Bandenmaximum wird bei $v = n$ erreicht. Das bedeutet, daß zur Elution einer Substanz ein n-faches des effektiven Bodenvolumens notwendig ist:

$$V_R = n\,(V_G + k \cdot V_F)\,. \tag{11}$$

Das zur Elution (Maximum der Elutionskurve) benötigte Volumen bezeichnet man als Retentionsvolumen V_R. Die experimentelle Bestimmung des Retentionsvolumens, welches eine Stoffkonstante darstellt, ist am Ende des vorangehenden Abschnitts dargestellt (siehe S. 7; vgl. auch relatives Retentionsvolumen S. 73).

Zur Bestimmung der Anzahl theoretischer Böden n aus dem Elutionsdiagramm, können die entwickelten Formeln benutzt werden (vgl. S. 7).

$$n = \left(4\,\frac{V_R}{V_E}\right)^2. \tag{12}$$

(V_E = während der Elution einer Bande notwendiges Volumen; vgl. Darstellung auf S. 7, Strecke *CE*, Abb. 2).

Die hier wiedergegebenen Formeln haben nur für ideale Bedingungen, d. h. lineare Verteilungs-Isothermen und geringe Substanzmengen Gültigkeit.

2. van Deemter-Gleichung

Eine für die praktische Anwendung der Gas-Chromatographie bedeutsame Gleichung ist von VAN DEEMTER, ZUIDERWEG u. KLINKENBERG [*271*] angegeben worden, die die Trennwirksamkeit von Säulen vom kinetischen Standpunkt betrachtet haben: Van Deemter-Gleichung:

$$H = 2\lambda d_p + 2\frac{\gamma D_G}{u} + \frac{8}{\pi^2} \cdot \frac{k'}{(1+k')^2} \cdot \frac{d_f^2}{D_F} \cdot u\,. \quad (13)$$

H = theoretische Bodenhöhe, λ = statistische Unregelmäßigkeit der Packung, d_p = Partikeldurchmesser der Trägersubstanz für flüssige Phase, D_G u. D_F = Diffusionskoeffizienten in Gas- bzw. Flüssigkeitsphase u = lineare Gasgeschwindigkeit des Trägergases, γ = Labyrinth-Faktor der Porenkanäle, k' = Produkt aus Verteilungskoeffizient k und dem Verhältnis des Flüssigkeitsvolumens zu dem Gasvolumen der Trennsäule, d_f = durchschnittliche Dicke des Flüssigkeitsfilms auf der Trägersubstanz.

Aus den in der Gleichung (13) enthaltenen Variabeln geht eindeutig hervor, daß hier eine ganze Reihe für die Praxis der Gas-Chromatographie wichtiger Einzelheiten formelmäßig zusammengefaßt sind. Aus der Gleichung (13) kann ersehen werden, daß es für jede Säule nur eine bezüglich der Trennstufenhöhe optimale Gasgeschwindigkeit u gibt. Um zur besten Trennleistung zu kommen, muß deshalb von jeder Säule vorher der optimale Trägergasdurchfluß ermittelt werden. Der Partikeldurchmesser des Trägermaterials sollte möglichst klein sein, darf aber eine untere Grenze nicht unterschreiten. Denn dann wird der Druckabfall längs der Säule und damit der Gradient der linearen Gasgeschwindigkeit zu groß und somit zwangsläufig ein großer Säulenabschnitt außerhalb des Durchflußoptimums sein. Einen der wesentlichsten Beiträge liefert die quadratisch eingehende Schichtdicke der Trennflüssigkeit d_f, die möglichst klein sein sollte. Aber auch hier darf eine untere Grenze nicht unterschritten werden. Denn der Träger ist, wie auf S. 22 ausgeführt wird, nicht völlig inaktiv und kann insbesondere durch dünne Flüssigkeitsfilme Adsorptionserscheinungen bewirken. Außerdem sinkt die Belastbarkeit mit abnehmendem Gehalt an Trennflüssigkeit. Auch das kann, wenn die Probenmenge nicht in gleichem Maß reduziert wird, zu einer Überladung und parallel einhergehenden Bandenverbreiterung führen, was auch experimentell nachgewiesen ist [*103*, *109*].

KEULEMANS u. KWANTES [*724*] haben die van Deemter-Gleichung in einer geschickt vereinfachten Form angegeben:

$$H = A + \frac{B}{u} + Cu\,. \quad (14)$$

Die Konstanten A, B, C lassen sich graphisch ermitteln, indem die Bodenhöhen einer Trennsäule bei verschiedenen Trägergasgeschwindigkeiten bestimmt werden. Glied A obiger Gleichung macht eine Aussage über die Packung der Säule, während Glied B die Molekulardiffusion in der Gasphase und Glied C den Substanztransport in der flüssigen Phase berücksichtigen.

Die van Deemter-Gleichung war für die Entwicklung der hochtrennwirksamen Säule (s. S. 33) von großem Wert und stellt auch heute noch die Grundlage für die Auswahl optimaler experimenteller Bedingungen dar.

GIDDINGS [*415–418, 420–424*], KIESELBACH [*728, 730*], KHAN [*726*] u. a. [*318, 403, 690, 744, 1031, 1070, 1229, 1230*] haben inzwischen zwar festgestellt, daß Gleichung (13) und (14) nicht voll mit den experimentellen Messungen übereinstimmen und auch aus theoretischen Erwägungen die van Deemter-Gleichung modifiziert. KIESELBACH [*730*] nimmt aus seinen experimentellen Messungen an, daß die endgültige Form der van Deemter-Gleichung der bei den Kapillarsäulen (s. S. 34) behandelten Golay-Formel ähnlich sei.

3. Berechnung der zur Trennung zweier Substanzen notwendigen Trennstufenzahl: Auflösung

Bei der analytischen Trennung von zwei Substanzen interessiert vorwiegend, wieviel Trennstufen zur vollständigen Scheidung der beiden Substanzen notwendig sind. Ein Maß für die Trennung ist die *Auflösung*. Hier sei die von einer Nomenklaturkommission (14) empfohlene Definition der Auflösung wiedergegeben. Danach ist entsprechend Abb. 5 die Auflösung r

$$r = 2 \cdot \frac{\text{Unterschied zwischen Retentionsvolumina}}{\text{Summe der Bandenbreiten}} = 2\,\frac{\Delta y}{y_a + y_b}\,. \tag{15}$$

Bei nicht völlig getrennten Substanzen liegt r unter 1. Man kann die erhaltenen Werte für r mit 100 multiplizieren und erhält dann % Auflösung.

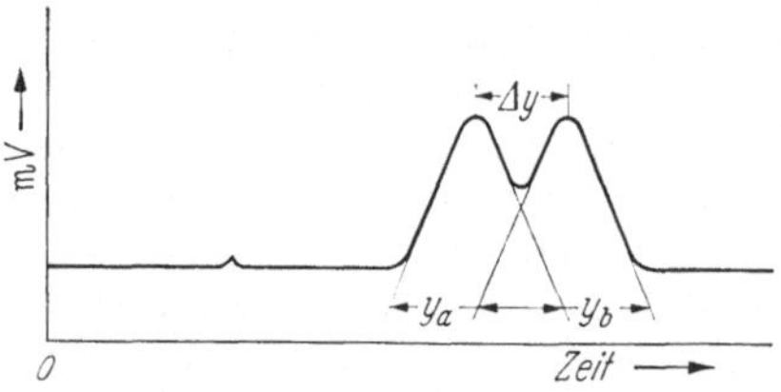

Abb. 5. Chromatogramm von zwei nicht vollständig getrennten Substanzen

Da im Anhang II eine große Anzahl relativer Retentionsvolumina V^{rel} angegeben sind, ist es wünschenswert, für die Trennung bei Kenntnis der relativen Retention die notwendige Trennstufenzahl zur 100%igen Bandenauflösung zu errechnen.

Sofern die relativen Retentionsvolumina der Substanzen 1 und 2 $V_{R_1}^{\text{rel}}$ und $V_{R_2}^{\text{rel}}$ unter gleichen Bedingungen (gleiche Temperatur, Säule und gleiche Bezugssubstanz) gemessen worden sind, kann man den Trennfaktor α erhalten:

$$\alpha = \frac{V_{R_1}^{\text{rel}}}{V_{R_2}^{\text{rel}}}\,. \tag{16}$$

Aus Gleichung (15), (16) und der zur Berechnung der Trennstufenzahl auf S. 8 angegebenen Gleichung (4) kann die zur Trennung der beiden Substanzen notwendige Zahl theoretischer Böden n bei der gewünschten Auflösung berechnet werden:

$$n = \left(2 \cdot r\,\frac{\alpha + 1}{\alpha - 1}\right)^2. \tag{17}$$

Um nur ein Beispiel anzugeben: der Trennfaktor der beiden Substanzen x und y beträgt bei einem relativen Retentionsvolumen von 1,10 bzw. 1,0 $\alpha = 1{,}10$. Zur 100%igen Auflösung ($r = 1$) sind dann

$$n = \left(2 \cdot 1 \frac{1{,}10 + 1}{1{,}10 - 1}\right)^2 = \left(2 \frac{2{,}1}{0{,}1}\right)^2 = (42)^2 = 1764$$

theoretische Böden notwendig.

4. Analysenzeit

Kurze Analysenzeiten bei genügender Auflösung sind insbesondere bei immer wiederkehrenden Analysen, wie sie im Industrielaboratorium oder bei der Betriebsprozeßkontrolle anfallen, notwendig. DE FORD u. Mitarb. [*273, 833*], PURNELL u. QUIN [*997*], GIDDINGS [*421*] sowie PETERSON u. LUNDBERG [*964*] haben Gleichungen zur Bestimmung der Analysenzeiten abgeleitet und experimentell geprüft. Nach [997] wird als minimalste Analysenzeit für die Trennung zweier Substanzen mit dem relativen Retentionsvolumen V_R^{rel} erhalten:

$$t_{\min} = 243 \left(\frac{V_R^{\text{rel}}}{V_R^{\text{rel}} - 1}\right)^2 \cdot C\,. \tag{18}$$

Die Gleichung gilt für nahezu vollständige Auflösung und ein Verhältnis des Retentionsvolumens der später im Chromatogramm erscheinenden Substanz zu dem Durchbruchsvolumen von 2 : 1. In Gleichung (18) bedeutet t die Analysenzeit in Sekunden, V_R^{rel} das Verhältnis der Retentionsvolumina der beiden zu trennenden Substanzen und C die Konstante C der van Deemter-Gleichung (14). Die Retentionsvolumina werden aus den Werten im Anhang II entnommen oder für die entsprechende Säulenfüllung bestimmt. Die Konstante C wird graphisch aus dem n-u-Diagramm bestimmt durch Bestimmung der Trennstufenzahl n bei verschiedenen Trägergasdurchflüssen.

Folgende Faktoren führen zu einer Verkürzung der Analysendauer:

a) Man sollte sehr selektive Trennflüssigkeiten benutzen, bei denen die Retentionsvolumina der zu trennenden Substanzen weit auseinanderliegen.

b) Ein kleiner Partikeldurchmesser (bzw. bei Kapillarsäulen ein kleiner Kapillardurchmesser) und eine regelmäßige Packung.

c) Die Trennfaktoren α sollten möglichst groß sein, was durch Auswahl geeigneter Trennflüssigkeiten bzw. der Temperatur geschehen kann. Obgleich meist bei tieferen Temperaturen bessere Trennungen erzielbar sind, darf man nicht zu niedrige Temperaturen wählen, da dann wieder die Analysenzeit zu groß wird [*1264*].

d) Das Trägergas soll möglichst geringe Viscosität aufweisen, d. h. Wasserstoff ist zu bevorzugen.

e) Es soll möglichst wenig Trennflüssigkeit auf dem Träger aufgebracht sein (10—20%).

Außer den hier zitierten theoretischen Betrachtungsweisen gibt es eine Reihe anderer Arbeiten die zum Teil für die obige Darstellung wesentliche Voraussetzungen enthalten und zum Teil von anderen Vorstellungen ausgehen. Da eine Diskussion der gesamten Literatur einerseits den geplanten Umfang dieses Buches überschreiten würde, zum anderen aber für die praktische Anwendung die referierten Arbeiten von VAN DEEMTER. ZUIDERWEG u. KLINKENBERG [*271*] den größten Nutzen versprechen, sei hier für den interessierten Leser noch auf die Literaturstellen [*20, 137–139, 423, 433, 438–442, 450, 462, 540, 560, 617, 643, 646, 680, 741, 773, 974, 1032, 1068–1071, 1246*] hingewiesen, welche ebenfalls ausgezeichnete Beiträge zur Theorie der Chromatographie enthalten.

5. Vergleich der Trennwirksamkeit von Destillations- und Chromatographiekolonnen

Die Trennmöglichkeiten von Chromatographiesäulen sind wesentlich größer als bei Destillationseinrichtungen, insbesondere durch die Selektivität der flüssigen Phase. Jedoch können die bei Säulen zur Gas-Verteilungschromatographie nach Gleichung (13) berechenbaren theoretischen Bodenhöhen nicht direkt mit den theoretischen Böden einer Rektifizieranlage verglichen werden. Dies ist vor allem darauf zurückzuführen, daß es bei der Gas-Chromatographie keinen Rücklauf gibt, da die Gas-Chromatographie keinen Gegenstrom kennt. Das Rücklaufverhältnis ist aber bei der destillativen Trennung von entscheidender Bedeutung. Wie Abb. 6 zeigt, sind bei Destillationen zur Trennung zweier Substanzen wesentlich geringere Bödenzahlen notwendig als bei der Flüssigkeit-Gas-Chromatographie. Dies wird darauf zurückgeführt [*742*], daß bei Destillationen jede theoretische Bodenhöhe mehrmals für die Trennung ausgenutzt wird.

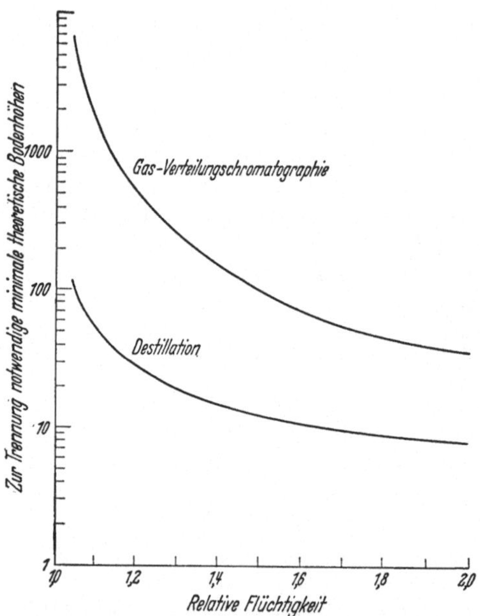

Abb. 6. Vergleich der zur Trennung bei Destillation und Gas-Verteilungschromatographie notwendigen minimalen theoretischen Böden (nach Lit. *271*)

Die Herstellung sehr trennwirksamer Säulen ist aber bei der Gas-Chromatographie einfacher als bei Destillationen (vgl. S. 33). Hinzu kommt noch die durch Selektivität der flüssigen Phase zu bewerkstelligende Trennung. So kann an sehr selektiven stationären Phasen eine Trennung mit einigen theoretischen Böden erhalten werden, während zur gleichen Trennung an weniger selektiven Phasen die Bödenzahl um mehrere Zehnerpotenzen größer sein muß (vgl. S. 33). Aus diesem Grund sind die Kurven in Abb. 6 auch nur für schwach polare stationäre Flüssigkeiten repräsentativ. Bei hochselektiven Phasen kann die Bodenzahl erheblich unter die bei Destillation minimal notwendige Zahl sinken.

6. Bestimmung physikalischer Konstanten mittels Gas-Chromatographie

Obgleich die Gas-Chromatographie vorwiegend eine analytische Methode ist, hat sie doch auch zu physikochemischen Messungen weite Verbreitung gefunden. Insbesondere lassen sich Verteilungskoeffizienten [*9, 361, 504, 773, 882, 1140*], Adsorptions- und Absorptionswärmen [*92, 184, 330, 1189, 1190*] sowie die Oberflächeneigenschaften von z. B. Katalysatoren und Absorbentien [*276, 347, 468, 469, 486, 590, 1268, 1069, 1071, 1086*] mit den üblichen experimentellen Anordnungen bestimmen.

Einen guten Überblick über diese interessanten Anwendungsmöglichkeiten vermitteln die Arbeiten von Cremer [*242*] und Schay [*1068*].

a) Bestimmung der Aktivitätskoeffizienten γ nach Kwantes und Rijnders (*773*)

Nach der Theorie besteht zwischen dem spezifischen Retentionsvolumen der Maximalkonzentration V_N und dem Verteilungskoeffizienten die aus Gleichung (9a) ableitbare Beziehung:

$$V_g = V_G + k \cdot V_F . \tag{19}$$

Der Verteilungskoeffizient k kann nun bei unendlicher Verdünnung im Gasraum mit dem Aktivitätskoeffizienten der Substanz in der flüssigen Phase γ^0 in Beziehung gebracht werden, wenn man für das Gleichgewicht Gasraum-Flüssigkeit das Raoultsche Gesetz annimmt:

$$p = \gamma^0 \cdot c_G \cdot f_0 \tag{20}$$

(p = Partialdruck der Substanz, c_G = mol. Anteil in flüssiger Phase, f_0 = Fugazität der reinen Substanz.) Daraus folgt nach Umrechnung auf molare Konzentrationen bei p/RT = Konzentration im Gasraum und $c_G \cdot N_s$ (N_s = Anzahl der Mole stationäre Phase im Einheitsvolumen = Konzentration in flüssiger Phase):

$$k = \frac{N_s \cdot R \cdot T}{\gamma^0 \cdot f_0} \tag{21}$$

und nach Einsetzen in die erste Gleichung:

$$V_g = V_G + \frac{N_s \cdot R \cdot T}{\gamma^0 \cdot f_0} V_F , \tag{22}$$

woraus sich der Aktivitätskoeffizient ohne weiteres berechnen läßt:

$$\gamma^0 = \frac{N_s \cdot R \cdot T \cdot V_F}{(V_g - V_G) \cdot f_0} . \tag{23}$$

Das spezifische Retentionsvolumen (s. S. 7) wird gemessen, die Volumina der Gasphase und Flüssigkeitsphase der Säule sind vorher bestimmt worden. Die Fugazität der Lösung wird, sofern sie bereits bestimmt worden ist, aus tabellierten Werten entnommen. Weniger genau ist das Einsetzen des jeweiligen Sättigungsdampfdruckes der gelösten Substanz an Stelle der Fugazität.

Die Gleichung gilt bei geringen Substanzkonzentrationen und linearen Verteilungs-Isothermen. Adsorption durch das Trägermaterial muß ausgeschaltet werden, indem mindestens 15 Gew.-% flüssige Phase zur Imprägnierung des Trägermaterials angewandt werden. Bei stärker polaren Substanzen muß an Stelle des üblichen Kieselgurs oder Schamottemehls Stahlwolle als Trägersubstanz benutzt werden.

b) Berechnung der Verteilungskoeffizienten und Lösungswärmen

Die Bestimmung der Verteilungskoeffizienten aus dem spezifischen Retentionsvolumen V_g ergibt sich aus Gleichung 9a (vgl. auch Literatur [*20, 985*]) durch Bestimmung des Retentionsvolumens V_g sowie der Volumina des Gasraumes und der flüssigen Phase der Trennsäule.

$$V_g = V_G + k \cdot V_F . \qquad (24)$$

Die Lösungswärmen lassen sich in üblicher Weise aus Bestimmung des Verteilungskoeffizienten, d. h. des korrigierten Retentionsvolumens V_g, bei verschiedenen Temperaturen errechnen. Zur Bestimmung von Adsorptions-Isothermen vg. James u. Phillips [*633*].

II. Trennsäulen

Das Kernstück der Gas-Chromatographen stellen die Säulen dar, mit denen die Substanzen getrennt werden. Durch geeignete Wahl und Bereitung der in der Säule befindlichen stationären Phase werden die Trennungen ermöglicht. Die anderen Bauteile der Gas-Chromatographen dienen zur Kontrolle der Trennung. Der Herstellung und Auswahl der Trennsäulen kommt deshalb größte Bedeutung zu. Vor allem wird man im Laboratorium bei der Neuentwicklung von gas-chromatographischen Analysenmethoden immer vor die Aufgabe gestellt sein, Säulen selbst herzustellen, um die optimale, stationäre Phase für das jeweilige Problem aufzufinden.

Die Geometrie der Säulen, die Adsorbentien für Gas-Adsorptionschromatographie, das inerte Trägermaterial und die flüssige Phase für Gas-Verteilungschromatographie sind die in diesem Zusammenhang wesentlichen Faktoren.

In neuerer Zeit sind Säulen sehr hoher Trennwirksamkeit entwickelt worden. Hohe Trennwirksamkeit kann einmal durch *selektive stationäre Phasen*, zum anderen durch *Säulen* mit einer *großen Anzahl theoretischer Böden* erreicht werden. Man kann demnach bei hoher Trennwirksamkeit zwischen *Lösungsmittelwirksamkeit* (Selektivität) und *Säulenwirksamkeit* (Trennleistung = Trennstufenzahl) unterscheiden.

1. Geometrie der Trennsäule

Die Säulen können in gestreckter Form oder in Form von Spiralen angeordnet sein. Gewundene Säulen besitzen den Vorteil, daß selbst größere Säulenlängen kompakt in einem kleinen Thermostatenraum untergebracht werden können. Bei Verwendung von Flüssigkeitsthermostaten bietet sich diese Säulenanordnung geradezu an. Es lassen sich jedoch verschiedene Gründe gegen die Verwendung von Spiralen anführen.

So sind spiralisierte Kolonnen schwieriger und umständlicher zu füllen als gestreckte Rohre. Außerdem ist die Trennfähigkeit von gewundenen Trennsäulen geringer als bei gestreckten Säulen gleicher Länge, wenn enge Spiralen und große Säulendurchmesser verwendet werden.

Wenn auf die Trennung größerer Substanzmengen Wert gelegt wird, ist die gewundene Trennsäule nicht zu empfehlen. Außerdem besteht bei Säulenspiralen die Gefahr, daß sich die stationäre Phase im Laufe der Zeit noch absetzt, wodurch die Gleichgewichtseinstellung und damit die Zahl der theoretischen Bodenhöhen auf Grund großer Totvolumina zwischen stationärer Phase und Wand der Trennsäule vermindert wird. Die gleichen Bedenken sprechen auch gegen eine Anordnung von gestreckten Säulen in waagerechter Lage. Bei gestreckten, senkrecht stehenden Säuleneinheiten sedimentiert die Säulenfüllung ohne Hinterlassung solcher Gasräume in der stationären Phase. Aus diesen Gründen empfehlen wir die gestreckten, senkrecht stehenden Säulen, die in leicht zugänglicher Form in Luftthermostaten (vgl. S. 64) untergebracht werden und deren Füllung einfach zu verwirklichen ist.

Wenn man wegen des geringeren Platzbedarfes auf gewundene Säulen nicht verzichten will, müssen bei der Einfüllung der stationären Phase und der Geometrie der Kolonne gewisse Faktoren berücksichtigt werden, die unten noch behandelt werden.

Bei den im Kapitel III (s. S. 34) angeführten Kapillarsäulen entfallen etwaige Bedenken gegen eine Spiralisierung. Diese Säulen sind ohnehin ausschließlich für analytische Trennungen im Gebrauch und weisen in jedem Fall ein günstiges Verhältnis von Kapillardurchmesser zu Spiralendurchmesser auf.

Carew [*185*] hat in eine Messingplatte Rillen eingefräst, diese Rillen mit stationärer Phase gefüllt und mit einer zweiten Platte gasdicht verschlossen. Die Experimente mit diesen einfach füllbaren und zu reinigenden „Säulen“ sollen zufriedenstellend verlaufen sein.

a) Bereitung der gestreckten, senkrechten Säule

Es werden Kupfer-, Eisen-, Messing- oder Glasrohre benutzt mit einem inneren Durchmesser von 2—10 mm für analytische Zwecke und bis zu 100 mm zur Trennung größerer Mengen.

Die Länge der Trennsäule liegt zwischen 1—15 m und wird durch Aneinanderreihen gestreckter, 0,5—1 m langer *U*-, oder *W*-förmiger Säuleneinheiten (vgl. Abb. 7) erreicht. Verbindungskrümmer (Abb. 7d) aus Rohren gleichen Durchmessers besorgen den Aufbau größerer Säulenlängen. Bei Verwendung dieser Krümmer setzt sich nach unseren

Erfahrungen die Trennwirksamkeit der Säulen ohne Verluste additiv aus der Trennwirksamkeit der einzelnen Trennsäulen zusammen. Kapillarrohre sind nicht notwendig und Füllung mit Glaswolle oder einem anderen inerten Material zur Verminderung des Volumens ist ungünstig. Die Krümmer können auch mit der jeweiligen stationären Phase gefüllt sein.

Die Verbindung der Ende auf Ende sitzenden Säulen- und Krümmerenden kann im einfachsten Fall durch Gummi- oder temperaturbeständigen Siliconschlauch[1] erfolgen. Bei Metallsäulen können gasdichte Metallrohrverschraubungen[2] empfohlen werden. An Stelle der Krümmer können nach RYCE u. BRYCE [*1058*] die Verbindungen auch in Metallringen fest angebracht werden, wie

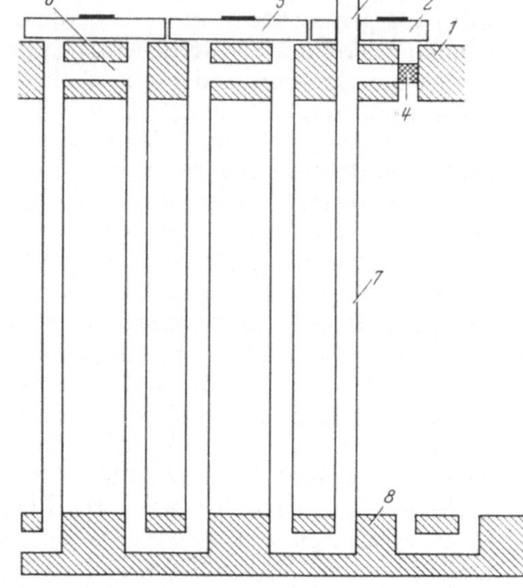

Abb. 7 Abb. 8

Abb. 7. *Gestreckte Einheiten (a—c) zum Aufbau von längeren Säulen und Verbindungskrümmer (d)*

Abb. 8. Säulenregister, kreisförmig angeordnet. *1* obererer Messingring, *2* aufgeschraubter Segmentdeckel mit Austrittsrohr, *3* Teflondichtung, *4* Abdichtung, *5* normaler Segmentdeckel, *6* Verbindungsbohrungen im oberen Messingring, *7* Säulen (Länge 20 cm, äußerer ∅ 6,5 mm), *8* unterer Messingring

es Abb. 8 veranschaulicht. In einem Messingring (äußerer ∅ 12,0 cm, innerer ∅ 10,0 cm, Dicke 1,6 cm) sind entsprechend obigem Schema Verbindungsbohrungen von 0,6 cm angebracht. Die nach oben offenen Bohrungen werden durch Segmentdeckel aus Messing mittels Teflon oder Gummidichtungen gasdicht verschlossen. An die unten offenen Bohrungen werden die 20 cm langen Metallsäulen angeschweißt und ebenso an den unteren Messingring. Je nach der benötigten Säulenlänge kann der Segmentdeckel mit dem angeschweißten Rohr für den Gasaustritt und der Abdichtung der nicht benötigten Säulenlänge an Stelle eines normalen Segmentdeckels aufgeschraubt werden. Dies ist die einzige Arbeit, welche zur Veränderung der Säulenlänge notwendig ist. Die Füllung ist so einfach wie bei gestreckten Säulen und der Platzbedarf ist nahezu so klein wie bei Spiralsäulen. So hat ein Säulenregister mit 10 m Säulenlänge eine

[1] Material Simrit der Fa. C. Freudenberg, Weinheim.

[2] Fa. Ermeto, Windelsbleiche-Bielefeld.

Höhe von etwa 23 cm und einen Durchmesser von 12 cm. Solche Säulenregister können an Stelle dieser kreisförmigen Anordnung auch in einem geraden Metallblock angeordnet werden.

Füllung der Säule: Das eine Säulenende wird mit einem Glaswattepfropfen oder einer Fritte verschlossen und die Substanz durch die andere Säulenöffnung eingefüllt. Zur dichten, regelmäßigen Packung wird die Säule auf einem Schwingtisch so lange gerüttelt, bis keine neue stationäre Phase mehr eingefüllt werden muß. Neben dem mechanischen Einfüllen der Phase mittels Schwingtisch [*1198*] bewährt sich immer noch das Einfüllen von Hand durch Aufstoßen der Säule auf den Boden und seitliches Beklopfen. Auch PYPKER [*1000*] hat letztere Füllweise vorteilhafter befunden. Nach dem Einfüllen wird auch das obere Säulenende mit einem Glaswattepfropf[1] abgedichtet, und die Säulen durch Verbindungskrümmer zur gewünschten Länge zusammengesetzt.

Vor Inbetriebnahme müssen die Säulen bei der maximal beabsichtigten Trenntemperatur mit Trägergas durchspült werden, um noch evtl. vorhandene, flüchtige Bestandteile zu eluieren. Diese „Equilibrierung“ der Trennsäulen kann im Gas-Chromatographen selbst oder in eigens hierfür konstruierten Thermostaten [*222*] vorgenommen werden. Die Vorbehandlung der Trennsäulen kann je nach Trennflüssigkeit, Säulenlänge oder Temperatur zwischen *10 Minuten bis 10 Stunden* in Anspruch nehmen.

b) Säulenspiralen

Als Säulenmaterialien kommen hier nur biegsame Metallrohre (Kupfer, Messing, Stahl) von 4—8 mm Durchmesser in Frage. Die Säulen müssen zunächst in gestreckter Form nach der in a) wiedergegebenen Weise mit der stationären Phase gefüllt werden und werden dann auf einem Metallrohr vom gewünschten Spiraldurchmesser zur Spirale gewunden. Besonders Kupferrohre sind für diese Arbeitsweise geeignet. Die stationäre Phase sollte nicht in bereits spiralig gewundene Säulen eingefüllt werden, da so keine homogene Füllung erreicht werden kann. Aus diesem Grund verbietet sich auch Glas, da dieses nach Einfüllen der stationären Phase nicht mehr ohne Erhitzen bearbeitet werden kann.

Bei einem Säulendurchesser von 4—10 mm sollte die Spirale mindestens 100—200 mm weit sein, damit keine Verluste an Trennwirksamkeit eintreten. Diese Verluste an Trennwirksamkeit können auf den größeren Weg zurückgeführt werden, den das Gas an der Außenwand der Trennsäule zurücklegen muß. Diese Wegdifferenz ist um so größer, je kleiner der Radius der Spirale und je größer der Radius des Trennrohres ist. Die nach der Gleichung $4\pi r \cdot n$ (r = Radius der Trennsäule, n = Anzahl der Säulenwindungen) berechenbare Bandenverbreiterung wird jedoch durch die radiale Diffusion verkleinert (vgl. auch *419*). Diese radiale Diffusion kann durch Wahl grobkörnigerer Trägersubstanzen (z.B. Sterchamol 0,3—0,5 mm ∅) vergrößert werden.

[1] Glaswatte-Leichtfilz (Faserdurchmesser 5—6 μ) ohne Kunststoffbindung der Fa. Glasfaser GmbH., Düsseldorf.

2. Adsorbentien für die Gas-Chromatographie

Bei der Festkörper-Gas-Chromatographie werden als stationäre Phasen feste Adsorbentien, wie z. B. Aktivkohle, Molekularsiebe, Silicagel und Aluminiumoxyd, angewandt.

Die Adsorbentien für die Festkörper-Gas-Chromatographie müssen vor Beginn der Trennungen durch Erwärmen oder Spülen mit Trägergas von adsobierten Substanzen frei gemacht und aktiviert werden. Zur Absättigung irreversible Adsorption verursachender Zentren empfiehlt es sich, vor der eigentlichen Analyse das zu trennende Substanzgemisch einmal über die Säule zu schicken.

Auf die Behandlung der stationären Phasen wird bei den einzelnen Beispielen noch hingewiesen.

Die Standardisierung der Säulenfüllungen zur Gas-Adsorptions-Chromatographie ist wesentlich schwieriger als bei der Gas-Verteilungs-Chromatographie, da die aktiven Oberflächen sehr von der Gewinnungsweise der Adsorbentien abhängen. Dadurch wird auch eine Reproduzierung der Retentionswerte erschwert. Hinzu kommt noch die stärkere Abhängigkeit der Retentionswerte von der Konzentration der zu trennenden Substanz.

Zur Trennung von permanenten Gasen und Kohlenwasserstoffen bis zu fünf Kohlenstoffatomen sind Molekularsiebe, Silicagel und Kohle sehr geeignet.

Besonders hingewiesen sei hier nochmals auf die Molekularsiebe (Zeolithe), die von Barrer [*51–57*] sehr eingehend untersucht worden sind. Diese Silicate, z. B. vom Zeolith-Typus, können in ihren Hohlräumen mit kleinen Molekülen Einschlußverbindungen bilden und diese dadurch von größerern Molekülen „sieben". Eine Zuordnung der Chromatographie an Molekularsieben zur Adsorptionschromatographie oder Verteilungschromatographie ist an sich nicht ganz eindeutig, da es sich um Einschlußverbindungen handelt.

Man kann mit diesen Molekularsieben z. B. verzweigte von normalen Kohlenwasserstoffen trennen [*147, 148*]. Je nach der Größe der elementaren Zelle dieser „Molekularsiebe" sind auch andere Trennungen möglich. Durch Einführung verschiedener Kationen lassen sich weitere Möglichkeiten zur Trennung von Substanzen, die mit diesen Metallionen in Wechselwirkung treten können, erschließen (vgl. z. B. die Trennung von Olefinen an Silberzeolith S. 89).

Nachteilig sind bei der Gas-Adsorptionschromatographie die oftmals unsymmetrischen Elutionsbanden („Schwanzbildung", „tailing"). Auch hängt die Reproduzierbarkeit der Retentionswerte stark von der Behandlung der Oberfläche ab. Außerdem hängen die Retentionswerte auch von der Substanzmenge ab, während beim Verteilungschromatogramm eine solche Abhängigkeit erst bei hohen Konzentrationen eintritt. White u. Cowan [*1238*] haben die Voraussetzungen für konstante Retentionsvolumina und symmetrische Elutionskurven untersucht und möglichst homogene, glatte Oberflächen als Voraussetzung für symmetrische Banden ermittelt. Nach Vyakhirev u. Mitarb. [*1210*] nimmt bei Silicagel die Trennwirksamkeit mit zunehmender spezifischer Oberfläche und abnehmendem Porendurchmesser zu. Wie sehr die Vorbehandlung die Adsorption verändern kann, läßt sich bei der Behandlung von Aluminiumoxid mit 40%iger Natronlauge erkennen. So desaktiviertes Aluminiumoxid kann bei 250° C zur Trennung der C_{15}-C_{23}-n-Paraffine benutzt werden [*1098*].

Vielversprechend für Trennungen niederer Kohlenwasserstoffe erscheinen die im nächsten Abschnitt behandelten aktiven Träger. Das sind Träger, die durch Zusatzstoffe modifiziert werden.

3. Übergang Adsorptionschromatographie-Verteilungschromatographie

Zunehmende Bedeutung gewinnen die Arbeiten mit den sog. *aktiven Trägern*. Hierbei werden Adsorbentien (Al_2O_3, Silicagel) mit geringen Mengen Flüssigkeit imprägniert. Die unsymmetrischen Elutionsbanden werden hierdurch symmetrisch und die Retentionszeiten gegenüber unbehandelten Adsorbentien verkürzt. Die als aktive Träger bisher benutzte Kohle [*336*], Aluminiumoxid [*493, 494, 584, 1096*] und Silicagel [*246, 584*] werden mit 1—5% Flüssigkeit imprägniert. In Abb. 9 sind z. B. die Elutionsdiagramme zweier Kohlenwasserstoffe an Aktivkohle[1] mit und ohne Zusatz aufgezeigt. Es wird deutlich, daß durch den Squalan-Zusatz die Banden symmetrischer werden, während in diesem Fall die Selektivitätseigenschaften des festen Adsorbens im wesentlichen erhalten bleiben. Halasz u. Wegner [*493, 494*] haben in sehr eingehenden Untersuchungen gezeigt, daß bei der Imprägnierung von bei 400°C kalziniertem, 0,22% Na_2O enthaltendem γ-$Al(OH)_3$ je nach der Menge aufgebrachter Trennflüssigkeit (β-β'-Oxydipropionitril, Triäthylenglykol, Squalan) unterschiedliche Selektivitäten eingestellt werden können. Die genannten aktiven Träger können deshalb mit sehr gutem Erfolg zur Analyse niederer Kohlenwasserstoffe benutzt werden (vgl. S. 86). Da man durch einfache Variation des Verhältnisses Trennflüssigkeit : aktiver Träger die gewünschte Polarität der stationären Phase einstellen kann, wird diese Arbeitsmethode eine breite Anwendung finden.

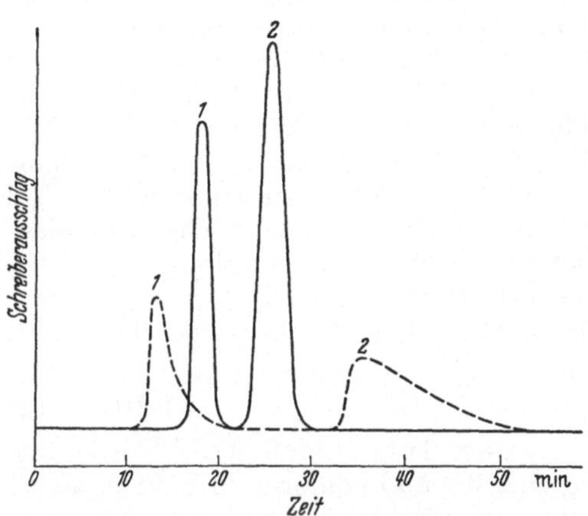

Abb. 9. Übergang unsymmetrischer Elutionskurven in symmetrische durch Zugabe geringer Mengen Flüssigkeit nach Eggertsen, Knight u. Groennings [*336*]. Trennung von Cyclohexan (*1*) und Dimethylpentan (*2*) an Säulen mit Aktivkohle (Pelletex) (-----) und Pelletex mit 1,5% Squalan (———)

[1] Pelletex der Fa. Godfrey Cabot, Boston, Mass., USA.

Die Imprägnierung eines aktiven Adsorbens mit einer Flüssigkeit stellt einen Übergang zwischen Gas-Adsorptionschromatographie und Gas-Verteilungschromatographie dar. Die Retention der Verbindungen wird offenbar sowohl durch die Adsorptionsfähigkeit des Trägers als auch durch die Absorption in der Trennflüssigkeit bewirkt.

In diesem Zusammenhang sei noch darauf hingewiesen, daß man nach ROSSI u. Mitarb. [*1040*] auch organische Substanzen chemisch an anorganische Adsorbentien binden kann. So kann Silicagel mit Alkoholen verestert werden. Mit den auf diese Weise modifizierten Adsorbentien werden günstige Trennleistungen bei niederen Kohlenwasserstoffen erhalten.

4. Stationäre Phase bei der Flüssigkeits-Gas-Chromatographie

Die bei der Flüssigkeits-Gas-Chromatographie benutzte stationäre Phase besteht aus einem festen, inerten Träger, der mit der Trennflüssigkeit imprägniert ist. Der Träger ist meist eine poröse Substanz, deren innere und äußere Oberfläche mit einem homogen haftenden, dünnen Flüssigkeitsfilm überzogen sein soll. Bei den üblichen Trägern werden 10—30% Trennflüssigkeit zur Imprägnierung benutzt. Bei hochwirksamen Trennsäulen werden lediglich 5% Flüssigkeit angewandt. Träger mit kleiner innerer Oberfläche, wie Glas, Teflon, u. ä. können nur mit 0,2—5% Flüssigkeit imprägniert werden. Bei den Kapillarsäulen dient die Innenwand der Kapillare als Träger, auf die Flüssigkeitsfilme von ca. 3500 Å Schichtdicke aufgebracht werden.

a) Der Träger

An den Träger muß die Anforderung gestellt werden, daß er sich regelmäßig und homogen in Säulen packen läßt, da sonst die statistische Unregelmäßigkeit (erstes Glied der van Deemter-Gleichung, S. 11) zu einer schlechten Trennwirksamkeit führt. Es ist außerdem notwendig, daß geometrische Gestalt und Korngröße der Partikeln möglichst einheitlich sind. Die beste Packung wäre mit kugelförmigem Trägermaterial zu erreichen, wie SCHRÖTER u. LEIBNITZ [*1087*] auch experimentell nachweisen konnten. Nach den Ausführungen auf S. 11 wären mit kleinen Partikeldurchmessern bessere Trennwirksamkeiten erzielbar. Da bei zu feinem Trägermaterial jedoch der Druckabfall zu groß wird, hat sich für normale Trennsäulen ein Korndurchmesser von 0,1—0,2 bzw. 0,2—0,3 mm am günstigsten erwiesen. Zu trennende polare Substanzen sollten durch den Flüssigkeitsfilm hindurch nicht adsorbiert werden, da sonst unsymmetrische Banden erhalten werden. Des weiteren muß die Trägersubstanz chemisch inert sein, d. h. es dürfen durch sie keine chemischen Reaktionen der zu trennenden Substanzen katalysiert werden. Ob die Größe der inneren Oberfläche des Trägermaterials eine Rolle spielt, läßt sich vorderhand nicht mit Sicherheit aussagen.

Obwohl ETTRE [*348*] keine Abhängigkeit zwischen Oberfläche des Trägers und Trennwirksamkeit feststellen konnte, nimmt er 1 m^2/g als untere Grenze an. Es ist jedoch nicht einzusehen, warum bei einem inerten Träger eine solche Grenze existierten soll. Die beste Trägersubstanz dürfte das von den Entdeckern der Gas-Chromatographie benutzte Kieselgur [*616*] sein. Weit verbreitet ist auch das von KEULEMANNS u. KWANTES [*723*, *725*] eingeführte Schamottemehl, z. B. Sterchamol[1] oder „C_{22}-firebricks"[2].

DESTY u. Mitarb. [*280*] haben beide Substanzen unter identischen Bedingungen untersucht und nachgewiesen, daß Schamottemehl („firebrick") und Kieselgur (Celite 545) gleichen Partikeldurchmessers in Trennwirksamkeit und Druckabfall auf der Säule vergleichbar sind. Dies gilt jedoch nur für Kohlenwasserstoffe. Denn Kieselgur und in noch stärkerem Ausmaß Schamottemehl adsorbieren durch wenig polare, flüssige Phasen stark polare Substanzen. Hierdurch werden z. B. Carbonsäuren unsymmetrisch eluiert. Auch bei anderen Substanzen (Alkoholen, Äthern, Aminen usw.) werden durch das Schamottemehl bewirkte Adsorptionen beobachtet. Man kann sich in vielen Fällen durch Verwendung einer Flüssigkeit größerer Polarität helfen.

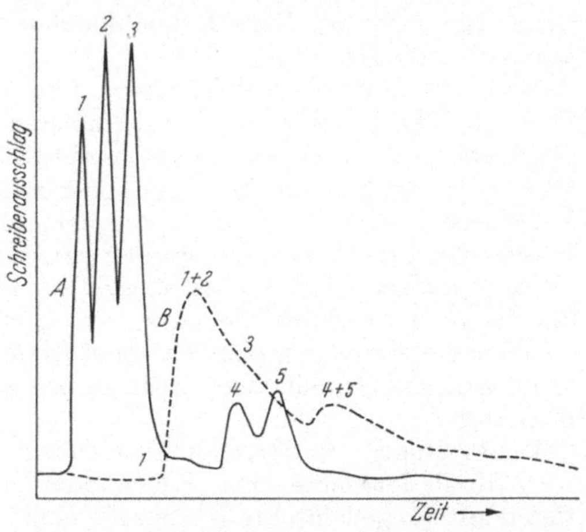

Abb. 10. Übergang unsymmetrischer (*B*) in symmetrische (*A*) Elutionskurven nach der Zugabe von Natriumcapronat als „tailing reducer". Chromatogramm von Äthanol (*1*), Propanol (*2*), sek. Butanol (*3*), technischem Isoamylalkohol (*4* u. *5*) an Sterchamol/Apiezon M 80 : 20 (----) und Sterchamol/Apiezon M/Natriumcapronat 80 : 20 : 2 (——). Temperatur 100° C, Trägergasdurchfluß 60 ml H_2/min, Säulenlänge 1 m

Bei Verwendung von wenig polaren Phasen wird bei Sterchamol die Schwanzbildung („tailing") am Schamottemehl so groß, daß unter Umständen keine Trennungen mehr erhalten werden. Dies ist z. B. bei der Chromatographie von Alkoholen und Estern an Apiezon M/Sterchamol der Fall. Die Banden werden aber sofort symmetrisch, wenn man der flüssigen Phase einen „tailing reducer" zusetzt. Nach den Erfahrungen in unserem Laboratorium haben sich Salze von Fettsäuren hierfür besonders bewährt (E. BAYER u. Mitarb. [*65*, *67*, *68*, *74*, *80*]). So ist in Abb. 10 die Trennung von Alkoholen an Säulen mit Apiezon M/Schamottemehl mit und ohne Zusatz von 2% Natriumcapronat als „tailing-reducer" wiedergegeben. Erstaunlich sind die außerordentlich symmetrischen Elutionskurven bei Zugabe von Natriumcapronat, während die Banden an der Säule ohne Natriumcapronat verschmiert sind und hierbei keine Trennung mehr erzielt wird. Es sei bemerkt, daß beide Säulen bei

[1] Sterchamol-Werke, Dortmund.
[2] Johns Manville.

der Trennung von Kohlenwasserstoffgemischen gleiche Trennstufenzahl aufwiesen. T. JOHNS [*675*] hat Fettsäuren, Amine und Polyglykole als „tailing-reducer“ angewandt.

Weniger starke Schwanzbildung wird mit Kieselgur erhalten. Jedoch können auch hier mit polaren Verbindungen an wenig polaren Flüssigkeiten stärkere Adsorptionserscheinungen bemerkt werden. Auch hier läßt sich diese Schwanzbildung durch Zusatz von Natriumcapronat (0,3%) unterdrücken. Etwas aufwendiger erscheint der von ORMEROD u. SCOTT [*942*] vorgeschlagene Weg der Unterdrückung asymmetrischer Kurven durch Imprägnierung des Trägermaterials mit Silber oder Gold. Die Bereitung von stationären Phasen mit Zusatz von Natriumcapronat ist auf Seite 122 eingehend beschrieben.

Gut bewährt hat sich auch die Imprägnierung mit Hexamethyldisilazan [*129*] oder mit Dimethyldichlorsilan und nachfolgendem Waschen mit Methanol [*576*].

Allgemein dürfte bei der Trennung von polaren, sauren oder basischen Verbindungen Kieselgur dem Schamottemehl vorzuziehen sein. Bei der Trennung von sauren Substanzen empfiehlt sich immer vorheriges Auskochen des Trägers mit HCl [*446*] oder mit HNO_3 [*1202*]. Bei basischen Substanzen sollte noch mit Lauge behandelt werden (vgl. S. 123) und Wasser aus dem Träger vollständig entfernt werden.

Die nun folgenden Vorschriften sind zur Bereitung von Säulenfüllungen üblicher Trennwirksamkeit (H = 0,5—2 mm) gedacht.

Über die Bereitung der Trägersubstanz zur Herstellung besonders trennwirksamer Säulen wird in einem Abschnitt am Ende dieses Kapitels berichtet.

Vorbereitung von Sterchamol: Käuflich zu erwerbendes Sterchamol[1] wird durch Passieren eines Siebes oder Aufschlämmen und Sedimentieren auf die gewünschte Korngröße gebracht. Ein Partikeldurchmesser von 0,2—0,3 mm ist nach des Autors Erfahrung hinsichtlich Trennwirksamkeit und Widerstand gegen Gasdurchfluß günstig. Eine Siebung empfiehlt sich auch bei dem in der angegebenen Korngröße ausgelieferten Material, da durch die geringe mechanische Widerstandsfähigkeit des Sterchamols beim Transport wohl immer staubförmiges Material gebildet wird. Evtl. kann noch mit Säure oder Alkali behandelt werden. Analog wird mit den „fire-bricks C_{22}“[2] verfahren.

Vorbereitung des Kieselgurs: Als Ausgangsmaterial können Präparate der Firmen der Kieselgur-Industrie oder von Feinchemikalienherstellern[2,3] benutzt werden. Sofern diese Präparate nicht zu feinkörnig sind, können die gewünschten Korndurchmesser zwischen 0,2—0,3 mm oder 0,1—0,2 mm durch Absieben gewonnen werden. Im anderen Fall muß man nach unten angegebener Vorschrift durch Aufschlämmen die gewünschten Korngrößen anreichern. In neuerer Zeit ist auch Kieselgur für die Gas-Chromatographie im Handel erhältlich[3].

---

[1] Sterchamol Werke, Dortmund.

[2] Johns Manville Corp.

[3] Kieselgur für die Gas-Chromatographie liefern auch die Fa. Camag A.G., Muttenz/Schweiz, und Merck A. G., Darmstadt.

Nach JAMES u. MARTIN [*616*] wird Kieselgur durch Aufschlämmen auf die gewünschte Korngröße gebracht. Man suspendiert in Wasser und läßt in einer 18 cm hohen Wasserschicht (Becherglas, Meßzylinder) 3 min sedimentieren. Von der abgesetzten Schicht wird abgegossen und diese Operation noch 3—4mal wiederholt Danach wird das innerhalb 3 min abgesetzte Material 3 Std. bei 300° C im Muffelofen getrocknet, mit konzentrierter Salzsäure und anschließend bis zur Säurefreiheit mit destilliertem Wasser gewaschen. Die neutrale Trägersubstanz wird bei 145° C getrocknet und steht sodann für die Imprägnierung zur Verfügung.

Glasmehl als Träger: Glasmehl erfährt als Träger eine zunehmende Anwendung. CALLEAR u. CVETANOVIC [*179*] haben Glasmehl erstmals benutzt. Später hat LITTLEWOOD [*817*] gezeigt, daß stationäre Phasen mit 3% Trennflüssigkeit auf Glasteilchen von 0,1 mm Durchmesser theoretische Bodenhöhen von 0,5—2,5 mm ermöglichen und somit Sterchamol oder Kieselgur an die Seite zu stellen sind. Bei der Trennung polarer Molekeln sollen, auch bei Verwendung sehr geringer Mengen Trennflüssigkeit (0,1—0,5%), symmetrische Banden erzielt werden. Dies ist darauf zurückzuführen, daß Glas kein poröses Material ist. Die bei porösen Stoffen durch ungleichmäßige oder fehlende Imprägnierung der Poren unterschiedlichen Durchmessers vermehrt auftretende Bandenverbreiterung und Schwanzbildung ist daher nicht zu befürchten. Die Retentionszeiten sinken entsprechend der geringeren Menge Trennflüssigkeit und ermöglichen die Trennung hochsiedender Stoffe bei Arbeitstemperaturen bis zu 200° C unter ihrem Siedepunkt [*113*, *557*]. Bei zersetzlichen Stoffen, hochsiedenden Kohlenwasserstoffen, Estern [*557*], Ketonen [*557*] und bei der Trennung der Beryllium- und Aluminiumacetylacetonate [*113*] ist eine solche Arbeitstechnik von Bedeutung (vgl. S. 107 u. S. 152). Die Bodenhöhen der mit geringen Mengen Trennflüssigkeit beladenen Glasteilchen sind geringer als die von LITTLEWOOD angegebenen Bodenhöhen (vgl. S. 107).

Andere Trägersubstanzen: Auch Natriumchlorid-Kristalle [*250*] und Stahlwollespiralen [*1131*] sind als Träger vorgeschlagen worden ohne größere Bedeutung erlangt zu haben. Für aggressive, anorganische Verbindungen, wie Halogene, Interhalogenverbindungen und Metallhalogenide, sind noch Kunststoffteilchen aus Teflon oder Hostaflon [*340*] als Träger benutzt worden (vgl. S. 150). Säulen mit Teflonpulver weisen mit Bodenhöhen von 5—10 mm geringe Trennwirksamkeit auf, die offenbar auf die durch unregelmäßige Partikeln und elektrostatische Aufladung bewirkte statistische Unregelmäßigkeit der Packung zurückgeht. Die bei organischen Stickstoffverbindungen oftmals störend in Erscheinung tretende Schwanzbildung wird durch Detergentien (Tide) als Träger unterdrückt [*270*] (vgl. S. 123 u. Tab. 39).

b) Chemische Umsetzungen labiler Verbindungen

Die in der Gas-Chromatographie benutzten Träger erweisen sich bei der Trennung sehr empfindlicher Olefine oder cyclischer ungesättigter Verbindungen oft als ungenügend inert und wirken als Katalysatoren von

Umlagerungen oder Zersetzungen. Schamottemehl ist auch hierbei ungünstiger als Kieselgur. Besondere Vorsicht ist bei Terpenen, z. B. Pinen [*1201*] oder Nerol [*698*], geboten. Die Umlagerungen können weitgehend vermieden werden, wenn eine polare Trennflüssigkeit auf den Träger gebracht wird, da hierdurch die katalytisch aktiven Zentren abgesättigt werden. Auch Ester von Dicarbonsäuren, z. B. Malonsäure [*4*, *302*], können an Chromosorb als Träger Zersetzung erleiden, während Kieselgur keine ungünstige Wirkung zeigt.

Auch außerhalb der Säule in über der Trenntemperatur erhitzten Teilen des Gas-Chromatographen, z. B. der Verdampfungskammer, können thermische Umlagerungen auftreten [*582*, *896*]. Durch Zersetzung der Trennflüssigkeit kann ebenfalls eine Veränderung der Analysensubstanz und damit eine Verfälschung des Analysenergebnisses bewirkt werden. So können aus Polyäthylenglykolen Formaldehyd und Ameisensäure gebildet werden [*731*, *1231*].

Kallen u. Heilbronner [*698*] haben theoretisch die Form der Elutionskurven von Substanzen, die sich bei der Chromatographie verändern, berechnet. Die Veränderung einer Substanz während der Chromatographie gibt sich meist an einer Bandenverbreiterung zu erkennen.

Es sei hier vermerkt, daß die oftmals befürchtete Hydrierung von Substanzen an den Platin- oder Wolframdrähten von Wärmeleitfähigkeitsmeßzellen bei Verwendung von Wasserstoff als Trägergas in keinem Fall bisher experimentell nachgewiesen werden konnte.

c) Trennflüssigkeit

Die Auswahl der geeigneten Trennflüssigkeit, mit welcher der inerte Träger imprägniert wird, ist eine der wichtigsten Aufgaben, der man in der Praxis der Gas-Chromatographie tagtäglich gegenübersteht. Es ist schwierig, die günstigste Trennflüssigkeit aus rein theoretischen Überlegungen auszuwählen. Es haben sich jedoch aus der Erfahrung eine Reihe von Regeln ableiten lassen, die die Auswahl erleichtern. Im Kapitel V sind geeignete Phasen für die jeweiligen Trennprobleme zusammengestellt. Die wichtigsten Trennflüssigkeiten sind zusammen mit Anwendungsmöglichkeiten und maximaler Arbeitstemperatur in Tab. 3 zusammengestellt.

Bevor auf die Auswahl der Trennflüssigkeit eingegangen wird, soll kurz das Aufbringen der Trennflüssigkeit auf den Träger gestreift werden. Wie sich nach der van Deemter-Gleichung ergibt (S. 11), sollte möglichst wenig Trennflüssigkeit aufgebracht werden. Da aber die auf S. 23 geschilderten Adsorptionserscheinungen zu Schwanzbildung führen können, hat man bei den normalen Trennsäulen einen Kompromiß geschlossen. Man imprägniert meist mit 10—20% Trennflüssigkeit. Größere Mengen sind auch bei präparativen Säulen nicht mehr empfehlenswert, da die Trennleistung dann zu sehr abnimmt. Bei hochtrennwirksamen Säulen sind bis herab zu 5% Trennflüssigkeit aufgebracht worden (vgl. S. 33). Je nach der inneren Oberfläche der festen Träger ist die Menge Trennflüssigkeit unterschiedlich. So kann Glasmehl nur mit geringen Mengen

Tabelle 3. *Standardausrüstung an Phasen für ein gas-chromatographisches Laboratorium*

20 g der genannten Substanzen werden auf 80 g Kieselgur (0,2—0,3 mm Korndurchmesser) aufgebracht. Die Phasen zur Gas-Adsorptionschromatographie sind in der Tabelle nicht berücksichtigt.

Flüssige Phase	Anwendung bei Trennung von	Maximale Arbeitstemperatur
Äthylenglykol-bis(propionitriläther) Polyalkohol-cyanoäthyläther	Kohlenwasserstoffe und sauerstoffhaltige organische Verbindungen. Ausgeprägte Selektivität: Aromaten von Aliphaten.	150°C
Paraffinöl Apiezon L Squalan	Alkohole von anderen sauerstoffhaltigen organischen Verbindungen; Kohlenwasserstoffe (Trennung nach Siedepunkt ohne große Selektivität), Ester, Aldehyde von Ketonen, Phenole, (Apiezon M)	150°C 300°C 140°C
Polyäthylenglykol (Mol.-gew. etwa 400) Polyäthylenglykol (Mol.-gew. etwa 2000)	sauerstoffhaltige organische Verbindungen gemäß Siedepunkt; n-Paraffine von i-Paraffinen. Polyäthylenglykol 2000 zur Trennung bei höheren Temperaturen von Kohlenwasserstoffen und sauerstoffhaltigen Verbindungen	100°C 220°C
Siliconöl	Kohlenwasserstoffe (unselektiv); sauerstoffhaltige Verbindungen (selektiv) z. B. Ester, Carbonylverbindungen von Alkoholen	160°C
Trikresylphosphat	Cyclohexane von Cyclopentanen. Aromaten von Aliphaten	150°C
Polyäthylenglykole + 10% Silbernitrat	cis-trans-isomere ungesättigte Verbindungen	40°C bzw. 200°C
Silicon-Hochvakuumfett	höhersiedende Verbindungen (allgemeine Anwendung)	300°C
Dimethylsulfolan(3,4-Dimethyl-tetrahydrothiophen-S-dioxyd)	Kohlenwasserstoffe (z. B. Olefine von Paraffinen)	35°C
Dinonylphthalat bzw. andere Phthalsäureester	Wenig ausgeprägte Selektivität bei Kohlenwasserstoffen und sauerstoffhaltigen Verbindungen	150°C
Polystyroloxid (Dow-Polyglykol 174—500)	Diene von Cycloparaffinen, Cycloparaffine von Olefinen	150°C
Adipat- und Succinatpolyester z. B. Reoplex und LAC	Selektiv bei höheren Fettsäureestern, Zuckeräthern, Terpenen	230°C

Flüssigkeit imprägniert werden (vgl. S. 25). — Die Retentionszeit steigt mit zunehmender Menge Trennflüssigkeit. Bei der Reproduzierung von Retentionsvolumina ist allerdings darauf zu achten, daß die gleichen festen Träger benutzt werden. Die Trennflüssigkeit soll bei den jeweiligen Arbeitstemperaturen thermisch stabil sein, möglichst einen geringeren Dampfdruck als 0,3 Torr und geringe Viscosität aufweisen. Die maximale Arbeitstemperatur wird nicht nur durch Dampfdruck, sondern auch durch die thermische Stabilität der Trennflüssigkeit bedingt [*228*, *414*]. Besonders polymere Verbindungen neigen sehr leicht zur Zersetzung und Abgabe flüchtiger Substanzen bei höheren Temperaturen.

Imprägnierung des Trägers mit der Trennflüssigkeit: Die Trennflüssigkeit wird in der 5—10fachen Menge ($v : v$) eines geeigneten niedrigsiedenden Lösungsmittels gelöst. Das Lösungsmittel sollte hierbei zur Erzielung gleichmäßiger Imprägnierung möglichst unbegrenzt mit der Trennflüssigkeit mischbar sein. Methanol, Äther, Pentan und Chloroform haben sich gut bewährt. In der Lösung wird nun der Träger suspendiert und unter heftigem mechanischem Rühren im Vakuum das Lösungsmittel abgezogen. Die Verdampfung kann auch in einem Vakuum-Rotationsverdampfer erfolgen [*1250*]. Die so erhaltene stationäre Phase wird nochmals im Vakuum-Trockenschrank unter Luftausschluß 2—5 Stunden bei einer etwa 50° C unter der maximalen Arbeitstemperatur liegenden Temperatur getrocknet und kann dann in die Trennsäule gefüllt werden.

Noch wenig untersucht ist die Imprägnierung nach dem Verfahren der Front-Analyse [*1123*]. Der feste Träger wird unimprägniert in Glassäulen gefüllt und eine Lösung der Trennflüssigkeit, z. B. 3,69% Siliconfett in Äthylacetat, durch die Säule gegeben. Das durch die Adsorptionsfähigkeit des festen Trägers sich schnell einstellende Gleichgewicht wird abgewartet und danach die stationäre Phase getrocknet. Bei dem oben angeführten Beispiel des Siliconfettes konnte eine 8%ige Imprägnierung erhalten werden. Die Imprägnierung durch die Adsorptionsfähigkeit kann auch im „batch-Verfahren" durch Suspension des festen Trägers in Lösungen, Abfiltrieren und anschließendes Trocknen erzielt werden [*572*]. Obgleich nach letztgenannten Verfahren sicher eine homogene Imprägnierung erreicht wird, dürfte die Erzielung einer reproduzierbaren Imprägnierung schwieriger sein als bei dem alten Verfahren. Auch fehlt es bislang an vergleichenden Untersuchungen, die beweisen würden, daß tatsächlich wesentlich bessere Trennleistungen durch diese neueren Verfahren erbracht werden.

d) Selektivität der Trennflüssigkeit

Für eine gute Trennleistung ist neben einer Säule mit kleiner Trennstufenhöhe besonders die Selektivität der stationären Phase maßgeblich. Da prinzipiell sehr viele Verbindungen als Trennflüssigkeiten benutzt werden können, haben entsprechend viele stationäre Phasen Verwendung gefunden. Um einen objektiven Vergleich der Trennflüssigkeiten zu erhalten, ist der Selektivitätskoeffizient definiert worden [*68*, *70*, *83*], der sich für die praktische Anwendung nützlich erwiesen hat. Eine theoretische Voraussage der Selektivität ist schwierig, da diese Eigenschaften durch verschiedene Faktoren bedingt sein können. So haben schon Keulemans u. Kwantes [*725*] auf die Mitwirkung zwischenmolekularer Kräfte, wie Orientierungskräfte Dipol-Dipol, die Induktionskräfte Dipol-polarisierbarer Molekeln und die Dispersionskräfte unpolarer Molekeln hingewiesen. Auch Möglichkeiten zur Bildung von Einschlußverbindungen, Wasserstoffbrückenbindungen und Komplexbildung sind für eine selektive Retention von Bedeutung. Oftmals überlagern sich verschiedene Einflüsse.

Die strenge theoretische Behandlung der Selektivität ist daher noch weit von einer Lösung entfernt. Qualitativ hat man sich oft dadurch geholfen, daß man die Trennflüssigkeiten nach ihrer abgestuften Polarität einteilt und je nach den Versuchsergebnissen in der „Polaritätsskala" herunter- oder heraufgeht [*1037*].

Man kann nun den Begriff der Selektivität etwas genauer umreißen, wenn man bedenkt, daß innerhalb einer homologen Reihe die Trennfähigkeit einer normalen analytischen Säule immer ausreicht, da sich die Retentionsvolumina mit steigender Kohlenstoffzahl stark ändern (vgl. Abb. 29, S. 74). Eine selektive Trennung wird somit vorwiegend bei Substanzen aus verschiedenen homologen Reihen notwendig.

Eine Trennflüssigkeit ist demgemäß dann als selektiv zu betrachten, wenn sich an ihr die Retentionsvolumina von zwei Substanzen gleichen Siedepunktes aus zwei verschiedenen homologen Reihen möglichst stark unterscheiden.

Das Verhältnis der Retentionswerte drückt man durch den Selektivitätskoeffizienten σ aus [*68, 70, 83*]:

$$\sigma = \frac{(V_{R_1}^{\text{rel}})_1}{(V_{R_2}^{\text{rel}})_2} \ (\text{Kp}_1 = \text{Kp}_2)\,. \tag{25}$$

Diese Gleichung ist ein Spezialfall der Gleichung (16) auf S. 12, d.h. ein Trennfaktor für zwei Substanzen gleichen Siedepunktes.

Da nur in wenigen Fällen Substanzen mit genau identischem Siedepunkt aus zwei verschiedenen homologen Reihen existieren, muß σ graphisch ermittelt werden. Man trägt hierzu die Logarithmen der Retentionsvolumina in Abhängigkeit vom Siedepunkt auf. Für die homologen Reihen werden im allgemeinen Geraden erhalten, welche meistens parallel zueinander verlaufen, wie Abb. 11 zeigt. Bei einer bestimmten Temperatur, z. B. 50° C, 100° C und 150° C, werden nun aus den Kp-log $V_{\text{R}}^{\text{rel}}$-Diagrammen die zugehörigen Werte der Retentionsvolumina aus den Geraden (Abb. 11) abgelesen und entsprechend obiger Gleichung σ berechnet. Bei parallelem Verlauf der Geraden ist der Selektivitätskoeffizient d. h. „das auf gleichen Siedepunkt interpolierte Verhältnis der Retentionsvolumina für zwei homologe Reihen" konstant. Bei einem nicht parallelen Verlauf verändert sich das Selektivitätsverhalten von den niederen zu den höheren Gliedern einer homologen Reihe. Im letzteren Fall gibt man den Selektivitätskoeffizienten bei drei verschieden Kp-Werten an.

Für den Praktiker ist der Selektivitätskoeffizient eine sehr leicht zugängliche Größe. Es genügt die Messung relativer Retentionsvolumina von jeweils 3—5 Gliedern der zu vergleichenden homologen Reihen und die graphische Ermittlung von σ aus den Kp-log V_R^{rel}-Diagrammen. In Tab. 4 und 13—15 sind die Selektivitätskoeffizienten für einige stationäre Phasen und einige homologe Reihen gegenübergestellt. Theoretisch wird σ identisch mit dem Verhältnis der Aktivitätskoeffizienten γ^0, wenn die Substanzen gleichen Dampfdruck aufweisen:

$$\frac{V_{N_1}}{V_{N_2}} = \frac{p_{o1}\,\gamma_2^0}{p_{o2}\,\gamma_1^0} = \frac{\gamma_2^0}{\gamma_1^0}$$

$$(\text{wenn } p_{o1} = p_{o2}) \,. \qquad (26)$$

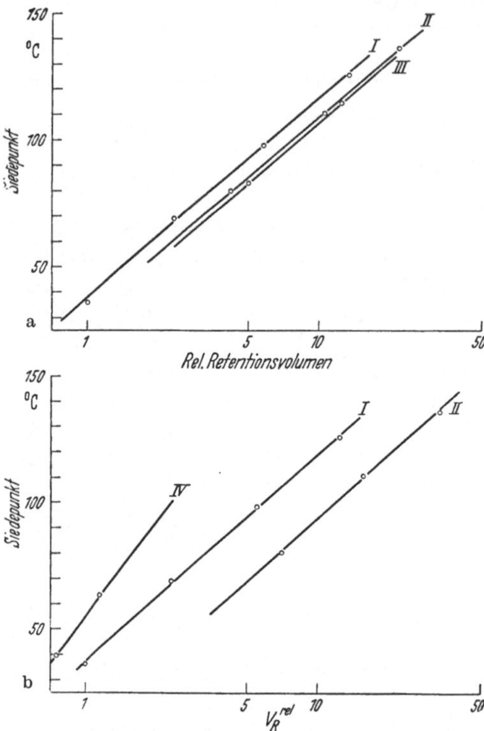

Abb. 11. V_R^{rel}-Siedepunkts-Beziehung für Kohlenwasserstoffe. Flüssige Phase: a Hexatriacontan, b Polyäthylenoxyd; *I* n-Paraffine, *II* Aromaten, *III* Cycloolefine, *IV* Olefine. Die Retentionswerte sind auf Pentan bezogen

Das ist allerdings nur streng gültig, wenn die Trenntemperatur gleich der Siedetemperatur ist. Wenn man in Abb. 11 anstelle der Siedepunkte die Dampfdrucke bei der Trenntemperatur einsetzen würde, käme man bei einem analogen Vorgehen immer zu dem Verhältnis der Aktivitätskoeffizienten und damit zu einer thermodynamisch strengen Definition [*68*, *83*, *673*]. Leider sind jedoch Dampfdruckdaten von organischen Substanzen bei weitem noch nicht lückenlos bekannt, so daß vorderhand der Selektivitätskoeffizient für den Analytiker die zur Orientierung am schnellsten zugängliche Größe darstellt.

Eine solche praktische Definition kommt im übrigen auch der Tatsache am nächsten, daß die Anwendung der Gas-Chromatographie bei analytischen Problemen oft Empirie ist und mehr mit der unwägbaren Intuition denn mit Berechnung erfaßt werden kann. Das rein abstrakte Denken und Suchen um eine theoretisch völlig fundierte und zugleich praktisch nützliche Definition der Selektivität wird durch die Vielfalt der Erscheinungen erschwert. Dies wird noch deutlicher, wenn man bedenkt, daß besonders bei der Anwendung von unpolaren Trennflüssigkeiten eine Abhängigkeit der Selektivität von der Menge Trennflüssigkeit auf dem Träger zu beobachten ist [*401*, *852*]. Man muß somit neben der Absorption durch die Trennflüssigkeit auch noch die Adsorption durch den Träger und durch die Oberfläche der Trennflüssigkeit berücksichtigen. Die weitere Sammlung von Daten mit dem Ziel, einmal das Lösungsverhalten organischer Stoffe in organischen Solventien besser zu verstehen und exakt vorhersagen zu können, ist ein interessantes und

Tabelle 4. *Selektive Phasen zur Trennung von Verbindungen aus verschiedenen homologen Reihen; Selektivitätskoeffizienten σ und maximale Arbeitstemperatur für die Phasen*

a) Kohlenwasserstoffe

Trennung	Phase	Temperaturgrenze °C	$\bar{\sigma}$	Phase	Temperaturgrenze °C	$\bar{\sigma}$
n-Paraffine von i-Paraffinen	Polyglykole	250	1,2	Zeolithe[2]	—	—
Cycloparaffine von Paraffinen	β,β′-Bis(propionitril)äther	70	2,0	Dialkylformamid	50	1,9
Olefine von Paraffinen	β,β′-Bis(propionitril)äther	70	1,9—4,6	Dimethylsulfolan[3]	35	2,3
Diene von Paraffinen	β,β′-Bis(propionitril)äther	70	3,3—3,8	Diphenylformamid	50	2,0—3,6
Acetylene von aliphatischen Kohlenwasserstoffen	β,β′-Bis(propionitril)äther	70	1,9—3,6	—	—	—
Aromaten von Aliphaten . .	β,β′-Bis(propionitril)äther	70	4,2—19,0	Trikresylphosphat	150	1,9—3,8
Cycloparaffine von Olefinen	Polystyroloxid[1]	150	1,2	Sulfonsäuren[4]	200	1,3
Cycloolefine von Olefinen bzw. Cycloparaffinen	β,β′-Bis(propionitril)äther	70	1,9—2,2	Polystyroloxid[1]	150	1,6—2,0
Diene von anderen Kohlenwasserstoffen (mit Ausnahme von Cycloolefinen)	β,β′-Bis(propionitril)äther	70	1,6—2,3	—	—	—
Methylolefine von n-Olefinen	β,β′-Bis(propionitril)äther	70	1,1	Sulfonsäuren[4]	200	1,1
Cyclohexane von Cyclopentanen	Trikresylphosphat	150	1,2	β,β′-Bis(propionitril)äther	70	1,1
Diene von Cycloolefinen . . .	Polystyroloxid[1]	150	1,6	—	—	—
Aromaten von Acetylenen . .	Polystroloxid[1]	150	2,6	—	—	—

[1] Zum Beispiel Dow-Polyglykol 174—500. — [2] Zum Beispiel Linde-Molekularsiebe. — [3] Der in der Gas-Chromatographie eingeführte Name Dimethylsulfolan wird an Stelle der korrekteren Bezeichnung 3.4.Dimethyl-tetrahydrothiophen-S-dioxyd in diesem Buch benutzt.— [4] Zum Beispiel Alkyl-aryl-sulfonate d. Fa. Procter & Gamble, USA.

Tabelle 4 (Fortsetzung)

b) Sauerstoffhaltige organische Verbindungen

Trennung	Phase	Temp. Grenze °C	$\bar{\sigma}$	Phase	Temp. Grenze °C	$\bar{\sigma}$	Phase	Temp. Grenze °C	$\bar{\sigma}$
Alkohole von Äthern	Paraffinöl bzw. -wachs	250	0,3	β,β'-Bis(propionitril)äther	70	1,4—6,0	Siliconöl[1]	160	0,4—0,6
Ester von Alkoholen	Paraffinöl bzw. -wachs	250	2,3—3,7	—	—	—	Siliconöl[1]	160	1,7—2,8
Alkohole von Acetalen	β,β'-Bis(propionitril)äther	70	1,4—2,2	—	—	—	—	—	—
Ketone von Alkoholen	Paraffinöl bzw. -wachs	250	1,9—2,3	Siliconöl[1]	160	1,7—2,4	—	—	—
Prim. Alkohole von sek. bzw. tert. Alkoholen	β,β'-Bis(propionitril)äther	70	1,4—1,5	Trikresylphosphat	150	1,3	Sebacat bzw. Phthalat[3]	150	1,5—1,3
Aldehyde von Alkoholen	Paraffinöl bzw. -wachs	250	1,3—3,4	Siliconöl[1]	160	1,7—2,7	Sebacat- bzw. Phthalat	150	1,9—4,8
Sek. Alkohole von tert. Alkoholen	Paraffinöl bzw. -wachs	250	0,7	β,β'-Bis(propionitril)äther	70	1,2	Siliconöl[1]	160	0,8
Ketone von Estern	β,β'-Bis(propionitril)äther	70	1,5	—	—	—	—	—	—
Aldehyde von Estern	β,β'-Bis(propionitril)äther	70	1,2	Trikresylphosphat	150	1,2	—	—	—
Ester bzw. Aldehyde von Äthern	β,β'-Bis(propionitril)äther	70	5,5—5,8	Polyepichlorhydrin[2]	—	2,5—2,7	—	—	—
Ketone von Äthern bzw. Acetalen	β,β'-Bis(propionitril)äther	70	3,2—8,0	Polyepichlorhydrin[2]	—	2,0—3,1	Diphenylformamid	50	1,4—2,4
Acetale von Äthern sowie Aldehyde von Acetalen	β,β'-Bis(propionitril)äther	70	2,1—2,6	Polyepichlorhydrin[2]	—	1,6—1,8	—	—	—
Ester von Acetalen	β,β'-Bis(propionitril)äther	70	2,2	Polyepichlorhydrin[2]	—	1,6	—	—	—
Essigester von Ameisensäureestern	Siliconöl[1]	160	1,1	—	—	—	—	—	—
Aldehyde von Ketonen	Paraffinöl bzw. -wachs	250	1,2	β,β'-Bis(propionitril)äther	70	0,7	Sulfonsäuren	200	1,2

[1] Zum Beispiel Siliconöl DC 550 oder DC 703 (Wacker-Chemie, München). — [2] Zum Beispiel Dow-Polyglykol 166—450. — [3] Zum Beispiel Äthyl-hexyl-sebacat oder Dinonylphthalat.

lohnendes Forschungsobjekt. MARTIRE [*854*] hat in dieser Richtung interessante Ansätze gemacht.

Als allgemeine Anhaltspunkte haben sich ergeben, daß bei der Trennung von Kohlenwasserstoffen stark polare Flüssigkeiten die größte Selektivität aufweisen, während wenig polare Flüssigkeiten geringe selektive Auswahl treffen. Als extrem polare Flüssigkeit sei hier Oxydipropionitril [Trivialname für β,β',-Bis-(propionitril)-äther] genannt, welches die günstigste Selektivität aufweist [*68*, *715*, *1175*]. Da Oxydipropionitril nur bei Trenntemperaturen unter 70° C benutzt werden kann, haben BAYER u. WAHL [*84*] Propionitriläther von Polyalkoholen, z. B. Äthylenglykol-bis(propionitril)-äther oder Glycerin-(tripropionitriläther), in die Gas-Chromatographie eingeführt, die bei gleichen Selektivitätseigenschaften Arbeitstemperaturen bis 160° C gestatten (vgl. auch *873*).

Zur Trennung der polaren Verbindungen weisen jedoch die unpolaren oder schwach polaren Phasen, wie Paraffine und Silicone, die größere Selektivität auf.

Die Selektivität einer Trennflüssigkeit kann durch Zusätze verändert werden. Ein bekanntes Beispiel hierfür ist die Selektivität von Silbernitrat enthaltenden stationären Phasen für ungesättigte Kohlenwasserstoffe [*91*, *144*, *234*].

Durch Zusatz von Metallsalzen oder bei Verwendung von geschmolzenen Metallstearaten können hochselektive Phasen für die Trennung von Pyridinderivaten [*968*], Aminen [*43*] und Aminosäureestern [*67*] (vgl. S. 132) erhalten werden. Auch eutektische Salzgemische sind, besonders für die Hochtemperatur-Gas-Chromatographie, schon benutzt worden [*501*].

PHILIPPS [*968*] hat gezeigt, daß zur Trennung von γ-Picolin und 2,6-Lutidin an einer selektiven Zinkstearatsäule nur vier theoretische Böden notwendig sind, während bei Anwendung einer wenig selektiven Siliconsäule hierfür 250000 Böden vorhanden sein müßten. Aus diesen Beispielen wird ersichtlich, daß für bestimmte Trennprobleme, insbesondere auch bei der präparativen Gas-Chromatographie, weiterhin die Entwicklung hochselektiver Phasen außerordentlich bedeutsam ist. Gerade wenn man die Kapillarsäulen nicht anwenden kann oder will, wird man immer auf die leicht zu präparierenden selektiven stationären Phasen zurückgreifen.

Die Komplexbildung kann auch bei Gasen, wie NO mit Eisen(II)-salzen [*1089*], Kohlenmonoxid mit Kupfer(I)-chlorid [*1089*] oder Olefinen mit Palladiumchloridkomplexen [*193*], zur selektiven Trennung ausgenutzt werden.

Auch die Bildung von Einschlußverbindungen, z. B. mit Molekularsieben (vgl. S. 89) oder mit Tri-o-thymotid [*839*], kann zur selektiven Trennung verzweigter von unverzweigten Kohlenwasserstoffen angewandt werden.

5. Chromatographiesäulen großer Trennwirksamkeit

Die Herstellung von Trennsäulen mit 30000 theoretischen Bodenhöhen ist von SCOTT [*1102*] sowie BOHEMEN u. PURNELL [*131*] beschrieben worden. Ermöglicht wurden diese Arbeiten durch die Untersuchungen von van Deemter, Zuiderweg u. Klinkenberg [*271*] sowie von Keulemans u. Kwantes [*724*].

Nach der van Deemter-Gleichung (vgl. S. 11) können die Bedingungen, die zur Herstellung einer großen Anzahl theoretischer Bodenhöhen je Säuleneinheit notwendig sind, abgeschätzt werden.

So sollten nach dem ersten Glied die Durchmesser der Trägersubstanz-Partikeln möglichst klein sein. In der Praxis wird der untere Partikeldurchmesser durch die noch reproduzierbare, reguläre Packung kleiner Teilchen bedingt. Die Trägergas-Durchflußgeschwindigkeit ist nach dem zweiten und dritten Glied von großem Einfluß auf die Trennwirksamkeit. Aus diesem Grunde soll z. B. auch der Druckabfall längs der Kolonne nicht zu groß sein, da sonst der Gasdurchfluß auf längeren Strecken in der Säule außerhalb des experimentell ermittelten Durchflußoptimums liegt. Der Gehalt an flüssiger Phase muß nach dem dritten Glied möglichst gering sein. Die untere Grenze wird durch den Übergang zur Gasadsorptionschromatographie (Auftreten von Adsorption der Trägersubstanz durch dünne Flüssigkeitsfilme) und die Empfindlichkeit der Meßanordnung gegeben, da bei geringerer Menge flüssiger Phase die Beladungskapazität der Säule abnimmt.

Bereitung äußerst trennwirksamer Säulen. Nach Scott [*1102, 1104*] wird ein 2,2 mm lichtes, 3—15 m langes Kupferrohr mit der stationären Phase gefüllt. Als stationäre Phase werden 5 Gew.-% Apiezon-öl auf „Johns-Manville fire-bricks C_{22}“ (Partikeldurchmesser 0,05 mm) gebracht. Argon wird als Trägergas benutzt mit einer linearen Durchflußgeschwindigkeit von 3,9 ml/sec. Am Ende der Säule wird das Druckgefälle durch eine Kapillarverengung von 0,4 mm auf ein möglichst geringes, unter 1,2 liegendes Verhältnis Eingangs- zu Ausgangsdruck einreguliert. Es sollten auf solche Säulen nicht mehr als 15 γ Substanz geimpft werden. Die Elutionszeiten auf diesen Kolonnen sind sehr groß. Durch die Entwicklung der Kapillarsäulen ist die Benutzung solcher hochtrennwirksamer Säulen uninteressant geworden, da die Analysenzeit zu lang ist.

III. Kapillar-Chromatographie

Die Suche nach immer trennwirksameren Säulen hat zur Entwicklung der sog. *Kapillar-Chromatographie* geführt, die eine eigene Technik innerhalb der Gas-Chromatographie geworden ist, so daß eine zusammenfassende Darstellung in einem eigenen Abschnitt gerechtfertigt ist.

Die großen Vorteile der Kapillar-Gas-Chromatographie liegen in der außerordentlich großen Trennwirksamkeit der Kapillarsäulen und in den kurzen Analysenzeiten, die verwirklicht werden können. Die Trennflüssigkeit wird auf der Innenwand dünner Kapillaren aufgebracht. Neben den genannten Vorteilen der Kapillar-Chromatographie seien hier aber auch einige Nachteile gegenüber der konventionellen Gas-Chromatographie erwähnt: Die in Kapillarsäulen trennbaren Mengen Substanz sind so gering, daß eine Gewinnung der getrennten Fraktionen und somit weitere Identifizierungsreaktionen unmöglich sind. Man ist somit zur Identifizierung einer Substanz nur auf die Retentionswerte angewiesen und das genügt in vielen Fällen nicht zur Charakterisierung organischer Verbindungen. Es wird oft als Nachteil angeführt, daß die experimentelle Ausführung der Kapillar-Chromatographie schwieriger sei als bei der konventionellen Gas-Chromatographie. Dieses Argument wird jedoch in Zukunft gegenstandslos werden, wenn der Allgemeinheit von den entsprechenden Firmen Geräte[1] und imprägnierte Kapillarsäulen[2] zur Verfügung gestellt werden. Es sei aber auch der verbreiteten Ansicht entgegengetreten, daß mittels Kapillar-Chromatographie Spurenanalysen günstiger ausgeführt werden könnten. Tatsächlich wird durch die geringere Probenmenge die größere Empfindlichkeit der Ionisationsdetektoren wieder aufgehoben. Nach allen bisherigen Erfahrungen wird die Kapillar-Chromatographie die konventionelle Gas-Chromatographie nicht verdrängen oder auch nur einschränken. Diese neue Methode stellt eine Erweiterung zu neuen Größenordnungen der Trennleistung und Analysenschnelligkeit dar.

1. Theorie der Kapillar-Chromatographie

Golay [*438–441*] hat durch seine theoretischen Überlegungen und experimentellen Untersuchungen diese neue Methode begründet. Ausgangspunkt der Überlegungen von Golay war die Vorstellung, daß eine konventionelle Säule zur Gas-Chromatographie als ein gebündeltes System langer Kapillaren aufgefaßt werden kann. Wenn dies zutrifft, müßte die Trennstufenhöhe in der Größenordnung der Porendurchmesser des Trägermaterials liegen. In der Praxis treten jedoch um mindestens eine Zehnerpotenz größere Werte auf. Dies ist mit auf die Unregelmäßigkeit der Gasströmung in gepackten Säulen zurückzuführen, die durch unregelmäßige Packung des Trägermaterials, ungleiche Durchmesser der Porenkanäle im Träger und ungleiche Beschichtung des Trägers hervorgerufen werden. Diese Faktoren werden im Glied A der van Deemter-Gleichung (s. S. 11) berücksichtigt. Wenn man die Innenwand einer dünnen Kapillare mit einem homogenen, gleichmäßigen Film einer Trennflüssigkeit überzieht, würden diese Unregelmäßigkeiten und somit auch Glied A der van Deemter-Gleichung wegfallen. Die Wanderung eines „Substanzpfropfens" in einer Kapillare läßt sich durch eingehende Analyse der Diffusionserscheinungen in gasförmiger und flüssiger Phase und den Austausch der Substanz zwischen diesen beiden Phasen verstehen, wobei Golay als Modell für seine Betrachtungen eine aus der Elektrik entlehnte Vorstellung benutzte. Neben dem Substanzaustausch zwischen flüssiger und gasförmiger Phase muß auch der Austausch zwischen einer ruhenden Schicht Trägergas unmittelbar an der Oberfläche des Flüssigkeitsfilms und dem eigentlichen Gasstrom berücksichtigt werden.

---

[1] Zur Kapillar-Chromatographie geeignete Geräte stellen die Firmen Perkin-Elmer u. Co., Barber Coleman, Shandon und Gas Chromatography Ltd. her.

[2] Die Patentrechte des Grundsatz-Patents von M. J. E. Golay [*443*] über Kapillarsäulen sind der Fa. Perkin-Elmer übertragen worden, die allein berechtigt ist, imprägnierte Kapillarsäulen zu handeln.

Die aufbauend auf Arbeiten von GIDDINGS [*415, 417, 418, 420, 422* bis *424, 433*], KIESELBACH [*728, 730*], KHAN [*726*] u. a. [*318, 403, 1031, 1070, 1229, 1230*] von JONES [*690*] modifizierte van Deemter-Gleichung lautet:

$$H = \overset{\text{A}}{A} + \overset{\text{B}}{\frac{2\gamma D_G}{u}} + \overset{\text{C}}{\frac{C_1 k'}{(1+k')^2} \times \frac{d_f^2 u}{D_F}} + \overset{\text{D}}{\frac{C_2 k'^2}{(1+k')^2} \times \frac{d_p^2 \cdot u}{D_G}}$$

$$+ \overset{\text{E}}{\frac{C_3 d_p^2 \cdot u}{D_G}} + \overset{\text{F}}{\frac{2p(C_2 \cdot C_3)^{\frac{1}{2}} k'}{1+k'} \times \frac{d_p \cdot d_g \cdot u}{D_G}} \qquad (27)$$

(Bezeichnungen wie auf S. 11; d_g = Diffusionsweglänge in der Gasphase, p = Korrelationskoeffizient.) Die ersten drei Glieder sind identisch mit Glied A—C der van Deemter-Gleichung (S. 11), da C_1, der sog. Massenübergangskoeffizient zu $\frac{8}{\pi^2}$ errechnet wird. Glied C beschreibt demnach die Diffusion in der flüssigen Phase. Glied D berücksichtigt die Diffusion in der Gasphase, die in der ursprünglichen van Deemter-Gleichung als unbedeutend gegenüber der Diffusion in der flüssigen Phase vernachlässigt wurde. Bei hohem Trägergasdurchfluß und dünnem Flüssigkeitsfilm, wie es bei Kapillaren der Fall ist, ist dieser Effekt jedoch nicht mehr zu vernachlässigen. C_2 ist eine geometrische Konstante. Glied E berücksichtigt den Substanzübergang zwischen dem strömenden Trägergas und der Schicht ruhenden Trägergases. C_3 ist eine Konstante, in der geometrische Faktoren und das Strömungsprofil des Trägergases berücksichtigt werden. Schließlich wird in Glied F noch berücksichtigt, daß die Glieder A—E nicht unabhängig voneinander sind, sondern miteinander korreliert sind.

Die von GOLAY [*440*] für die Trennstufenhöhe angegebene, experimentell bestätigte [*281, 1106*] Formel

$$H = \frac{2 D_G}{u} + \frac{2}{3} \frac{k'}{(1+k')^2} \times \frac{d^2}{D_F} u + \frac{1 + 6k' + 11k'^2}{24(1+k')^2} \times \frac{r^2}{D_G} u \qquad (28)$$

läßt sich aus der Jonesschen Formel ableiten, wenn man berücksichtigt, daß bei Kapillarsäulen Glied A vernachlässigbar klein wird, der Labyrinthfaktor γ den Wert 1 annimmt, der Partikeldurchmesser d_p und die Diffusionsweglänge d_g gleich dem Kapillardurchmesser gesetzt werden und die Konstanten mit $C_1 = \frac{2}{3}$, $C_2 = 0{,}817$ und $C_3 = 3{,}27$ eingesetzt werden [*690*].

Aus obiger Gleichung ergibt sich, daß auch bei der Kapillar-Gas-Chromatographie mit möglichst geringer Schichtdicke an Trennflüssigkeit, mit möglichst kleinem Kapillardurchmesser und bei dem optimalen Durchfluß an Trägergas gearbeitet werden sollte [*281, 284, 1106*]. So lassen sich mit Kapillardurchmessern von 0,1—0,4 mm und Schichtdicken von 0,2—1 μ an Trennflüssigkeit Trennstufenhöhen von 0,02 cm erzielen. Dieser Wert liegt in der gleichen Größenordnung wie bei konventionellen Säulen mit Trennstufenhöhen von 0,05—0,2 cm. Der große Vorteil von Kapillarsäulen liegt jedoch bei ihrer großen Permeabilität, wodurch Säulenlängen von 50 bis zu mehreren Hundert Metern möglich werden und dadurch Bödenzahlen bis zu einer Million erreicht werden. Die Trennstufenhöhen werden auch bei Kapillarkolonnen nach der auf S. 8 beschriebenen Weise berechnet.

Während die Angabe der Trennstufenhöhe als Kennzeichen für die Güte einer Kapillarsäule und für den Vergleich verschiedener Säulen unbestritten ist, wird diese Größe aber als Kennwert für die Trennleistung für ein bestimmtes Trennproblem angezweifelt [*492, 995, 996*]. Es hat sich nämlich herausgestellt, daß die Trennung eines Substanzpaares bei vergleichender Verwendung von Kapillarsäulen und konventionellen Kolonnen gleicher Bodenzahl bei der Kapillarsäule schlechter ist. Aus diesem Grund hat PURNELL [*995, 996*] die Auflösbarkeit zweier Substanzen als Maßzahl für die Trennleistung vorgeschlagen und auf die Bedeutung des Verhältnisses des Durchbruchvolumens V_M zum Retentionsvolumen V'_{R2} (Erläuterung s. S. 7) für die zur Trennung zweier Substanzen notwendigen minimalen Bodenzahl $n_{\min}$ hingewiesen.

$$n_{\min} = \left(\frac{6\alpha}{\alpha - 1}\right)^2 \times \left(1 + \frac{V_M}{V'_{R2}}\right)^2 ; \qquad a = \frac{V_{R2}}{V_{R1}} . \tag{29}$$

Nach dieser Gleichung wird die zur Trennung notwendige Bödenzahl um so größer je näher das Retentionsvolumen dem Wert des Durchbruchvolumens eines Inertgases kommt. Da bei Kapillarsäulen durch die geringe Menge Trennflüssigkeit und das im Vergleich hierzu große Gasraumvolumen Werte von $\frac{V_M}{V'_R}$ um 1 herauskommen können, ist ein Ansteigen von $n_{\min}$ nicht mehr verwunderlich, wenn man bedenkt, daß $\frac{V_M}{V'_R}$ bei gepackten Säulen viel kleiner ist. Günstige Seiten des großen Verhältnisses an Gasraumvolumen : Trennflüssigkeitsvolumen sind jedoch die kurze Analysenzeit und die damit verbundene, zu den konventionellen Säulen relativ niedrigere Arbeitstemperatur.

HALÀSZ u. SCHREYER [*492*] haben zur Kennzeichnung der Trennleistung einer Kapillarsäule den sog. Trennwert empfohlen, der sehr leicht zu berechnen und deshalb sehr praktikabel ist. Unter dem Trennwert W wird hierbei das Verhältnis der Retentionszeit zur Bandenhalbwertsbreite $\frac{w}{2}$ (Bandenbreite in 60,6% der Höhe einer Bande) verstanden:

$$W = \frac{t_R}{w/2} . \tag{30}$$

Da mit den bei der Kapillar-Gas-Chromatographie üblichen Detektoren die Durchbruchszeit eines Inertgases und damit auch t_R schwierig bestimmt werden kann, nimmt man in erster Näherung die Retentionszeit des Methans als Durchbruchszeit an [*492*].

2. Apparatur zur Kapillar-Chromatographie

Der Aufbau eines Gas-Chromatographen zur Kapillar-Chromatographie (s. Abb. 12) entspricht in wesentlichen Teilen dem im nächsten Kapitel eingehend behandelten Aufbau von Gas-Chromatographen. Jedoch sei hier schon auf die abweichenden Bauelemente näher eingegangen. Das Trägergas wird durch Feinregulierventile und Durchflußmesser (vgl. S. 49) auf einen Durchfluß von 0,5—2 ml/min einreguliert. Stickstoff ist bei Verwendung von Flammenionisationsdetektoren das am häufigsten benutzte Trägergas. In den Probengeber wird eine noch gut dosierbare

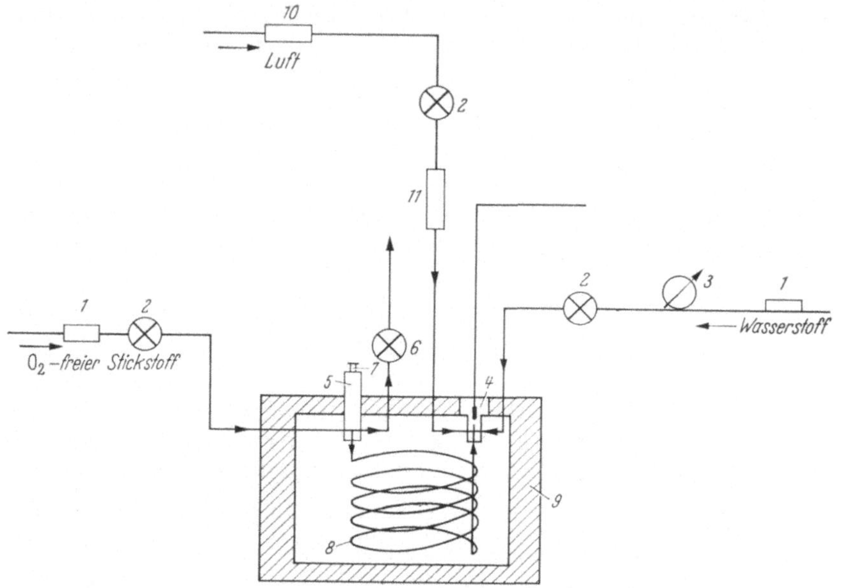

Abb. 12. Schema einer Apparatur zur Kapillar-Gas-Chromatographie. *1* u. *3* Druckmesser, *2* Feinregulierventile, *4* Flammenionisationsdetektor, *5* Probengeber, *6* Regulierventil, *7* Injektionsstelle, *8* Kapillarsäule, *9* Thermostat, *10* Luftfilter, *11* Strömungsmesser

Menge Substanz wie üblich eingeführt (vgl. S. 50) und dann durch ein by-pass-System nur ein Bruchteil der Probe in die Kapillare gespült. Da Kapillaren in spiralisierter Form sehr raumsparend untergebracht werden können, ist nur ein kleiner Thermostat notwendig. Nach Verlassen der Kapillarsäule tritt das Trägergas in den Detektor. Wenn ein Flammenionisationsdetektor wie in Abb. 12 benutzt wird, muß dem Trägergas N_2 noch der zur Verbrennung notwendige Wasserstoff beigefügt werden, dessen Strömungsgeschwindigkeit wiederum kontrolliert wird. Außerdem muß noch Luft zutreten, die vorher durch Watte filtriert wird und völlig frei von verbrennbaren Substanzen sein soll.

Im folgenden werden Probengeber und Kapillarsäulen eingehend beschrieben, während die Detektoren zur Kapillar-Chromatographie später behandelt werden (S. 54). Grundsätzlich sei angeführt, daß fast ausschließlich Flammenionisationsdetektoren und β-Strahlen-Detektoren benutzt werden müssen, da die Belastbarkeit von Kapillaren auf Grund der geringen Mengen Trennflüssigkeit um 5—6 Zehnerpotenzen unter der Belastbarkeit von gepackten Säulen liegt.

a) Probengröße und Probengeber

Über die maximale Probengröße bei Kapillarsäulen vermag eine sehr einfache Rechnung Auskunft zu geben. Nimmt man an, daß in einer konventionellen Säule von 10 mm Durchmesser und 1 m Länge die Bodenhöhe bei 1,0 mm liegt, dann berechnet sich eine Menge von 7,5 mg Trennflüssigkeit je effektives Bodenvolumen. Wenn bei einer Kapillarsäule von 30 m Länge insgesamt 5 mg stationäre Flüssigkeit aufgebracht sind und die Trennstufenhöhe $H = 0{,}4$ mm beträgt, befinden sich im effektiven Bodenvolumen nur $\frac{5}{75000}$ mg $= 6{,}6 \times 10^{-5}$ mg stationärer Flüssigkeit. Entsprechend den Verhältnissen der Trennflüssigkeit in den effektiven Bodenvolumina $\frac{6{,}6 \times 10^{-5}}{7{,}5} = 8{,}8 \times 10^{-6}$ kann man bei Kapillarsäulen nur etwa ein Milliardstel der bei den normalen analytischen Säulen üblicherweise verwendeten Menge analysieren. E. Bayer u. H. G. Witsch [*85*] haben gemessen, daß bei der 10 mm-Säule mit Dinonylphthalat die Belastbarkeit für Pentan als zu trennender Substanz bei 80 mg liegt. Danach dürfte bei der oben beschriebenen Kapillarsäule die Belastbarkeit bei etwa 0,7 μg liegen, einem Wert, der auch nach Desty u. Mitarb. [*278*] und Halàsz u. Mitarb. [*491*] als Größenordnung der Belastbarkeit experimentell ermittelt worden ist. Es leuchtet ein, daß solch geringe Mengen kaum mehr aufgefangen werden können und nicht mehr zur Ausführung zusätzlicher Identifizierungsreaktionen ausreichen. Um diesen Nachteil der Kapillar-Chromatographie zu beheben, haben Zlatkis u. Kaufmann [*1292*] Nylonkapillaren mit ausnahmsweise großen Durchmessern von 0,5 und 0,85 mm bzw. sogar 1,65 mm und 305 m bzw. 1600 m Länge verwandt und so 1,2 bzw. sogar 20 mg einer aus mehreren Komponenten zusammengesetzten Substanzprobe trennen können. Die Bodenhöhen liegen mit 1,2 bzw. 1,5 mm (Trägergasdurchfluß 250 ml/min) etwas höher als die von Scott [*1106*] unter optimalen Bedingungen für Nylonkapillaren ermittelten Werte von 0,35—0,6 mm, entsprechen aber in Anbetracht der größeren Kapillardurchmesser und Schichtdicke der Trennflüssigkeit den theoretischen Erwartungen.

Die bei den üblicherweise benutzten Kapillaren von 0,2—0,4 mm Innendurchmesser nach obigen Ausführungen geringe Probenmenge von 0,2—2,5 μg einer Einzelkomponente bedingt die Sonderheiten im Aufbau eines Gerätes zur Kapillar-Chromatographie. Solche geringen Substanzmengen müssen mit den auf S. 58 beschriebenen Ultramikrodetektoren nachgewiesen werden. Außerdem können solche Mengen nach dem derzeitigen Stand der Technik auch nicht angenähert reproduzierbar eingebracht werden. Man hilft sich dadurch, daß man Gase und Flüssigkeiten mit den üblichen Verfahren (s. S. 50 ff.) in üblicher Menge (10—100 μl) dosiert und den Trägergasstrom mit der verdampften Analysenprobe durch einen Teiler treten läßt. Dieser Teiler stellt im einfachsten Fall ein T-Stück dar, dessen eine Verbindung zur Kapillarsäule und dessen anderer Weg nach außen führt. Durch geeignete Wahl des Querschnittes des nach außen führenden Rohres und durch ein Feinregulierventil läßt

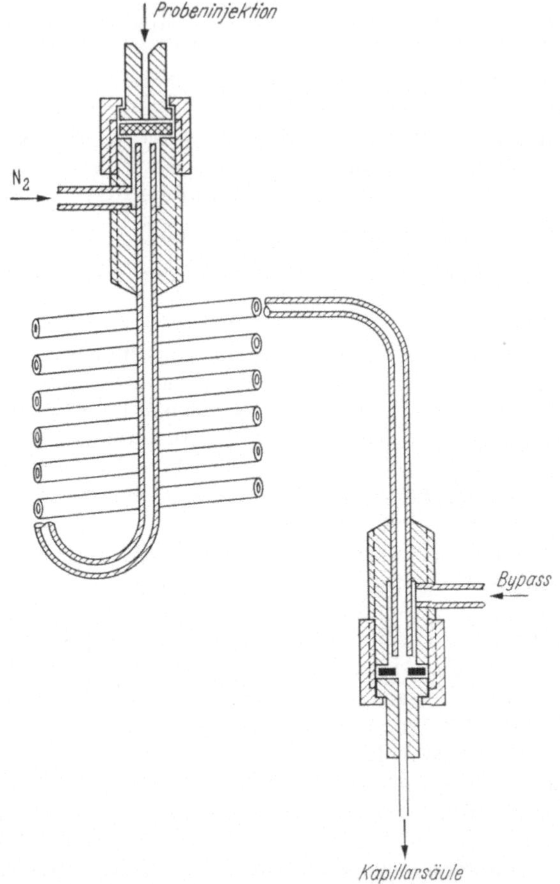

Abb. 13. Probengeber zur Kapillar-Chromatographie nach HALÀSZ und SCHNEIDER [*490*]

sich der Durchflußwiderstand auf das gewünschte Teilungsverhältnis einregulieren und dadurch erreichen, daß nur ein reproduzierbarer Teil des Trägergasstromes und damit ein Teil der ursprünglich injizierten Substanzmenge in die Kapillarsäule kommt.

Gewöhnlich wird man nur einen Teil von 100—2000 Teilen in die Kapillarsäule eintreten lassen. Ein Schema der von HALÀSZ u. SCHNEIDER [*490*] beschriebenen Anordnung ist in Abb. 13 wiedergegeben. Wichtig ist, daß der Probengeber mitthermostatisiert ist, da das Teilungsverhältnis nur bei gleicher Temperatur und gleichem Trägergasdurchfluß innerhalb 2—5% reproduzierbar ist. Die flüssige Probe wird mit einer 10 μl-

Hamilton-Spritze[1] dosiert und ein Verteilerverhältnis von 1 : 1000 bzw. 1 : 2000 eingestellt. Beschreibungen von Probengebern zur Kapillar-Gas-Chromatographie finden sich auch in den Literaturstellen [*284* und *350*].

b) Herstellung der Kapillarrohre

Als Materialien für die Kapillarrohre haben sich Stahl, Kupfer, Nylon und Glas eingeführt. Stahl-, Kupfer- und Aluminiumrohre eines geeigneten Innendurchmessers von 0,2—0,5 mm sind heute im Handel erhältlich[2].

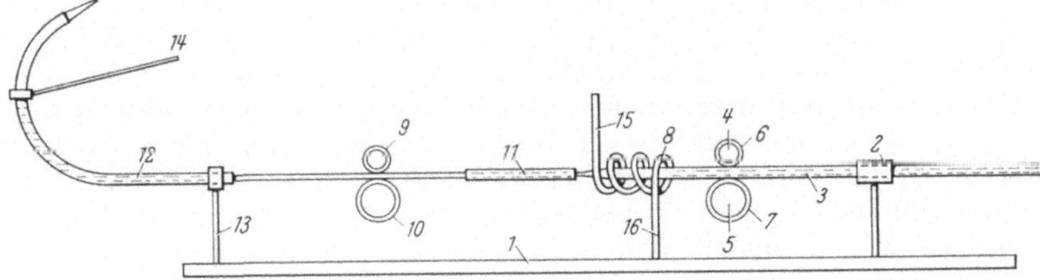

Abb. 14. Gerät zum Ziehen von Glaskapillaren nach DESTY u. Mitarb. [*285*]. Beschreibung im Text

Abb. 15. Photographie des Gerätes zum Ziehen von Glaskapillaren nach DESTY u. Mitarb. (freundlichst zur Verfügung gestellt von Herrn Dr. DESTY)

Glaskapillaren können mit Hilfe des in Abb. 14 und 15 wiedergegebenen Apparates automatisch gezogen werden [*285*, *765*]: Auf einer Messinggrundplatte *1* werden die einzelnen Teile montiert. Eine dickwandige Glaskapillare *3* wird durch eine lose Halterung *2* in etwa 5 cm Höhe über der Grundplatte gesteckt und anschließend zwischen den Rädern *4* und *5* durchgeführt. Die Räder besorgen den Vorschub der Kapillare zu der eigentlichen Ziehvorrichtung *8*. Das untere Rad *5* hat einen Durchmesser

[1] Erhältlich durch Hamilton Company, Whittier, California, USA.
[2] Fa. Schoeller, Hellenthal/Eifel, und Fa. Winopal, Hannover.

von etwa 3,7 cm und wird durch einen Elektromotor angetrieben, dessen Drehzahl bis auf 6 Umdrehungen/Stunde stufenlos einregulierbar ist. Das obere Rad *4* dient nur zur Führung, ist frei drehbar und drückt das Glasrohr fest auf das Rad *5*. Die Räder sind mit einer Führungsrille versehen (0,1 × 0,8 cm), deren Oberfläche mit Gummi überzogen ist (*6* u. *7*). Durch die Umdrehung des Rades *5* wird die Kapillare in die Heizspirale *8* eingeführt. Die Heizspirale von etwa 2,5 cm Länge und 1,2 cm Durchmesser wird aus einem Band (3 × 0,6 mm) aus Nichrom in zwei Schichten gewunden und durch die Halterung *16* so befestigt, daß die Kapillare zentrisch in die Spirale ragt. Das Nichrom-Band wird elektrisch (5 V, 400 Watt) so aufgeheizt (*15*), daß das Glas in helle Rotglut kommt (500—700° C). Die Kapillare wird durch ein weiteres Doppelrad *9* u. *10* gleicher Dimensionen wie *4* und *5* gezogen. Die Umdrehungszahl dieses Rades ist aber auf 60—300 Umdrehungen/Stunde einstellbar. Das Verhältnis der Umdrehungszahlen der Räder *10* und *5* ergibt den Ziehfaktor, d. h. das Verhältnis des Querschnittes von ursprünglicher Glaskapillare zu erhaltener Kapillare. Eine Glaskapillare von 6 mm äußerem und 0,5 mm innerem Durchmesser (Querschnitt = 28 mm^2 ergibt so bei einem Ziehfaktor von 50 eine Kapillare von 0,8 mm äußerem und 0,07 mm innerem Durchmesser (Querschnitt = 0,5 mm^2). Zur Erzielung einer gleichmäßigen Kapillare durchläuft diese zwischen Heizspirale und Rad *10* ein Porzellanrohr *11* (7,5 cm lang, 0,44 cm × 0,33 cm ∅), welches eine langsame, gleichmäßige Abkühlung gewährleistet. Schließlich wird die Kapillare durch ein Stahlrohr *12*, welches bei *14* und *13* an eine Stromquelle (2 V) angeschlossen und beheizt wird, geführt (bis 200 Watt), so daß gerade der Erweichungspunkt des Glases erreicht und die Kapillare auf den durch die Biegung des Stahlrohres vorgegebenen Radius spiralig gewunden wird. Das Stahlrohr von 22,5 cm Länge und 3,5 × 2,3 mm Durchmesser läuft zunächst noch 5—6 cm gerade, bevor es zur Biegung ansetzt.

Mit dieser Apparatur konnten DESTY u. Mitarb. [*285*] aus einer 1,5 m langen dicken Kapillare mit 6 mm Außen- und 2 mm Innendurchmesser bei einem Ziehfaktor von 50 innerhalb 3 Stunden eine 80 m-Kapillare von 0,17 mm innerem und 1 mm äußerem Durchmesser erhalten.

Nylonkapillaren [*1101*, *1106*, *1292*] lassen sich schwierig selbst herstellen und müssen von den einschlägigen Firmen industriell im üblichen Spinnverfahren hergestellt werden. Andere Kunststoffe als Nylon sind prinzipiell ebenfalls verwendbar; jedoch muß beachtet werden, daß dann dickere Wandungen benutzt werden müssen, da diese Materialien um mehrere Zehnerpotenzen höhere Durchlässigkeit für Gase wie H_2 und He als Nylon aufweisen können [*59*]. Es liegen sehr wenig vergleichende Untersuchungen über die Eignung der verschiedenen Säulenmaterialien vor. Die für Kapillaren unterschiedlichen Materials angegebenen Trennstufenhöhen bei Kohlenwasserstoffen liegen alle in der gleichen Größenordnung. Es muß gefordert werden, daß der innere Durchmesser der Kapillaren innerhalb weniger als ± 5% schwankt. Bei entsprechender Sorgfalt sind auch glatte und rillenfreie innere Oberflächen ohne Verschmutzung zu erhalten. Bei Metallkapillaren muß darauf geachtet werden, daß keine Oxydschicht vorhanden ist, die zu einer oxydativen Zerstörung der Trennflüssigkeit Anlaß geben könnte. Die bei höheren Temperaturen mögliche Verformbarkeit und Instabilität der Nylonkapillaren schließt deren Anwendung bei höheren Temperaturen als 80° C aus. Stahlkapillaren haben sich wider Erwarten bei der Trennung von polaren Verbindungen nicht bewährt, da große „Schwanzbildung" beobachtet wird [*284*, *890*]. Bei Glas, welches prinzipiell als weniger inerter Träger anzusehen wäre, ist die Schwanzbildung geringer. Kupfer nimmt eine Mittelstellung ein. Man kann diese Erscheinung auf die bessere Benetzbarkeit und damit größere Homogenität des Trennflüssigkeitsfilmes zurückführen, die bei den polaren Oberflächen des Glases auftritt. Wie beim inerten Träger bei der konventionellen Gas-Chromatographie erscheinen somit die Kapillarmaterialien bei der Trennung von Kohlenwasserstoffen gleichwertig zu sein. Je polarere Moleküle jedoch getrennt werden sollen, desto kritischer ist die Wahl des Materials.

3. Imprägnierung der Kapillaren

Die Entdecker der experimentellen Kapillar-Chromatographie, Golay [*440*] u. Dijkstra u. de Goey [*292*], haben verschiedene Imprägnierverfahren angegeben, die als *statische* und *dynamische* Verfahren gekennzeichnet sind. Eingeführt hat sich am besten das von Dijkstra u. de Goey [*292*] angegebene dynamische Verfahren. Vor der Imprägnierung wird bei beiden Verfahren die Säule durch Spülen mit Petroläther oder Chloroform gereinigt.

Dynamische Imprägnierung: Eine 1—20%ige Lösung der gewählten Trennflüssigkeit in einem niedrigsiedenden Lösungsmittel wie Petroläther, Diäthyläther, Methylenchlorid, wird in die Kolonne eingepreßt. Die Konzentration der Trennflüssigkeit richtet sich nach der gewünschten Schichtdicke. Die Lösung der Trennflüssigkeit wird nun durch einen langsamen Strom von Stickstoff durch die Kapillare gepreßt. Es ist notwendig, zur Erzielung gleichmäßiger Schichtdicken, die Lösung langsam mit einer Wanderungsgeschwindigkeit von 2—5 cm/sec und mit konstantem Gasmengenstrom durchzudrücken. Nachdem der Lösungspfropfen aus der Kapillare getreten ist, wird mit Trägergas Stickstoff noch 2—3 Stunden mit gleicher Durchflußgeschwindigkeit zur Entfernung noch verbliebenen Lösungsmittels nachgespült und dann unter langsamer Temperaturerhöhung ($< 1°$/min) bis mindestens zur vorgesehenen Trenntemperatur, aber höchstens bis zur maximal möglichen Arbeitstemperatur der Phase, weitergespült.

Die Einstellung eines gleichmäßigen Gasstromes beim Durchdrücken des Lösungsmittelpfropfens durch die Kapillare bereitet die größte Schwierigkeit. Man schließt hierzu die Kapillare direkt an die mit einem geeigneten zusätzlichen Präzisionsnadelventil versehene Stickstoffflasche an. Hinter das zu imprägnierende Kapillarrohr schaltet man eine etwa 20 cm lange, durchsichtige Kapillare aus Kunststoff[1] oder Glas, die am

[1] Hersteller: Fa. Mecano-Bundy, Heidelberg.

besten genau den gleichen Durchmesser aufweist wie die Trennkapillare. In die durchsichtige Kapillare wird ein 1 cm langer Pfropfen der Lösung gegeben und darunter ein Millimeter-Papier gelegt. Durch Abmessen des in 6—20 sec zurückgelegten Weges läßt sich der gewünschte Gasmengenstrom genau einregulieren. An Stelle eines Nadelventils und einer Stahlflasche kann der zum Durchdrücken des Lösungspfropfens notwendige kleine Gasstrom auch nach KAISER *[697]* durch eine Mikroelektrolysezelle durch Zersetzung des Wassers zu Knallgas erzeugt werden. Man kann hierbei den Gasmengenstrom über den benötigten Zersetzungsstrom eichen.

Die Lösungsmittel für die Trennflüssigkeit müssen so gewählt werden, daß eine möglichst unbeschränkte Mischbarkeit gewährleistet ist. Die Oberflächenspannung auch konzentrierter Lösungen sollte jeweils kleiner sein als die Adhäsionsspannung, da sonst kein homogener Film, sondern Tröpfchen, auf der Kapillarinnenfläche gebildet werden. Schwierigkeiten treten hier besonders bei sehr polaren Trennflüssigkeiten auf, wie z. B. β,β'-Bis(propionitril)-äther. Man muß in diesen Fällen für eine gute Benetzung durch Zugabe eines Netzmittels, z. B. Spuren von Alkalisalzen der Alkyl-arylsulfonate, sorgen. Die Gefahr der Tröpfchenbildung kann auch bei unpolaren Trennflüssigkeiten entstehen, wenn polare Lösungsmittel, wie z. B. Aceton, verwendet werden. Man sollte sich zur Gewohnheit machen, ein möglichst unpolares Lösungsmittel wie Hexan, Pentan, Chloroform anzuwenden. Die Erzielung einer genau vorherberechneten Filmdicke ist bei Kapillaren schwierig zu erreichen, da die Filmdicke von der Art des Lösungsmittels, von der Art und Konzentration der Trennflüssigkeit, der Wanderungsgeschwindigkeit des Lösungspfropfens und vom Innendurchmesser der Kapillare abhängt. Je polarer das Lösungsmittel ist, desto größer wird die Filmdicke. Je größer die Wanderungsgeschwindigkeit des Lösungsmittelpfropfens ist, desto größer wird die Filmdicke (nur bei sehr kleinen Imprägnierungsgeschwindigkeiten, $< 0{,}5$—2 cm/sec, tritt eine umgekehrte Abhängigkeit auf). Bei größeren Kapillardurchmessern ist die Filmdicke kleiner unter gleichen Bedingungen. Selbstverständlich wird die Schichtdicke auch mit zunehmender Konzentration der Trennflüssigkeit in dem Lösungsmittel größer. Als Richtwert sei angegeben, daß mit 10%igen Lösungen von Dinonylphthalat in Äther oder Squalan bzw. Apiezon M in Hexan bei einer Imprägniergeschwindigkeit von 5—10 cm/sec. Schichtdicken von 0,3—1,5 μ bei Kapillaren mit einem Innendurchmesser von 0,4 mm erhalten werden können. Unter gleichen Bedingungen werden bei Kapillaren mit Innendurchmessern von 0,2 mm Schichtdicken von 0,5—1,5 μ erhalten.

Nachdem die Kapillaren entsprechend oben angegebenen Richtlinien imprägniert sind, muß die genaue Schichtdicke experimentell ermittelt werden. Bei Glaskapillaren genügt zur Ermittlung der gesamten Menge Trennflüssigkeit eine einfache Differenzwägung vor und nach der Imprägnierung. Die Kapillarinnenfläche läßt sich aus Länge l und Innendurchmesser $2\,r$ der Kapillare leicht errechnen oder aber aus dem Durchbruchsvolumen V_M eines Gases wie Methan bei der nichtimprägnierten

Kapillare: Der Radius errechnet sich nach $r = \sqrt{\frac{V_M}{\pi \cdot l}}$. Genauer kann die Menge Trennflüssigkeit in der Kapillare durch gravimetrische Bestimmung der nach der Imprägnierung noch in der austretenden Lösung verbliebenen Trennflüssigkeit ermittelt werden.

Statische Imprägnierung: *Beispiel:* Eine 50 m lange Kapillare von 0,2 mm Innendurchmesser wird mit einer Lösung von 2% Apiezon in Hexan gefüllt, die Kapillare an einer Seite zugeschmolzen und mit dem offenen Ende langsam in ein Luftbad von 70° C geschoben. Das Lösungsmittel verdampft und eine Schicht der Trennflüssigkeit bleibt auf der Kapillarinnenwand zurück. Diese Imprägnierungsmethode führt jedoch zu weniger guten Ergebnissen als die dynamische Methode.

4. Anwendung der Kapillar-Chromatographie zur qualitativen und quantitativen Analyse

Bei der qualitativen Analyse mittels Kapillarsäulen ist man mangels einer mengenmäßigen Auftrennung ausschließlich auf die Retentionsdaten zur Identifizierung einer Substanz angewiesen. Durch Ermittlung der Retentionsvolumina von Vergleichssubstanzen an verschiedenen Trennflüssigkeiten ist eine weitgehende Sicherung möglich. In keinem Fall genügt die Bestimmung des Retentionsvolumens an nur einer Trennflüssigkeit zur sicheren Identifizierung. Durch vorausgehende chemische Abtrennung von Substanzklassen, z. B. der Alkohole durch Fällung als 3,5-Dinitrobenzoate [*80*] und Ausführung von Differenzchromatogrammen, kann eine zusätzliche Identifizierungsmöglichkeit auch bei komplex zusammengesetzten Mischungen erhalten werden. Eine weitere Möglichkeit zur Identifizierung ist die Anzeige durch substanz- oder gruppenspezifische Detektoren. Besonders Massenspektrometer sind hier erfolgreich angewandt worden (vgl. S. 181). Noch wenig untersucht ist die Anwendung des Elektroneneinfangdetektors (s. S. 174), der sich prinzipiell ebenfalls hierzu eignen müßte.

Bei der Bestimmung der relativen und spezifischen Retentionsvolumina ist darauf zu achten, daß bei Ionisationsdetektoren keine Luftbande erhalten wird und die Durchbruchszeit bzw. die „Inertgasbande" nicht auf übliche Weise (vgl. S. 73) festgelegt werden kann. Man kann sich helfen, indem man Methan verwendet, welches bei Temperaturen über 20° C kaum von der flüssigen Phase zurückgehalten wird. Besser ist es allerdings, die „Luftbande" aus dem Gasraumvolumen der Säule und dem Totvolumen zu errechnen. Ein weiterer Nachteil bei der Angabe der Retentionswerte an Kapillarsäulen ist darin zu sehen, daß die Messung der in der Kapillar-Chromatographie benutzten Trägergasdurchflüsse von 05,—1 ml/min noch problematisch und auch die konstante Einregulierung schwierig ist. DESTY u. Mitarb. [*281*] haben an vier Kohlenwasserstoffen spezifische Retentionsvolumina gemessen und Übereinstimmung mit V_g-Werten an gepackten Kolonnen erhalten. Außer diesen Daten sind in der Literatur keine brauchbaren Werte aufgefunden worden, die sich für eine Tabellierung eignen würden, so daß man vorderhand immer noch auf die oftmals abgebildeten Chromatogramme zurückgreifen muß, die für einen anderen Bearbeiter schwer zu reproduzieren sind, da meist nur unkorrigierte Retentionszeiten angegeben sind.

Die außerordentlich schnelle Trennung und gute Auflösung wird jedoch zur weiteren Arbeit auf diesem Gebiet führen und bei manchen Problemen zu einer Bevorzugung der Kapillar-Chromatographie gegenüber der konventionellen Gas-Chromatographie führen.

Auf einzelne Anwendungen wird im Kapitel V eingegangen werden. In Abb. 49 ist ein Kapillar-Chromatogramm wiedergegeben. Bisher sind neben Kohlenwasserstoffen [*219, 281, 283, 284, 565, 566, 1101, 1106, 1112, 1292*] auch Fettsäureester [*778, 814, 815, 958*], Aromastoffe und Terpene [*890, 1108, 1179*] sowie auch einige anorganische Interhalogenverbindungen [*972*] getrennt worden.

Die *quantitative Bestimmung* mit Anordnungen zur Kapillar-Chromatographie macht vom Standpunkt der Kapillarsäule selbst keine Schwierigkeit, sondern ist im wesentlichen eine Frage des Detektors. Auf die Charakteristik der Detektoren wird im Anhang I näher eingegangen werden. Es sei hier jedoch darauf hingewiesen, daß HALÀSZ u. SCHNEIDER [*490*] die quantitative gas-chromatographische Analyse von Kohlenwasserstoffen mit Kapillarsäulen und Flammenionisationsdetektoren sehr eingehend untersucht haben und Genauigkeiten von $\pm$ 1,5% gefunden haben. Diese Autoren haben auf *n*-Heptan bezogene Eichfaktoren aufgestellt. Sie konnten zeigen, daß zur Erzielung genauer Analysen folgende Gesichtspunkte beachtet werden müssen: Man muß in dem Substanzbereich arbeiten, bei dem das Detektorsignal in einer linearen Beziehung zur Substanzkonzentration steht. Bei dem von HALÀSZ u. SCHNEIDER [*490, 491*] angegebenen Detektor ist als obere Substanzmengengrenze 4 μg und als untere Grenze 4×10^{-4} μg angeführt. Die Bestimmung der Bandenflächen ist genauer als die Bestimmung der Bandenhöhen (vgl. auch S. 76); der Probengeber sollte entsprechend Abb. 13 aufgebaut sein und gleiches by-pass-Verhältnis sowie gleiche Temperatur beibehalten werden. Es versteht sich von selbst, daß die Variablen des Flammenionisationsdetektors, wie Elektrodenabstand und Elektrodenspannung konstant gehalten werden müssen. Die erhaltenen Werte stimmen besser auf Gew.-% als auf Mol-%.

Weitere Angaben über quantitative Analysen mit Ionisationsdetektoren finden sich auf S. 78 und in [*325*] und [*1043*].

IV. Apparaturen zur Gas-Chromatographie

Die apparative Ausstattung einer Anlage zur Gas-Chromatographie setzt sich aus zwei Grundelementen zusammen: Aus der Trennsäule mit der stationären Phase und der Quelle für die bewegliche gasförmige Phase sowie aus der Einrichtung zur Erfassung der getrennten Gase, dem Detektor nebst Schreiber. Hinzu kommen als wesentliche Hilfselemente Vorrichtungen für Probeneinlaß, die sog. Probengeber, Kontrollmeßinstrumente für Gasdruck und Gasströmung und ein Thermostat zur Erzielung der notwendigen Temperaturkonstanz der Apparatur. Weiterhin können noch Auffangvorrichtungen zur Wiedergewinnung der getrennten Substanzen die Anordnung vervollständigen.

In Abb. 16 ist schematisch der prinzipielle Aufbau eines Gas-Chromatographen aufgezeichnet. Von der Stahlflasche oder dem Gasgenerator (*1*) mit normalem Reduzierventil strömt das Trägergas durch die Trennsäule (*4*). Vorher wird bei (*3*) die flüssige oder gasförmige Substanz dem Trägergas beigegeben. Nach der Auftrennung an der Chromatographiesäule treten die Fraktionen in den Detektor (*5*), wo die Substanz gemessen wird. Dieses Meßergebnis wird bei der Registriervorrichtung (*6*) abgelesen. Es kann sich hierbei um ein normales Galvanometer handeln,

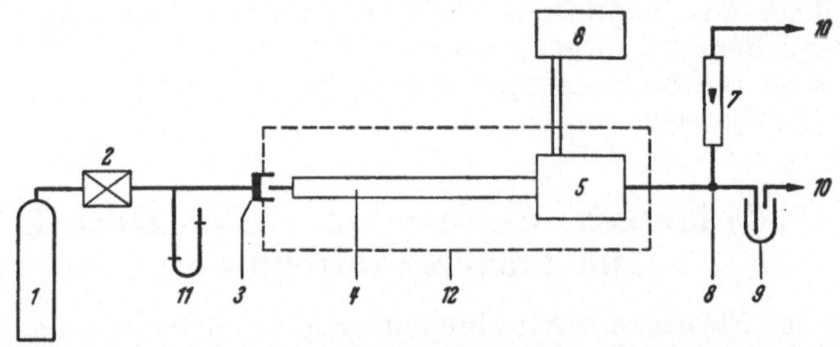

Abb. 16. Blockdiagramm einer Apparatur für die Gas-Chromatographie. *1* Gasflasche, *2* Feinregulierventil, *3* Injektionsstelle, *4* Trennsäule, *5* Detektor, *6* Schreiber, *7* Strömungsmesser, *8* Dreiweghahn, *9* Auffangvorrichtung, *10* Gasaustritt, *11* Manometer, *12* Thermostat

dessen Ausschlag von Zeit zu Zeit notiert wird. In der Praxis wird man allerdings registrierende Schreiber bevorzugen. Zur Erleichterung der quantitativen Analyse kann durch geeignete handelsübliche Geräte der Meßwert automatisch über die Zeit integriert werden (Integrator). Da sehr viele Detektoren zur Gas-Chromatographie beschrieben worden sind, wird in diesem Kapitel nur eine Übersicht gegeben, während Prinzip und Aufbau im Anhang I näher erläutert sind.

Strömung und Druck des Trägergases werden durch das Feinregulierventil (*2*) eingestellt. Da nach den Betrachtungen auf S. 72 die Auftrennung bei Unterdruck keine Vorteile mit sich bringt, wird der Differenzdruck des Trägergases zu dem bei der Austrittstelle (*10*) herrschenden Atmosphärendruck durch den höheren Gasdruck des Trägergasbehälters oder -generators (*1*) erzeugt. Der Druckabfall längs der Säule wird durch ein vorgeschaltetes Manometer (*11*) gemessen, und die Strömungsgeschwindigkeit (ml/min) vor der Säule und nach dem Passieren des Detektors durch einen Strömungsmesser (*7*). Bei dieser Anordnung läßt sich auch erkennen, ob die Apparatur Undichtigkeiten aufweist, da dann bei gleichem Gasdruck geringerer Gasstrom gemessen wird. Eine Anordnung des Gasstrommessers nur vor der Trennsäule würde eine solche Kontrolle nicht erlauben. Durch einen Hahn läßt sich der Gasstrom auch durch die Auffangvorrichtung (*9*) leiten, wo die Fraktionen gesammelt werden können. Trennsäule und Detektor befinden sich in einem

Thermostaten (*12*). Um Kondensationen zu vermeiden, sollte die Temperatur des Detektors nicht wesentlich unter der der Trennsäule liegen. Im Thermostaten sollte auch die Zugabestelle der Analysenprobe zu dem Trägergas liegen.

In den folgenden Abschnitten werden die Einzelteile der Apparatur besprochen, die nach Ansicht des Autors besonders bewährten apparativen Lösungen eingehend beschrieben und zum Schluß einige Gesamtanordnungen erläutert.

Es sei hier auch darauf hingewiesen, daß einige Firmen[1] Gas-Chromatographen herstellen und handeln. Auf die Vor- und Nachteile dieser einzelnen Anlagen kann hier nicht eingegangen werden.

Verschiedene analytische und die präparativen Methoden erfordern Zusatzausstattungen zu den Gas-Chromatographen. Diese Teile sind bei den jeweiligen Anwendungen beschrieben, sofern sie nicht in den nächsten Abschnitten Berücksichtigung finden.

Die besonderen Ausstattungen zur Kapillar-Chromatographie sind in Kapitel III behandelt worden.

1. Trägergas, Messung von Differenzdruck und Trägergasdurchfluß

Die in der Flüssigkeit-Gas-Chromatographie benutzten beweglichen Phasen (Trägergase) wie z. B. Helium, Stickstoff, Wasserstoff oder Kohlendioxid sind in den flüssigen Phasen praktisch unlöslich.

Die Wahl des Trägergases hängt zunächst sehr von dem benutzten Detektor ab. Wasserstoff, Stickstoff und Helium werden am häufigsten angewandt, da sie sowohl bei Anwendung von Gasdichtemetern, Flammendetektoren und Ionisationsdetektoren als auch bei Verwendung von Wärmeleitfähigkeits-Meßzellen für die Empfindlichkeit der Anordnung am günstigsten sind.

Auf die besonders hohe Wärmeleitfähigkeit des Wasserstoffs und Heliums gegenüber anderen Gasen und die dadurch auftretende große Differenz in der Wärmeleitfähigkeit wird später (vgl. S. 166, Abb. 64) noch hingewiesen.

Gewöhnlich werden Durchflußgeschwindigkeiten von 10—100 ml Trägergas je Minute bei den gas-chromatographischen Trennungen (Trennsäulen 4—10 mm ∅) angewandt. Am Ende der Chromatographiesäule, der Gasaustrittstelle, herrscht gewöhnlich Atmosphärendruck. Um die genannten Durchflußraten zu erzielen, muß je nach der dynamischen Viscosität des Trägergases, der Durchlässigkeit und Länge der Kolonne ein mehr oder weniger großer Überdruck angewandt werden. Der Druck-

[1] In Deutschland werden Gas-Chromatographen z. B. von den Firmen Perkin Elmer & Co., Siemens & Halske, Rubarth u. Co., Hannover, und Dr. Virus K. G., Bonn, hergestellt. Außerdem befinden sich eine ganze Reihe von Geräten amerikanischen Ursprungs im Handel, z. B. der Firmen Beckman, Perkin Elmer, Podbelniak, Fisher Scientific, Consolidated Electrodynamics, Wilkers Instr. In England werden Gas-Chromatographen von den Firmen Gas Chromatography Ltd., Pye, Cambridge; Shandon, London, und Griffin & George hergestellt.

abfall auf der Trennsäule soll nicht zu groß sein, da es nach der van Deemter-Gleichung (s. S. 11) nur eine für die Trennwirksamkeit optimale Gasgeschwindigkeit gibt. Man sollte deshalb Trägergase mit geringerer Viscosität, wie z. B. Wasserstoff, bevorzugen.

Vom praktischen Standpunkt ist die Wahl eines Gases geringerer Viscosität vor allem auch dann bedeutsam, wenn bei längeren oder weiteren (z. B. präparativen) Trennsäulen der Differenzdruck, bedingt durch den größeren Strömungswiderstand oder die bei weiteren Säulen notwendigen höheren Gasdurchflußraten, schon sehr groß ist.

In der Gas-Chromatographie wird bisher ausschließlich mit einem Trägergas gearbeitet, welches selbst keine Löslichkeit in der Trennflüssigkeit aufweist. Dies ist theoretisch nicht unbedingt notwendig. So sind sehr interessante Effekte zu erhalten, wenn man mit Wasserdampf oder dem Dampf eines organischen Lösungsmittel als Trägergas arbeitet [*319, 320*]. Mit Wasserdampf als Trägergas und mit Siliconöl/Schamottemehl als stationärer Phase könnenPhenole bis zu 150° unter ihren Siedepunkten getrennt werden [*319, 320*]. Das Arbeiten mit Wasser als Trägergas bietet darüber hinaus auch die Möglichkeit, bei Bestimmungen von Substanzen in wäßriger Lösung diese Lösung ohne vorherige Konzentration direkt zu chromatographieren. Das ist besonders in der Lebensmittelchemie bei der Untersuchung der Aromastoffe von Fruchtsäften usw. von großer Bedeutung.

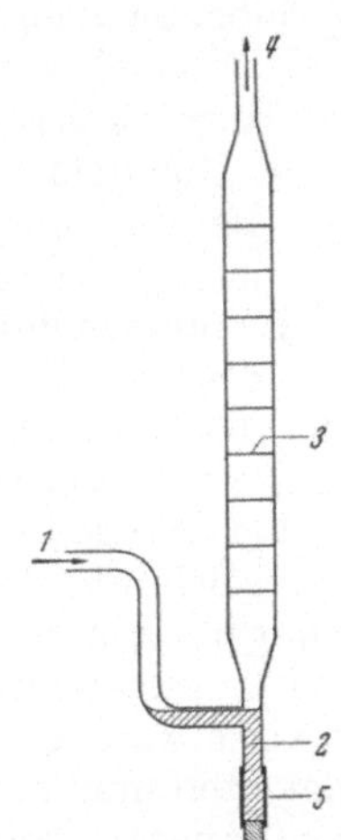

Abb. 17. Seifenblasen-Strömungsmesser nach JAMES u. MARTIN (*616*). *1* Probegas von der Trennsäule, *2* Ammoniumoleat-Lösung, *3* In 10 ml graduierte Bürette, *4* Gasaustritt, *5* Gummischlauch

Beim Arbeiten mit Wasserstoff müssen Vorsichtsmaßnahmen eingehalten werden. So soll immer durch laufende Überwachung von Durchflußmesser und Manometer auf Undichtigkeiten kontrolliert werden. Beim plötzlichen Absinken des hinter dem Detektor geschalteten Rotameters müssen Thermostatenheizung und Stromversorgung des Detektors sofort abgeschaltet werden. Über andere Vorsichtsmaßregeln vgl. SCHWENK u. HACHENBERG [*1090*].

Der Gasdurchfluß wird durch ein käufliches Feinregulierventil eingestellt. Der Gasdruck wird mit einem Quecksilbermanometer vor der Säule gemessen und bei einem von Atmosphärendruck abweichenden Ausgangsdruck auch am Ausgang der Säule. Bei höheren Drucken kann auch ein übliches Manometer angewandt werden.

Der Gasdurchfluß kann durch Rotameter[1] angezeigt werden. Bei genauen analytischen Bestimmungen empfiehlt sich aber die zusätzliche Verwendung eines Seifenblasen-Durchflußmessers, wie es von JAMES u. MARTIN [*616*] vorgeschlagen worden ist und in Abb.17 wiedergegeben ist.

[1] Fa. Rota, Aachen.

Nach Quetschen der Gummiverbindung (*5*) steigt die gesättigte Ammoniumoleat-Lösung (*2*) in das Gaseingangsrohr (*1*). Es wird eine Blase gebildet, die in dem graduierten Rohr (*3*) hochsteigt und deren Verweilzeit in dem graduierten Teil des Rohres abgestoppt wird. Auf diese Weise werden die am Rotameter angezeigten Werte von Zeit zu Zeit überprüft.

2. Einbringung der Proben

Die Substanzmenge, welche zur Trennung eingebracht wird, sollte so klein als möglich sein, um Verbreiterungen der Banden zu vermeiden. In der Regel werden Analysenproben von 0,5—30 mg Substanz eingebracht. Die kleinste Menge hängt von der Empfindlichkeit des Detektors ab. Bei sehr unempfindlichen Meßanordnungen, die eine Substanzmenge zur Registrierung benötigen, welche oberhalb der Beladungskapazität liegt, müssen deshalb Trennsäulen größeren Durchmessers angewandt werden [*450*].

Konstruktiv besteht grundsätzlich ein Unterschied zwischen der Einführung von Gasen und von Flüssigkeiten. Festsubstanzen sollten möglichst als Lösungen oder Schmelzen eingebracht werden.

Für die Einführung von Gasen werden Gaspipetten mit Hähnen und Zuleitungen zum Trägergasstrom benutzt, während Flüssigkeiten mit einer Mikrometerspritze[1] dosiert werden.

Die Gase werden sofort mit dem Trägergasstrom mitgenommen. Bei Flüssigkeiten muß zunächst Verdampfung erfolgen. Dieser Vorgang darf nicht zu langsam verlaufen, da sonst durch die langsame Verdampfung eine Verbreiterung der Elutionsbande bewirkt wird.

Die Art der Aufbringung und die Temperatur der Stelle, an der die Flüssigkeit mit dem Trägergas in Berührung kommt, sind für ein gutes Gelingen der Chromatogramme bedeutsam. POLLARD u. HARDY [*980*, *981*], sowie PORTER, DEAL u. STROSS [*985*] haben eingehende Untersuchungen über den Einfluß der Injektion auf die Trennwirksamkeit durchgeführt. So sollte die Stelle, an der die Substanz mit dem Trägergas in Berührung kommt, nie eine geringere Temperatur als die Trennsäule aufweisen.

Ganz allgemein muß bei der Einbringung von Flüssigkeiten darauf geachtet werden, daß möglichst schnelle Verdampfung erfolgt. Dies kann dadurch erfolgen, daß die Temperatur der Injektionsstelle höher ist als die Säulentemperatur, wie es BRADFORD, HARVEY u. CHALKLEY [*144*] vorgeschlagen haben. Das erfordert ein besonderes Aufheizelement an der Injektionsstelle.

Nach unseren Untersuchungen ist dies jedoch nicht unbedingt notwendig, wenn man die Substanz nach der Vorschrift im Abschnitt 2b auf die Säulenfüllung direkt aufbringt und so für eine möglichst große Verdampfungsoberfläche der Flüssigkeit sorgt.

[1] Im Handel erhältlich: Mikrometer-Dosiergerät der Fa. Desaga, Heidelberg, Agla-Mikrometerspritze der Fa. Burroughs Wellcome Ltd., England, Mikrometerspritzen der Fa. Perkin-Elmer/USA und Hamilton-Spritzen, Fa. Hamilton, New York, USA.

a) Einbringung von Gasen

Zur Einbringung von Gasen wird nach Abb. 18 ein genau bekanntes Gasvolumen zwischen 2 Hähnen (*1*) und (*2*) in einem mit Quecksilber geeichten U-Rohr (*4*) abgemessen. Bei (*5*) tritt das zu analysierende Gas bei der eingezeichneten Stellung der Hähne (*1*) und (*2*) in das U-Rohr (*4*) ein. Der Trägergasstrom fließt hierbei ungehindert durch (*2*) weiter.

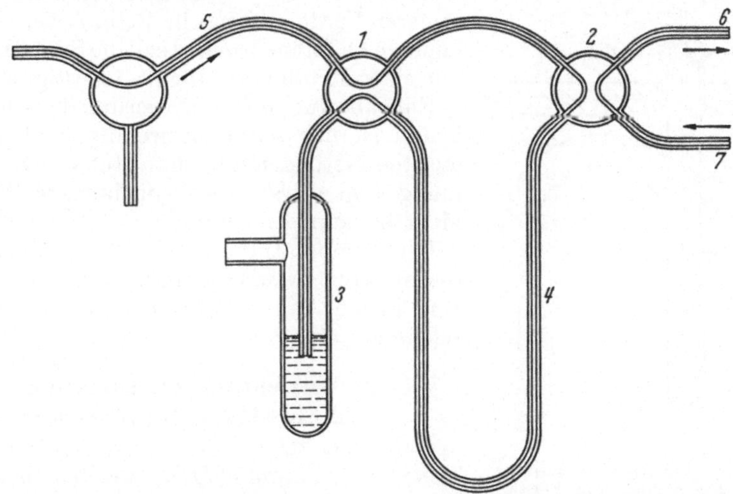

Abb. 18. Schema eines Gaseinlaßsystems nach VAN DE CRAATS [*234*]. *1* u. *2* Vierweg-Kapillarhähne, *3* Blasenzähler, *4* Gaspipette, *5* von der Probeentnahme, *6* Trägergaszufuhr, *7* zur Trennsäule

Wenn das Probegas alle Luft aus (*4*) verdrängt hat, werden die Hähne um 90° gedreht und nun wird das Probegas durch das Trägergas von (*7*) in die Kolonne (*6*) gespült.

Im Prinzip ähnliche, in Einzelheiten abweichende Vorrichtungen sind z.B. in den Literaturstellen [*89*, *288*, *510*, *518*, *926*, *948*, *960*] beschrieben.

b) Injektion von Flüssigkeiten mittels Mikrometerspritzen

Mit den käuflichen Mikrometerspritzen (s. Fußnote S. 50 u. Lit. *506*, *1162*) können minimal 0,001 ml Substanz einigermaßen reproduzierbar aufgebracht werden. Gemäß Abb. 19 wird die etwa 2—10 cm lange, dünne Injektionsnadel (*5*) der Spritze (*6*) durch einen Hohlstopfen (*2*) aus Gummi (Serumverschluß), welcher das durch die Thermostatenwand (*3*) nach oben oder seitwärts ragende Y-Stück (*7*) verschließt, gestochen. Bei (*8*) ist dieses Y-Stück durch Ermeto-Rohrverschraubungen[1] oder temperaturfesten Siliconschlauch[2] an die Trennsäule (*9*) angeschlossen. Nachdem die Nadel (*5*) die Oberfläche der Trennsäulenfüllung (*9*) berührt, wird durch Umdrehung der Mikrometerschraube die gewünschte Menge Flüssigkeit eingebracht und die Spritze herausgezogen. Der Gummi

[1] Fa. Ermeto, Windelsbleiche-Bielefeld.

[2] Material Simrit, Fa. Freudenberg, Weinheim.

des Hohlstopfens verschließt die Injektionsstelle so, daß das System dicht ist. Die Flüssigkeit wandert etwas in die stationäre Phase ein und wird durch das bei (*4*) eintretende Trägergas verdampft. Nur wenn die Substanz nicht auf die Säulenfüllung trifft, sondern z. B. an die Rohrwandung des Ansatzstückes, tritt Bandenverbreiterung auf Grund der dann langsameren Verdampfung ein. Beim Arbeiten mit höheren Differenzdrucken soll die Serumkappe mit einer Metallhalterung (*1*) befestigt sein.

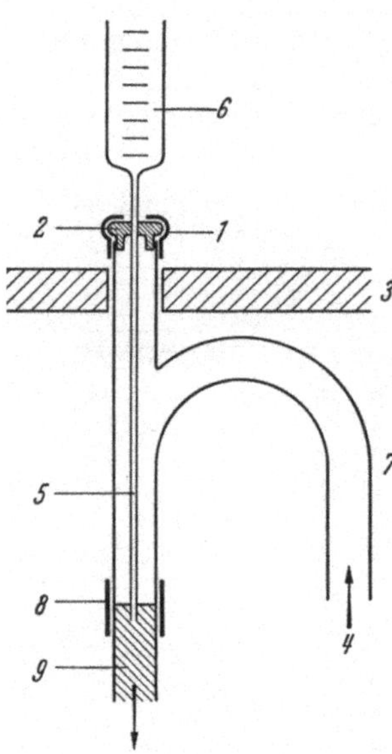

Abb. 19. Schematische Darstellung einer Einbringung von Flüssigkeiten mittels Mikrometerspritze. *1* Serumkappe, *2* Halterung der Serumkappe, *3* Thermostatenwand, *4* Trägergaszufluß, *5* Kanüle der Mikrometerspritze (*6*), *7* Y-Stück, *8* Verbindung von Trennsäulen und Y-Stück mittels Rohrverschraubung oder Gummischlauch, *9* Trennsäule

Eine absolut genaue Dosierung der Flüssigkeiten ist nur selten notwendig, da bei den meisten Methoden zur quantitativen Bestimmung (vgl. S. 80) die eingebrachte Menge nicht bekannt sein muß.

Bei Temperaturen über 230° C muß die Serumkappe wassergekühlt werden durch eine kleine, um 1 (Abb. 19) gelegte Kühlschlange [*343*].

c) Vorrichtung zur Injektion von Flüssigkeiten und Gasen

Abb. 20a zeigt einen Probengeber von Tenney u. Harris [*1176*] welcher bei Anwendung der Flüssigkeitspipette 20b bzw. der Gaspipette 20c sowohl für Flüssigkeiten als auch für Gas anwendbar ist. Zunächst wird durch Öffnen des Hahnes (*4*) die Luft aus dem Ansatz mittels des Trägergases (*1*) verdrängt. Dann wird die mit der Flüssigkeit bzw. dem Gas gefüllte Pipette (20b bzw. 20c) auf den Dichtungsring (*3*) aufgesetzt. Sobald sich in dem System Druckausgleich eingestellt hat, wird die Pipette nach vorn geschoben, bis sie bei (*5*) fest aufsitzt. Das Trägergas kann durch die Öffnung der Pipette eintreten und die Probe in die Trennsäule (*2*) spülen.

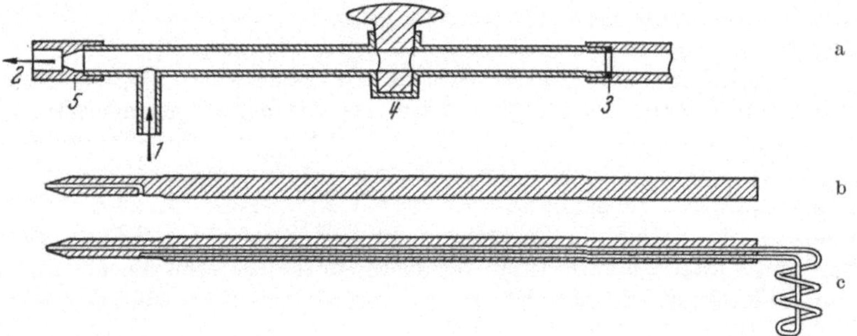

Abb. 20. Probeneinlaßsystem nach Tenney u. Harris (*1176*). a Hahnsystem, *1* Trägergaszustrom, *2* zur Trennsäule, *3* Neopren-Dichtungsring, *4* Hahn, *5* Dichtsitz, b Flüssigkeitspipette, c Gaspipette

d) Spezielle Probengeber

Da heute gas-chromatographische Analysen innerhalb weniger Sekunden ausgeführt werden können, müssen auch die Probengeber diesen Bedingungen angepaßt werden. Da dieBasislinie desChromatogramms durch die Unterbrechung des Trägergasstromes beim Drehen der Hähne des in Abb. 18, S. 51 geschilderten Probengebers kurzzeitig abwandert, können bei schnellen Analysen die in den ersten Sekunden erscheinenden Banden gestört werden. Von PETERSON u. LUNDBERG [*964*] sowie von KARASEK u. AYERS [*702*] werden Probengeber beschrieben, die für Schnellanalysen geeignet sind.

PHILLIPS u. OWENS [*972*] haben Probengeber zur Dosierung aggressiver Substanzen entwickelt, deren Bauteile aus Teflon bestehen.

Eine genaue, aber etwas mühsame Dosierung von Flüssigkeiten ist die Einschleusung abgewogener Mengen in zugeschmolzenen Glasampullen [*864*]. Im Trägergasstrom wird die eingeschleuste Glasampulle in einer geheizten Kammer mit einem Metallstab zerstört und die Substanz nach Verdampfung durch Öffnen von Hähnen in die Säule gespült. Diese Methode ist jedoch in Verbindung mit der Reaktions-Gas-Chromatographie (s. S. 160) und zur Dosierung fester Substanzen von größter Bedeutung geworden. Obwohl Prinzip und Technik der „Ampullenmethode" bereits in der Arbeit von MCCREADIE u. WILLIAMS [*864*] ausführlich beschrieben sind, sind leichte Variationen der Technik in den folgenden Jahren immer wieder angeführt worden [*241, 304, 315, 541*], und CHERDRON, HÖHR u. KERN [*207*] haben sogar kürzlich nochmals eine Arbeit dieser Technik gewidmet. Wirklich einen Fortschritt haben DUBSKY u. JANAK [*315*] aufgezeigt, welche keine Glasampulle, sondern eine Ampulle aus leicht schmelzender Woodscher Legierung verwenden. Die von der Ampulle aus Woodscher Legierung eingeschlossene Substanz wird am kalten Ende des Probengebers in den Verdampfer gegeben, wo gleichzeitig das Metall schmilzt und die Probe verdampft. Ohne Umleitsystem gehen diese beiden Prozesse bei Temperaturen über 150° C so schnell vor sich, daß keine Bandenverbreiterung auftritt. Die Apparatur erlaubt genaueste Dosierung bei Temperaturen bis zu 500° C. Abb. 21 zeigt das Schema einer vom Verfasser vorgeschlagenen Vorrichtung, die mit und ohne „by-pass" betrieben und auch zur Reaktions-Gas-Chromatographie und zur Pyrolyse von Kunststoffen usw. benutzt werden kann. Diese Kammer hat den Vorteil gegenüber anderen Konstruktionen, daß das by-pass-System zu einer zweiten Kammer ausgestaltet worden ist.

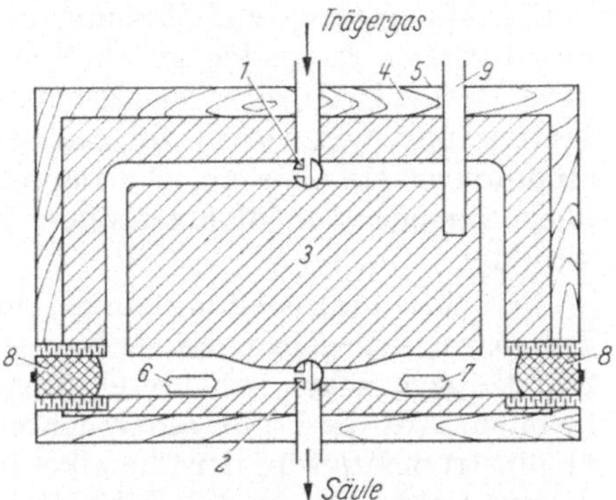

Abb. 21. Probengeber zur Einführung fester Proben, für Pyrolysen und Reaktions-Gas-Chromatographie (*69*). Maßstab 1 : 3. *1* u. *2* Dreiweghähne, *3* Metallblock, *4* Heizwicklung, *5* äußere Asbestisolierung, *6* u. *7* Pyrolysekammer, *8* Schraubverschluß, *9* Hülse für Thermoelement

Während z. B. aus Kammer *6* die Substanzen der Säule zugeführt werden, kann schon in der ausgeblendeten Kammer *7* die Pyrolysereaktion vor sich gehen, bzw. eine weitere feste Probe eingeführt werden.

Wie bei allen apparativen Elementen der Gas-Chromatographie, die noch nicht serienmäßig von Firmen hergestellt werden, gibt es unzählige Vorschläge zur Lösung des Problems, von denen hier noch auf die Literaturstellen [*6*, *142*, *265*, *294*, *495*, *924*, *989*, *1052*, *1063*, *1168*] hingewiesen sei.

Über die Einbringung der Substanzen bei der Kapillar-Chromatographie ist auf S. 39 berichtet worden.

3. Einrichtungen zur Messung der getrennten Gase (Detektoren)

Die Apparaturen zur Messung und Anzeige der mit dem Trägergas aus der Säule tretenden getrennten Gase, die Detektoren, sind wesentliche Bestandteile der Gas-Chromatographen. Da zur Konzentrationsbestimmung von Gasen zahlreiche physikalische und chemische Bestimmungsmethoden zur Verfügung stehen, haben dementsprechend auch verschiedene Meßmethoden bei der Gas-Chromatographie Anwendung gefunden.

Eine Zusammenstellung einiger bisher angewandter Methoden ist in Tab. 5 wiedergegeben. Es sei hier vorausgeschickt, daß die Wärmeleitfähigkeitsmeßzellen als Detektoren eine dominierende Stellung einnehmen. Auf diese gut untersuchten, auch käuflich leicht erhältlichen Meßinstrumente wird der Chemiker immer zunächst zurückgreifen. Trotz dieser, wohl auch in der Zukunft noch andauernden, hauptsächlichen Verwendung von Hitzdraht-Wärmeleitkammern sei ein großer Raum den anderen Detektoren gewidmet. Neben der Wärmeleitfähigkeitsmeßzelle wird sich für den allgemeinen Gebrauch — nach Ansicht des Verfassers — vorläufig wohl nur der Flammenionisations-Detektor durchsetzen. Jedoch weisen viele der neueren Detektoren für spezielle Probleme Vorteile auf und es wird für deren Anwendung darauf ankommen, robuste, möglichst wenig aufwendige Geräte zu entwickeln. Einen sehr schönen Vergleich der verschiedenen Detektoren hat Mc William [*875*] gegeben (s. auch *505*, *830*, *1276*).

Im folgenden werden die Vorteile der einzelnen Methoden gegeneinander abgewogen und im Anhang I (s. S. 166ff.) genauere Beschreibungen und Anleitungen zum Bau der verschiedenen Detektoren wiedergegeben. Über die Anwendung der Detektoren zur quantitativen Analyse und Empfindlichkeit wird auf S. 76—83 referiert.

Bei der Wahl der Meßeinrichtungen müssen folgende Anforderungen berücksichtigt werden:

1. Die Apparatur sollte relativ einfach aufzubauen sein.
2. Die Messungen sollten automatisch (mit Tintenschreiber, Kompensograph usw. registriert werden können.

3. Die Empfindlichkeit sollte groß sein, um auch Spuren in dem Trägergas entdecken zu können. So sollten noch 10^{-6} g Substanz je ml Trägergas nachweisbar sein. Bei den hochempfindlichen Detektoren sind Grenzen von 10^{-14} g/ml erreicht worden.

4. Die Meßmethode sollte bei allen Gasen anwendbar sein.

5. Die Meßmethode sollte in einem möglichst breiten Temperaturbereich anwendbar sein.

Tabelle 5. *Eignung einiger Detektoren als Anzeigegeräte in der Gas-Chromatographie* (++ sehr günstig; + günstig; – ungünstig)

Detektor bzw. Meßmethode	Einfache u. robuste Anordnung	Empfindlichkeitsgrenze in g Substanz/ml Trägergas	Maximale Arbeitstemperatur	Linearität der Anzeige	Veränderung der Substanzen beim Meßvorgang
Wärmeleitfähigkeitsmeßzellen (Hitzdrahtkammern)	++	10^{-7} g/ml	400°C	++	nein
Wärmeleitfähigkeitsmeßzellen (Thermistoren)	+	10^{-8} g/ml	200°C	++	nein
Gasdichtemeter	+	10^{-7} g/ml	400°C	++	nein
β-Strahlen-Ionisationskammer	+	10^{-7} g/ml	300°C	+	nein
Argon-Detektor	+	10^{-13} g/ml	300°C	+	nein
Elektroneneinfang-Detektor	+	10^{-10} g/ml	300°C	+	nein
Ionisationskammer	–	++	*	*	nein
Gasentladungsrohr	+	++	*	*	nein
Oberflächenpotential-Detektor	–	10^{-6} g/ml	*	–	nein
Akustischer Gasanalysator	–	10^{-7} g/ml	60°C	+	nein
Volumen- bzw. Druckmessung	+	10^{-5} g/ml	60°C	+	nein
Scottscher Flammendetektor	++	10^{-7} g/ml	300°C	+	ja
Flammenionisations-Detektor	++	10^{-13} g/ml	400°C	++	ja

* Diese Eigenschaften sind noch nicht genügend untersucht.

6. Die Meßeinrichtung sollte möglichst unempfindlich gegenüber Änderungen der Temperatur, des Druckes oder der Durchflußgeschwindigkeit sein, um eine gute Konstanz des Nullpunktes zu gewährleisten.

7. Die Messung der aus der Chromatographiesäule tretenden Gase soll ohne wesentliche Zeitvergrößerung und kontinuierlich erfolgen. Die Zeitverzögerung, auch Ansprechzeit genannt [*1075*], soll unter 0,5—1 sec liegen. Sofern thermische Vorgänge, wie bei Wärmeleitzellen, beteiligt sind, wird die thermische Trägheit die Ansprechzeit wesentlich beeinflussen. Auch sollte das Meßvolumen des Detektors klein sein (höchstens 0,5—1 ml), um scharfe Banden, hohe Empfindlichkeit und kleine Ansprechzeit zu garantieren.

8. Die Anzeige soll von der Konzentration der Komponenten linear abhängig sein, so daß für verschiedene chemische Stoffe Voraussagen über die Eichungen zu quantitativen Bestimmungen ermöglicht werden.

9. Bei der Messung sollten die Gase nicht durch Kondensation oder Adsorption festgehalten werden. Eine Kondensation läßt sich vermeiden, wenn kein oder nur ein geringes Temperaturgefälle zwischen Säulen und Meßeinrichtung herrscht. Darüber hinaus sollten die Substanzen bei der Messung nicht chemisch verändert (z. B. hydriert) werden, um sie nach der Trennung für weitere Untersuchungen (z. B. Absorptionsspektren im UV, IR; Massenspektrometer, chemische Reaktionen) wieder verwenden zu können.

Es sei hier aber vermerkt, daß eine Reihe von Meßmethoden in der Gas-Chromatographie angewandt werden, bei denen die Substanzen chemisch verändert werden (z. B. verbrannt, siehe S. 60). Diese Einrichtungen weisen zum Teil besonders einfache Konstruktion oder höhere

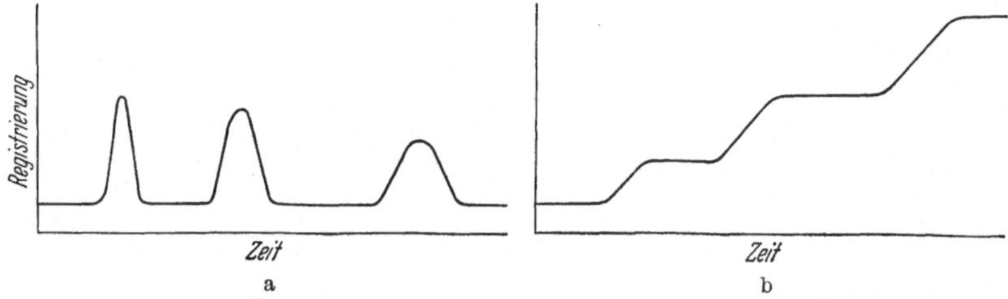

Abb.22. Differentielle (a) und integrale (b) Registrierung eines Gas-Chromatogramms

Empfindlichkeit auf, so daß sie sich bei Routine-Analysen, wo auf die Wiedergewinnung der Substanzen keinen Wert gelegt wird, gut eingeführt haben.

Man unterscheidet bei den zur Messung der Gase benutzten Anordnungen zwischen *integral* und *differentiell* anzeigenden Methoden. Bei beiden Methoden werden die Veränderungen physikalischer oder chemischer Eigenschaften in Abhängigkeit von der Zeit untersucht.

Die differentielle Anzeige registriert die Eigenschaft im Moment der Anzeige, wodurch die in Abb. 22 abgebildeten Gaußschen Elutionskurven erhalten werden. Bei der integralen Anzeige wird zu jeder Zeit die seit Beginn der Operation insgesamt aufgetretene, aufsummierte Veränderung erhalten (Abb. 22b).

Da sich durch geeignete elektrische Einrichtungen sowohl die eine oder andere Darstellung erhalten läßt, möchten wir neben dieser Unterteilung noch eine andere treffen.

So kann man zwischen physikalischen sowie physikalisch-chemischen Detektoren und auch biologischen Objekten als Detektoren unterscheiden. Die *physikalischen Detektoren* lassen die Substanzen unverändert, da sie lediglich auf Messung einer physikalischen Eigenschaft beruhen. Beispiele hierfür sind die Messung der Wärmeleitfähigkeit, der Dichte, des Volumens usw. Solche physikalischen Detektoren sind meist allgemein für alle Gase anwendbar.

Bei *physikalisch-chemischen Detektoren* werden die Substanzen vor der Messung, z. B. durch Verbrennung, chemisch verändert oder aber es wird durch chemische Reaktionen, z. B. Titrationen, die Substanz bestimmt. Die letztgenannten Anzeigemethoden sind nicht allgemein anwendbar, da sie an bestimmte chemische Umsetzungen und damit an funktionelle Gruppen der Moleküle geknüpft sind. Für den Analytiker bringen sie den Vorteil mit sich, daß sie spezifisch sind und somit in vielen Fällen beim Vorliegen von Substanzen aus verschiedenen homologen Reihen schon Aussagen über die Substanzklasse der Verbindung zulassen.

Unter „biologischen Detektoren" verstehen wir die Anzeige von Substanzen durch schnell eintretende Reaktionen lebender Organismen. Organismen sind oft für einige wenige Substanzen spezifisch und werden bei der Trennung biologisch wirksamer Verbindungen angewandt.

a) Physikalische Detektoren

Beim Aufbau einer Apparatur zur Gas-Chromatographie wird man sich in den meisten Fällen für die Anwendung von Hitzdrahtwärmeleitkammern als Detektoren entscheiden. Solche Wärmeleitkammern (in der englischen Literatur auch als Katharometer bezeichnet) lassen sich einfach selbst aufbauen und sind in genügender Anzahl käuflich im Handel erhältlich. Sofern nicht ausgesprochene Hochtemperaturprobleme vorliegen, können auch Thermistoren (Halbleiter) an Stelle der Hitzdrahtkammern Verwendung finden, die sich bei Arbeitstemperaturen bis zu 150° C bewährt haben. Da bei guten Katharometern auch eine der Substanzkonzentration lineare Anzeige erfolgt, sind sie für quantitative Bestimmungen sehr geeignet. Die Temperaturgrenze für Detektoren, die auf Messung der Wärmeleitfähigkeit (Hitzdrahtkammern) beruhen, dürfte bei 400—500° C liegen. Hitzdrähte aus Platin können bis ungefähr 350° C Verwendung finden und Wolframhitzedrähte bis etwa 500° C.

Da auf die Dauer gesehen die Gas-Chromatographie bei höheren Temperaturen zu einer mannigfachen Bereicherung der analytischen Praxis führt, wird man bei allgemein anwendbaren Apparaturen zur Gas-Chromatographie die bei hoher Temperatur stabileren Hitzdrahtwärmeleitkammern gegenüber Thermistoren bevorzugen. Auf diese Instabilität von Thermistoren und deren geringere Empfindlichkeit bei hohen Temperaturen haben Ogilvie, Simmons u. Hinds [*936*] u. a. hingewiesen. Hinzu kommt noch der hohe Temperaturkoeffizient der Thermistoren. Auch das geringere Kammervolumen der Thermistoren-Wärmeleitmeßzellen kann nicht die erwünschte, wesentlich verkürzte Einstellzeit (Verminderung der Anzeigeverzögerung) erbringen, da die thermische Trägheit der Thermistoren nach Naumann u. Oster [*910*] den günstigen Effekt des kleinen Kammervolumens aufhebt. Die thermische Trägheit der dünnen Hitzdrähte mit ihrer im Verhältnis zum Volumen großen Oberfläche ist geringer als bei den Thermistoren.

Das von Martin u. James [*846*] entwickelte *Gasdichtemeter* (Beschreibung des Prinzips siehe S. 168) hat sich nicht nennenswert in die Gas-Chromatographie eingeführt, obgleich dieser Detektor einige Vorteile bietet. So ist die Anzeige linear abhängig von der Dichte und erleichtert dadurch quantitative Bestimmungen. Es lassen sich ohne weiteres Gasdichtemeter für Arbeitstemperaturen bis 300° C aufbauen. Die Empfindlichkeit gegen Strömungs- und Temperaturschwankungen ist gering. Ein Vorteil gegenüber Wärmeleitkammern ist die mit größerem Molekulargewicht zunehmende Empfindlichkeit, die den durch die Bandenverbreiterung schwer flüchtiger Verbindungen auftretenden Empfindlichkeitsverlust teilweise kompensiert. Für den Analytiker hat diese Anordnung außerdem den Vorteil, daß man ohne Einwägungen einfach Molekulargewichte bestimmen kann (vgl. S. 157). Ein Vorteil des Gasdichtemeters gegenüber den Hitzdrahtkammern ist, daß die zu trennende Substanz nicht mit Material in Berührung kommt, welches heißer ist als die Trennsäulen.

Einen breiten Anwendungsbereich haben auch *Ionisationsmethoden* gefunden [*830*]. Größere Erfahrungen liegen bisher besonders mit der β-Strahlen-Ionisationskammer vor, die ebenfalls bei höheren Temperaturen (bis 300° C) benutzt werden kann. (Beschreibung des Bau- und Arbeitsprinzips siehe S. 171). Die Empfindlichkeit ist mit der von Wärmeleitkammern vergleichbar. Die Linearität der Anzeige in Abhängigkeit von der Substanzmenge ist erfüllt. Die kleine Zeitkonstante der Messung liegt mit $^1/_{1000}$ sec weit unter dem für die Gesamtanordnung erforderlichen Wert.

Der Aufbau solcher β-Strahlen-Ionisationskammern muß von sachkundiger Hand geschehen, da die als Strahlungsquellen benutzten β-Strahler (Sr^{90}) gefährlich sind. Seit kurzer Zeit ist auch ein Gas-Chromatograph mit einer β-Strahlen-Ionisationskammer im Handel erhältlich (vgl. S. 172).

Die verbreiteste Anwendung haben Ionisationsmethoden jedoch bei der Konstruktion *hochempfindlicher Detektoren* gefunden. Diese Entwicklung ist notwendig geworden durch die Entdeckung der Kapillarsäulen, deren geringe Belastbarkeit das Arbeiten mit Wärmeleitzellen nicht gestattet. Gegenwärtig stehen besonders der Flammenionisationsdetektor [*507, 508, 876*] und der β-Strahlen-Argondetektor [*824, 825, 831*] im Brennpunkt, die im Anhang I eingehend beschrieben werden. Letzterer Detektor ist aus der Beobachtung von Lovelock hervorgegangen, daß die oben beschriebene β-Strahlen-Ionisationskammer bei Benutzung von Argon als Trägergas und Anlegung höherer Elektrodenspannungen wesentlich empfindlicher ist, insbesondere wenn das Kammervolumen noch verkleinert wird. Beim Flammenionisationsdetektor wird im Aufbau der auf S. 60 beschriebene Scottsche Flammendetektor benutzt. Man mißt nur an Stelle der Temperatur den Ionisationsstrom der Flamme. Dieser Detektor hat sich auf Grund seiner leichten Konstruktion, seiner guten Empfindlichkeit und seiner weitgehenden Linearität in der Kapillar-Chromatographie am besten eingeführt. Mit zunehmender Substitution der Wasserstoffatome eines organischen Moleküls durch Heteroatome geht allerdings die Empfindlichkeit dieses Detektors zurück und beträgt bei Perhalogenkohlenwasserstoffen nur noch ein Hundertstel der bei reinen Kohlenwasserstoffen beobachteten Werte. Auch bei anorganischen Halogenverbindungen ist die Empfindlichkeit um den gleichen Faktor verringert. Die Gegenwart von Wasser stört jedoch nicht, während Wasser und O_2 beim Argondetektor sehr stören. Der *Elektroneneinfangdetektor* [*832*] beruht auf der Tendenz neutraler Moleküle, in einem ionisierten Gas Elektronen aufzunehmen und negative Ionen zu bilden. Die Elektronenaffinität einer Substanz wird um so größer, je größer die Energie der freien Elektronen in der Ionisierungskammer ist. Außerdem ist die Elektronenaffinität bei Verbindungen mit Sauerstoff und Halogen größer, so daß dieser Detektor speziell für organische und anorganische Halogen- und Sauerstoffverbindungen am geeignetsten erscheint und hier durch die unterschiedliche Elektronenaffinität verschiedener Substanzklassen auch selektive Analysen auf funktionelle Gruppen ermöglicht. Die Elektronenbeweglichkeits-Detektoren [*830*] beruhen auf der Erscheinung, daß der Stoß von Elektronen mit Edelgasatomen elastisch ist, während Elektronen beim unelastischen Stoß mit anderen Atomen einen Teil ihrer kinetischen Energie einbüßen und dadurch ein Ionenstrom geringer werden kann. Man kann diese Verringerung in einer dem β-Strahlen-Argon-Detektor analog aufgebauten Anordnung *direkt* messen oder aber auf *indirektem* Weg. Auch der von Ryce u. Bryce [*1056*, *1057*] angegebene, auf der Messung der Ionisierungsspannung beruhende Detektor ist auf Grund seiner von Druck, Temperatur und Trägergasdurchflußgeschwindigkeit relativ unabhängigen Anzeige sehr interessant (siehe Beschreibung Anhang I, S. 175). Das von Harley u. Pretorius [*508*] angegebene Gasentladungsrohr hat sehr weiten linearen Bereich, ist wenig störanfällig und sehr empfindlich. Der einzige Nachteil scheint zu sein, daß unter Vakuum im Detektor gearbeitet werden muß (Beschreibung S. 176, Anhang I). Das von Karmen u. Bowman [*706*] empfohlene Gasentladungsrohr, bei dem die Entladung bei Atmosphärendruck in Helium ausgeführt wird, vermeidet diesen Nachteil. Schließlich sei noch auf den *Photonen-Detektor* von Lovelock [*828*] hingewiesen, bei dem die Gase durch die Energie der UV-Strahlung einer Glimmentladung ionisiert werden.

Über die Mehrzahl der oben erwähnten Detektoren aus der Familie der Ionisationsdetektoren ist noch kein abschließendes Urteil möglich, da die Reproduzierung der berichteten Ergebnisse auf breiterer Grundlage und insbesondere im praktischen Betrieb der Gas-Chromatographie noch nicht genügend ausgeführt ist. Der Verfasser ist der Ansicht, daß gegenwärtig nur der Flammenionisationsdetektor unter diesen Geräten zu empfehlen ist, wenn man in einem analytischen Routinelaboratorium Wert auf störungsfreies und auf breiterer Grundlage gesichertes Arbeiten legt. Der weite lineare Bereich, die leicht auszuführende, von geometrischen Faktoren und von Spuren Verunreinigung unabhängigere Arbeitsweise sind hierfür gewichtige Argumente. Hierdurch soll jedoch nicht die notwendige Forschungsarbeit mit den anderen Detektoren eingeschränkt oder gemindert werden. In Tab. 5 sind einige Daten von Ionisationsdetektoren zusammengestellt, die sich an Angaben von Lovelock [*830*] anlehnen.

Erwähnt sei noch das *Massenspektrometer* [*537*, *806*], das, auf eine bestimmte Massenzahl eingestellt, ein sehr selektiver Detektor sein kann und so für viele analytische Probleme, insbesondere in Kombination mit der Kapillar-Chromatographie, außerordentlich wertvoll ist.

Wenig eingebürgert bei Gas-Chromatographen haben sich Messungen der Dielektrizitätskonstanten, des Oberflächenpotentials und akustische Gas-Analysatoren, da sie teils nicht bei höheren Temperaturen benutzt werden können, teils zu große Kammervolumina aufweisen oder die Proportionalität ihre Anzeige nicht genügend erforscht ist.

Daneben gibt es noch andere physikalische Detektoren, die auf Grund ihrer Konstruktion nicht für alle Substanzen anwendbar sind. Hierzu gehören die Messung des Volumens (Janak-Methode siehe S. 177) oder Druckes bei Verwendung von Kohlendioxid als Trägergas. Diese elegante und einfache Methode ist nur bei permanenten Gasen und leichtflüchtigen Substanzen zu benutzen, da die Betriebstemperatur durch die Flüchtigkeit der Absorptionslösung begrenzt ist.

Bei der gas-chromatographischen Trennung radioaktiver Substanzen können die in der Radiochemie üblichen Geräte, wie z. B. Szintillationszähler und Geigerzählrohre zur Messung benutzt werden.

b) Physikalisch-chemische Detektoren

Unter diesen Detektoren, bei denen die Substanzen vor oder bei der Messung einer chemischen Reaktion unterworfen werden, nimmt die Verbrennung in einer Wasserstoffflamme nach Scott [*1099*] einen hervorragenden Platz ein. Mit Ausnahme einiger nicht brennbarer Verbindungen, wie z. B. Halogenkohlenstoffverbindungen, ist der Flammendetektor allgemein für organische Verbindungen benutzbar. Ein Nachteil dieser Methode ist darin zu sehen, daß die Substanzen verändert werden und somit nicht wiedergewonnen werden können, um sie weiteren Identifizierungsreaktionen zuzuführen. Die Scottsche Anordnung, bei der die von den getrennten Gasen in der Flamme entwickelte Verbrennungswärme mittels Thermoelementen gemessen wird (vgl. Beschreibung S. 181) ist aber in jedem Laboratorium mit einfachen Mitteln aufzubauen und für analytische Zwecke völlig ausreichend. Die Empfindlichkeit ist vergleichbar der der Wärmeleitkammern.

Interessante Varianten dieses Detektors sind durch Messung des Flammenionisationspotentials [*507*, *876*] oder der Lichthelligkeit [*449*] der Flamme an Stelle der Flammentemperatur möglich (vgl. S. 183). Über die Messung des Ionisationspotentials einer Flamme ist vorher (S. 58) berichtet worden. Der Flammenionisationsdetektor hat den Scottschen Flammendetektor in seiner ursprünglichen Form heute völlig verdrängt.

Eine andere Verbrennungsmethode bedient sich der Oxydation an Kupferoxid [*848*] und der Messung der entstandenen Kohlensäure mittels Wärmeleitkammern oder Ultrarotabsorptionsschreibern. Da durch die Verbrennung ein bei Zimmertemperatur nicht kondensierbares Gas entsteht, kann der Detektor bei niederen Temperaturen arbeiten, während die Arbeitstemperatur der Trennsäule sehr hoch sein kann. Mittels geeigneter Abwandlungen der bisher beschriebenen Anordnung sollte es daher möglich sein, den Bereich der Gas-Chromatographie auf Temperaturen von 500—600° C ohne weiteres auszudehnen. Allerdings muß auch in diesem Fall auf eine Isolierung der getrennten Substanzen verzichtet werden. Durch die Verbrennung zu Kohlensäure wird die Empfindlichkeit gesteigert, da aus einem Molekül mehrere Moleküle CO_2 entstehen.

Es wird auch empfohlen, an Stelle der Kohlensäure den aus dem Wasser nach anschließender Reduktion gebildeten Wasserstoff zu messen (vgl. S. 185). ZLATKIS u. RIDGWAY [*1298*] empfehlen die Crackung der aus der Säule tretenden Gase und Messung des entstehenden Methans mittels Wärmeleitmeßzellen.

Weitere Detektoren basieren auf spezifischen Reaktionen funktioneller Gruppen organischer Moleküle. Diese Methoden sind nur für bestimmte Substanzklassen anwendbar.

Es seien hier die von MARTIN u. JAMES [*616*] eingeführten acidimetrischen Titrationen bei der gas-chromatographischen Analyse von Aminen und Fettsäuren (s. S. 185) sowie die konduktometrischen Titrationen [*125*] von Aminen, Säuren, Alkoholen und Aldehyden sowie Ketonen genannt. Auch diese Methoden wurden zur automatischen Registrierung eingerichtet.

c) Biologische Objekte als Detektoren

Bei der Gas-Chromatographie physiologisch wirksamer Substanzen kann in manchen Fällen die Reaktion des biologischen Objektes als Anzeige für die wirksame Substanz herangezogen werden. Die Reaktion muß genügend schnell erfolgen, wie dies z. B. bei Sexuallockstoffen der Fall ist (vgl. S. 187). In vielen Fällen sind solche Anzeigen um viele Zehnerpotenzen empfindlicher als physikalische oder physikalisch-chemische Detektoren.

4. Registriervorrichtungen, Schreiber, Integratoren

Die von den Detektoren erhaltenen, in Strom-, Spannungs- oder Widerstandswerte umgeformten Meßgrößen werden mit den in der Elektrotechnik gebräuchlichen Kompensationsverfahren, Drehspul- und Quotientenmeßwerken oder Trommelschreibern registriert.

Diese Registriervorrichtungen zeigen den Meßwert zu jedem Zeitpunkt an und sind als Punkt- und Linienschreiber im Handel erhältlich.

Eine nähere Beschreibung sei hier erlassen, da die Firmen der elektrotechnischen Branche in der Lage sind, solche Vorrichtungen zu liefern, so daß in diesem Zusammenhang auf die Firmenschriften und die den Geräten beiliegenden Gebrauchsanweisungen verwiesen werden kann.

In des Autors Laboratorium haben sich z. B. elektronische Kompensographen[1] oder Drehspulmeßwerk-Tintenschreiber in Verbindung mit lichtelektrischem Verstärker[2] bewährt. Der Papiervorschub in der Zeiteinheit ist einstellbar. Für Gas-Chromatographie können Papiervorschübe zwischen 60—600 mm/Std gewählt werden.

---

[1] Hersteller: z. B. Hartmann u. Braun, Frankfurt, Siemens & Halske, Karlsruhe, Leeds & Northrup, Phillips, Honeywell.

[2] Hersteller: z. B. Siemens & Halske, Karlsruhe.

Außer dieser zeitlichen Registrierung in Form von Strom- oder Spannungs-Zeit-Diagrammen kann der jeweilige Meßwert integral durch Integratoren angezeigt werden. Auch Integratoren sind im Handel erhältlich[1]. Die Benutzung eines Integrators wird überall dort notwendig, wo viele quantitative Analysen ausgeführt werden müssen. Die Quantität aus der Bandenhöhe allein zu bestimmen, ist nach S. 76 in den wenigsten Fällen genügend genau und die Ermittlung der Bandenfläche durch Ausschneiden und Wiegen oder Planimetrieren zeitraubend.

Die Voraussetzungen für einen idealen Integrator haben HALÀSZ u. SCHNEIDER [*489*] angegeben:

1. Stabile Basislinie des Detektors und des Integrators.
2. Linearität der Integratoranzeige.
3. Genaue Ablesungsmöglichkeit der integralen Werte.
4. Einfache Unterteilung der Integrale.
5. Robuste und billige Konstruktion.

Prinzipiell kennt man bei einfachen Integratoren zwei verschiedene physikalische Prinzipien, auf denen die Operation des Integrierens basiert, das Analogprinzip (vgl. Lit. *123*, *993*, *1092*, *1154*] und das Digitalprinzip (vgl. Lit. *169*, *214*, *266*, *608*, *703*, *1092*]. Bei ersterem Typ werden z. B. die Resultate in Form von Punkten auf den Randstreifen des Schreiberpapiers aufgezeichnet, wobei etwa 400—600 Signale je Minute erhalten werden und später noch die Resultate zum Gesamtwert zusammengezählt werden müssen. Beim zweiten Typ werden die Signale auf ein Zählwerk übertragen, wobei eine laufende Beobachtung notwendig ist, um den jeder Bande zukommenden, schon aufsummierten Wert rechtzeitig abzulesen. Durch geeignete elektrische und mechanische Vorrichtungen kann jedoch der gesamte Vorgang voll automatisiert werden [vgl. Lit. *214*, *262*, *316*, *489*, *608*, *892*]. Einen sehr schönen Überblick über Integratoren und die Speicherung von quantitativen Daten mittels Tonbändern haben KELKER u. Mitarb.[2] gegeben.

Bei Schnellanalysen mittels Kapillarsäulen, die innerhalb 60 Sekunden beendet sein können und bei denen die Bandenbreiten der Substanzen Bruchteile von Sekunden betragen, können normale Schreiber nicht mehr benutzt werden, da deren Ansprechzeit zu groß ist. Man benutzt dann einen Kathodenstrahl-Oscillographen [*1103*, *1105*], dessen Ansprechzeit in der erforderlichen Größenordnung von Millisekunden liegt.

5. Thermostaten

Sowohl Trennsäulen als auch Detektoren müssen in Thermostaten untergebracht sein, da die Anzeige der meisten Detektoren gegenüber Temperaturschwankungen empfindlich ist und außerdem für die Repro-

[1] Hersteller: z. B. Perkin-Elmer & Co., Überlingen/Bodensee (vgl. Lit. *214*), Hartmann & Braun, Frankfurt (vgl. Lit. *489*), Beckman Instr., München, Knott, München (vgl. Lit. *1092*).

[2] H. KELKER u. Mitarb., Vortrag beim 4. Internationalen Symposium über Gas-Chromatographie, Hamburg, Juni 1962.

duzierbarkeit der temperaturabhängigen Retentionswerte ebenfalls genaue Temperaturkontrolle nötig ist.

Im Prinzip sind verschiedene Typen von Thermostaten möglich:

Siedethermostaten,
Luftthermostaten ohne absolute Temperaturregelung (Trockenschrankprinzip).
Flüssigkeitsthermostaten (Höppler-Thermostaten).
Luftthermostaten mit Luftumwälzung und genau regulierbarer Temperatureinstellung.

Die ersten drei Typen von Thermostaten dürften heute weitgehend überholt sein. Bei Siede- und Flüssigkeitsthermostaten ist wohl die Temperatur sehr genau einstellbar, aber der Wechsel von Säulen und Arbeitstemperatur zeitraubend und umständlich sowie der Nutzraum sehr klein. Luftthermostaten ohne genau reproduzierbare Temperatureinstellung sind für analytisches Arbeiten zu wenig präzis.

a) Siedethermostaten

In Abb. 23 ist der von JAMES u. MARTIN [*616*] angegebene Siedethermostat abgebildet. Der Dampf der siedenden Flüssigkeit (*5*) streicht durch den Mantel (*4*), der die Säulen- und Detektoranordnung umgibt und kondensiert sich wieder in dem Rückflußkühler (*2*). Als Siedeflüssigkeiten können Aceton, Benzol, Wasser, Xylol u. a. benutzt werden. Eine schnelle Veränderung der Temperatur entfällt, da die jeweilig mögliche Temperatur durch die Wahl des Lösungsmittels festliegt.

b) Flüssigkeitsthermostaten

Die genaueste Temperatureinstellung ist mit Flüssigkeitsthermostaten möglich, die in sehr brauchbarer Form im Handel[1] erhältlich sind und Temperaturen bis 250° C erlauben. Als Thermostatenflüssigkeit können z. B. Wasser, Heißdampf-Zylinderöl und besonders vorteilhaft zur Anwendung für hohe und tiefe Temperaturen die Wärmeleitflüssigkeit UCON 50 HB 280 X benutzt werden.

Als Nachteile des Flüssigkeitsthermostaten lassen sich anführen: Der zur Verfügung stehende Raum ist relativ klein und Säulen müssen deshalb zu Spiralen gewunden sein. Die Füllung solcher Säulenspiralen ist umständlicher als bei gestreckten Säulen. Die Einstellung der Temperatur ist sehr langsam (1—2 Std bis zur Temperaturkonstanz bei 100—200° C). Hinzu kommen die durch den direkten Kontakt der Anordnung mit der Thermostatenflüssigkeit beim Auswechseln und Reinigen entstehenden Unbequemlichkeiten.

Der Kontakt mit der Thermostatenflüssigkeit kann vermieden werden, wenn man Detektor und Säulenspiralen in einem mit dem Flüssigkeitsthermostaten lieferbaren Einsatztopf[2] unterbringt und diesen Einsatztopf in die Flüssigkeit eintaucht.

---

[1] Hersteller z.B. Fa. Colora, Lorch/Wttbg.
[2] Fa. Colora, Lorch/Wttbg.

c) Luftthermostaten mit absoluter Temperaturregelung und Luftumwälzung

Geräumige Luftthermostaten bieten für Säulenanordnungen, wie Mehrstufentrennsäulen, Vorschaltkolonnen und andere Zusatzeinrichtungen genügend Platz. Außerdem ist die Temperatureinstellung sehr schnell (z. B. 20 min Aufheizzeit von Zimmertemperatur auf 250° C) und somit können auch Temperaturänderungen während einer laufenden Trennung verwirklicht werden.

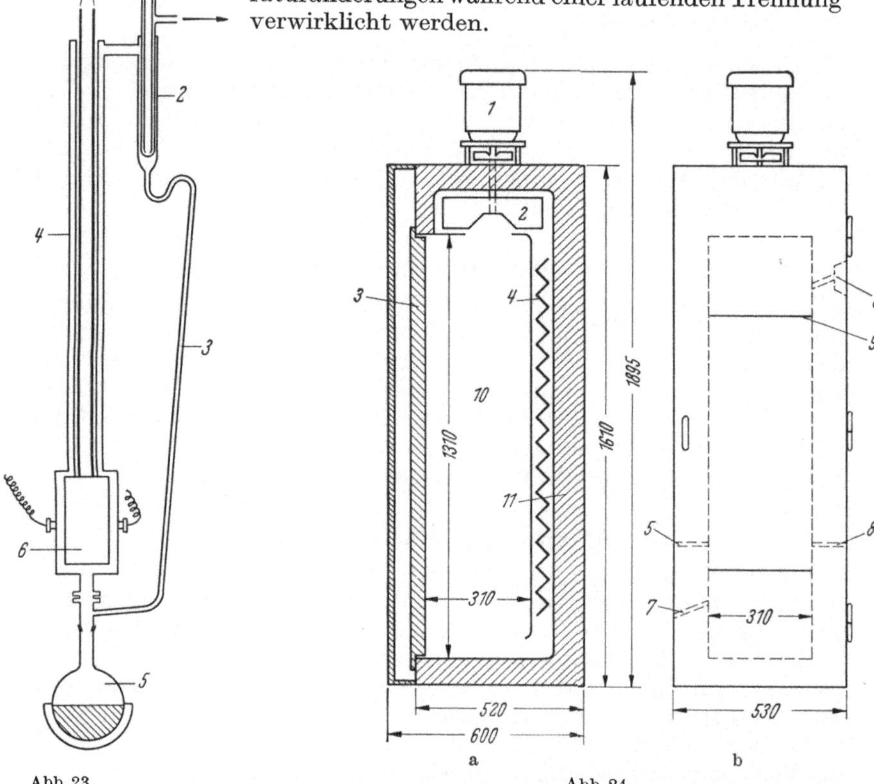

Abb. 23 Abb. 24

Abb. 23. *Siedethermostat nach* JAMES u. MARTIN [*616*]. *1* Trennsäulen, *2* Rückflußkühler, *3* Rückfluß des Kondensates, *4* Dampfmantel, *5* Siedende Flüssigkeit, *6* Detektor

Abb. 24. *Luftthermostat zur Gas-Chromatographie*[1]. a *Seiten-*, b *Vorderansicht*. *1* Motor für Ventilator, *2* Ventilatorflügel, *3* Tür, *4* Heizelemente (Dreistufenheizung), *5* Durchbohrung für Kabelzuleitung zum Detektor, *6* Durchbohrung für Einbringung der Proben, *7* u. *8* Einlaß- und Austrittsöffnung für Trägergas, *9* Stativstangen für Anbringung der Trennsäulen, *10* Nutzraum, *11* Isolierschicht

[1] Der Fa. Rubarth u. Co. danke ich besten für Überlassung der Zeichnungen

Von ASHBURY, DAVIES u. DRINKWATER [*30*] wurde ein Luftthermostat mit einem Nutzraum von 4,1 cm Durchmesser und 1 m Länge beschrieben. Die verstärkte Luftumwirbelung in dem zylindrischen Nutzraum wird hierbei durch Anlegen von Vakuum und Ventilation bewirkt. Die Konstanz über der gesamten Säulenlänge beträgt ± 1° C. DUBSKY [*314*] beschreibt einen Thermostaten für Arbeitstemperaturen bis 550° C.

Einen anderen, bewährten Luftthermostaten[1], welcher speziell für die Gas-Chromatographie entwickelt worden ist [*69*] und sich nach jahrelangem Betrieb im Laboratorium des Verfassers als robust, genau und zuverlässig erwiesen hat, zeigt Abb. 24. Der Nutzraum dieses Thermostaten ist 1,30 · 0,3 · 0,3 m (120 Liter) und erlaubt somit die Unterbringung von gestreckten Säuleneinheiten von 1 m Länge, die nach der auf S. 17 beschriebenen Weise miteinander verbunden sind. Diese Raumdimension gestattet es, mehr als 75 1-m-Säulen (1 cm ⌀) zusammen mit Detektorenanordnungen, Vorschaltkolonnen usw. unterzubringen. Auch längere Kolonnen größeren Durchmessers für präparative Zwecke finden bequem Platz.

Die Luftumwälzung wird durch einen Ventilatorflügel mit hoher Umdrehungszahl bewirkt. Als maximale Temperatur werden 400° C erreicht. Die elektrische Heizung besteht aus 3 Stufen, welche je nach Bedarf durch eine relativ trägheitslose Regelung auf die jeweilig gewünschte Temperatur aufheizen. Die Aufheizzeit auf 200° C beträgt 20 min. Die Temperatur ist in dem gesamten Innenraum bei hohen Temperaturen innerhalb 1° C konstant, in der Nähe des Detektors innerhalb 0,5° C. Weitere konstruktive Einzelheiten sind aus Abb. 24 zu ersehen.

6. Wiederauffangvorrichtungen

Wenn man die Substanzen nach der Trennung wiedergewinnen will, stellen sich eine Reihe von Problemen ein, die bei der präparativen Gas-Chromatographie (vgl. S. 160) von besonderer Bedeutung sind, wenn es auf möglichst hohe Ausbeuten und hohen Reinheitsgrad ankommt. Aber auch bei der analytischen Gas-Chromatographie entsteht oft der Wunsch, die getrennten Substanzen aufzufangen und weiteren Identifizierungsreaktionen zuzuführen.

a) Die Kühlfallen

Sofern man auf die Ausbeute keinen großen Wert legt, mag es genügen, an den Ausgang der Trennsäulen Kühlfallen in Form von U-Rohren oder in der in Abb. 25 wiedergegebenen Form anzuschließen und entsprechend der am Schreiber beobachteten Ankunft einer neuen Substanz die Falle gegen eine neue auszuwechseln. Die Kühlfallen werden auf — 80° C (Aceton-Kohlensäureschnee) bei Substanzen mit Siedepunkten über 80° C und mit flüssiger Luft bei tiefersiedenden Verbindungen gekühlt. Verschiedene Fallen können in einer Ringleitung angebracht werden und wahlweise eingeschaltet werden (vgl. Abb. 25). Um Vermischungen zu vermeiden, muß die Zuleitung zu den Fallen durch eine Heizwicklung mit Nichrom-Draht auf der gleichen Temperatur wie die Trennsäulen gehalten werden. Im Prinzip ähnliche, in der Form abweichende Kühlfallen finden sich auch bei [*89*, *289*, *396*, *444*, *859*, *907*, *1148*, *1239*].

Ausbeuten von 90% stellen sich jedoch bei den oben erwähnten Kühlfallen nur in günstigen Fällen ein und können um eine Zehnerpotenz

[1] Hersteller: Fa. Rubarth u. Co., Hannover, Ikarusallee.

geringer sein. Die relativ hohe Trägergasgeschwindigkeit führt trotz intensiver Kühlung gerade höher siedende Substanzen als Nebeltröpfchen mit sich, die bei der kurzen Verweilzeit in den Kühlfallen nicht niedergeschlagen werden. So beträgt z. B. die Verweilzeit eines solchen Nebeltröpfchens in einer Kühlfalle von 1 cm^3 Inhalt und einem Trägergasdurchfluß von 100 ml/min nur etwa 0,5 Sekunden. Sicher kann das Mitreißen von Nebeltröpfchen ausgeschaltet werden, wenn man die Kühlfalle mit einem Lösungsmittel füllt und den Trägergasstrom durch

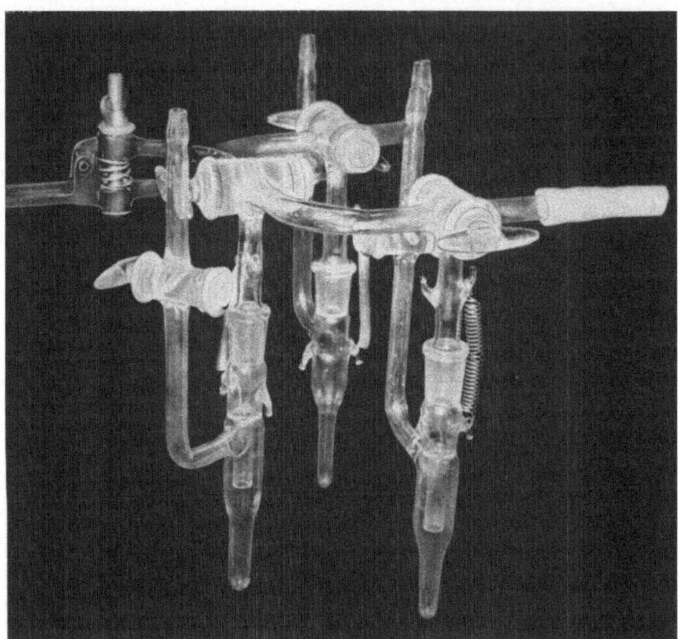

Abb. 25. Kühlfallen aus Glas

das Lösungsmittel leitet. Durch die entstehenden Druckstöße wird allerdings eine unruhige Basislinie beim Schreiber in Kauf genommen werden müssen. Außerdem ist die Wiedergewinnung aus dem Lösungsmittel u.U. schwierig. Diese Methode ist nur nützlich, wenn man die Lösung als solche weiterbenutzen kann, z. B. um Spektren aufzunehmen. Ähnliche Einschränkungen gelten auch für U-Rohre, deren Wand mit einer hochsiedenden Flüssigkeit imprägniert ist [*1108*], das Zumischen eines Lösungsmitteldampfes vor der Kondensation [*689*], das Füllen der Kühlfallen mit einem Adsorptionsmittel oder einem Glaswattepfropfen [*309*].

Bessere Ergebnisse sind zu erwarten, wenn die Kondensation von Nebeltröpfchen durch Anlegen eines elektrischen Feldes bewirkt wird [*32, 761*]. Allerdings müssen dann große Feldstärken von 5—10 kV angelegt werden, was aufwendig und nicht ungefährlich ist.

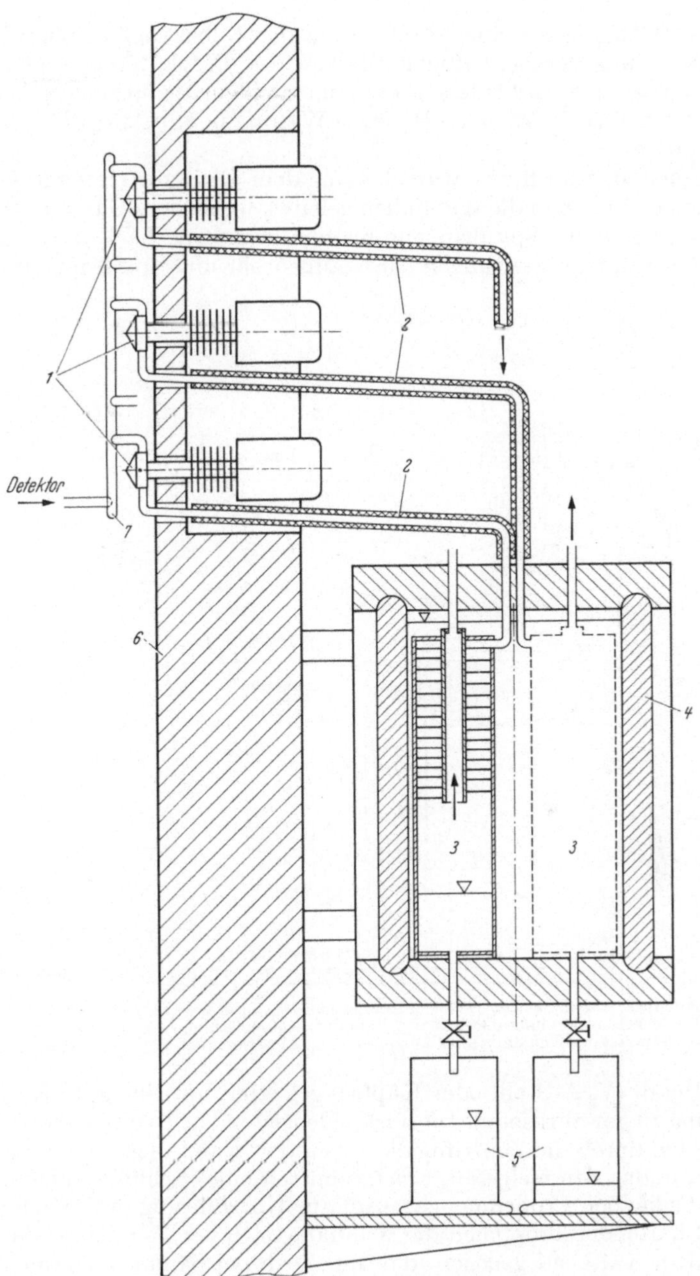

Abb. 26. Vollautomatische, programmgesteuerte Auffangvorrichtung: *1* Magnetventile, *2* beheizte Austrittsleitung, *3* Abscheider, *4* Kryostat oder Dewar-Gefäß, *5* Sammelgefäß, *6* Thermostatenwand, *7* Ringleitung

Die besten Ergebnisse zur Abscheidung der Nebeltröpfchen werden durch Anwendung der Zentrifugalkraft bewirkt. Diese Methode ist unabhängig in zwei verschiedenen experimentellen Ausführungsformen durch HUPE u. BAYER [*78*, *84*, *597*] sowie WEHRLI u. KOVÁTS [*1218*] entwickelt worden.

Bei der ersten Anordnung wird das aus dem Detektor tretende Gas entsprechend Abb. 26 in die Kühlfallen geleitet, wobei dem Gas zunächst durch das eingesetzte Spiralrippenrohr eine kreisende, nach unten gerichtete Bewegung aufgezwungen wird. Außenrohr und Spiralrippenrohr

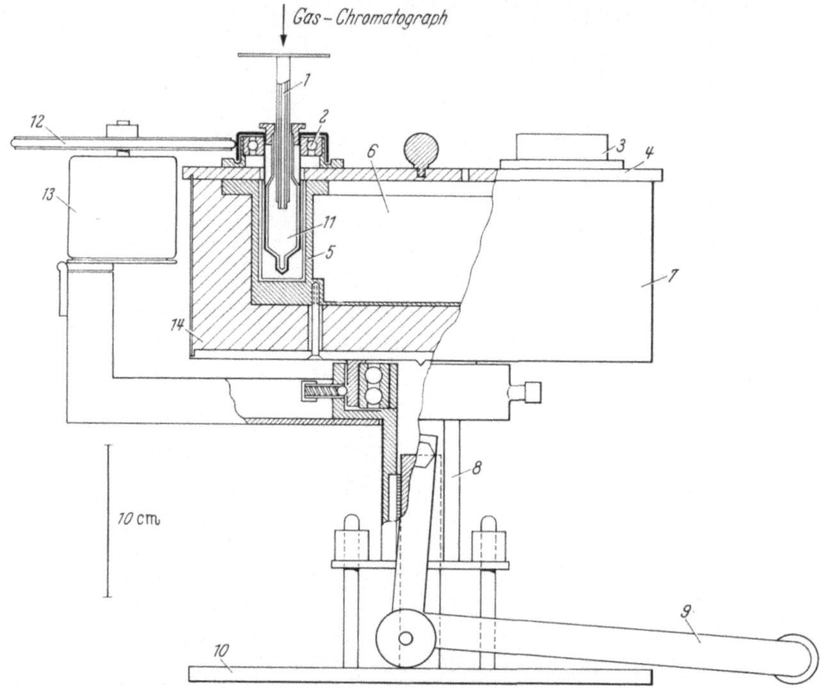

Abb. 27. Gaszentrifuge, entnommen aus [*1218*]: *1* Rohrleitung vom Gas-Chromatographen, *2* u. *3* Zentrifugen, *4* PVC-Deckel, *5* Aluminiumblock, *6* u. *7* Raum für Kältemischung, *8* Fahrgestell, *9* Hebel, *10* Gestell, *11* Glaseinsatz des Kühlfingers, *12* Antriebsrad des Elektromotors *(13)*, *14* Kälteisolierung

sind aus Metall (V_2 A-Stahl oder Kupfer) gefertigt, um eine gute Kälteübertragung zu gewährleisten. Die auskondensierenden Tropfen und evtl. Nebel werden durch die Zentrifugalkraft an der Wand niedergeschlagen und laufen in das Sammelgefäß, welches mittels eines Schliffes angesetzt ist. Bei sehr kleinen Probenmengen wird zur Überführung evtl. noch an der Wand haftender Tröpfchen die Kühlfalle nach der Kondensation so weit aus dem Kältebad gezogen, daß nur noch der Sammler eintaucht, um den oberen Teil der Falle ein Heizmantel gezogen und etwa 30 min auf eine um 50° unter der jeweiligen Siedetemperatur liegende Temperatur aufgeheizt. Auf Grund der Dampfdruckunterschiede kondensiert und sammelt sich alle Substanz in *5*, welches nun abgenommen werden kann.

Die Kühlzentrifuge ist in Abb. 27 wiedergegeben.

Man kann an Stelle der oben beschriebenen Auffangsysteme die aus der Säule tretenden Gase auch direkt in KBr oder in Infrarot-Adsorptionszellen zur Messung von Spektren auffangen [*19*, *202*, *790*, *1249*].

b) Automatische Fraktionssammler

Der Wunsch nach einer vollautomatischen Sammlung der getrennten Proben hat zur Konstruktion verschiedener Anlagen geführt [*32*, *78*, *84*, *529*, *597*, *767*], bei denen die Einschaltung der Kühlfallen durch das Chromatogramm selbst gesteuert wird. Die Steuerung nach Zeit ist weniger zu empfehlen, wenn sie auch einfacher ist. Man erhält bei evtl. auftretenden Änderungen im Trägergasdurchfluß oder in der Temperatur, die eine Veränderung der Retentionszeit bewirken, unreine Fraktionen, die bei einer Steuerung durch den Schreiber vermieden werden. Durch Einbau von Grenzkontakten am Schreiberwagen wird jedesmal automatisch eine Kühlfalle in den aus dem Detektor tretenden Gasstrom geschaltet. Diese Anordnung ist ein Teil des später zu beschreibenden präparativen Gas-Chromatographen. Abb. 26 zeigt die von Hupe u. Bayer [*78*, *84*, *597*] konstruierte Anlage zum vollautomatischen Probensammeln mit bewegungsfreien Teilen. An einer Ringleitung sind 6 Magnetventile angeordnet, die den Trägergasstrom in Kühlfallen freigeben und ein weiteres Magnetventil für den Austritt des zwischen den Banden fließenden, substanzfreien Trägergasstromes. Die Magnetventile werden durch die Grenzkontakte über ein Schrittschaltwerk gesteuert, welches auch das Überspringen einzelner Fraktionen und einen Eingriff von Hand gestattet. Beim Passieren eines Grenzkontaktes, welcher in einer außerhalb der Instabilität der Basislinie liegenden Grenze über der Basislinie angebracht ist, wird der Weg in die erste Kühlfalle freigegeben und das O-Ventil geschlossen. Wenn die Bande wieder zurückläuft, wird das Magnetventil *1* geschlossen und O wieder geöffnet usf. Bei nicht völlig getrennten Stoffpaaren werden Grenzkontakte in Höhe der Minima oder Wendepunkte zwischen zwei Banden zusätzlich eingestellt.

7. Gesamtanordnungen zur Gas-Chromatographie

Die Gesamtanordnungen der Gas-Chromatographie setzen sich letzten Endes aus zwei kompakten Einheiten zusammen. Es sei hier nochmals auf die verschiedenen im Handel befindlichen Geräte hingewiesen, sowie auf viele in der Literatur beschriebene konstruktive Lösungen.

Die beiden Grundelemente eines Gas-Chromatographen sind die Registriereinheit mit Schreiber, Verstärker, Stromanschlüssen, Schaltungen, Druck- und Durchflußregelung sowie die Thermostateneinheit, in der sich Trennsäulen, Detektor und Dosierungsvorrichtung befinden, sowie die angeschlossenen Wiederauffangvorrichtungen. Auf Abbildungen kann hier verzichtet werden, da in den Firmenschriften die verschiedenen Ausführungsmöglichkeiten von Gas-Chromatographen abgebildet sind.

Von den vielen beschriebenen Gas-Chromatographen sei hier der von Gohlke [*436*] mitgeteilte Aufbau hervorgehoben. Bei Verwendung einer käuflichen Wärmeleitfähigkeitsmeßkammer ist diese Apparatur äußerst billig aufzubauen. Mit der berichteten Nullpunktsstabilität von 0,1 mV entspricht dieser Gas-Chromatograph allerdings nicht anderen Anlagen, dürfte aber für viele Probleme ausreichen (s. auch CASEY [*199*]). FELTON [*367*] beschreibt einen Gas-Chromatographen für Arbeitstemperaturen über 500° C.

V. Praktische Anwendung der Gas-Chromatographie

Die Gas-Chromatographie wird allgemein als eine der aussichtsreichsten Methoden der modernen analytischen Chemie beurteilt. Besonders die Flüssigkeits-Gas-Chromatographie hat in den Jahren, die seit ihrer Entdeckung verstrichen sind, bei verschiedenen analytischen Problemen andere Methoden verdrängt oder willkommen ergänzt.

Gas-Chromatographie bedeutet immer *Trennung* und *quantitative Bestimmung* in einem Arbeitsgang zugleich und ist in dieser doppelten Anwendungsmöglichkeit anderen Verfahren überlegen. So sind vergleichsweise die außerordentlich wichtigen spektroskopischen Methoden bei Vielkomponentensystemen ohne vorherige Trennung nicht mehr anwendbar, und auch die papierchromatographischen Trennmethoden sind in vielen Fällen sehr schwierig quantitativ auszugestalten.

Alle *destillierbaren Verbindungen* können ohne weitere Vorbehandlung analysiert werden. Aber darauf ist die Anwendung dieser Methode nicht beschränkt. Denn durch relativ einfache Umsetzung lassen sich in übersichtlicher, kontrollierbarer Reaktion aus nichtflüchtigen Substanzen niedriger siedende Derivate herstellen, die gas-chromatographisch getrennt werden können. Dies wird in dem folgenden Abschnitt am Beispiel der höheren Fettsäuren und der Aminosäuren dargelegt. — Man wird dieser Gegebenheit ganz allgemein Rechnung tragen und in vielen Fällen den bisher unüblichen Weg gehen, aus festen Substanzen flüchtige Derivate herzustellen und diese dann analysieren. Bisher vermied man dies weitgehend und stellte umgekehrt für Analyse und Charakterisierung flüssiger Substanzen feste, kristallisierende Derivate dar.

Auch die *Pyrolyseprodukte* makromolekularer bzw. wegen ihres hohen Siedepunktes nicht in der Gasphase auftrennbarer Verbindungen können analysiert werden und aus deren charakteristischer Zusammensetzung auf den Bau des Makromoleküls geschlossen werden.

Zu den weiteren Vorteilen der Gas-Chromatographie gehören die außerordentliche *Schnelligkeit* der Methode und der *geringe Substanzbedarf*, der je nach Wahl des Detektors diese Methode in die Mikro- oder sogar Ultramikrotechnik einreiht.

Die *Selektivität* der verschiedenen flüssigen Phasen ermöglicht die Auftrennung nahezu jedes beliebigen Substanzgemisches. Auch Mehrstufen-Trennsäulen, d. h. Hintereinanderschaltung von Säulen mit verschiedenen flüssigen Phasen, sind für Trennprobleme anwendbar. Kombinationsmöglichkeiten mehrerer Säulen sind in mannigfacher Art denkbar. Grundsätzlich können zunächst schwer trennbare Substanzen entweder durch

Verlängerung der Säule oder durch Verwendung einer Säule mit einer selektiven flüssigen stationären Phase aufgetrennt werden. Wenn auch hierbei keine Auftrennung zu erreichen ist, müssen die hochtrennwirksamen Säulen oder Kapillarsäulen angewandt werden.

Weitere Möglichkeiten sind z.B. in der *Vorschaltung von Reaktionsgefäßen* gegeben, die es erlauben, in einem Arbeitsgang sowohl Reaktionen durchzuführen als auch anschließend die entstandenen Produkte zu analysieren.

Die Gas-Chromatographie findet besonders bei der *Analyse von Kohlenwasserstoffen* breite Anwendung. Es sei hier auf die mannigfachen Analysenverfahren zur Kontrolle von Erdöldestillaten, Crackprodukten und Kohlenwasserstoffgemischen aus der Teerdestillation hingewiesen.

Bei der Analyse von *Lösungsmittelgemischen, ätherischen Ölen, Aromastoffen* synthetischen und natürlichen Ursprungs kann die Methode innerhalb kürzester Zeit mit geringem Materialaufwand Ergebnisse erzielen, die früher nur in monatelanger Arbeit unter Aufwendung großer Mengen an Ausgangssubstanz erhalten werden konnten.

Eine besondere Domäne der Gas-Adsorptionschromatographie ist die *Gasanalyse.* Aus den später beschriebenen Beispielen läßt sich erkennen, daß die bisher üblichen Verfahren (z. B. Orsat-Analyse) bezüglich Analysendauer, Auftrennung von Mehrkomponentensystemen und Substanzbedarf der Chromatographie unterlegen sind. Hinzu kommt die einfache Handhabung der registrierend arbeitenden Apparaturen, die auch von ungeübtem Personal überwacht oder gar vollautomatisch zur Kontrolle von Prozessen aufgestellt werden können. Die Analyse von *Leuchtgas, Abgasen, Verbrennungsgasen* und *Grubengasen* seien als Beispiele genannt. Es sei hier auch auf die Anwendung der Gas-Chromatographie zur *Prozeßkontrolle* in der chemischen Industrie hingewiesen.

Erwähnt seien schließlich auch die Anwendungen in der *biochemischen Analyse.* Besonders bei der Analyse von *Fetten* in Industrie und Biochemie wird man heute auf diese neue Methode nicht mehr verzichten können. Der Stoffwechsel von Fettsäuren wurde besonders eingehend studiert. Aber auch Alkaloide, Steroide, Amine, Zucker und Aminosäuren werden heute in großem Umfang schon gas-chromatographisch analysiert.

In der *organischen Chemie* bildet die Gas-Chromatographie eine Bereicherung der Methodik. Denn bei der Konstitutionsaufklärung, z. B. bei Abbaureaktionen, kann diese Analysenweise wertvolle Hilfsdienste leisten. Andererseits läßt sie sich in gewissem Umfang auch zu *präparativen Trennungen* heranziehen. Es sind Anordnungen zur Trennung von Mengen bis 100 g beschrieben und solche Mengen reichen für spektroskopische und andere physikalisch-chemische Untersuchungen, Elementaranalysen sowie die Herstellung von Derivaten aus.

In absehbarer Zeit wird sich die Gas-Chromatographie auch zunehmend bei der technischen Trennung in der Produktion durchsetzen, die in Größenordnungen von 1—5 kg/Tag hergestellt werden. Denn mit Säulen von 25 cm ∅ ist schon gearbeitet worden.

Besonders interessant ist für den Analytiker eine *Molekulargewichtsbestimmung*, die bei Verwendung von Gasdichtemetern als Detektor möglich ist.

Beschränkt ist die Anwendung in der *anorganischen Chemie,* wo bisher vorwiegend flüchtige Hydride und Silane untersucht worden sind. Aber auch flüchtige Metallhalogenide und andere flüchtige Metallderivate, wie z. B. manche Acetylacetonate sind schon getrennt worden. Durch die Entwicklung einer Hochtemperatur-Gas-Chromatographie bis zu Arbeitstemperaturen über 1000° C sollte es sogar möglich werden, alle Elemente in Form ihrer Halogenide gas-chromatographisch zu analysieren.

Für die Beurteilung, *welche Verbindungen noch gas-chromatographisch analysiert werden können,* mag als Faustregel gelten, daß die Substanz bei der maximalen Arbeitstemperatur der jeweilig vorhandenen Apparatur (in der Regel 200—300° C) einen Dampfdruck von mindestens 0,3 mm Hg aufweisen sollte.

Normale Detektoren weisen eine solche Empfindlichkeit auf, daß bei einem Partialdruck von 0,1 mm Hg in dem Trägergas die Analysensubstanz noch bestimmbar ist. Aus dieser Angabe wird auch ersichtlich, daß es sinnlos wäre, durch Arbeiten im Vakuum die Trenntemperatur noch weiter herabzusetzen, wie dies zum Beispiel in der Vakuumdestillation geschieht. Da es ab und zu immer wieder Fälle gibt, bei denen das Arbeiten im Vakuum empfohlen wird [*1200*], sei hier auf die Arbeiten von Haruki [*514*] hingewiesen, der eindeutig nachgewiesen hat, daß durch Arbeiten bei Unterdruck keine Verkürzung der Retentionszeit bewirkt wird. Nur wenn schlechte Probengeber verwendet werden, könnte evtl. eine schnellere Verdampfung der Proben erfolgen. Denn im Grenzfall kann die Trennung sowieso auf Grund der empfindlichen Detektorzellen beispielsweise 50—100° C unter dem Siedepunkt der jeweiligen Analysensubstanz durchgeführt werden. Bei den Ionisationsdetektoren benötigt man noch kleinere Substanzmengen.

Dies bedeutet demgemäß einen weiteren Vorteil der Methode, der insbesondere bei der Analyse empfindlicher Substanzen ins Gewicht fällt. So wurden z. B. im Laboratorium des Autors Silyl- und Methyläther von Mono- und Disacchariden gas-chromatographisch analysiert und Isomere getrennt.

Die Trennung von *strukturisomeren Verbindungen* ist mit der Gas-Chromatographie schnell und einfach zu verwirklichen.

Die Trennung von Racematen ist bisher noch nicht sicher gelungen, erscheint jedoch mit Kapillarsäulen leicht möglich. Diastereomere lassen sich schon mit gepackten Säulen auftrennen. Der Bau der Detektoren wie überhaupt die Anordnungen zur Gas-Chromatographie gehört in das Fachgebiet, mit dem sich die *physikalische Chemie* beschäftigt. Dadurch ergibt sich, daß die theoretische Beschäftigung mit der Messung von Gasen und die theoretische Behandlung der auf der Säule ablaufenden Vorgänge sowie deren Messung in diesem Fachgebiet Interesse gefunden hat.

Im folgenden werden die verschiedenen Anwendungsmöglichkeiten der Gas-Chromatographie aufgezeigt und praktische Beispiele und Vorschriften gegeben. Ergänzt werden diese Vorschriften durch die Tabellierung der relativen Retentionsvolumina (vgl. S. 193ff.) und der für die Auswahl der Säulen wesentlichen Selektivitätskoeffizienten (vgl. S. 31, 32 u. S. 189).

Es sollte möglich sein, an Hand dieser Vorschriften und Daten die Trennung von Verbindungen beliebiger Substanzklassen ausführen zu können.

Die Beschreibung der Anwendung auf spezielle Probleme mögen als Anregungen dienen. Spezielle Anwendungen, wie z. B. Zweistufenkolonnen und andere grundsätzliche Variationen der üblichen Technik sind in Beispielen von speziellen Substanztrennungen enthalten und können selbstverständlich auf analoge andere Probleme übertragen werden.

Die Vielfalt an denkbaren Kombinationsmöglichkeiten von verschiedenen Säulenanordnungen sowie verschiedenen Detektoren auf spezielle Probleme ist weder in der bisher erschienenen Literatur noch in diesem Buch erschöpft.

Aus diesem Grund ist die Gas-Chromatographie eine junge Methode, deren methodische und anwendungstechnische Entwicklung auch heute noch nicht abgeschlossen ist.

1. Prinzipielles zur qualitativen Analyse und zur Identifizierung

Die auf Seite 7 beschriebenen Retentionsvolumina (V_R) sind Stoffkonstanten, die bei Beachtung bestimmter Maßregeln konstant sind (vgl. S. 7). Bei der Gas-Adsorptionschromatographie ist eine Reproduzierung der Retentionswerte schwerer als bei der Gas-Verteilungschromatographie.

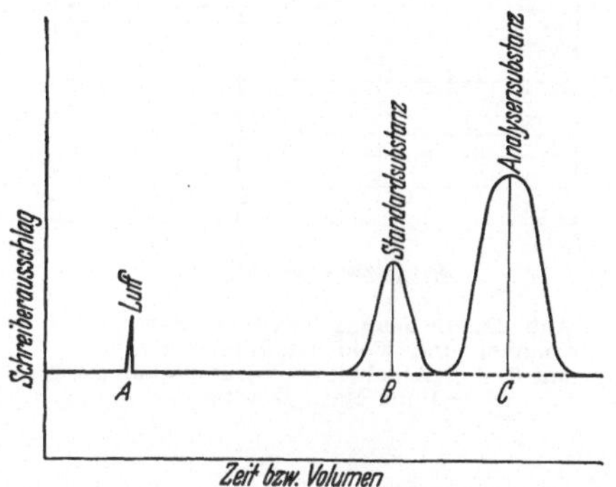

Abb. 28. Schematische Darstellung eines Chromatogrammes von Luft, Standardbezugssubstanz und Analysensubstanz zur Errechnung des relativen Retentionsvolumens. $V_R^{rel} = \frac{AC}{AB}$

Für den Analytiker genügt es, die relativen Retentionsvolumina (V_R^{rel}) zu kennen, da eine Umrechnung auf die korrigierten Retentionsvolumina (vgl. S. 48) zeitraubend ist. Es ist hierbei lediglich zu beachten, daß grundsätzlich vor der Trennung jeweils unter gleicher Temperatur, gleichem Druck, gleichem Trägergasdurchfluß und mit gleicher Säulen- sowie Detektoranordnung eine Standardbezugssubstanz geimpft wird, auf deren Retentionsvolumen die anderen Substanzen bezogen werden. Außerdem werden die Werte um das Totvolumen der Anordnung korrigiert, d. h. das Volumen jeweils abgezogen, welches ein nicht von der Phase festgehaltenes Gas (Stickstoff) benötigt, um auf dem Schreiber eine Bande zu geben. Es muß also auch einmal Stickstoff geimpft werden. Nach der schematischen Darstellung eines Chromatogramms errechnet sich demgemäß das relative Retentionsvolumen der Analysensubstanz aus dem Verhältnis der Strecken $AC : AB$ in Abb. 28. Die Banden der

Standardsubstanz sollten im übrigen nicht zu weit von denen der jeweilig zu analysierenden Proben entfernt liegen.

Von einer Nomenklaturkommission [277] wurden zwar eine Reihe von Standardbezugssubstanzen angegeben. Doch wurde diese für den Analytiker sehr lobenswerte Empfehlung seither nicht befolgt und so sind eine ganze Reihe von Substanzen benutzt worden, die bei den Tabellen der V_R-Werte benannt sind. Allgemein eingebürgert haben sich n-Pentan, n-Buttersäure (für Fettsäuren) sowie Myristat (für höhere Fettsäureester). Campher ist nach des Autors Erfahrungen für die Gas-Chromatographie bei höheren Temperaturen sehr brauchbar.

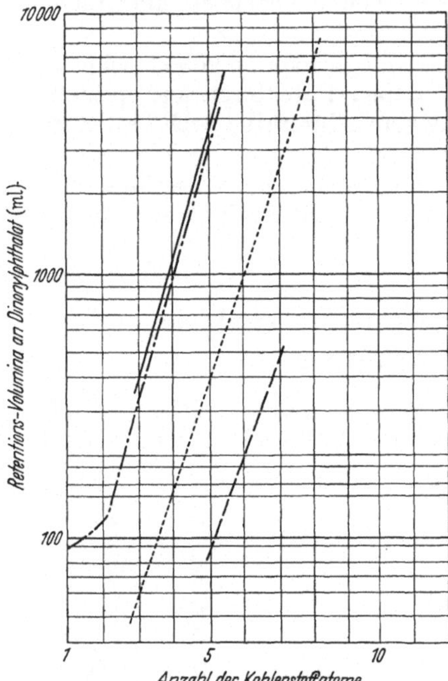

Abb. 29. Beziehung zwischen Retentionsvolumen und Kohlenstoffzahl für n-Paraffine (——), Alkohole (-----), Essigsäureester (— —) und Methylketone (—·—)

Die relativen Retentionsvolumina sind gut reproduzierbar, sofern die im apparativen Teil (S. 48ff.) für die Analysenmenge, Trägergasdurchfluß und Säulengeometrie empfohlenen Richtlinien eingehalten werden. Sie sind zumeist besser zu handhaben als spezifische Retentionsvolumina, da eventuelle Fehler in Druck- und Mengenmessung sowie bei der Berechnung und Bestimmung anderer Parameter durch die Relativmessung ausgeschaltet werden.

Bei der Benutzung tabellierter relativer Retentionsvolumina muß allerdings darauf geachtet werden, daß der gleiche feste Träger und die gleiche Menge Trennflüssigkeit auf diesem Träger zur Reproduzierung notwendig sind [399], da bei polaren Substanzen und bei Benutzung apolarer Standardbezugssubstanzen unter abweichenden Bedingungen, abweichende Werte erhalten werden können. Ob man den Logarithmus der Retentionsvolumina tabellieren sollte, dürfte eine theoretische Frage sein, die für die Praxis belanglos ist. Ein Umrechnen erscheint nur dann lohnend, wenn die Darstellung der Daten übersichtlicher wird [1172].

Zur Identifizierung einer Substanz werden zunächst die relativen Retentionsvolumina bestimmt und dann die danach ermittelte Substanz mit der Analysenprobe gemischt und die Identität wie bei einem Mischschmelzpunkt bewiesen. Da nun Verbindungen verschiedener Klassen die gleichen Retentionswerte aufweisen können, werden die Retentionsvolumina in gleicher Weise an Säulen mit verschiedenen selektiven stationären Phasen bestimmt.

Bei unbekannten Substanzen kann zur Identifizierung auch die Abhängigkeit des Logarithmus des Retentionsvolumens von der Kohlenstoffzahl benutzt werden. Innerhalb einer Substanzklasse wird eine Gerade erhalten (vgl. Abb. 29).

Auf diese Weise kann aus der Kohlenstoffzahl-log V_R^{rel}-Beziehung bei Kenntnis der Retentionsvolumina von mindestens 3 Substanzen der homologen Reihe das Retentionsvolumen anderer Glieder dieser Reihe vorausgesagt werden (vgl. z. B. BAYER u. BÄSSLER [*73*]).

Neben den relativen Retentionsvolumina gibt es noch die sog. R_{x9}-*Methode* von SMITH u. EVANS [*359, 360, 1127*], bei der die Retentionsvolumina auf einen einzigen Standard, den „theoretischen Nonanwert", bezogen werden. Um diesen Wert zu ermitteln, werden drei bis fünf n-Paraffine von C_5 bis C_{12} chromatographiert, die erhaltenen Retentionszeiten logarithmisch gegen die Kohlenstoffzahl aufgetragen und die diesen Punkten am besten entsprechende Gerade gezogen. Der Schnittpunkt dieser Geraden bei der Kohlenstoffzahl 9 gibt die „theoretische Retentionszeit des Nonans" an, die einen genaueren Standardbezugswert angibt, als wenn man Nonan als Vergleichssubstanz spritzen würde.

Ebenso wie die relativen Retentionsvolumina ist die theoretische Nonan-Methode leicht in eine weitere zur qualitativen Charakterisierung vorgeschlagene Größe, den Retentionsindex von KOVATS [*757, 758, 1217*] umzurechnen, der zur Identifizierung von Substanzen sehr geeignet erscheint. Bei den Retentionsindices werden die relativen Retentionsvolumina logarithmisch in eine Skala eingeordnet, bei der man die Stellen, bei denen Äthan, Butan, Hexan usf. im Chromatogramm (bei gleicher Temperatur und gleicher stationärer Flüssigkeit) erscheinen als 200, 400, 600 usf. Indexeinheiten definiert. Der Retentionsindex weist einen relativ kleinen Temperaturgang auf. Dieser Vorteil ist im übrigen durch die Relativierung bedingt und gilt auch für die relativen Retentionsvolumina. Aus den Tabellierungen der Retentionsindices lassen sich einige „Regeln" ableiten über den Zusammenhang zwischen Struktur und gas-chromatographischen Daten:

1. Die Retentionsindices der höheren Glieder einer homologen Reihe nehmen mit jeder zusätzlichen Methylengruppe um etwa 100 Index-Einheiten zu.

2. Beträgt der Unterschied des Siedepunktes zweier Isomeren Δt_s, dann ist der Unterschied zwischen ihren Retentionsindices ΔI an einer „apolaren" stationären Phase (z. B. Squalan, Apiezone) gegeben durch
$$\Delta I \approx 5 \Delta t_s$$

3. Der Retentionsindex eines acyclischen Kohlenwasserstoffes bleibt für beliebige stationäre Phasen nahezu konstant und der Retentionsindex einer beliebigen Verbindung bleibt für apolare stationäre Phasen nahezu konstant. Diese „Regel" ist trivial, da sie sich durch die willkürliche Wahl von Paraffinen als Bezugssubstanzen ergibt und somit keinen Erkenntniswert besitzt.

4. Enthält eine Verbindung mehrere Haftzonen, so kann ihr ΔI-Wert in vielen Fällen additiv aus den Inkrementen, die den einzelnen Haftzonen zukommen, errechnet werden.

In vielen Fällen reichen die Retentionsdaten zur sicheren Charakterisierung einer Substanz nicht aus. Man muß dann die Substanzen nach der Trennung auffangen und weiteren Identifizierungsreaktionen zuführen. Man kann hierfür z. B. Infrarotspektroskopie [*18, 19, 73, 471, 776*], Massenspektrometrie [*144, 310, 437, 537, 987, 1239*], Elektronenresonanz und andere physikalische Methoden heranziehen. Andererseits liefert als Hilfsmittel auch die sog. Ausscheidungsanalyse, die in der Ausscheidung von Substanzen gleicher funktioneller Gruppen und Durchführung von Differenzchromatogrammen besteht (vgl. S. 141), gute Dienste [*73, 80*]. Prinzipiell kann mit den aufgefangenen Substanzen jede aus der organischen Analyse her bekannte Reaktion ausgeführt werden. So haben Walsh u. Merritt [*1211*] an Hand von spezifischen Farbreaktionen die Zugehörigkeit zu einer bestimmten Substanzklasse bestimmt (vgl. auch *313*). Hingewiesen sei auch auf die spezifischen Detektoren (vgl. S. 59 u. 61).

Allgemein benutzbare Arbeitsgänge sind bei den einzelnen Abschnitten später erläutert.

2. Prinzipielles zur quantitativen Analyse

Die Apparaturen zur Gas-Chromatographie enthalten Detektoren zur Erkennung der von der Trennsäule kommenden Verbindungen. Diese Detektoren messen physikalische oder chemische Eigenschaften und registrieren diese zugleich. Es wird also immer ein quantitatives Meßergebnis erhalten. Aus diesem Grund ist die Gas-Chromatographie, begründet in ihrem üblichen apparativen Aufbau, immer eine quantitative Methode.

Zu diskutieren ist hier vor allem, inwieweit die physikalischen Meßwerte linear abhängig von der Substanzkonzentration sind und welche Abweichungen von dieser Linearität auftreten.

Im Rahmen dieses Buches kann hier nur auf die gut untersuchten, in größerem Umfang benutzten Detektoren eingegangen werden, da von einem Teil der vereinzelt angewandten Meßmethoden vorläufig noch ungenügendes Material vorliegt.

Bestimmung der Bandenfläche. Die quantitative Information wird bei allen im Differenzverfahren arbeitenden Detektoren aus den auf dem Schreiber im Zeit-mV-Diagramm (s. S. 73, Abb. 28) erscheinenden Banden gezogen. Der Flächeninhalt dieser Banden ist der Substanzkonzentration proportional. Für jede quantitative Analyse erhebt sich die Aufgabe, die Bandenflächen zu messen.

Dies ist durch Planimetrieren oder Auswiegen der ausgeschnittenen Bande möglich. Diese für Routine-Arbeiten umständliche Methode kann durch Integratoren (s. S. 61) vollautomatisch ausgeführt werden. Eine vereinfachte Auswertung ist die Bildung des Produktes aus Bandenhöhe und Bandenbreite in halber Höhe (Halbwertsbreite). Letztere Methode setzt Symmetrie der Banden voraus, die bei der Elution sauerstoffhaltiger Verbindungen nicht immer gegeben ist. Die Bestimmung der Bandenhöhen als quantitatives Maß ist nicht zu empfehlen, da dies neben Konstanz aller übrigen Parameter auch eine konstant bleibende Trennwirksamkeit der Säule voraussetzt (vgl. auch *1161*). Beim Gebrauch einer Säule ändert sich jedoch die Trennstufenzahl häufig, so daß Nacheichungen erforderlich werden. Oster [*944*] hat zwar die Bandenhöhe als Maß für die Substanzkonzentration bei der Bestimmung einiger Kohlenwasserstoffe vorgeschlagen, da sie leicht und schnell — insbesondere bei der Prozeßkontrolle — auswertbar ist und relativ unabhängig von dem Trägergasdurchfluß ist. Wenn man die Strömungsgeschwindigkeit des Trägergases konstant hält, dürfte die Flächenmethode bei allen Substanzklassen das genaueste Verfahren sein. Durch Multiplikation der Bandenhöhe mit der Retentionszeit erhält man ebenfalls einen Wert, der proportional dem Flächeninhalt der Bande ist. Nach Untersuchungen von Janak [*649*] ist die Flächenbestimmung selbst bei jedem der oben genannten Verfahren gleich gut und bei großen Flächen ab 100 mm² innerhalb 1—3% bei 50—100 mm² innerhalb 10% genau, während die Fehler bei kleineren Flächen bis zu 25% betragen können.

Leider sind bei der Gas-Chromatographie nicht immer alle Substanzen völlig getrennt, so daß sich auch die Notwendigkeit ergibt, bei nicht aufgelösten Banden quantitative Werte zu erhalten. Man kann rechnerisch vorgehen unter der Annahme, daß jede der beiden nicht aufgelösten Banden eine ideale Gaußkurve ergäbe [*58*, *114*], wobei durch Eichchromatogramme die Gültigkeit der Rechnung überprüft werden kann [*451*, *1283*].

a) Quantitative Analyse durch Titrationsdetektoren, Volumen- oder Druckmessung

Bei der acidimetrischen Titration wird der Verbrauch an Säure oder Lauge gemessen, welcher sofort eine Aussage über die Äquivalente und damit, bei Kenntnis der Struktur der Verbindung, auch der Konzentration der Verbindungen zuläßt.

Auch die Volumenmessung liefert nach den Gasgesetzen bei konstantem Druck und bekannter Temperatur ein direktes quantitatives Ergebnis. Gleiches gilt für die Druckmessung.

In all diesen Fällen haben Trägergasdurchfluß und andere Faktoren keinen Einfluß auf das quantitative Ergebnis.

b) Quantitative Analyse mit dem Gasdichtemeter

Die Anzeige des Gasdichtemeters ist linear abhängig von der Differenz der Gasdichte. Bei kleinen Trägergasgeschwindigkeiten können größere Abweichungen von der Linearität auftreten [*901*]. Die Temperatur muß äußerst konstant (Abweichung $< 0{,}01°$ C) sein, um keine Änderungen des Nullwertes zu bewirken.

c) Quantitative Analyse mit der β-Strahlen-Ionisationskammer

Bei diesem Detektor lassen sich die Eichfaktoren für die einzelnen Verbindungen berechnen. Der durch die β-Strahlung hervorgerufene Ionisationsstrom ist im wesentlichen von dem Ionisierungs-Wirkungsradius der Moleküle abhängig und der Faktor f berechnet sich nach BOER [*124*] aus.

$$f = \frac{Q_{\text{Verb.}} - Q_T}{\text{Molekulargewicht}},$$

wobei $Q_{\text{Verb.}}$ und Q_T die Ionisierungs-Wirkungsradien der Substanz bzw. des Trägergases bedeuten. Nach OTVOS u. STEVENSON [*945*] setzt sich der Wirkungsradius $Q_{\text{Verb.}}$ organischer Verbindungen additiv aus den Einzelinkrementen der Atome zusammen (bei Wasserstoff $Q = 1$ ist Kohlenstoff $Q = 4{,}16$ und Stickstoff $Q = 3{,}84$) und läßt sich damit berechnen. Zur quantitativen Auswertung werden die Flächen der einzelnen Banden ausgemessen (siehe S. 76) und durch den für jede Substanz berechneten Faktor f dividiert. Die so erhaltenen Quotienten werden addiert. Durch diesen Gesamtwert werden die Quotienten der einzelnen Substanzen dividiert und ergeben nach Multiplikation mit 100 den %-Gehalt (in Gew.-%).

d) Quantitative Analyse mit dem β-Strahlen-Argon-Detektor

Ein großer Nachteil des β-Strahlen-Argon-Detektors für quantitative Arbeiten ist die sehr unterschiedliche substanzabhängige Empfindlichkeit. Für jede einzelne Substanz muß experimentell ein Eichfaktor bestimmt werden, da die bei gleicher Konzentration (Mol-% oder Gew.-%) am Schreiber erhaltenen Banden selbst bei sehr nahe verwandten Substanzen einer homologen Reihe sehr unterschiedlich sind und keine Voraussagen über Zusammenhänge zwischen Detektorsignal und Struktur sicher möglich sind [*127*]. Zur breiteren quantitativen Verwendung müssen erst solche Eichfaktoren gemessen werden. Selbst bei Kohlenwasserstoffen kann nicht die einfache Verhältnismethode zur Bestimmung benutzt werden (vgl. S. 80). Es steht auch noch nicht fest, wie stark sich die Eichfaktoren bei Argondetektoren verschiedener Geometrie unterscheiden. Bei einer quantitativen Bestimmung muß außerdem immer der Bereich ermittelt werden, bei dem die Bandenfläche linear von der Substanzkonzentration abhängt.

e) Quantitative Analyse mit dem Scottschen Flammendetektor

Bei der Analyse von aliphatischen Kohlenwasserstoffen bedarf dieser Detektor keiner Eichung, da die Fläche der aufgezeichneten Banden innerhalb 2% proportional der Gewichtskonzentration ist. Bei Substanzen mit sehr unterschiedlichen Verbrennungswärmen müssen diese rechnerisch in Form eines Faktors berücksichtigt werden.

f) Quantitative Analyse mit dem Flammenionisationsdetektor

Auch der Flammenionisationsdetektor ist für verschiedene Substanzklassen unterschiedlich empfindlich. So steht die Empfindlichkeit für gleiche Gewichtsmengen aliphatischer Kohlenwasserstoff : primärer Alkohol: Monochlorkohlenwasserstoffe etwa im Verhältnis 100 : 27 : 25. Innerhalb einer homologen Reihe nimmt jedoch, im Gegensatz zum β-Strahlen-Detektor, die Empfindlichkeit mit der Kohlenstoffzahl linear zu, so daß bei Kenntnis einiger Eichfaktoren Voraussagen über die Eichfaktoren der gesamten homologen Reihe möglich sind. Die Relation der einzelnen Eichfaktoren zueinander dürfte bei den Flammenionisationsdetektoren ziemlich unabhängig von der Bauart des Detektors sein.

Um gute Analysenwerte zu erhalten, muß nach HALÁSZ u. SCHNEIDER [*490*] folgendes beachtet werden: Arbeiten im linearen Bereich, der 4 Zehnerpotenzen umfaßt; Konstruktion eines geeigneten by-pass-Systems beim Arbeiten mit Kapillarsäulen; Verwendung von Eichfaktoren für jede Substanz; geeigneter Verstärker; Verwendung von O_2 an Stelle von Luft und Zuführung von größeren Mengen H_2 in die Verbrennungsdüse (ca. 20 ml H_2/min) vergrößert die Empfindlichkeit.

g) Quantitative Analyse mit Wärmeleitfähigkeitsmeßzellen

Quantitative Messung durch Eichung. Die eindeutigsten quantitativen Messungen sind möglich, wenn für jede zu analysierende Substanz eine Eichkurve aufgenommen wird, die den Bestimmungen dann zugrunde gelegt wird. Das heißt, man chromatographiert definierte Substanzmengen und trägt in einer Eichkurve die Bandenfläche gegen die Substanzmenge auf. Bei Gasen ist diese Methode einfach zu bewerkstelligen, denn Gase können außerordentlich genau dosiert werden. Die Einbringung genau bekannter Mengen eines Gases bzw. einer Flüssigkeit wird nach S. 50ff. durchgeführt. Da nun aber die genaue Dosierung von Flüssigkeiten einige Schwierigkeiten bereitet und andererseits die Aufstellung von Eichkurven für jede einzelne Substanz sehr zeitraubend ist, hat man nach einfacheren Möglichkeiten gesucht.

Markierungsmethode. Bei dieser ohne Einwägung auskommenden Methode setzt man zu der Analysenprobe eine genau bekannte Menge einer geeigneten reinen Substanz („Markierer“ oder „innerer Standard“) zu. Diese Substanz soll nicht in dem zu untersuchenden Gemisch vorhanden sein. Zur Eichung wird nun die Markierungssubstanz mit jeder in dem Analysengemisch erwarteten Einzelkomponenten in verschiedenen Mischungsverhältnissen chromatographiert. Die Verhältnisse der Markierungssubstanz: Analysensubstanz und die Verhältnisse der aus dem Diagramm bestimmten entsprechenden Bandenflächen werden in einem Koordinatensystem aufgezeichnet und eine gerade Linie erhalten. Die nun aus dem Chromatogramm der Analysenprobe erhaltenen Verhältnisse der Einzelkomponenten zu der in bekannten Mengen zugesetzten Markierungssubstanz erlauben die quantitative Aussage.

Die auch hierbei notwendige, vorherige Aufstellung von Eichkurven bietet bei genau dosierbaren Gasen keinen Vorteil gegenüber der Aufstellung der Eichkurven mit reinen Substanzen. Außerdem muß noch verdünnt werden, wodurch die Empfindlichkeit der Analyse herabgesetzt wird. Bei Substanzgemischen komplizierter Zusammensetzung oder bei Spurenanalysen wird man diese Methode nicht anwenden. In diesen Fällen müssen dann mehrere Standardsubstanzen zugesetzt werden, deren Retentionszeit nicht mehr als 20% von den zu analysierenden Verbindungen abweichen und die möglichst aus der gleichen homologen Reihe stammen sollten.

Verhältnismethode („internal normalization"). Diese einfachste Methode beruht auf der Annahme, daß jede Substanz, unabhängig von ihrer Struktur, in gleicher Menge eine gleichgroße Bandenfläche ergibt. Dies trifft auch annähernd zu, sofern die Substanzen chemisch ähnlich gebaut sind und ein Trägergas hoher Wärmeleitfähigkeit, z. B. Wasserstoff oder Helium (siehe Abb. 64, S. 166), benutzt wird.

Zur quantitativen Analyse addiert man zunächst die Flächen aller Banden (peaks) und dividiert diese Zahl durch die Bandenfläche jeder Einzelkomponente. Nach Multiplikation mit 100 erhält man die %-Zahlen.

Tabelle 6. *Konstanten zur Berechnung der relativen molaren Wärmeleitfähigkeiten* (Trägergas: Helium) [*885*]

Homologe Reihe	Kohlenstoffzahl	Konstanten Gl. 31	
		B	A
n-Paraffine	C_1-C_3	1,04	20,6
	C_3-C_{10}	1,35	6,7
Methylparaffine	C_4-C_7	1,25	10,8
Dimethylparaffine	C_5-C_7	1,20	13,0
α-Olefine	C_2-C_4	1,20	13,0
Trimethylparaffine	C_7-C_8	1,16	13,9
Methylbenzole	C_7-C_9	1,16	9,7
Mono-n-alkylbenzole	C_7-C_9	1,06	17,9
Mono-sek-alkylbenzole	C_9-C_{10}	1,04	18,1
n-Ketone	C_3-C_8	0,861	35,9
Prim. Alkohole	C_2-C_7	0,808	34,9
Tert. Alkohole	C_4-C_5	0,808	34,9
Sek. Alkohole	C_3-C_5	0,857	33,6
n-Essigsäureester	C_2-C_7	0,841	37,1
n-Äther	C_4-C_{10}	0,886	43,3

Nach HAUSDORFF [*518, 519*] sollten hierbei die Mol-prozente erhalten werden. Nach den eingehenden Untersuchungen von DIMBAT, PORTER u. STROSS [*294*], HEFT [*526*], FREDERICKS u. BROOKS [*388*], BROWNING u. WATTS [*164*] ROSIE u. GROB [*1039*], NUNEZ, ARMSTRONG u. COGSWELL [*935*] und SCHOMBURG [*1081*] steht aber eindeutig fest, daß die Flächen den Gewichtsprozenten proportional sind. Für genaue Analysen empfiehlt sich die Multiplikation der Flächenprozente mit einem Faktor, der mittels reiner Substanzen erhalten worden ist. Ohne Faktoren können Abweichungen bis zu ± 10% und mehr auftreten.

MESSNER, ROSIE u. ARGABRIGHT [*885*] haben festgestellt, daß bei Bestimmungen der Bandenflächen sowohl bei Thermistor-Wärmeleitzellen als auch bei Hitzdrahtwärmeleitkammern zwischen der relativen molaren Wärmeleitfähigkeit und dem Molekulargewicht innerhalb einer homologen Reihe eine lineare Abhängigkeit besteht und sich die Eichfaktoren nach den Angaben in Tab. 6 leicht berechnen lassen. Als Standardsubstanz wird Benzol benutzt. Der je Gramm-Molekül Benzol erhaltene Detektorausschlag wird als „100 Wärmeleitfähigkeitseinheiten" je Gramm-Molekül bezeichnet und die anderen Substanzen auf diese Zahl bezogen. Trägt man die auf Benzol bezogenen relativen molaren Wärmeleitfähigkeiten in Abhängigkeit von den Molekulargewichten auf, werden für jede homologe Reihe Geraden erhalten. — Die für Kohlenwasserstoffe, Ketone, Alkohole, Essigsäureester und Äther angegebenen Daten stimmen mit Ausnahme der ersten Glieder einer Reihe (z. B. Methan, Äthan, Methanol) innerhalb der Meßgenauigkeit mit dieser Linearität überein. Die relative molare Wärmeleitfähigkeit ist auch unabhängig von der Menge getrennter Substanz, dem Trägergasdurchfluß (gemessener Bereich 33—120 ml/min) und der Temperatur (30—160° C). Aus einigen Messungen wird abgeleitet, daß sich relative molare Wärmeleitfähigkeiten bei Verwendung von Thermistoren und Hitzdraht-Wärmeleitkammern nicht unterscheiden. Während eines Chromatogrammes der Mischung aus der Bezugssubstanz Benzol und der Analysensubstanz müssen die Chromatographiebedingungen konstant gehalten werden. — Die relativen, auf Benzol (= 100) bezogenen molaren Wärmeleitfähigkeiten (*RMW*) einer beliebigen Substanz lassen sich nach der Gleichung

$$RMW = A + B \times \text{Molekulargewicht} \tag{31}$$

berechnen. Die Konstanten A und B für verschiedene homologe Reihen sind in Tab. 6 angegeben. Mittels dieser Daten können die Eichfaktoren errechnet werden und die experimentell aus der Bandenfläche erhaltenen Werte einer quantitativen Messung leicht korrigiert werden.

Neben diesen umfassenden Arbeiten sind Eichfaktoren noch in folgenden Arbeiten enthalten:

für Kohlenwasserstoffe [*163, 183, 530, 1171*], Alkohole [*466, 809*], Fettsäureester [*732, 1054*], Stickstoffoxide [*855*], Amine [*808*] und Phenylchlorsilane [*385*]. LITTLEWOOD [*818*] hat die Beiträge einzelner Strukturelemente einer organischen Verbindung, wie CH_3-, CH_2-, C_6H_5-Gruppen, zu der mittels der Wärmeleitfähigkeitsmeßzelle erhaltenen Differenz der Wärmeleitfähigkeit errechnet. Mittels dieser einzelnen Inkremente lassen sich die zu erwartenden Werte mit einer maximalen Abweichung von 6% voraussagen [vgl. auch *1076*]. HOFFMANN[1] hat die bei verschiedenen Substanzen zu erwartenden Wärmeleitfähigkeiten auf Grund theoretisch entwickelter Gleichungen vorhergesagt und gute Übereinstimmung mit den experimentellen Daten erhalten.

Auch für Stickstoff als Trägergas sind Eichfaktoren bestimmt worden [*634–636*]. Jedoch ist auf Grund der geringen Differenz zwischen der Wärmeleitfähigkeit von Stickstoff und organischen Substanzen die Anwendung von N_2 nicht zu empfehlen.

h) Apparative Voraussetzungen zur quantitativen Analyse

Die Säulen sollten so ausgewählt werden, daß eine optimale Auftrennung erreicht wird. Hierdurch wird die Berechnung der den Einzelver-

[1] G. HOFFMANN, unveröffentlicht, Analyt. Chem. (im Druck).

bindungen zukommenden Flächen erleichtert. Von der Wärmeleitfähigkeitsmeßzelle muß gefordert werden, daß sie die Konzentration der Komponente linear anzeigt, daß sie hohe Empfindlichkeit und Stabilität sowie schnelle Anzeige aufweist. Der Heizstrom für die Wärmeleitkammer muß konstant gehalten werden, um die vergleichbare Empfindlichkeit zu besitzen. Die Durchflußgeschwindigkeit des Trägergases hat keinen sehr großen Einfluß auf die quantitative Bestimmung [*1262*], muß aber nach VAN DE CRAATS [*235*] für exakte Bestimmungen mittels eines Seifenblasen-Messers (vgl. S. 49) kontrolliert und konstant eingestellt werden (vgl. auch unten). Als Trägergas sollten Wasserstoff oder Helium [*1075*, *1262*, *1263*] wegen ihrer hohen Wärmeleitfähigkeit und der daraus resultierenden höheren Empfindlichkeit benutzt werden (vgl. Abb. 64, S. 166).

Je höher die Temperatur des Drahtes der Hitzdraht-Wärmeleitfähigkeitsmeßzelle ist, desto größere Empfindlichkeiten werden erzielt. In der Praxis werden je nach der Geometrie der Kammer bis zu 200° C Temperaturdifferenz zwischen Hitzdraht und Außenwand der Kammer angewandt. Höhere Aufheizung führt zu einer verminderten Nullpunktsstabilität. Bei sehr hohen Temperaturdifferenzen ($T > 390°$ C) werden mit Stickstoff als Trägergas nach BOHEMEN u. PURNELL [*130*] sogar negative Banden erhalten.

i) Nullpunktsstabilität und Empfindlichkeit

Bei quantitativen Bestimmungen und für die Empfindlichkeit von Detektoren ist die Beurteilung der Nullpunktsstabilität von besonderer Bedeutung [*1220*]. Unter Nullpunktsstabilität ist hierbei die bei normalen Betriebsbedingungen festgestellte Konstanz des Nullwertes (der Basislinie beim Schreiber) zu verstehen. Man kann zwischen kurzzeitigen Abweichungen (noise) und länger andauernden, in einer Richtung verlaufenden Abweichungen (drift) unterscheiden. Diese durch Meßanordnung und Wahl der stationären Phase bedingten Abweichungen müssen bei Aussagen über die kleinsten noch feststellbaren Substanzmengen jeweils in Betracht gezogen werden, d. h. die Banden müssen sich deutlich von der Nullpunktsinstabilität unterscheiden. MADDEN, QUIGG u. KEMBALL [*840*] haben die Prüfung des Nullpunktes von Wärmeleitkammern beschrieben.

Im übrigen wird die Empfindlichkeit S am besten nach einer von DIMBAT, PORTER u. STROSS [*294*] vorgeschlagenen Gleichung angegeben:

$$S = \frac{\text{mV}}{\text{mg/ml}} = \frac{A \cdot C_1 \cdot C_2 \cdot C_3}{W} \tag{32}$$

A = Bandenfläche (cm²); C_1 = Schreiberempfindlichkeit (mV je cm Schreibstreifen); C_2 = Papiervorschub (min/cm); C_3 = Trägergasdurchfluß am Kolonnenausgang in ml/min, korrigiert auf Kolonnentemperatur und Normaldruck; W = mg eingeführte Substanz.

Eine gute Empfindlichkeitsangabe ist auch die je ml Trägergas noch deutlich nachweisbare Menge Substanz in Milligramm. JOHNSON u. STROSS [*681*] haben noch eine weitere Größe, die „Nachweisgrenze", zur

Charakterisierung von Detektoren vorgeschlagen, die allerdings nicht einfach zu bestimmen ist. Prinzipiell versteht man unter Nachweisgrenze die bei einer bestimmten Trennung noch deutlich nachweisbare Menge Substanz. Die Nachweisgrenze ist nicht identisch mit der Empfindlichkeit eines Detektors, da bei ihr außer der Empfindlichkeit noch die Retentionszeit eine Rolle spielt[1].

Der Nullpunkt wird bei sehr symmetrischen Wärmeleitfähigkeitsmeßzellen (vgl. S. 167) sehr wenig durch Änderungen der Durchflußgeschwindigkeit beeinflußt. Bei weniger symmetrischen Zellen empfiehlt sich eine genaue Kontrolle.

Auch bei Thermistor-Zellen kann die Konstanz der Basislinie durch geeigneten Aufbau verbessert werden [*729*]. Nach GUILD, BINGHAM u. AUL [*472*] soll das Trägergas zur Erzielung hoher Nullpunktsstabilität von Sauerstoff und Wasser durch vorheriges Passieren über Linde-Molekularsieb gereinigt werden. Die stationäre Phase darf keine Substanzen abgeben, die zu einer Veränderung der Nullinie führen.

3. Analyse von Kohlenwasserstoffen und Analyse des Erdöls

Die breiteste Anwendung hat die Gas-Chromatographie bei der Analyse von Kohlenwasserstoffen und des Erdöls gefunden.

Es wurden sehr viele Arbeiten auf diesem Gebiet publiziert und die verschiedensten stationären, flüssigen Phasen benutzt. Auch die Gas-Adsorptionschromatographie wurde für die Trennung der leichtflüchtigen Kohlenwasserstoffe herangezogen.

Kohlenwasserstoffe bis zu einschließlich drei Kohlenstoffatomen je Molekül werden vorteilhaft mittels der Gas-Adsorptionschromatographie, also an Säulen mit festen Adsorbentien, getrennt. Für höhere Kohlenwasserstoffe wird man in der Praxis die Flüssigkeits-Gas-Chromatographie bevorzugen.

a) Festkörper-Gas-Chromatographie gasförmiger Kohlenwasserstoffe

HESSE u. TSCHACHOTIN [*545*] haben schon 1941 die Trennung einiger Kohlenwasserstoffe an Silicagel mit Kohlendioxid als Trägergas beschrieben. CLAESSON [*211*] hat die Trennung von Kohlenwasserstoffen an Aktivkohle als Adsorptionsmittel aufgezeigt. Zu einer allgemein analytisch anwendbaren Form wurde die Gas-Adsorptionschromatographie aber erst durch Arbeiten von PHILLIPS [*969*], CREMER u. Mitarb. [*243* bis *245*], PATTON u. Mitarb. [*954*], RAY [*1015*], TURKELTAUB [*1195*] und JANAK [*637-668*] entwickelt. Eine sehr schöne Übersicht über die Entwicklung der Methode hat JANAK [*648*] gegeben.

In den folgenden Abschnitten werden einige Vorschriften für die Trennung gasförmiger Kohlenwasserstoffe wiedergegeben. Als Apparatur

[1] Vgl. auch H. KELKER, Vortrag beim 1. Arbeitstreffen über Gas-Chromatographie, Karlsruhe, Oktober 1961; Z. analyt. Chem. (im Druck).

können die üblichen Anordnungen mit der auf S. 51 beschriebenen Gaseinlaßpipette benutzt werden. Außer Wärmeleitmeßkammern können in der Gas-Adsorptions-Chromatographie aber auch Volumen- oder Druckregistrierung (S. 177), Gasdichtemeter (S. 168), Ionisations- und Flammendetektoren (S. 171ff.) Anwendung finden.

α) Trennung von Kohlenwasserstoffen (C_1—C_4) an verschiedenen Adsorbentien bei fortlaufender Erhöhung der Temperatur. Thermo-Gas-Chromatographie

Bei der chromatographischen Adsorptionsanalyse von gasförmigen und tiefsiedenden Kohlenwasserstoffen hat es sich günstig erwiesen, die mit zunehmender Molekülgröße verstärkte Adsorption durch Erhöhung der Temperatur im Verlauf einer solchen Analyse herabzusetzen. Dadurch werden auch die Elutionszeiten herabgesetzt und damit die Analysendauer verkürzt.

Da nun eine Temperaturerhöhung im Verlauf der Analyse gleichzeitig eine Veränderung der Gasdurchflußgeschwindigkeit bedingt, würde

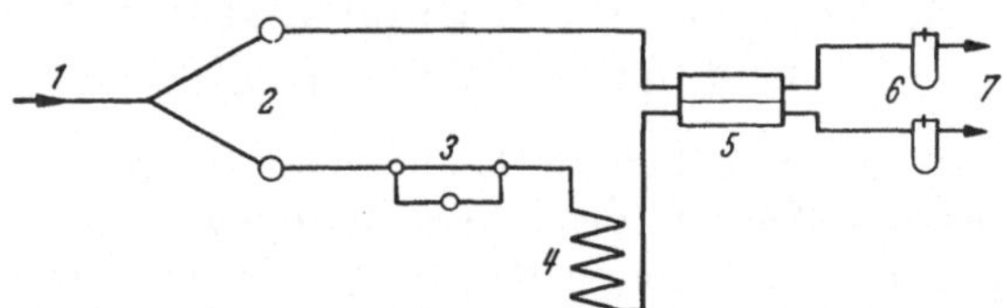

Abb. 30. *Laufschema eines Gas-Chromatographen mit getrennter Regelung des Gasstromes* nach GREENE u. Mitarb. [*458*]. *1* Gas-Zustrom, *2* Druckregler, *3* Probeeinlaß, *4* Trennsäule, *5* Wärmeleitfähigkeitsmeßkammer, *6* Blendenströmungsmesser mit verstellbarer Blende, *7* Gasauslaß

die Null-Linie bei Verwendung von Wärmeleitmeßkammern als Detektoren wandern. Dies wird durch eine von GREENE, MOBERG u. WILSON [*458*] angegebene Druckregulierung vermieden. Hierbei werden gemäß Abb. 30 die Gasströme für die Referenz- und die Meßkammer des Katharometers getrennt und jeder Gasstrom durch ein Feinregulierventil auf gleichen Gasdurchfluß im Verlauf der Analyse eingestellt. Der Gasdurchfluß (Strömungsgeschwindigkeit) wird nach Austreten aus der Wärmeleitkammer mit einem geeigneten Strömungsmesser (vgl. S. 49) gemessen.

Die Kolonnen werden aus Kupferrohren (Durchmesser 6 mm) gefertigt, die nach der Füllung mit dem Adsorbens zu Spiralen von 75 mm Innendurchmesser gebogen und in einem Ölbad untergebracht werden. Während der Analysendauer von 65—105 min wird das Ölbad unter gutem mechanischem Rühren von 5° C auf 155° bzw. 150° C aufgeheizt. Die Aufheizzeiten müssen zur guten Reproduzierung der Chromatogramme bei verschiedenen Analysen innerhalb $\pm 0{,}5$ min übereinstimmen.

Abb. 31 u. 32 geben die Trennungen von Kohlenwasserstoffgemischen an Silicagel- bzw. Aluminiumoxid-Säulen von 6 m wieder. Als Trägergas wird hierbei Helium verwendet bei einem konstanten Durchfluß von 70 ml/min. Die Säule wird von 5° C als Anfangstemperatur bis auf

150° C am Ende der Analyse aufgeheizt. Die hier beschriebenen Säulenfüllungen eignen sich vorzüglich zur Trennung von Kohlenwasserstoffen, aber weniger zur Trennung der permanenten Gase.

Zur Erzielung der Nullpunktskonstanz bei Temperaturerhöhung kann auch die von HARRISON u. Mitarb. [*511*] angegebene, einfache Methode (vgl. S. 112) bzw. die von C. D. NOGARE u. J. C. HARDEN [*933*] beschriebene Apparatur zur programmierten Thermo-Gas-Chromatographie benutzt werden.

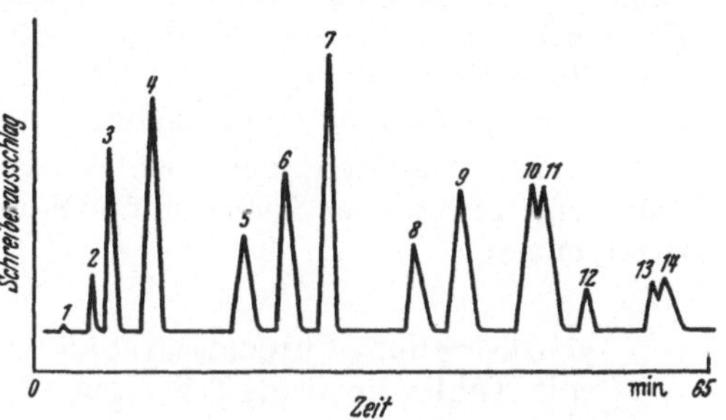

Abb. 31. *Trennung von Gasen an Silicagel-Säulen* [*459*] Substanz: *1* H_2, *2* Luft, *3* Kohlenoxid, *4* Methan, *5* Äthan, *6* Kohlendioxid, *7* Äthylen, *8* Propan, *9* Acetylen, *10* Propylen, *11* Isobutan, *12* n-Butan, *13* Isobutylen, cis-Buten-(2), *14* Butadien

β) Trennung von C_1—C_4-Kohlenwasserstoffen an Silicagel und Aluminiumoxid

Die experimentell etwas aufwendige Arbeitsweise der Thermo-Gas-Chromatographie läßt sich auch vermeiden, wenn Silicagel und Aluminiumoxid geeigneter Aktivitätsstufe benutzt werden. Allgemein ist bei Adsorbentien die Vorbehandlung und Bereitung des Materials von entscheidender Bedeutung für die Trennwirkung und die Retentionszeiten [*395, 494, 749*]. So wird mit zunehmender spezifischer Oberfläche und einer Abnahme der Porendurchmesser die Trennwirksamkeit von Silicagel besser. Bei der Trennung von Propylen und Butylenen muß bei der Vorbereitung der Adsorbentien aber auch darauf geachtet werden, daß das Material nicht als Polymerisationskatalysator wirkt.

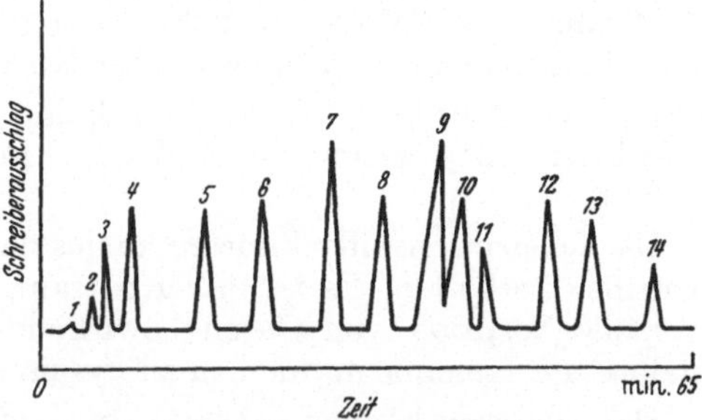

Abb. 32. *Trennung von Gasen an Aluminiumoxid-Säulen* [*459*]. Substanz: *1* H_2, *2* Luft, *3* Kohlenoxid, *4* Methan, *5* Äthan, *6* Äthylen, *7* Propan, *8* Propylen, *9* Acetylen, *10* Isobutan, *11* n-Butan, *12* Isobutylen, *13* cis-Buten-(2), *14* Butadien

Nach Ansicht des Verfassers wird man bei der Trennung von niederen Kohlenwasserstoffen bis zu drei Kohlenstoffatomen mit Silikagel-Säulen auskommen. Empfohlen sei für niedere Kohlenwasserstoffe bis C_4 die Arbeitsweise von McKENNA u. IDLEMAN [*872*], nach der Methan, Äthan, Äthylen, Propan, Propylen, Isobutan, n-Butan, Neopentan (2,2-Dimethylpropan), Buten-(1), trans-Buten-(2), cis-Buten-(2), Isobutylen und Butadien-(1,3) innerhalb 23 Minuten vollständig aufgetrennt werden an einer hintereinandergeschalteten Säule aus Aluminiumoxid und Silicagel bei 91° C. Aluminiumoxid (Alcoa Grade F 10 der Korngröße 60 bis 80 mesh) wird mit Wasser gewaschen, über Nacht auf 110° erhitzt und in einem Exsiccator über wasserfreiem Calciumchlorid bis zum Füllen der Säule aufbewahrt. Silicagel (Davison Grade 62, 60—80 mesh) wird eine Stunde auf 310° C erhitzt und dann wie oben aufbewahrt. Nun wird je eine 3 m-Säule (6 mm Innendurchmesser) mit etwa 52 g Aluminiumoxid und mit 52 g Silicagel gefüllt, die beiden Säulen hintereinander in den Gas-Chromatographen eingebaut und mit Helium bei 100° C solange gespült, bis kein Wasser mehr ausgetrieben wird (Kontrolle durch Blaugel!). Die Trennung wird bei 91° C und einem Heliumdurchfluß von 150—200 ml/min ausgeführt. Die relativen Retentionsvolumina sind in Tab. 17 im Anhang II angegeben.

An Silicagel werden auch noch Wasserstoff, Methan und Kohlenmonoxid aufgetrennt, aber Stickstoff und Sauerstoff erscheinen in einer Bande zusammen.

γ) Adsorptions-Chromatographie niederer Kohlenwasserstoffe mit Kohlendioxid als Trägergas (Janak-Methode [*643*, *644*])

Die Verwendung von Kohlensäure als Trägergas erlaubt die azotometrische (volumetrische) Bestimmung der getrennten Gase, wozu die sehr wenig aufwendige Apparatur von Janak (s. S. 178) benutzt werden kann.

Säulen und Trennung. Als Säulen werden Glas- oder Metallrohre von 5—6 mm lichter Weite und 2,20 m Länge verwandt, die als Adsorptionsmittel Aktivkohle und Silicagel der Korngrößen 0,25—1 mm enthalten.

Zur Aktivierung wird die Aktivkohle 3 Std bei 120° C, das Silicagel 5 Std bei 180° C getrocknet und dann in üblicher Weise in die Säulen gefüllt.

Die Adsorptionsmittel dürfen keines der zu untersuchenden Gase irreversibel festhalten. Es ist daher ratsam, zur Absättigung solcher irreversible Sorption von Gasen bewirkende Zentren, vor der Inbetriebnahme der Kolonne mit den zu analysierenden Gasen zu spülen.

Die Analysen können bei 20° C bzw. 80° C durchgeführt werden. Wie aus der Zusammenstellung in Tab. 16 ersichtlich wird, analysiert man am besten mittels der Silicagel-Trennsäule bei 80° C. Die Anwendung der Aktivkohle-Säulen ist vorwiegend bei Gegenwart permanenter Gase zu empfehlen. Bei 80° C ist die Trennung innerhalb etwa 45 min beendet, während bei 20° C die Analysendauer etwa 20 Std beträgt.

b) Trennung niederer Kohlenwasserstoffe an imprägnierten, aktiven Trägern

Durch Imprägnierung mit einer flüssigen Phase können, wie auf S. 21 dargestellt worden ist, die Adsorbentien so modifiziert werden, daß die Retentionszeiten verkürzt werden, die Banden symmetrischer werden und damit die Analysenzeiten vermindert werden können. Mit solchen imprägnierten aktiven Trägern lassen sich auch höhere Kohlenwasserstoffe trennen. Besonders imprägniertes Aluminiumoxid hat sich für diese Analysen bewährt, während Silicagel [*1027*] und Aktivkohle [*336*] bei speziellen Problemen Anwendung gefunden haben.

α) Trennung niederer Kohlenwasserstoffe an imprägniertem Aluminiumoxid

Die Imprägnierung des Aluminiumoxides kann mit Wasser [*1098*, *1096*] oder beliebigen organischen Lösungsmitteln wie β,β'-Bis(propionitriläther), Squalan, Triäthylenglykol [*493*, *494*], Propylencarbonat [*872*], Dimethylformamid [*503*] erfolgen. Aus den in Tab. 17 (Anhang II) wiedergegebenen Werten geht hervor, daß bei mit Wasser imprägniertem Aluminiumoxyd Isobutylen nicht von trans-Buten-(2) getrennt wird, während mit β,β'-Bis(propionitril)-äther behandeltes Al_2O_3 eine vollständige Trennung erlaubt [*493*, *494*].

Das Aluminiumoxid (Gebr. Giulini, Ludwigshafen/Rh., 100—150 mesh) wird vor der Imprägnierung 9 Stunden auf 400° C erhitzt, dann mit 18% β,β'-Bis(propionitril)-äther imprägniert und in eine 2 m-Säule von 4 mm Innendurchmesser eingefüllt. Die Trennung der Kohlenwasserstoffe von C_1—C_4 wird bei 0° C und einem Trägergasdurchfluß von 70 ml Wasserstoff/min ausgeführt und ist in weniger als 10 Minuten beendet (vgl. Tab. 17).

β) Trennung von C_5- und C_6-Kohlenwasserstoffen an Aktivkohle/Squalan (Trennung von 2-3-Dimethylbutan und 2-Methylpentan)

Für höhere Kohlenwasserstoffe weisen Adsorptionsmittel wie Aktivkohle, Silicagel usw. zu große Adsorptionsfähigkeit auf, so daß diese Substanzen nur mit einer sehr unsymmetrischen, langsam auslaufenden Bande eluiert werden (Schwanzbildung). Deshalb wird man bei der Analyse der höheren Kohlenwasserstoffe die Gas-Verteilungschromatographie bevorzugen. Aber in Spezialfällen bewährt sich eine von Eggertsen, Knight u. Groennings [*336*] angegebene Methode, die diese Schwanzbildung durch Zugabe einer geringeren Menge flüssiger Phase zu dem Adsorptionsmittel vermeidet (vgl. S. 21).

An einer 15 m-Säule mit Kohle (Ofenschwarz: Pelletex), welche mit 1,5% Squalan[1] imprägniert wurde, ist so z. B. die Auftrennung von 2,3-Dimethylbutan und 2-Methylpentan gelungen, die erst in neuerer Zeit mittels der Gas-Verteilungschromatographie verwirklicht wurde (s. S. 96). Außerdem werden an dieser Phase die ungesättigten C_6-Kohlenwasserstoffe vor den C_7-Paraffinkohlenwasserstoffen eluiert, während bei der Gas-Verteilungschromatographie die Reihenfolge umgekehrt ist.

Füllung der Säulen und Trennung [*336*]. 2,36 g Squalan[1] (2,6,10,15, 19, 23-Hexamethyl-tetracosan, dargestellt aus Squalen durch katalytische Hydrierung) werden in 275 ml Petroläther gelöst und 150 g Ofenschwarz Pelletex[2] (14—48 Maschen) darin suspendiert. Unter mechanischem Rühren wird der Petroläther verdampft und 2 Std bei 110° C getrocknet. Die so gewonnene stationäre Phase wird in insgesamt 15 m Kupferrohr (6 mm innerer Durchmesser) eingefüllt und je nach dem

---

[1] Squalan kann von der Fa. C. Roth, Karlsruhe, bezogen werden.

[2] Pelletex ist ein gekörnter Lampenruß der Fa. Godfrey u. Cabot, USA, mit einer aktiven Oberfläche von 21 m² je Gramm. An Stelle dieser Substanz kann jeder andere gekörnte Flamm- oder Lampenruß (14—48 Maschen) mit ähnlich aktiver Oberfläche benutzt werden.

Thermostatenraum U-förmig oder zu Spiralen gebogen. Die Analyse wird bei 40° C und einem Durchfluß von 20 ml Trägergas/min (Helium, Wasserstoff) durchgeführt. Abb. 33 veranschaulicht die Trennung von C_5- und C_6-Kohlenwasserstoffen mittels einer solchen Säule.

Diese Phasen können vor allem auch dann Bedeutung erlangen, wenn die Kohlenwasserstoffe in sauerstoffhaltigen Lösungsmitteln (z. B. Diäthyläther) gelöst sind. Es ist dann nämlich zu erwarten, daß das polare Lösungsmittel sehr viel stärker adsorbiert und dadurch relativ zu dessen Siedepunkt wesentlich später eluiert wird.

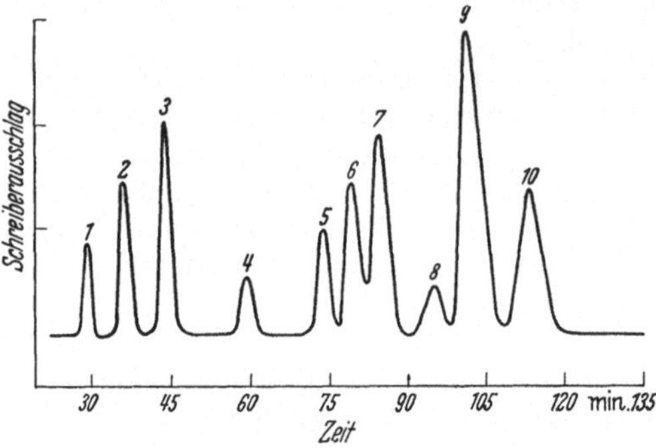

Abb. 33. Gaschromatographische Analyse von C_5 und C_6-Paraffinen [*336*]. *1* 2-Methylbutan, *2* n-Pentan, *3* Cyclopentan, *4* 2,2-Dimethylbutan, *5* 2,3-Dimethylbutan, *6* 2-Methylpentan, *7* 3-Methylpentan, *8* Methylcyclopentan, *9* n-Hexan, *10* Cyclohexan. Trennsäule 15 m 1,5 % Squalan auf Pelletex-Ofenschwarz; Temp. 40° C; p = 280 mm Hg; Trägergasdurchfluß 20 ml/min

c) Verwendung von Zeolithen (Molekularsieben) in der Gas-Chromatographie von Kohlenwasserstoffen

Die besonderen Bindungseigenschaften von Zeolithen wurden von JANAK [*646*, *647*] u. VAN DE CRAATS [*236*] zur Trennung verzweigter von unverzweigten sowie gesättigter von ungesättigten Kohlenwasserstoffen herangezogen. Die als „Molekularsiebe“ bezeichneten, natürlichen und künstlichen Zeolithe absorbieren unverzweigte Paraffine stärker als verzweigte Paraffine gleicher Kohlenstoffzahl [*52*].

Man kann diese unterschiedliche, selektive Adsorption analytisch ausnutzen und durch Vergleich der mit und ohne Vorschalten von Säulen mit Molekularsieben erhaltenen Chromatogramme Aussagen über die Konstitution von Verbindungen machen [*147*, *148*, *335*, *351*, *760*, *1241*]. Außerdem werden gesättigte Kohlenwasserstoffe weniger fest gehalten als ungesättigte. In die normalerweise Alkali-Ionen enthaltenden Aluminiumsilicate können durch Ionenaustausch andere Kationen eingeführt werden. Die so erhaltenen Produkte weisen veränderte Bindungseigenschaften auf.

So wird die Selektivität von Zeolith für ungesättigte Kohlenwasserstoffe größer, wenn als Kation Silber eingeführt wird [*647*]. Hierbei wird die schon bei Alkali-Zeolithen vorhandene Selektivität für Olefine durch die Komplexbildungstendenz des Silbers für ungesättigte Kohlenwasserstoffe verstärkt.

Nach BARRER [*51—57*] lassen sich Zeolithe mit reproduzierbaren Adsorptionseigenschaften synthetisch herstellen. Aber auch im Handel sind solche Verbindungen erhältlich (Linde-Molekular-Siebe[1], Typ 5 Å, Natrium-aluminium-Silicat 5 Å Porenweite). Vor Inbetriebnahme müssen Molekular-Siebe zur Desorption 5 Std auf 300° C erhitzt werden.

[1] Vertrieb in Deutschland: Fa. Brenntag, Mülheim/Ruhr.

α) Trennung von i- und n-Kohlenwasserstoffen an Molekularsieben

Abb. 34 zeigt die Trennung von einigen gasförmigen Kohlenwasserstoffen sowie von n- und i-Butan an Natriumzeolith bei 20° C (Kolonne von 1,80 m Länge und 6 mm lichter Weite). Bei dieser Trennung wurde Kohlendioxid als Trägergas verwendet. Durch Imprägnierung des Zeoliths mit Dibutylphthalat (Abb. 34b) wird die Trennung der isomeren Butylene verschlechtert. Optimale Trennmöglichkeiten werden nun durch eine stationärePhase aus einer Mischung von freiem und mit Dibutylphthalat imprägniertem Zeolith erzielt (Abb. 34c). An Stelle dieser gemischten Phase verwendet man jedoch vorteilhafter zwei hintereinandergeschaltete Kolonnen: eine enthält Dibutylphthalat auf Sterchamol, die andere Natriumzeolith. Als Trägergas wird Kohlendioxid benutzt. Der Einfluß der Art des Trägergases auf die Desorption ist außerordentlich groß.

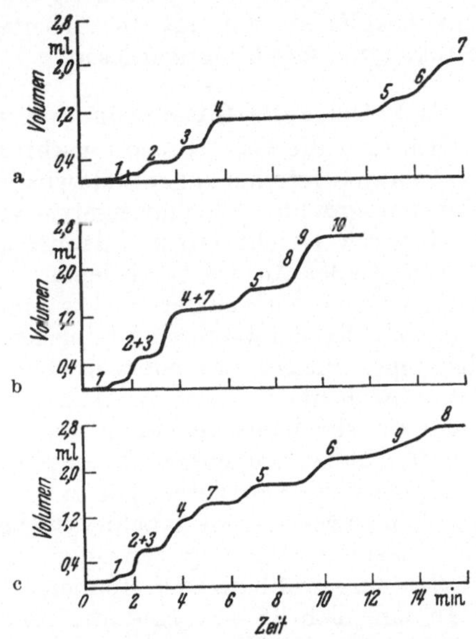

Abb. 34. Trennung von Kohlenwasserstoffen nach JANAK [646] an a Natriumzeolith, b Na-zeolith/22% Dibutylphthalat, c Mischung von 6% Na-zeolith und 94% Dibutylphthalat/Na-zeolith. Substanz *1* N_2, *2* C_2H_6, *3* C_2H_4, *4* C_3H_8, *5* iso-C_4H_{10}, *6* n-C_4H_{10}, *7* C_3H_6, *8* iso-C_4H_8, *9* n-C_4H_8, *10* n-C_4H_{10}

β) Trennung von Olefinen und Paraffinen an Zeolithen: Bestimmung geringer Mengen Paraffin in technischen Olefinen [*647*]

Zur Analyse wird ein Silberzeolith mit einem Gehalt von 14% Silberionen benutzt. Eine Chromatographiesäule (Metall oder Glas) wird mit 12 g Silberzeolith gefüllt (Korngröße 0,2—0,4 mm) und die Probegasmenge mit Kohlensäure als Trägergas durchgespült. Bei einem Gesamtparaffingehalt von etwa 5% werden bei Anwendung eines Volumen-Detektors 10—15 ml Gas benötigt. Während die gesättigten Kohlenwasserstoffe innerhalb 10—30 min getrennt aus der Säule austreten und auf diese Weise bestimmt werden, dauert die Desorption der Olefine mehrere Stunden (vgl. Abb. 35).

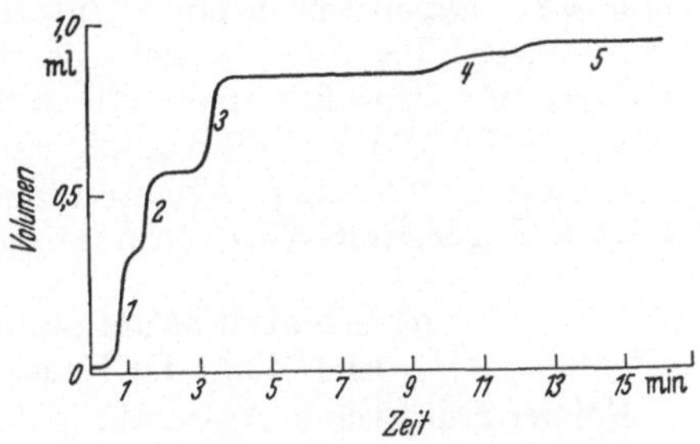

Abb. 35. Analyse und Abtrennung von Paraffin-Verunreinigungen eines Olefingemisches an Silberzeolith JANAK [*647*]. Substanz *1* $N_2 + CH_4$, *2* C_2H_6, *3* C_3H_8, *4* iso-C_4H_{10}, *5* n-C_4H_{10}

Auch sauerstoffhaltige, organische Verbindungen lassen sich auf Grund ihrer sehr starken Adsorption an Zeolithen leicht von Kohlenwasserstoffen abtrennen.

Zur Trennung permanenter Gase an Molekular-Sieben vgl. S. 143.

Auf die Trennungen von flüssigen Kohlenwasserstoffen an Kolonnen mit Molekular-Sieben [*53, 54, 56*] wird hier nicht näher eingegangen, da es sich hierbei um eine Verteilung zwischen flüssiger und fester Phase handelt. Es sei nur auf die Arbeiten von BARRER [*51*] und MAIR u. SHAMAIENGAR [*842*] hingewiesen.

d) Flüssigkeits-Gas-Chromatographie von Kohlenwasserstoffen

Während die Gas-Adsorptionschromatographie lediglich bei niederen Kohlenwasserstoffen angewandt wird, lassen sich mit der Gas-Verteilungschromatographie alle unzersetzt verdampfbaren Kohlenwasserstoffe analysieren. Detektoren und Trennsäulen für diese Trennprobleme sind in genügender Anzahl beschrieben.

Es werden hier aus der großen Anzahl flüssiger Phasen, die zur Trennung von Kohlenwasserstoffen bisher beschrieben worden sind, lediglich diejenigen Phasen besonders erwähnt, die sich durch charakteristische Trennmöglichkeiten auszeichnen. Gerade bei den Kohlenwasserstoffen wäre es sehr wünschenswert, die Anwendung vieler, in ihren Eigenschaften nahezu übereinstimmender, flüssiger Phasen auf einige Standardphasen zu reduzieren. Die auf S. 29 definierten und auf S. 189ff. für die Kohlenwasserstoffe tabellierten Selektivitätskoeffizienten werden zu einer Vereinheitlichung beitragen, da hierdurch sofort die geeigneten Säulen ausgewählt werden können.

In den Tab. 18—27 sind die relativen Retentionsvolumina einiger Kohlenwasserstoffe an verschiedenen stationären Phasen zusammengestellt.

Es ist das Verdienst von RAY [*1014*], auf die Anwendung der Gas-Verteilungschromatographie zur Analyse von Kohlenwasserstoffen an Hand einiger Beispiele hingewiesen zu haben. KEULEMANS u. Mitarb. [*723–725*] haben durch erste Untersuchungen über die Selektivität der stationären, flüssigen Phasen und durch die Anwendung in der Erdölanalyse und Prozeßkontrolle die außerordentlichen Möglichkeiten dieser Methode für die Erdölforschung und die technische Praxis aufgezeigt. Seither sind zahlreiche Arbeiten über Analyse von Kohlenwasserstoffen mittels Flüssigkeits-Gas-Chromatographie erschienen.

α) Selektivität der stationären flüssigen Phase und Wahl der Phase für die Trennungen

Bei der praktischen Anwendung der Gas-Chromatographie zur Analyse von Kohlenwasserstoffen handelt es sich meist um Kohlenwasserstoffe aus den verschiedensten Gruppen, wie sie z. B. in Fraktionen bei der Destillation von Erdöl anfallen. Die Auftrennung dieser komplexen Gemische mittels für einzelne Gruppen selektiver Phasen ist ein besonderer Vorteil der Gas-Chromatographie, der durch Destillationsprozesse nicht erreicht werden kann.

Ausgezeichnete Untersuchungen über die Selektivität der stationären Phasen liegen von JAMES [*611*], KEULEMANS u. Mitarb. [*723–725*] sowie von TENNEY [*1175*] vor [vgl. auch Lit. *68*].

Wenig selektive Phasen trennen die Substanzen in der Reihenfolge ihrer Siedepunkte, ähnlich wie bei destillativen Prozessen. Bei hochselektiven Phasen liegen die Retentionswerte zweier Kohlenwasserstoffe gleichen Siedepunktes, aber verschiedenen chemischen Aufbaus, weit auseinander.

Phasen mit geringer Selektivität für Kohlenwasserstoffe stellen gesättigte aliphatische Kohlenwasserstoffe (Paraffine) verschiedenen Molekulargewichtes dar, z. B. Paraffinöle, Paraffinwachse. Squalan, ein verzweigtes C_{30}-Paraffin weist unter diesen Substanzen die geringste Selektivität auf. Aus den Tab. 13—27 lassen sich die für die jeweils gewünschten Trennungen notwendigen, flüssigen Phasen ersehen.

Für die Praxis bewährt haben sich besonders die Selektivitätskoeffizienten (Tab. 13—15), welche die Verhältnisse der Retentionsvolumina von Substanzen gleichen Siedepunktes aus verschiedenen homologen Reihen angeben (Bayer, *68*). Je größer diese Verhältnisse sind, mit desto besserem Erfolg sind selektive Trennungen möglich.

An Hand dieser graphischen Zusammenstellung der Verhältnisse der V_R-Werte und der Tabellen der V_R-Werte kann bei genauer Kenntnis der Zusammensetzung des Analysengemisches die jeweils benötigte Säule gefunden werden. Man sucht sich hierbei zunächst die Säulen aus, welche die verschiedenen, in dem zu analysierenden Gemisch vorkommenden Kohlenwasserstoffe am weitesten auseinandertrennen, d. h. also das am meisten von 1 abweichende V_R-Verhältnis zeigen. So wird man zur Trennung der verzweigten von unverzweigten Olefinen mit Silbernitrat gesättigtes Triäthylenglykol (bzw. Polyäthylenglykol) auswählen. Paraffine und Aromaten werden an β-β'-Bis(propionitril)-äther getrennt. Letztere Phase hat sich auch zur Trennung der Mono- und Cycloolefine, der Paraffine von Olefinen und der Acetylene von Aromaten, Olefinen und Paraffinen bewährt. Es muß hier jedoch erwähnt werden, daß β-β'-Bis(propionitril)-äther nur bis maximal 70° C, d. h. bei Substanzen bis zu einem Siedepunkt von maximal 150° C benutzt werden kann. Bei höheren Arbeitstemperaturen können jedoch die von Bayer u. Wahl [*84*] studierten Cyanoäthyläther von Polyalkoholen benutzt werden, deren Selektivität vollkommen β,β'-Bis(propionitril)-äther gleicht. So kann z. B. Äthylenglykol-bis(propionitriläther) schon bis Arbeitstemperaturen von 150° C angewandt werden. Bei der Auswahl der Säulen muß ganz besonders auf die Stabilität der Säulenfüllung Rücksicht genommen werden. Die obere Temperaturgrenze, bei der die einzelnen flüssigen Phasen noch Verwendung finden können, sind zusammen mit der näheren Beschreibung der Zusammensetzung der stationären Phase in Tab. 3 und 4 wiedergegeben.

Nachdem man in der oben angegebenen Weise die geeignete Phase ausgesucht hat, orientiert man sich an Hand der tabellierten V_R-Werte über die zu benutzende Säulenlänge. In der Regel werden 3 m-Säulen genügen. Aber Substanzen mit sehr nahe beieinander liegenden V_R-Werten, wie z. B. p- und m-Xylol, erfordern wesentlich längere Säulen, bzw. Säulen mit wesentlich größerer Trennwirksamkeit. Die Herstellung von Säulen großer Trennwirksamkeit und deren Anwendung zur Trennung von m- und p-Xylol ist auf S. 108 beschrieben. Zur Analyse kann man sich in diesen Fällen besser der äußerst trennwirksamen Kapillarsäulen bedienen (vgl. Vorschriften S. 109).

Da man bei der Analyse von Gemischen unbekannter Komponenten keine vorherige Auswahl der Trennsäulen treffen kann, muß man die V_R-Werte der Substanzen dieser Gemische an verschiedenen stationären Phasen bestimmen. Man wird hierbei so vorgehen, daß man zunächst an einer wenig selektiven Trennsäule chromatographiert, z. B. an Squalan oder Paraffinölen. Sodann wird man je nach der hierbei gewonnenen ersten Erkenntnis der Zusammensetzung zu den selektiven flüssigen Phasen übergehen.

Lewis, Patton u. Kaye [*800*] haben als nichtselektive Säule Paraffinöl und als selektive Phase Trikresyl-phosphat benutzt und in einem Diagramm auf der Abszisse bzw. Ordinate die V_R-Werte der einzelnen Substanzen an den verschiedenen Kolonnen aufgetragen. Vergleichbar der zweidimensionalen Papierchromatographie, werden die Retentionswerte der einzelnen Substanzen auseinandergezogen und erleichtern dadurch eine Identifizierung (Abb. 36).

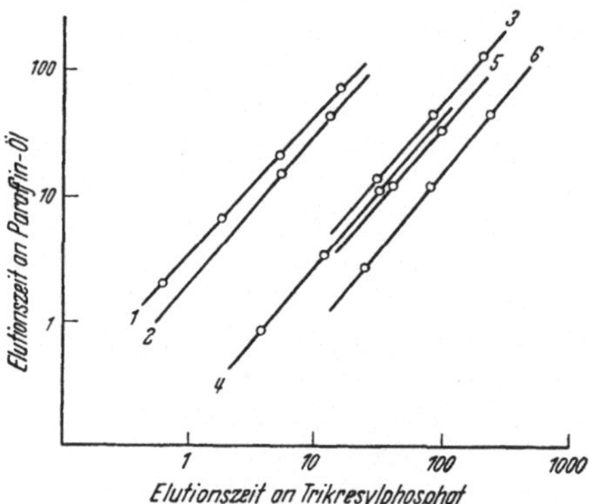

Abb. 36. Graphische Darstellung der Retentionszeiten verschiedener homologer Reihen an zwei verschiedenen stationären Phasen nach Lit. [*800*]. *1* Paraffine, *2* Cycloparaffine, *3* Ester, *4* Aldehyde, *5* Ketone, *6* Alkohole

Noch günstiger ist es, die zu analysierende Substanz durch zwei oder mehr hintereinandergeschaltete Säulen mit verschiedenen stationären Phasen laufen zu lassen. Hierdurch lassen sich optimale Trennwirkungen erzielen. Außerdem kann im Verlauf des Chromatogramms jederzeit eine der beiden Säulen abgeschaltet werden. Es sind eine große Anzahl von Kombinationsmöglichkeiten solcher multiplen Säulen denkbar. Mit Trennsäulen in Serienanordnung haben Lichtenfels, Fleck, Burrow u. Coggeshall [*805*] flüchtige Kohlenwasserstoffe von solchen höheren Molekulargewichtes abgetrennt. An Stelle der hintereinander geschalteten Säulen kann die Mischung der beiden Phasen auch in eine Säule gefüllt werden, wobei keine wesentlichen Abweichungen der Retentionsvolumina auftreten [*991*].

Prinzipiell kann man sich bei der Trennung niederer Kohlenwasserstoffe bis C_4 aber auch der imprägnierten aktiven Träger bedienen, mit denen sehr schnelle Analysen möglich sind. Niedere Kohlenwasserstoffe bis C_4 sind auch an Dimethylformamid [*723, 725, 1196*] aufgetrennt worden. Da jedoch Dimethylformamid selbst bei 0° C Arbeitstemperatur noch sehr flüchtig ist, sind längere Dimethylsulfolansäulen [*380, 388, 787, 1247*] oder durch Hintereinanderschalten von Dimethylsulfolan- und Di-i-decylphthalatsäulen [*388*] erhaltene, multiple Säulen bei der Analyse von C_3—C_5-Kohlenwasserstoffen am besten geeignet. Auch heterocyclische Basen wie Chinolin und Benzochinoline sind für solche Trennung mit Erfolg benutzt worden [*287*, *1289*]. Eine nicht so weitgehende Auftrennung der leichtflüchtigen Kohlenwasserstoffe wie mit oben genannten Säulen wird mit den Trennflüssigkeiten Acetylaceton [*570*], Hexamethylphosphoramid [*687*], 1,3-Butylenglykolsulfit [*1037*] erhalten oder mit anderen Mehrstufensäulen [*38*, *49*, *567*, *599*, *755*, *1284*].

Eine vollständige Auftrennung der möglichen Isomeren bei Kohlenwasserstoffgemischen im Bereich von C_5—C_8 und darüber ist mit gepackten, konventionellen Säulen nicht möglich. Da aber insbesondere in der Erdölchemie solche Gemische sehr komplexer Zusammensetzung analysiert werden müssen, ist man auf andere Hilfsmethoden angewiesen. So kann man vorher durch Flüssigkeits-Chromatographie z. B. in gesättigte Kohlenwasserstoffe, Olefine und Aromaten trennen und diese Fraktionen gas-chromatographisch weiter trennen [*121*, *247*, *334*, *747*], wie es auf S. 99 beschrieben ist. Andererseits können aber auch Differenz-Chromatogramme ausgeführt werden: Neben dem Original-Gaschromatogramm wird eine Trennung ausgeführt, bei der zwischen Probengeber und Trennsäule eine Vorschaltsäule (2× 0,4 cm, beheizt auf 40—50° C) eingeschaltet wird, in die ein mit konzentrierter Schwefelsäure im Verhältnis 3 : 2 imprägniertes Kieselgur (0,2—0,3 mm ∅) gefüllt wird. Die Olefine werden zurückgehalten und fehlen im Differenz-Chromatogramm, so daß deren Retentionsvolumina genau und sicher festgelegt werden können [s. Lit. *851* und *1045*]. Man kann darüber hinaus, wie schon früher dargelegt worden ist, verzweigte von unverzweigten Paraffinen durch Molekularsiebe unterscheiden (vgl. S. 89) und so eine weitere Identifizierung erhalten. Diese Differenz-Chromatogramme ermöglichen wesentlich sicherere Aussagen als die Umwandlung bestimmter Substanzklassen in andere flüchtige Substanzen, z. B. Hydrierung von Olefinen zu den gesättigten Kohlenwasserstoffen [*363*, *928*, *1118*], da durch die Ausscheidung das Chromatogramm übersichtlicher wird. Andererseits können auch beliebige andere physikalische Methoden, wie Massenspektrometrie [*144*, *259*, *310*, *437*, *537*, *1109*, *1239*] oder Spektroskopie [*274*, *471*] mit der Gas-Chromatographie kombiniert werden (vgl. auch S. 181).

Übersichtlicher und vollständiger wird die Isomerentrennung mit der Kapillar-Chromatographie [*219*, *283*, *284*, *1294*], die außerdem ein wesentlich schnelleres Analysieren gestattet (s. Vorschrift S. 103 u. 109).

Bei vielen Problemen liegen jedoch nicht völlig komplexe Mischungen mit vielen Isomeren vor, so daß die weiter unten angegebenen Vorschriften zur Vollanalyse nicht angewandt werden müssen. Wenn nur wenige Kohlenwasserstoffe zu trennen sind, wird man aus den Tabellen der Retentionsvolumina in Anhang II leicht eine geeignete Phase ausfindig machen.

Hingewiesen sei hier noch vor allem auf die Silbernitrat enthaltenden Phasen, deren Anwendung bei einfacheren Gemischen häufig ist. Olefine bilden mit Silberionen Komplexverbindungen und werden dadurch gegenüber gesättigten Kohlenwasserstoffen selektiv zurückgehalten. Auch cis- und trans-Olefine werden auf Grund ihrer unterschiedlichen Komplexbildungstendenz getrennt. Nach Bradford, Harvey u. Chalkley [*144*] wird Silbernitrat in Glykol gelöst [*91*]. Aber auch Benzylcyanid [*234*] oder noch besser Polyäthylenglykole, wie z. B. eine 40%ige Lösung von Silbernitrat in Tetraäthylenglykol [*225*], sind verwendet worden. Mit Polyäthylenglykolen/Silbernitrat sind Arbeitstemperaturen bis 200° C möglich. Bei niederen Olefinen erhält man gute Trennungen nur bis 40° C, da bei höheren Temperaturen die Komplexbildung merklich schwächer ist und dadurch auch die Selektivität des Silberzusatzes verschwindet. Ein für die Anwendung Silbernitrat enthaltender Trennflüssigkeiten typisches Beispiel wird unten beschrieben. Außerdem haben sich zur Trennung von Olefinen besonders die stark polaren Trennflüssigkeiten, wie z. B. β-β'-Bis(propionitril)-äther, Äthylenglykol-bis-(propionitril-äther) [*84*] bewährt (s. auch Lit. *201, 224, 853, 1063* u. Tabellen S. 189—231).

Acetylene und Vinylverbindungen werden am besten an Estern [*155, 346, 400, 477, 686*] oder anderen schwach polaren Trennflüssigkeiten [*546, 712, 1091*] analysiert.

Eine gute Selektivität für aromatische Kohlenwasserstoffe weisen Propionitril-äther [*68, 84, 1175*], Trikresylphosphat [*816*], Benzyldiphenyl [*619*], die Molekülverbindung aus Pikrinsäure und Fluoren [*725*] auf.

β) Praktische Beispiele

Es werden hier einige praktische Anwendungsbeispiele herausgegriffen, die für die Anwendung der Gas-Chromatographie in der Kohlenwasserstoffchemie typisch sind. Im übrigen sei auf Tabellen der Selektivitätskoeffizienten und der Retentionsvolumina (S. 189ff.) am Ende dieses Buches verwiesen. Nach diesen Werten können leicht die geeigneten Säulen für das jeweilig vorliegende, analytische Problem ausgewählt werden.

aa) Analyse von C_4-Kohlenwasserstoff-Gemischen

Die Totalanalyse eines Gemisches von C_4-Kohlenwasserstoffen ist mit Dimethylformamid als flüssiger Phase möglich. Zur Bereitung der stationären Phase werden 30 g destilliertes Dimethylformamid in 100 ml Chloroform gelöst und 100 g Sterchamol (0,2—0,3 mm) suspendiert. Unter heftigem, mechanischem Umrühren wird das Lösungsmittel abgedampft, danach noch etwa 1 Std bei 60° C gehalten und dann eine Säule von 3 m Länge (6 mm lichte Weite) mit diesem Material gefüllt. Die so erhaltene Säule wird bei 0° C (Eiswasser) etwa 1 Std mit Trägergas (Wasserstoff, Stickstoff) gespült und ist nach dieser Zeit betriebsbereit. Man erhält mit den C_4-Kohlenwasserstoffen die in Abb. 37 wiedergegebene Auftrennung. Es wurde hierbei eine Wärmeleitkammer als Detektor (siehe S. 166) und ein Trägergasdurchfluß von 40 ml H_2/min angewandt. Bemerkenswert ist, daß alle Komponenten, auch Isobuten und Buten-(1) getrennt sind und daß n-Butan vor den niedriger siedenden Butenen erscheint.

Mit Dimethylsulfolan als Kolonnenflüssigkeit lassen sich Isobuten und Buten-(1) erst bei Kolonnenlängen von 15 m trennen [*388*].

Sofern in einem technischen Gemisch, z. B. vom Crack-Prozeß, auch C_5-Kohlenwasserstoffe vorhanden sind, werden an Dimethylformamidsäulen Isopentan und trans-Buten-(2) nicht getrennt. Es empfiehlt sich hier, eine kurze Kolonne mit Paraffinöl (KP 300° C) auf Sterchamol vorzuschalten, um diese Störung zu vermeiden.

Die Dimethylformamid-Phasen sind nach etwa 24stündiger, ununterbrochener Durchspülung mit Trägergas wegen des auch bei 0° C noch beträchtlichen Dampfdruckes von Dimethylformamid nicht mehr trennwirksam.

Eine sehr gute Auftrennung der C_4-Kohlenwasserstoffe wird auch an Säulen mit 30% Glutarsäurenitril/Propylencarbonat 30 : 70 auf Chromosorb (60 mesh) bei 18° C erzielt [*871*]. Diese Phase ist bei Raumtemperatur wenig flüchtig und monatelang stabil. Auch 2-Methylpiperazin-diformamid kann wegen seiner geringen Flüchtigkeit bei etwa gleicher Selektivität Dimethylformamid und Dimethylsulfolan ersetzen.

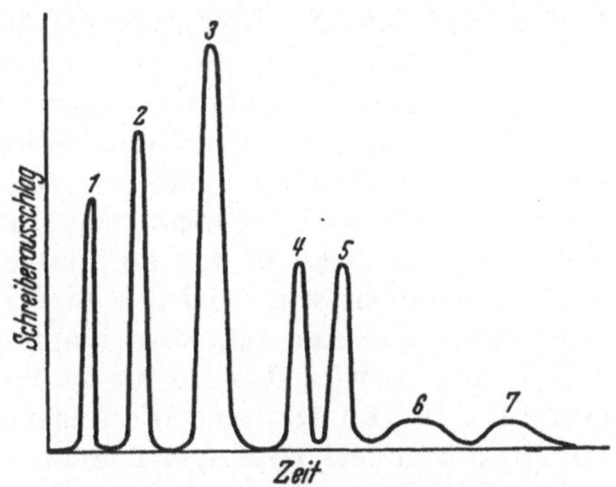

Abb. 37. Analyse von C_4-Kohlenwasserstoffen an Dimethylformamid auf Sterchamol nach KEULEMANS, KWANTES u. ZAAL [*725*]. *1* Propan, *2* Propen und i-Butan, *3* n-Butan, *4* n-Buten-(1), *5* i-Buten, *6* trans-Buten-(2), *7* cis-Buten-(2)

ββ) Analyse von C_2—C_5-Kohlenwasserstoffgemischen an Zweistufenkolonnen und langen Dimethylsulfolan-Kolonnen

Nach FREDERICKS u. BROOKS [*388*] lassen sich C_2—C_5-Kohlenwasserstoffe an Zweistufenkolonnen mit Dimethylsulfolan und Di-i-decylphthalat oder 15 m langen Säulen mit Dimethylsulfolan als flüssigen Medien in einem Analysengang trennen.

Wie aus der Zusammenstellung der V_R-Werte in Tab. 18a zu ersehen ist, haben sich die 15 m-Säulen mit Dimethylsulfolan und die durch Hintereinanderschalten einer 2 m-Di-isodecylphthalat- und einer 5 m-Dimethylsulfolan-Säule erhaltene Zweistufenkolonne, am besten bewährt und ermöglichen eine gute Auftrennung der C_1—C_5- bzw. C_2—C_5-Kohlenwasserstoffe.

Die Säulentemperatur und die Durchflußgeschwindigkeit sind in Tab. 18a angegeben. Bei den angegebenen Bedingungen beträgt die Analysendauer 80—250 min. Im Gegensatz zu Dimethylformamid weist Dimethylsulfolan auch bei 35° C eine ausgezeichnete Stabilität über längere Zeiten hin auf.

Die quantitative Auswertung der Chromatogramme ist nach den im Abschnitt 2 (S. 76) gegebenen Vorschriften möglich.

Herstellung der Trennsäulen. 100 g nach S. 24 vorbehandeltes Kieselgur wird in einer Lösung von 40 g Di-i-decylphthalat in 200 ml Aceton suspendiert und unter mechanischem Rühren das Lösungsmittel auf dem Wasserbad verdampft.

In der gleichen Weise stellt man aus 40 g Dimethylsulfolan und 100 g Kieselgur die für die zweite Trennsäule benötigte Phase her.

Mit der Phase aus Di-i-decylphthalat werden 2 m-Kupfersäulen (9 mm innerer Durchmesser) und mit der Dimethylsulfolan-Phase 5 m-Säulen bzw. 15 m-Säulen gefüllt. Zur Anpassung an den jeweiligen Thermostaten können die Säulen nach der Füllung spiralenförmig oder w-förmig gebogen werden. Jedoch ist die Aneinanderreihung von separat gefüllten kürzeren Säulen (0,6—1,3 m) zu der gewünschten Länge (vgl. S. 17) empfehlenswerter.

γγ) Trennung von C_6-Kohlenwasserstoffen an Heterocyclen als flüssiger Phase

Eine Trennung von 2-Methyl-pentan und 2,3-Dimethylbutan bereitete ursprünglich mittels der Gas-Verteilungschromatographie Schwierigkeiten [*144, 336*]. Nach ZLATKIS [*1289*] gelingt die Trennung dieser beiden Substanzen an Säulen, welche heterocyclische Amine, wie Isochinolin, Brucin oder Chinolin als stationäre Phasen enthalten. Der Gas-Adsorptionschromatographie an 15 m-Säulen mit Kohle/Squalan (siehe S. 87) ist diese Auftrennung überlegen, da lediglich 2,50 m lange Säulen benötigt werden und die Analysendauer auf 15—45 min verkürzt wird. Sofern Cyclopentan in den zu analysierenden Gemischen enthalten ist, wird dieses nicht von n-Hexan abgetrennt. Schaltet man jedoch vor die Isochinolin-Kolonne eine 1 m lange Adsorptionssäule mit 3% Squalan auf Kieselgur, wird das Hexan genügend lange zurückgehalten und abgetrennt. In Tab. 18a sind die relativen V_R-Werte an diesen Phasen und an Phthalsäureestern aufgezeichnet.

Herstellung von Trennsäulen. Je 40 g Chinolin oder Isochinolin werden in 200 ml Diäthyläther gelöst, 100 g Kieselgur (Bereitung S. 24) zugegeben und unter Rühren das Lösungsmittel verdampft. In der gleichen Weise werden die Phasen aus Chinolin-Brucin bzw. Chinolin-Chinin hergestellt. Je 35 g Chinolin und 5 g Brucin bzw. Chinin werden in 600 ml Diäthyläther gelöst, 100 g Kieselgur hinzugefügt und wie üblich aufgearbeitet. Diese Phasen weisen lediglich bis Raumtemperatur genügende Stabilität auf und sind nicht bei höheren Temperaturen zu benutzen.

Zur Bereitung der Squalan-Trennsäule werden 3 g Squalan (Darstellung vgl. S. 87) in 100 g Chloroform gelöst, 100 g Kieselgur zugefügt und das Lösungsmittel verdampft.

Mit den so gewonnenen Phasen werden im Falle der Heterocyclen 2,50 m lange (5—8 mm lichte Weite) Säulen aus Glas oder Metall gefüllt und mit der Squalan-Phase 1 m lange Säulen.

δδ) Trennung von isomeren Olefinen mittels Silbernitrat enthaltender Phasen (Bereitung der Phasen, Trennung von Cyclohexenen)

Die unterschiedliche Komplexbildung von Silber mit Olefinen kann sowohl bei cis-tran-isomeren Olefinen [*225*], isomeren Olefinen mit verschiedener Stellung von Alkylgruppen [*1117*] oder verschiedener Lage der Doppelbindungen [*223, 425*] eintreten. An Stelle von Silbernitrat sind auch Platin- und Palladiumverbindungen als Trennflüssigkeiten vorgeschlagen worden, die jedoch noch nicht eingehend untersucht worden sind [*193*].

Zur Bereitung einer bis 120° C benutzbaren Trennflüssigkeit wird Kieselgur (0,2—0,3 mm) mit einer Lösung von 35 Gew.-% Silbernitrat in Tetraäthylenglykol unter Luft- und Lichtausschluß wie üblich imprägniert und die so erhaltene stationäre Phase unter Luft- und Lichtausschluß bei 80° C drei bis vier Stunden getrocknet. Eine evtl. auf-tretende leichte Dunkelfärbung der Phase kann in Kauf genommen werden. An Stelle des Tetraäthylenglykols kann auch Äthylenglykol oder Polyäthylenglykol treten.

GIL-AV u. Mitarb. [*425, 426*] haben mit 1 Teil gesättigter Lösung von $AgNO_3$ in Glykol 2 Teile Schamottemehl imprägniert, die Phase in eine 2 m-Säule (0,42 cm ⌀) gefüllt und bei 30° C und 66 ml He/min. 1-Methylcyclohexen, 3-Methylcyclohexen, 4-Methylcyclohexen und Methylencyclohexan getrennt (vgl. Retentionswerte in Tab. 19 u. 20).

An Silbernitrat enthaltenden stationären Phasen werden trans-Olefine, entsprechend ihrer geringeren Komplexbildungstendenz vor cis-Olefinen eluiert; trans-Buten-(2) erscheint so z. B. vor cis-Buten-(2) [*275, 978*].

εε) Trennung der Aromaten von Aliphaten [725], Benzol von Cyclohexan [611] und Benzol von Toluol [45]

Destillativ ist eine Trennung von Benzol und Cyclohexan (Siedepunkte 80,1 und 80,8° C) nicht zu verwirklichen. Mittels der Gas-Verteilungschromatographie stehen aber verschiedene stationäre Phasen (vgl. V_R-Werte in Tab. 19 u. 23) zur Verfügung, die eine glatte Scheidung dieser beiden Substanzen erlauben. Die Trennung Benzol-Cyclohexan an verschiedenen Phasen ist zugleich eine schönes Beispiel für die Selektivitätseigenschaften der flüssigen Phase. So werden von Paraffinen die aliphatischen Verbindungen später eluiert als ungesättigte Kohlenwasserstoffe, d.h. Benzol erscheint im Chromatogramm vor Cyclohexan. Umgekehrt wird an Phasen aromatischen Charakters das Benzol fester gehalten, so daß Cyclohexan vor Benzol eluiert wird. Die Temperatur der Trennsäulen beträgt bei dieser Analyse 78,5° C.

Auf Grund dieser selektiven Eigenschaften lassen sich aliphatische, gesättigte Kohlenwasserstoffe an Säulen mit Pikrinsäure/Fluoren von Benzol und anderen Aromaten in einem Arbeitsgang trennen. Es wurde von KEULEMANS, KWANTES u. ZAAL [*725*] aufgezeigt, daß Nonan (KP 143° C) vor Benzol (KP 80,1° C) im Chromatogramm erscheint. An Polyäthylenglykolen (Molekulargewicht = 400) erscheint sogar Decan vor Benzol, wie ADLARD [*7*] in eingehenden Untersuchungen über die Selektivität verschiedener Polyäthylen- und Polypropylenglykole festgestellt hat. Auch andere stationäre Phasen, wie β,β'-Bis(propionitril)-äther, Benzyldiphenyl und weniger ausgeprägt Phthalsäureester weisen Selektivität für Aromaten auf. So sind β,β'-Bis(propionnitril)-äther und Äthylenglykol-bis(propionitriläther) mit einem Selektivitätskoeffizienten von $\sigma = 16{,}1$ die selektivsten Phasen zur Scheidung von Aliphaten und Aromaten [*68, 84*]. Diese Äther sind auch Polyglykolen überlegen ($\sigma = 2$—4), welche wohl in Unkenntnis erst kürzlich wieder als hochselektiv empfohlen worden sind [*324*]

Zur Trennung isomerer *p*-, *m*- und *o*-Derivate erscheinen Aromaten mit Heteroatomen in der Seitenkette oder Heterocyclen am geeignesten (vgl. S. 108).

Bei der Nitrierung von Toluol ist es von Interesse, das Ausgangsmaterial auf Verunreinigungen von Benzol zu überprüfen. Auf Grund der weit auseinanderliegenden V_R-Werte ist dieses Problem mittels der Gas-Verteilungschromatographie an Säulen mit Dinonylphthalat bei 140° C selbst bei einem Gehalt von nur 0,01—0,2% Benzol zu lösen [*45*].

Herstellung der Trennsäulen. Prinzipiell können zur Herstellung der Trennsäulen Schamottemehl oder Kieselgur als feste Trägersubstanzen für die flüssigen Phasen verwandt werden. In allen Fällen werden 40 g flüssige Phase in 100—400 ml eines geeigneten Lösungsmittels (Chloroform, Äther, Methanol) gelöst, 100 g Kieselgur bzw. Sterchamol suspendiert und unter heftigem Rühren das Lösungsmittel abgedampft.

Als unselektive Lösungsmittel kommen reine, gesättigte Paraffine (Octakontan, Squalan, Hexatriakontan) oder auch Paraffinöle und Paraffinwachse in Frage. Im wesentlichen stimmen die Selektivitätseigenschaften dieser verschiedenen, gesättigten Paraffine überein. Durch Wahl von Paraffinen geeigneten Schmelz- bzw. Siedepunktes können Phasen für Arbeitstemperaturen bis 300° C erhalten werden.

Wenig polare Lösungsmittel mit nur geringer Selektivität sind die Phthalsäure-[1] oder Sebacinsäureester[1] von Alkoholen ab Butylalkohol. Ester des Decylalkohols oder Nonylalkohols lassen sich bis Kolonnentemperaturen von 150° C verwenden. Darüber hinaus sollten sie jedoch nicht Anwendung finden. Da die verschiedenen Ester sich untereinander nicht durch wesentliche Selektivitäten unterscheiden, sollte man sich allgemein auf eine dieser Substanzen, z. B. Dinonyl-phthalat, beschränken.

Benzyl-diphenyl (p-Phenyl-diphenylmethan)[2] ist als flüssige Phase im Bereich von etwa 70—130° C anwendbar, β-β'-Bis(propionitril)-äther bis 70° C, Äthylenglykol-bis(propionitriläther)[3] bis 150° C.

Die für Abtrennung von Aromaten geeignete Phase aus der Additionsverbindung von Pikrinsäure und Fluoren (1:1) ist im Bereich von 80° bis 125° C zu benutzen. Polyäthylenglykole bzw. Polypropylenglykole sind, je nach Molekulargewicht, bis zu Temperaturen von 250° C stabil. Es empfiehlt sich aber vor deren Gebrauch eine länger andauernde Erhitzung auf 30° C über der jeweiligen Arbeitstemperatur, um niedermolekulare Anteile auszutreiben.

ζζ) Analyse der Olefine (Pentene, Hexene) in einem katalytisch gecrackten Benzin

Knight [*747*] hat einen Analysengang zur Bestimmung des Gehaltes an einzelnen Pentenen und Hexenen in technisch anfallenden Produkten innerhalb von 3—5 bzw. 10—12 Std Gesamtanalysendauer beschrieben.

---

[1] Erhältlich in Deutschland z. B. von der Fa. C. Roth, Karlsruhe.

[2] Herstellung nach Goldschmidt [*447*] aus Benzylchlorid und Diphenyl mit Zinkstaub.

[3] Alleinvertrieb Merck A. G. Darmstadt.

Nach einer Abtrennung der Olefine durch Flüssigkeits-Adsorptionschromatographie an Silicagel werden die Substanzen destilliert und die Fraktionen an einer Kohle-Squalan-Säule nach ihrer Kohlenstoffzahl gas-chromatographisch vorgetrennt. Mittels verschiedener stationärer Phasen folgt dann die Einzelauftrennung nach dem in Abb. 38 wiedergegebenen Schema.

100 ml flüssiges Kohlenwasserstoffgemisch (z. B. aus dem Crack-Prozeß) werden über eine Säule mit 1000 g Silicagel gegeben und mit

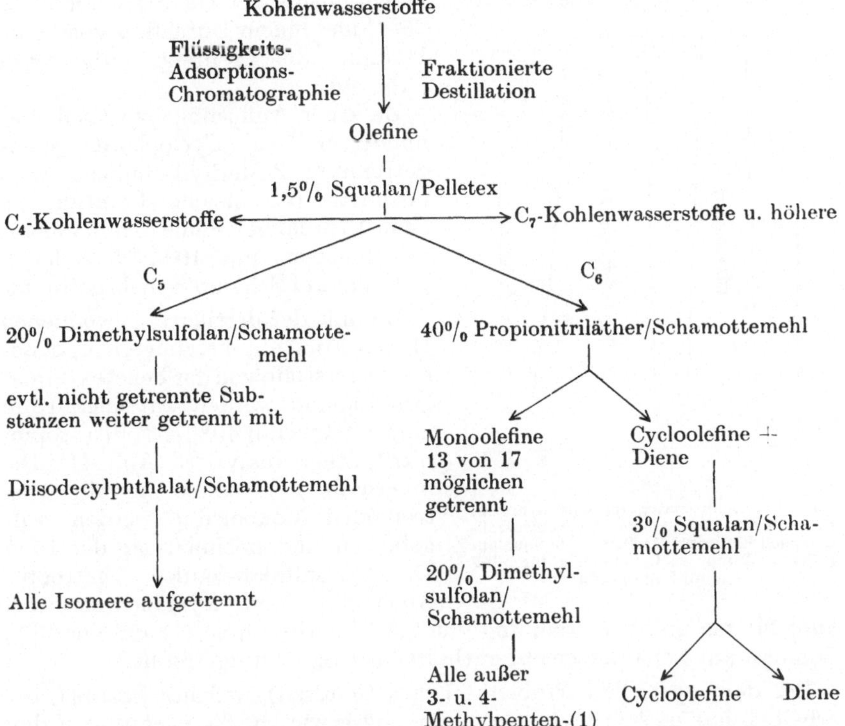

Abb. 38. *Schema der gas-chromatographischen Analyse von Pentenen und Hexenen nach* KNIGHT [*747*]

Isopropylalkohol als Elutionsmittel entwickelt. Nach Zugabe von 100 mg eines Fluorescenz-Indicator-Farbstoffes[1] werden die Zonen, die gesättigten, olefinischen und aromatischen Kohlenwasserstoffen zukommen, bei Bestrahlung mit UV-Licht (360 mμ) an der charakteristischen Fluorescenz erkannt (nach CRIDDLE u. LE TOURNEAU [*247*], vgl. auch [*748*]). Die am schnellsten wandernden, gesättigten Kohlenwasserstoffe fluorescieren an der Grenze zu den Olefinen gelb, während die Grenze zwischen Olefinen und Aromaten prächtig blau fluoresciert. Um nun auch stark adsorbierte Olefine mit zu erfassen, wird sowohl die den Aromaten als auch

[1] Hersteller: Patent Chemicals, Inc., 335 McLean, Paterson 4 N.Y., USA, oder Herstellung nach D. W. CRIDDLE u. R. L. LE TOURNEAU [*247*].

die den Olefinen zukommende Zone gesammelt und destillativ in Fraktionen bis 50° C (C_5-Olefine) und 50—78° C (C_6-Olefine) zerlegt.

0,06 ml der so erhaltenen Penten-Fraktion werden nun zur Abtrennung geringer Mengen C_6-Olefine auf einer 3 m-Säule mit 1,5% Squalan auf Pelletex (Herstellung der Phase siehe S. 87) bei 25° C und einem Durchfluß von 15 ml Trägergas (H_2/He) je Minute analysiert. Gemäß Abb. 39 werden hierbei C_5- und C_6-Olefine voneinander getrennt.

Die C_5- und C_6-Fraktionen werden separat aufgefangen und zunächst an einer 15 m-Kolonne mit 20% Dimethylsulfolan auf Sterchamol bei 25° C und einem Durchfluß von 30 ml He/min die Pentene aufgetrennt (Abb. 40).

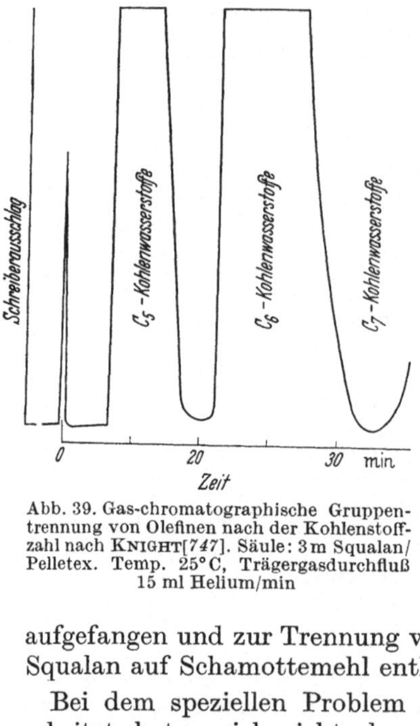

Abb. 39. Gas-chromatographische Gruppentrennung von Olefinen nach der Kohlenstoffzahl nach KNIGHT [747]. Säule: 3 m Squalan/Pelletex. Temp. 25° C, Trägergasdurchfluß 15 ml Helium/min

Zu einer Auflösung eventuell vorhandenen, von Cyclopenten nicht getrennten 3-Methylbutadiens wird nochmals die gleiche Fraktion an einer 15 m langen Säule (6 mm innerer Durchmesser) mit 10% Di-isodecylphthalat auf Schamottemehl getrennt.

Die mit der destillativ gewonnenen Hexen-Fraktion vereinigten C_6-Kohlenwasserstoffe von der Pelletex-Squalan-Kolonne werden an einer 15 m langen Säule mit 40% β-β'-Bis(propionitril)-äther analysiert (Abb. 41). Die innerhalb der ersten 80 min austretenden Monoolefine werden aufgefangen und nochmals an der 15 m Dimethylsulfolan-Säule getrennt. Auch das Methylcyclopenten wird aufgefangen und zur Trennung von 2,3-Dimethylbuten-(1) auf einer 3% Squalan auf Schamottemehl enthaltenden Säule aufgetrennt.

Bei dem speziellen Problem (Crack-Gemisch), welches KNIGHT bearbeitet, hat es sich nicht als notwendig erwiesen, die Olefine von den gesättigten und aromatischen Kohlenwasserstoffen vorher durch Flüssigkeits-Chromatographie und fraktionierte Destillation abzutrennen. Es wurden lediglich die C_5- und C_6-Kohlenwasserstoffe gas-chromatographisch an Squalan und Pelletex getrennt und dann nach der oben gegebenen Vorschrift weiter verfahren. Bei Gemischen unbekannter Zusammensetzung empfiehlt sich allerdings zunächst die Durchführung des vollen Arbeitsganges und der Vergleich mit einer Analyse ohne vorherige Abtrennung der Olefine.

ηη) Analyse von gesättigten Kohlenwasserstoff-Isomeren (C_5—C_8) in Petroleumdestillaten

Die aliphatischen gesättigten Kohlenwasserstoffe bis C_5 können an 2 m-Säulen mit Siliconöl getrennt und bestimmt werden [*794*]. Schwieriger ist die Auftrennung der Isomeren bei gesättigten Kohlenwasserstoffen mit mehr als 5 Kohlenstoffatomen.

Nach EGGERTSEN u. GROENNINGS [*334*] lassen sich C_5—C_7-Kohlenwasserstoffe in Petroleumdestillaten durch Chromatographie an drei ver-

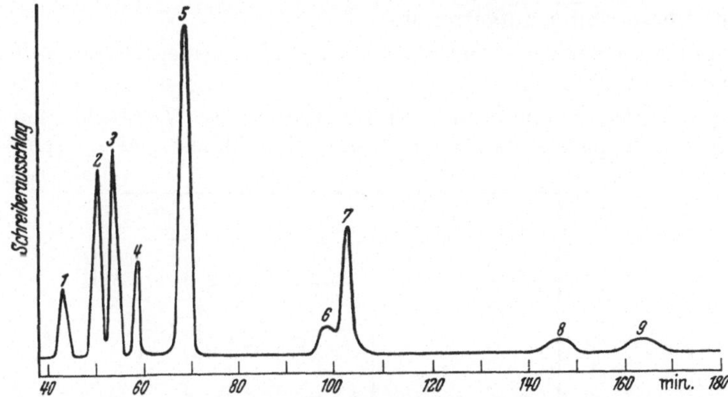

Abb. 40. Analyse der Pentene eines katalytisch gecrackten Benzins an 20% Dimethylsulfolan auf Schamottemehl nach KNIGHT [*747*]. Säulenlänge 15 m (6 mm Durchmesser); Temp. 25°C; Trägergasdurchfluß 30 ml Helium/min

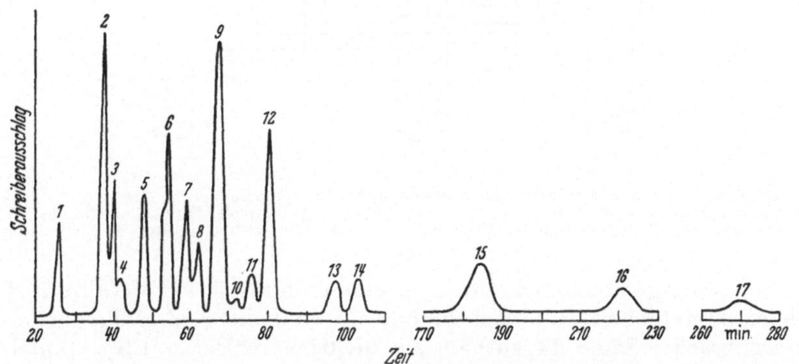

Abb. 41. Trennung von Hexenen mittels 15 m-Säule mit 40% Oxy-dipropionitril auf C_{22} Firebrick nach KNIGHT [*747*]; Temp. 25°C; Trägergasdurchfluß 30 ml Helium/min. *1* 3,3-Dimethylbuten (1); *2* 3- u. 4-Methylpenten (1); *3* 4-Methyl-trans-penten-(2); *4* 4-Methyl-cis-penten-(2); *5* 2,3-Dimethylbuten-(1); *6* Hexen-(1) und trans-Hexen-(3); *7* 2-Methyl-penten-(1) und cis-Hexen(2); *8* cis-Hexen-(3); *9* 2-Methyl-penten-(2) und 2-Äthyl-buten-(1); *10* trans-Hexen-(2); *11* 3-Methyl-trans-penten-(2); *12* 3-Methyl-cis-penten-(2); *13* 2,3-Dimethyl-buten-(2); *14* 1,5-Hexadien; *15* 2,3-Dimethyl-1,3-butadien; *16* 4-Methyl-1,3-pentadien; *17* 2-Methyl-1,3-pentadien

schiedenen Säulen vollständig analysieren. SIMMONS u. SNYDER [*1111*] schlagen für diesen Zweck Zweistufenkolonnen vor.

Analyse nach EGGERTSEN und GROENNINGS [*334*]. Durch die im vorangehenden Abschnitt beschriebene Flüssigkeits-Adsorptionschromatographie [*247*] werden die gesättigten Kohlenwasserstoffe abgetrennt und an Säulen mit 3% Squalan bzw. 40% β-β'-Bis(propionitril)-äther auf Sterchamol und 1,5% Squalan auf Pelletex getrennt. Nach der

Zusammenstellung der relativen V_R-Werte in Tab. 18 u. 18a lassen sich hiermit die C_5—C_8-Kohlenwasserstoffe erkennen und bestimmen.

Analyse nach Simmons und Snyder [*1111*]: **Mehrstufen-Chromatographie.** Hierbei werden die Kohlenwasserstoffe an einer Kohle-Squalan-Kolonne vorgetrennt und an einer Säule mit Siliconöl DC 550 als flüssiger Phase weiter aufgetrennt.

In Abb. 42 ist der Gasstrom einer solchen Zweistufenkolonne schematisch wiedergegeben.

Bei der Zweistufenoperation sind die Hähne *9* und *11* geschlossen und *10* geöffnet. Für parallelen Gasstrom sind die Hähne *8* und *5* geschlossen

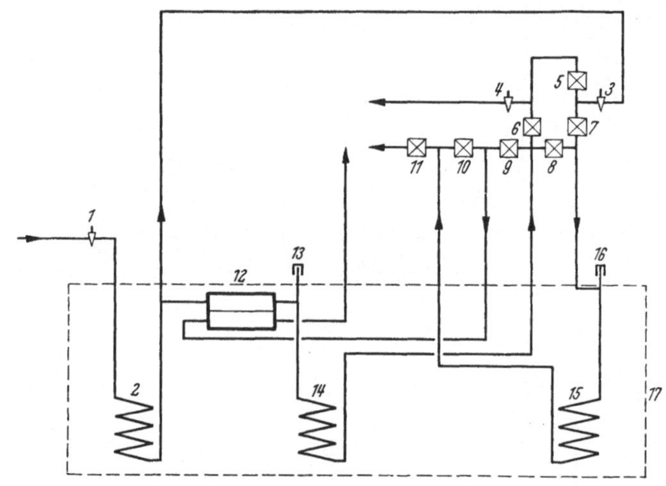

Abb. 42. *Laufschema eines Zweistufen-Gaschromatographen* nach Simmons u. Snyder [*1111*]. *1*, *3* u. *4* Regulierventile, *5*, *6*, *7*, *8*, *9*, *10* u. *11* Absperrhähne, *12* Wärmeleitfähigkeitsmeßzelle, *13* u. *16* Serumkappen, *2* Aufwärmekolonne für das Trägergas, *14* u. *15* Trennsäulen, *17* Thermostat

und *6* sowie *7* geöffnet. Bei *2* wird in einem spiralisierten Metallrohr das Trägergas aufgeheizt und bei *14* und *15* sind die beiden Trennsäulen untergebracht. Säule *14* enthält als nichtpolare Phase 1,5% Squalan auf 14—48 Maschen Pelletex-Ofenschwarz (Darstellung der Phase S. 87) und ist 6 m lang. Als polare Trennsäule (15) wird eine 8 m-Kolonne mit einer Phase von 40 g Siliconöl DC 550 auf 100 g Sterchamol benutzt.

Zur Analyse werden die Kohlenwasserstoffe nun auf die Pelletex-Squalan-Säule geimpft und die Hähne auf parallelen Gasstrom eingestellt. Nachdem die C_5-Kohlenwasserstoffe eluiert sind, werden die Hähne auf die Zweistufenoperation eingestellt und die C_5-Kohlenwasserstoffe auf der zweiten Siliconöl-Säule weiter aufgetrennt. Nachdem die C_6-Kohlenwasserstoffe von der Pelletex-Squalan-Kolonne eluiert sind, wird wieder auf Parallelstrom gestellt und die C_7-Kohlenwasserstoffe treten von der Pelletex-Kolonne direkt ins Freie ohne die Siliconölsäule zu passieren und die dort unterdessen noch laufende Trennung der C_6-Kohlenwasserstoffe zu stören.

Auf diese Weise können auch die C_5-, C_7- und C_8-Fraktionen zerlegt werden. Die V_R-Werte der einzelnen Kohlenwasserstoffe an dieser Zweistufenkolonne sind in Tab. 18a zusammengestellt.

Vor der Aufnahme der Trennung müssen die Elutionszeiten für die C_5-, C_6-, C_7- und C_8-Kohlenwasserstoffe an der Pelletex-Squalan-Säule bestimmt werden, um die Umschaltung der Hähne zum rechten Zeitpunkt vornehmen zu können.

Bei der Bestimmung liegt die Säulentemperatur bei 100° C und der Trägergasdurchfluß bei 40 ml/min.

Diese Zweistufenkolonnen eignen sich auch vorzüglich zur Bestimmung der schwerflüchtigen Kohlenwasserstoffe ("heavy ends") in einem Gemisch niederer Kohlenwasserstoffe.

Analyse nach Zlatkis und Lovelock [*1294*]. **Kapillar-Chromatographie.** Alle C_5- bis C_7-Paraffine können mit einer 30 m-Kapillare (0,25 mm ∅), welche mit einer 10%igen Lösung von Squalan in Chloroform imprägniert wird, vollständig aufgetrennt werden. Trenntemperatur: 100° C. Die Trennung ist in 90 min beendet.

ϑϑ) Analyse der Kohlenwasserstoffe bis C_7 eines Rohöls [853]

Nach Martin u. Winters [*853*] werden die leichtflüchtigen Kohlenwasserstoffe aus dem Rohöl zunächst an einer 0,9 m langen (0,8 cm Innendurchmesser), mit 18% Apiezon L auf Schamottemehl gefüllten Vorschaltsäule bei 125° C und einem Trägergasdurchfluß von 60 ml/min innerhalb 10 min von den höhersiedenden Bestandteilen abgetrennt. In diesen ersten zehn Minuten werden die Substanzen von der Vorschaltsäule direkt in die eigentliche analytische Säule gespült, während danach die Vorschaltsäule (Anordnung z. B. gemäß Abb. 60, S. 156) aus dem Trägergasstrom ausgeschaltet und rückgespült wird. Es werden drei Chromatogramme an drei verschiedenen analytischen Säulen auf diese Weise ausgeführt. Die Säulen werden aus Kupferrohr von 0,6 mm Außendurchmesser hergestellt und als Träger dient Schamottemehl (35—48 mesh). Zur Analyse der gesättigten Kohlenwasserstoffe und von Benzol werden eine 9 m-Säule mit 13,4% Isochinolin auf Schamottemehl und eine 13 m-Säule mit 3,1% 1-Chlornaphthalin auf Schamottemehl benutzt. Die Trennstufenzahlen für beide Säulen betragen 11 000 bzw. 13 000, berechnet auf n-Hexan. Die Auflösung der einzelnen Kohlenwasserstoffe ist vergleichbar mit Kapillarsäulen, jedoch werden Analysenzeiten von etwa 3 Std notwendig. Eine 4 m-Säule mit 5% Bis-(propionitril)-äther auf Schamottemehl dient zur Analyse des Toluols, da aus dieser Säule die Aromaten erst nach den frühersiedenden Paraffinen eluiert werden.

ιι) Trennung höherer Paraffinkohlenwasserstoffe

Wie bei allen hochsiedenden Substanzen können Paraffine mit über zwanzig Kohlenstoffatomen einmal durch Gas-Chromatographie bei höheren Temperaturen (260—250° C) oder unter Anwendung von Kapillarsäulen bzw. Säulen mit kleineren Mengen Trennflüssigkeit auf wenig porösen Trägern, z. B. Glas [*557*] bei tieferen Temperaturen (180 bis

250° C) getrennt werden. Letzterem Verfahren wird in Zukunft die größere Bedeutung zukommen, da es die Substanzen schont und außer der Trennsäule alle anderen apparativen Einrichtungen eines normalen Gas-Chromatographen genügen.

Als Hochtemperaturtrennflüssigkeiten können Asphalt-Extrakte [*938, 936*] bis 320° C, Silicongummi oder sieben Tage bei 300° C temperiertes Silicon-Hochvakuumfett [*10, 197, 303*] bis 330° C, Apiezon L [*939*] bis 320° C oder Polyphenylteere (s. S. 107) bis 450° C benutzt werden.

Bei Säulentemperatur von 282° C und einem Trägergasstrom von 42 ml/min lassen sich C_{20}—C_{27}-Paraffine innerhalb 70 min, bei 320° C und 50 ml Trägergas/min die Paraffine von 20 bis zu 34 Kohlenstoffatomen ebenfalls innerhalb 70 min analysieren. Als Säule wird eine 3—7 m lange Kolonne mit Asphaltextrakt auf Sterchamol benutzt.

Herstellung der Asphaltphase. Der Asphalt wird durch Pentanextraktion entölt und der Ätherextrakt dieses entölten Asphaltrückstandes zur Imprägnierung benutzt.

Nach Verdampfen des Diäthyläthers wird eine 20%ige Asphaltlösung in Äther hergestellt und in 100 ml dieser Lösung 200 g Sterchamol (0,2 bis 0,3 mm) oder Johns-Manville-C_{22}-fire bricks (20—40 Maschen) eingerührt. Nach Abdampfen des Lösungsmittels unter Umrühren wird die Phase noch 5 Std bei 150° C im Trockenschrank aufbewahrt und dann werden die jeweils verfügbaren Säulen gefüllt.

In Tab. 18b sind die Elutionszeiten für die verschiedenen Paraffine zusammengestellt.

Adlard u. Whitham [*10*] trennen Paraffine bis C_{35} an Silicon-Hochvakuumfett auf Sterchamol bei 270° C in 0,86 m-Säulen und mit 21,7 ml Trägergasdurchfluß innerhalb etwa 2 Std. Naphtalinderivate in Erdölfraktionen werden an der gleichen stationären Phase in 8,3 m-Säulen bei 190° C analysiert.

κκ) Trennung höhersiedender Aromaten, Analyse von Steinkohlenteer und Kohlewertstoffen

Während die Auftrennung von Gemischen mit wenigen Komponenten mittels üblicher Trennflüssigkeiten nach der Zusammenstellung von relativen Retentionsvolumina in den Tab. 23—27 kein Problem ist, ist die Analyse der Aromaten in Teeren sowie die Trennung hochsiedender Aromaten schwierig.

Bei Gemischen, die neben Aromaten noch deren Hydrierungsprodukte enthalten, dürfte Äthylenglykol-bis(propionitril-äther) die günstigste Wirkung haben. So lassen sich Naphthalin, die Tetraline, Hexaline und Dekalin an 6 m-Säulen mit 20% Äthylenglykol-bis(propionitriläther) auf Kieselgur bei 140° C und einem Trägergasdurchfluß von 65 ml/min trennen (E. Bayer u. Mitarb. [*84*]). Auch Polyäthylenglykol und Siliconöl sind als Trennflüssigkeit für diese Substanzen vorgeschlagen worden [*536, 1130*].

Kohlewertstoffe. Die bei der *Hochtemperaturverkokung* von Kohle entstehenden aromatischen Kohlenwasserstoffe, welche als *Kokerei-Rohbenzol* anfallen, setzen sich weitgehend aus Aromaten bis 180° C Siedepunkt zusammen. GRANT u. VAUGHAN [*449*] haben an 3 m-Säulen mit Dinonylphthalat bzw. Trikresylphosphat auf Kieselgur (3:10) die wichtigsten Bestandteile von Kohlewertstoffen bei 130° C und 25 ml Trägergasdurchfluß/min getrennt. Gute Auftrennungen werden auch an zwei hintereinandergeschalteten Säulen von je 2 m Länge mit Fluoren/Pikrinsäure bzw. Siliconöl als Trennflüssigkeiten bei 124° C und einem H_2-Durchfluß von 5 l/Std berichtet [*331, 332*]. Wenn der Gehalt an Aliphaten in solchen Rohbenzolen bestimmt werden soll, empfiehlt sich die Anwendung von Äthylenglykol-bis(propionitriläther), an dem Undecan noch vor Benzol erscheint, während an weniger selektiven Phasen wie Polyäthylenglykol Nonan vor Benzol aus der Säule tritt [*1029*].

Verunreinigungen in säuregewaschenem Kokereibenzol [*428*]. Säuregewaschenes Kokereibenzol kann noch bis zu 1% Verunreinigungen enthalten, die durch stufenweises Ausfrieren des Benzols angereichert werden und dann mittels Gas-Chromatographie an 7,5 m-Säulen mit Polypropylenglykol analysiert werden. Zur Sicherstellung können die den einzelnen Banden zukommenden Substanzen nach der Trennung aufgefangen werden und nochmals massenspektrometrisch untersucht werden.

Auch die in den Waschwassern der Kokerei anfallenden Produkte können gas-chromatographisch getrennt werden [*331, 585, 669*].

Analyse eines Lurgi-Braunkohlenteers. BROWN [*162, 163, 375*] hat einen Analysengang für die Identifizierung der Komponenten eines Braunkohlenteers angegeben, wobei 156 Verbindungen aufgefunden worden sind, von denen die Hälfte eindeutig identifiziert werden konnte. Der Teer wird entsprechend dem Schema in Tab. 7 zunächst durch isotherme

Tabelle 7. *Vorfraktionierung des Braunkohlenteers*

Braunkohlenteer (KP 30—420° C)

Isotherme | Destillation

Fraktion I KP 30—22°	Fraktion II KP 130—250°	Fraktion III KP 180—300°	Fraktion IV KP 220—>380°	Fraktion V KP > 380°
NaOH | H_2SO_4	NaOH | H_2SO_4	NaOH | H_2SO_4	NaOH | H_2SO_4	NaOH | H_2SO_4
Phenole I | Basen I	Phenole II | Basen II	Phenole III | Basen III	Phenole IV | Basen IV	Phenole V | Basen V
Neutrale I	Neutrale II	Neutrale III	Neutrale IV	Neutrale V

Neutrale I—V vereinigt

Fraktionierte | Destillation

Frakt. A	Frakt. B	Frakt. C	Frakt. D	Frakt. E	Frakt. F	Frakt. G	Frakt. H	Rückstand
30—130° C	130—172° C	180—215° C	215—218° C	220—260° C	260—270° C	270—370° C	370—420° C	Kp. > 420° C

Destillation in 5 Fraktionen zerlegt, die dann zur Entfernung der Basen mit 20%iger Schwefelsäure bzw. der Phenole und Säuren mit 20%iger Natronlauge extrahiert werden. Die danach verbleibenden Neutralfraktionen werden vereinigt und durch fraktionierte Destillation in 9 Fraktionen zerlegt.

Die Phenolfraktionen I—III werden vereinigt und an einer 8 m langen Säule von 2,2 cm Durchmesser, gefüllt mit Apiezon L auf Kieselgur, präparativ bei 200° C in 4 Fraktionen getrennt. Es wird so in Fraktionen

Tabelle 8. *Trennung der Neutralfraktion eines Steinkohlenteeres*

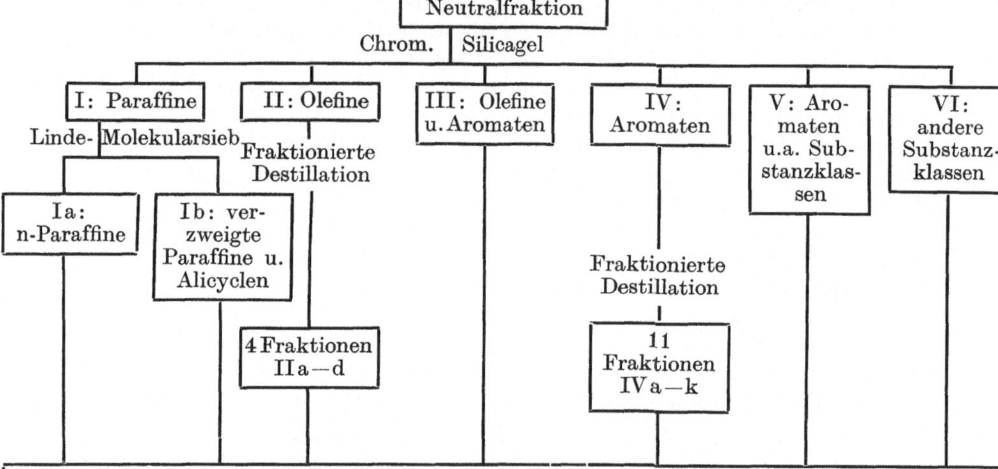

geteilt, daß zwischen Phenol und 2-Methylphenol, 2-Methylphenol und 4-Methylphenol, 4-Methylphenol und 2,5-Dimethylphenol geschnitten wird. Die Fraktionen 1—3 werden an Apiezon L auf Kieselgur bei 150°C und Dodecylbenzolsulfonat auf Kieselgur bei 200° C, Fraktion 4 an Apiezon L auf Kieselgur bei 200° C aufgetrennt. Auf diese Weise werden durch Vergleich der erhaltenen relativen Retentionsvolumina mit den definierten Substanzen Phenol, 2-Methyl-, 2,6-Dimethyl-, 3- und 4-Methyl 2-, 3- und 4-Äthyl-, 2,3-, 2,4- und 2,5-Dimethyl-, 3,5-Dimethyl-, 2,4,6-Trimethyl-, 5-Äthyl-2-methyl-, sowie 3,4-Dimethyl-phenol gefunden [*374*, *375*]. Die nach der fraktionierten Destillation erhaltenen Neutralfraktionen *A* und *B* werden durch Flüssig-Flüssig-Chromatographie an Silicagel-Säulen (Davison 923, 200—300 mesh) entsprechend dem Schema in Tab. 8 in Paraffine, Olefine, Aromaten und andere Substanzklassen aufgetrennt. Man kann sich hierzu der Vorschrift auf S. 99 bedienen. Die Paraffinfraktion I wird noch an Molekularsieb in n-Paraffine und verzweigte bzw. cyclische Paraffine zerlegt (vgl. S. 89). Fraktion IV (Aromaten) und Fraktion II (Olefine) werden nochmals fraktioniert destilliert. Die so insgesamt erhaltenen 20 Fraktionen werden an Säulen mit den drei in der Tab. 8 genannten Trennflüssigkeiten auf Kieselgur (15:100) bei 100° C und 150° C aufgetrennt und die erhaltenen relativen Retentionsvolumina mit den in Tab. 18—27, S. 194ff. wiedergegebenen Retentionsvolumina verglichen.

Analyse aromatischer Kohlenwasserstoffe in einem Niedertemperatur-Bitumenteer. Chang u. Karr [*203*, *204*] haben die Neutralfraktion eines Niedertemperaturteers bituminöser Kohlen zunächst einer fraktionierten Destillation unterworfen und die hierbei in Siedepunktsintervallen von 2—5° C erhaltenen Fraktionen durch Flüssigkeits-Flüssigkeits-Chromatographie an Silicagel (s. S. 99) in Aliphaten, Olefine und Aromaten getrennt. Die Aromaten werden nun an 7 m-Säulen mit 25% Apiezon L auf Schamottemehl (30—60 mesh) getrennt. Die zwischen 202—233° siedenden Fraktionen werden bei 200° C, die zwischen 233—275° C siedenden Fraktionen bei 220° C getrennt. Trägergasdurchfluß: 100 ml Helium/min. Die Trennstufenzahlen der Säulen liegen zwischen 3000 und 4000. Die relativen Retentionsvolumina werden mit den in Tab. 18—27 für Reinsubstanzen angegebenen Werten verglichen. Außerdem werden die Substanzen nach der Trennung aufgefangen, Ultraviolett- und Infrarotspektren aufgenommen und so eine weitere Identifizierung erhalten. 48 Substanzen sind in den zwischen 202—280° C siedenden Neutralfraktionen nachgewiesen worden.

Analyse hochsiedender Aromaten. Die Bestimmung hochsiedender Aromaten, welche besonders auch für die höhersiedenden Teerfraktionen von Bedeutung ist, ist auf Grund der bei maximal 300° C liegenden Arbeitstemperatur der meisten käuflichen Gas-Chromatographen nicht eingehend bearbeitet. Auch sind bei Temperaturen über 250° C nur noch wenige Trennflüssigkeiten stabil. Man kann diese Schwierigkeiten am besten umgehen, wenn man nach Hishta u. Mitarb. [*557*] Glasmehl (0,2 mm ∅) mit 0,05—0,2% der üblichen stationären Phasen beaufschlagt und zur Kennzeichnung der Substanzen Flammenionisationsdetektoren verwendet. Man kann Substanzen bis zu 250° C unter ihrem Siedepunkt trennen (z. B. Anthracen bei 100° C).

Wenn man auf die üblichen Trägermaterialien wie Kieselgur, Schamottemehl nicht verzichten will, kommen als Trennflüssigkeiten mit zwischen 300° und 400° C liegenden maximalen Arbeitstemperaturen nur Siliconfett [*197*, *321*, *322*, *369*], Asphaltextrakte (Herstellung s. S. 104 und Lit. [*936*, *938*]) oder besser Polyphenyl-Teere [*87*] in Frage. Asphaltextrakte werden nach 48—50 Stunden Betriebsdauer zerstört, während Polyphenyl-Teere bis 450° C Arbeitstemperatur stabil sein können. Apiezone können nur bis 320° C benutzt werden [*603*, *604*].

Die Polyphenyl-Teere werden durch Bestrahlung von Terphenyl erhalten [*445*]. Zur Entfernung der flüchtigen Bestandteile wird zunächst einer Molekulardestillation bei 300° C und dann einer Hochvakuumsublimation bei 400° C unterworfen. An solchen Polyphenylteeren können die in Tab. 27 angeführten Polyphenyle getrennt werden [*87*].

Eutektische Salzgemische als „Trennflüssigkeiten“ [*501*] haben sich noch nicht eingeführt, erscheinen aber vielversprechend.

Grundsätzlich muß man bei der Trennung hochsiedender Substanzen beachten, daß eine Steigerung der Arbeitstemperatur und die Entwicklung von Hochtemperatur-Gas-Chromatographen bei organischen Verbindungen nicht der richtige Weg sein dürfte, da viele Substanzen bei höheren Temperaturen nicht mehr stabil sind. Der bessere Weg wird in der Verkürzung der Retentionszeiten und einer dadurch ermöglichten niedrigeren Arbeitstemperatur zu suchen sein. Man kann die Verkürzung der Retentionszeiten durch Aufbringen von weniger Trennflüssigkeit und Auswahl eines wenig porösen Trägers, wie z. B. Glasmehl, erreichen. Auch an stationären Phasen mit 5% Siliconfett auf Chromosorb können Aromaten bis Coronen (KP = 577° C) bei 303° C Arbeitstemperatur noch getrennt werden [*470*] mit einer Retentionszeit von nur 34 Minuten. Bei solchen Trennungen werden vorteilhaft die empfindlicheren Ionisationsdetektoren benutzt. Kapillarsäulen können ebenfalls für solche Trennungen empfohlen werden, da auch hiermit ein Arbeiten weit unter dem Siedepunkt möglich ist.

Einfluß der Konjugation auf Retentionswerte bei Diphenylen und Aromaten. Beaven, James u. Johnson [*90, 678*] haben die Retentionsvolumina verschieden substituierter Diphenyle bestimmt (vgl. Tab. 24, S. 228) und gefunden, daß in o-Stellung substituierte Äthyl-diphenyle im Vergleich zu den *m*- u. *p*-substituierten Verbindungen kleinere V_R-Werte aufweisen, also geringere Wechselwirkung mit der unpolaren Trennflüssigkeit Apiezon M eingehen. Dies wird auf die geringere Konjugation in den sterisch gehinderten o-substituierten Äthyl-diphenylen zurückgeführt. Auch hydrierte, kondensierte Aromaten zeigen kleinere Retention.

λλ) Trennung von m- und p-Xylol

Die Trennung von m- und p-Xylol bereitete mit normalen Säulen ursprünglich Schwierigkeiten. Scott u. Cheshire [*1104*] haben als erste mittels der hochtrennwirksamen Säulen (vgl. S. 33) eine schwache Auftrennung der Isomeren erhalten, wenn Apiezon als Trennflüssigkeit und Trennstufenzahlen von etwa 15 000 angewandt werden. Solche hochtrennwirksamen Säulen sind jedoch nicht erforderlich, wenn man geeignete selektive Trennflüssigkeiten auswählt [*23–25, 782, 783, 1293, 1295*]. So haben Araki u. Mitarb. [*23–25*] bei Verwendung von β-Naphthylamin als Trennflüssigkeit schon mit normalen 3 m-Säulen ($n = 2800$) eine nahezu vollständige Trennung von p-, m- und o-Xylol erhalten. Noch bessere Auftrennungen werden mit Mischungen von zwei Trennflüssigkeiten wie β-Naphthylamin und p-Chlorbenzophenon (1:1) auf Kieselgur erhalten. Auch Montmorillonite, in denen die anorganischen Kationen durch organische Basen, wie Dimethyldioctadecylamin, ersetzt sind, können zur Trennung isomerer Xylole benutzt werden (vgl. Tab. 23, Lit. [*589*]).

Die hochtrennwirksamen Säulen von Scott haben aber nicht nur wegen der Anwendung der selektivierenden Trennflüssigkeiten, sondern auch wegen der Entdeckung der Kapillarsäulen ihre Bedeutung eingebüßt

So lassen sich schon mit 12 m langen Kupferkapillaren (0,25 mm Innendurchmesser), die mit 12 mg 7,8-Benzochinolin imprägniert sind, bei 78,5° C und einem Trägergasdurchfluß von 0,7 ml N_2/min die isomeren Xylole in kurzer Zeit trennen [*282*]. Wenngleich m- und p-Xylol auch leicht in Gemischen infrarotspektroskopisch bestimmt werden können [*977, 1148*] kommt den Kapillarsäulen allgemein bei der Trennung von p- und m-Isomeren große Bedeutung zu [*390*].

μμ) Anwendung von Kapillarsäulen

Auf die Benutzung von Kapillarsäulen bei der Trennung von C_5—C_7-Kohlenwasserstoffen (vgl. S. 103) sowie von p- und m-Isomeren (vgl. S. 108) ist schon hingewiesen worden. Desty u. Mitarb. [*284*], Condon [*219*] und Zlatkis u. Lovelock [*1294*] haben zuerst Anwendungsbeispiele für Kapillarsäulen gegeben. Trotz der guten Trennwirksamkeit der Kapillarsäulen sind die Anwendungen vorwiegend bei künstlichen Gemischen bekannter Zusammensetzung aufgezeigt worden, während bei den von Desty u. Mitarb. angegebenen Chromatogrammen von Benzinen und Ölen keine Zuordnung der Banden ausgeführt worden ist. Gleiches gilt auch für die programmierte Temperatur-Kapillar-Chromatographie [*1179*], und andere Arbeiten [*283, 1043*]. Es finden sich in der gesamten Literatur bisher nur wenige Retentionsvolumina [*283, 565*]. Da bei der Kapillar-Chromatographie außer dem Retentionswert nicht sehr leicht andere Methoden zur Identifizierung herangezogen werden können, ist sehr viel weitere Arbeit zur Festlegung der Retentionswerte notwendig. Erst dann kann diese Methode allgemeine Verbreitung finden. Die sichere Identifizierung wird im übrigen auch wegen der guten Trennfähigkeit der Kapillarsäulen erschwert, da Banden von Substanzen auftreten, welche mit keiner anderen Trennmethode festgestellt werden konnten. Es fehlt daher oftmals auch an genügend reinen Vergleichssubstanzen. Simmons u. Mitarb. [*1023, 1112*] haben nun eine sehr elegante Möglichkeit aufgezeigt, zu solchen Vergleichssubstanzen zu gelangen: Wenn man aliphatische Kohlenwasserstoffe bei Gegenwart von Diazomethan bestrahlt, wird nach den Versuchen von Doering [*298*] das entstehende Methylen zwischen die C-H-Bindung des Kohlenwasserstoffes eingeschoben

$$-\overset{|}{\underset{|}{C}}-H + CH_2 \rightarrow (-\overset{|}{\underset{|}{C}}\cdots\cdots CH_2\cdots\cdots H) \rightarrow -\overset{|}{\underset{|}{C}}-CH_3$$

und ein Kohlenwasserstoff, der um eine CH_2-Gruppe reicher ist, gebildet. Da bei dieser Methylen-Einschubreaktion alle C-H-Bindungen gleichwertig sind, d.h. keine Bevorzugung bei primären, sekundären oder tertiären C-Atomen festgestellt wird, können aus einem Kohlenwasserstoff verschiedene Isomere des nächsthöheren Kohlenwasserstoffes gebildet werden, wie dies für n-Hexan (S. 110, oben) aufgezeigt wird.

Auf diese Weise haben Simmons u. Mitarb. [*1023, 1112*] die Retentionszeiten isomerer C_9-Kohlenwasserstoffe festgelegt und die Kohlenwasserstoffe eines Isobutan-Olefin-Alkylates untersucht. Bei diesen Untersuchungen sind auch diastereomere Alkane getrennt worden.

$$H_3C{-}CH_2{-}CH_2{-}CH_2{-}CH_2{-}CH_3 \xrightarrow{CH_2} \begin{cases} CH_3{-}CH_2{-}CH_2{-}CH_2{-}CH_2{-}CH_2{-}CH_3 & \text{n-Heptan} \\ H_3C{-}\underset{H}{\overset{CH_3}{C}}{-}CH_2{-}CH_2{-}CH_2{-}CH_3 & \text{2-Methylhexan} \\ H_3C{-}CH_2{-}\overset{CH_3}{CH}{-}CH_2{-}CH_2{-}CH_3 & \text{3-Methylhexan} \end{cases}$$

Wenngleich vorderhand auch keine weiteren Anwendungsbeispiele aus der Praxis angegeben werden können, sei darauf hingewiesen, daß zur Reinheitsprüfung eines Präparates die Kapillar-Chromatographie trotz dieser Einschränkungen schon jetzt weite Verbreitung finden kann. Hollis [*565, 566*] hat so die Verunreinigungen im Styrol mittels Kapillar-Chromatographie bestimmt. Da einfache Substanzgemische meist auch mittels der normalen Säulen analysiert werden können, wird die Kapillar-Chromatographie wohl nur bei mit normalen Säulen schwer trennbaren Isomerengemischen herangezogen werden (vgl. z. B. Lit. [*1164*]). In der Betriebsprozeßkontrolle kann die Kapillar-Chromatographie wegen der kleinen Analysenzeiten interessant werden. Zur quantitativen Analyse von Kohlenwasserstoffen mit Kapillarsäulen und Ionisationsdetektoren vgl. [*325, 490, 1164*].

4. Halogenierte Kohlenwasserstoffe

Die Trennung von halogenierten Kohlenwasserstoffen ist bei verschiedenen Lösungsmitteln, Kühlmitteln, z. B. Freonen, Insekticiden, aber auch bei einer Alkoxygruppenbestimmung [*1199*] von Bedeutung. In den wenigsten praktischen Fällen dürften so komplizierte Substanzgemische wie z. B. bei Benzinen vorliegen.

Die am weitesten verbreiteten Phasen zur Trennung von aliphatischen Chlor- und Bromkohlenwasserstoffen sind Ester, wie z. B. Dinonylphthalat [*29, 45, 476, 510, 555, 571, 1213*]. Daneben haben auch Silicone [*197, 408*], Trikresylphosphat [*511*] bzw. Triphenylphosphat [*1114*] als Trennflüssigkeiten Verwendung gefunden. Zur Bereitung der stationären Flüssigkeiten werden je 40 g der genannten Trennflüssigkeiten nach den Vorschriften auf S. 95 u. S. 98 aufgetragen. 2 m-Säulen (4—8 mm lichte Weite) genügen in den meisten Fällen zur Auftrennung.

Neben den genannten Trennflüssigkeiten kommt der berichteten Auftrennung von Halogenverbindungen an feuchtem Weizenmehl [*100*] wohl nur geringe praktische Bedeutung zu. Jedoch zeigen auch diese Versuche, wie variationsfähig die stationäre Phase gehalten werden kann. McFadden [*866*] hat gemischte stationäre Phasen aus Twen 60 und Siliconen zur Trennung der Bromalkane vorgeschlagen. Bei Gemischen von Halogenkohlenwasserstoffen mit weitem Siedebereich empfiehlt sich eine kontinuierliche Temperaturerhöhung während der Chromatographie [*511*].

Die sorgfältigsten Untersuchungen über die Eignung verschiedener Trennflüssigkeiten liegen von HARRISON [*510*] vor.

In Tab. 29 sind die auf Chloroform bezogenen, relativen Retentionsvolumina zusammengestellt. Von dem polaren Dinonylphthalat werden Chlorkohlenwasserstoffe sehr viel fester gehalten. Bei gleichem Durchfluß an Trägergas werden etwa die doppelten Elutionszeiten benötigt, wie bei den wenig polaren Phasen Paraffin- und Siliconöl. Trikresylphosphat nimmt eine Zwischenstellung ein. Besonders stark werden Chloroform, cis-1,2-Dichloräthylen und 1,2-Dichloräthan an Trikresylphosphat und Dinonylphthalat zurückgehalten. Choroform erscheint an diesen stationären Phasen sogar nach dem um 15° C höhersiedenden Tetrachlorkohlenstoff, in Umkehrung für die an wenig polaren Phasen von PURNELL u. SPENCER [*998*] festgestellten Beziehungen zwischen Dampfdruck und V_R-Werten. Nach POLLARD u. HARDY [*980*] wird an Glycerin als flüssiger Phase sogar das um 36°C niedriger siedende Dichlormethan nach Tetrachlorkohlenstoff eluiert. Obgleich Glycerin als allgemein anwendbare Flüssigkeit nicht in Frage kommt, da es nur bei Zimmertemperatur benutzt werden kann, sollten für bestimmte Analysen Polyäthylenglykole als hochselektive Phasen bei Halogenkohlenwasserstoffen ausgezeichnete Dienste leisten.

So hat BOMBAUGH [*133*] an 4 m-Säulen mit 13% Polyäthylenglykol 1000 auf säuregewaschenem Chromosorb (60—80 mesh) bei 150° C und 40 ml/min Trägergasdurchfluß die isomeren Chlornitrobenzole aufgetrennt, während FREEMAN [*391*] für die Trennung isomerer Chlortoluole und Benzylchloride Siliconöl 550 und 7.8-Benzochinolin vorschlägt. Bei den im Bereich von 132—300° C siedenden Chlorbenzolen empfiehlt sich die Thermochromatographie [*906*]. Relative Retentionsvolumina aromatischer Halogenverbindungen finden sich in Tab. 30 im Anhang II.

Analytisch angewandt wird auch die Methode der Differenzchromatographie, indem mittels Vorschaltsäulen bestimmte Halogenverbindungen zurückgehalten werden. So können sekundäre und tertiäre Bromalkane durch eine 10—15 cm lange (0,8 cm ∅) Vorschaltsäule zurückgehalten werden, die aufeinanderfolgend mit einer 3 cm langen Schicht Silbernitrat auf Schamottemehl, einer 2 cm langen Schicht konz. Schwefelsäure auf Schamottemehl und einer abschließenden Schicht Dinatriumphosphat auf Schamottemehl gefüllt ist. Zwischen den Schichten befinden sich je einige Millimeter unimprägniertes Schamottemehl [*509*]. Die Vorschaltsäule, auch Reaktor bezeichnet, wird bei 70° C gehalten und zwischen Einspritzstelle und Säule geschaltet. Primäre Amine werden nicht zurückgehalten.

Organische Fluorverbindungen, die als Kühlgase (z. B. Freone), in Aerosolen und als Ausgangsmaterialien für Kunststoffe von Bedeutung sind, sind an vielen stationären Phasen untersucht worden. Die gasförmigen Fluorkohlenwasserstoffe, z. B. Freone, sind an Aluminiumoxidsäulen bei 25—70°C (Lit. [*381*], vgl. auch [*990, 1133*]), an Molekularsieben 13 Å [*862*], an Phthalsäureestern bei 0° C [*456*] oder an Natriumzeolith [*647*], wie es Abb. 43 zeigt, getrennt worden. Eine ausgezeichnete Übersicht über die Retentionsdaten von Fluor-, Fluorbrom- und Fluorchlorkohlenwasserstoffen hat ROTZSCHE [*1041, 1042*] gegeben. Die Retentionsvolumina sind in Tab. 28 angegeben. Die Kombination von Säulen mit Triisobutylen und Säulen mit Benzylcyanid/Silbernitrat (6:0,8) und einfache Säulen mit Triphenylphosphat haben die besten Trennleistungen erbracht.

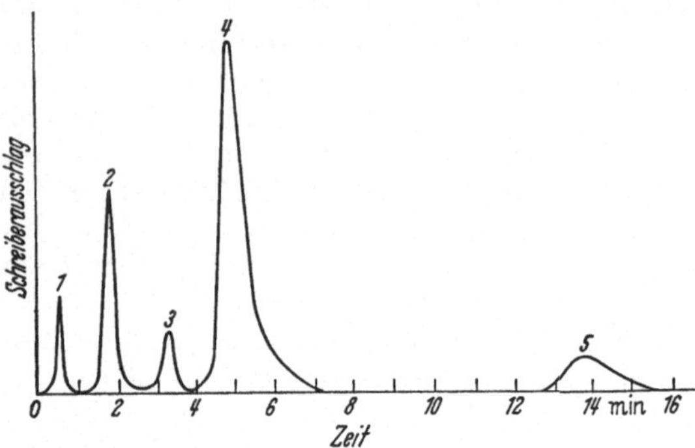

Abb. 43. Trennung von Fluoralkenen an Na-zeolith nach JANÁK [*647*]. Substanz *1* N_2, *2* $CClF : CF_2$, *3* $CClF_2 \cdot CClF_2$, *4* $CClF : CClF$, *5* $CCl_2 : CF_2$

Zur Trennung von Fluorkohlenwasserstoffen vgl. auch Lit. [*312, 355, 356, 960, 1024, 1109*]. Bei den praktischen Beispielen wird die Analyse technischen 1,2-Dichloräthans beschrieben, die Radio-Gas-Chromatographie behandelt und vor allem die Analyse halogenhaltiger Herbicide und Insecticide erörtert.

Praktische Beispiele

a) Analyse technischen 1,2-Dichloräthans

Nach KEULEMANS u. KWANTES [*723*] können die hoch- und tiefsiedenden Verunreinigungen von technischem 1,2-Dichloräthan (KP 83,6° C) am vorteilhaftesten durch zwei Chromatogramme erkannt werden. Zur Auftrennung der im Siedebereich 13—83° C liegenden Substanzen wird an Dinonylphthalat/Sterchamol bei 60° C analysiert, zur Analyse der höhersiedenden Komponenten (83—150° C) bei 120° C (vgl. Abb. 44).

HARRISON, KNIGHT, KELLEY u. HEATH [*511*] haben die Trennung von hoch- und tiefsiedenden Chlorkohlenwasserstoffen in einem Arbeitsgang durch Anwendung von Zweistufenkolonnen oder gesteuerter Temperaturerhöhung während des Chromatogramms bewirkt. So lassen sich Halogenverbindungen vom Äthylchlorid (KP 12° C) bis zum 1,2-Dibrom-methan (KP 98° C) innerhalb 110 min an einer 3,60 m langen Trennsäule (5 mm ∅) mit 20% Trikresylphosphat auf Schamottemehl trennen. Die Temperrtur wird innerhalb dieser Zeit von 25° C auf 105° C erhöht. Eine kontrollierte Regelung der Durchflußgeschwindigkeit ,wie sie von GREENE u. Mitarb. [*458*] (vgl. S. 84) angegeben worden ist, läßt sich vermeiden, wenn man das reine Trägergas für die Vergleichsmeßzelle der Wärmeleitkammer vorher durch eine der Trennsäule vollkommen gleiche Kolonne leitet. Dadurch verändert sich die Strömungsgeschwindigkeit des Gases in Meß- und Vergleichsseite der Wärmeleitkammer in gleichem Maße und die Null-Linie bleibt konstant. Die Durchflußgeschwindigkeit des Trägergases Wasserstoff sinkt von 83 ml/min bei 25° C auf 55 ml/min bei 110° C.

b) Analyse von organischen Bromverbindungen, die durch Neutronenbeschuß gebildet und aktiviert werden

Bei der Neutronenbestrahlung von organischen Bromverbindungen entstehen durch Auflösung der ursprünglichen Bindungen und Rekombination eine Reihe neuer Verbindungen. Die nach Bestrahlung von

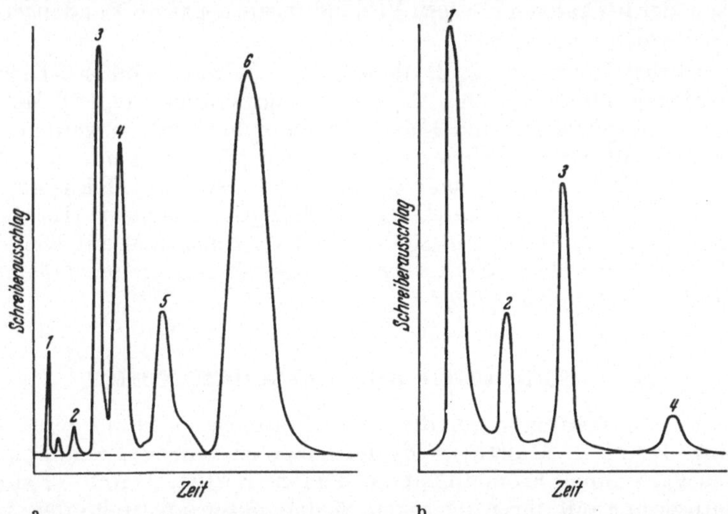

Abb. 44. Analyse der Verunreinigungen in technischem 1,2-Dichloräthan nach KEULEMANS u. KWANTES [*723*]. a Tiefer siedende Komponenten, getrennt bei 60° C an Dinonylphthalat auf Sterchamol als stationäre Phase. *1* Vinylchlorid, *2* 1,1-Dichlor-äthylen, *3* trans-1,2-Dichlor-äthylen, *4* 1,1-Dichloräthan und Chloropren, *5* cis-1,2-Dichloräthylen, *6* 1,2-Dichloräthan. b Höhersiedende Komponenten, getrennt bei 120° C an Dinonylphthalat auf Sterchamol als stationäre Phase. *1* 1,2-Dichloräthan, *2* Trichloräthan, *3* o-Xylol (Vergleichssubstanz), *4* Tetrachloräthan

n-Propylbromid gebildeten Verbindungen sind von EVANS u. WILLARD [*357*] zuerst gas-chromatographisch aufgetrennt worden. Andere Halogenalkylverbindungen sind später von verschiedener Seite ebenfalls nach Bestrahlung gas-chromatographisch getrennt worden [*182, 405, 541, 899, 1078*]. Neben einem Wärmeleitdetektor wird zur Analyse der radioaktiven Produkte immer ein Durchflußgeigerzähler oder auch ein Szintillationszähler als Detektor benutzt (vgl. auch S. 180). Als Trennflüssigkeiten finden besonders Trikresylphosphat, Phthalester und Siliconöle Verwendung. Die Proben können in geschlossenen Ampullen bestrahlt werden und mit der auf S. 53 beschriebenen Einbringvorrichtung eingegeben werden.

c) Analyse halogenhaltiger Herbicide und Insecticide

Chlorhaltige Insecticide, wie DIELDRIN, ALDRIN, Diphenyldichlormethan (DDT) und andere werden nach COULSON u. Mitarb. [*231, 232*] an 2 m-Säulen (0,6 cm Innendurchmesser) mit 20% Siliconhochvakuumfett auf 30—60 mesh salzsäure- und wassergewaschenem Chromosorb bei 239° C und 112 ml Helium/min getrennt. Die aus Pflanzen oder Nahrungsmitteln gewonnenen Extrakte dieser Insecticide brauchen vor der gas-chromatographischen Analyse nicht getrennt zu werden, wenn ein auf Chlor spezifischer Detektor benutzt wird. COULSON hat hierzu die aus der Chromatographiesäule tretenden Gase katalytisch verbrannt und das hierbei entstehende Chlorion coulometrisch im Mikromaßstab titriert (vgl. S. 187). Zur spezifischen Detektion der chlorhaltigen Insecticide ist auch ein mit niederer Spannung betriebener Argondetektor zu benutzen, der bei halogenhaltigen Verbindungen negative Banden ergibt (vgl. Lit. [*448*]).

Chlorhaltige Herbicide, z. B. die 4-Chlor-, 6-Chlor- und 4,6-Dichlorsubstitutionsprodukte von 2-Methylphenoxyessigsäure, 2-Methylphenoxy-isopropionsäure und 2-Methylphenoxybuttersäure werden nach Veresterung mit Diazomethan an 4 m-Säulen (6 mm ∅) mit 25% Siliconöl oder Diäthylenglykolbernsteinsäure-polyester auf Kieselgur bei 215° C und einem Trägergasdurchfluß von 51 H_2/Std analysiert (Lit. [*849*], vgl. auch [*487, 554, 1301*]). 2 m-Säulen mit 25% Apiezon M auf Kieselgur (40—60 mesh) erlauben die Analyse bei 190° C und einem Trägergasdurchfluß von 50 ml/min [*409*].

5. Carbonsäuren und Carbonsäureester

Flüchtige Fettsäuren waren die ersten Beispiele, an Hand deren Auftrennung JAMES u. MARTIN [*616*] die außerordentliche Trennfähigkeit der Gas-Verteilungschromatographie demonstrierten. Durch Trennung der Methylester mit ihren niedrigen Siedepunkten an Stelle der freien Fettsäuren haben erstmals CROPPER u. HEYWOOD [*249, 251*], JAMES u. MARTIN [*620*] und BEERTHUIS u. KEPPLER [*94*] die Analyse von Fettsäuren bis zu 30 Kohlenstoffatomen ermöglicht. Bei Routine-Fettanalysen in der Industrie [*720*] sowie der Aufklärung der Zusammensetzung natürlicher Fette [*502, 522, 631, 870, 1011, 1237*] und der biochemischen Bildung der Fettsäuren [*255, 626, 700*] hat die Gas-Verteilungschromatographie auf Grund ihrer besonderen Trennfähigkeit und Schnelligkeit verbreitet Anwendung gefunden und andere Methoden verdrängt. Aber auch bei organisch-analytischen Problemen, bei Konstitutionsermittlungen durch Ozonabbau von Aromaten und anschließender Oxydation zu Fettsäuren [*125*], ist diese Trennung benutzt worden (siehe S. 121).

Dicarbonsäureester wurden von JAMES [*614*] und Hydroxycarbonsäuren des Citronensäure-Cyclus in Form ihrer Ester von BAYER u. REUTHER [*81*] getrennt.

Flüchtige Fettsäuren bis zu 6 Kohlenstoffatomen werden am besten als freie Säuren, höhere Fettsäuren bis C_{32} Dicarbonsäuren und Hydroxycarbonsäuren in Form ihrer Methylester getrennt. Für die Fettanalyse wird eine bis zu Temperaturen von 200 bzw. 250° C arbeitsfähige Anordnung zur Gas-Chromatographie benötigt.

a) Trennung aliphatischer Monocarbonsäuren

Bei der gas-chromatographischen Trennung von Fettsäuren werden bei Verwendung schwach polarer Trennflüssigkeiten unsymmetrische Elutionskurven erhalten, die durch Dimerisierung der Fettsäuren in der flüssigen Phase und Adsorption am Träger verursacht werden. Schon James u. Martin [*616*] haben deswegen dem als Trennflüssigkeit benutzten Siliconöl Stearinsäure zugesetzt und hierdurch bei 100° C bzw. 137° C symmetrische Banden erhalten. Bei Fettsäuren sollte nur Kieselgur als Träger angewandt werden. Nach den in verschiedenen Laboratorien gesammelten Erfahrungen [*79*, *125*, *868*] weisen Säulen mit Stearinsäure als Zusatz zur flüssigen Phase jedoch bei 137° C geringe Dauerhaftigkeit auf, so daß sie nur bis 100° C benutzt werden sollten. Durch 10% Zusatz von Behensäure [*125*] oder Arachinsäure [*868*] zu Siliconöl DC 550 bzw. Siliconhochvakuumfett DC, mit Bienenwachs als flüssiger Phase [*79*] oder 15%igem Zusatz von Sebacinsäure zu Dioctylsebacinat [*1013*] werden jedoch Trennflüssigkeiten für Arbeitstemperaturen bis 150° C erhalten. Auch Zusatz von Phosphorsäure führt zu guten Ergebnissen [*1083*]. Niedere Fettsäuren bis C_8 lassen sich vorteilhaft auch an 2,4 m-Säulen (4 mm Innen-∅) mit 13% Polyester aus Diäthylenglykol und Adipinsäure (LAC-1-R-296 der Cambridge Industries) auf Celite 545 bei 125° C auftrennen. Die Verwendung von Celite ist in diesem Falle der beschriebenen Verwendung von Schamottemehl vorzuziehen [*596*]. In Tab. 31 sind auch die Retentionsvolumina niederer Fettsäuren an Polyestern aus Bernsteinsäure und Diäthylenglykol (Reoplex 400 der Geigy, Chem. Comp. Yonkers, New York) wiedergegeben [*653*]. An diesen Polyestern unterscheiden sich die Retentionsvolumina ungesättigter und gesättigter Fettsäuren mit gleicher Kohlenstoffzahl [*1156*], so daß an eine Wechselwirkung zwischen den π-Elektronen der Doppelbindungen und den schwach polaren Trennflüssigkeiten gedacht werden muß. Stationäre Phasen mit Trikresylphosphat weisen besondere Selektivität für α-α-Dimethylsäuren auf, die an diesen Säulen vor den n-Säuren eluiert werden (vgl. Zusammenstellung der Retentionsvolumina in Tab. 31). Allgemein trennt man heute höhere Fettsäuren mit mehr als 8 Kohlenstoffatomen nach Methylierung als Methylester (vgl. S. 117). Metcalfe [*886*, *887*] hat jedoch auch Fettsäuren bis C_{22} direkt auftgetrennt unter Anwendung von 1 m-Säulen (4 mm Innendurchmesser), die mit 25% Polyester aus Diäthylenglykol und Bernsteinsäure (LAC-2R-466) und 2% 85%iger Phosphorsäure auf säuregewaschenem Kieselgur (60 bis 80 mesh) gefüllt sind. Die Trenntemperaturen liegen mit 235° C bei einem Trägergasdurchfluß von 45 ml He/min überraschend niedrig. An Apiezon L auf Kieselgur können freie Säuren bis zu C_{22} nur bei höheren Temperaturen zwischen 250—300° C getrennt werden [*93*].

α) Herstellung der Phasen für die Fettsäuretrennung

Siliconöl DC 550/Stearinsäure. 100 g Kieselgur (Darst. S. 24) werden in einer Lösung von 18 g Siliconöl DC 550[1] und 2 g Stearinsäure (bzw.

[1] Zu beziehen durch Fa. Wacker-Chemie, München.

Behen- oder Arachinsäure) in 100 ml absolutem Chloroform suspendiert und unter heftigem Rühren das Lösungsmittel verdampft. Die so gewonnene feuchte stationäre Phase wird bei 80° C im Trockenschrank getrocknet und im Vakuumexsiccator über Phosphorpentoxid aufbewahrt. Phasen mit Stearinsäure sollten nur bis maximal 110°C, mit Behen- oder Arachinsäure bis maximal 150° C benutzt werden.

Bienenwachs/Kieselgur. 30 g umgeschmolzenes, reines Bienenwachs werden in 1 Liter Chloroform in der Wärme gelöst, von unlöslichen Bestandteilen abfiltriert und nach Suspension von 100 g Kieselgur (0,2 bis 0,3 mm Korngröße) unter heftigem mechanischem Umrühren das Lösungsmittel abdestilliert. Die so erhaltene Phase wird 36 Std bei 120° C getrocknet und über P_2O_5 im Vakuumexsiccator aufbewahrt. Diese Phase sollte lediglich im Temperaturbereich von 90—160° C benutzt werden.

Nach RITTER [*1028*] weisen Bienenwachs-Säulen, die auf 170° C längere Zeit gehalten wurden, veränderte Selektivitäten auf und können zur Trennung von aromatischen Kohlenwasserstoffen herangezogen werden.

Trikresylphosphat. 50 g Trikresylphosphat in peroxidfreiem Äther werden zu 100 g Kieselgur gefügt und das Lösungsmittel unter Rühren bis zur Trockne abgedampft. Die maximale Arbeitstemperatur für solche Phasen liegt bei 150° C.

Reoplex, LAC-1-R-296, LAC-2-R-466 mit und ohne Phosphorsäurezusatz. 25 g von einem der oben genannten Ester werden in Chloroform gelöst (evtl. 2 g Phosphorsäure zugegeben), 75 g säuregewaschenes Kieselgur in der Lösung suspendiert und im Vakuum das Lösungsmittel unter Rühren abgedampft. Die Phase wird 5 Stunden im Vakuumtrockenschrank unter Luftausschluß bei 100° C getrocknet, in Säulen gefüllt und dann 16 Stunden bei einem Trägergasdurchfluß von 50 ml/min bei 220° C gehalten. Danach ist die Säule betriebsbereit und erlaubt maximale Arbeitstemperaturen bis 230° C.

β) Aufbereitung der zu untersuchenden Proben zur quantitativen Analyse [*868*]

Die quantitativ zu untersuchende Probe soll die niederen Fettsäuren in Form der Natriumsalze enthalten. Um nun Verluste von flüchtigen Säuren zu vermeiden, wandelt man die Natriumsalze nach einer der folgenden Vorschriften unmittelbar vor der gas-chromatographischen Auftrennung in die Fettsäuren um:

1. Ein aliquoter Teil der Lösung von etwa 2m-Äquivalent Natriumsalzen der zu untersuchenden Fettsäuren wird in einem 30 ml-Glasreaktionsgefäß (vgl. Abb. 45) bei 100° C zur Trockne gedampft. Die Salze werden mit 0,3 ml 8 n Natriumbisulfatlösung angesäuert und 4 ml Diäthyläther sowie 1 g wasserfreies Natriumsulfat zugegeben. Die Mischung wird mit dem Mörser umgerührt. Die trockene ätherische Lösung wird aus einem Kapillarrohr von 1 mm Innendurchmesser in einen 20 ml-Meßkolben abgegossen, mehrmals das Reaktionsgefäß und das zurückbleibende Natriumsulfat mit je 1 ml Diäthyläther extrahiert und die vereinigten Ätherlösungen auf 20 ml aufgefüllt. Von dieser ätherischen Lösung

werden die zur Trennung benötigten aliquoten Anteile (0,5 ml) mittels einer Mikrometerspritze auf die Kolonne gegeben. Der Äther wird bei Raumtemperatur bei etwa 10—20 ml/min Durchfluß von Trägergas vertrieben, dann der Trägergasstrom auf etwa 1 Blase je Sekunde reduziert (höchstens 2 ml/min), auf die Trenntemperatur aufgeheizt und anschließend bei 40—80 ml/min Trägergasdurchfluß die Analyse durchgeführt.

2. Die Freilegung der Säuren kann auch in nichtwäßrigem Medium erfolgen [*595*], wenn man die Natriumsalze mit einem kleinen Überschuß an 7 n-Lösung von Dichloressigsäure in Aceton versetzt, auf ein bestimmtes Volumen mit Aceton auffüllt und aliquote Teile der Lösung in den Gas-Chromatographen injiziert. Allerdings besteht bei dieser Methode die Gefahr, daß im Chromatogramm Banden von Zersetzungsprodukten der Dichloressigsäure erscheinen.

Weitere Verfahren zur Vorbereitung der Proben sind in Lit. *413* u. *1261* beschrieben.

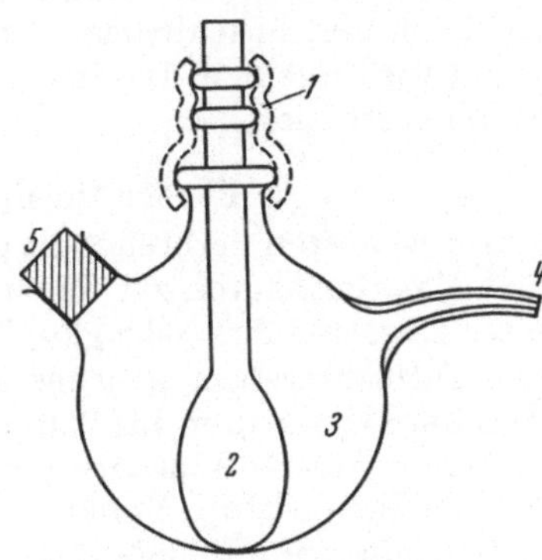

Abb. 45. Reaktionsgefäß zur Freilegung der Carbonsäuren nach McINNES [*868*]. *1* Gummimanschette, *2* Rührer, *3* Reaktionsgefäß, *4* Ausguß, *5* Tubus zur Einbringung der Reagentien

b) Trennung der Methylester aliphatischer Carbonsäuren

α) Darstellung der Ester

Die Herstellung der Methylester kann durch Reaktion der Carbonsäuren mit Methanol/Schwefelsäure, Methanol/Salzsäure [*574*, *1006*], Methanol/Bortrifluorid [*888*], Methyljodid/Silberoxid [*412*] oder Diazomethan erfolgen. In diesen Fällen müssen die Fette vor der Veresterung jedoch verseift werden. Bei der Analyse der Fette wird man daher die Methylester in einem Arbeitsgang durch Umesterung mit Methanol/Salzsäure [*1151*], Methanol/KOH [*771*] oder Methanol/Natriummethylat [*834*] herstellen. Für die direkte Veresterung und die Umesterung werden je eine Vorschrift angegeben.

Veresterung mit Methanol/Bortrifluorid. Die Veresterung verläuft innerhalb weniger Minuten. Zur Herstellung des Veresterungsreagenzes wird durch 100 ml im Eisbad gekühltes Methanol so lange Bortrifluorid geleitet, bis 12,5 g Bortrifluorid aufgenommen sind. Zu je 100—200 mg Fettsäure werden 3 ml des Bortrifluorid-Reagenses gegeben und 2 min im Dampfbad zum Sieden erhitzt. Die Lösung wird nunmehr im Scheidetrichter, mit 3 ml Petroläther (50—60° C) und 2 ml Wasser versetzt, durchgeschüttelt, die Petroläther-Schicht abgetrennt, auf ein bestimmtes Volumen aufgefüllt und aliquote Anteile in den Chromatographen eingegeben. Andererseits kann der Petroläther auch verdampft werden, mit einem genau bestimmten Volumen eines Lösungsmittels aufgenommen werden und diese Lösung dosiert werden.

Umesterung mit Methanol/Salzsäure. 1—10 mg des zu methylierenden Fettes oder beliebigen Esters werden in 4 ml 5%iger methanolischer Salzsäure gelöst, 0,5 ml Benzol zugefügt und unter Wasserausschluß 2 Std am Rückfluß gekocht. Danach werden 8 ml Wasser zugegeben, dreimal mit je 3 ml Petroläther extrahiert, die vereinigten Petrolätherlösungen über Natriumbicarbonat und wasserfreiem Natriumsulfat getrocknet und anschließend das Lösungsmittel abgedampft. Der Rückstand wird in einem Lösungsmittel aufgenommen und in den Chromatographen injiziert.

β) Phasen für die Trennung der Methylester

Am weitesten verbreitet ist die Anwendung von Polyestern aus Diolen und Dicarbonsäuren zur Trennung der Methylester bis C_{32}. Diese Polyester gestatten eine sehr gute Trennung von gesättigten und ungesättigten Fettsäureestern gleicher Kohlenstoffzahl und erlauben maximale Arbeitstemperaturen bis 250° C. ORR u. CALLEN [*941*, *943*] haben einen Polyester aus Adipinsäure und Diäthylenglykol, Reoplex 400 (der Fa. Geigy, Chem. Comp. Yonkers, N.Y.), benutzt. Wenn man z. B. an 2 m-Säulen mit 10% Reoplex auf Kieselgur (72—85 mesh) bei 180—200° C trennt, erscheinen alle C_{18}-Fettsäureester in weniger als einer halben Stunde. Eine gleich große Anwendungsbreite wie Reoplex haben Adipinsäurepolyester mit Äthylenglykol gefunden, welche LIPSKY [*810*, *811*, *813*] eingeführt hat. Solche Ester sind unter der Bezeichnung LAC-1-R-296 oder LAC-2-R-446 im Handel (Cambridge Industries, USA). Die relativen Retentionsvolumina an diesen stationären Phasen sind in Tab. 32 zusammengestellt. Bei Verwendung dieser Polyester ist darauf zu achten, daß sie sehr stark vom Trägerstrom ausgewaschen werden. Nach Erfahrungen in unseren Laboratorien ist Reoplex stabiler als LAC-Ester. Dieses „Ausbluten" der stationären Flüssigkeit ist auf saure Bestandteile im Ester zurückzuführen, die jedoch mit Anionenaustauschern entfernt werden können, wodurch stabilere Trennflüssigkeiten erhalten werden [*228*]. Weitere Literatur über Verwendung von Bernsteinsäurepolyestern: [*152*, *539*, *683*, *711*, *751*, *889*, *891*, *956*, *958*, *1054*, *1267*] und über Verwendung von Adipinsäureestern: [*120*, *128*, *483*, *497*, *556*, *983*, *1034*, *1085*, *1197*, *1270*]. CRAIG u. MURTY [*238*, *239*, vgl. auch *387*, *1207*] haben Polyester aus Bernsteinsäure und 1,4-Butandiol bzw. Äthylenglykol günstiger befunden als oben genannte Ester. Auch Phthalsäureäthylenglykol-polyester [*237*] und Polyvinylacetat (vgl. Tab. 32 und Lit. [*576*, 577]) sind mit Erfolg zur Trennung der Fettsäureester herangezogen worden.

Für niedere Fettsäureester bis C_{10} können neben oben genannten Estern auch Dioctylphthalat und Benzyldiphenyl benutzt werden [*620*].

Die wenig polaren Trennflüssigkeiten, wie Siliconfett [*120*, *197*, *293*, *497*], Schwerölextrakte [*620*] und Paraffinöle sind in ihrer Anwendungsbreite stark zurückgetreten. Es hat sich aber eingebürgert, daß man bei einer Identifizierung von Fettsäureestern außer der Trennung an Polyestern auch eine Trennung an Apiezon ausführt [*128*, *483*, *556*, *891*, *983*, *1085*, *1267*]. An einer 1,2 m langen Säule mit 20% Apiezon M auf Kieselgur erscheint so der Stearinsäureester bei einem Durchfluß von 98 ml Trägergas je Minute und 200° C nach einer Stunde. Durch Verwendung von Glasmehl als Träger können die Retentionszeiten stark verkürzt werden und bei niedrigeren Temperaturen getrennt werden [*557*].

An Apiezon M erscheinen ungesättigte Fettsäureester vor den gesättigten. Je mehr Doppelbindungen vorhanden sind, desto eher eluiert der Ester. Ester, deren Doppelbindung näher zur Carboxylgruppe liegen, wandern langsamer als Fettsäureester mit weiter entfernten Doppelbindungen. Ungesättigte Fettsäuren mit cis-Konfiguration wandern schneller als trans-Verbindungen.

Kapillar-Chromatographie. Neben gepackten Säulen findet auf dem Gebiet der Fettanalyse in zunehmendem Maße die Kapillar-Chromatographie Anwendung [*219, 711, 778, 814, 815, 956, 958*]. So können die Fettsäuremethylester von C_8—C_{21} an 60 m-Kapillaren von 0,25 mm innerem Durchmesser, die mit Apiezon L imprägniert sind, bei 240° C ausgezeichnet aufgetrennt werden [*814*].

Neben den Retentionsvolumina kann man zur Identifizierung ungesättigter Fettsäuren an die Doppelbindungen Brom anlagern und die Bromverbindungen nochmals chromatographieren [*31, 628, 949*] oder aber hydrieren und die gesättigten Verbindungen trennen [*1150*]. Andererseits kann man auch oxydativ abbauen [*31, 479, 629*] und die hierbei entstehenden Carbonsäuren auftrennen. Noch günstiger ist der Ozonabbau, dessen Ausführung noch eingehend besprochen wird (vgl. [*125* u. *737*]). Die Struktur verzweigter Fettsäuren kann durch oxydativen Abbau mit Kaliumpermanganat in Aceton [*902*] oder Chromsäure in Eisessig und gas-chromatographische Trennung der hierbei entstandenen Säuren und Ketone erkannt werden.

Bei der *quantitativen Analyse* der Fettsäureester ist darauf zu achten, daß bei der Trennung keine Veränderungen, wie Umesterungen oder Umlagerungen, auftreten. Die Temperatur der Verdampfungskammer sollte nicht zu hoch sein [*896*]. Eichfaktoren zur Bestimmung der Ester mittels Wärmeleitmeßzellen sind in [*636, 732*] angegeben.

c) Fettanalyse und biochemische Anwendungen

Eine gute Übersicht über die Anwendung der Gas-Chromatographie bei der Fettanalyse haben Mehlenbacher [*878*] und James [*621*] gegeben. Die Umesterung von Fetten zu den Methylestern der Fettsäuren erfolgt nach den auf S. 117 gegebenen Vorschriften. An Hand der in Tab. 32 zusammengestellten relativen Retentionsvolumina können die für das jeweilige Problem geeigneten stationären Phasen ausgewählt werden. Die in den Abb. 46 u. 47 wiedergegebenen Chromatogramme der aus pflanzlichen und tierischen Fetten erhaltenen Fettsäuremethylester zeigen die Leistungsfähigkeit dieser Methode auf.

Ausgedehnte Anwendung hat die Gas-Chromatographie bei der Untersuchung des Fettsäurestoffwechsels gefunden [*705*]. Es konnte eindeutig nachgewiesen werden, daß in natürlichen Fetten neben geradzahligen auch ungeradzahlige Fettsäuren vorkommen [*502, 522, 573, 620, 626, 631, 870, 1011, 1237*]. In tierischen Fetten sind zwei Typen verzweigter

Fettsäuren aufgefunden worden [*620, 631*]. Der Fettsäurestoffwechsel und die Zusammensetzung der Lipoide in Organen gesunder und kranker Menschen [*623, 630, 877, 1046, 1084, 1193*], bei Säugetieren [*257, 500, 739, 740, 863, 1061, 1088*], Insekten [*44, 609, 947*], Mikroorganismen [*198, 255, 1074*] und Pflanzen [*861*] seien als Beispiele genannt. Auch bei der

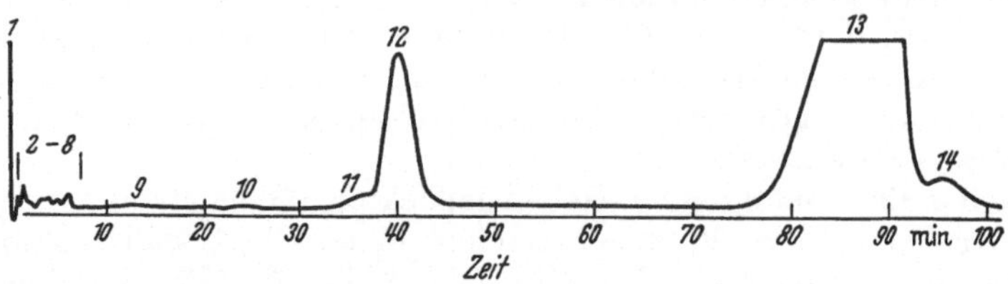

Abb. 46. Analyse der Fettsäuren aus Olivenöl durch gas-chromatoaraphische Auftrennung der Methylester nach JAMES u. MARTIN [*620, 631*] Trennsäule 1,2 m; Schwerölextrakt auf Kieselgur; Temp. 205° C; Trägergasdurchfluß 96 ml N_2/min; $p = 740$ mm Hg. *1* Luft, *2–10* Methylester der Säuren von C_6–C_{15}, *11* Methylester einer gesättigten verzweigten C_{16}-Säure, *12* Methylpalmitat, *13* Methyloleat, *14* Methylester einer C_{19}-Säure

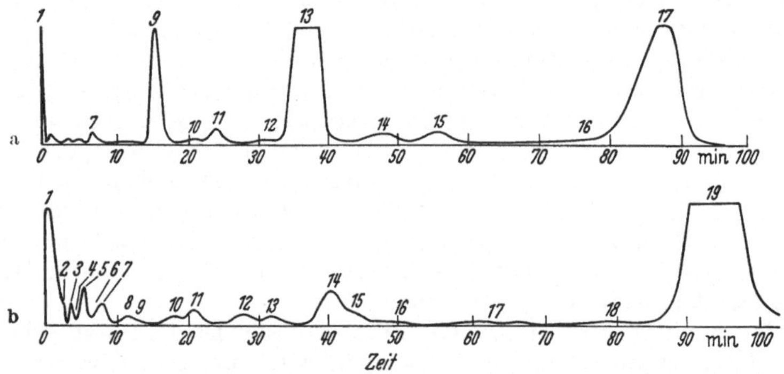

Abb. 47. Analyse der Fettsäuren aus Ziegenmilch durch gas-chromatographische Trennung der Methylester (nach JAMES u. MARTIN [*620*]). Trennsäule 1,2 m Schwerölextrakt auf Kieselgur; Temp. 205° C. a Trägergasdurchfluß 96 ml/min. *1* Luft, *7* n-Dodecanoat, *8* n-Tridecanoat, *9* n-Tetradecanoat, *10* Ester verzweigter C_{15}-Fettsäure (?), *11* n-Pentadecanoat, *12* Ester verzweigter C_{16}-Säure (?), *13* n-Hexadecanoat, *14* Ester verzweigter C_{17}-Säure, b Trägergasdurchfluß: 11,7 ml N_2/min; $p = 120$ mm Hg; *1* Luft, *2* n-Pentanoat, *3* n-Hexanoat, *4* n-Heptanoat, *5* Methylester verzweigter C_8-Säure, *6* n-Octanoat, *7* Methylester verzweigter C_9-Säure (?), *8* n-Nonanoat, *9* Methylester stark verzweigter C_{10}-Säure (?), *10* n-Decanoat, *11* Methylester stark verzweigter C_{11}-Säure (?), *12* n-Undecanoat, *13* Methylester verzweigter C_{11}-Säure (?), *14* n-Dodecanoat, *15* Methylester verzweigter C_{12}-Säure (?), *16* Methylester verzweigter C_{13}-Säure (?), *17* n-Tridecanoat, *18* Methylester verzweigter C_{14}-Säure (?), *19* n-Tetradecanoat

Untersuchung von Weinen [*42, 73, 74*] ist man zu interessanten Zusammenhängen zwischen Estergehalten und Qualität gelangt. Die organischen Säuren des Meerwassers [*1251*] hat man mit dieser Methode genauso untersucht wie die zur Darstellung der Polyacrylsäureester benutzten monomeren Methylacrylate [*684, 1170*]. Die Retentionsvolumina von Acrylaten und deren Derivaten sind zusammen mit Vinylestern verschiedener Säuren in Tab. 35 zusammengestellt. Auch die bei chemischen Reaktionen entstehenden Säuren oder Ester können schnell und einfach untersucht werden (vgl. z. B. [*196, 260, 691, 1244*]). Relative Retentionsvolumina von Estern anderer Alkohole als Methanol finden sich in Tab. 33 u. 34.

d) Bestimmung der Seitenketten von Aromaten mittels Ozonabbau und Gas-Chromatographie

Diese elegante, zur Konstitutionsaufklärung von Benzolderivaten mit aliphatischen Seitenketten geeignete Methode wurde von Boer [125] zur quantitativen Analyse der Seitenketten von Aromaten in Erdölfraktionen angewandt.

Die Benzolderivate werden durch Ozonabbau und anschließende Hydrierung in die entsprechenden Dialdehyde überführt und durch Oxydation mit Wasserstoffperoxid aus den gas-chromatographisch schwer auftrennbaren Glyoxalderivaten die gut zu trennenden Fettsäuren gebildet.

$$C_6H_4R_2 \leftrightarrow C_6H_4(CH_3)_2 \xrightarrow[\text{Hydrierung}]{O_3} \begin{matrix} O{=}C{-}R \\ | \\ O{=}C{-}R \end{matrix} + 2 \begin{matrix} O{=}C{-}R \\ | \\ O{=}C{-}H \end{matrix} + 3 \begin{matrix} CHO \\ | \\ CHO \end{matrix} + H_2O_2 \rightarrow$$

$$4\,R{-}COOH + 8\,HCOOH$$

Neben der Ameisensäure entstehen hierbei die aliphatischen Monocarbonsäuren mit der Seitenkette R, die dem jeweiligen Substituenten R am Benzolkern entspricht.

Die Ozonisierung wird in der von Boer [125] oder Boer u. Kooyman [126] beschriebenen Weise durchgeführt, wobei etwa 1,6—1,7 mMol des Benzolderivates in 12 ml Tetrachlorkohlenstoff eingesetzt werden. Nach der quantitativen Ozonisierung werden 30 mg 30% Pd/Tierkohle-Katalysator zugesetzt, die Lösung in einen Schüttelautoklaven gespült und 5—10 atü Wasserstoff eingepreßt. Bei Raumtemperatur wird unter Schütteln hydriert, vom Katalysator abfiltriert, dreimal mit je 3 ml Tetrachlorkohlenstoff nachgewaschen und das Filtrat in einer Druckflasche gesammelt. Zur Oxydation werden 100 ml 0,1 n Natronlauge und 0,7 ml 30%iges Wasserstoffperoxid zugefügt und unter gelegentlichem Schütteln 1 Std auf 60° C erwärmt. Nach Abkühlen auf Zimmertemperatur wird überschüssiges Alkali mit 0,1 n Salzsäure unter Zusatz von Phenolphthalein titriert. Sodann gibt man zur Zerstörung noch vorhandenen Wasserstoffperoxids 600 mg wasserfreies Natriumsulfit hinzu und isoliert die Natriumsalze der Fettsäuren durch Eindampfen zur Trockne. Die freien Fettsäuren werden nach der im Abschnitt a β (siehe S. 116) wiedergegebenen Vorschrift gebildet und die Chromatographie der Fettsäuren nach S. 115 u. Tab. 31 durchgeführt.

Zur quantitativen Analyse müssen diese Operationen mittels Modellsubstanzen durchgeführt werden. Die hierbei erhaltenen Ausbeuten sind als Eichwerte den Analysenergebnissen zugrunde zu legen.

e) Trennung von Dicarbonsäuren und Hydroxydicarbonsäuren

James [614] hat Dicarbonsäuren in Form ihrer Dimethylester an 1,20 m-Säulen mit Apiezon M-Hochvakuumfett auf Celite 545 (Bereitung der Phasen analog S. 98) als stationärer Phase bei 197° C getrennt. Bayer u. Reuther [81] trennen Hydroxydicarbonsäureester und Dicarbonsäureester auf 2 m-Säulen mit Silicon-Hochvakuumfett DC/Alkalicapronat auf

Sterchamol bei 185° C bzw. an Polyäthylenglykol[1] als flüssiger Phase. Der Alkalicapronatzusatz vermindert die bei Verwendung reiner Siliconfette als stationärer Phase auftretende Schwanzbildung bei der Trennung polarer Moleküle. Auch ungesättigte cis- und trans-Dicarbonsäuren wurden an stationären Phasen mit Silbernitrat-Polyäthylenglykol getrennt. Diese Methode ist zur Untersuchung natürlich vorkommender Dicarbonsäuregemische angewandt worden [*81*]. Die V_R-Werte sind in Tab. 36 zusammengefaßt.

Prinzipiell können zur Trennung von Dicarbonsäureestern auch Polyester wie z.B. der von Craig (vgl. S. 118) zuerst beschriebene Bernsteinsäure-butandiol-ester benutzt werden. Bei der Trennung von Malon- und Oxalestern können an Polyestern jedoch Zersetzungserscheinungen auftreten ([*4*], vgl. auch S. 26). Aus diesem Grund wird man besonders Siliconhochvakuumfett/Kieselgur oder Siliconhochvakuumfett/Schamottemehl mit Natriumcapronat als „tailing-reducer“ zur Trennung der Dicarbonsäureester bevorzugen. Siliconhochvakuumfett ist auch bei höheren Dicarbonsäureestern bis zu 10 Kohlenstoffatomen benutzt worden [*60*, *1177*, *1215*].

An weiteren *Derivaten* von *Carbonsäuren* sind außer Estern auch δ-Lactone an Siliconhochvakuumfett/Kieselgur [*50*] und N-Alkylmaleinsäureimide ebenfalls an Siliconfett als Trennflüssigkeit [*229*] getrennt worden.

Bereitung der Siliconhochvakuumfett/Alkalicapronat-Sterchamol-Phasen. 27 g Silicon-Hochvakuumfett DC werden in 500 ml Chloroform und 3 g Natrium- oder Kaliumcapronat in 100 ml Methanol gelöst. Nachdem beide Lösungen zusammengegeben wurden, suspendiert man 100 g Sterchamol und verdampft unter heftigem mechanischem Umrühren das Lösungsmittel. Die so erhaltene, bei 100° C im Trockenschrank getrocknete Phase kann bis zu Temperaturen von 250° C benutzt werden und weist auch bei längerem Gebrauch keine Verminderung der Trennwirksamkeit auf.

Bereitung der Polyäthylenglykol-Phasen. 30 g Carbowachs 4000 (Chem. Werke Hüls A.G.) werden in Methanol gelöst und in üblicher Weise 100 g Sterchamol zugegeben und das Lösungsmittel verdampft. Durch Zugabe von 3 g $AgNO_3$ wird eine für Trennung von ungesättigten Säuren selektive Phase erhalten.

f) Trennung von Carbonsäureestern (Weichmachern)

Die Auftrennung der Methylester von Carbonsäuren ist im einzelnen bei der Analyse der Säuren in den voranstehenden Abschnitten beschrieben. Mit Dinonylphthalat oder den erwähnten Phasen lassen sich nun allgemein alle Ester, auch mit höheren Alkoholkomponenten, gas-chromatographisch untersuchen.

Es sei hier vor allem hingewiesen, daß nach Adlard u. Whitham [*10*] Weichmacher, wie z. B. Sebacinsäure- und Phthalsäureester an 0,86 m langen, mit Silicon-Hochvakuumfett auf Schamottemehl gefüllten

[1] Polyglykol 4000 der Chemischen Werke Hüls A. G., Marl, Kr. Recklinghausen.

Trennsäulen bei 200 bzw. 255° C und einem Trägergasdurchfluß von 30 ml/min auf Reinheit geprüft werden können. LEWIS u. PATTON [*799*] verwenden Apiezon K/Celite 545 zur Analyse von Weichmachern (vgl. auch [*61*]).

6. Trennung von Aminen, Pyridinen und anderen N-Heterocyclen

Als flüssige Phasen werden vor allem Paraffinwachs (FP 49° C) oder Apiezon L, flüssiges Paraffin, Polyäthylenoxid[1] und Benzyldiphenyl auf Kieselgur verwendet [*610, 612, 624*]. Auch Reoplex, Silicone, Polyäthylenglykole und Äthylenglykol-bis(propionitriläther) haben Verwendung gefunden.

Als hochselektive Phasen für Amine und Pyridine hat PHILLIPS ([*968*], vgl. auch S. 33) Stearate angegeben, die sich allerdings in die Praxis bisher kaum eingeführt haben. Um stickstoffhaltige Verbindungen von Kohlenwasserstoffen zu trennen, wird Rhodamin B als Trennflüssigkeit empfohlen [*371*].

a) Herstellung der Trennsäulen

Als Trägermaterial kommt bei organischen Basen nur Kieselgur in Betracht, welches vor Gebrauch mit 5%iger methanolischer Natronlauge gewaschen wird oder dem das Wasser durch azeotrope Destillation mit Benzol entzogen wird und das danach bei 200° C im Trockenschrank getrocknet wird. So vorbehandeltes Trägermaterial wird im Exsiccator über festem Natriumhydroxid aufbewahrt. Bei der Verwendung polarer Trennflüssigkeiten, wie Äthylenglykol-bis(propionitriläther) [*75*], Reoplex [*654, 655, 821*], von Polyäthylenglykolen [*402, 411, 446*] und Dinonylphthalat [*167*], sind die Banden nach dieser Behandlung völlig symmetrisch. Auch bei schwach polaren Trennflüssigkeiten, wie Siliconen [*386, 532, 654, 655, 927, 1124*] und Apiezon L [*654, 655, 808*] wurden unter Beachtung dieser Vorsichtsmaßregeln noch nahezu symmetrische Banden erhalten. Nach unseren Erfahrungen [*75*] liefert der von DECORA u. DINNEEN [*270*] angegebene, aus Waschmitteln gewonnene Träger keine besseren Ergebnisse.

Je 30 g der oben genannten Trennflüssigkeiten werden in dem zehnfachen Volumen eines geeigneten, tiefsiedenden Lösungsmittels (z. B. Chloroform) gelöst und darin 70 g des alkalibehandelten Kieselgurs suspendiert. Unter heftigem Umrühren wird das Lösungsmittel abgedampft, so daß sich ein homogener Flüssigkeitsfilm auf dem Träger abscheidet. Mit diesen stationären Phasen werden die jeweils verfügbaren Metall- oder Glassäulen gefüllt (zur Füllung vgl. S. 19).

b) Trennung aliphatischer und aromatischer Amine

Relative Retentionsvolumina der aliphatischen Amine und der Anilinderivate sind in den Tab. 37 u. 38 wiedergegeben. Ammoniak und aliphatische Amine bis C_8 werden bei 78° bzw. 100° C, Aniline bei 137° C

[1] Zum Beispiel Lubrol MO der Imperial Chemical Industries, England.

an 1,2 m oder 3,3 m langen Säulen mit den in den Tabellen genannten Trennflüssigkeiten getrennt. Als Detektor kann neben Wärmeleitmeßzellen, Gasdichtewaagen und Ionisationsdetektoren auch die Titration mit Säuren in Betracht kommen (siehe S. 185). Zur Trennung von Verbindungen mit nahe beieinander liegenden Retentionsvolumina empfiehlt sich die Anwendung der 3 m-Säule, während bei allen anderen Trennungen 1—2 m Säulenlängen mit mindestens 700 Böden ausreichen. Höhere Amine von C_8—C_{22} können bei 225° C in 1 m-Säulen mit 20% Apiezon L auf alkaligewaschenem Kieselgur oder an 1,5 m-Säulen mit 25% Siliconfett auf alkalibehandeltem Kieselgur bei 200° C getrennt werden. Aliphatische Diamine von C_4—C_{10} können an 2 m-Säulen mit 10% Polyäthylenglykol und 5% KOH auf Kieselgur bei 160° C analysiert werden [*1124*].

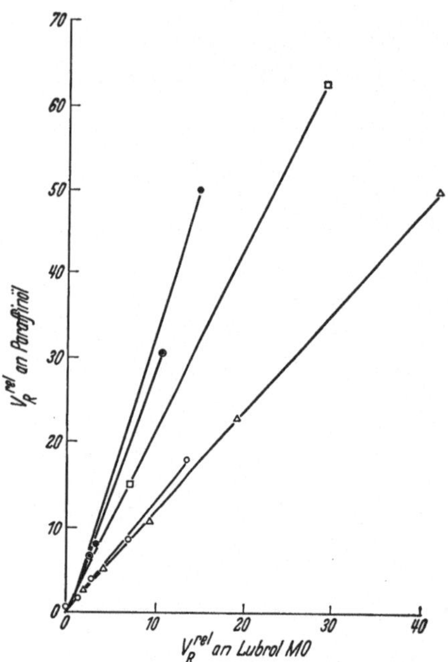

Abb. 48. Beziehung zwischen den relativen Retentionsvolumina (Bezugssubstanz Äthylamin) von Aminen an zwei verschiedenen stationären Phasen (aus A. T. JAMES [*610*]). △—△ primäre n-Amine, ○—○ primäre i-Amine, □—□ sek. n-Amine, ◉—◉ sek. i-Amine, •—• tert. Amine

c) Unterscheidung von primären, sekundären und tertiären Aminen mittels verschiedener stationärer Phasen

Aus den eingehenden Untersuchungen von JAMES [*610, 612*] haben sich interessante Gesichtspunkte bei der Auftrennung der Amine an verschiedenen stationären Phasen ergeben, nach denen gas-chromatographisch zwischen primären, sekundären und tertiären Aminen unterschieden werden kann.

Wie aus der Zusammenstellung der Retentionswerte in Tab. 37 zu ersehen ist, weisen sekundäre und ganz besonders tertiäre Amine an Polyäthylenoxid (Lubrol MO) wesentlich geringere V_R-Werte auf als an der unpolaren, flüssigen Paraffin-Phase. Dies geht im Falle des Trimethylamins und des Dimethylamins sogar so weit, daß die V_R-Werte der tertiären Amine mit denen der entsprechenden primären Amine zusammenfallen. Dieses Verhalten kann auf Wasserstoffbrückenbindungen zwischen primären, bzw. weniger gut sekundären Aminen als Donor und dem Polyäthylenoxid als Acceptor zurückgeführt werden. Da bei tertiären Aminen der Wasserstoff am Stickstoff ersetzt ist, können keine Wasserstoffbrücken mehr ausgebildet werden. Das führt zwangsläufig zu einer geringeren Zurückhaltung und damit zu kleineren V_R-Werten. Trägt man nun die festgestellten V_R-Werte in ein Koordinatensystem, dessen Abszisse gemäß Abb. 48 die relativen Retentionsvolumina an Trennsäulen mit

Polyäthylenoxid und dessen Ordinate die relativen Retentionswerte an Paraffin enthält, werden für primäre und sekundäre n- und iso-Verbindungen sowie tertiäre Amine charakteristische Kurven erhalten. Beim Vorliegen eines unbekannten Amins werden nun die Retentionswerte an diesen beiden flüssigen Phasen gemessen und aufgetragen. Aus der Lage wird dann ersichtlich, zu welcher Geraden und damit zu welcher Gruppe von Aminen die unbekannte Substanz gehört.

d) Substituentenposition aromatischer Amine und V_R-Werte

Aniline mit ortho-ständigen Gruppen, die als Acceptoren für Wasserstoff-Brückenbindungen fungieren können, z. B. Halogene, $-OCH_3$, $-OC_2H_5$, $-NH_2$, werden besonders an Trennsäulen mit Polyäthylenoxid oder Benzyldiphenyl weniger stark zurückgehalten, als die entsprechenden m- und p-Isomeren. Dies wird auf die innermolekularen Wasserstoffbrückenbindungen zurückzuführen sein, die bei den o-Verbinungen ausgebildet werden, während aus sterischen Gründen m- und p-Isomere bevorzugt zwischenmolekulare Wasserstoffbrückenbindungen, auch mit der stationären Phase, eingehen und dadurch stärker zurückgehalten werden.

e) Trennung von Pyridinen, Pyrrolen und deren Benzologen

Eingehende Untersuchungen über das Retentionsverhalten von Pyridinen, Chinolinen, Isochinolinen und Indolen an Reoplex, Silicongummi (Silicone Elastomer der Fa. Griffin u. George, London) und Apiezon L liegen von Janák u. Hřivnáč [*585*, *654*, *655*] vor. An dem wenig polaren Apiezon L erscheinen die Pyridine, Chinoline und Isochinoline entsprechend den Siedepunkten. Indol erscheint aber, obgleich es 17° höher siedet, ungefähr zusammen mit Chinolin. An der polaren Säule Reoplex wird Indol jedoch viel stärker zurückgehalten als Chinolin oder sogar das 25° höhersiedende 2,4,6-Trimethylchinolin. Offenbar ist bei Gegenwart polarer Sorbentien die Wechselwirkung mit polaren Grenzstrukturen des Indols größer. Chinoline, die in 2- oder 8-Stellung Methylgruppen enthalten, weisen am polaren Reoplex die gleiche Retentionszeit wie Chinolin selbst auf. Offenbar kann durch die sterische Hinderung der Methylgruppen das Heteroatom sich dem polaren Lösungsmittel nicht genügend nähern. Am unpolaren Apiezon L unterscheiden sich die Retentionsvolumina der drei Substanzen entsprechend ihrem Siedepunkt.

Relative Retentionsvolumina der Heterocyclen sind in Tab. 39 u. 40 angegeben. Neben Reoplex kann als polare Trennflüssigkeit für Pyridine und Chinoline auch Hexa(cyanoäthyl)-melamin Verwendung finden [*376*]. Metallstearate sind nicht geeignet, da sie zu große Schwanzbildung aufweisen. In Tab. 39 sind die relativen Retentionsvolumina von Pyridinderivaten an 29 stationären Phasen tabelliert, so daß für jedes Trennproblem eine geeignete Säule gefunden werden kann. An Hand der relativen Retentionsvolumina kann man sich mit Hilfe der Gleichung (17) auf S. 12 leicht die zur Trennung notwendige Bodenzahl ausrechnen und damit die Länge der Säule festlegen. Die Trennung dieser Substanzen ist besonders bei der Analyse des Steinkohlenteers von Interesse [*376*, *531*, *654*, *655*].

f) Andere stickstoffhaltige Heterocyclen und Alkaloide

Die für Amine und Pyridinderivate oben angeführten Vorsichtsmaßnahmen bei der Vorbereitung des Trägers und bezüglich der Wahl der Trennflüssigkeit müssen auch bei anderen heteroalicyclischen und heterocyclischen Verbindungen beachtet werden. *Diaziridine*, *Pyrrole*, *Pyrroline*, *Pyrrolidine* und *Piperidine* lassen sich mit Äthylenglykol-bis(propionitril-äther) bzw. Polyäthylenglykol auf Kieselgur trennen [*75*, *1214*], *Tetrahydro-oxazine* an Siliconöl auf Kieselgur [*793*] und *Pyrazine* an Dinonylphthalat auf Kieselgur [*291*].

Die beim oxydativen Abbau von Porphyrinen entstehenden *Maleinsäureimide* sind an 1,2 m-Säulen (7 mm ∅) mit 20% Apiezon M auf Kieselgur getrennt worden [*894*].

Alkaloide, wie Nicotin, Atropin, Anabasin, Chinchonin, Coffein, Cocain und sogar Chinin können noch gas-chromatographisch getrennt werden, wenn Säulen mit 2—3% der Trennflüssigkeit SE-30 (der Firma Griffin & George, London) auf 80—100 mesh Chromsorb W bei Trenntemperaturen von 160—222° C benutzt werden. *Alkaloide des Zigarettenrauches* (vgl. auch S. 153) sind an 2 m-Säulen (6 mm ∅) mit 20% Polypropylenglykol (Molgew. 20000) auf Kieselgur bei 150° C getrennt worden [*1001*, *1004*, *1002*, vgl. auch *976*]. Die relativen Retentionsvolumina einiger Alkaloide sind in Tab. 57 zusammengestellt.

7. Trennung nichtbasischer Stickstoffverbindungen

Bei nichtbasischen organischen Stickstoffverbindungen, wie Nitrilen, Thiocyanaten und Alkyltetrazenen kann die Alkalibehandlung des Trägermaterials unterbleiben. Um katalytische Effekte zu vermeiden, wird ein gut neutral gewaschenes Kieselgur benutzt, welches Schamottemehl vorzuziehen ist.

Tetraalkyltetrazene werden bei 70° C an 1 m-Säulen mit 10% Polyäthylenglykol 400 auf Kieselgur getrennt [*99*].

Diaziridine und Thiocyanate können ebenfalls an Polyäthylenglykol 1000/Kieselgur bei Trenntemperaturen von 120—160° C analysiert werden (vgl. auch [*738*, *1009*]).

Dinonylphthalat und Dioctylphthalat haben sich als Trennflüssigkeit für Nitrile bewährt [*1273*, vgl. auch *1147*]. Polyester, z. B. Reoplex und Polyäthylenglykole auf Kieselgur sind von Lysyj [*837*] zur Analyse von Acetonitril, Propionitril, Acrylnitril und Methacrylnitril benutzt worden.

8. Analyse von Alkoholen und Phenolen

a) Alkohole

Schon Ray [*1014*] hat aliphatische *Alkohole* bis zum Pentanol an Dinonylphthalat als flüssiger Phase getrennt. Von Cropper u. Heywood [*249*] sowie Littlewood, Philipps u. Price [*817*] und Lewis, Patton u. Kaye [*800*] wurden verschiedene andere stationäre Phasen zur Auftrennung von Alkoholen herangezogen und durch Wahl höherer Temperaturen bis zum Decylalkohol analysiert. Nach den Siedepunkten sollten Alkohole bis zu etwa 20 Kohlenstoffatomen mittels der Gas-Chromatographie analysierbar sein. So haben BAYER, KUPFER u. REUTHER [*80*] Alkohole bis zu Siedepunkten von 240° C bei 157° C bzw. 187° C an Phasen mit Silicon-Hochvakuumfett/Alkalicapronat (Herstellung S. 122) getrennt. Besonders die den Terpenen verwandten, nichtcyclischen, ungesättigten Alkohole wurden untersucht (vgl. V_R-Werte Tab. 53, S. 268) und diese Ergebnisse bei der Analyse ätherischer Öle angewandt (vgl. S. 137).

Durch die Assoziation der Alkohole werden leicht unsymmetrische Banden erhalten. Säuregewaschenes Kieselgur ist als am wenigsten zur Schwanzbildung neigender Träger deshalb anderen Materialien vorzuziehen. Sofern polare Substanzen als Trennflüssigkeiten benutzt werden, ist die Schwanzbildung stark zurückgedrängt. Wenn allerdings unpolare Trennflüssigkeiten angewandt werden, muß ein „tailing-reducer" zugesetzt werden. So können z. B. durch Zusatz von Natriumcapronat selbst bei Anwendung von Schamottemehl als Träger und Apiezon als stationärer Phase symmetrische Banden erhalten werden (vgl. S. 23).

Über die Selektivität der stationären flüssigen Phase für aliphatische Alkohole liegen mehrere Untersuchungen vor [*68, 725, 1175*, vgl. Tab. 42 der V_R-Werte und Selektivitätskoeffizienten S. 192]. An dem polaren Diglycerin[1] auf Sterchamol (4:10) erscheinen die niederen Alkohole Methanol und Äthanol nach dem um 35° C höhersiedenden sek.-Butanol. An dem weniger polaren Dinonylphthalat werden Alkohole in der Reihenfolge ihrer Siedepunkte eluiert. Eine Auftrennung isomerer Alkohole macht schon bei den gesättigten Alkoholen ab 5 Kohlenstoffatomen Schwierigkeiten. So gelingt die Trennung von 2-Methyl-butanol-(1) und 3-Methyl-butanol-(1) nicht an den üblichen Phasen, wie Apiezon, Siliconen und Polyäthylenglykol. Wenn jedoch Alkylarylsulfonate (Waschmittel „Tide" der Fa. Procter und Gamble/USA) als stationäre Phase angewandt werden, gelingt diese Trennung [*984*]. Auch die stereoisomeren Methylhexanole sind noch an Glycerin zu trennen [*754*]. Die Trennung aller theoretisch denkbaren 82 isomeren gesättigten Alkohole mit 8 Kohlenstoffatomen ist in einem Arbeitsgang schon nicht mehr möglich [*699*].

Bei der Trennung von höheren aliphatischen Alkoholen bis zu C_{20} kann man von selektiven Trennflüssigkeiten keinen Gebrauch mehr machen, da dann die Retentionszeiten zu groß werden. Lediglich Polyester aus Bernsteinsäure und Diäthylenglykol geben bei 3,25 m-Säulen (4 mm ∅) mit einer Imprägnierung von 20% auf Kieselgur, bei 190° C und einem Trägergasdurchfluß von 50 ml/min noch erträgliche Retentionszeiten [*950*]. An Apiezon auf Kieselgur erscheinen Wachsalkohole jedoch schneller [*161, 809*]. Die bei diesen unpolaren Trennflüssigkeiten erhaltenen unsymmetrischen Elutionskurven können umgangen werden, wenn man an Stelle der freien Alkohole deren Ester trennt [*807*].

Auch die Kapillar-Chromatographie mit Armeen SD (der Fa. Amour Chem. Div.) als stationärer Flüssigkeit kann mit Erfolg zur Trennung von

[1] Durch Wasserabspaltung aus Glycerin darstellbar: $(HOCH_2-CH_2OH-CH_2)O$.

Alkoholen herangezogen werden, wie Abb. 49 zeigt. Armeen SD ist auch zur Trennung von Wasser und Alkoholen geeignet, da an Phasen mit diesem Amingemisch Wasser vor Äthanol erscheint [*1285*].

Da oftmals sehr geringe Konzentrationen eines Alkohols in wäßriger Lösung analytisch nachgewiesen werden müssen, wie dies z. B. bei der Blutalkoholbestimmung und in der Lebensmittelchemie der Fall ist, hat man zwei Wege eingeschlagen, um diese Schwierigkeiten zu umgehen. Man kann einmal sehr selektive Trennflüssigkeiten verwenden, die Wasser gegenüber Alkoholen sehr stark zurückhalten oder aber Alkohole vor der Chromatographie bzw. in Reaktionskammern im Gas-Chromatographen in Derivate umwandeln. Für ersteren Weg hat Swoboda [*1165*] eine sehr elegante Lösung gefunden, nach der noch 0,1% Alkohol in wäßriger Lösung bestimmbar sind. Danach wird eine 1,25 m-Säule (4 mm ∅)

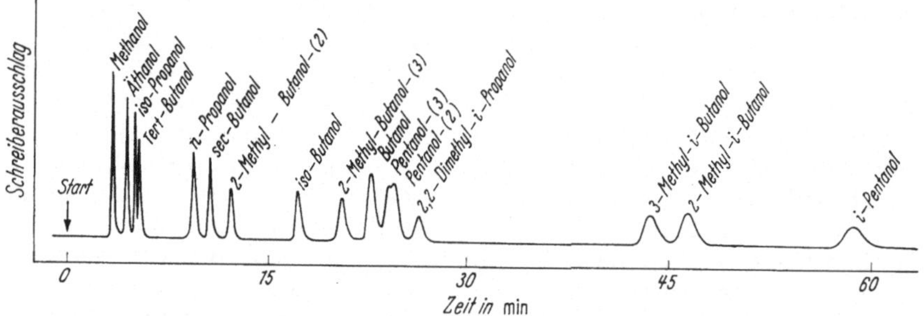

Abb. 49. Trennung von Alkoholen an einer Kapillarsäule (freundlichst zur Verfügung gestellt von Prof. Zlatkis): 30 m Stahlkapillare (0,25 mm ∅), imprägniert mit 1,5 ml einer 10%igen Lösung mit Armeen SD (Mischung mit 20% Octadecylamin und 37% Octodecadienyl; Hersteller: Armour Chemical Division) in Methylenchlorid. Trenntemperatur 65° C

25 cm vom Säulenanfang mit einem seitlichen Ansatz versehen, so daß Trägergas sowohl vom Säulenanfang als auch durch diesen seitlichen Ansatz einströmen kann. Die Säulenlänge vom seitlichen Ansatz an wird mit 20% Polyäthylenglykol auf Kieselgur gefüllt, während die 25 cm darüber mit 20% Diglycerin auf Kieselgur gefüllt werden. Eine Probe wird am Säulenbeginn dosiert, wobei das Trägergas zunächst am Säulenanfang eintritt. In der Diglycerin-Phase trennen sich Wasser und Alkohole. Sobald die Alkohole den zunächst verschlossenen seitlichen Ansatz passiert haben, wird das Trägergas durch diesen seitlichen Ansatz einströmen gelassen. Es teilt sich und spült das Wasser aus der Diglycerinschicht zurück und die Alkohole durch die Polyäthylenschicht zur weiteren Auftrennung. Der Zeitpunkt des Umschaltens muß experimentell festgelegt werden.

Um Alkohole von Wasser abzutrennen, kann man mittels Benzoylchlorid benzoylieren, die Benzoesäureester mit Äther extrahieren und bei 187° C an 1 m-Säulen mit 25% Polyäthylenglykol auf Sterchamol (0,2—0,3 mm) trennen [*79*]. Drawert u. Mitarb. [*304*, *307*] haben Alkohole in Reaktionen vor der Säule dehydratisiert und die entstehenden Olefine getrennt oder die Ester der Salpetersäure gebildet und getrennt.

Zur Dehydratisierung wird eine Vorschaltsäule mit H_3PO_4/Sterchamol gefüllt (vgl. S. 160).

Diole können ebenfalls gas-chromatographisch analysiert werden. Als Trennflüssigkeit sei Reoplex oder ein Bernsteinsäure-polyester [*22*] empfohlen, an denen Äthylenglykol, Propandiol-(1,2) und Butandiol-(2,3) bei 170° C [*22*] und Trimethylenglykol bei 120° C [*216*] getrennt worden sind. Mono-, Di-, Tri-, und Tetraäthylenglykol sind bei Temperaturen zwischen 175°—250° C in 1,8 m-Säulen (6 mm ∅) und einem Trägergasdurchfluß von 50 ml/min an Alkylphenolätheroxiden aufgetrennt worden [*1265*].

Die bei der Oxydation von Allylalkoholen entstehenden Epoxyalkohole sind empfindlich und werden z. B. an Siliconen umgelagert. Die Trennung gelingt jedoch an Alkylarylsulfonaten [*1067*].

Höhere Alkohole, wie Zucker, müssen vor der Chromatographie durch Veresterung, Verätherung oder Trimethylsilylierung in flüchtige Derivate umgewandelt werden. Die Trennung dieser Verbindungen ist auf S. 133 beschrieben.

b) Phenole

Hawkes [*520*] hat *Phenole* an Apiezon-Hochvakuumfett L bei 292° C und Tuey [*1192*] an Silicon-Hochvakuumfett getrennt.

Eingehende Untersuchungen über die Trennung von Phenolderivaten und mehrwertigen Phenolen, wie Brenzkatechin, Resorcin und Hydrochinon liegen von Janak u. Komers [*656, 657*] vor. Nach diesen Autoren sind besonders Zuckeralkohole und verschiedene Zuckerderivate als flüssige Phasen auf Kieselgur zu selektiven Trennungen anwendbar. Die Retentionswerte für verschiedene flüssige Phasen sind in Tab. 43 zusammengestellt. In der Praxis haben sich diese Trennflüssigkeiten nicht nennenswert eingeführt, da deren Stabilität relativ klein ist.

Fitzgerald [*374, 375*] hat als günstigste stationäre Phasen ein Waschmittel (Gardilene 40-5D der Fa. Gardinol Chem. Co.) auf der Basis von Natriumdodecylbenzolsulfonaten, Diglycerin, Apiezon und 4-4'-Diaminodiphenylsulfon auf Kieselgur befunden (vgl. Tab. 43). Allgemein tritt bei Phenolen der sogenannte ortho-Effekt ein. An unpolaren Phasen werden in o-Stellung alkylsubstituierte Phenole stärker zurückgehalten als man nach ihren Siedepunkten erwarten müßte, während an polaren Phasen das Umgekehrte der Fall ist. Franc hat Zusammenhänge zwischen Dipolmoment und Retentionszeit untersucht [*384*]. Selektive Auftrennungen der Phenole werden an Dinonylphthalat und Di-n-octylsebacinat erhalten [*959*].

An oben genannten Phasen werden m- und p-Kresole nicht aufgetrennt. Nach Hughes u. Mitarb. [*589*] gelingt dies jedoch bei Verwendung von Montmorilloniten, bei welchen die anorganischen Kationen durch Dimethyl-dioctadecyl-ammoniumionen ersetzt sind. Es treten allerdings sehr unsymmetrische, stark verschleppte Banden auf. Aus diesem Grund wird man die Trennung besser an 1,2 m-Säulen mit 5% 2,4-Xylenylphosphat auf säuregewaschenem Kieselgur bei 110° C ausführen, wobei eine nahezu vollständige Auflösung der drei isomeren Kresole möglich ist

[*160*]. Eine völlige Trennung der drei Kresole gelingt an 4 m-Säulen (4 mm ⌀) mit 20% reinem, von den o- und m-Isomeren freiem p-Kresylphosphat auf Kieselgur (0,2—0,3 mm)[1].

Bei der quantitativen Analyse von Phenolen mittels Wärmeleitzellen nach dem Normierungsverfahren müssen Eichfaktoren berücksichtigt werden, die innerhalb einer homologenen Reihe gültig sind. Beim Markierungsverfahren sollte der innere Standard möglichst nahe der zu analysierenden Substanz eluieren und möglichst aus der gleichen homologen Reihe stammen [*766, 1222*].

Die Trenntemperaturen können herabgesetzt und Schwanzbildung verhindert werden, wenn man an Stelle der freien Phenole die Methyläther [*101, 187*] oder die Trimethylsilyläther [*781*] auftrennt. Gleiches gilt, wie schon auf S. 49 berichtet worden ist, bei Verwendung von Wasserdampf als Trägergas [*320*].

Die Analyse von Phenolen ist bei der Untersuchung des Steinkohlenteers [*374, 375, 656, 1243*] und der Inhaltsstoffe des Zigarettenrauches [*187*] praktisch wichtig.

c) Praktische Beispiele

Analyse des Blutalkohols. Von den Untersuchungen zur gas-chromatographischen Blutalkoholbestimmung [*178, 208, 248, 383, 1219*] sind die von Cadman u. Johns [*178*] sowie von Crippes u. Freimuth [*248*] gemachten Angaben praktisch auszunutzen. Um zu einer sicheren Blutalkoholbestimmung zu kommen, muß der Äthylalkohol vorher angereichert werden. Dies kann durch Lösungsmittelextraktion oder Wasserdampfdestillation erfolgen. Diese Konzentrate werden an 2,5 m-Säulen mit 25% einer Mischphase aus Diisodecylphthalat, Flexol 8N8 und Carbowachs auf Schamottemehl getrennt [*178*].

Analyse von Fuselölen. Die bei der alkoholischen Gärung gebildeten höheren Alkohole können mit den oben für die Alkoholtrennung benannten Trennflüssigkeiten untersucht werden [*79*]. Während der qualitative Nachweis von Fuselalkoholen [*40, 41, 140, 377*] mit den üblichen, für Alkohole benutzten stationären Phasen kein Problem ist, ist die quantitative Bestimmung in alkoholischen Getränken wie Bier, Wein, Cognac usw. ungleich schwieriger. Hieran ist jedoch nicht die Gas-Chromatographie selbst schuld, sondern die Extraktion der Alkohole. Bei der Extraktion mit Äther und Pentan [*581*] werden nur höhere Alkohole ab C_4 einigermaßen quantitativ ausgeschüttelt. Eine sichere Methode zur quantitativen Bestimmung der in Konzentrationen von 0,001—0,1% neben viel Wasser und Äthanol vorliegenden höheren Alkoholen gibt es noch nicht. Möglicherweise kann die Reaktions-Gas-Chromatographie (vgl. S. 160) hierfür angewandt werden. Das in größeren Konzentrationen vorkommende Äthanol läßt sich direkt gas-chromatographisch bestimmen [*593, 1225*].

Analyse der Phenole eines Braunkohlenteers [*374, 375*]. Die nach dem auf S. 105 beschriebenen Arbeitsgang erhaltenen Phenolfraktionen 1—3

[1] E. Bayer u. H. Mack, unveröffentlicht.

werden vereinigt und an einer präparativen 1,2 m-Säule (2,2 cm ∅) mit Apiezon auf Kieselgur bei 200° C in 4 Fraktionen getrennt, die aufgefangen und an analytischen Säulen weiter aufgetrennt werden. Es werden zwei Trennflüssigkeiten, Apiezon und Natrium-dodecylbenzolsulfonat, auf Kieselgur benutzt. Die Trenntemperatur beträgt 200° C. Nach den in Tab. 43 genannten Retentionsvolumina können die Substanzen zugeordnet werden. Zur weiteren Identifizierung kann noch die Papier-Chromatographie herangezogen werden [*374,375*]. Die quantitative Zusammensetzung wird nach der Verhältnismethode bestimmt.

9. Trennung von Aldehyden, Ketonen, Äthern und Peroxiden

Sauerstoffhaltige organische Verbindungen, wie Aldehyde, Ketone und Ester hat Ray [*1014*] an Trennsäulen mit Dinonylphthalat auf Kieselgur getrennt. Keulemans, Kwantes u. Zaal [*725*] haben ebenfalls Dinonylphthalat oder Diglycerin auf Sterchamol zur Trennung benutzt (siehe relative Retentionsvolumina Tab. 45—50). Nach Tenney [*1175*] eignet sich β-β'-Bis(propionitril)-äther besonders gut zur Trennung der Ketone von anderen sauerstoffhaltigen, organischen Substanzen (vgl. Selektivitätskoeffizienten Tab. 15). Unselektive flüssige Phasen, d.h. Phasen, an denen die Trennung in der Reihenfolge der Siedepunkte erfolgt, sind Polyglykole, z.B. Poly-propylenglykol (durchschnittl. Molekulargewicht 2000). — Zur Trennung von Aldehyden und Ketonen vgl. auch [*293, 800, 1277*].

Keulemans u. Kwantes [*723*] haben die Auftrennung von Ketonen zur Untersuchung der bei der Ozonolyse von Olefinen entstehenden Ketongemische angewandt. Callear u. Cvetanovic [*179, 253*] untersuchten die bei der Reaktion von Sauerstoff mit Äthylen, Acetaldehyd und Butadien entstehenden Reaktionsprodukte.

Auch bei 110° C getrocknetes „Tide“ (Procter u. Gamble/USA) hat sich zur Analyse von Aldehyden bewährt [*859*]. Eine Umwandlung der Aldehyde in Acetale durch Kochen mit methanolischer Salzsäure, Neutralisieren und Extrahieren mit Petroläther empfiehlt Gray [*454*]. Die an Reoplex 400 und Apiezon erhaltenen relativen Retentionsvolumina der Diacetale sind in Tab. 47 wiedergegeben.

In vielen Fällen müssen Aldehyde und Ketone vor der gas-chromatographischen Trennung als 2,4-Dinitrophenylhydrazone (DNPH) angereichert werden. Die DNPH-Derivate werden in Glaskapillaren mit α-Ketoglutarsäure im Überschuß eingeschmolzen und 10—15 sec auf 240—260° C erhitzt. Unter Regenerierung des Aldehyds wird das 2,4-Dinitrophenylhydrazon der α-Ketoglutarsäure gebildet [*1007, 1008*]. Retentionsvolumina von Aldehyden finden sich in Tab. 45, von Ketonen in Tab. 46.

Die quantitative Bestimmung von Formaldehyd bereitet Schwierigkeiten [*1072*], da die monomere Form erst bei höheren Temperaturen entsteht. Kelker [*717*] bestimmt Formaldehyd in wäßrigen und alkoholischen Lösungen an 4,9 m-Säulen (4,0 mm ∅) mit 30% Citroflex A

(0-Acetyl-tri-äthylhexyl-citronensäureester) auf Embacel bei 122° C und einem Trägergasdurchfluß von 43 ml/min. SANDLER u. STROM [*1064*] benutzten „Tide“ auf Kieselgur und Mc REYNOLDS [*874*] 33% Rohrzuckeroctaacetat auf Kieselgur.

Die Trennung von Äthern ist nicht sehr problematisch, da sowohl unpolare Phasen, wie Apiezon [*188*] und Silicone [*496*] als auch Ester wie Dinonylphthalat und Reoplex 400 [*496*] benutzt werden können (vgl. Retentionsvolumina, Tab. 49). Die Trennung von Äthern ist auch bei der gas-chromatographischen Bestimmung von Alkoxygruppen von Bedeutung (vgl. [*762*], vgl. S. 158).

Organische Peroxide können an Säulen mit 30% Dinonylphthalat auf Kieselgur getrennt werden [*3* vgl. auch *329*]. Eine Mischung von tert.-Butylhydroperoxid und Di-tert.-Butylperoxid wird an einer 2 m-Säule mit 30% Dinonylphthalat auf Kieselgur bei 78° C und einem Trägergasdurchfluß von 50 ml/min analysiert.

Relative Retentionsvolumina von Epoxyden sind zusammen mit den genauen Trennbedingungen in Tab. 48 angeführt.

10. Analyse von Naturstoffen

In zunehmendem Maß findet die Gas-Chromatographie auch bei der Analyse von Naturstoffen Verwendung. Neben den schon vorher erwähnten Fettsäuren sind vor allem Aminosäuren, Zucker und Steroide zu nennen. Da diese Substanzen zum Teil schwer flüchtig sind, müssen sie vor der Chromatographie in leichter flüchtige Derivate überführt werden. Da diese Umwandlungen oftmals nicht quantitativ verlaufen, ist eine quantitative Bestimmung schwierig. Ein Beispiel hierfür sind die Aminosäuren, für die eine sichere quantitative gas-chromatographische Analyse bisher noch nicht ausgearbeitet ist. Die großen Vorteile der Gas-Chromatographie — Schnelligkeit und hohe Trennwirksamkeit — sollten jedoch ermutigen, die Bemühungen um eine quantitative Bestimmung fortzusetzen und die bisher üblichen Ionenaustauschverfahren, die recht langwierig sind, durch eine elegante gas-chromatographische Analyse zu ersetzen.

a) Aminosäuren

Die Versuche zur gas-chromatographischen Analyse von Aminosäuren durch Abbau zu den um ein Kohlenstoffatom ärmeren Aldehyden mittels Ninhydrin [*39, 112, 594, 1296, 1297*], Natriumnitrit oder Hypochlorit [*67*] dürften nicht zu einer allgemeinen Methode ausbaufähig sein, da nur einfache aliphatische Aminosäuren eindeutige Ergebnisse liefern [*39, 67*]. BAYER u. Mitarb. [*67, 77*] haben deshalb Aminosäuren unter den in Abb. 50 geschilderten Bedingungen als Aminosäureester getrennt. Strukturisomere, wie Leucin, Isoleucin, Norleucin sowie Valin und Norvalin lassen sich leicht trennen. Die qualitative Zusammensetzung von Proteinhydrolysaten ist auf diese Weise untersucht worden [*67*]. Da Aminosäureester leicht zur Diketopiperazinbildung und zur Polymerisation neigen, dürfte für die quantitative Bestimmung die Trennung

N-substituierter Aminosäureester vorzuziehen sein. So sind schon 1957 die von WEYGAND [*1232*] dargestellten N-Trifluor-acetyl-aminosäureester (NTFA-Aminosäuren) von BAYER u. Mitarb. [*67*], (vgl. auch die spätere Literatur [*1065*]) unter den in Abb. 51 genannten Bedingungen getrennt worden. WEYGAND u. Mitarb. [*1233, 1234*] haben N-TFA-Dipeptidmethylester bei 204° C mit Reoplex auf Kieselgur getrennt. Wie aus den relativen Retentionsvolumina in Tab. 58 hervorgeht, lassen sich sogar Diastereomere auftrennen. Diese Methode kann — insbesondere bei Heranziehung der Kapillar-Chromatographie — zur schnellen Sequenzanalyse von Peptiden hervorragende Dienste leisten. Auch die bei der Reduktion der N-Acyl-aminosäureester oder N-Acyl-peptidester entstehenden Alkohole können bei 260° C an Apiezon als stationärer Phase getrennt werden und nach Auffangen der Fraktionen eine massenspektrometrische Sequenzanalyse ausgeführt werden [*111*]. Ohne die vorausgegangenen Arbeiten über die Gas-Chromatographie der N-Acylaminosäureester zu zitieren, haben YOUNGS [*1278*] und JOHNSON u. Mitarb. [*677*] über die Trennung von N-Acyl-aminosäureestern berichtet. Jedoch bringen diese Derivate gegenüber N-TFA-Verbindungen keine Vorteile. Auch N-Trimethylsilylaminosäure-trimethylsilyl-ester und α-Chloraminosäureester [*881, 1049*] sind noch trennbar.

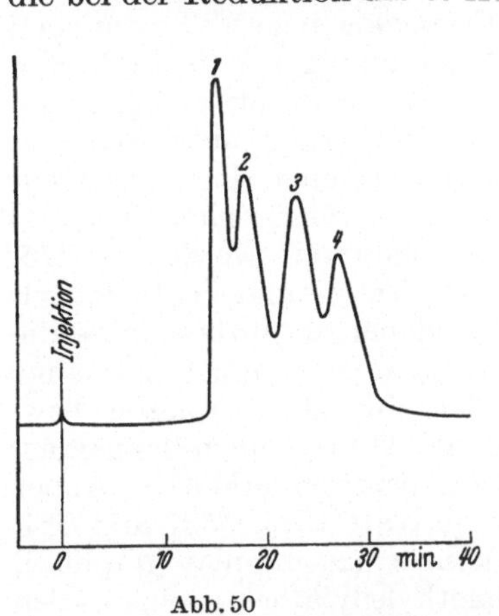

Abb. 50

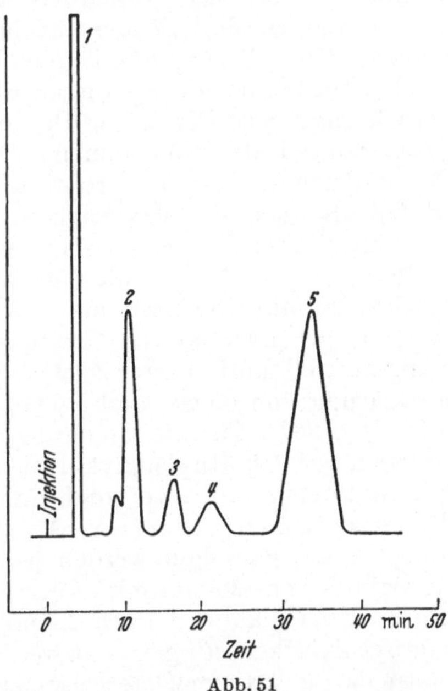

Abb. 51

Abb. 50. Trennung der Methylester von Valin (*1*), Norvalin (*2*), Leucin (*3*), Norleucin (*4*) (BAYER, BORN u. REUTHER [*77*]). Säule: 2 m Silicon-Hochvakuumfett: Natriumcapronat auf Sterchamol. Temp. 138° C; Durchfluß 100 ml H_2/min

Abb. 51. Trennung der N-Trifluor-acetylaminosäureester von Glycin (*2*), Valin (*3*), Leucin (*4*), Prolin (*5*) [*67*]. Säule: 2 m Silicon-Hochvakuumfett/Natriumcapronat auf Sterchamol. Temp. 90° C; Durchfluß 45 ml H_2/min

b) Zuckerderivate

Über die Trennung flüchtiger Derivate von Mono- und Disacchariden haben erstmals BAYER u. Mitarb. [*69*] und offenbar unabhängig McINNES

u. Mitarb. [*116*, *869*] berichtet. Als selektivste Phase zur Trennung von Zuckerpermethyläthern hat sich 20% Polyäthylenglykol auf Kieselgur bewährt [*69*, *86*]. So lassen sich die Tetramethyläther der α- und β-Methylglykoside von Mannose, Galactose und Glucose an 2 m-Säulen mit 20% Polyäthylenglykol auf Kieselgur bei 180° C und einem Trägergasdurchfluß von 70 ml/min auftrennen. Wie aus der Tab. 61 ersichtlich ist, werden auch die stereoisomeren Pyranose-, Furanose- und Septanose-Formen getrennt. Mittels der präparativen Gas-Chromatographie können die stereoisomeren Methyläther auf einfache Weise durch Trennung der bei direkter Methylierung anfallenden Isomerengemische dargestellt werden. Außerdem konnte nachgewiesen werden, daß in Lösungen von Zuckern im Gleichgewicht Furanose-, Pyranose- und Septanoseformen, aber auch Zuckeranhydride vorkommen [*86*]. Allgemein erscheinen bei allen Zuckerderivaten die β- vor den α-Glykosiden. Da sowohl Polyäthylenglykol als auch Reoplex nach unseren Erfahrungen gute Trennungen permethylierter Zucker ergeben, ist die Verwendung von methylierten Polysachariden als Trennflüssigkeiten [vgl. *734*] nicht notwendig, zumal solche Trennflüssigkeiten nur eine geringe Haltbarkeit aufweisen und deshalb zur präparativen Chromatographie ungeeignet sind. Die Trennung partiell methylierter Zucker ist insbesondere für die Konstitutionsaufklärung von Oligo- und Polysachariden angewandt worden [*5*, *115*, *116*, *756*, *961*]. Für die Trennung dieser Tri-, Tetra- und Pentamethylhexosen ist Polyäthylenglykol nicht sehr geeignet, da insbesondere die Verbindungen mit zwei und drei freien Hydroxylgruppen zu lange Retentionszeiten aufweisen. An 2 m-Säulen mit 20% Apiezon bzw. Reoplex auf Kieselgur werden jedoch bei 200° C und einem Trägergasdurchfluß von 200 ml/min kürzere Retentionszeiten erhalten. Außer Methyläthern können auch Isopropylidenderivate [*525*, *865*] und Trimethylsilyläther [*80*] getrennt werden. So konnte gas-chromatographisch erstmals die Existenz stereoisomerer Trimethylsilyläther nachgewiesen werden und deren Reindarstellung mittels der präparativen Gas-Chromatographie ausgeführt werden [*86*]. Von größerer Bedeutung ist auch die Trennung von acetylierten Zuckern, die an 1,8 m-Säulen (4 mm ⌀) mit 5% Siliconfett auf säuregewaschenem Kieselgur bei 200° C und einem Tägergasdurchfluß von 70 ml/min möglich ist (vgl. auch Lit. [*478*, *549*]).

c) Steroide

Die Möglichkeit zur gas-chromatographischen Trennung von Steroiden ist erstmals von Beerthuis u. Recourt [*95*] aufgezeigt worden, die an einer 90 cm langen Säule (4 mm ⌀) mit 20% Siliconöl (Rückstand eines der Molekulardestillation bei 200° C unterworfenen Siliconöls) auf säuregewaschenem und mit Dichlordimethylsilan behandeltem Kieselgur Cholesterin, Dehydrocholesterin, Ergosterin, Stigmasterin u. a. bei 287° C und einem Trägergasdurchfluß von 24 ml N_2/min getrennt haben. Die unter diesen Bedingungen erhaltenen relativen Retentionsvolumina sind in Tab. 56 wiedergegeben. Van der Heuvel u. Horning [*480*, *547*, *548*, *550–552*, *671*, *1287*] haben durch Verwendung geringerer Mengen Trennflüssigkeit, z. B. 3% Silicongummi (SE-30 der Fa. Griffin & George,

London) auf Chromosorb W niedrigere Trenntemperaturen von 210—225°C benutzen können. Außerdem haben sie die Trennung von Vitamin D, Saponinen und Corticosteron aufgezeigt. Apiezone sind wegen der bei dieser unpolaren Trennflüssigkeit auftretenden Schwanzbildung ungeeignet. Sehr eingehende Untersuchungen über die Eignung verschiedener Trennflüssigkeiten liegen von LIPSKY u. LANDOWNE [*812*] vor. Danach sind die Polyester von Neopentylglykol mit Bernstein-, Adipin- und Sebacinsäure (zu beziehen durch Analabs, P. O. Box, Hamden, Conn./USA) am geeignetsten. So können C_{19}- und C_{22}-Steroide an 1,8 m-Säulen (1,5 mm innerer Durchmesser), gefüllt mit 3% Neopentylsebacat auf Kieselgur bei 222° C und einem Trägergasdurchfluß von 25 ml/min analysiert werden. Diese gepackten Säulen mit unüblich kleinem Durchmesser haben sich günstiger erwiesen als Kapillarsäulen, die mit den Polyestern schwierig homogen imprägniert werden können [*812*, vgl. aber *206*].

11. Organische Schwefelverbindungen

Organische Schwefelverbindungen wurden von SUNNER, KARRMAN u. SUNDEN [*1158*], DESTY [*289*], RYCE u. BRYCE [*1055*] und SULLIVAN et al. [*1159*] getrennt.

In Tab. 51 sind die V_R-Werte einiger Schwefelverbindungen an verschiedenen stationären Phasen zusammengestellt.

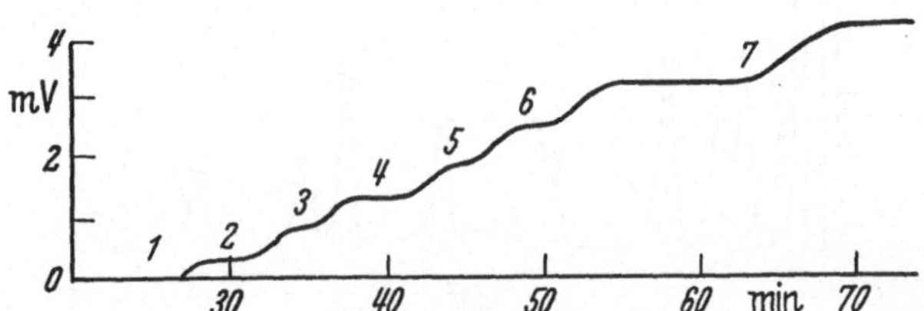

Abb. 52. Trennung von Isobutyl- und Amylmercaptan an 2,4 m-Säulen. Temp. 100°C; Durchfluß 5,1 ml/min [*1158*]. *1* 2-Methyl-1-propanthiol; *2* 2-Methyl-2-butanthiol; *3* 2,2-Dimethyl-1-propanthiol; *4* 3-Methyl-2-butanthiol; *5* 2-Pentanthiol und 3-Pentanthiol; *6* 3-Methyl-1-butanthiol; *7* 1-Pentanthiol

SUNNER, KARRMAN u. SUNDÉN [*1158*] trennen Mercaptane vom Propylmercaptan bis zum Hexylmercaptan an 2,4 m langen Säulen mit Diphenylamin/Dioktylphthalat auf Carborundum bei 100°C bzw. 118°C und können die isomeren Mercaptane unterscheiden. Zur Erkennung werden die aus der Trennsäule tretenden Thiole mit Jod oxydiert und das Redoxpotential gemessen (vgl. S. 187), Abb. 52 u. 53 zeigen einige Trennungen.

Nach KARCHMER [*704*] bewährten sich auch 2 m-Säulen mit β-β'-Iminodipropionitril auf Celite zur Trennung von Schwefelverbindungen. AMBERG [*11*] trennt Mercaptane, Sulfide und Alkylthiophene an 3—5 m-Säulen mit Trikresylphosphat auf Schamottemehl 2:5. Zur Analyse von Kohlenoxysulfid vgl. [*1080*].

Füllung der Säulen und Trennung. 200 g Carborundum werden in einer Lösung von 19,0 g Dioctylphthalat und 1 g Diphenylamin in 100 ml

Petroläther suspendiert und das Lösungsmittel verdampft. Die so bereitete Phase wird in ein 2,4 m langes Metall- oder Glasrohr (4—6 mm ∅) gefüllt. Die Mercaptane bis 5 Kohlenstoffatome werden bei 100° C (Abb. 52) und die höheren Verbindungen bei 118° C (Abb. 53) getrennt. Bei einem Gasdurchfluß von 5,1 ml Stickstoff/min dauert die Analyse 70 bzw. 160 min.

Nach RYCE u. BRYCE [*1055*] werden Schwefelverbindungen vom Schwefelwasserstoff bis zum Dimethylsulfid an 1,2 m-Säulen mit Trikresylphosphat auf Kieselgur (Bereitung der Phase S. 116) getrennt. Um die Analysendauer abzukürzen, wird die Kolonne von Raumtemperatur

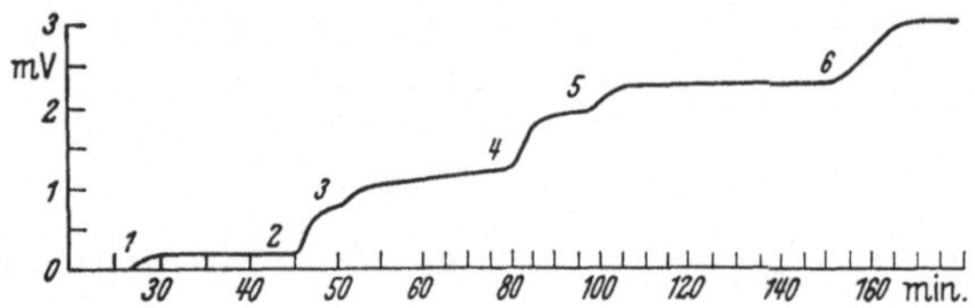

Abb. 53. Trennung von n- und tert. Mercaptan an 2,4 m-Säulen. Temp. 118° C. Durchfluß 5,1 ml/min [Lit. *1158*]. *1* 1,1-Dimethyl-1-propanthiol; *2* 1-Pentanthiol; *3* tert. $C_6H_{13}SH$; *4* 1-Hexanthiol; *5* tert. $C_7H_{15}SH$; *6* 1-Heptanthiol

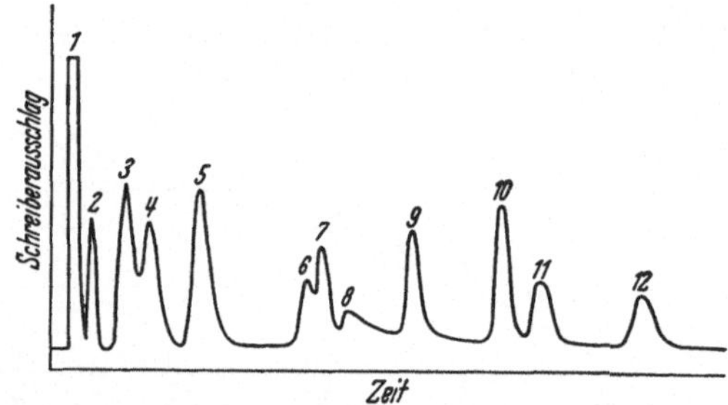

Abb. 54. Trennung von Schwefelverbindungen an 1,2 m-Säulen mit Trikresylphosphat/Kieselgur nach RYCE u. BRYCE [*1055*]. Temp. 20—120° C; Trägergasdurchfluß 50—33,5 ml/min. *1* Luft; *2* Schwefelwasserstoff; *3* Isopentan; *4* n-Pentan; *5* Methylmercaptan; *6* Äthylmercaptan; *7* Dimethylsulfid; *8* Wasser; *9* Propylmercaptan; *10* Diäthylsulfid; *11* Thiophen, *12* Dimethyldisulfid

bei Beginn der Analyse bis auf 120° C aufgeheizt. Während der Aufheizzeit wird der Druck konstant einreguliert, während sich die Durchflußgeschwindigkeit von beispielsweise 50 ml Trägergas/min auf etwa 30 ml/min verringert. Eine Trennung ist in Abb. 54 wiedergegeben.

Die jodometrische Titration nach SUNNER u. Mitarb. [*1158*] bzw. die coulometrische Titration [*802*] kann als spezifische Detektionsmethode für die Identifizierung von Mercaptanen herangezogen werden. Zur Identifizierung können jedoch die Schwefelverbindungen auch entschwefelt und die resultierenden Kohlenwasserstoffe aufgetrennt werden [*1186*]. Wenn die Mercaptane in dem zu analysierenden Gemisch nur in sehr geringer Konzentration vorliegen, können sie vor der Trennung als Quecksilbersalze gefällt und angereichert werden. In analoger Weise, wie es bei den Ketoverbindungen (s. S. 131) beschrieben ist, können die Mercaptane durch Umsetzungen mit 3,4-Dimercaptotoluol bei 245—260° C wieder in Freiheit gesetzt und direkt in den Trägergasstrom des Gas-Chromatographen eingeführt werden.

Trennung Thiophen/Benzol. Die Auftrennung von Cyclohexan, Benzol und Thiophen ist an 1 m-Säulen (0,8 mm ⌀) mit 20% Äthylenglykol-bis-(propionitriläther) bei 70° C und einem Trägergasdurchfluß von 80 ml/min möglich. Mittels dieser stationärer Phasen können an Säulen von 5 cm ⌀ auch 50—100 g von Gemischen dieser Substanzen präparativ aufgetrennt werden (vgl. BAYER u. WAHL [*78*, *84*]). Je polarer die Trennflüssigkeiten sind, desto stärkere Wechselwirkung kann zwischen ihr und dem π-Elektronensextett des Heterocyclus eintreten und desto stärker wird er zurückgehalten. Schon bei Polyestern, wie Reoplex 400, tritt dieser Effekt auf, so daß diese Ester zur Trennung benzologer Thiophene von aromatischen Kohlenwasserstoffen ebenfalls Verwendung gefunden haben [*580*, vgl. auch *1187*]. Retentionsdaten von Thiophenderivaten finden sich in Tab. 51.

Analyse von Sulfonsäuren. Sulfonsäuren selbst sind nicht flüchtig und daher nicht direkt gas-chromatographisch zu trennen. Mittels Phosgen oder Thionylchlorid können jedoch die flüchtigeren Sulfochloride einfach dargestellt werden, welche nunmehr getrennt werden können [*736*]. Andererseits kann man die Sulfosäuren auch entschwefeln und die hierbei entstehenden Stammkohlenwasserstoffe analysieren [*1110*]. Da gerade Sulfonsäuren in der organischen Analyse mit klassischen Methoden schwer identifiziert werden können, wird der Anwendung der Gas-Chromatographie auf diesem Gebiet größere Aufmerksamkeit gewidmet werden müssen.

12. Analyse von ätherischen Ölen und Aromastoffen
(Terpene und terpenverwandte Verbindungen)

Die Trennung von Substanzen in der Gasphase ist für die Mikroanalyse von Aromastoffen ganz besonders wertvoll und scheint dazu berufen, dieses früher äußerst schwierig zu bearbeitende Gebiet einer exakten Analyse zuzuführen. Die komplexe Zusammensetzung der ätherischen Öle erfordert jedoch, daß außer Gas-Chromatographie noch andere chemische oder physikalische Methoden mitherangezogen werden müssen.

In der Tab. 53 sind die Retentionswerte von Terpenen und ungesättigten, nicht cyclischen, in ätherischen Ölen vorkommenden Verbindungen aufgezeichnet.

Aus diesen Werten können die für ein Trennproblem günstigen Phasen ausgesucht werden. Als Trägermaterial für die Trennflüssigkeiten kommt bei Terpenen nur Kieselgur in Betracht, da z.B. Schamottemehl zu Umlagerungen bei den empfindlichen Terpenen führen kann (vgl. S. 26) und bei sauerstoffhaltigen Verbindungen starke Schwanzbildung verursacht. Die breiteste Anwendung dürften Polyester, z.B. Reoplex, LAC oder Butandiolester (vgl. S. 118) finden [*106*, *889*, *1047*]. Eine etwas ausgeprägtere Selektivität als Polyester oder Didecylphthalat weisen Polyäthylenglykole [*1300*] oder Polypropylenglykole [*1138*] auf. Die höchste Selektivität für Terpene zeigt jedoch wiederum Äthylenglykol-bis(propionitriläther), an dem z.B. Isomere, wie cis- und trans-Citral und die stereoisomeren Menthole völlig getrennt werden können, die mit anderen Trennflüssigkeiten nicht aufgetrennt werden konnten [*588*, *967*, *1169*]. Weniger gebrauchte Trennflüssigkeiten sind Diacetyl-hexabutyl-rohrzucker [*1121*]. Octakis(2-hydroxypropyl)-rohrzucker [*192*] und Rapssamenöl [*1048*]. Trikresylphosphat sollte nicht benutzt werden, da bei längerem Gebrauch offenbar Phosphorsäure abgespalten wird, die Umlagerungen katalysieren kann [*857*]. Einen sehr schönen Zusammenhang zwischen innermolekularer Wasserstoffbrückenbindung und Retentionszeit von Terpenalkoholen haben De Puy u. Story [*999*] aufgefunden.

Bei der Trennung von Terpenen sollte man sich angewöhnen, mindestens 50° unter dem Siedepunkt der jeweilig zu analysierenden Verbindungen zu arbeiten, um chemische Veränderungen zu vermeiden. Aus diesem Grund können Polyglykole oftmals auch keine Anwendung finden, da die Retentionszeiten von Terpenalkoholen daran sehr groß sind und eine Verringerung der Retentionsvolumina nur durch eine Temperaturerhöhung erzielt werden kann.

In synthetischen und natürlichen Aromastoffen kommen außer Terpenen noch aliphatische sowie aromatische Ketone, Aldehyde, Schwefelverbindungen, Ester und Alkohole vor, deren Auftrennung in den vorangegangenen Abschnitten beschrieben ist.

Es ist nach obigen Ausführungen leicht, ein Aromastoffgemisch, sei es aus Früchten oder Kaffee erhalten, ätherische Öle und die Duftstoffe eines Parfüms zu trennen. Hierüber sind auch zahlreiche Arbeiten erschienen, die in Tab. 9 zur Orientierung zusammengefaßt sind. Die Trennmöglichkeiten werden durch die Anwendung der Kapillar-Chromatographie noch erhöht [*890*]. Es ist somit kein Problem, z. B. beim Kaffee oder Wein zweihundert Banden auf einem Chromatogramm zu erhalten. Die sichere Zuordnung stellt jedoch den Analytiker vor eine schwere Aufgabe. Es ist bei so kompliziert zusammengesetzten Gemischen nicht möglich — ja es wäre sogar fahrlässig — die Identifizierung nur auf dem Retentionswert alleine zu begünden. Es müssen andere Identifizierungsreaktionen, wie IR-, UV-Spektren und Massenspektrometrie, herangezogen werden. Außerdem muß — zumindest bei völlig neuen, noch unbekannten Substanzen — präparativ gas-chromatographisch isoliert werden und mit den üblichen chemischen Methoden die Konstitution aufgeklärt werden. Da man diese Gesichtspunkte bisher wenig beachtet hat, sind bei den meisten in Tab. 9 genannten Untersuchungen nicht mehr Substanzen gas-chromatographisch erkannt worden, als man ohnehin mit klassischen Methoden isoliert hatte. Die für den Geschmack oder Geruch wesentlichsten Komponenten blieben nach wie vor ungeklärt. Man wird nach Ansicht des Autors bei der Untersuchung von Aromastoffen sich mehr und mehr der organoleptischen Prüfung bedienen müssen, um auf diesem Gebiet Fortschritte zu erzielen. So sollte man zunächst gas-chromatographisch präparativ grob in 5—10 Fraktionen auftrennen, aus der Geruchsprobe die interessantesten Fraktionen auswählen und weiter an kleinen Säulen fein auftrennen. Auch diese

Tabelle 9. *Arbeiten über Aromastoffe in ätherischen Ölen, Früchten, Lebensmitteln und Parfüms. (Auswahl von 1959—1961)*

Untersuchtes Gemisch oder Lebensmittel	Gefundene Stoffklassen	Zahl der identifizierten Substanzen	Außer der GC. benutzte Methoden	Literaturstelle
1. Fleisch	Ketone, Disulfide, Mercaptane,		UV, IR, Massen-spektr.	[*170, 575, 759, 884, 1272*]
2. Fisch	Amine		Massen-spektro-metrie	[*843*]
3. Käse	Ketone, Alkohole, Säuren	15	Spektro-skopie	[*217, 606, 607, 1093*]
4. Milch	Buttersäure, Ketone, Aldehyde, Lactone		DNPH, Pa-pierchrom.	[*836, 895, 957, 1181, 1271*]
5. Butter	Aldehyde, Ketone			[*378, 379*]
6. Brot	Alkohol, Essig-säure, Aldehyde, Ketone			[*1119, 1260*]
7. Korn	Unges. Kohlen-wasserstoffe			[*1144*]
8. Kohl	Isothiocyanate, Sulfide, Disulfide	23	Massenspek-trometrie	[*36*]
9. Zwiebel	Aldehyde, Ketone, Säuren, org. Schwe-felverbindungen	15	IR Derivate	[*191*]
10. Erbse	Aldehyde, Säuren, Alkohole	13	Papier-chrom. DNPH	[*860, 1008*]
10a. Sojabohnenöl	Hexenal, Hexanol, Pentenal	1	Hydrazone	[*563*]
11. Erdbeere	Aldehyde, Ketone, Ester, Säuren	ca. 20		[*226, 227, 295, 296*]
12. Zitrone	Terpene, Alkohole, Aldehyde	ca. 40		[*102, 105, 212, 213, 803, 1142*]
13. Mandarinen	Terpene	11		[*180*]
14. Orangenöl, Orangensaft	Terpene, auch Zu-sätze wie Diphenyl u. o-Phenylphenol		IR	[*104, 722, 1185*]
15. Birnen				[*672*]
16. Äpfel[1]	Ester, Alkohole, Säuren			
17. Weinhefeöl	Säuren, Ester			[*1079*]
18. Wein	Ester, Aldehyde, Ketone, Alkohole, Säuren	50	IR Derivate	[*66, 73, 74, 80*]
19. Bier	Alkohole, Säuren, Ester, Phenole, Terpene, Aldehyde, Ketone			[*64, 670, 745, 1146, 1286*]
20. Hopfenöl	Terpene, Säuren	ca. 30		[*200, 580, 581, 583, 880*]

[1] H. STRACKENBROCK, Dissertation, Universität Bonn 1961.

Tabelle 9 *(Fortsetzung)*

Untersuchtes Gemisch oder Lebensmittel	Gefundene Stoffklassen	Zahl der identifizierten Substanzen	Außer der GC. benutzte Methoden	Literaturstelle
21. Schnäpse	Alkohole, Ester	10	IR	[*177, 186*]
22. Kaffee	Furane, Mercaptane, Ketone, Aldehyde	40	IR Massenspektrometrie	[*33, 822, 1020, 1022 1299*]
23. Vanille			nur Vergleich	[*166*]
24. Eucalyptusöl	Terpene			[*299, 300*]
25. Rosenöl	Alkohole, Terpene, Aldehyde	9	IR	[*181, 345, 370, 911, 913*]
26. Lavendelöl	Terpene, Epoxide	ca. 15	IR	[*912, 914, 916—922, 1137*]
27. Geranienöl	Terpene	15	IR	[*80, 889, 911*]
28. Fichtennadelöl	Terpene	23		[*254*]
29. Jasminöl				[*915*]
30. Pfefferminzöl				[*1122*]
31. Citronellöl	Terpene	17	IR, UV Massenspektrographie Kernresonanz	[*1035*]
32. Salviaöl	Terpene	7	Dünnschicht-Chrom.	
33. Zedernholzöl	Terpene			[*1050*]
34. Bergamotteöl	Terpene	ca. 10	IR UV	[*803, 1182*]
35. Terpentinöl	Terpene	ca. 20		[*406*]
36. Öl aus Acorus Calamus (Hypnoticum)	Asaron	2	UV	[*88*]
37. Atemluft				[*838*]
38. Medizinische Öle				[*1097*]
39. Parfüms und Kosmetikartikel				[*16, 527, 775, 777, 780, 962, 1053, 1174, 1183, 1266*]

Fraktionen sollten wieder kondensiert und der Geruchsprobe unterworfen werden und so parallel mit den anderen Identifizierungsmethoden die wirklich wesentlichen Verbindungen erkannt werden.

Neben der gas-chromatographischen Auftrennung an verschiedenen stationären Phasen werden vor allem auch chemische und physikalische Methoden zur Identifizierung herangezogen. So hat sich bei den komplex zusammengesetzten ätherischen Ölen und Fruchtaromen die Ausscheidung von Substanzen gleicher funktioneller Gruppen und Durchführung von Differenzchromatogrammen bewährt [*73*, *80*]. Abb. 55 zeigt eine solche Ausscheidungsanalyse. Aus dem Geranienöl werden durch Umsetzung mit Benzoylchlorid die Alkohole ausgeschieden und die verbleibenden flüchtigen Substanzen wiederum chromatographiert. Diese Ausscheidungsanalysen lassen bei unbekannten, nicht durch die V_R-Werte zu bestimmenden, Komponenten eine erste Aussage über die funktionellen Gruppen zu und ermöglichen eine Kontrolle, ob die Banden auf eine oder mehrere Substanzen zurückzuführen sind.

Ein allgemeiner anwendbares Schema zur Analyse der Zusammensetzung von Aromastoffen unter Verwendung der verschiedensten chromatographischen wie chemischen Reaktionen ist in Tab. 9 a wiedergegeben.

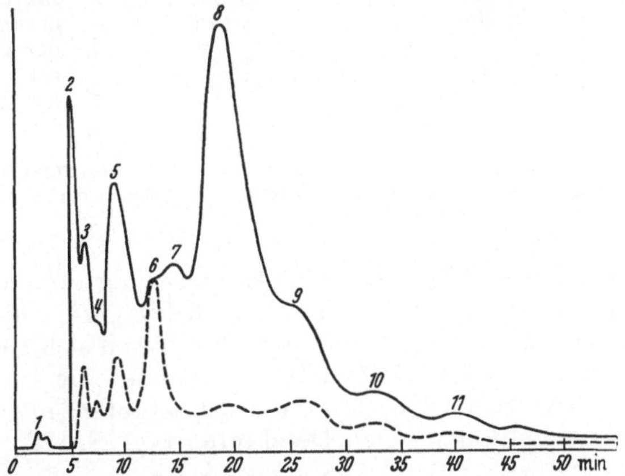

Abb. 55. Gas-Chromatogramme eines Geranienöls bourb. vor (——) und nach (----) Umsetzung mit Benzoylchlorid. Die Banden entsprechen folgenden Substanzen: *3* Phellandren, *5* Linalool, *6* Fenchylalkohol und Menthon, *7* Geraniol, *8* Citronellol, *9* Geranylacetat, *11* Geranylbutyrat; *1*, *2*, *4* u. *10* nicht identifiziert. Säule: 3 m Silicon-Hochvakuumfett C/Lithiumcapronat (9 : 1) auf Sterchamol (3 : 10). Temp. 162° C; Durchfluß 37,5 ml H_2/min

Bei solchen Ausscheidungsanalysen muß darauf geachtet werden, daß bei der Ausfällung der Derivate keine Veränderungen der anderen Verbindungen auftreten [*889*]. Ester können bei dieser Methode schlecht identifiziert werden und müssen deshalb noch papierchromatographisch nach Umwandlung in Eisen(III)-hydroxamate identifiziert werden [*73*]. Die Ausscheidungsanalyse ist kürzlich, offenbar in Unkenntnis der vorausgegangenen Arbeiten, nochmals als nützliche Identifizierung vorgeschlagen worden [*62*].

Zu den Schwierigkeiten bei einer sicheren Zuordnung der Banden tritt zusätzlich erschwerend noch die Frage der Anreicherung von Aromastoffen, z. B. aus Fruchtsäften, Weinen oder anderem pflanzlichem Material. Da die Aromastoffe schon in geringer Konzentration von 10^{-6}% in wäßriger Lösung vorliegen können, ist eine Anreicherung unumgänglich. Auf die Methoden zur Anreicherung kann hier nicht im Detail eingegangen werden, da diese von Problem zu Problem verschieden sind. Hingewiesen sei nur auf die noch wenig untersuchte Möglichkeit,

Tabelle 9a. *Schema eines systematischen Analysenganges für ätherische Öle*

Gewinnung der getrennten Fraktionen zur Aufnahme von Spektren und für chemische Analysen

↑

Trennung der Komponenten an verschiedenen stationären Phasen bei verschiedenen Temperaturen. Vergleich der V_R-Werte mit Substanzen, deren V_R-Wert gemessen ist. Mischchromatogramme mit Substanzen identischer V_R-Werte,

Ausscheidungsanalyse

Säulen- bzw. papierchromatographische Trennung der Hydrazone oder Semicarbazone ←	Umsetzung m. 2.4-Dinitrophenylhydrazin bzw. Semicarbazid	Bildung der Alkalisalze der Säuren	Umsetzung m. Dinitrobenzoylchlorid oder Benzoylchlorid	→ Säulen- oder papierchromatographische Trennung d. Dinitrobenzoesäureester. Gaschromatographie der Benzoesäureester bei Alkoholen bis C_8
	↓ Differenzgas-Chromatogramm ohne Aldehyde und Ketone	↓ Differenzgas-Chromatogramm ohne Säuren	↓ Differenzgas-Chromatogramm ohne Alkohole	

mit Wasserdampf als Trägergas eine Anreicherung zu umgehen (vgl. S. 49). Über Anreicherungsverfahren vgl. auch Lit. [*110*, *290*, *923*].

Auch Sexual-Lockstoffe des Insektenreiches lassen sich gas-chromatographisch untersuchen [Lit. *17*, *72*]. Hierbei können die Insekten selbst als Detektoren benutzt werden, da sie um Zehnerpotenzen empfindlicher sind als die besten physikalischen Detektoren (vgl. S. 187).

13. Gasanalyse (Edelgase, Leuchtgasanalyse, Wasserstoff, Stickstoff, Methan, Stickoxide)

Die Festkörper-Gas-Chromatographie ist den bisher in der Gasanalyse üblichen Verfahren in Schnelligkeit, Auftrennung von Mehrkomponentengemischen und in ihrem geringen Substanzbedarf weitgehend überlegen, so daß sie zweifellos sowohl in Forschung als auch in Technik andere Methoden verdrängen wird.

Über die Trennung der niederen Kohlenwasserstoffe an verschiedenen Adsorbentien wurde bereits an anderer Stelle (siehe S. 83) berichtet. Nach den grundlegenden Arbeiten von Cremer [*243*, *244*], Wirth [*1256*], Barrer [*57*], Janak [*637*—*648*], Ray [*1015*] u. a. ist die Anwendung der Gas-Adsorptionschromatographie zur Analyse permanenter Gase möglich und es sind auch eine ganze Anzahl Analysenvorschriften beschrieben. Als Adsorbentien, d. h. feste stationäre Phasen, werden Silicagel, Kohle und Zeolithe benutzt. Die Anwendung der Gas-Verteilungs-Chromatographie bei tiefen Temperaturen hat noch keine Vorteile gegenüber den Adsorbentien gebracht [*988*].

An Molekularsieben sind Kohlenwasserstoffe und permanente Gase nicht in einem Arbeitsgang zu trennen, da schon Äthan und Kohlendioxid zu lange Retentionszeiten aufweisen. Wenn permanente Gase, Kohlenwasserstoffe und Kohlendioxid getrennt werden sollen, wird man Silicagel bevorzugen. O_2 und N_2 werden jedoch besser an Molekularsieben getrennt.

Auch Analysen technischer Produkte, wie z. B. Bestimmung von Wasserstoff und Methan in Grubengasen [*639*, *1235*, *1236*], Bestimmung der Zusammensetzung von Leucht- und Braunkohleschwelgas [*1223*, *1224*], lassen sich ohne weiteres durchführen. Innerhalb kurzer Zeit können mittels der Gas-Adsorptionschromatographie Wasserstoff, Stickstoff, Sauerstoff, Kohlenmonoxid, Kohlendioxid, Stickoxide, Edelgase, Salzsäuregas, Methan sowie andere niedere Kohlenwasserstoffe und Isotope des Wasserstoffs getrennt werden. An Hand einiger Vorschriften werden die Anwendungsmöglichkeiten der Adsorptions-Chromatographie in der Gasanalyse aufgezeigt.

Anwendungsbeispiele.

a) Bestimmung von Wasserstoff, Sauerstoff, Stickstoff, Methan und Kohlenmonoxid an Molekularsieben; Anwendung zur Analyse von Verbrennungsabgasen

Eine sehr schöne Trennung permanenter Gase an Zeolith wird von KYRIACOS u. BOORD [*774*] beschrieben (vgl. auch [*658*, *659*]). An einer 5 m-Säule (4,6 mm ∅) mit Linde-Molekular-Sieb 5 Å werden H_2, O_2, N_2, CH_4 und CO bei 100° C Säulentemperatur voneinander getrennt. Die Säulen mit Molekularsieben[1] (0,25—0,50 mm Korngröße) werden vor der Inbetriebnahme durch Erhitzen auf 350° C im Vakuum aktiviert und unter Durchfluß von Helium erkalten gelassen. Als Trägergas wird Helium bei einer Durchflußgeschwindigkeit von 25 ml/min durch die Säule gegeben. Ein unter diesen Bedingungen erhaltenes Chromatogramm ist in Abb. 56 wiedergegeben. Die Analyse ist in 24 min beendet und an Hand mittels reiner Substanzen erhaltener Eichkurven werden aus den Bandenflächen die quantitativen Gehalte der Einzelkomponenten bestimmt. Bei Verwendung einer Wärmeleitfähigkeitsmeßkammer werden je etwa 1—5 ml Probengas durch die auf S. 51 beschriebene Einlaßvorrichtung gegeben.

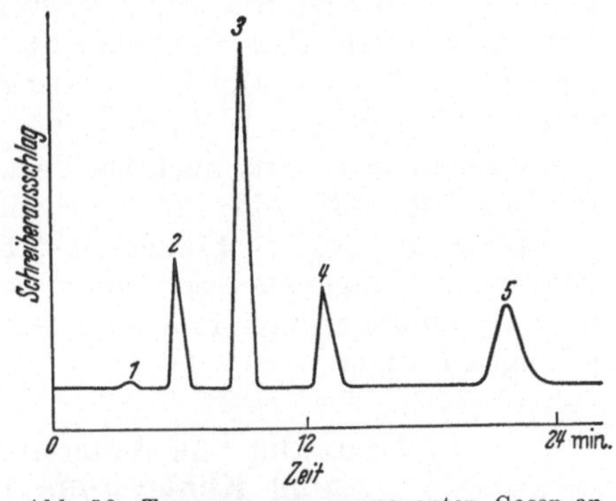

Abb. 56. Trennung von permanenten Gasen an 5m-Säulen mit Molekularsieb [*774*]. Substanz *1* Wasserstoff, *2* Sauerstoff, *3* Stickstoff, *4* Methan, *5* Kohlenmonoxid

Die gute Auftrennung von Sauerstoff und Stickstoff ist besonders bemerkenswert. Denn mit Silicagel-Säulen [*1167*] lassen sich Sauerstoff und Stickstoff lediglich bei tiefen Temperaturen auftrennen, während Kohle-

[1] Vertrieb in Deutschland: Fa. Brenntag, Mülheim/Ruhr, Auf dem Dudl.

Säulen [*458*, *461*] bei höheren Temperaturen Stickstoff und Sauerstoff nicht vollständig auftrennen. Es ist besonders wichtig, die Zeolithe vor der Inbetriebnahme zu aktivieren, damit die aktiven Zentren nicht bereits durch adsorbierte Moleküle belegt sind. Die Wahl des Trägergases ist bei der Adsorptions-Chromatographie wesentlich wichtiger als bei der Verteilungs-Chromatographie.

Kyriacos u. Boord [*774*] haben mit der oben beschriebenen Methode die bei der Verbrennung von Kohlenwasserstoffen in „kalten Flammen" entstehenden Abgase untersucht. Zur Trennung von permanenten Gasen und Kohlenwasserstoffen an Molekular-Sieben vgl. auch Nodop [*931*] u. Pietsch [*975*].

b) Spurenanalysen

Um *Spurenverunreinigungen* in inerten Gasen zu bestimmen, kann man das Gas vor der Trennung durch ein auf — 80° C gekühltes, mit Molekularsieb 5 Å, Silicagel oder Polyglykol/Kieselgur gefülltes U-Rohr leiten. Das so angereicherte Gas wird durch Erwärmen des U-Rohres auf 50° C desorbiert, in die Trennsäule gespült und analysiert. 0,1 ppm Acetylen in Luft oder O_2 und N_2 bzw. Spurenverunreinigungen in Elektrolytwasserstoff können noch bestimmt werden (vg. Lit. [*149*]).

Spuren inerter Gase in Lösungsmitteln, z. B. Benzin, können unter Zuhilfenahme von Vorschaltsäulen (vgl. S. 156) analysiert werden [*488*, vgl. auch *342*]. So kann z. B. Benzin durch eine 90 cm lange, mit Aktivkohle (0,12—0,25 mm Korngröße) gefüllte Vorschaltsäule zurückgehalten werden, während Sauerstoff und Stickstoff passieren und in die eigentliche Trennsäule mit Molekularsieb 5 Å eintreten. Zur Analyse von Sauerstoff in Freonen vgl. [*716*] und von Verunreinigung in CO_2 vgl. [*1188*].

Spurenanalysen sind auch bei Verwendung von Ionisationsdetektoren möglich [*108*, *338*, *453*, *1252*]. Prinzipiell kann der β-Strahlen-Detektor von Lovelock (vgl. S. 172) eingesetzt werden. Allerdings muß sehr reines Helium als Trägergas angewandt werden. An den Elektroden werden hohe Spannungen von 1250 V angelegt, welche zu stark negativen Ausschlägen führen.

c) Trennung von Sauerstoff, Stickstoff, Stickoxiden und Kohlenstoffoxiden an Silicagel

An 2 m-Säulen (6 mm ∅) mit Silicagel (0,25—0,36 mm Korngröße) bei tiefen Temperaturen lassen sich nach Szulcewski u. Higuchi [*1167*] O_2, N_2, NO, CO, CO_2 und N_2O trennen [*578*, *855*, *1060*, *1089*, *1129*].

Die mit Silicagel gefüllten Säulen werden zur Aktivierung mit einem Bunsenbrenner so weit erhitzt, bis sich die Gasflamme durch das Natrium des Glases gelb färbt. Nachdem die Säule in die Apparatur eingebaut wurde, wird nochmals unter Durchströmen von Helium mit dem Bunsenbrenner erhitzt, bis das Adsorbens wasserfrei ist. Nach Abkühlen unter Heliumdurchfluß wird die Kolonne in ein Aceton-Kohlensäurebad gestellt, während die als Detektor benutzte Wärmeleitfähigkeitsmeßzelle bei Raumtemperatur verbleibt.

Innerhalb 14 min sind an einer solchen Silicagel-Säule bei einem Durchfluß von 45 ml H_2/min Sauerstoff, Stickstoff, Stickstoffoxid und Kohlenmonoxid getrennt (vgl. rel. Retentionsvolumina in Tab. 54, S. 272). Kohlendioxid und Distickstoffoxid werden dann in einer Parallelbestimmung bei Raumtemperatur und 30 ml He-Durchfluß/min getrennt.

Man kann jedoch auch die Analyse in einem Arbeitsgang durchführen, indem die Säule zunächst bis zur Elution des Kohlenmonoxids in dem Aceton-Kohlensäure-Bad gehalten wird. Dann wird das Bad entfernt, die Säule erwärmt sich auf Raumtemperatur und Kohlensäure sowie Stickoxid erscheinen nach etwa 46 bzw. 53 min Gesamtanalysendauer.

Diese Methode wurde zur Analyse der Stickoxide in Ampullen mit Amylnitrat angewandt.

O_2, N_2 und N_2O lassen sich auch in Parallelsäulen aus einer 2 m-Säule mit Molekularsieb 5 Å und einer 1 m-Säule mit Silicagel trennen [*1120*]. Bei Anwesenheit von NO_2 muß man vorher zu NO reduzieren [*460, 1120*].

d) Analyse von Stadtgas, Leuchtgas, Braunkohleschwelgas

Die in den beiden vorangehenden Abschnitten sowie auf S. 83 bei den Trennungen niederer Kohlenwasserstoffgemische wiedergegebenen Vorschriften werden zur Analyse der in Leuchtgas, Stadtgas, Braunkohleschwelgas und Verbrennungsabgasen vorhandenen Komponenten benutzt.

Auch von Wencke [*1223, 1224*] werden Vorschriften zur Bestimmung von Komponenten in technischen Gasen gegeben. Jedoch sind bei diesen an Kohle durchgeführten Bestimmungen die einzelnen Gase nicht so eindeutig trennbar, wie in den hier wiedergegebenen Analysenvorschriften mit Silicagel- und Zeolith-Säulen. Die Gas-Chromatographie bietet gegenüber der üblichen Orsat-Methode so wesentliche Vorteile, daß sie sich geradezu für schnelle Routine-Untersuchungen anbietet [vgl. Lit. *143, 150, 151*].

e) Analyse von Naturgasen, Anwendungen in der Lebensmittelchemie und der Medizin

Erdgase können mit den angegebenen Säulen leicht analysiert werden [*344, 452*]. H_2, O_2, N_2 und CH_4 werden nach S. 143 an Molekularsieben, CH_4, C_2H_6 und CO_2 an Silicagel und höhere Kohlenwasserstoffe an den auf S. 87ff. genannten Säulen chromatographiert.

Die in Lebensmittelkonserven befindlichen Gase sind ebenfalls untersucht worden. So hat Bishop [*117*] Kohle-Säulen zur Analyse des Wasserstoffes im Gasraum von Konservendosen angewandt. Die Bestimmung des Wasserstoffgehaltes erlaubt eine Aussage über die Korrosion der Dosen. Wenn eine vollständige Analyse auf CO_2, H_2, O_2 und N_2 erwünscht ist, werden vorteilhaft Säulen mit Molekularsieb und Silicagel benutzt [*559, 835, 1139, 1208*]. Die in der Atemluft und im Blut enthaltenen Gase können chromatographiert werden. Die Hauptkomponenten CO_2, N_2 und O_2 müssen hierbei an zwei Säulen untersucht werden [*308, 498, 904, 1128*]. Für CO_2 kann z. B. eine Säule zur Gas-Verteilungs-Chromatographie, wie Paraffinöl oder Di-n-butylmaleat benutzt werden, und für O_2/N_2 wie üblich Molekularsieb. Auch Spurenkomponenten in der Atemluft, wie Anaestetica (N_2O, Äther) oder SF_6 und C_2H_2 sind schon bestimmt worden [*8*, *499*].

Bei der Blutgasanalyse [*301*, *1173*] muß für eine rasche Austreibung der Gase aus der wäßrigen Lösung gesorgt werden. Dies kann durch Einspritzen der Probe in eine beheizte Kammer geschehen [*1173*].

f) Bestimmung von Edelgasen

Nach Janak [*645*] lassen sich Edelgase bei 20° C an einer 2,35 m langen (5 mm ∅), mit Aktivkohle gefüllten Kolonne bei einem Durchfluß von 42 ml CO_2/min trennen. Wie aus der Zusammenstellung in Tab. 16 ersichtlich wird, erscheinen Helium und Neon zusammen, während die anderen Edelgase gut voneinander getrennt werden.

Mittels dieser Säulen werden die verschiedensten analytischen Operationen auf dem Gebiet der Edelgase möglich. Janak hat so technische Xenone und Kryptone für Glühlampenfüllungen untersucht.

Unter den angegebenen Bedingungen werden Wasserstoff von Helium und Neon sowie Stickstoff, Sauerstoff und Argon nicht getrennt. Durch geeignete Wahl eines anderen Trägergases oder Verwendung anderer Adsorbentien lassen sich diese Gase aber ebenfalls auftrennen.

So hat Greene [*457*] Helium und Neon bei 77° K an einer 3 m-Säule (0,6 cm ∅) mit Aktivkohle 20—40 mesh und Argon, Krypton und Xenon an einer 3 m-Säule (0,6 mm ∅) mit Silicagel 20—40 mesh bei 23° C getrennt. Als Trägergas dienten bei der Kohle-Säule Wasserstoff, bei der Silicagelsäule Sauerstoff mit einem Trägergasdurchfluß von 60 ml/min.

Vizard u. Wynne [*1205*, vgl. auch *897*] haben erstmals gezeigt, daß man Argon und Sauerstoff an Säulen mit Molekularsieb 5 Å bei Temperaturen von —15° C trennen kann. Nach Lard u. Horn [*784*] ist die geeignete Aktivierung des Molekularsiebs für die Trennung Argon/Sauerstoff von großer Bedeutung. Danach wird Linde Molekularsieb 5 Å 1 Stunde im Ofen bei 300° C getrocknet, sofort vom Ofen noch heiß in eine 1,8 m-Säule (0,6 cm ∅) gefüllt und im Heliumstrom auf die Trenntemperatur abkühlen gelassen. Argon und Sauerstoff werden bei —72° C (Trockeneis/Aceton) und einem Heliumdurchfluß von 7 ml/min innerhalb 10 Minuten getrennt. Stickstoff wird bei dieser Trenntemperatur von der Säule festgehalten und kann daher nicht mitbestimmt werden. Mit einer 1,8 m-Säule nach obiger Vorschrift behandelten Molekularsiebs kann man bei 25° C Stickstoff sowie Argon und Sauerstoff gemeinsam bestimmen (vgl. auch [*772*]). Diese direkte Auftrennung ist anderen Verfahren [*763*, *1166*], die sich z. B. der vorherigen Entfernung des Sauerstoffs durch katalytische Umsetzung mit Wasserstoff oder der Anwendung von Argon als Trägergas bedienen, vorzuziehen.

g) Routine-Bestimmung von Wasserstoff und Methan in Grubengas

Whatmough [*1235*, *1236*] benutzt die Gas-Adsorptions-Chromatographie an Kohle, um in Routine-Analysen Wasserstoff und Methan in Grubengasen zu bestimmen. Mittels dieser Anordnung gelingt es, alle 3 min eine Gasprobe zu untersuchen.

Ein 2,2 m langes (4,7 mm ∅) Kupferrohr wird mit Aktivkohle gefüllt und in einem Flüssigkeitsthermostaten von 30° C (± 0,05) Badtemperatur untergebracht. Als Detektor wird eine Wärmeleitfähigkeitsmeßzelle und als Trägergas sauerstofffreier Stickstoff benutzt. Etwa 10 ml Probengas werden zur Analyse eingeführt. Bei einem Durchfluß von etwa 50 ml/min erscheint Wasserstoff nach etwa 40 sec und Methan nach 150 sec. Mittels reiner Gase werden Eichkurven aufgestellt, mit denen nach Berechnung der Flächen oder bei Verwendung eines Integrators die quantitative Auswertung möglich ist. Zur Bestimmung von Methan in Luft vgl. auch Lit. [*785*].

h) Bestimmung von Wasserstoff in Wasser

Die Analyse von in Wasser und Dampfkondensaten gelöstem Wasserstoff ist für Korrosionsfragen bei Kraftwerken von Bedeutung. Bovijn,

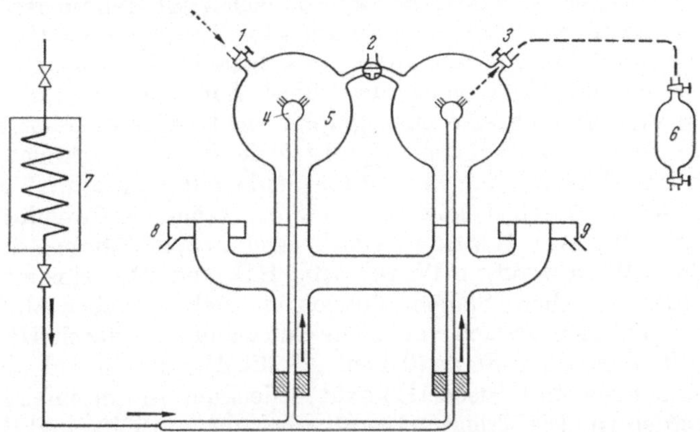

Abb. 57. Zerstäuberanlage zur Einstellung des Verteilungsgleichgewichtes zwischen Gas- und Flüssigkeitsphase (Bovijn, Pirotte u. Berger [*141*]). *1* **Trägergaseintritt,** *2* **Dreiweghahn,** *3* **Gasprobenauslaß,** *4* **Zerstäuber,** *5* **Glasgefäß zur Einstellung des Verteilungsgleichgewichtes,** *6* **Einrichtung zur Einbringung konstanter Gasvolumina, Trennsäule,** *7* **Vorratsbehälter für zu untersuchende Flüssigkeit,** *8* **u.** *9* **Abfluß der Flüssigkeit (Flüssigkeitsniveau-Regler)**

Pirotte u. Berger [*141*] geben eine Apparatur zur Wasserstoffbestimmung an, die auch zur laufenden Betriebskontrolle von Dampfkondensaten angewandt werden kann. In einem gesonderten Zerstäuber (siehe Abb. 57) wird durch Zerstäuben des Kondensates das dem Henryschen Verteilungsgesetz für die Verteilung von Wasserstoff zwischen Gasphase und Wasser entsprechende Gleichgewicht eingestellt und ein aliquoter Teil (2 ml) Gas eingegeben und an Trennsäulen mit Linde-Molekularsieb 5 Å analysiert. Aus der in der Gasphase gefundenen Menge Wasserstoff läßt sich bei Kenntnis des Verteilungskoeffizienten leicht die in dem Wasser vorhandene Menge Wasserstoff berechnen.

i) Gas-Chromatographie von Isotopen

Besonders genau untersucht ist die Trennung von Wasserstoff-Isotopen, die gut zu trennen sind. Es ist aber verwunderlich, daß noch keine eingehenden Untersuchungen über die Trennung von organischen Verbindungen mit verschiedenen Wasserstoff-Isotopen angeführt worden sind, obgleich WILZBACH u. RIESZ [*1254*] schon vor längerer Zeit gezeigt haben, daß Cyclohexan und perdeuteriertes Cyclohexan an Säulen mit Didecylphthalat glatt zu trennen sind. Es muß offenbar an den relativ schlechten Trennbedingungen liegen, daß bei der Gas-Chromatographie von Isotopen keine Aufspaltung erhalten werden konnte [*358, 750, 788, 1149*]. Die Anwendung der Kapillar-Chromatographie dürfte hier große Vorteile erbringen.

Neon-Isotope lassen sich an Aktivkohle nicht mehr trennen [*433*]. GLUECKAUF u. KITT [*432, 434*] haben erstmals die Trennung von Wasserstoff-Isotopen angegeben. Danach hat sich zur Herstellung reinen Deuteriums die Verdrängungs-Chromatographie an 4,4 m langen Säulen (8 mm ∅) mit 20 g Palladiummohr und 6 g Asbest als Adsorptionsmittel am besten bewährt. Nachdem die Säule zunächst mit Helium gefüllt wird und die zu trennende Probe eingegeben wird, benutzt man Wasserstoff mit einem Durchfluß von 42 ml/min als verdrängendes Gas. Nach etwa 7 min wird hierbei reines Deuterium eluiert. Zur Analyse ist dieses Verfahren der Verdrängungs-Chromatographie nicht geeignet. Deshalb haben THOMAS u. SMITH [*1184*] H_2 und D_2 mittels der Elutionstechnik teilweise getrennt, unter Benutzung einer 13 m-Säule mit insgesamt 7 g Palladium auf 40—60 mesh Quarz (T = 175° C, Trägergasdurchfluß 60 ml Argon/min). OHKOSHI, KWAN u. Mitarb. [*404, 772, 937*] haben die Trennung von o-Wasserstoff, p-Wasserstoff, HD und D_2 sehr eingehend studiert und einfachere Säulenfüllungen angegeben. Neben Molekularsieb 5 Å eignet sich danach vor allem eine Säule, die durch Hintereinanderschalten einer 2 m-Säule (0,4 cm ∅) mit Aluminiumoxid und einer 0,5 m-Säule eines mit Eisen(III)-oxid bedeckten Aluminiumoxids erhalten worden ist. Die Trenntemperatur beträgt —195° C und der Trägergasdurchfluß 65 ml Helium/min [*404*]. HT und DT können an 3 m-Säulen mit Molekularsieb 13 Å bei —160° C und Helium als Trägergas getrennt werden [*786*]. Zur Trennung von Wasserstoff-Isotopen an Aluminiumoxid vgl. auch [*569, 592, 893, 1126*] und an 5 Å-Molekularsieb vgl. [*326*]. Wenn eine Trennung der Isomeren nicht möglich ist, kann man den D_2-Gehalt einer Probe auch mit H_2 als Trägergas quantitativ bestimmen, da sich H_2 und D_2 in ihrer Wärmeleitfähigkeit unterscheiden [*28, 1025*].

k) Weitere Anwendungen in der Gasanalyse

Neben den genannten Gasen lassen sich beliebige andere, bei Raumtemperatur gasförmige Verbindungen, an Adsorbentien chromatographieren. Wenn die Adsorption von polaren Molekeln zu groß ist, können durch vorherige chemische Umsetzung schwächer adsorbierbare Gase gebildet werden. Dies wurde von HARRISON [*510*] aufgezeigt, welcher Chlorwasserstoff in einer der Chromatographiesäule vorgeschalteten Säule (siehe auch S. 156) mit Natriumbicarbonat zu Kohlensäure umgesetzt und diese dann chromatographiert hat.

14. Metallorganische Verbindungen, anorganische Verbindungen, Metalle

Metallorganische Verbindungen, wie z. B. Bor-, Quecksilber-, Silicium-, Zinn- und Bleialkyle sind genügend flüchtig, daß sie mit den üblichen experimentellen Anordnungen chromatographiert werden können unter Berücksichtigung der Wasserempfindlichkeit dieser Substanzen.

Metallhydride, Halogene, Interhalogenverbindungen, flüchtige Metallhalogenide, wie Uranhexafluorid, Zinntetrachlorid und verdampfbare Metallchelate, wie Beryllium- und Aluminium-acetylacetonat sind ebenfalls getrennt worden. Da diese Gase zum Teil sehr aggressiv sind, müssen Detektor und Säulen aus widerstandsfähigem Material, z. B. Teflon oder Nickel hergestellt werden. Die Gas-Chromatographie kann zur Analyse von Metallen eine sehr wertvolle Methode werden.

Während bei organischen Verbindungen eine Hochtemperatur-Gas-Chromatographie auf Grund der Instabilität der meisten Substanzen bei höheren Temperaturen nicht aussichtsreich ist, wären Geräte zur Trennung bei Temperaturen bis 1000° C für die Chromatographie von Metallen sehr erwünscht. So sind schon Zink (KP = 906° C) und Cadmium (KP = 767° C) getrennt und Metallegierungen analysiert worden.

a) Trennung von Borhydriden und Borkohlenwasserstoffen

An 3 m-Säulen (4 mm ∅) mit Paraffinöl auf Kieselgur (Bereitung analog S. 28) werden Diboran, Tetraboran, Pentaboran und Dihydropentaboran bei 27° C getrennt. Die Borhydride müssen unter peinlichstem Luftausschluß chromatographiert werden. Deshalb wird die von Kaufmann u. Mitarb. [*713*] angegebene Anordnung mehrere Tage im Vakuum entgast und mit sauerstoffreiem Helium als Trägergas gearbeitet. Bei einem Trägergasdurchfluß von 110 ml/min und einem Druckabfall vom 1,8 atm ist die Analyse in 31 min beendet (vgl. auch [*135*]).

Auch Verunreinigungen in Borhydriden, wie Äthan und Diäthyläther lassen sich sehr leicht gas-chromatographisch erkennen.

Boralkylverbindungen sind von Schomburg, Henneberg u. Köster [*1082*] getrennt worden (vgl. auch [*1107*]), Äthylderivate von Penta- und Decaboran von Blay u. Mitarb. [*119a*]. Die relativen Retentionsvolumina von Boralkylen sind in Tab. 60 zusammengestellt. Da die Boralkyle luft- und feuchtigkeitsempfindlich sind, müssen verschiedene Vorsichtsmaßregeln eingehalten werden. So ist zur Einbringung der Proben der Mikrodipper von Tenney (vgl. S. 52) am geeignetsten. Das Trägergas Helium muß durch Ausfrieren mit flüssiger Luft von Wasser und anderen Verunreinigungen befreit werden. Zur Entfernung des Wassers aus den Trennsäulen, dem Detektor usw. wird mehrere Stunden bei 150° C mit trockenem Trägergas gespült. Die letzten Spuren Sauerstoff und Wasser werden durch Testanalysen eines empfindlichen Boralkyls, welche außerordentlich rasch mit diesen Verunreinigungen reagieren, entfernt. Als Trennflüssigkeiten sind gesättigte Kohlenwasserstoffe, wie Squalan, n-Hexadecan sowie Siliconöle auf Sterchamol, Kieselgur oder Chromosorb geeignet. Die genauen Trennbedingungen sind aus Tab. 60 ersichtlich.

b) Trennung von Silanen und Germanen

Trichlorsilan, Siliciumtetrachlorid, Monomethyl-dichlorsilan, Trimethyl-chlorsilan, Methyl-trichlorsilan und Dimethyl-chlorsilan lassen sich nach FRIEDRICH [*394*] an 5,2 m-Säulen (4 mm ∅) mit Nitrobenzol/Kieselgur 45:100 bei 25° C auftrennen. Bei einem Durchfluß von 40 ml Stickstoff/min ist die Analyse in 50 min beendet. FRITZ u. Mitarb. [*397, 398*] haben gemischte stationäre Phasen von Diäthylphthalat/Siliconöl auf Kieselgur 60:20:100 bei 30° und 60° C zur Trennung niederer Silane und Siliconöl/Kieselgur (30:100) bei 150° C zur Analyse höherer Silane benutzt. Die relativen Retentionsvolumina sind in Tab. 59 zusammengestellt. Auch Silazane [*372*] und Phenylchlorsilane [*385*] sind getrennt worden.

Germane sind von BORER u. PHILLIPS [*136*] an Siliconöl als Trennflüssigkeit analysiert worden. Tetraäthylgermanium ist in 1- bis 2 ml-Mengen präparativ an 2,5 m langen (1,65 cm ∅) Säulen mit Silicongummi auf 60—80 mesh Chromosorb bei einem Heliumdurchfluß von 1400 ml/min zwischen 50° und 200° C getrennt worden [*965*]. Auf diese Weise wird reinstes Germanium für Halbleiter gewonnen.

Auch Arsenwasserstoff AsH_3 läßt sich gas-chromatographisch analysieren [*601*].

c) Trennung metallorganischer Verbindungen des Bleis, Zinns, Quecksilbers und Magnesiums

Neben Tetramethyl-silicium und -germanium lassen sich auch die Tetramethylverbindungen von Blei und Zinn an 2,5 m-Säulen mit 20% Apiezon L auf 36—60 mesh Kieselgur bei 80° C und einem Trägergasdurchfluß von 50 ml N_2/min trennen [*2*]. Hitzdraht-Wärmeleitzellen zeigen bei diesen metallorganischen Verbindungen wesentlich höhere Ausschläge je Mol als bei Kohlenwasserstoffen. Gemischte Methyl-äthyl-bleialkyle in Benzinen können gas-chromatographisch bestimmt werden [*693, 952*].

Arylmagnesiumhalogenide, wie p-tert.-Butylphenylmagnesiumbromid, sind von GUILD u. Mitarb. [*473*] an Polypropylenglykol auf Schamottemehl quantitativ analysiert worden. Die Einführung der Proben muß unter weitgehendem Sauerstoffausschluß geschehen.

BRODERSEN u. SCHLENKER [*154*] haben Alkyl-quecksilber(II)-bromide an 2,4 m-Säulen mit Siliconöl als Trennflüssigkeit analysiert. Daß diese Autoren nicht Aryl-quecksilber(II)-bromide trennen konnten, dürfte auf die gewählten Trennbedingungen zurückzuführen sein. So sollten gesättigte Kohlenwasserstoffe als Trennflüssigkeiten keine Schwanzbildung ergeben.

d) Trennung von Halogen- und Interhalogenverbindungen

Bei diesen Substanzen können lediglich Nickel, Teflon oder Hostaflon als Materialien für Trennsäulen und Detektoren benutzt werden, da andere Substanzen mit den zu trennenden Gasen, wie Fluorwasserstoff, Chlor, Brom, ClF_3, BrF_5, ClF und UF_6 entweder in Reaktion treten oder diese Substanzen stark adsorbieren. Als festes Trägermaterial müssen

Poly-tetrafluoräthylene bzw. Polytrifluormonochlor-äthylene benutzt werden. Auf diese Trägersubstanzen werden 20 Gew.-% polymere Öle von Polytrifluor-monochloräthylen[1] gebracht [*339, 340, 605*].

Als Trägergas wird Helium benutzt. Sowohl ein Gasdichtemeter als auch eine Wärmeleitkammer aus Nickel (auch Nickelheizdrähten) wurden als Detektoren angewandt. Die auf Chlor bezogenen, relativen Retentionsvolumina der verschiedenen Verbindungen sind in Tab. 55 wiedergegeben. Als Säulen sollten 1—3 m lange, 6 mm weite Nickelrohre Verwendung finden.

Zur Trennung der oben genannten Halogenverbindungen sind auch 100 m lange Kapillaren (0,4 mm ⌀) aus Kupfer und Teflon, imprägniert mit Hostaflon-Öl, angewandt worden [*972*]. In Verbindung mit den Kapillarsäulen ist ein Flammenionisationsdetektor besonderer Konstruktion angewandt worden, der auch auf Halogenverbindungen anspricht [*972*]. Man muß hierzu die aus der Säule tretenden Gase ohne vorherige Zumischung von Wasserstoff in die Flamme führen. Offenbar ist die Unempfindlichkeit der Flammen-Ionisationsdetektoren üblicher Bauart darauf zurückzuführen, daß schon vor der Flamme mit den Halogenverbindungen und dem Wasserstoff die vergleichsweise stabilen Halogenwasserstoffe entstehen.

Elementares Chlor, Brom und Jod können an Silicagelsäulen getrennt werden [*660*].

Zur Trennung von Phosphortrichlorid, Phosphoroxychlorid und Bromtrichlorid ist Siliconöl die geeignetste Trennflüssigkeit [*1, 1141*]. Phosphortrichlorid und Phosphoroxychlorid werden an 1,8 m-Säulen (0,6 cm ⌀ mit 23% Silicongummi E 301 auf 80—120 mesh Kieselgur bei 63° C und 29 ml Trägergas/min) getrennt. Als Trägergas wird getrockneter Stickstoff benutzt [*1141*].

Zur Trennung von Phosphornitrilchloriden vgl. [*427*] und von P_3N_5, SF_5 und WF_3 vgl. [*844*].

e) Trennung von Metallen, Metallhalogeniden und Metallchelaten

Flüchtige, wasserfreie Metallchloride sind erstmals von FREISER [*392*] chromatographiert worden. Als Trennflüssigkeiten sind gesättigte, nichtverzweigte Kohlenwasserstoffe am geeignetsten [*718*]. Die Chloride von Zinn(IV), Titan(IV), Niob(V) und Tantal(V) sind an 1,6 m-Säulen (0,6 mm ⌀) mit 34% n-Octadecan oder Squalan auf Chromosorb bei 100° bzw. 150° C und Trägergasdurchflüssen von 36 bzw. 40 ml He/min getrennt worden [*718, 719*]. Die Retentionsvolumina steigen in der Reihenfolge Sn, Ti, Nb, Ta. Bei Trenntemperaturen über 180° C sollten Squalan und n-Octadecan jedoch keine Verwendung finden. Für höher siedende Chloride müssen deshalb anorganische, eutektische Gemische angewandt werden. So sind an 3,6 m-Säulen mit einem Gemisch aus $BiCl_3$ und $PbCl_2$ (79 Mol-% $BiCl_3$), welches im Verhältnis 7:3 auf Kieselgur 30—60 mesh aufgebracht ist, bei 240° C $TiCl_4$ und $SbCl_3$ analysiert worden [*692*].

[1] Zum Beispiel Hostaflon (KP 150—210° C/2 mm Hg) der Farbwerke Hoechst A.G. Frankfurt-Höchst.

Euston u. Mitarb. [*354*] haben einen Gas-Chromatographen für Arbeitstemperaturen bis 1000° C beschrieben, mit dem der Anwendungsbereich der Gas-Chromatographie in der anorganischen Analyse stark ausgedehnt werden könnte.

Die Metalle Zink und Cadmium selbst hat De Boer [*269*] getrennt bei 620° C an einer 50 cm-Säule mit 20% geschmolzenem LiCl auf Seesand. Hier wurde allerdings kein kontinuierlich arbeitender Detektor benutzt, sondern spektroskopisch die beim Austreten aus der Säule an Kühlfingern kondensierten Fraktionen analysiert.

Die Acetylacetonate von Beryllium, Aluminium und Chrom sind von Biermann u. Gesser [*113*] 200° C unter ihrem Siedepunkten bei 80 bis 160° C an 1,2 m-Säulen mit 0,5% Apiezon L auf Glasmehl (0,2 mm ∅) getrennt worden.

15. Gas-chromatographische Analyse von Luftverunreinigungen, Motorgasen und Zigarettenrauch

Bei den Analysen oben genannter Produkte liegt die Schwierigkeit nicht in der Auswahl der geeigneten gas-chromatographischen Trennbedingungen, sondern in der Vorbereitung der Proben. Die Konzentrationen an Verunreinigungen in der Luft sind so gering, daß eine vorherige Anreicherung unerläßlich ist.

Patton u. Lewis [*953*] haben zuerst auf die Anwendung der Gas-Chromatographie zur Analyse von Luftverunreinigungen hingewiesen. Farrington u. Mitarb. [*364*] untersuchten den „Los Angeles Smog". Zur Anreicherung der Spurenkomponenten passiert die Luft mit einem Durchfluß von 0,5 ml/min ein 15 cm langes (0,7 cm ∅) U-Rohr aus Glas, welches 5 cm hoch mit 20 mesh Schamottemehl, imprägniert mit Di-n-butylphthalat, gefüllt ist. Darüber ist eine Schicht mit K_2CO_3 als Trockenmittel gepackt. Die so angereicherten Verunreinigungen der Luft werden desorbiert mit den für Kohlenwasserstoffen üblichen stationären Phasen (vgl. S. 83ff.) getrennt. Auf diese Weise sind 19 Verbindungen nachgewiesen worden, von denen 12 als Kohlenwasserstoffe identifiziert worden sind.

Die Hauptkomponenten der Luftverunreinigungen bis herab zu Konzentrationen von 15 ppb können auch durch direkte Analyse ohne vorherige Anreicherung mittels Ionisationsdetektoren erfaßt werden [*349*, *850*].

Weitere Literaturstellen über gas-chromatographische Analysen von Luftverunreinigungen vgl. [*37*, *410*, *796*, *1005*, *1195*, *1226*].

Die Auspuffgase von Automobilen, die wohl letzten Endes hauptsächlich für die Luftverunreinigungen verantwortlich sein dürften, sind von vielen Autoren mit Hilfe der Gas-Chromatographie untersucht worden. Aus der Analyse der Verbrennungsgase von Motoren können jedoch auch Rückschlüsse über die Arbeitsweise, z.B. bei verschiedenen Verdichtungen, gewonnen werden [*288*]. Weitere Arbeiten über Verbrennungsabgase vgl. [*205*, *366*, *524*, *591*, *598*, *599*].

Patton u. Touey [*955*] untersuchten durch gas-chromatographische Auftrennung an Silicagel-Säulen (siehe S. 85) die Kohlenwasserstoffe im Zigarettenrauch, QUINN u. Mitarb. [*1003*] sowie CLEMO [*215*] die Säuren. Über die Analyse der Alkaloide des Zigarettenrauchs ist schon auf S. 126 und über die Phenole auf S. 129 berichtet worden.

Aus diesen hier nur kurz erwähnten Anwendungen geht hervor, wie vielfältig die Gas-Chromatographie bei der Untersuchung technischer und wissenschaftlicher Probleme angewandt werden kann.

16. Lösungsmittelanalyse

Nach den in den vorausgegangenen Abschnitten berichteten Einzelheiten ist leicht einzusehen, daß zur Reinheitskontrolle von Lösungsmitteln sowie aller Verbindungen bis zu Siedepunkten von 500° C die Gas-Verteilungschromatographie eine der wertvollsten Hilfsmethoden darstellt.

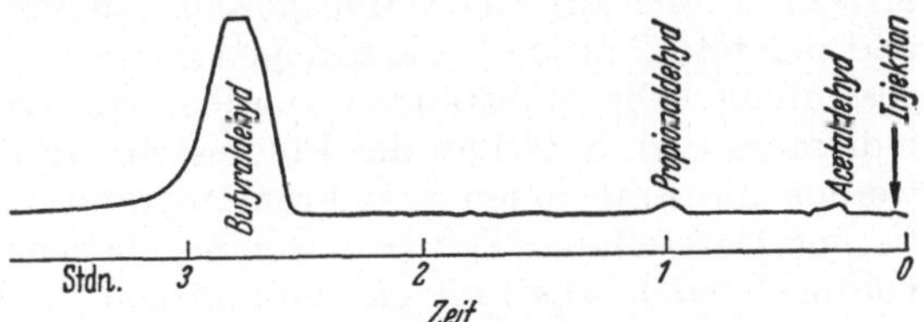

Abb. 58 Analyse der Spurenkomponente (je 0,5% Acet- und Propionaldehyd) in Butyraldehyd [*82*]. Säule: 1 m 30% Siliconöl DC 550/Stearinsäure auf Sterchamol. Temp. 20°C; Durchfluß 70 ml H_2/min

Sofern es sich um Kontrolle von ziemlich einheitlichen Produkten handelt, die insbesondere nur durch Substanzen der gleichen chemischen Verbindungsklasse verunreinigt sind, gestaltet sich die Analyse einfach, da aus den in den Tabellen angegebenen V_R-Werten oder durch Mischchromatogramme die Identifizierung leicht möglich ist. In den Abb. 58 u. 59 ist die Zusammensetzung eines Octans, sowie die Reinheitskontrolle eines Butyraldehydes [82] wiedergegeben.

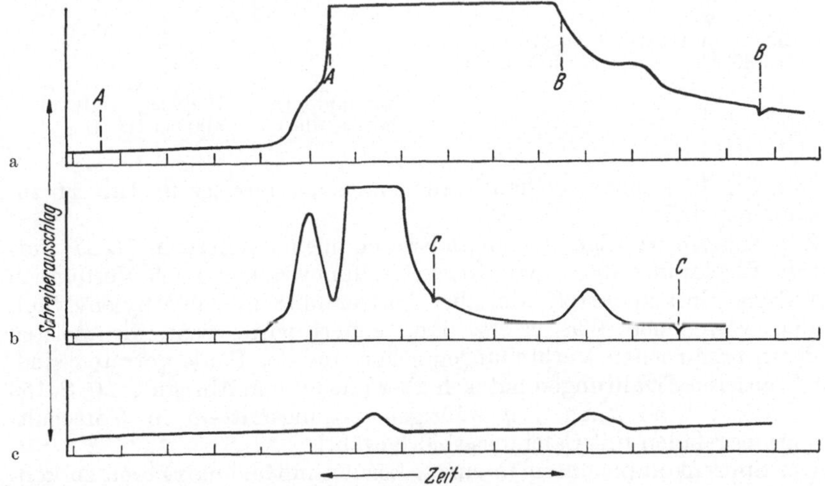

Abb. 59. *Fraktionierte Chromatographie eines verunreinigten Isooctans* nach DESTY [*289*]. a ursprüngliches Chromatogramm; b Chromatogramm der Fraktionen *AA* und *BB*; c Fraktion *CC*. Stationäre Phase; n-Hexatriakontan. Temp. 78,5°C

Bei komplexen Gemischen, wie z. B. Lacklösungsmitteln, welche Substanzen verschiedenster funktioneller Gruppen enthalten, gestaltet sich die Analyse etwas schwieriger. Hier müssen Vortrennungen vorgenommen werden oder aber auch physikalische Methoden mit herangezogen werden.

Jedoch werden durch die Gas-Chromatographie Probleme innerhalb Stunden gelöst, welche früher bei Anwendung von Destillation, Gruppenanalyse und Spektroskopie Monate erforderten.

Nach WHITHAM [*1239*] werden die Komponenten zunächst an einer Silicagelsäule durch Flüssigkeits-Chromatographie nach Gruppen getrennt (vgl. auch S. 99). Gemäß ELLIS u. LETOURNEAU [*341*] werden etwa 0,75 ml Probe auf einer Silicagelsäule in Paraffine, Olefine, Aromaten und sauerstoffhaltige Verbindungen zerlegt und die einzelnen Fraktionen gesammelt. Die Substanzen werden nach Zugabe eines Fluorescenzindicators (vgl. S. 99) an der Fluorescenz im UV-Licht erkannt. Danach werden die Fraktionen gas-chromatographisch mit den in der schematischen Darstellung (Tab. 10) wiedergegebenen Säulen oder mit den in den vorangehenden Abschnitten empfohlenen Säulen aufgetrennt.

Tabelle 10. *Schematische Darstellung einer Lösungsmittelanalyse*

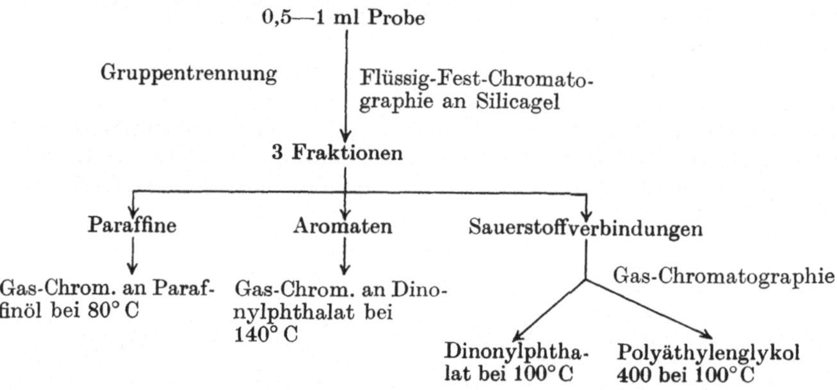

Das Ergebnis einer solchen Lösungsmittelanalyse ist in Tab. 11 zuzusammengefaßt.

Zur Analyse wäßriger Lösungsmittel empfiehlt WHITHAM [*1239*] vorherige Trocknung über wasserfreiem Kaliumcarbonat nach Verdünnen mit Tetrachlorkohlenstoff oder aber Auftrennung an Polyäthylenglykolsäulen, von denen Wasser erst dann eluiert wird, wenn die meisten anderen organischen Verbindungen schon aus der Säule getreten sind. Nach unseren Erfahrungen hat sich aber auch die in Abschnitt 20, S. 159 geschilderte Umsetzung von wäßrigen Lösungsmitteln in Vorschalt-Reaktionsgefäßen mit Calciumcarbid bewährt.

Um Spurenkomponenten in einem Lösungsmittel analysieren zu können, ist es in vielen Fällen notwendig, so viel Substanz zu impfen, daß die Trennsäule überladen ist. Dadurch stellt sich kein reproduzierbares

Verteilungsgleichgewicht ein und Substanzen ähnlicher V_R-Werte werden nicht mehr einwandfrei von der Hauptkomponente getrennt. In diesen Fällen muß durch Auffangen von Fraktionen ein großer Teil der Hauptkomponenten ausgeschieden werden. Wie in Abb. 59a für die Verunreinigungen von Isooctan wiedergegeben ist, werden nach DESTY [*289*] die Fraktionen AA, AB und BB aufgefangen und nach mehrmaliger fraktionierter Chromatographie die vereinigten Fraktionen AA und BB mit den niedriger und höher siedenden Verunreinigungen wiederum aufgetrennt (Abb. 59b). Durch weitere Fraktionierung dieser Substanzen (CC) (Abb. 59c) können die Verunreinigungen erkannt werden.

Tabelle 11. *Analyse eines komplexen Lösungsmittelgemisches nach Whitham* [*1239*]

Bestandteile	Vol-%
Petroläther 65—95° (ohne Aromaten)	16
Benzol	13
Toluol	2
Aceton	10
Methyl-äthylketon . .	5
Isopropylalkohol . . .	14
Amylalkohol.	17
Mesityloxid	1
Diacetonalkohol . . .	18
n-Butanol	1
Spurenbestandteile . . (Wasser, Ester usw.	3

Mittels Chromatographie an einer anderen stationären Phase kann in üblicher Weise aus den tabellierten V_R-Werten oder an Hand von Vergleichssubstanzen eine Aussage über die Struktur der Spurenkomponenten getroffen werden.

G. HOFFMANN [*562*] hat die Gas-Chromatographie zur Erkennung gesundheitsschädlicher Verbindungen in Lösungsmitteln angewandt. HASKIN, WARREN, PRIESTLEY u. YARBOROUGH [*516*] untersuchten gaschromatographisch azeotrope Lösungsmittelgemische.

Es ist in diesem Rahmen nicht möglich, auf alle bisher untersuchten Lösungsmittel einzugehen. Deshalb seien hier, ohne experimentelle Einzelheiten, nur in Stichworten einige Anwendungen angeführt, um die Vielfalt der Möglichkeiten aufzuzeigen. Spurenanalyse [*98*], aromatische Lösungsmittel [*1116*], Wasserbestimmung in Aminen [*1153*], Bestimmung von Diäthyläther und Alkohol im Blut [*845*], Bestimmung von Kohlenwasserstoffen in Wasser [*1216*], Lösungsmittel von Nagellack [*688*], Anaesthetica [*173*], Kunststoffe [*512, 791*], Lösungsmittel für Nitrocellulose [*561*].

17. Bestimmung von leichtflüchtigen Komponenten in hochsiedenden Flüssigkeiten

Bei der Analyse leichtflüchtiger Komponenten in schwerflüchtigen Substanzen soll vermieden werden, daß die schwerflüchtige Substanz in die eigentliche Trennsäule einwandert, da sie diese wegen ihrer langsamen Wanderungsgeschwindigkeit für längere Zeit der Analyse entziehen würde. Man kann diese Schwierigkeit durch Vorschalten kleinerer Säuleneinheiten (5—10 cm) gemäß der in Abb. 60 wiedergegebenen Anordnung vermeiden.

Bei *1* wird die Probe injiziert und wandert bei der in Abb. 60 wiedergegebenen Stellung des Dreiweghahnes (*4*) durch die 5 cm lange (6 mm ∅) mit Silicon-Hochvakuumfett C auf Sterchamol (3:10, Bereitung siehe S. 28) gefüllte Säule. Für das jeweilig interessierende Problem muß vorher bestimmt werden, wann die zu analysierenden Verbindungen aus (*3*) durch den Hahn in die angeschlossene eigentliche Trennsäule (*5*) eintreten. Nach dieser Zeit wird der Hahn (*4*) in die andere Richtung gestellt und die Chromatographie läuft unter Ausschaltung der Vorschaltkolonne weiter. Die Vorschaltkolonne ist mittels Schliffen (*6*) in dem System befestigt, so daß sie des öfteren ausgewechselt werden kann.

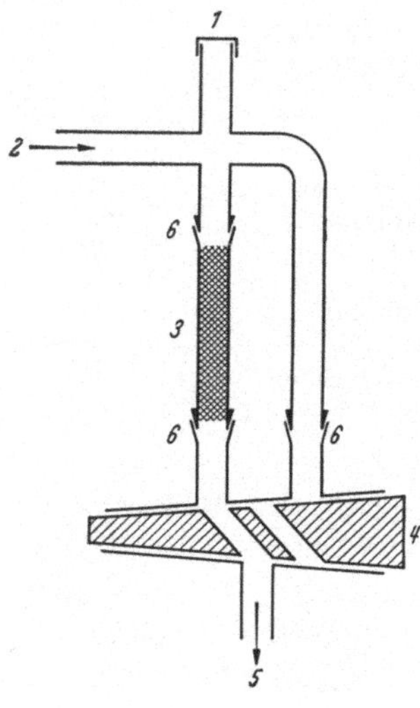

Abb. 60. Vorschaltkolonne. *1* Probeneinlaß, *2* Trägergaszufluß, 3 Vorschaltkolonne (bzw. Reaktionsgefäß), *4* Dreiweghahn, *5* zur Trennsäule, *6* Schliffe

An Stelle solcher Vorschaltkolonnen kann auch durch Rückspülen der Kolonne (Schaltung des Trägergasstromes in umgekehrter Richtung) die Säule wieder von der schwer flüchtigen Substanz befreit werden [*1203*].

Die Vorschaltkolonnen lassen sich bei der in Abschnitt 20, S. 159 geschilderten Wasserbestimmung verwenden, um leichtflüchtiges Acetylen von dem jeweiligen Lösungsmittel abzutrennen. Es ist so möglich, innerhalb 1 Std bis zu 10 Proben auf ihren Wassergehalt zu untersuchen.

Brooks, Murray u. Williams [*156*] haben mittels Vorschaltkolonnen Isopropylnitrit in Schwerölen bestimmt, Petrocelli u. Lichtenfels [*966*] O_2 und N_2 in Petroleum (vgl. [*342*]).

Cieplinsky u. Brenner [*209*] haben eine Vorschaltsäule für einen käuflichen Gas-Chromatographen beschrieben.

An Stelle der Vorschaltsäulen können auch Kühlfallen analog dazwischen geschaltet werden. In diese Kühlfallen kann man die niedersiedenden Lösungsmittel einer nichtflüchtigen Substanz (z. B. Wachse, Öle) destillieren. Man kühlt hierbei die Falle auf — 50° C, heizt nach der Kondensation mittels eines Wasserbades auf und spült die Substanz mit dem Trägergas in die Trennsäule [*323*].

18. Analyse von Verbindungen höheren Molekulargewichtes durch Gas-Chromatographie der bei Pyrolyse entstehenden Produkte

Prinzipiell lassen sich der Gas-Chromatographie nicht zugängliche, nichtflüchtige Verbindungen zu niederflüchtigen Substanzen bei 600 bis 700° C im Stickstoffstrom pyrolysieren. Die charakteristischen Spaltprodukte werden dann untersucht und lassen Schlüsse über die Zusammensetzung der Ausgangsprodukte zu. Pyrohydrolysen für spezifische Nachweise von organischen Verbindungen sind von Feigl [*365*] durchgeführt worden.

DAVISON, SLANEY u. WRAGG [*267*] waren die ersten, die schon 1954 gezeigt haben, daß Polymere sich auf diese Weise gut unterscheiden und analysieren lassen. So gibt Abb. 61 die Analyse der Depolymerisationsprodukte von Polyacrylsäuremethylester und Polyacrylsäureäthylester wieder. Es treten charakteristische Unterschiede auf, die eine Identifizierung der Polymeren gestatten.

In großem Umfang haben JANAK u. Mitarb. [*650–652*] die Analyse der Pyrolyseprodukte allgemein bei nichtflüchtigen organischen Substanzen angewandt und neben Kunststoffen auch Barbitursäurederivate, Aminosäuren, Eiweiße und Alkaloide, wie Atropin und Cocain untersucht.

Die Pyrolysen können in abgeschlossenen Ampullen bei Temperaturen von 460—1000° C außerhalb des Gas-Chromatographen vor sich gehen und dann die Pyrolyseprodukte in den Einlaßteil des Gas-Chromatographen eingeführt werden. Eine entsprechende Vorschrift ist auf S. 53 wiedergegeben (vgl. auch [*1161*]). Noch günstiger ist es jedoch, die Pyrolyse in einer entsprechend Abb. 21 auf S. 53 der Säule vorgeschalteten Pyrolysekammer auszuführen und die Gase direkt in die Trennsäulen zu leiten [*47, 145, 475, 685, 1125, 1152, 1168*]. Sofern kleine Proben von 0,1—1 mg benutzt werden, kann man die Substanz bei eingeschaltetem Trägergasstrom injizieren, verdampfen, in der elektrisch beheizten Pyrolysekammer spalten und anschließend sofort analysieren. Um zu reproduzierbaren Ergebnissen zu gelangen, müssen Pyrolysezeit, Pyrolysetemperatur und Probenmenge möglichst konstant gehalten werden. Weitere Literatur über Analyse von Kunststoffen: [*512, 791, 792*].

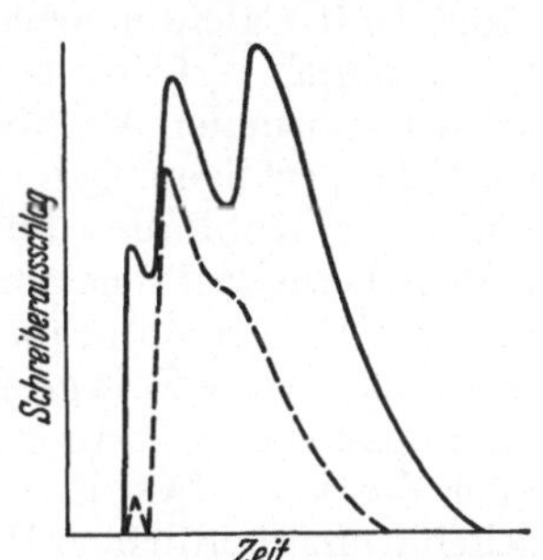

Abb. 61. *Gas-chromatographische Untersuchung der Pyrolyseprodukte (650° C) von* — Polymethylacrylat, ---- Polyäthylacrylat [*267*]. Temp. 111° C. Säule: 1,8 m Dinonylphthalat/Kieselgur. Gasdurchfluß 21 ml N_2/min

19. Anwendung in der organischen Mikroanalyse

Selbst in der klassischen organischen Mikronalyse findet heute die Gas-Chromatographie Anwendung und scheint dazu berufen zu sein, alteingefahrene Methoden zu ersetzen.

Molekulargewichtsbestimmung. LIBERTI u. Mitarb. [*804*] sowie PHILLIPS u. TIMMS [*971*] haben aufgezeigt, daß mittels der Gasdichtewaage eine einfache Molekulargewichtsbestimmung von verdampfbaren Substanzen möglich ist. Sie beruht darauf, daß die Thermospannung eines Gasdichtemeters direkt proportional der Gasdichte und damit nach den Gasgesetzen proportional dem Molekulargewicht ist.

$$p \cdot V = \frac{K \cdot A}{M - m}.$$

In obiger Gleichung bedeuten p und V Druck und Volumen des Dampfes, K ist ein Eichfaktor, der mittels einer Substanz bekannten Molekulargewichtes bestimmt wird, *A* ist die Bandenfläche, *M* das gesuchte Molekulargewicht und *m* das Molekulargewicht des Trägergases.

C-H-Bestimmung [*175, 328, 485, 1157, 1206*]. Es liegt nahe, die bei der organischen Mikro-Elementaranalyse normalerweise gravimetrisch bestimmten Verbrennungsgase CO_2 und H_2O gas-chromatographisch zu erfassen. Die Trennung dieser Substanzen stellt kein Problem dar. Da aber Wasser bei den meisten Trennflüssigkeiten eine verschmierte, unsymmetrische Elutionsbande ergibt, haben SUNDBERG u. Mitarb. [*1157*] sowie DUSWALT u. BRANDT [*328*] auf eine schon vor Jahren vom Autor benutzte Anordnung zurückgegriffen, bei der das Wasser in Vorschaltsäulen mit Calciumcarbid in Acetylen umgewandelt wird (vgl. Wasserbestimmung S. 159). Die Verbrennung der Proben zu CO_2 und H_2O kann in normalen Verbrennungsöfen im Sauerstoffstrom [*328*] oder mit CuO [*328*] erfolgen. CO_2 und C_2H_2 werden dann in Kühlfallen kondensiert und diese Kühlfallen an den Gas-Chromatographen angeschlossen, die beiden Gase an Silicagelsäulen getrennt und bestimmt. Die Genauigkeit dieser CH-Elementaranalyse entspricht der Pregl-Methode. Es wird allerdings etwas Zeit gespart. — Die ebenfalls vorgeschlagene Umwandlung des bei der Verbrennung entstehenden Wassers in Wasserstoff [*175*] oder die von HABER u. GARDINER [*485*] vorgeschlagene Methode erscheint umständlicher. Die oben beschriebenen gas-chromatographischen Methoden werden noch nicht zu einer Konkurrenz der Pregl-Methode werden, da Verbrennung und gas-chromatographische Bestimmung nicht in einem Arbeitsgang erfolgen. Bei Benutzung empfindlicherer Detektoren sollte bei der dann geringeren Substanzeinwaage eine augenblickliche Verbrennung möglich sein, so daß sofort im strömenden Trägergas Verbrennung und gas-chromatographische Trennung ausgeführt werden können. Es sollte dann möglich sein, eine C-H-Bestimmung innerhalb 2—5 min, d.h. etwa 100 Mikroanalysen je Arbeitstag, mit einem Gerät durchführen zu können.

Sauerstoffbestimmung [*435*]. GÖTZ u. BOBER [*435*] haben die organische Substanz bei 1120° C an Kohlekontakten verascht, wobei aus dem Sauerstoff CO gebildet wird, das an Aktivkohle von anderen Substanzen abgetrennt und anschließend mittels einer Wärmeleitzelle bestimmt wird.

Stickstoffbestimmung [*694, 1019, 1253*]. Prinzipiell kann bei der Verbrennung aus dem Stickstoff organischer Verbindungen NO_2 gebildet werden, das ebenfalls gas-chromatographisch neben CO_2 bestimmt werden kann. Hierdurch wird eine neue Kombination in der Mikro-Elementaranalyse, eine C-N-Simultanbestimmung möglich [*1019*]. Die bei einigen Substanzen bei der van-Slyke-Bestimmung auftretenden zu hohen Werte sind durch gas-chromatographische Untersuchung der Azotometergase gedeutet worden [*694*]. Das bei der Kjeldahlbestimmung entstehende Ammoniak kann ebenfalls gas-chromatographisch bestimmt werden [*1253*].

Bestimmung von Alkoxygruppen [*762, 1199*]. Die üblichen Bestimmungen für Alkoxygruppen versagen, wenn mehrere solche Gruppierungen anwesend sind, da die bei der Spaltung entstehenden Alkyljodide selbst nicht bei der titrimetrischen Methode erfaßt werden, sondern nur deren Äquivalente. Da Alkyljodide leicht gas-chromatographisch, z. B. an Dinonylphthalatsäulen (vgl. auch S. 132) getrennt werden können, ergibt sich hieraus eine direkte Bestimmung, wenn vorher nach ZEISEL gespalten wird.

Bestimmung von Acylgruppen [*1136*]. Bei der klassischen Acylgruppenbestimmung werden die nach der Verseifung entstandenen Säuren titrimetrisch bestimmt und somit nur Äquivalente für die Acylgruppen erhalten, die beim Vorliegen mehrerer verschiedener Acylgruppen nur eine begrenzte Aussage liefern. Man kann nun die bei der Verseifung entstehenden Säuren direkt gas-chromatographieren oder aber an Stelle der Verseifung umestern mit Äthanol oder Methanol und die so entstandenen Äthyl- oder Methylester gas-chromatographisch bestimmen.

20. Vorschaltung von Reaktionsgefäßen und kinetische Studien

Alle bei Reaktionsabläufen entstehenden Gas- oder Flüssigkeitsgemische können vorteilhaft gas-chromatographisch untersucht werden. Kinetische Studien (vgl. Lit. [*119*, *179*, *309*, *517*, *1023*, *1030*]) werden dadurch erleichtert und es lassen sich besonders die bei Reaktionsabläufen entstehenden Nebenprodukte gut erfassen [*1212*]. Für sehr schnell ablaufende Reaktionen empfiehlt sich die Anwendung kurzer Kapillarsäulen, evtl. mit Oscillograph als Detektor (vgl. Schnellanalysen S. 13).

Schnell verlaufende chemische Reaktionen können gas-chromatographisch in einem Arbeitsgang untersucht werden. Man schaltet hierzu zwischen Injektionsstelle bzw. Gaseinlaß und Trennsäule das jeweilig erforderliche Reaktionsgefäß. Die von der Injektionsstelle mit dem Trägergas in das Reaktionsgefäß tretende Ausgangsmischung wird umgesetzt, in die Säule transportiert und sogleich analysiert. Diese Methode erfordert sowohl geringen Material- als auch geringen Zeitaufwand.

KOKES, TOBIN u. EMMETT [*753*] haben radioaktives Äthylen und inaktives Propylen unter Verwendung von Wasserstoff als Trägergas durch ein auf 400° C geheiztes Reaktionsgefäß mit einem Crack-Katalysator geleitet und die entstehenden Produkte sowohl mit einer Wärmeleitfähigkeitsmeßzelle als auch mit einem Geigerzähler als Detektoren untersucht.

Andererseits läßt sich auch der Wassergehalt in Lösungsmitteln bestimmen [*65*], wenn man das Lösungsmittel vorher eine mit Calciumcarbid gefüllte Reaktionskammer passieren läßt. Es wird Acetylen gebildet, welches bei Raumtemperatur lange vor den entsprechenden Lösungsmitteln erscheint. Abb. 62 gibt die Analyse des Wassergehaltes eines Petroläthers wieder. Auf diese Weise werden noch ein Teil Wasser in 10^5 Teilen Lösungsmittel nachgewiesen [*65*]. Als Phase wird Dinonylphthalat/Sterchamol 30:100 in 1 m-Säulen benutzt.

Die Möglichkeiten zur Verwendung solcher Reaktoren sind mannigfaltig. Prinzipiell ist die Anordnung der Reaktoren so, wie es in Abb. 60 für die Vorschaltsäule dargestellt ist (vgl. auch [*352*, *495*]). Aus einem

Vielkomponentengemisch können mittels spezifischer, schnellverlaufender Reaktionen einzelne Verbindungen oder ganze Substanzklassen ausgeschieden werden und aus dem Differenzchromatogramm auf die ursprüngliche Zusammensetzung des Gemisches geschlossen werden [*317*]. Ein typisches Beispiel hierfür ist die auf S. 111 erwähnte Zurückhaltung von sekundären und tertiären Alkylbromiden an Silbernitrat [*509*]. Säuren können in Vorschaltsäulen (Reaktoren) mit sirupöser Phosphorsäure auf Schamottemehl direkt in Ester umgewandelt werden [*79*].

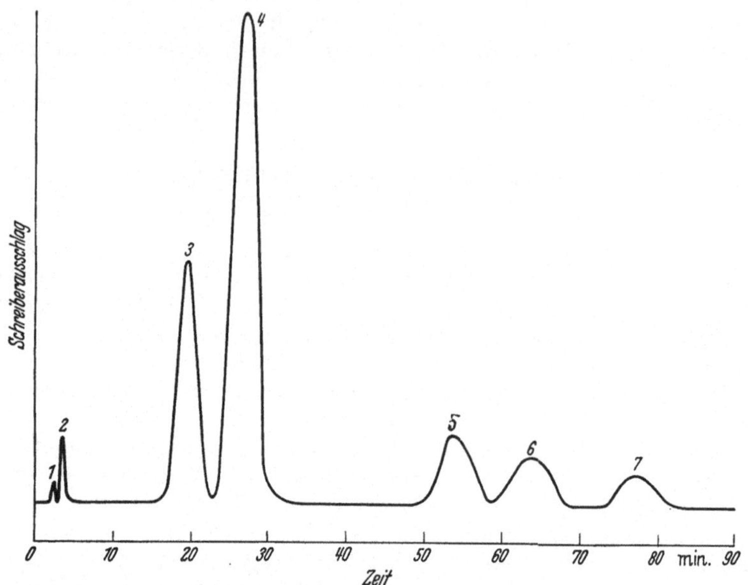

Abb. 62. Bestimmung von Wasserspuren in Petroläther durch Umsetzung zu Acetylen. *1* Luft, *2* Acetylen, *3* Isopentan, *4* n-Pentan, *5*, *6* u. *7* Hexane

Alkohole können in Salpetrigsäureester oder Olefine verwandelt werden und so nach DRAWERT u. Mitarb. [*304—307*] auch noch in sehr verdünnten wäßrigen Lösungen nachgewiesen werden (vgl. auch S. 128). DRAWERT u. Mitarb. [*304—307*] haben dieser Technik auch den Namen *Reaktions-Gas-Chromatographie* gegeben.

21. Gas-Chromatographie als präparative Hilfsmethode

Obgleich die Gas-Chromatographie in den meisten Fällen zu analytischen Trennungen herangezogen wird, ist sie in organischen Laboratorien als präparative Hilfsmethode unentbehrlich geworden.

Auch mit den in normalen Ausstattungen befindlichen Säulen (5 bis 10 mm ∅) lassen sich von Substanzen mit nahe beieinanderliegenden Retentionsvolumina 5—30 mg Einzelkomponente auftrennen und am Ende der Säule durch die im apparativen Teil geschilderten Auffangvorrichtungen wiedergewinnen. Mit diesen Mengen kann man spektroskopische

Untersuchungen, Elementaranalysen und chemische Nachweisreaktionen ausführen.

Um nun größere Mengen auftrennen zu können, sind drei Methoden entwickelt worden. Die ersten beiden Methoden haben ihren Ausgang von der irrigen Auffassung genommen, daß die Trennwirksamkeit von Säulen größeren Durchmessers nicht gut wäre.

So haben HEILBRONNER, KOVATS u. SIMON [*529, 1218*] eine Apparatur entwickelt, bei der an analytischen Säulen kleineren Durchmessers wiederholt mg-Mengen getrennt werden und so durch oftmalig aufeinanderfolgende Trennungen ebenfalls Mengen bis zu einem Gramm erhalten werden können. Die Dosierung der Probe und das Wiederauffangen werden hierbei vollautomatisch programmgesteuert. Die Beschreibung eines programmgesteuerten Auffangsystems ist auf S. 69 zu finden. Hinweise zu dieser präparativen Methode finden sich auch in Lit. [*32, 735*].

Bei einer zweiten Anordnung zur präparativen Gas-Chromatographie[1] werden bis zu acht Säulen von 1,5 cm Durchmesser parallel geschaltet und auf diese Weise die Belastbarkeit einer Säule mit etwa 4,3 cm Durchmesser erreicht. Sofern die Verteilung und Zusammenführung der acht parallelen Gasströme strömungstechnisch gut gelöst ist und darüber hinaus für eine längere Zeit andauernde Stabilität dieser Bedingungen gesorgt wird, dürfte diese Anordnung sehr gute Dienste leisten. Da jedoch beim praktischen Betrieb Veränderungen in der Trennwirksamkeit der Säulen auftreten, ist eine oftmalige Nacheinstellung erforderlich, die unter Umständen sehr zeitraubend sein kann. Auch das Füllen von acht völlig gleichwertigen Säulen ist kein einfaches Unternehmen.

Wesentlich einfacher als die vorgenannten Prinzipien und mit Sicherheit auch auf wirklich große Durchmesser ausdehnbar ist die dritte Methode [*70, 71, 78, 84, 85*]. Sie beruht auf der Verwendung von Säulen großen Durchmessers. Nach sehr eingehenden Studien konnte gezeigt werden, daß Säulen von Durchmessern bis zu 10 cm gegenüber analytischen Säulen nicht sehr stark in ihrer Trennwirksamkeit absinken [*78, 85*]. Ein geringer Abfall (26%) in der Trennwirksamkeit der präparativen Säulen bis 10 cm gegenüber analytischen Säulen dürfte auf das schwierige Füllen, d. h. auf die größere statistische Unregelmäßigkeit der Packung und die leichtere Ausbildung konkaver Strömungsprofile [*78, 84, 442, 600*] zurückzuführen sein. Trennwirksamkeit und Belastbarkeit von Säulen bis zu 10 cm Durchmesser sind in Tab. 12 wiedergegeben.

Aus diesen Angaben geht hervor, daß an 4 cm-Säulen ohne Überladung pro Schub 7 g eines Gemisches aus fünf Komponenten getrennt werden können. Sofern bei Anwendung selektiver Phasen die Substanzen weit auseinander liegen, kann man an 4 cm-Säulen bis zu 100 g eines Gemisches sogar gleichsiedender Substanzen, wie z. B. Benzol/Cyclohexan/Thiophen und an 10 cm-Säulen sogar bis zu 350 g Gemisch trennen.

---

[1] Megachrom. d. Fa. Beckmann Instr. München [*174, 676, 1010*].

Tabelle 12. *Trennwirksamkeit und Belastbarkeit präparativer Säulen*
Stationäre Phase: Dinonylphthalat/Sterchamol 20 : 80; Substanz: Pentan

Säulendurchmesser	1 cm	1,77 cm	2,79 cm	4,1 cm	10,1 cm
Säulenquerschnitt	0,75 cm²	2,4 cm²	6,2 cm²	13,2 cm²	80,0 cm²
Trennstufenzahl je m	500	460	390	370	340
Belastbarkeit (g Pentan)	0,1	0,32	0,80	1,4	9,5
Belastbarkeit je 0,1 cm² (mg Pentan/0,1 cm²)	14	13	13	11	11
Getrennte Menge Benzol-Cyclohexan (1 : 1) an 20% Äthylenglykol-bis-(propionitriläther) auf Kieselgur bei 80°C	4 g	15 g	30 g	60 g	350 g

Wesentliche Teile präparativer Gas-Chromatographen[1] sind Verdampfungskammer, Säulen und Wiederauffangvorrichtungen. Bei der Trennung von Mengen bis zu 20 g (Säulen bis 6 cm ∅) können Durchflußverdampfungskammern benutzt werden, die mit V_2A-Stahlwolle wegen des besseren Wärmeüberganges gefüllt werden. Bei Mengen über 20 g wird vorteilhaft eine statische Verdampfungskammer benutzt, die durch Dreiweghähne aus dem Trägergasstrom herausgeschaltet werden kann und in der die Probe zuerst völlig verdampft wird, ehe durch Umstellen der Hähne das Gas in die Säule gespült wird. In der für Mengen ab 20 g benutzbaren Apparatur der Abb. 63 ist eine solche Verdampfungskammer schematisch aufgezeichnet. Wie aus der Abbildung hervorgeht, müssen auch die Übergänge von den Säulen größeren Durchmessers auf die übrigen Rohrleitungen den strömungstechnischen Notwendigkeiten angepaßt werden. So werden vorteilhaft konische Übergänge benutzt. Die Apparatur kann durch geeignete Programmierung

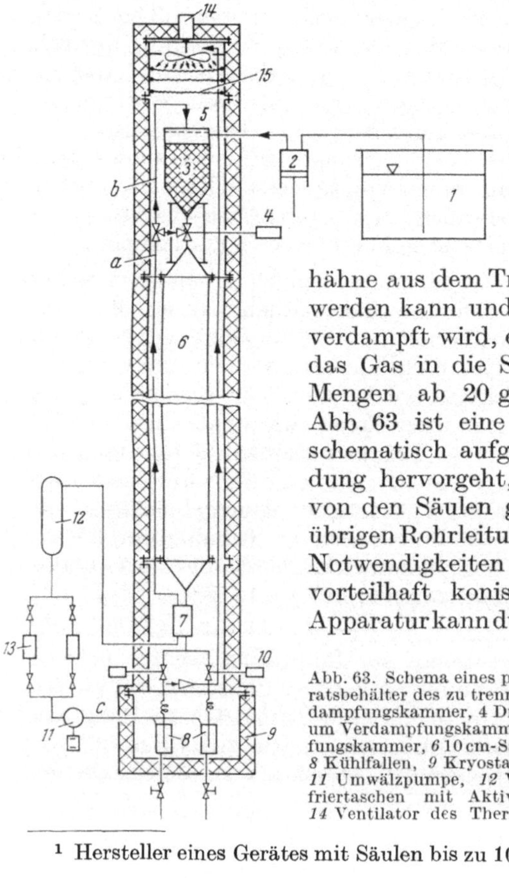

Abb. 63. Schema eines präparativen Gas-Chromatographen. *1* Vorratsbehälter des zu trennenden Gemisches, *2* Dosierpumpe, *3* Verdampfungskammer, 4 Dreiweghähne zum Umleiten des Trägergases um Verdampfungskammer, *5* Eintritt des Trägergases in Verdampfungskammer, *6* 10 cm-Säule mit konischen Übergängen, *7* Detektor, *8* Kühlfallen, *9* Kryostat, *10* Magnetventile für Fraktionssammer, *11* Umwälzpumpe, *12* Windkessel zum Druckausgleich, *13* Ausfriertaschen mit Aktivkohle zur Reinigung des Trägergases, *14* Ventilator des Thermostaten, *15* Heizung des Thermostaten

[1] Hersteller eines Gerätes mit Säulen bis zu 10 cm ∅ : Rubarth u. Co. Hannover.

der Aufgabe und Abnahme für eine oftmalige Wiederholung des Trennprozesses eingerichtet werden [*78, 84, 597*]. Wenn man entsprechend den Daten in Tab. 12 bei einem einmaligen Trennvorgang innerhalb 40 min bis 350 g auftrennen kann, wird so eine Tagesleistung von 12 kg erreicht. Diese Zahl zeigt eindeutig, daß die präparative Gas-Chromatographie in dicken Säulen auch in der Technik zur Trennung ein weiteres Anwendungsgebiet finden kann. Da auch Säulen mit 0,25 und 0,5 m Durchmesser befriedigende Trennleistungen ergeben, dürfte diese Entwicklung erst am Anfang stehen[1].

In diesem Zusammenhang sei auch auf Arbeiten von FREUND, BENEDEK u. SZEPESY [*96, 97, 393*] sowie PICHLER u. SCHULZ [*973*] hingewiesen, die durch eine „kontinuierliche Gas-Chromatographie" aus Gasgemischen einzelne Gase abgetrennt haben. Nach dieser Methode wird das zu trennende Gasgemisch im Gegenstrom zu der ebenfalls bewegten festen oder flüssigen Phase durch eine Säule gegeben. Da in diesen Fällen beide Phasen bewegt werden, ist das Verfahren bei der auf S. 1 angegebenen engen Definition nicht als Chromatographie zu bezeichnen. Es handelt sich vielmehr um eine Gegenstromverteilung unter Chromatographiebedingungen (vgl. Lit. [*973*]). Besonders für kontinuierliche, technische Trennungen ist diese Methode sehr entwicklungsfähig. FREUND, BENEDEK u. SZEPESY [*96, 97, 393*] trennen an Aktivkohle als beweglicher fester Phase Acetylen von Methan, Kohlenoxiden und Wasserstoff. Dieses Verfahren ist zur technischen Abtrennung des bei der Partialoxydation von Methan entstehenden Acetylens angewandt worden.

PICHLER u. SCHULZ [*973*] haben die Gas-Gegenstromverteilung (kontinuierliche Gas-Elutions-Chromatographie) entwickelt und durch die Trennungen n-Butan/trans-Buten und trans-Buten/cis-Buten die Leistungen dieser neuen Methode demonstriert.

Hingewiesen sei auch noch auf eine von W. KUHN u. Mitarb. [*770*] angegebene Methode zur kontinuierlichen Trennung von Substanzgemischen. Hierbei wird längs der Säule ein Temperaturgefälle angelegt, das so eingerichtet wird, daß bei der oberen Temperatur der Verteilungskoeffizient ein Herabwandern und bei der unteren Temperatur ein Hinaufwandern der Substanz bewirkt. Zwischen diesen Extrema kommt die Substanz zum Stillstand und kann dort kontinuierlich abgenommen werden.

Faszinierende Möglichkeiten eröffnet auch die Zirkular-Gas-Chromatographie [*987*]. Die Säulen sind hierbei in sich geschlossen. Da in einem geschlossenen System gearbeitet wird, braucht die stationäre Flüssigkeit keine geringe „Flüchtigkeit" zu haben. Durch wiederholtes Passieren einer cyclischen 3 m-Säule konnten Trennwirksamkeiten von 45 m-Säulen erzielt werden.

22. Gas-Chromatographie zur Betriebs- und Prozeßkontrolle

Aus den in den vorangehenden Abschnitten aufgezeigten Trennungen und Analysenvorschriften geht hervor, daß die Gas-Chromatographie als

[1] Zur präparativen Gas-Chromatographie vgl. auch [*13, 46, 355, 1239*].

Analysenmethode zur Kontrolle der bei technischen Prozessen entstehenden Produkte vielfältige Anwendung finden kann. ROUIT [*1044*] und HICKERSON [*553*] haben in einer Übersicht die Anwendung auf analytische Probleme bei der Raffinerie-Kontrolle beschrieben (vgl. auch [*274*]).

Auch die Reinheitskontrolle der Ausgangs- und Endprodukte bei technischen Prozessen ist ein weites Anwendungsgebiet geworden. Genannt sei hier als Beispiel die von DAHMEN [*256*] beschriebene Kontrolle von Cyclopentadien bei der Herstellung von Kunststoffen und Insecticiden.

Die Betriebs- und Prozeßkontrolle kann im Betriebslabor erfolgen. Der Gas-Chromatograph kann aber auch in der Anlage selbst zu einer automatischen Steuerung eingebaut werden. In konstanten Zeitabständen wird hierbei eine Probe aus dem Reaktionsraum selbsttätig entnommen, in den Trägergasstrom der Apparatur eingeführt und chromatographiert. An Hand des automatisch registrierten Chromatogramms kann nun der Prozeß in die gewünschte Richtung gelenkt werden.

HOOIMEIJER, KWANTES u. VAN DE CRAATS [*568*], AYERS [*34*], HELMS u. CLAUDY [*533, 841*], KAISER[1] und ZINN u. Mitarb. [*1288*] haben die speziellen Anforderungen der Betriebskontrolle an den Aufbau des Gas-Chromatographen eingehend untersucht. Die wichtigste Voraussetzung eines solchen Gerätes ist Zuverlässigkeit und möglichst einfache Bedienung. Von den zur Gas-Chromatographie beschriebenen Detektoren erfüllt nach Ansicht des Autors nur die Hitzdraht-Wärmeleitkammer diese Bedingung. Detektor und Säulen sollten möglichst nahe an dem zu kontrollierenden Fabrikationsgefäß stehen, um die Zuleitung der Analysenproben kurz zu halten. Zur Überwachung werden die in Zeitabständen entnommenen Proben automatisch in reproduzierbarer, konstanter Menge in den Trägergasstrom des Gas-Chromatographen eingeführt. Das Chromatogramm wird auf dem Schreiber registriert, welcher in dem Überwachungsstand der Fabrikationsanlage untergebracht wird. Aus der Bandenhöhe oder -fläche der interessierenden Produkte wird die zur Kontrolle notwendige Information erhalten. Der konstanten Einbringung der Proben kommt deshalb eine große Bedeutung zu. Bei Gasen bereitet die Einbringung kein Problem. Es wird im Prinzip das auf S. 51 beschriebene Gaseinlaß-System benutzt. Der Gasvorratsbehälter wird von dem zu analysierenden Gas aus dem Prozeß laufend gefüllt und die Drehung der Hähne und damit die Einführung des Probengases in diese Trennsäulen automatisch in gewissen Zeitabständen durchgeführt (Regelung durch Zeitkontakte). Die Säulen sollen eine lange Lebensdauer aufweisen. Aus diesem Grund wird man Flüssigkeiten, welche bei der Trenntemperatur schon beachtliche Dampfdrucke aufweisen (z. B. Dimethylformamid) nicht in Prozeß-Chromatographen verwenden.

Flüssige Proben können als soche schwierig in reproduzierbar gleicher Menge eingebracht werden. Sie müssen deshalb verdampft und als Gas eingeführt werden. Man sättigt hierzu Trägergas mit der zu trennenden Substanz und mißt mit der bei Gasen beschriebenen Einlaßvorrichtung eine bestimmte Gasmenge ab und bringt diese ein.

---

[1] Vortrag beim 4. Internationalen Symposium über Gas-Chromatographie, Hamburg, Juni 1962.

Da die Gas-Chromatographie eine diskontinuierliche Trennmethode ist, die nicht kontinuierlich fortlaufend die zur Steuerung des Prozesses notwendigen Werte liefert, kommt der Schnellanalyse große Bedeutung zu (vgl. S. 13). Je eher ein Chromatogramm beendet ist, desto eher kann man auf Grund der erhaltenen Daten in den Prozeß eingreifen. Um zu schnell analysierenden Anordnungen zu gelangen, muß man beachten, daß die Säule gerade für das Trennproblem ausreichen muß. Die meisten Operationen, die zu einer Verkürzung der Analysenzeit führen, wie Temperaturerhöhung, Säulenverkürzung und Anwendung gröberen Trägermaterials, führen zu geringerer Trennleistung der Säule. Lediglich die Imprägnierung mit weniger Trennflüssigkeit und die Anwendung von Säulen kleineren Durchmessers (z. B. 2—3 mm ∅) oder von Kapillarsäulen ergeben bei gleichzeitiger höherer Analysengeschwindigkeit auch bessere Trennleistungen. Vor allem Kapillarsäulen erscheinen berufen, für die Schnellanalyse in der Betriebs- und Prozeßkontrolle ausschließlich Anwendung zu finden. Wenn die große Trennleistung der Kapillaren von 50—100 m Länge nicht notwendig ist, können auch kürzere Kapillaren von 2—10 m Länge vorteilhaft für Schnellanalysen Verwendung finden. Allerdings stehen einer weiten Anwendung der bei der Kapillar-Chromatographie benötigten Flammenionisationsdetektoren die Sicherheitsvorschriften entgegen. Über die theoretischen Betrachtungen zur minimalen Analysenzeit bei einem bestimmten Problem vgl. Lit [*997*, *1036*] und S. 13 in diesem Buch. Praktische Anwendungen finden sich in Lit. [*272*, *382*, *841*, *932*, *1248*].

ANHANG

I. Aufbau und Wirkungsweise von Detektoren

1. Wärmeleitfähigkeitsmeßzellen (Hitzdrahtkammer)

a) Prinzip

Wärmeleitfähigkeitsmeßzellen (in der englischen Literatur auch als Katharometer bezeichnet) werden am häufigsten als Detektoren bei Gas-Chromatographie-Apparaturen angewandt. In die Gas-Chromatographie eingeführt wurden sie von CLAESSON [*211*].

Das Prinzip der Wärmeleitfähigkeitsmessung wurde schon von SCHLEIERMACHER [*1073*] angewandt und sei kurz beschrieben: In einer zylinderförmigen Bohrung eines Metallblocks bzw. in einem Rohr aus Glas oder Metall ist zentrisch ein Metalldraht ausgespannt, der durch

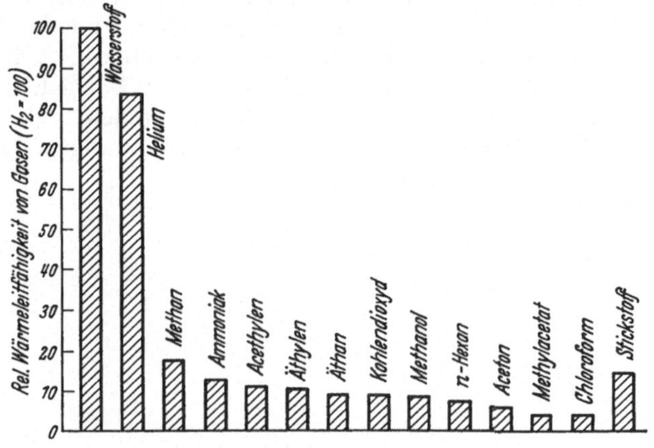

Abb. 64. Relative Wärmeleitfähigkeit von Gasen (bezogen auf Wasserstoff = 100; Temp. 0° C)

einen konstanten elektrischen Strom aufgeheizt wird. Es stellt sich ein Temperaturgefälle zwischen Hitzdraht und Außenwand ein, welches bei gleichbleibendem Heizstrom und gleichbleibender Temperatur der Außenwand von dem Wärmeleitvermögen des Gases abhängt. Leitet das Gas viel Wärme ab, d. h. besitzt es eine große Wärmeleitfähigkeit, wird die Temperatur des Hitzdrahtes bei gleichem Heizstrom geringer sein als bei einem Gas geringer Wärmeleitfähigkeit. Diese Temperaturdifferenz wird nun durch die Widerstandsänderung des Metalldrahtes erkannt, welche in einer Wheatstoneschen Brückenschaltung gemessen wird.

Die mit dem Trägergas aus der Trennsäule austretenden, in geringen Konzentrationen vorhandenen Fraktionen sollen nun gemessen werden. Man wendet hierzu ein Differenzverfahren an, indem man mindestens zwei Meßkammern benutzt. Durch eine Kammer fließt reines Trägergas und durch die andere Meßkammer das von der Trennsäule kommende Probengas.

Da Wasserstoff und Helium gegenüber organischen Verbindungen eine wesentlich höhere Wärmeleitfähigkeit aufweisen (siehe Abb. 64), werden diese Gase vorzugsweise als bewegliche Phasen bei Wärmeleitfähigkeits-Differenzmeßverfahren benutzt. Denn je größer die Differenz in den Wärmeleitfähigkeiten ist, desto größere Temperatur- und damit Widerstandsänderungen werden entstehen, wodurch die Empfindlichkeit der Meßanordnung erhöht wird [*132*, *389*, *818*, *1016*, *1017*, *1077*, *1094*].

Wenn chemische Veränderungen von Substanzen, z. B. Hydrierungen durch den Wasserstoff, zu befürchten sind, kann auch Stickstoff verwendet werden. Doch ist hierbei zu beachten, daß Substanzen mit hoher Wärmeleitfähigkeit negative Banden herbeiführen können, z. B. Methan, Luft (vgl. Abb. 64).

Eine weitere Steigerung der Empfindlichkeit kann durch höhere Aufheizung der Hitzdrähte erfolgen. Je größer das Temperaturgefälle zwischen Draht und Außenwand der Wärmeleitkammer ist, desto größere Widerstandsänderungen werden durch das unterschiedliche Wärmeleitvermögen von Gasen erzeugt.

In der Praxis findet die Aufheizung ihre Begrenzung bei einer thermischen Veränderung des Hitzdrahtes (Verzunderung, Verglühung) und einer eventuellen Empfindlichkeit der getrennten Substanzen bei höheren Temperaturen.

b) Apparaturen

Es sind eine ganze Reihe von Wärmeleitkammern beschrieben worden. Die Geometrie der Meßzelle spielt für die Empfindlichkeit und die Nullpunktstabilität eine Rolle. Genauere Untersuchungen hierüber liegen von Dimbat, Porter u. Stross [*294*], Mellor [*883*], Harvey u. Morgan [*515*], sowie Ashbury, Davies u. Drinkwater [*30*] vor.

Da inzwischen Wärmeleitfähigkeitsmeßzellen für die Gas-Chromatographie im Handel[1] erhältlich sind, wird man in zunehmendem Maß auf den Eigenbau verzichten können. Aus diesem Grund ist in dieser Auflage auf die nähere Beschreibung des Baues von Wärmeleitzellen, die in der ersten Auflage noch sehr eingehend behandelt worden sind, verzichtet worden.

Es sei hier nur kurz auf einige Wärmeleitzellen hingewiesen. Eine einfache Wärmeleitzelle aus Glas haben Littlewood u. Mitarb. [*816*] und Brooks u. Williams [*157*] beschrieben. Bei höheren Temperaturen als 150° C dürfen allerdings nur Wärmeleitzellen aus Metall Verwendung finden.

Eine sehr stabile Wärmeleitkammer mit vier Meßkammern und mit Glas verkleideten Platin-Heizdrähten beschrieben Naumann u. Oster [*909*, *910*]. Ashbury, Davies u. Drinkwater [*30*, *311*] geben die Konstruktion eines Detektors an, der sich bei Temperaturen von 300° C im

[1] Wärmeleitfähigkeitsmeßzellen zur Gas-Chromatographie werden z. B. von Siemens & Halske, Karlsruhe, und Gow Mac, Madison N.J., USA, verkauft.

Dauerbetrieb bewährt hat. Bei Hochtemperaturzellen ist die Auswahl geeigneter Dichtungen das schwierigste Problem. FALEY u. LONG [*362*] haben bis zu 500° C und bis zu Drucken von 25 Atm. benutzbare Dichtungen beschrieben. Über Hochtemperatur-Meßzellen vgl. auch [*368*] und über einen bei hohem Druck bis 3000 Atm. zu gebrauchenden Detektor vgl. [*218*]. D. D. SCOTT u. A. HAN [*1095*] konstruierten eine von Schwankungen des Trägergasdurchflusses relativ unabhängige Hitzdraht-Wärmeleitzelle.

Außer den hier angeführten Anordnungen gibt es noch sehr viele andere Arbeiten [*156, 168, 179, 251, 261, 510, 542, 632, 680, 695, 696, 720, 721, 64, 819, 9794, 1059, 1066, 1075, 1239*], die sich mit dem Bau von Hitzdraht-Wärmeleitkammern für die Gas-Chromatographie befassen.

Die für die quantitative Bestimmung wichtigen Eigenschaften von Wärmeleitzellen sind auf S. 81 angeführt.

2. Wärmeleitfähigkeitsmeßzellen (Thermistor-Zellen)

An Stelle der Hitzdrähte aus Platin oder Wolfram können in einer Wärmeleitkammer auch Thermistoren angebracht sein. Solche Anordnungen wurden von AMBROSE u. COLLERSON [*12*], COWAN u. STIRLING [*233*], sowie DAVIS u. HOWARD [*263, 264*] beschrieben (vgl. auch [*134, 903, 951*]).

Die Empfindlichkeiten guter Hitzdraht- und Thermistoren-Wärmeleitkammern dürften vergleichbar sein. Ein Vorteil der Thermistor-Anordnung dürfte das geringe Kammervolumen darstellen, während die Null-Stabilität der Hitzdraht-Katharometer, insbesondere bei höheren Temperaturen, günstiger ist [*936*]. Der Vorteil des kleinen Kammer-Volumens wird jedoch mehr als aufgehoben durch die im Vergleich zu den Hitzdrahtkammern größere Wärmeträgheit [*910*] (vgl. auch S. 57) der Thermistoren.

3. Das Gasdichtemeter von MARTIN und JAMES [*846*]

Bevor auf den Bau des Gasdichtemeters im einzelnen eingegangen wird, sei an Hand der schematischen Abb. 65 die prinzipielle Wirkungsweise erläutert. Bei *2* tritt das Probengas von der Trennsäule, bei *1* das Vergleichsgas (reines Trägergas) ein. Gemäß den für die Gaswege eingezeichneten Pfeilen fließen die Gase durch das System, vereinigen sich in dem dünn schraffiert gezeichneten Teil und fließen gemeinsam bei *3* ab. Man läßt zunächst bei *1* und *2* reines Trägergas einfließen und gleicht die Strömungen der Gase so ab, daß zwischen *A*—*B* kein Gas durchfließt. Das bedeutet, daß an diesen Stellen gleicher Druck herrscht. Tritt nun bei *2* ein Gas von der Trennsäule her ein, so wird infolge der veränderten Stoffeigenschaften dieses Druckgleichgewicht gestört und es fließt ein Gasstrom zwischen *A* und *B*. Dieser Gasstrom wird zwischen *A* und *B* mittels eines Anemometers gemessen. Das Anemometer (vgl. Abb. 67) setzt sich aus zwei aufgeheizten Thermoelementen zusammen, welche durch einen Gasfluß auf unterschiedliche Temperaturen kommen. Der so entstehende Thermostrom wird gemessen und registriert.

Das Gasdichtemeter [*289, 520, 620, 846, 900*] wird nach MARTIN u. JAMES [*846*] aus einem Messingblock (51×51×152 mm) angefertigt, in dem Bohrungen vorgesehen sind, wie sie in Abb. 66 schematisch wiedergegegeben sind. Da die Anfertigung des Messingblocks einer außerordentlichen Handfertigkeit bedarf, wird man in vielen Fällen auf eine Variante von MUNDAY u. PRIMAVESI [*900, 901*] zurückgreifen, welche das Gasdichtemeter aus Kupferrohren herstellen. Bei dieser Rohrkonstruktion ist allerdings die Nullpunktskonstanz etwas geringer als bei der Anordnung in einem massiven Messingblock; dafür lassen sich aber Undichtigkeiten leichter entdecken und beheben.

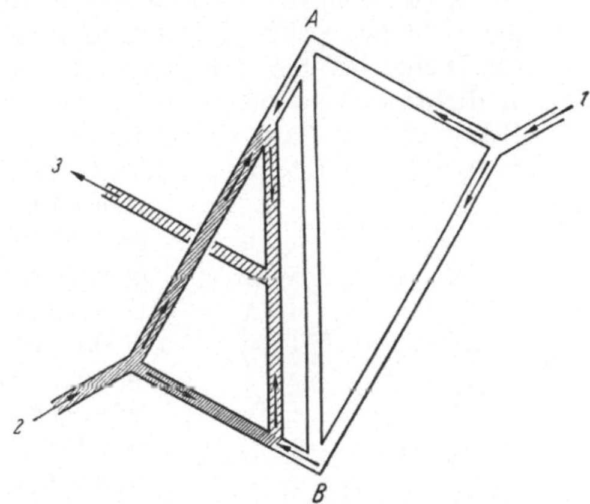

Abb. 65. *Gasstrom-Schema eines Gasdichtemeters.* *1* Vergleichsgaseintritt, *2* Probegaseintritt, *3* Gemeinsamer Austritt von Vergleichs- und Probegas. *A*–*B* Anemometerbrücke

Das Probengas tritt durch die Zuleitung *A* (5 mm ∅) ein und läuft in etwa gleichen Teilen durch die Kanäle *B C* und *B′C′* (10 mm ∅), durch *D* und *D′* (5 mm ∅) und vereinigt sich wieder bei der Austrittsstelle *E* (5 mm ∅). Das Vergleichsgas tritt durch *F* (5 mm ∅) ein, teilt sich in die durch *GH* und *G′H′* (5 mm ∅) fließenden Gasströme und vereinigt sich dann durch die Kanäle *J K* und *J′K′* (10 mm ∅) mit dem Meßgas in den Rohren *D* und *D′*. Die Rohre *C K* und *C′K′* sollen gemäß Abb. 66 ansteigen, um das Druckgefälle zwischen dem leichteren Trägergas und den dichteren Fraktionen aus der Trennsäule günstiger zu gestalten.

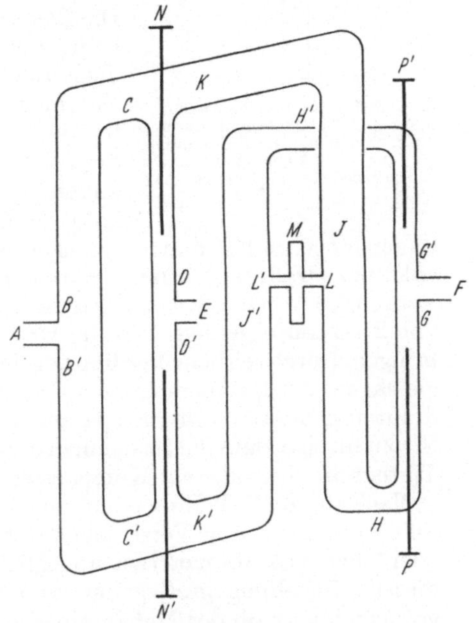

Abb. 66. Gasstrom-Schema zum Gasdichtemeter nach MARTIN u. JAMES [*846*]. Erläuterung der Buchstaben im Text

Bei *D* und *D′* sind verschiebbare Stäbe *N* und *N′* angebracht, mit denen die Strömungswiderstände der Rohrstrecken *ABCDE* und *AB′C′D′E* einander angeglichen werden. Zwei gleiche Stäbe *P* und *P′* gleichen den Strömungswiderstand zwischen *GHJK* und *G′H′J′K′* aus. Die Anbringung von Stäben zum Abgleich der verschiedenen Strömungswiderstände ist nicht unbedingt nötig, da nur geringe Restströme bei den Thermoelementen gemessen werden, die auch potentiometrisch kompensiert werden können [*900*]. Wenn die Strömungswiderstände in $J'K'$ und JK gleich sind, ist die Druckdifferenz zwischen L und L', wo das Anemometer M angebracht ist, gleich Null und unabhängig von dem Gasdurchfluß, sofern die Dichte der bei A und F eintretenden Gase gleich ist. Tritt aber bei A dichteres Gas ein als bei F, d.h. ist im Trägergas (Wasserstoff oder Stickstoff) eine aus der Chromatographiesäule austretende Verbindung vorhanden, entsteht zwischen L und L' eine Druckdifferenz, wodurch ein Gasstrom durch das Anemometer hervorgerufen wird. Bei einem stationären Gleichgewicht ist dieser Gasstrom proportional der Gasdichte (Molekulargewicht).

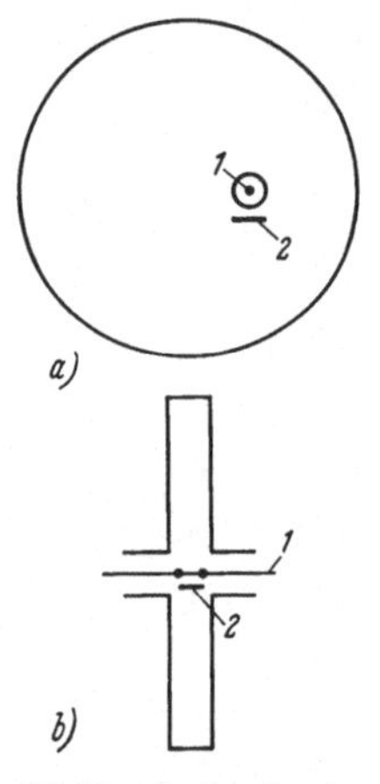

Abb. 67. Einzelheiten des Anemometers [*846*]. *a* Querschnitt durch die Hohlscheibe; *b* Längsschnitt durch das Anemometer; *1* Thermoelemente, *2* Heizdraht

Das Anemometer (Abb. 67) ist in einer runden Cuvette M (25 mm ∅, 3 mm dick), untergebracht und zwar exakt in der Mitte zwischen den Rohren J und J'. Die Verbindungsrohre L und L' (3 mm ∅) münden parallel der Cuvettenachse, aber von dieser horizontal um etwa 5 mm verschoben, in die Cuvette ein. In der Achse von LL' sind zwei Thermoelemente (*1*) in Höhe der Cuvettenseitenwände angebracht. Die Thermoelemente bestehen aus einem mittleren Konstantandraht (0,025 mm ∅), an den die Kupferzuleitungen angeschweißt sind. Die Thermoelemente werden genau symmetrisch in die Cuvette eingebaut und die Kupferdrahtzuleitungen durch Glaskapillaren nach außen geführt. Der Heizdraht (*2*) wird unterhalb von K angebracht und besteht aus einem 6 mm langen, (0,31 mm ∅) starken Nichrom-Draht, an den die Kupferzuleitungsdrähte (1,25 mm ∅) hart angelötet werden. Durch Glaskapillaren werden die Anschlüsse einer Stromquelle zugeführt. Ein konstanter Strom von 2—3 Amp. genügt, um die Drahttemperaturen auf 600—800° C zu bringen. Durch seitliche Verdrehung des Heizdrahtes wird das Temperaturgleichgewicht des Anemometers so eingestellt, daß die an den Zuführungsdrähten gemessene Thermospannung zu Null wird. Zur kontinuierlichen Stromanzeige kann die Zusammenstellung lichtelektrischer Verstärker + Tintenschreiber oder ein Kompensograph (vgl. S. 61) verwendet werden.

Nach dieser Null-Einstellung wird Vergleichsgas durch F eingegeben und entweder durch Verschieben der herausziehbaren Stäbe N und N' oder auch potentiometrisch abgeglichen. Die Durchflußdauer muß bei dieser Einstellung groß genug sein, damit sich das Strömungsgleichgewicht innerhalb der Meßkammer einstellen kann. Indem man nun bei A und bei F das gleiche Gas einströmen läßt, wird durch Verschiebung der Stäbe P und P' oder auch potentiometrisch auf Null eingestellt. Danach ist das Gasdichtemeter abgeglichen und erfährt auch bei Änderungen der Durchflußgeschwindigkeit oder der Temperatur keine wesentlichen Verschiebungen mehr.

Sobald das bei A eintretende Gas eine Komponente größerer Dichte enthält, wird zwischen L und L' ein Druckunterschied erzeugt, der zu einem Gasstrom über die Thermoelemente führt und damit zu deren unterschiedlicher Aufheizung. Der Thermostrom wird gemessen. Dieser ist bei bekanntem Molekulargewicht der Konzentration der Komponenten direkt proportional.

Durch weitere Verbesserungen und Vereinfachungen der Konstruktion ist das Gasdichtemeter heute relativ einfach aufzubauen [*679, 901, 929*] und auch schon im Handel erhältlich[1].

4. β-Strahlen-Ionisationskammer

[*124, 268, 824, 825, 831, 856, 945, 982, 1197*]

Durch β-Strahlen gebildete Ionen erreichen von einer Sättigungsspannung an in maximaler Menge die Elektroden. Dann fließt ein Sättigungsstrom. Die dazu benötigte Spannung hängt von dem Druck und der Art des Gases, sowie von den Dimensionen der Ionisationskammer ab. 100 V liegen bei der wiedergegebenen β-Strahlen-Ionisationskammer oberhalb dieser Sättigungsspannung.

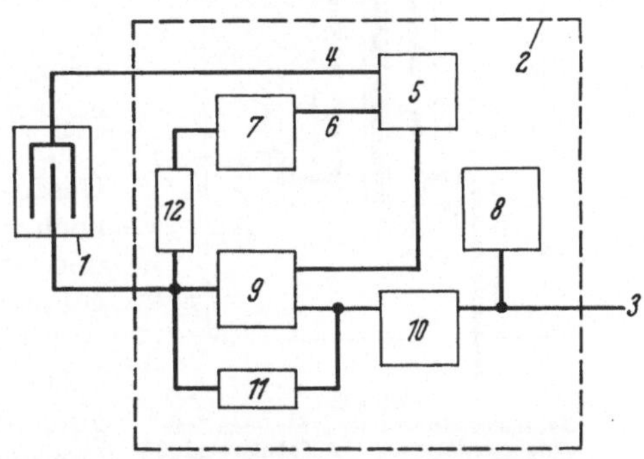

Abb. 68. *Blockdiagramm der Ionisationsdetektor-Schaltung. 1* Ionisationskammer, *2* Elektrometer-Verstärker, *3* Zum Schreiber, *4* Spannung für Außenelektrode (+ 100 V), *5* Stromquelle, *6* Spannung für Kompensation (− 100 V), *7* Spannungskompensator, *8* Schalttafelanzeiger, *9* Gleichstromverstärker (etwa 1000fach), *10* Regelbarer Ausgangsabgleich, *11* Eingangswiderstand, *12* Stromkompensationswiderstand (10^{10} Ohm)

Der zwischen den Elektroden fließende Strom (z.B. $5 \cdot 10^{-10}$ Amp. für Stickstoff) ist je nach der Zusammensetzung des Gases verschieden stark und proportional der Gasdichte [*268, 945*]. Der durch das Trägergas verursachte Strom läßt sich im Differenzverfahren mittels einer Vergleichskammer [*124*], durch die reines Trägergas strömt, kompensieren oder aber einfacher durch einen Gegenstrom, der von einer Gleichstromquelle von 100 V entnommen und durch einen hochohmigen Widerstand ($10^{10}\,\Omega$) geregelt wird. Letzteres Verfahren [*268*] ist weniger aufwendig und vollkommen ausreichend. Der resultierende Strom wird über einen Gleichstromverstärker auf einem Schreiber vollautomatisch registriert [*124, 268*]. (Schema siehe Abb. 68).

Die Ionisationskammer (Abb. 69) erlaubt das Arbeiten bis zu 250° C. Sie besteht aus einem 64×64×107 mm großen Stahlblock, welcher sich aus einem Zentralblock (*9*) und einem oberen und unteren Aufsatz (*4*) sowie (*12*) zusammensetzt. Wie in Abb. 69 wiedergegeben ist, werden in einer zentralen Bohrung von 12,7 mm Durchmesser die

[1] Hersteller: Gow Mac, Madison, N.J., USA.

Elektroden (*6, 10*) und die Strahlungsquelle (*8*) untergebracht. Außenelektrode (*10*) ist ein Stahlrohr von 9,5 mm Außendurchmesser und 0,9 mm Wandstärke. Diese Elektrode ist auf das Gasaustrittsrohr (*13*) aufgeflanscht und durch Teflonscheiben (*11*) isoliert und abgedichtet. Die Stromzuleitung (*14*) wird isoliert durch die Teflonscheiben und den unteren Aufsatz geführt.

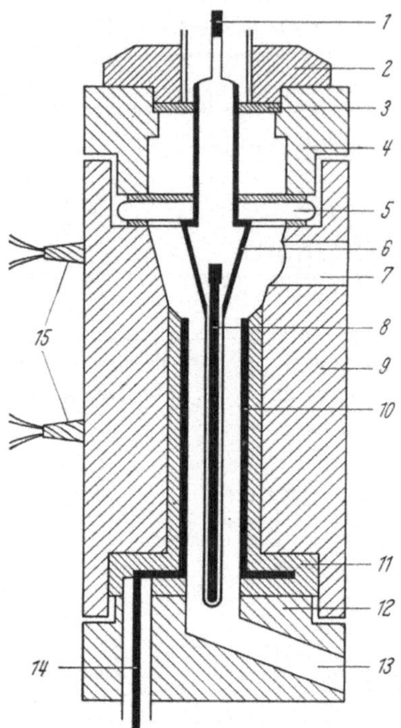

Abb. 69
Zusammenstellung der β-Strahlen-Ionisationsmeßkammer. *1* Kabelanschluß der Zentralelektrode, *2* Oberer Verschlußkopf, *3* Teflon-Isolation, *4* Oberes Ansatzstück, *5* Sinterquarz-Isolator, *6* Zentralelektrode, *7* Gaseinlaß, *8* Sr^{90}-Strahlungsquelle, *9* Mittelstück, *10* Außenelektrode, *11* Teflon-Isolation, *12* Unteres Ansatzstück, *13* Gasauslaß, *14* Kabelanschluß der Außenelektrode, *15* Patronen-Heizkörper

Die Zentralelektrode (*6*) wird aus einer Stahlkapillare von 1,6 mm Außendurchmesser und 0,13 mm Wandstärke angefertigt. In das konische Endteil ist der β-Strahler (*8*) eingesetzt. Die Strahlungsquelle besteht aus einer Folie von Sr^{90}—Y^{90} mit einer Intensität von 10 mc und kann bezogen werden[1].

Die Zentralelektroden-Anordnung (*6*) ist vom Stahlblock (*9*) durch eine Quarzscheibe (*5*) und durch Teflondichtungen (*3*) isoliert.

Im zentralen Stahlblock sind außer Gaszu- (*7*) und Gasableitung (*13*) auch noch vier elektrische Heizpatronen (*15*) und ein Widerstandsthermometer untergebracht. Die Temperaturkonstanz beträgt $\pm$ 0,1° C.

Obgleich unter normalen Betriebsbedingungen die dicken Wände der Ionisationskammer alle β-Teilchen bremsen, empfiehlt es sich wegen der Bremsstrahlung, die Zellwände mit 3 mm dicken Bleifolien zu verkleiden. Besondere Vorsicht ist beim Aufbau oder Abbau der Ionisationskammer geboten.

a) Argon-β-Strahlendetektor nach Lovelock[2]

Lovelock [*824, 825, 831*] hat eine β-Strahlenionisationskammer gebaut, welche sich durch höhere Empfindlichkeit gegenüber den vorher beschriebenen Anordnungen ausgezeichnet. Dieser Detektor eignet sich deswegen besonders in Kombination mit Kapillarsäulen [*824*]. Die hohe Empfindlichkeit wird durch die Verwendung von Argon als Trägergas erreicht. Nach Lovelock [*823*] beruht die hohe Empfindlichkeit darauf, daß Argon durch β-Strahlen rasch zu nichtionisierten, metastabilen Zuständen angeregt wird. Wenn nun ein solches metastabiles Argon-Atom mit einem organischen Molekül kollidiert, wird die

[1] U.S. Radium Corp., 535 Pearl, New York, N.Y.
[2] Hersteller des Argon-β-Strahlendetektors: Fa. Pye, Cambridge/England.

Anregungsenergie übertragen und die organische Substanz ionisiert. Neben einer Kammer mit großem Volumen [*825*] ist für die Kapillar-Chromatographie besonders die unten beschriebene Mikroversion [*824*] interessant. LOVELOCK hat sehr schöne Übersichten [*826*, *830*] über diese neuen Detektoren gegeben, die in sehr vielen interessanten Ausführungsformen gebaut werden können.

Nach Abb. 70 ist die zylinderförmige Detektorenkammer *1* (1 cm ∅, 1 cm hoch) in einen Messingblock von ca. 2×2×1,5 cm eingebohrt. Dieser Messingblock ist isoliert und kann mit 3 mm dicken Bleifolien *2* verkleidet sein, um Bremsstrahlung zu vermeiden. Das aus der Kapillarsäule tretende Gas wird durch die Kapillare *3* in den Detektor geleitet. Diese Kapillare ist von einer Manschette aus Teflon *4* umgeben, welche sich nach oben in eine kleine zylinderförmige Kammer *5* von 1 mm Durchmesser und 1 mm Länge erweitert. In dieser Mikrokammer befindet sich ein kleines Goldkügelchen *6*, welches durch einen Golddraht *7* mit der Metallkapillare verbunden ist. Die Metallkapillare dient als Anodenzuleitung. Bei *8* befindet sich die Strahlungsquelle in Form einer Folie mit 10 μc Strontium-90. Als Kathode dient das Messinggehäuse *9*. Als Potentiale werden 1000 bzw. 5000 V angelegt. Bei *10* befindet sich der Gasaustritt und durch *11* kann die Kammer noch mit einem Gasdurchfluß von z. B. 10—15 ml Helium oder Argon/min beströmt werden, um die sonst bei den geringen Gasdurchflußgeschwindigkeiten der Kapillarsäulen kleine Konzentration an metastabilen Argon-Atomen groß halten zu können.

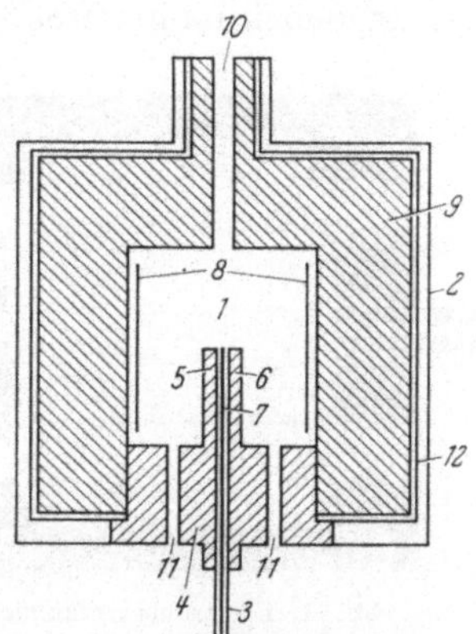

Abb. 70. Argon-β-Strahlendetektor nach LOVELOCK [*824*]. Erläuterungen im Text

Der Ionisationsstrom ($\sim 10^{-8}$ A) wird mittels eines Gleichstromverstärkers verstärkt und die Messung mittels Tintenschreiber registriert. Die Anzeige ist relativ unabhängig von Druck- und Temperaturschwankungen, aber empfindlich gegenüber Änderungen im Gasdurchfluß. Wenn ein Widerstand zwischen 1 und $5 \times 10^9\ \Omega$ in Serie geschaltet wird, ist die Anzeige linear abhängig von der Substanzkonzentration. Noch 10^{-12} Mol organischer Verbindungen können angezeigt werden (vgl. auch Angaben über Konstruktion in Lit. [*1178*]).

An Stelle von Sr^{90} können auch andere β-Strahler, wie Pm^{147} [*946*, *1274*] oder Radium [*470*] benutzt werden.

Auf die Schwierigkeiten bei der Vorhersage von Eichfaktoren bei dem β-Strahlendetektor ist schon auf S. 78 hingewiesen worden. Sehr störend wirken beim Argondetektor Spuren von Wasser, gegen die z. B. der Flammenionisationsdetektor unempfindlich ist. Der oben beschriebene β-Strahlen-Argon-Detektor ist für permanente Gase relativ unempfindlich. Man kann aber durch Ersatz der Strontium-Strahlungsquelle durch eine 100 mc-Tritiumquelle und Anlegen einer Spannung von 300 V auch N_2, O_2, H_2, CO, CO_2 und Stickoxide empfindlich bestimmen [*682*, *779*, *827*].

Diese mit Tritium ausgerüsteten Detektoren sprechen empfindlicher auf permanente Gase an als die von LESSER [*795*] vorgeschlagene Methode der Zumischung einer kleinen Menge organischer Substanz zum Trägergas.

Eine Variation des β-Strahlen-Argon-Detektors ist der sog. *Triodendetektor* [*565*, *566*, *826*]. Bei diesem Detektor wird noch eine Ringelektrode angebracht, die koaxial mit der Anode, aber 4 mm mehr in dem Innenraum angeordnet ist. Diese zusätzliche Elektrode sammelt so gut wie keine Elektronen vom primären Elektronenstrom, dafür aber alle positiven Ionen, die durch die Reaktion mit der Analysensubstanz und den metastabilen Argonatomen entstehen.

b) Elektroneneinfang-Detektor

Eine weitere Variation des β-Strahlen-Argon-Detektors ist der Elektroneneinfang-Detektor [*448*, *463*, *829*, *832*], der in Abb. 71 wiedergegeben ist. Dieser Detektor dürfte eine große Zukunft haben, da er den spezifischen Nachweis von Substanzen erlaubt und hierdurch ein Nachteil der Kapillarsäulen, die wenig sichere Identifizierung der Substanzen, ausgeglichen werden kann.

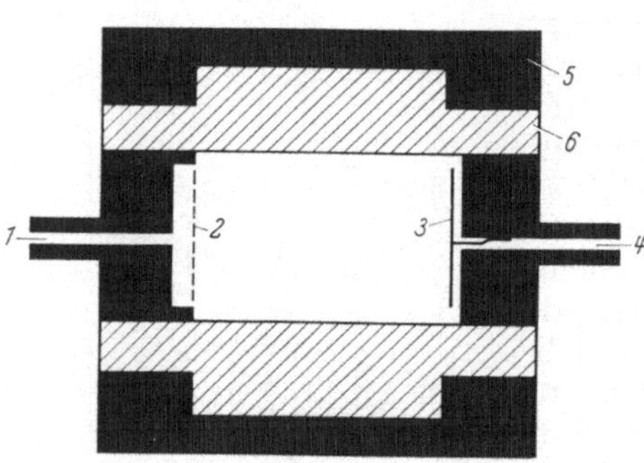

Abb. 71. Elektroneneinfangdetektor. *1* Eintritt des Trägergases und Anode, *2* Diffusor, aus 100 mesh-Messingnetz, *3* Strahlungsquelle, *4* Austritt des Trägergases und Kathode, *5* Messingblock (ca. 2 × 2 × 2 cm), *6* Teflondichtung

Die Wirkungsweise des Detektors beruht auf der Erscheinung, daß die Rekombination zwischen positiven und negativen Ionen um den Faktor 10^5—10^8 schneller ist als die Rekombination zwischen freien Elektronen und positiven Ionen. Sofern ein Gas vorhanden ist, das freie Elektronen unter Ausbildung negativer Ionen einfangen kann, wird deshalb eine verstärkte Rekombination bemerkt, die sich durch eine Verminderung des Ionenstroms bemerkbar macht. Je stärker die Elektronenaffinität einer organischen oder auch anorganischen Verbindung ist, desto stärker tritt dieser Effekt in Erscheinung.

Eine hohe Elektronenaffinität weisen nun halogenhaltige und sauerstoffhaltige organische Verbindungen auf, während gesättigte Kohlenwasserstoffe eine geringe Elektronenaffinität zeigen. Ungesättigte und aromatische Kohlenwasserstoffe zeigen jedoch einen Effekt. Durch Anlegen unterschiedlicher Potentiale zwischen 0,1—100 V an die Elektroden kann man für verschiedene Substanzklassen selektive Anzeigen erhalten. Über die analytische Anwendung hinaus kann dieser Detektor sicher auch zukünftig ein wertvolles Hilfsmittel der theoretischen organischen Chemie sein.

Hingewiesen sei hier auch auf die *Elektronenbeweglichkeits-Detektoren* [*826*], die für permanente Gase spezifisch sind.

c) Ionisationsdetektoren ohne Strahlungsquelle

HAAHTI u. Mitarb. [*482, 484*] haben gezeigt, daß man den β-Strahlen-Argon-Detektor von LOVELOCK auch ohne radioaktive Strahlungsquelle betreiben kann, wenn an Stelle der Sr^{90}-Folie eine Anode aus nichtstrahlender Aluminiumfolie benutzt wird. Dieser Detektor ist vor allem deswegen interessant, weil man mit ihm die bei der Anwendung von radioaktivem Material vorgeschriebenen Sicherheitsvorschriften nicht zu berücksichtigen braucht. Nach den bisher vorliegenden Informationen arbeitet dieser Detektor bei Spannungen zwischen 1000 und 2000 V und Temperaturen über 150° C mit der gleichen Empfindlichkeit wie der β-Strahlen-Argon-Detektor. Die Empfindlichkeit bei niederen Temperaturen ist noch nicht genügend untersucht. Jedenfalls verdient der Detektor größere Aufmerksamkeit.

Auch die thermische Emission kann für Ionisationsdetektoren Anwendung finden [*474*].

Die Ionisierung eines organischen Gases unter Bedingungen, bei denen inerte Gase noch nicht ionisiert werden, ist auch durch UV-Bestrahlung möglich. LOVELOCK [*828*] hat einen *Photo-Ionisationsdetektor* angegeben, bei dem die UV-Strahlen durch eine Glimmentladung in einem Edelgas, in H_2 oder N_2, zur Verfügung gestellt werden. Wenn die Glimmentladung durch Gleichstrom erzeugt wird, muß unter vermindertem Druck von etwa 100 Torr gearbeitet werden. Die Vorteile und Eigenschaften dieses Detektors sind noch nicht genügend untersucht, um sich ein abschließendes Bild von seinen Einsatzmöglichkeiten zu machen.

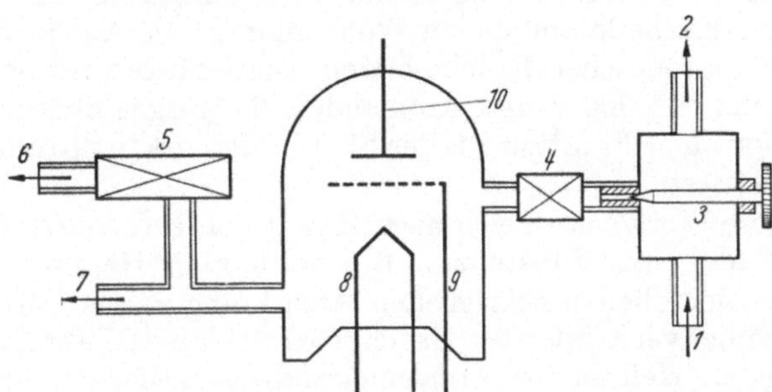

Abb. 72. *Ionisationskammer* nach RYCE u. BRYCE [*1056, 1057*]. *1* Probegas von der Trennsäule, *2* Zu den Gasfallen, *3* Regelbarer Durchlaß, *4* Teflon-Ventil, *5* Nadelventil, *6* Zur Kältefalle und zur Vakuumpumpe, *7* Zur Kältefalle und zum McLeod-Druckmesser, *8* Anode, *9* Gitter, *10* Scheibenkathode

5. Ionisationskammer nach RYCE und BRYCE [*1056, 1057*]

Helium zeichnet sich vor anderen Gasen durch seine hohe Ionisierungsspannung (24,5 V) aus. Man benutzt Helium als Trägergas, welches zur Reinigung durch eine mit Aktivkohle gefüllte, durch Aceton-Kohlensäure gekühlte Gasfalle geleitet wird. Zwischen Anode (*8*) und Gitter (*9*) der Ionisationskammer (Abb. 72) legt man eine unterhalb der Ionisierungsspannung von Helium gelegene Spannung von 18 V an. Wenn nun eine weitere Substanz im Trägergas vorhanden ist, reicht diese Spannung zur Ionisierung aus. Dadurch werden Ionen gebildet, die einen Kathoden-Strom (zwischen *8* und *10*) verursachen, der verstärkt und automatisch registriert wird. Der Druck in der Ionisationskammer beträgt etwa 0,2 mm Hg, die Anodenemission 5 Milliamp., das Gitterpotential 18 V und das Anodenpotential — 27 V. Die Empfindlichkeit der Anordnung steigt mit höherem Gitterpotential, jedoch sind höhere Potentiale als 18 V nicht ratsam.

Gemäß Abb. 72 läßt man durch ein geeignetes Ventil nur einen Teil des Trägergases in die Ionisationskammer eintreten. Wenn man z. B. nur 0,5% des aus der Chromatographiesäule kommenden Gases durch die Ionisationskammer strömen läßt, ist die Empfindlichkeit dieser Anordnung noch etwa 200mal größer als bei den besten Wärmeleitfähigkeitsmeßzellen. Der Vorteil einer solchen Anordnung liegt neben der hohen Empfindlichkeit darin, daß der größte Teil der getrennten Substanzen ohne Passieren einer Meßeinrichtung aufgefangen und somit weiteren Identifizierungsreaktionen unterworfen werden kann.

6. Gasentladungsrohr [*63, 508, 706*]

Die Spannung in einer Gasentladungsröhre ist außer von dem Druck von dem Füllgas abhängig und ändert sich um mehrere Volt, wenn nur geringe Mengen eines anderen Gases anwesend sind. Der Arbeitsdruck der Anordnung muß so niedrig sein, daß eine Glimmentladung entsteht.

Die Meßzelle besteht aus einem Entladungsrohr mit einer Platinscheibe als Kathode und einem Wolframdraht als Anode, die einen Arm einer Wheatstoneschen Brücke bilden. Die Brücke wird bei einer Potentialdifferenz von 900 V und strömendem Trägergas abgeglichen. Die bei der Elution einer Fraktion aus der Säule auftretende Spannungsänderung wird registriert.

Auf diese Weise lassen sich nach Harley u. Pretorius [*63, 508*] noch gut 10^{-10} Mol einer Substanz, z. B. etwa 0,001 γ Heptan, nachweisen.

Die bei der oben beschriebenen Anordnung etwas umständliche Arbeitsweise bei vermindertem Druck wird umgangen, wenn eine Koronarentladung in Helium bei Atmosphärendruck zwischen einem zentrisch angeordneten Draht und einem diesen umgebenden Zylinder als Elektroden erzeugt wird. Die Elektrodenspannung beträgt 50—60 V [*706*]. Über andere Gasentladungsrohre vgl. [*707, 979, 1026, 1145*].

7. Oberflächenpotential-Detektor nach Phillips [*465, 970*]

An zwei Metallplatten von 25 mm ∅ (*7, 10* in Abb. 73), von denen eine mit einem dünnen Film von Stearinsäure überzogen ist, wird ein Gleichstrom angelegt und durch Vibration einer Platte (*7*) ein Schwingkondensator gebildet. Die entstehende Wechselspannung ist von dem jeweiligen Oberflächenpotential des Gases zwischen den beiden Oberflächen abhängig und wird verstärkt und registriert. Die mit reinem

Trägergas Stickstoff auftretende Spannung wird durch eine Potentiometerschaltung kompensiert.

Die resultierende Wechselspannung ist nicht immer proportional der Substanzkonzentration und nicht verzögerungsfrei. Die Empfindlichkeit ist etwa vergleichbar mit der von Wärmeleitkammern.

Das Totvolumen der Kammer beträgt etwa 20 ml.

8. Akustischer Gasanalysator

Zur Anwendung bei der Gaschromatographie werden weiterhin noch akustische Gasanalysatoren empfohlen. Sie beruhen auf Messung der Schallgeschwindigkeit relativ zu einem Vergleichsgas. Als Trägergas wird hierbei Helium oder Wasserstoff benutzt.

Da die Schallgeschwindigkeit bei konstantem Druck dem Molekulargewicht proportional ist, wird diese Methode mit zunehmender Molekülgröße empfindlicher und gleicht somit den Empfindlichkeitsverlust aus, der durch die Bandenverbreiterung später aus der Trennsäule tretender Verbindungen verursacht wird.

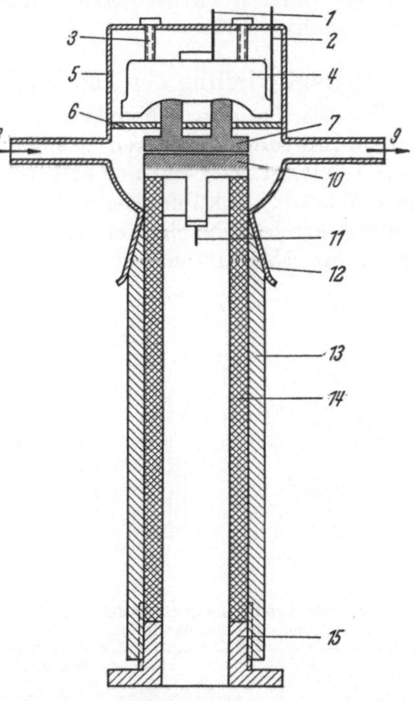

Abb. 73. Schematischer Aufbau eines Oberflächenpotential-Detektors [*465*, *970*]. *1* Zuleitung zum Kopfhörer, *3* Distanzschrauben, *4* Kopfhörer als Schwinggenerator, *5* Glaskapsel, *6* Kupferabschirmung, *7* Schwingende Platte, *8* Gaseintritt, *9* Gasaustritt, *10* feststehende Platte, *12* Schliffhülse, *13* Stahlrohr, *14* Ebonitrohr, *15* Justierschraube, *2* u. *11* Zuleitung der Gleichspannung und gleichzeitig Ableitung der Wechselspannung

Von Kniazuk u. Prediger [*746*] ist ein akustischer Gasanalysator beschrieben worden, der von den National Instrument Laboratories [*908*] auch als Detektor zur Gas-Chromatographie empfohlen wird. Das im Vergleich zu anderen Detektoren große Kammervolumen (etwa 65 ml) begrenzt allerdings die Anwendungsmöglichkeit, da bei nicht vollständiger chromatographischer Auftrennung keine Auflösung mehr erzielt werden kann (vgl. auch [*930*, *1180*]).

9. Gasvolumen- und Gasdruckmessung

Gase und niedrig siedende Flüssigkeiten lassen sich auch volumetrisch im Azotometer oder durch Druckmessung bei konstantem Volumen bestimmen. Als Trägergas muß hierbei ein leicht absorbierbares Gas benutzt werden, z. B. durch Lauge absorbierbare Kohlensäure.

Die Methode wurde von JANÁK [*643, 644, 647*], VAN DE CRAATS [*234*], RAY [*1015*], ROUIT [*1044*] u. a. entwickelt. Für die Trennung von Gasen, insbesondere aber bei der Gas-Adsorptions-Chromatographie, ist diese Art der Bestimmung sehr vorteilhaft, da sie im Aufbau sehr einfach ist. Auch können ohne weiteres Vorrichtungen zur automatischen Registrierung angebracht werden.

a) Registrierung des Volumens im Azotometer [*643, 644, 647*][1]

Die als Trägergas benutzte Kohlensäure wird (siehe Abb. 74) in einem mit Marmorstücken beschickten Vorratsbehälter (*1*) mittels Salzsäure erzeugt. Der Marmor soll luftfrei sein. Dies wird durch Auskochen mit Wasser, Abkühlenlassen unter Wasser und mehrstündiges Evakuieren erreicht. Nach dem Passieren durch je 1 Waschflasche (25—50 ml) mit konz. Natriumbicarbonatlösung (*2*) und Schwefelsäure (*3*) wird das

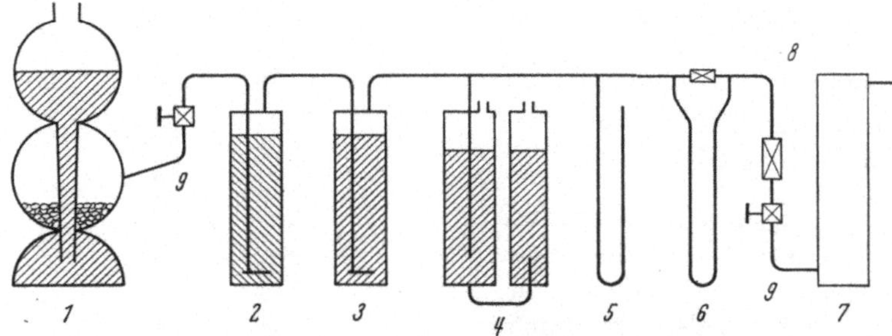

Abb. 74. *Schematische Darstellung der CO_2-Herstellung für einen Volumen-Detektor.* *1* Kippgerät für CO_2-Herstellung, *2* Waschflasche mit $NaHCO_3$, *3* Waschflasche mit H_2SO_4, *4* Hg-Tauchung zur Konstanthaltung des Druckes, *5* Hg-Manometer, *6* Blendenströmungsmesser, *7* Trockenturm mit $CaCl_2$, *8* Regulierventil, *9* Abstellhähne

nun chlorwasserstoff- und wasserfreie Gas nach Durchströmen eines Calciumchlorid-Trockenturmes (*7*) in den Apparateteil geführt, der Gasprobeneinlaß und Chromatographiesäulen enthält. Zuvor ist noch ein Quecksilber-Sicherheitsventil (*4*), ein Manometer (*5*) und ein Strömungsmesser (*6*) angebracht.

Das von der Trennsäule kommende Gas wird in ein in 0,01 ml graduiertes Azotometer geleitet, welches ebenso wie das Druckausgleichsgefäß mit konz. Kalilauge (d = 1,41—1,46) gefüllt ist.

An die Stelle eines einfachen Azotometers kann nach JANÁK [*647*] auch eine Vorrichtung treten, die eine automatische Registrierung erlaubt (vgl. Schema in Abb. 75). Im Azotometer (*A*) wird die Kohlensäure absorbiert. Die nicht von der Kohlensäure aufgenommenen Gase rufen nun über dem KOH-Spiegel einen Druckanstieg hervor, der die Ausgleichsflüssigkeit im Manometer (*B*) (Hg, Schwefelsäure) bewegt. Durch die Kontaktunterbrechung wird ein Motor (*C*) in Gang gebracht und bewegt den Kolben (*D*). Die Verschiebung des Kolbens steht in einem definierten Verhältnis zu dem zunehmenden Gasvolumen in (*A*) und wird auf dem Schreiber (*E*) mechanisch registriert. Ein konstanter

[1] Im Handel erhältlich ist ein Gas-Chromatograph bei Fa. Haage, Mülheim/Ruhr.

Kaliumhydroxidspiegel wird durch den Quecksilberkolben (*F*) eingestellt, der durch den Motor (*G*) bewegt wird. Die geringen Mengen

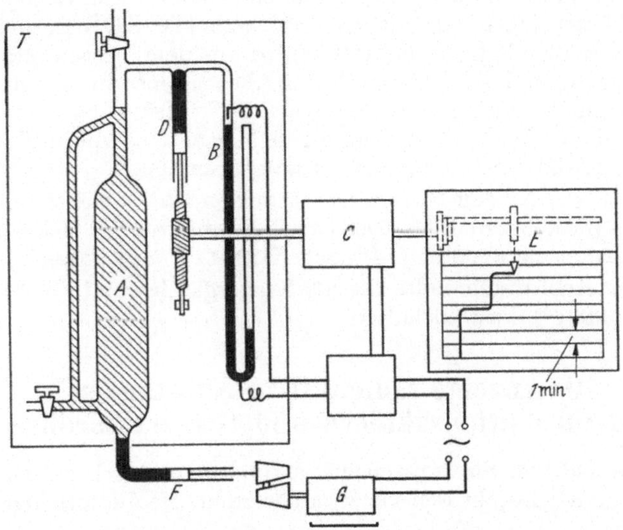

Abb. 75. *Registrierende Volumenmessung* (aus JANÁK [*647*]). Buchstabenerklärung im Text

inerter Gase in der Kohlensäure (weniger als 0,003 ml/min) verursachen eine schwach ansteigende Nullinie, die bei der Bestimmung berücksichtigt werden muß. Außerdem müssen die im Verlauf der CO_2-Absorption eintretenden Volumen- und Dichteänderungen der Kaliumhydroxidlösung korrigiert werden. Die zu trennenden Gase dürfen selbstverständlich nicht nennenswert in KOH löslich sein, was z.B. bei Butanen schon der Fall ist. Eine automatische Registrierung mit Photozelle hat KASSNER [*709*] angegeben.

b) Messung des Gasdruckes nach VAN DE CRAATS [*234*]

Gemäß Abb. 76 fließt im Gegenstrom zu dem aus der Trennsäule kommenden Gas (*13*)

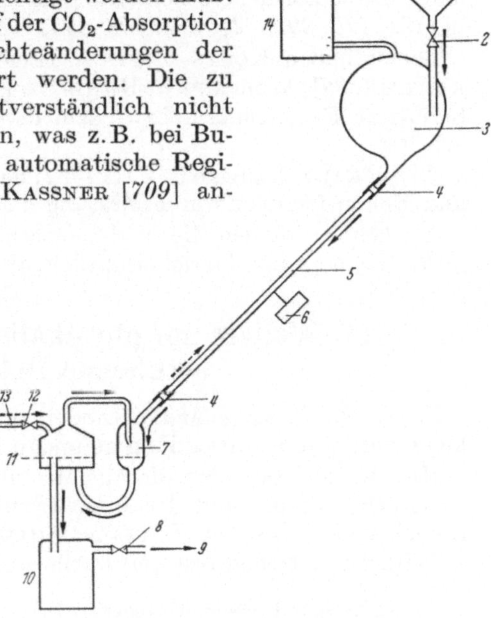

Abb. 76. Schema einer registrierenden Druckmessung analog VAN DE CRAATS [*234*]. *1* Vorratsgefäß für die Lauge, *2* Absperrhahn, *3* Druckgefäß, *4* Elastische Verbindungsstücke, *5* Absorptionsrohr, *6* Vibrator, *7* Mischgefäß, *8* Absperrhahn, *9* Zur Vakuumpumpe, *10* Sammelgefäß für die verbrauchte Lauge, *11* Laugenstandregelung, *12* Absperrhahn, *13* Gas von der Trennsäule, *14* Registriermanometer → Laugenfluß - - - → Gasstrom

50gew.-%ige Kalilauge durch ein Absorptionsrohr (*5*) (500 mm lang; 5 mm ∅). Dieses aus Stahl bestehende Rohr wird durch einen elektromagnetischen Vibrator (*6*) bewegt, um eine gute Durchwirbelung von Gas und Absorptionsflüssigkeit zu erreichen. Die KOH-Lösung fließt mit einer Geschwindigkeit von 120 ml/Std aus dem Vorratsgefäß (*1*) in den Behälter (*3*) und von da durch das Absorptionsrohr. Da durch die Bildungswärme des Kaliumbicarbonates eine Temperatur von etwa 60° C erreicht wird, werden von der geringen Menge Absorptionsflüssigkeit Kohlenwasserstoffe nicht nennenswert aufgenommen.

Bei (*11*) ist ein Niveau-Kontrollgerät angebracht, welches die Menge Kalilauge in (*3*) konstant hält. Der Druck wird durch ein elektromagnetisches Präzisionsmanometer (*14*) nach Kinkel [*733*] gemessen.

Bei dieser Anordnung sollte die als Trägergas benutzte Kohlensäure weniger als 0,001% Luft enthalten.

10. Anzeige radioaktiver Substanzen mit Szintillationszählern und Geigerzählrohren

Sofern radioaktive Substanzen gas-chromatographisch getrennt werden, können auch Detektoren verwandt werden, die die jeweilige Strahlung messen.

Da die meisten Geiger-Durchflußzählrohre und die Szintillationszähler nicht für höhere Arbeitstemperaturen benutzt werden können, haben James u. Piper [*627*] die aus der Säule tretenden Gase an CuO verbrannt (bei 700° C) und das CO_2 in einen normalen Durchflußzähler geleitet. Diese Lösung erscheint am günstigsten. Andere Anordnungen sind in [*122, 176, 297, 327, 541, 708, 898, 1204, 1242, 1275*] beschrieben.

Zuerst haben Kokes, Tobin u. Emmet [*753*], Moussebois u. Duyckaerts [*899*], Wolfang u. Rowland [*1269*] sowie Evans u. Willard [*357*] mit Geigerzählern bzw. Szintillationszählern als Detektoren gearbeitet.

Glueckauf, Barker u. Kitt [*431*] haben die Trennung von Krypton- und Xenon-Isotopen durch Messung der Radioaktivität verfolgt.

Als Geräte können die in der einschlägigen Literatur beschriebenen [*579, 752*] oder im Handel erhältlichen[1] Anlagen eingesetzt werden.

11. Weitere auf physikalischen Eigenschaften beruhende Detektoren

Es seien noch einige Meßmethoden angeführt, die in der Praxis bisher keine verbreitete Anwendung gefunden haben.

Hier wären vor allem die auf Messung der spezifischen Wärme, der Adsorptionswärme und der Dielektrizitätskonstanten basierenden Methoden von Griffiths, James u. Phillips [*464*] anzuführen (vgl. auch [*1255*]). Die gleichen Autoren haben auch darauf hingewiesen, daß die

[1] Zum Beispiel Frieseke u. Hoepner, Erlangen, Phillips, Siemens & Halske u. a.

Druckdifferenz bei konstantem Gasdurchfluß durch eine Verengung unter geeigneten Voraussetzungen der Gasdichte proportional ist und haben eine entsprechende Anordnung beschrieben [*464*]. Ein Gas-Interferometer wird von YUCHOVITSKII u. Mitarb. [*1279*] zur Messung der Gase benutzt.

Kombination mit Massenspektrometer [*537*, *538*, *806*]. Die Kombination der Massenspektrometrie mit der Gas-Chromatographie kann diskontinuierlich erfolgen, indem einzelne Fraktionen gesammelt werden, die dann in den Massenspektrometer eingeführt werden. Auf diese Weise können auch nicht getrennte Substanzen mittels der Massenspektrographie noch analysiert werden. Interessanter ist jedoch die kontinuierliche Arbeitsweise [*538*, *806*], bei dem die aus der Säule tretenden Gase nach Passieren einer Wärmeleitzelle direkt in das Massenspektrometer geführt werden. Wenn man auf eine bestimmte Massenzahl einstellt, kann man selektive Anzeigen für einige Substanzen erhalten. Diese Spezifität dürfte vor allem bei Kombination mit Kapillarsäulen interessant sein. Der einzige Grund, der gegen diese äußerst elegante Kombination spricht, ist der relativ hohe Anschaffungspreis eines Massenspektrographen.

Auch *Infrarot-* und *UV-Spektrographen* sind bei der Gas-Chromatographie als kontinuierlich arbeitende Detektoren eingesetzt worden [*481*, *714*].

12. Verbrennungsdetektoren

Bei den nun folgenden Detektoren werden die Substanzen zuerst verbrannt, d. h. chemisch verändert und entweder die Eigenschaften der Verbrennungsflamme oder die Verbrennungsprodukte durch verschiedene physikalische Meßmethoden untersucht. Diese Detektoren können nur dann benutzt werden, wenn die Gewinnung der getrennten Fraktionen nicht beabsichtigt ist.

Chlorierte Kohlenwasserstoffe löschen die Flamme aus und schränken dadurch die Verwendungsmöglichkeiten der Flammendetektoren ein.

Unter diesen Verbrennungsdetektoren hat die Variante des einfachen Scottschen Flammendetektors, der *Flammenionisationsdetektor*, heute und wohl auch zukünftig, die größte Bedeutung.

a) Messung der Verbrennungswärme in einer Wasserstoff-Flamme (Scottscher Flammendetektor)

Eine besonders einfach aufzubauende Einrichtung zur Messung der aus der Trennsäule tretenden Gase wurde von SCOTT [*1099*, *1100*] erstmals angewandt. Unter Verwendung von Wasserstoff als Trägergas, oder bei Benutzung eines nicht brennbaren Trägergases [*992*, *1259*] nach Zuführung von Wasserstoff, werden die Substanzen in einer Wasserstoff-Mikro-Flamme verbrannt und die Temperatur mit einem Thermoelement bestimmt. Diese Temperatur ist der Substanzmenge proportional, da sie linear proportional der molaren Verbrennungswärme ist [*535*].

Eine oben offene Messingkammer 100×120 mm (*19* in Abb. 77) wird unten mit zwei Bohrungen versehen. Durch (*17*) wird eine Hartglaskapillare (*16*) von 0,2 mm lichter Weite eingeführt und die Durchführung mit Heiß-Araldit oder Teflondichtungen luftdicht verschlossen. Die Kapillare (*16*) ragt 20 mm in den Innenraum und muß durch die Araldit- oder Teflondichtung am Gehäuse fest arretiert sein.

Die Kapillare wird durch Schlauch- oder Metallverbindungen an die Trennsäule angeschlossen. An eine weitere Bohrung (*18*) (4 mm Querschnitt) ist ein Messingrohr gleicher lichter Weite hart angelötet, durch welches der für die Verbrennung benötigte Luftsauerstoff zutreten kann. (Wenn die Verbrennungskammer bei höheren Temperaturen verwendet wird, läßt man die Außenluft zunächst zur Erwärmung durch eine im Thermostaten angebrachte Spirale fließen.) Die Luft strömt nach Eintritt in die Kammer zunächst durch eine 15 mm hohe Schicht von Porzellankügelchen (*15*), um den Luftstrom gleichmäßig zu verteilen und die Ausbildung von Luftwirbeln zu vermeiden. Das Thermoelement (*14*) wird so angebracht, daß es beim Verbrennen des reinen Trägergases etwas über der Flammenspitze steht. Sobald eine weitere Substanz im Trägergas vorhanden ist, verlängert sich die Flamme und erreicht das Thermoelement. Der Abstand Thermoelement-Flammenspitze darf sich beim Durchströmen von reinem Trägergas nicht verändern, da sonst keine Nullpunktskonstanz gewährleistet ist. Dies wird durch Ausschalten von Zugluft, konstante H_2-Strömungsgeschwindigkeit und durch starre Befestigung von Glaskapillare und Thermoelement bewirkt. Das Thermoelement wird aus 0,27 mm Palladium-Gold-Platin-Iridium-Drähten hergestellt. Die kalten Lötstellen (*11*) und (*20*) sowie die Zuleitungen (2) sind in unten erweiterten Glasrohren (*10*) untergebracht. Dadurch und durch die zusätzliche Ringschürze (*12*) werden elektrische und thermische Isolierung bewirkt.

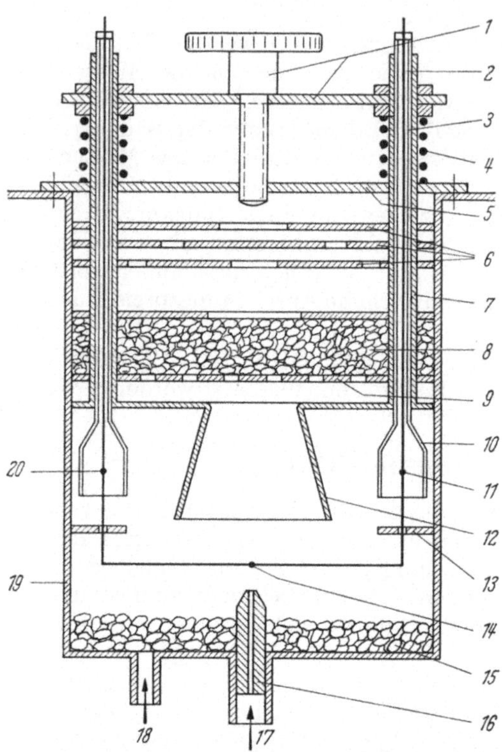

Abb. 77. *Schema eines Scottschen Flammendetektors.* *1* Justiervorrichtung, *2* Zuleitung, *3* Kittstellen, *4* Spiralfeder, *5* Tragbügel, *6* Blendenplatten, *7* Messingrohr, *8* Porzellankügelchen, *9* Siebplatte, *10* Pyrexrohr, *11* Kalte Lötstelle (Cu zu Pd-Au), *12* Ringschürze, *13* Halterung für Thermoelement, *14* Heiße Lötstelle (Pd-Au zu Pt-Ir), *15* Porzellankügelchen, *16* Pyrex-Kapillare mit Düse, *17* Zustrom von der Trennsäule, *18* Luftzufuhr, *19* Messinggefäß, *20* Kalte Lötstelle (Pt-Ir zu Cu)

Die Glasrohre (*10*) sind in dem durchgehenden Messingrohr (*7*) oben verkittet. Das Messingrohr ist ein Teil der Justiervorrichtung (*1*), deren verstellbare Schraube ein genaues Einstellen des Thermoelementes gestattet. Zur Vermeidung von Zugluft ist in etwa $^2/_3$ Höhe die Zelle mit einer Siebplatte (*9*) versehen, die mit einer 20 mm hohen Schicht von Porzellankügelchen (*8*) bedeckt ist. Darüber sind noch Metallblenden (*6*) angebracht.

Eine sehr vereinfachte Konstruktion des Mikroflammen-Detektors wird von WIRTH [*1259*] beschrieben. Bei dieser Anordnung ist es allerdings unumgänglich, Stickstoff als Trägergas zu benutzen und den zur Verbrennung notwendigen Wasserstoff erst zwischen Chromatographiesäule und Zelle dem Trägergas N_2 zuzuführen.

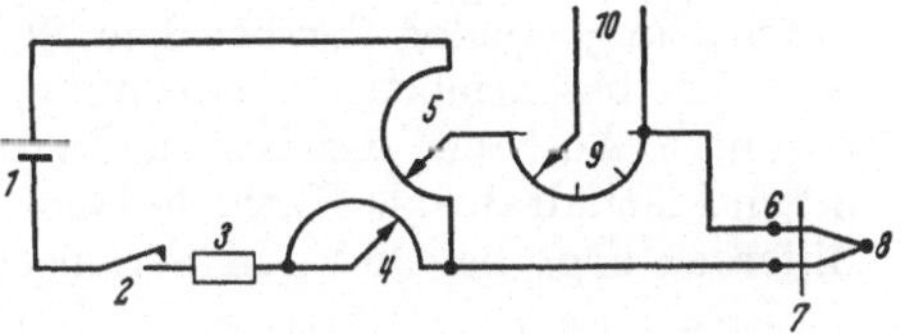

Abb. 78. Schaltschema eines Scottschen Flammendetektors. *1* Stromquelle 2 V, *2* Schalter, *3* Festwiderstand, *4* Nullpunktsfeineinstellung, *5* Nullpunktsgrobeinstellung, *6* Kalte Lötstellen, *7* Thermische Abschirmung, *8* Heiße Lötstelle, *9* Empfindlichkeits-Umschalter, *10* Zum Anzeige-Gerät oder Schreiber

Vor der Inbetriebnahme einer mit einem Scottschen Flammendetektor versehenen Chromatographieeinheit läßt man zunächst das Trägergas (Wasserstoff, Stickstoff oder Wasserstoff-Stickstoff-Gemisch) durch die Säule und Kapillare fließen, zündet die Flamme an der Kapillarspitze an, reguliert die Strömungsgeschwindigkeit ein, justiert das Thermoelement und wartet einige Minuten das Gleichgewicht ab. Mit den Widerständen (*4*) und (*5*) (Abb. 78) wird das Galvanometer oder der Schreiber (*10*) auf 0 eingestellt, danach eine Substanz injiziert und in üblicher Weise mit einem Schreiber oder einem Galvanometer registriert.

b) Messung der Lichtintensität der Verbrennungsflamme

Eine elegante Variation des Scottschen Detektors wurde von GRANT u. VAUGHAN [*449*] angegeben, die an Stelle der Flammentemperatur die Lichthelligkeit der Flamme mit einer Photozelle messen.

Hierbei muß dem Trägergas vor der Verbrennung Benzol zugeführt werden, um die Lichtintensität zu erhöhen. Aromaten geben höhere Werte als Aliphaten.

c) Flammen-Ionisations-Detektor

Bei dieser von HARLEY, NEL u. PRETORIUS [*507*] und McWILLIAM u. DEWAR [*876*] angegebenen Meßmethode handelt es sich ebenfalls um eine Variation des Scottschen Flammendetektors. Die Empfindlichkeit des Detektors erlaubt insbesondere die Anwendung bei Kapillarsäulen.

Das Prinzip des Detektors beruht auf der Messung des in einer Flamme durch Ionisierung der Verbrennungsprodukte organischer Verbindungen entstehenden Stromes. Anorganische Substanzen werden nur mit besonderen Anordnungen empfindlich angezeigt (vgl. S. 151). Die Eignung des Detektors für quantitative Analysen ist auf S. 78 eingehend beschrieben.

Bei dem Flammenionisationsdetektor kann mit Stickstoff als Trägergas gearbeitet werden. Vor dem Eintritt in die Detektorkammer wird dem aus der Säule tretenden Gas Wasserstoff (z. B. 50 ml/min) zugefügt. In ein zylindrisches Glas- oder Metallgehäuse 1 (vgl. Abb. 79) führt unten die Zuleitung des Gasstromes durch eine Hartglaskapillare *2* von 0,2 mm lichter Weite, auf welche oben eine Kanüle *3* aufgekittet ist. Die Kapillare *2* ist durch Teflondichtungen *7* am Gehäuse befestigt. An der Spitze der als Anode dienenden Kanüle wird die Flamme entzündet. Etwa 6 mm über der Anode befindet sich die Kathode *4*, welche aus einem 30 mesh Messingnetz besteht. Die Kathode wird durch eine Justiervorrichtung, analog der bei dem Scottschen Flammendetektor (S. 182; Abb. 78) beschriebenen Anordnung, auf einen optimalen Abstand einreguliert. An Stelle des Messingdrahtnetzes kann auch eine Schleife aus 3 mm Platindraht als Kathode benutzt werden. Die angelegte Potentialdifferenz liegt bei 90 V. In Serienschaltung mit der Flamme liegt eine

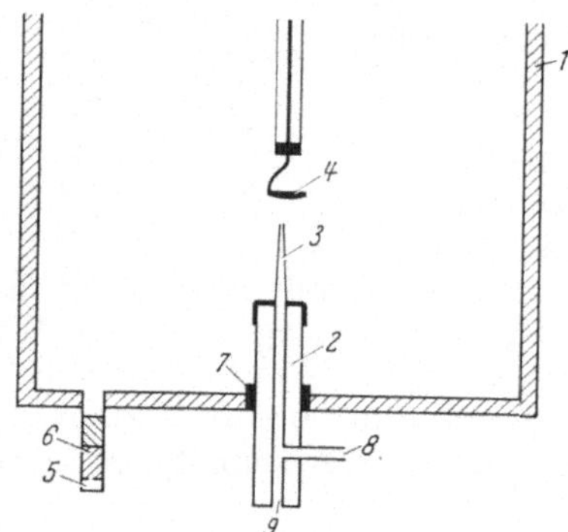

Abb. 79. Schema eines Flammenionisationsdetektors. Erläuterungen im Text

Batterie von 300 V und ein Widerstand von 0,1 Ω, an den ein 10 mV-Schreiber angeschlossen ist. Bei *5* tritt durch ein Metallrohr von 6 mm Durchmesser die für die Verbrennung notwendige Luft zu, welche bei *6* durch einen je 2—3 cm langen Pfropfen aus Glaswatte und Kohle gefiltert wird. Der hier beschriebene Aufbau erlaubt noch die Anzeige von 10^{-3} bis 10^{-4} μg/ml Trägergas.

Höhere Empfindlichkeiten (bis 10^{-7} μg/ml) beschreibt McWilliam [*875*] für einen Detektor mit zwei Verbrennungsdüsen. In der Verbrennungskammer wird hierbei eine zusätzliche Kapillarflamme benutzt, welche als Vergleich dient. Reines Trägergas durchströmt ohne Analysensubstanz eine Säule gleicher Dimension und gleicher Füllung und tritt dann in die Vergleichsdüse ein. Hierdurch wird die Nullpunktsinstabilität, welche z. B. auf die Flüchtigkeit der stationären Phasen zurückgeht, ausgeschaltet. Mit der von McWilliam [*876*] angegebenen Schaltung sollen die zuvor angegebenen hohen Empfindlichkeiten zu erreichen sein.

Weitere Arbeiten über den Bau und die Charakteristik von Flammenionisationsdetektoren finden sich in den Zitaten [*27, 35, 171, 220, 279, 284, 407, 490, 491, 674, 934*].

d) Verbrennung und Messung der Kohlensäure bzw. des Wassers mit der Wärmeleitkammer oder einem Ultrarotabsorptionsschreiber

Nach Austritt aus der Chromatographiesäule wird die organische Substanz zu Kohlensäure und Wasser verbrannt.

Ein Vorteil dieser von MARTIN u. SMART [*848*] angegebenen Methode liegt darin, daß die Detektormeßzelle bei Zimmertemperatur arbeiten kann, auch wenn die Trennung bei höheren Temperaturen durchgeführt wird. Die Empfindlichkeit wird größer, da aus einem Molekül mit n C-Atomen n Moleküle Kohlensäure gebildet werden.

Die Verbrennung wird in einem auf dunkle Rotglut erhitzten, mit Kupferoxid gefüllten Rohr durchgeführt. Ob beim Passieren alle organische Substanz quantitativ verbrannt wird, bedarf weiterer Untersuchung, da dies zur Ausführung quantitativer Analysen Voraussetzung ist. Mit einem auf CO_2 geeichten Infrarotabsorptionsschreiber[1] oder einer der beschriebenen Anordnungen zur Messung der Wärmeleitfähigkeit [*455*] (siehe S. 167) läßt sich das Chromatogramm automatisch registrieren. Der Infrarotabsorptionsschreiber dürfte wegen seines großen Kammervolumens nicht als allgemein benutzbares Gerät Anwendung finden.

Eine Wärmeleitfähigkeitsmeßzelle, welche besonders einfach herzustellen ist, hat STUVE [*1155*] beschrieben (vgl. auch [*593*, *596*, *925*, *1113*, *1115*]).

Das Wasser muß vor Messung der Kohlensäure absorbiert werden. Denn nach GREEN [*455*] wird dadurch Bandenverbreiterung beobachtet.

GREEN [*455*] empfiehlt deshalb auch bei Anwendung von Stickstoff als Trägergas die Umwandlung des bei der Verbrennung entstehenden Wassers in Wasserstoff und nach Absorption des Kohlendioxides mittels Natronkalks die Messung der Wärmeleitfähigkeit des Wasserstoffes. Die Verbrennung und die Umsetzung des Wassers zu Wasserstoff wird in einem 300 mm langen, 4 mm dicken, je 100 mm mit Kupferoxid und Eisenpulver gefüllten, auf Rotglut erhitzten Quarzrohr vorgenommen.

13. Detektoren zur Bestimmung funktioneller Gruppen

Die nun folgenden Detektoren benutzen die Eigenschaften einer funktionellen Gruppe zur Anzeige der aus der Trennsäule tretenden Verbindungen. Es liegt in der Natur dieser Detektoren, daß sie spezifisch sind und nur eine durch die Wahl der Bestimmungsmethode vorbestimmte Klasse von chemischen Substanzen anzeigen und registrieren.

a) Acidimetrische Titration

Die ersten Detektoren, die in der Flüssigkeits-Gas-Chromatographie Verwendung fanden, waren Titrationszellen, in denen saure und basische Substanzen acidimetrisch titriert und registriert wurden. JAMES u. MARTIN [*616*] demonstrierten in ihren grundlegenden Arbeiten die Methode am Beispiel organischer Monocarbonsäuren.

[1] Zum Beispiel URAS, Hartmann und Braun oder BASF.

Die Titration wird mit einem Indicator (0,001% Phenolrot bei Säuren oder 0,007% wäßrige Lösung von Methylrot bei Basen) visuell [*616*, *624*] oder automatisch registrierend mit einer Photozelle [*616*, *617*] verfolgt.

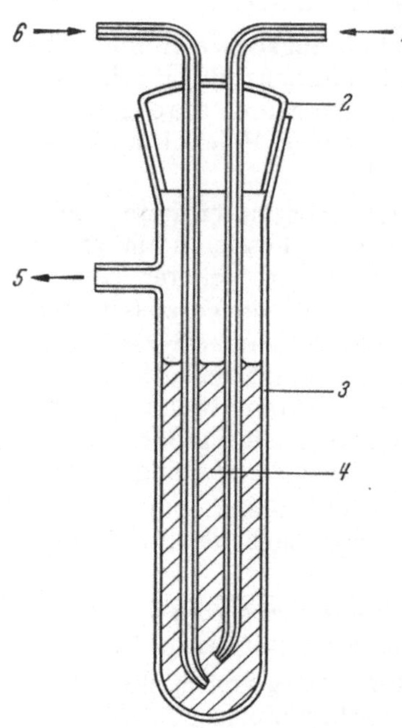

Abb. 80 Meßzelle zu einem Titrations-Detektor. *1* Zuleitung der Titrationsflüssigkeit, *2* Schliffstopfen, *3* Dickes Reagensglas mit Schliffhülse, *4* Indicatorlösung, *5* Austritt des Trägergases zum Strömungsmesser, *6* Eintritt des Probegases von der Trennsäule

Die am Ende mit einer Kapillarspitze (*6* in Abb. 80) versehene Chromatographiesäule aus Glas ragt durch einen Schliffstopfen (*2*) in das Titrationsgefäß (*4*), welches mit der wäßrigen Indicatorlösung gefüllt ist. Sobald Säure aus der Chromatographiesäule zutritt, wird der Indicator entfärbt und durch Zugabe von Lauge durch das Kapillarrohr (*1*) wieder auf den ursprünglichen Farbton zurücktitriert.

Die Lauge wird durch die in Abb. 81 wiedergegebene Schraubenbürette zugeführt. Die Umdrehung der dichten Paßschraube (*3*) ist ein direktes Maß für die verbrauchte Laugenmenge. Die Füllung wird durch Umstellung der Hähne (*7*) und Zurückdrehen der Schraube (*3*) bewerkstelligt.

Modifikationen dieser Anordnung werden von McInnes [*868*], van de Kamer, Gerritsma u. Wansink [*700*] u. a. beschrieben.

b) Messung der elektrischen Leitfähigkeit nach Absorption [*125*]

Die von der Trennsäule kommenden Verbindungen werden in einer Flüssigkeit absorbiert und aus der Messung der elektrischen Leitfähigkeitsänderung die Konzentrationen bestimmt und registriert. Säuren werden hierbei von Lauge, Amine von Säuren und Aldehyde sowie Ketone von Hydroxylaminhydrochloridlösung aufgenommen.

Diese von Boer [*125*] beschriebene Methode ist besonders bei der Trennung sehr komplexer Mischungen äußerst elegant, da sie gleichzeitig

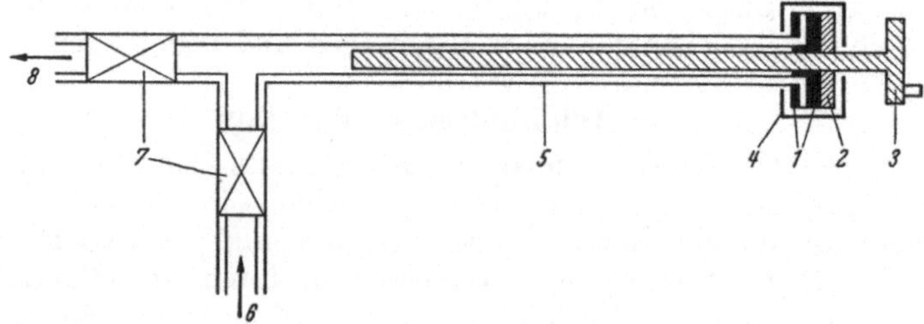

Abb. 81. *Schraubenbürette zu einem Titrations-Detektor.* *1* Dichtungen, *2* Mutter, *3* Schraube, *4* Klammer, *5* Glasrohr mit Flansch, *6* Vom Vorratsgefäß, *7* Ventile, *8* Zum Titrationsgefäß

immer eine Aussage über die funktionelle Gruppe ergibt. Als universelle Meßmethode ist sie selbstverständlich nicht anzuwenden.

c) Detektor für Mercaptane

Sunner, Karrman u. Sunden [*1158*] leiten die von der Chromatographiesäule kommenden, getrennten Mercaptane in eine Lösung von 0,2 ml äthanolischer 0,025 m Jodlösung und 0,4 ml 0,05 m wäßrigem Kaliumjodid in 50 ml 70%igem wäßrigem Äthanol. Die Mercaptane werden zu Disulfiden oxydiert. Hierbei ändert sich das Redoxpotential, welches gemessen und registriert wird. Zur Messung des Redoxpotentials und als Reaktionszelle können die handelsüblichen Geräte[1] benutzt werden.

d) Mikrocoulometrische Titration

Speziell für chlorhaltige Substanzen haben Coulson u. Mitarb. [*230*, *232*] eine spezifische coulometrische Methode angegeben, die bei der Analyse von halogenhaltigen Schädlingsbekämpfungsmitteln (vgl. S. 114) breite Anwendung gefunden hat. Die halogenhaltigen Substanzen werden verbrannt und die Halogenwasserstoffsäure quantitativ coulometrisch mit Silbernitrat titriert.

Prinzipiell können mit dieser Anordnung auch andere bei der Verbrennung entstehende Substanzen, wie CO_2, S und SO_2 titriert werden. Der Schwefel muß allerdings vorher durch katalytische Hydrierung in Schwefelwasserstoff verwandelt werden.

e) Farbreaktionen

Qualitativ kann man die aus den Säulen kommenden Substanzen mittels spezifischer Farbreaktionen erkennen. So ist z. B. die von Grosskopf [*467*] angegebene Prüfröhrchentechnik zum spezifischen Nachweis von Formaldehyd, Tetrachlorkohlenstoff, Methylbromid und Methan ausgearbeitet worden.

Walsh u. Merritt [*1211*] teilen den aus der Wärmeleitfähigkeitsmeßzelle austretenden Gasstrom in fünf Parallelströme, die sie in Gefäße mit spezifischen Reagentien für verschiedene funktionelle Gruppen einleiten. Für Alkohole findet zum Beispiel die mit Kaliumbichromat/Salpetersäure entwickelte blaue Farbe Verwendung, für Aldehyde und Ketone die Bildung gelber Dinitrophenylhydrazone, für Ester die Bildung rotvioletter Eisen(III)-hydroxamate, für Sulfide und Mercaptane die mit Nitroprussidnatrium entwickelte Rotfärbung und für Aromaten und Olefine die mit Formaldehyd/Schwefelsäure auftretende weinrote Farbe.

14. Biologische Objekte als Detektoren [*17*, *65*, *72*]

Bei biochemischen und biologischen Fragestellungen kommt es oft lediglich darauf an, die Trennung und Einheitlichkeit der biologisch

[1] Zum Beispiel Firmen Beckman, Hartmann u. Braun, Lautenschlager, Metrohm, Siemens & Halske.

wirksamen Substanzen zu kontrollieren, während alle anderen Verbindungen von geringem Interesse sind.

Sofern nun ein biologisches Objekt vorhanden ist, welches mit genügender Schnelligkeit und Deutlichkeit auf die Substanz reagiert, kann mittels dieser Reaktion die Auftrennung verfolgt werden. Durch Verdünnungsreihen bis zur noch wirksamen Grenzkonzentration können auch halbquantitative Angaben gemacht werden.

Auf diese Weise sind die Sexuallockstoffe in den Sacculi Laterales der Seidenspinnerweibchen getrennt worden [*17, 65, 72*]. Die Reaktion der Seidenspinnermännchen auf diese Lockstoffe diente zur Detektion, indem Gefäße mit den Seidenspinnermännchen an die Enden der Trennsäulen angeschlossen worden sind. Noch $10^{-11}\,\gamma$ Lockstoff je Milliliter Trägergas sind nachweisbar. Diese „biologischen Detektoren“ sind in diesem Fall um mehrere Zehnerpotenzen empfindlicher als die besten physikalischen Meßmethoden.

II. Tabellen der Retentionsvolumina und Selektivitätskoeffizienten

Vorbemerkungen zu den Tab. 13—15. Sofern nicht anders vermerkt, sind die flüssigen Phasen auf Schamottemehl aufgebracht.

Die Abkürzungen entsprechen folgenden flüssigen Phasen: **Par.-öl:** Paraffinöl, **ODP:** β,β'-Bis(propionitril)-äther, **PG 4:** Polyäthylenglykol (Mol.-gew. 400), **PG 2:** Polyäthylenglykol (Mol.-gew. etwa 2000), **PCG:** Polyepichlorhydrin z. B. Dow-Polyglykol 166—450, **PSO:** Polystyroloxyd z. B. Dow.Polyglykol 174—500, **TCP:** Trikresylphosphat, **Sil.-öl:** Siliconöl DC 703, **DPM:** Diphenylformamid, **AAS:** Alkyl-aryl-sulfonat d. Fa. Procter u. Gamble, **EHS:** Äthylhexyl-sebacat.

Tabelle 13. *Selektivitätskoeffizienten verschiedener stationärer Phasen für Trennungen von Kohlenwasserstoffen aus verschiedenen homologen Reihen*

(Definition des Selektivitätskoeffizienten vgl. S. 20) Siedepunkt von 50—160° C

Trennung	Flüssige Phase										
	Par.Öl	ODP	PG 4	PG 2	PCG	PSO	TCP	Sil.Öl	DPM	AAS	EHS
n-Paraffine von Methylparaffinen .	1,0	1,0	**1,2**	1,1	1,0	1,0	1,1	1,0	1,1	1,0	1,0
n-Olefine von n-Paraffinen . . .	1,0	**1,9**	1,2	1,2	1,4	1,3	1,3	1,2	1,5	1,0	1,2
Methylolefine von n-Paraffinen . . .	1,0	**2,3**	1,2	1,2	1,4	1,3	1,4	1,2	—	1,1	1,2
Cyclopentane von n-Paraffinen . . .	1,2	**1,9***	1,3	1,4	1,6	1,6	1,3	1,4	**1,7**	1,3	1,9
Cyclohexane von n-Paraffinen . . .	1,2	**1,8**	1,3	1,4	1,6	1,6	1,4	1,3	**1,7**	1,3	1,2
Cycloolefine von n-Paraffinen . . .	1,3	**3,9***	1,6	1,6	2,5	2,6	2,0*	1,5*	2,5*	1,3	1,4
Diolefine von n-Paraffinen . . .	—	**3,3***	1,3	1,3	1,8	1,6	1,5	1,3	**2,0**	1,1	1,4
Acetylene von n-Paraffinen . . .	0,8	**7,6***	1,9	1,7	2,5	1,6	2,1	1,4	3,2	1,0	1,6

* Diese Werte des angegebenen mittleren Selektivitätskoeffizienten weichen im Temperaturbereich zwischen 50—160° C zum Teil um mehr als 10% von den tatsächlichen Selektivitätskoeffizienten ab.

Tabelle 13 *(Fortsetzung)*

Trennung	Flüssige Phase										
	Par.Öl	ODP	PG 4	PG 2	PCG	PSO	TCP	Sil.Öl	DPM	AAS	EHS
Alkylbenzole von n-Paraffinen	1,2	**16,1**	2,4	2,2	4,8	4,1	3,4	1,8	5,4	1,4	1,8
n-Olefine von Methylparaffinen	1,1	**2,1**	1,3	1,4	1,4	1,3	1,4	1,2	**1,7**	1,0	1,2
Methylolefine von Methylparaffinen	1,1	**2,4**	1,3	1,4	1,4	1,3	1,4	1,2	—	1,1	1,2
Cyclopentane von Methylparaffinen	1,3	**2,1**	1,4	1,6	1,6	1,6	1,4	1,5	**2,0**	1,3	1,9
Cyclohexane von Methylparaffinen	1,3	**2,1**	1,4	1,7	1,6	1,6	1,6	1,4	**2,0**	1,3	1,2
Cycloolefine von Methylparaffinen	1,3	**4,6**	1,7*	2,0	2,5	2,6	2,2	1,8	2,9*	1,3	1,4
Diolefine von Methylparaffinen	—	**3,8**	1,4	1,5	1,8	1,6	1,6	1,4	**3,6**	1,1	1,4
Acetylene von Methylparaffinen	0,9	**8,5**	2,1	2,1	2,5	1,6	2,3	1,4	3,5	1,0	1,6
Alkylbenzole von Methylparaffinen	1,2	**19,0**	2,6	2,7	4,8	4,1	3,8	1,9	6,0	1,4	1,8
Methylolefine von n-Olefinen	1,0	**1,1**	1,0	1,0	1,0	1,0	1,1	1,0	—	**1,1**	1,0
Cyclopentane von n-Olefinen	1,2	1,0	1,2	1,2	1,2	**1,2**	1,0	1,2	1,2	**1,3**	0,9
Cyclohexane von n-Olefinen	1,2	1,0	1,1	1,2	1,1	**1,2**	1,1	1,1	1,2	**1,3**	1,0
Cycloolefine von n-Olefinen	1,3	**2,1**	1,4	1,4*	1,7	**2,0**	1,6*	1,4*	1,7	1,3	0,9
Diolefine von n-Olefinen	—	**1,7**	1,1	1,2	1,3	1,2	1,2	1,1	1,3	1,1	1,1
Acetylene von n-Olefinen	0,8	**4,0**	1,6	1,5	1,7	1,2	1,7	1,2	2,1	1,0	1,3
Alkylbenzole von n-Olefinen	1,2	**9,0**	2,1	2,0	3,4	3,1	2,7	1,5	3,6	1,4	1,5
Cyclopentane von Methylolefinen	1,2	0,9	1,1	1,2	1,2	1,2	1,0	1,2	—	**1,2**	0,9
Cyclohexane von Methylolefinen	1,2	0,9	1,1	1,2	1,1	1,2	1,2	1,1	—	**1,2**	1,0
Cycloolefine von Methylolefinen	1,3	**1,9**	1,4	1,4	1,7	**2,0**	1,6	1,4*	—	1,2	0,9
Diolefine von Methylolefinen	—	**1,6**	1,1	1,2	1,3	1,2	1,1	1,1	—	1,1	1,2
Acetylene von Methylolefinen	0,8	**3,6**	1,6	1,5	1,7	1,2	1,6	1,2	—	0,9	1,4
Alkylbenzole von Methylolefinen	1,2	**8,3**	2,1	1,8	3,4	2,1	2,9	1,5	—	1,3	1,5
Cyclohexane von Cyclopentanen	1,0	**1,1**	1,0	1,0	1,0	1,0	**1,2**	1,0	1,0	1,0	1,1
Cycloolefine von Cyclopentanen	1,1	**2,2**	1,2	1,2	1,5	1,6	1,6	1,2	**1,5**	1,0	1,0
Diolefine von Cyclopentanen	—	**1,8**	1,0	1,0	1,1	1,0	1,2	1,0	**1,2**	0,9	1,3
Acetylene von Cyclopentanen	0,7	**4,2**	1,4	1,2	1,5	1,0	1,7	1,0	1,8	0,8	1,5
Alkylbenzole von Cyclopentanen	1,0	**9,9**	1,9	1,6	3,0	2,6	2,8	1,4	3,2	1,2	1,7

Tabelle 13 *(Fortsetzung)*

Trennung	Flüssige Phase										
	Par.Öl	ODP	PG4	PG2	PCG	PSO	TCP	Sil.Öl	DPM	AAS	EHS
Cycloolefine von Cyclohexanen . .	1,0	**2,1**	1,2	1,1	1,5	**1,6**	1,4	1,2	**1,4***	1,0	0,9
Diolefine von Cyclohexanen . .	—	**1,7**	1,0	1,0	1,1	1,0	1,0	1,0	1,2	0,9	1,2
Acetylene von Cyclohexanen . .	0,7	**4,1**	1,5	1,2	1,5	1,0	1,5	1,1	1,9	0.8	1,4
Alkylbenzole von Cyclohexanen . .	1,0	**9,2**	1,9	1,5	3,0	2,6	2,4	1,4	3,1	1,2	1,5
Diolefine von Cycloolefinen. . .	—	1,2	1,2	1,3	1,4	**1,6**	1,4	1,2	1,3*	1,2	1,3
Acetylene von Cycloolefinen. . .	0,7	**1,9**	1,2	1,1	1,0	0,6	1,1*	1,0*	1,2	0,8	1,6
Alkylbenzole von Cycloolefinen. . .	1,0	**4,2**	1,6	1,3	2,0	1,6	1,7	1,2*	2,2	1,2	1,8
Acetylene von Diolefinen	—	**2,3**	1,2	1,3	1,4	1,0	1,4	1,1	1,6	0,9	1,2
Alkylbenzole von Diolefinen	—	**5,3**	1,9	1,6	2,8	2,6	2,3	1,4	2,7	1,3	1,3
Alkylbenzole von Acetylenen . . .	1,4	2,2	1,3	1,3	2,0	**2,6**	1,6	1,2	1,6	1,3	1,2

Tabelle 14. *Selektivitätskoeffizienten von Kohlenwasserstoffen für verschiedene stationäre Phasen*

Trennung	Polyäthylenoxyd Lubrol MO auf Kieselgur KP 50—150° C	Dimethylsulfolan auf Schamottemehl KP 50—150° C	Dinonylphthalat auf Kieselgur KP 50—150° C
n-Paraffine von Methylparaffinen . .	1,1 ± 0,0	1,0 ± 0,0	—
Cyclopentane von n-Paraffinen . . .	1,3 ± 0,0	—	—
Cyclohexane von n-Paraffinen	1,3 ± 0,0	—	1,1 ± 0,0
n-Olefine von n-Paraffinen	1,3 ± 0,3	**2,2 ± 0,2**	1,1 ± 0,1
Alkylbenzole von n-Paraffinen . . .	2,1 ± 0,1	—	1,7 ± 0,2
Cyclopentane von Methylparaffinen .	1,4 ± 0,1	—	—
Cyclohexane von Methylparaffinen .	1,4 ± 0,1	—	—
n-Olefine von Methylparaffinen . . .	1,4 ± 0,2	**2,2 ± 0,2**	—
Alkylbenzole von Methylparaffinen .	2,3 ± 0,2	—	—
Cyclohexane von Cyclopentanen. . .	1,0 ± 0,0	—	—
Cyclopentane von n-Olefinen	1,0 ± 0,2	—	—
Alkylbenzole von Cyclopentanen . .	1,6 ± 0,1	—	—
n-Olefine von Cyclohexanen	1,0 ± 0,2	—	1,0 ± 0,2
Alkylbenzole von n-Olefinen	1,7 ± 0,4	—	1,5 ± 0,1
Alkylbenzole von Cyclohexanen . . .	1,6 ± 0,1	—	1,5 ± 0,3
cis-Alken-(2) von trans-Alken-(2) . .	—	1,08 ± 0,02	—
cis-Alken-(2) von Paraffinen	—	**2,4 ± 0,2**	—
trans-Alken-(2) von Paraffinen . . .	—	**2,2 ± 0,2**	—
2-Methyl-Olefine von Paraffinen . . .	—	**2,3 ± 0,0**	—
cis-Alken-(2) von n-Olefinen.	—	1,2 ± 0,0	—
trans-Alken-(2) von n-Olefinen . . .	—	1,1 ± 0,0	—
2-Methylolefine von n-Olefinen . . .	—	1,1 ± 0,1	—
2-Methylolefine von cis-Alken-(2) . .	—	1,0 ± 0,1	—
2-Methylolefine von trans-Alken-(2) .	—	1,0 ± 0,1	—

Tabelle 15. *Selektivitätskoeffizienten für Trennung sauerstoffhaltiger organischer Verbindungen an verschiedenen stationären Phasen*
(Siedebereich 50—150° C)

Trennung	Par.Öl	ODP	PG 4	PG 2	PCG	PSO	TCP	Sil.Öl	DPM	AAS	EHS[1]
Primäre Alkohole von sek. Alkoholen	1,1*	**1,4***	1,2*	1,1	1,0	1,2*	**1,3**	0,9	1,0	—	**1,5***
Prim. Alkohole von tert. Alkoholen	0,8*	**1,5***	1,2	1,0	1,1	**1,4***	1,3	0,7	1,0	—	**1,3***
Ketone von primären Alkoholen	**2,3**	1,2	0,9	1,0	**1,5**	1,2	1,3	**2,4**	1,2	—	1,3*
Primäre Alkohole von Äthern	**0,3**	**6,0**	1,8	1,4	1,9	1,7	—	**0,4**	1,8	—	0,6*
Ameisensäureester von primären Alkoholen	**2,3***	0,8	—	1,1	1,2	1,1	1,2	**2,5**	1,1	—	1,8*
Essigsäureester von prim. Alkoholen	**2,3***	0,8	—	1,0	1,1	1,1	1,2	**2,8**	1,1	—	1,8*
Aldehyde von primären Alkoholen	1,3	1,0	—	1,0	1,2	1,2	1,5	**2,7**	1,3	—	**1,9***
Primäre Alkohole von Acetalen	—	**2,2***	—	1,2	1,2	1,3	—	—	1,2	—	**0,47**
Sek. Alkohole von tertiären Alkoholen	**0,7**	**1,2**	1,1	0,9	1,1	1,1	1,0	**0,8**	1,0	**1,2**	0,9
Ketone von sekundären Alkoholen	**2,2***	**1,9***	1,0	1,1	1,4	1,7	1,7	**2,0**	1,3	0,7	**2,2**
Sekundäre Alkohole von Äthern	**0,3***	**4,4***	1,6	1,2	2,1	1,2	—	—	0,5	1,6	**0,5***
Ameisensäureester von sek. Alkoholen	**3,7***	1,2*	—	1,1	1,2	1,4	1,6	2,1	1,1	0,8	2,4*
Essigsäureester von sek. Alkoholen	**3,7***	1,2*	—	1,2	1,2	1,5	1,6	2,3	1,1	0,8	2,3*
Aldehyde von sekundär. Alkoholen	**3,4***	1,4*	—	1,1	1,3	1,7	1,9	**2,1**	1,4	0,9	2,5*
Sekundäre Alkohole von Acetalen	—	**1,6***	—	1,0	1,4	0,9	—	—	1,3	—	**0,3***
Ketone von tertiären Alkoholen	**1,9***	**2,1***	1,2	1,0	1,5	**1,8***	1,7	1,7	1,3	0.8	**3,7***
Tertiäre Alkohole von Äthern	**0,3***	**3,9***	1,5	1,3	1,6	1,1	—	**0,6**	1,8	1,2	0,42*
Ameisensäureester von tert. Alkoholen	**2,4***	1,4*	—	1,0	1,2	1,6*	1,6*	**1,7**	1,1	0,9	**3,8***
Essigsäureester von tertiären Alkoholen	**2,4***	1,4*	—	1,1	1,2	1,6*	1,6*	**1,9***	1,1	0,9	**3,8***
Aldehyde von tertiären Alkoholen	**2,4***	1,6*	—	1,0	1,3	**1,8***	**1,9***	1,7*	1,4	1,0	**4,8***
Tertiäre Alkohole von Acetalen	—	**1,4***	—	1,1	**1,3***	0,8	—	—	**1,3***	—	**0,2***
Ketone von Äthern	0,6	**8,0**	1,7	1,3	**3,1***	1,7	—	1,0	**2,4***	1,0	0,92
Ketone von Ameisensäureestern	0,8	**1,5**	—	0,9	1,2	1,1	1,0	1,0	1,1	0,9	0,8
Ketone von Essigsäureestern	0,8	**1,5**	—	0,9	1,2	1,1	1,0	0,8	1,2	0,9	0,9
Aldehyde von Ketonen	**1,2**	**0,7**	—	1,0	0,9	1,0	1,1	1,0	1,0	**1,2**	1,1
Ketone von Acetalen	—	**3,2***	—	1,1	2,0	1,5*	—	—	1,4	—	0,8
Ameisensäureester von Äthern	0,6	**5,5**	—	1,2	**2,5***	1,6	—	1,0	2,0	1,1	1,1

Tabelle 15 (*Fortsetzung*)

Trennung	Par.Öl	ODP	PG 4	PG 2	PCG	PSO	TCP	Sil.Öl	DPM	AAS	EHS[1]
Essigsäureester von Äthern . . .	0,6	5,5	—	1,4	2,5*	1,9	—	1,2	2,0	1,1	1,0
Aldehyde von Äthern	0,6	5,8	—	1,1	2,7*	2,1	—	1,0	2,3	1,2	1,0
Acetale von Äthern	—	2,6*	—	1,2	1,6	1,4	—	—	1,4	—	1,1
Essigsäureester von Ameisensäureestern . . .	1,0	1,0	—	1,1	1,0	1,0	1,0	1,1	1,0	1,0	1,0
Aldehyde von Ameisensäureestern	1,0	1,2	—	0,9	1,1	1,1	1,2	1,0	1,1	1,1	1,0
Ameisensäureester von Acetalen . . .	—	2,2*	—	1,0	1,6*	1,1	—	—	1,3*	—	0,9
Aldehyde von Essigsäureestern .	1,0	1,2	—	0,9	1,1	1,1	1,2	0,9	1,1	1,1	1,0
Essigsäureester von Acetalen . . .	—	2,2*	—	1,2	1,6*	1,4	—	—	1,4	—	0,9
Aldehyde von Acetalen	—	2,1*	—	1,0	1,8*	1,5	—	—	1,5	—	0,9

* Die angegebenen Werte des mittleren Selektivitätskoeffizienten weichen um mehr als 10% von den tatsächlichen Werten ab.

[1] Die Temperaturabhängigkeit des Selektivitätskoeffizienten ist sehr groß: hohe Selektivitätskoeffizienten unter 100° C, bei 130° C $\sigma \approx 1$ (vgl. Lit. *68*).

Tabelle 16. *Retentionswerte niederer Kohlenwasserstoffe und Edelgase an Kohle- und Silicagel-Säulen* [JANÁK, *644, 645*]

	Adsorbens							
	Kohle				Silicagel			
	Temp. 20° C		Temp. 85° C		Temp. 20° C		Temp. 80° C	
	V_{max}[2] ml	$R_{f_{max}}$[1]	V_{max}[2] ml	$R_{f_{max}}$[1]	V_{max}[2] ml	$R_{f_{max}}$[1]	V_{max}[2] ml	$R_{f_{max}}$[1]
Methan	31	0,117	7,0	0,514	7,7	0,351	3,5	0,771
Äthan	62	0,0059	39	0,0935	30	0,090	6,3	0,428
Äthylen . . .	304	0,0118	—	—	61	0,0443	7,7	0,351
Acetylen . . .	224	0,0160	16	0,233	168	0,0161	13,3	0,205
Propan	—	—	226	0,0160	105	0,0267	11,9	0,227
Propylen . . .	—	—	226	0,0135	483	0,0056	15,5	0,123
Cyclopropan .	—	—	42	0,0857	353	0,0077	10,5	0,257
n-Butan . . .	—	—	308	0,0117	420	0,0064	28,0	0,0975
iso-Butan . .	—	—	291	0,0124	385	0,0070	28,7	0,0941
Pentan . . .	—	—	—	—	945	0,0028	—	—
Methylacetylen	—	—	74	0,0490	—	—	24,5	0,110
Helium . . .	5,6	0,643	—	—	—	—	—	—
Neon	5,6	0,643	—	—	—	—	—	—
Argon	12,0	0,302	—	—	—	—	—	—
Krypton . . .	35,0	0,103	—	—	—	—	—	—
Xenon	210	0,172	—	—	—	—	—	—

[1] $R_{f_{max}} = \frac{\text{Gasvol. d. Kolonne}}{V_{max}}$. [2] V_{max} = Strecke *BD* in Abb. 2.

Tabelle 17. *Relative Retentionsvolumina von niederen Kohlenwasserstoffen an aktiven Trägern* (Bezugssubstanz n-Butan)

Substanz	British Drug House Al_2O_3 inaktiviert mit Wasser	British Drug House Al_2O_3 mit 2% Siliconöl und Wasser	18 Gew.-% $\beta\beta'$-Oxydipropionitril auf Al_2O_3 (100 bis 150 mesh), 9^h auf 400° C erhitzt	Je eine 3 m-Säule mit Alcoa F 10 Al_2O_3, erhitzt auf 110° und Davison Grade 62 Silicagel erhitzt auf 310° C 1^h	Alcoa Grade F 10 Al_2O_3, bei 110° C aktiviert mit 20,8 Gew.-% Propencarbonat
Literaturzitat	[*1096*]	[*1096*]	[*493, 494*]	[*872*]	[*872*]
Methan	0,03	0,03	—	—	0,04
Äthan	0,12	0,12	0,09	0,14	0,13
Äthylen	0,15	0,15	0,15	0,18	0,17
Propan	0,35	0,35	0,33	0,41	0,35
Propen	0,58	0,55	0,63	0,81	0,62
Acetylen	0,45	0,40	—	—	—
iso-Butan	0,87	0,87	0,78	0,91	0,71
n-Butan	1,00	1,00	1,00	1,00	1,00
	—	—	—	1,80	1,15
Buten-(1)	1,60	1,50	1,75	2,00	1,60
iso-Buten	1,80	1,70	2,00	2,40	1,70
trans-Buten-(2) .	1,80	1,70	2,30	2,15	1,95
cis-Buten-(2) . . .	2,00	1,90	2,80	2,60	2,35
1,3-Butadien . .	2,40	2,05	—	3,90	3,35
iso-Pentan . . .	2,40	2,35	—	—	2,10
n-Pentan	2,80	2,75	—	—	2,60

Tabelle 18a. *Relative Retentionsvolumina von C_2—C_8-Kohlenwasserstoffen an Zweistufensäulen im Vergleich zu einfachen Trennsäulen*

a) Zweistufensäule: 6 m Pelletex/Squalan und 8 m Siliconöl DC 550/Schamottemehl (Herstellung S. 102). Trenntemperatur: 100° C (Bezugssubstanz[1] $V_R^{rel} = 1$: n-Hexan), nach Lit. *1111*.

b) Zweistufensäulen: 1 m Squalan/Kieselgur und 2,5 m Isochinolin/Kieselgur (Herstellung S. 96). Trenntemperatur: 25° C (Bezugssubstanz $V_R^{rel} = 1$: Cyclopentan), nach Lit. *1289*.

c) Chinolin-Brucin / Kieselgur (Herstellung S. 96). Trenntemperatur: 25° C (Bezugssubstanz $V_R^{rel} = 1$: Cyclopentan), nach Lit. *1289*.

[1] Retentionsvolumina sind nicht um Totvolumen korrigiert.

Substanz	a				b	c
	C_5-Fraktion	C_6-Fraktion	C_7-Fraktion	C_8-Fraktion		
Isopentan	0,55	—	—	—	—	0,22
Cyclopentan	0,93	—	—	—	1,0	1,0
n-Pentan	0,60	—	—	—	—	0,30
2,2-Dimethylbutan	—	0,75	—	—	0,42	—
2,3-Dimethylbutan	—	0,86	—	—	0,64	0,56
2-Methylpentan	—	0,86	—	—	0,71	0,65
3-Methylpentan	—	0,93	—	—	0,83	0,76
n-Hexan	—	1,0	—	—	1,09	—
Methylcyclopentan	—	1,28	—	—	—	1,70
Benzol	—	1,92	—		—	—
Cyclohexan	—	1,62	—	—	—	2,27
2,2-Dimethylpentan	—	—	1,21	—	—	—
2,4-Dimethylpentan	—	—	1,21	—	—	1,22
Trans-1,3-Dimethylcyclopentan . . .	—	—	1,78	—	—	—
1,1-Dimethylcyclopentan	—	—	1,72	—	—	—

Tabelle 18 a *(Fortsetzung)*

Substanz	a				b	c
	C_5-Fraktion	C_6-Fraktion	C_7-Fraktion	C_8-Fraktion		
3,3-Dimethylpentan	—	—	1,47	—	—	—
3-Methylhexan	—	—	1,61	—	—	—
Trans-1,2-Dimethylcyclopentan	—	—	1,85	—	—	—
2,3-Dimethylpentan	—	—	1,61	—	—	—
Cis-1,2-Dimethylcycopentan	—	—	2,32	—	—	—
3-Äthylpentan	—	—	1,72	—	—	—
2-Methylhexan	—	—	1,53	—	—	—
Methylcyclohexan	—	—	2,35	—	—	—
Äthylcyclopentan	—	—	2,50	—	—	—
n-Heptan	—	—	1,78	—	—	—
2,2,4-Trimethylpentan	—	—	—	1,80	—	—
Toluol	—	—	—	—	—	—
n-Octan	—	—	—	—	—	—
2,2-Dimethylhexan	—	—	—	2,14	—	—
2,5-Dimethylhexan	—	—	—	2,29	—	—
2,2,3-Trimethylpentan	—	—	—	2,60	—	—
2,3,4-Trimethylpentan	—	—	—	2,77	—	—
2,3,3-Trimethylpentan	—	—	—	3,08	—	—

d) Relative Retentionsvolumina von C_2—C_5-Kohlenwasserstoffen an Zweistufenkolonnen 2 m Di-i-decylphthalat/Kieselgur + 5 m Dimethylsulfolan/Kieselgur (Bezugssubstanz: n-Pentan); nach Lit. *388*. Trägergasdurchfluß: 45 ml/min 40% flüssige Phase auf Kieselgur.

e) 15 m-Säule Dimethylsulfolan/Schamottemehl (4: 10) (Bezugssubstanz: n-Pentan) nach Lit. *388*. Trägergasdurchfluß: 110 ml/min.

Substanz	d			e	Substanz	d			e
	35° C		15° C	0° C		35° C		15° C	0° C
Penten-(1)	1,25	1,25	1,24	1,61	Isopentan	—	0,80	0,73	0,73
n-Pentan	1,0	1,0	1,0	1,0	Propylen	—	0,16	0,13	0,18
cis-Buten-(2)	0,72	—	0,65	0,90	2-Methylbuten-(2)	—	—	1,96	2,70
trans-Buten-(2)	0,61	—	0,55	0,75	2-Methylbuten-(1)	—	—	1,43	1,96
Buten-(1)	0,48	—	0,43	0,54	Butadien-(1,3)	—	—	0,85	1,71
n-Butan	0,38	—	0,31	0,32	Isobutylen	—	0,46	0,43	0,60
Isobutan	0,25	—	0,20	0,20	Äthylen	—	—	0,06	0,04
Propan	0,12	—	0,09	0,09	Äthan	—	—	0,03	0,03
cis-Penten-(2)	—	1,67	1,70	2,27	3-Methylbuten-(1)	—	—	—	1,05
trans-Penten-(2)	—	1,54	1,56	2,08					

Tabelle 18b. *Retentionszeiten*[1] *einiger n-Paraffine* (Lit. *936*)
Temperatur: 320° C. Trägergasdurchfluß 50 ml/min. Säule: 7 m (9,5 mm ⌀) mit 10% ätherischen Asphaltextrakt (vgl. S. 104) auf Schamottemehl

Substanz	Retentionszeit (min)	Substanz	Retentionszeit (min)
Heneikosan	6,3	Oktakosan	20,4
Dokosan	7,5	Nonakosan	24,6
Trikosan	8,6	Triakontan	29,8
Tetrakosan	9,9	Hentriakontan	36,9
Pentakosan	11,6	Dotriakontan	45,2
Hexakosan	13,8	Tritriakontan	55,9
Heptakosan	16,8	Tetratriakontan	68,2

[1] Nicht korrigiert um Totvolumen.

Tabelle 18. *Aliphatische Kohlenwasserstoffe*

Erläuterung der Abkürzungen und Trennbedingungen: **Squalan I.**: 30 : 100 auf Sterchamol (30—60 mesh); Trägergas: H_2; Säule: 2 m × 0,6 cm; **Squalan II.**: 30% auf Celite 545 (72—100 mesh); Trägergas: 60 ml N_2/min; Säule: 1,2 m × 0,4 cm; **HTK**: 23% Hexatriakontan auf Sterchamol (30—60 mesh); Trägergas: H_2; Säule: 2 m × 0,6 cm; **BDP**: 23% p-Phenyl-diphenylmethan auf Sterchamol (30—60 mesh); Trägergas: H_2; Säule: 2 m × 0,6 cm; **Par.-wachs**: 23% Paraffinwachs auf Sterchamol (30—60 mesh); Trägergas: H_2; Säule: 2 m × 0,6 cm; **OD**: 23% Octadecan auf Sterchamol (30—60 mesh); Trägergas: H_2; Säule: 2 m × 0,6 cm; **ODP**: 23% Oxydipropionitril auf Sterchamol (30—60 mesh); Trägergas: H_2; Säule: 2 m × 0,6 cm; **Sil.-öl**: 23% Siliconöl DC 703 auf Sterchamol (30—60 mesh); Trägergas: H_2; Säule: 2 m × 0,6 cm; **BD**: 15% Benzyldiphenyl auf Celite 545 (0,1—0,2 mm) Trägergas: N_2; **APL**: 15% Apiezon L auf Celite 545 (0,1—0,2 mm); Trägergas: N_2; **DIN**: 15% Di-n-octylester von 2,7-Dinitrophenanthrachinon auf Celite 545 (0,1—0,2 mm); Trägergas: N_2; **AN**: 30% Anilin auf Celite 545 (72—100 mesh); Trägergas: 60 ml N_2/min; Säule: 1,2 m × 0,4 cm; **ICH**: 30% Isochinolin auf Celite 545 (72—100 mesh); Trägergas: 60 ml N_2/min; Säule: 1,2 m × 0,4 cm; **CH**: 30% Chinolin auf Celite 545 (72—100 mesh); Trägergas: 60 ml N_2/min; Säule: 1,2 m × 0,4 cm; **2-MCH**: 30% 2-Methylchinolin auf Celite 545 (72—100 mesh); Trägergas: 60 ml N_2/min; Säule: 1,2 m × 0,4 cm; **4-MCH**: 30% 4-Methylchinolin auf Celite 545 (72—100 mesh); Trägergas: 60 ml N_2/min; Säule: 1,2 m × 0,4 cm; **1-MN**: 30% 1-Methylnaphthalin auf Celite 545 (72—100 mesh); Trägergas: 60 ml/min N_2; Säule: 1,2 m × 0,4 cm; **1-CHN**: 30% 1-Chlornaphthalin auf Celite 545 (72—100 mesh); Trägergas: 60 ml N_2/min; Säule: 1; 2 m × 0,4 cm; **S/P**: 1,5% Squalan auf Pelletex; Trägergas: H_2; Säule: 2 m × 0,6 cm; **S/S**: 3% Squalan auf Schamottemehl (30—60 mesh); Trägergas: H_2; Säule: 2 m × 0,6 cm; **Par.-öl**: 23% Paraffinöl auf Schamottemehl (30—60 mesh); Trägergas: H_2; Säule: 2 m × 0,6 cm; **EHS**: 23% Äthyl-hexyl-sebacat auf Schamottemehl (30—60 mesh); Trägergas: H_2; Säule: 2 m × 0,6 cm; **CVC**: 23% Convachlor-12 (Chloriertes Öl der Consolidated Electrodynamics MG. 326) auf Schamottemehl (30—60 mesh); Trägergas: H_2; Säule: 2 m × 0,6 cm; **FIS**: 23% Fluorolube S (Poly-trifluorvinylchlorid, MG. 775 Hooker Electrochem. Co.) auf Schamottemehl (30—60 mesh); Trägergas: H_2; Säule: 2 m × 0,6 cm; **IDP**: 23% β,β'-Iminio-bis(propionitril) auf Sterchamol (30—60 mesh); Trägergas: H_2; Säule: 2 m × 0,6 cm; **PFB**: 23% Perfluor-tributylamin auf Sterchamol (30—60 mesh); Trägergas: H_2; Säule: 2 m × 0,6 cm; **TKP**: 23% Trikresylphosphat auf Sterchamol (30—60 mesh); Trägergas H_2; Säule: 2 m × 0,6 cm; **DPF**: 23% Dimethylformamid auf Sterchamol (30 bis 60 mesh); Trägergas: H_2; Säule: 2 m × 0,6 cm; **TDP**: 23% Thiodipropionitril auf Sterchamol (30—60 mesh); Trägergas: H_2; Säule: 2 m × 0,6 cm; **PG 4**: Polypropylenglykol (MG 400) auf Sterchamol (30—60 mesh); Trägergas: H_2; Säule: 2 m × 0,6 cm; **PG 20**: Polypropylenglykol (MG. 2000) auf Sterchamol (30—60 mesh); Trägergas: H_2; Säule: 2 m × 0,6 cm; **PCG**: 23% Polyepichlorhydrin auf Sterchamol (30—60 mesh); Trägergas: H_2; Säule: 2 m × 0,6 cm; **DS/TP**: 25% Di-2-äthylhexylsebacat/Tritolylphosphat (1 : 3) auf firebrick (30—60 mesh), Trägergas: 60 ml He/min; Säule: 4,8 m; **DS**: 40% Dimethylsulfolan auf Columpak* (30—60 mesh); Trägergas: 70 ml/He/min; Säule: 1 m; Trägergas: 77 ml He/min; Säule: 2,5 m; **TTP**: 40% Tritolylphosphat auf Columpak* (30—60 mesh); Trägergas: 77 ml He/min; Säule: 2,5 m; **DDP**: 40% Di-n-decylphosphat auf Columpak* (30—60 mesh); Trägergas: 77 ml He/min; Säule: 2,5 m; **Min.-öl**: 40 % Mineralöl auf Columpak* (30—60 mesh); Trägergas: 77 ml He/min, Säule: 2,5 m; **ODP I**: 2,2′-Oxydipropionitril (40%) auf Columpak* (30—60 mesh); Trägergas: 77 ml He/min; Säule: 2,5 m; **ODP II**: 30% 2-2′-Oxydipropionitril auf Sterchamol (0,25—0,35 mm); Trägergas: 9,9 l H_2/h; Säule: 4 m × 0,6 cm; **ODP III**: 30 Tl. 2-2′-Oxydipropionitril auf 100 Tl. Sterchamol (0,25—0,35 mm); Trägergas: H_2; Säule: 2 m × 0,6 cm; **HGDA**: 30% Hexaäthylenglykol-dimethyläther auf Sterchamol (0,25—0,35 mm); Trägergas: 18 l H_2/h; Säule: 4 m × 0,6 cm; **MA**: 43% Maleinsäureanhydrid auf Kieselgur (0,2—0,4 mm); Trägergas: 0,7 ml CO_2/sec; **DBTD**: 20% 3,5-Dibutyltetradecan auf Kieselgur (0,2 bis 0,4 mm); Trägergas: 0,7 ml CO_2/sec; **M-Sil.**: 30% Methylsiliconöl auf Kieselgur (0,2—0,4 mm); Trägergas: 0,7 ml CO_2 sec; **DF**: 20% Dimethylformamid auf Kieselgur (0,2—0,4 mm); Trägergas: 0,7 ml CO_2/sek.; **ALS**: Alusil ohne Trennflüssigkeit auf Kieselgur (0,2—0,4 mm) Trägergas: 0,7 ml CO_2/sec; **DF**: 25% Dimethylformamid auf Alusil (0,2—0,4 mm); Trägergas: 0,7 ml CO_2/sec;

DF: 20% Dimethylformamid auf Alusil (0,2—0,4 mm); Trägergas: 0,7 ml CO_2/sec; **DDP:** Di-n-decylphthalat auf Sterchamol (0,25—0,43 mm) 100 ml He/min; Säule: 2 m; **DHS:** Diäthylhexylsebacinat auf Sterchamol (0,25—0,43 mm); Trägergas: 100 ml He/min; Säule: 2 m; **Sil.-öl:** Siliconöl DC 200 auf Sterchamol (0,25—0,43); Trägergas: 100 ml He/min; Säule: 2 m; **TGDÄ:** Tetraäthylenglykoldimethyläther auf Sterchamol (0,25—0,43 mm); Trägergas: 100 ml He/min; Säule: 2 m; **F/PS:** Fluoren/Pikrinsäure auf Sterchamol (0,25—0,43 mm); Trägergas: 100 ml He/min; Säule: 2 m; **PGI:** Polyäthylenglykol auf Sterchamol (0,25—0,34 mm); Trägergas: 100 ml He/min; Säule: 2 m; **PG II:** Polyglykol 20000 (20%) auf Sterchamol (0,2—0,3 mm); Trägergas: 60 ml He/min; Säule: 3 m × 0,4 cm; **BCH:** 30% 7,8-Benzochinolin auf Celite 545 (72—100 mesh); Trägergas: 60 ml N_2/min; Säule: 1,2 m × 0,4 cm; **NA:** -Naptthylamin (30%) auf Celite 545 (72—100 mesh); Trägergas: 60 ml N_2/min; Säule: 1,2 m × 0,4 cm; **Phen:** 30% Phenanthren auf Celite 545 (72 bis 100 mesh); **Trägergas:** 60 ml N_2/min; Säule: 1,2 m × 0,4 cm; **DPA:** 30% Diphenylamin auf Celite 545 (72—100 mesh); Trägergas: 60 ml: N_2/min; **Säule:** 1,2 m × 0,4 cm; **DMS:** 8,62 g Dimethylsulfolan auf 43,08 g Chromosorb (30—50 mesh); **BC-AgNO₃:** 3,806 g $AgNO_3$ gelöst in **9,660 g Benzylcyanid** auf 33,31 g Chromosorb; Säule: 6 m × 0,6 cm.

* Träger der Fa. Fisher Scientific, Pittsburgh/USA.

Bezugssubstanz $V_R = 1$	n-C_6H_{14}	n-C_5H_{12}		Benzol			n-Pentan							
Flüssige Phase	Squalan II	Squalan I		Squalan II			HTK	BDP	Par.-wachs	OD	ODP	Sil.-öl	BD	
Temperatur °C	20	100	150	66,0	80	100	78,5	78,5	78,6	65	25	100	75	100
Literaturzitat	[79]	[289]	[289]	[79]	[79]	[79]	[289]	[289]	[289]	[1175]	[1175]	[1175]	[162]	[162]
n-Butan	0,088	—	—	0,10	—	—	0,39	—	—	—	—	—	—	—
n-Pentan	0,300	1,0	1,0	0,26	0,28	0,29	1,00	1,00	1,00	1,00	1,00	1,00	1,00	1,00
n-Hexan	1,00	2,2	1,9	0,69	0,69	0,68	2,42	2,31	2,46	2,58	2,12	2,1	2,35	2,30
n-Heptan	3,236	4,8	3,5	1,73	1,61	1,47	5,73	5,26	5,85	6,7	4,48	4,4	5,5	4,72
n-Octan	—	10,4	6,5	4,30	3,74	3,20	13,42	12,0	13,8	17,25	—	9,0	—	9,79
n-Nonan	—	22,1	11,9	10,54	8,61	6,75	30,96	27,14	32,4	42,6	—	18,0	—	20,0
n-Decan	—	—	—	—	—	—	—	61,20	—	—	—	—	—	41,3
n-Undecan	—	—	—	—	—	—	—	—	—	—	—	—	—	82,8
n-Dodecan	—	—	—	—	—	—	—	—	—	—	—	—	—	171,5
Isobutan	—	—	—	—	—	—	0,29	—	—	—	—	—	—	—
Isopentan	0,22	0,7	—	—	—	—	0,77	0,76	0,73	0,81	0,81	0,8	—	—
2-Methylpentan	0,69	1,6	—	—	—	—	1,83	1,79	1,87	1,98	1,6	1,8	1,8	1,81
3-Methylpentan	0,81	—	—	—	—	—	2,12	2,05	2,17	2,29	1,98	—	1,99	1,96
2-Methylhexan	2,17	3,6	—	—	—	—	4,27	3,74	4,35	4,86	3,34	3,3	—	—
3-Methylhexan	2,42	—	—	—	—	—	4,68	4,14	4,8	—	3,82	—	—	3,85
2-Methylheptan	—	7,7	—	—	—	—	9,83	8,54	10,1	11,52	8,0	6,8	—	—
3-Methylheptan	—	—	—	—	—	—	10,58	8,54	—	—	—	—	9,85	7,79
4-Methylheptan	—	—	—	—	—	—	10,12	8,83	10,5	12,1	—	—	—	—

Tabelle 18 *(Fortsetzung)*

Bezugssubstanz $V_R = 1$	n-Pentan		p-Xylol	$C_6H_5CH_3$	n-Hexan							n-Pentan			
Flüssige Phase	APL		APL	DIN	AN	ICH	CH	2-MCH	4-MCH	1-MN	1-CHN	S/P	S/S	Par.-öl	DTP
Temperatur ° C	75	100	150	100	20	20	20	20	20	20	20	75	25	100	20
Literaturzitat	*[162]*	*[162]*	*[162]*	*[162]*	*[287]*	*[287]*	*[287]*	*[287]*	*[287]*	*[287]*	*[287]*	*[336]*	*[336]*	*[79]*	*[1175]*
n-Butan	—	—	—	—	0,132	0,094	0,098	—	0,095	0,083	0,084	1,00	1,00	1,00	—
n-Pentan	1,00	1,00	—	—	0,368	0,314	0,318	0,313	0,318	0,294	0,295	—	3,20	2,30	2,20
n-Hexan	2,34	2,13	—	0,115	1,00	1,00	1,00	1,00	1,00	1,00	1,00	—	9,83	5,2	—
n-Heptan	5,52	4,47	0,173	0,240	2,680	3,055	3,052	3,132	3,110	3,337	3,345	—	—	11,0	—
n-Octan	—	9,15	0,301	0,493	—	—	—	—	—	—	—	—	—	26,7	—
n-Nonan	—	19,2	0,537	0,990	—	—	—	—	—	—	—	—	—	—	—
n-Decan	—	39,0	1,63	1,92	—	—	—	—	—	—	—	—	—	—	—
n-Undecan	—	79,4	2,84	3,72	—	—	—	—	—	—	—	—	—	—	—
n-Dodecan	—	162,5	4,90	7,40	—	—	—	—	—	—	—	—	—	—	—
Isobutan	—	—	—	—	0,264	0,211	0,215	0,214	0,221	0,197	0,195	—	—	0,8	—
Isopentan	1,77	1,66	—	—	—	0,652	0,640	0,646	0,650	0,644	0,639	—	2,26	1,8	1,65
2-Methylpentan	2,08	1,86	—	0,096	—	0,752	—	—	0,765	0,746	0,740	—	2,62	—	2,30
3-Methylpentan	—	—	0,162	0,111	—	1,927	1,918	—	1,970	2,076	2,065	—	6,84	3,9	—
2-Methylhexan	—	3,70	—	—	—	2,151	—	—	—	—	—	—	7,88	—	—
3-Methylhexan	—	—	—	0,212	—	—	—	—	—	—	—	—	—	8,4	—
2-Methylheptan	10,6	7,51	—	—	—	—	—	—	—	—	—	—	—	—	—
4-Methylheptan	—	—	—	0,411	—	—	—	—	—	—	—	—	—	—	—
n-Tridecan	—	—	8,52	—	—	—	—	—	—	—	—	—	—	—	—
n-Tetradecan	—	—	14,7	—	—	—	—	—	—	—	—	—	—	—	—

Bezugssubstanz $V_R = 1$	n-Pentan												Formaldehyd		
Flüssige Phase	EHS	CVC	FIS	IDP	PFB	TKP	DPF	TDP	PG 4	PG 20	PCG	DS/TP	DS		
Temperatur ° C	100	100	100	67	52	100	100	67	120	120	120	30	25	29	37
Literaturzitat	*[1175]*	*[1175]*	*[1175]*	*[1175]*	*[1175]*	*[1175]*	*[1175]*	*[1175]*	*[1175]*	*[1175]*	*[1175]*	*[1284]*	*[558]*	*[558]*	*[558]*
Äthan	—	—	—	—	—	—	—	—	—	—	—	0,033	0,004	—	—
Methan	—	—	—	—	—	—	—	—	—	—	—	—	0,001	—	—
Propan	—	—	—	—	—	—	—	—	—	—	—	0,092	0,01	—	—

n-Butan	—	—	—	—	—	—	—	—	—	—	—	0,335	0,04	—	—
n-Pentan	1,00	1,00	1,00	1,00	1,00	1,00	1,00	1,00	1,00	1,00	1,00	1,00	0,101	—	0,27
n-Hexan	2,2	2,4	2,0	1,8	2,2	2,0	2,0	1,7	1,9	1,9	1,9	—	0,264	—	—
n-Heptan	4,9	5,3	4,0	3,5	4,6	4,1	3,6	3,2	3,6	3,7	3,5	—	0,68	0,70	0,68
n-Octan	10,3	11,3	8,0	6,5	9,6	8,2	7,0	5,7	6,6	6,9	6,3	—	—	—	—
n-Nonan	21,5	24,1	15,7	11,6	19,8	16,2	14,5	10,5	12,0	12,7	11,9	—	—	—	—
Isobutan	—	—	—	—	—	—	—	—	—	—	—	0,21	—	—	—
Isopentan	0,7	0,9	0,9	0,8	0,8	0,8	0,8	0,8	0,8	0,8	0,8	0,73	—	—	—
2-Methylbutan	—	—	—	—	—	—	—	—	—	—	—		0,08	—	—
2-Methylpentan	1,8	1,9	1,7	1,2	1,5	1,6	1,4	1,2	1,5	1,5	1,5	2,01	0,192	—	—
3-Methylpentan	—	—	—	—	—	—	—	—	—	—	—	2,35	0,23	—	—
2-Methylhexan	3,8	4,0	3,3	2,6	3,3	3,2	2,8	2,4	2,8	2,8	2,7	—	—	—	—
3-Methylhexan	—	—	—	—	—	—	—	—	—	—	—	—	0,56	—	—
2-Methylheptan	8,0	8,6	6,5	4,8	6,7	6,2	5,3	4,4	5,2	4,5	4,7	—	—	—	—
Neohexan	—	—	—	—	—	—	—	—	—	—	—	1,34	—	—	—

Bezugssubstanz $V_R = 1$	Formaldehyd															Benzol
Flüssige Phase	TTP					DDP					Min.-öl					HGDÄ
Temperatur °C	25	29	37	45	55	25	29	37	45	55	25	29	37	45	55	70
Literaturzitat	[558]	[558]	[558]	[558]	[558]	[558]	[558]	[558]	[558]	[558]	[558]	[558]	[558]	[558]	[558]	[715]
Äthan	0,008	—	—	—	—	0,014	—	—	—	—	0,029	—	—	—	—	—
Methan	0,001	—	—	—	—	0,002	—	—	—	—	0,003	—	—	—	—	—
Propan	0,02	—	—	—	—	0,05	—	—	—	—	0,099	—	—	—	—	—
n-Pentan	0,233	—	—	—	—	0,54	—	0,57	—	—	1,12	—	—	0,86	1,03	—
n-Hexan	0,68	—	—	—	—	1,42	—	1,37	1,37	1,35	3,61	—	—	2,34	—	—
n-Heptan	2,02	1,76	1,82	—	1,71	—	—	—	4,20	3,69	—	—	—	—	6,4	0,29
n-Octan	—	—	—	—	—	—	—	—	—	—	—	—	—	—	—	0,62
2-Methylbutan	0,17	0,18	0,19	—	—	—	—	—	—	—	0,83	—	0,71	0,68	—	—
2-Methylpentan	0,47	—	0,51	—	—	1,19	1,21	1,18	—	—	—	—	2,05	1,70	2,14	—
3-Methylpentan	0,56	—	—	—	—	1,68	1,75	1,59	—	1,52	—	2,35	2,38	1,95	2,22	—
3-Methylhexan	1,43	—	—	3,28	3,01	—	—	—	3,28	3,01	—	—	—	4,67	5,1	—

Tabelle 18 *(Fortsetzung)*

Bezugssubstanz $V_R = 1$	n-Butylen							n-Pentan					
Flüssige Phase	MA	DBTD	M-Sil.öl	DF	ALS	DF	DF	DDP			DHS		
Temperatur ° C	20	20	20	20	20	20	20	50	100	150	50	100	150
Literaturzitat	*[661]*	*[661]*	*[661]*	*[661]*	*[661]*	*[661]*	*[661]*	*[1012]*	*[1012]*	*[1012]*	*[1012]*	*[1012]*	*[1012]*
Äthan	—	0,08	0,08	0,06	0,02	0,07	0,08	—	—	—	—	—	—
Propan	0,22	0,31	0,29	0,18	0,07	0,18	0,22	—	—	—	—	—	—
n-Butan	0,71	1,20	1,09	0,55	0,24	0,58	0,71	0,40	0,47	0,53	0,38	0,48	0,57
n-Pentan	1,99	4,73	4,56	1,69	0,86	0,82	1,99	1,00	1,00	1,00	1,00	1,00	1,00
n-Hexan	—	—	—	—	—	—	—	2,70	2,29	2,05	2,68	2,27	2,03
n-Heptan	—	—	—	—	—	—	—	7,15	5,04	4,03	7,22	4,93	3,98
n-Octan	—	—	—	—	—	—	—	19,2	11,6	8,09	13,3	11,0	7,8
Isobutan	0,51	0,78	0,75	0,34	0,21	0,38	0,51	—	—	—	—	—	—
Isopentan	1,54	2,70	2,27	0,96	0,72	1,09	1,54	—	—	—	—	—	—

Bezugssubstanz $V_R = 1$	n-Pentan								Benzol			
Flüssige Phase	Sil.-öl			TGDÄ	F/PS	PG I			PG II	BCH		
Temperatur ° C	50	100	150	50	100	50	100	150	185	65,5	81	101
Literaturzitat	*[1012]*	*[1012]*	*[1012]*	*[1012]*	*[1012]*	*[1012]*	*[1012]*	*[1012]*		*[287]*	*[287]*	*[287]*
n-Butan	0,42	0,47	0,53	0,42	—	—	—	—	—	—	—	—
n-Pentan	1,00	1,00	1,00	1,00	1,00	1,00	1,00	1,00	—	0,07	0,08	—
n-Hexan	2,64	2,29	2,11	2,70	2,00	2,92	2,54	2,00	0,25	0,18	0,19	0,21
n-Heptan	6,73	4,97	3,90	7,30	4,00	7,76	5,09	4,00	0,35	0,44	0,44	0,45
n-Octan	17,1	11,5	8,10	19,2	7,78	21,5	11,4	8,00	0,49	1,06	1,00	0,95
n-Nonan	—	—	—	—	—	—	—	—	0,73	2,53	2,25	1,98
n-Decan	—	—	—	—	—	—	—	—	1,08	—	—	4,08
n-Undecan	—	—	—	—	—	—	—	—	1,68	—	—	—
n-Dodecan	—	—	—	—	—	—	—	—	2,54	—	—	—

Bezugssubstanz $V_R = 1$	Benzol				Isopren			Isopren		
Flüssige Phase	NA		Phen	DPA	DMS			BC-$AgNO_3$		
Temperatur ° C	65,5	81	101	56	35	22,25	15	30	22	15
Literaturzitat	[287]	[287]	[287]	[287]	[26]	[26]	[26]	[26]	[26]	[26]
n-Butan	—	—	—	—	—	—	—	0,04	0,037	0,034
n-Pentan	—	—	—	—	0,28	0,26	0,25	0,11	0,10	0,093
n-Hexan	0,095	0,11	0,25	0,13	0,70	0,70	0,69	0,29	0,25	0,25
n-Heptan	0,23	0,24	0,57	0,31	1,72	1,83	1,89	0,65	0,36	0,64
n-Octan	0,52	0,52	1,23	0,75	—	—	—	—	—	—
n-Nonan	1,14	1,09	2,62	1,80	—	—	—	—	—	—
n-Decan	2,52	2,27	—	—	—	—	—	—	—	—
Isopentan	—	—	—	—	0,22	0,20	0,18	—	—	—
Neohexan	—	—	—	—	0,38	0,36	0,34	—	—	—

Bezugssubstanz $V_R = 1$	n-C_6H_{14}	n-Pentan							$C_6H_5CH_3$		n-Pentan	
Flüssige Phase	Squalan II	HTK	BDP	Par.-wachs	OD	ODP	BD		BD	DIN	APL	
Temperatur ° C	20	78,5	78,5	78,6	65	25	75	100	100	100	75	100
Literaturzitat	[79]	[289]	[289]	[289]	[1175]	[1175]	[162]	[162]	[162]	[162]	[162]	[162]
2,2-Dimethylbutan	0,454	1,34	1,26	1,34	1,42	1,31	1,26	1,24	0,067	—	1,43	1,27
2,3-Dimethylbutan	0,658	1,83	1,74	1,90	1,92	1,76	1,75	1,70	0,092	0,100	1,81	1,66
2,2-Dimethylpentan	1,321	3,00	2,57	3,1	3,32	2,44	—	—	—	—	—	—
2,4-Dimethylpentan	1,400	3,08	2,63	3,25	3,5	2,44	2,8	2,51	0,136	0,145	3,09	2,50
3,3-Dimethylpentan	1,896	4,13	3,84	4,26	4,36	3,69	—	—	—	—	—	—
2,3-Dimethylpentan	2,247	4,55	4,03	4,67	5,00	—	4,3	3,74	—	0,215	4,55	3,66
2,2-Dimethylhexan	—	6,57	5,49	7,02	7,96	—	—	—	—	—	—	—
2,5-Dimethylhexan	—	7,13	5,94	7,51	8,7	5,59	—	5,28	—	0,292	—	5,25
2,4-Dimethylhexan	—	7,45	6,23	7,80	9,12	—	—	—	—	—	—	—
3,3-Dimethylhexan	—	8,49	7,17	8,75	10,10	—	—	—	—	—	—	—
2,3-Dimethylhexan	—	9,63	8,51	9,9	11,4	—	—	—	—	—	—	—
3,4-Dimethylhexan	—	10,73	9,67	11,0	12,8	—	—	—	—	—	—	—
2,2,4-Trimethylpentan	2,76	5,28	4,26	5,4	—	3,79	—	4,06	—	0,243	—	4,10

Tabelle 18 *(Fortsetzung)*

Bezugssubstanz $V_R = 1$	$n-C_6H_{14}$	n-Pentan							$C_6H_5CH_3$		n-Pentan	
Flüssige Phase	Squalan II	HTK	BDP	Par.-wachs	OD	ODP	BD		BD	DIN	APL	
Temperatur °C	20	78,5	78,5	78,6	65	25	75	100	100	100	75	100
Literaturzitat	*[79]*	*[289]*	*[289]*	*[289]*	*[1175]*	*[1175]*	*[162]*	*[162]*	*[162]*	*[162]*	*[162]*	*[162]*
2,2,3-Trimethylpentan	—	8,10	6,89	8,14	—	—	—	—	—	—	—	—
2,3,4-Trimethylpentan	—	9,21	8,03	9,51	10,7	—	—	7,00	—	0,393	—	6,90
2,3,3-Trimethylpentan	—	10,00	8,71	10,06	—	—	—	—	—	—	—	—
3-Äthylpentan	2,68	5,18	4,63	5,26	5,82	4,48	—	4,22	—	0,233	—	4,12
2-Methyl-3-äthylpentan	—	9,84	8,83	10,9	11,33	—	—	—	—	—	—	—
3-Methyl-3-äthylpentan	—	10,33	10,09	11,5	13,2	—	—	—	—	—	—	—
3-Äthylhexan	—	10,69	9,66	11,9	12,67	—	—	7,91	—	—	—	7,66
2,2,3-Trimethylbutan	—	—	—	—	—	—	3,11	2,97	—	0,171	3,4	3,00
2,2,5-Trimethylhexan	—	—	—	—	—	—	—	7,35	—	0,413	—	7,36
2,3,5-Trimethylhexan	—	—	—	—	—	—	—	6,90	—	0,423	—	7,46

Bezugssubstanz $V_R = 1$	$C_6H_5CH_3$	p-Xylol	n-Hexan							n-Penlan		
Flüssige Phase	APL	APL	AN	ICH	CH	2-MCH	4-MCH	1-MN	1-CHN	S/P	S/S	DTP
Temperatur °C	100	150	20	20	20	20	20	20	20	75	25	20
Literaturzitat	*[162]*	*[162]*	*[287]*	*[287]*	*[287]*	*[287]*	*[287]*	*[287]*	*[287]*	*[336]*	*[336]*	*[1175]*
2,2-Dimethylbutan	0,150	—	—	0,371	—	—	0,390	0,373	0,365	—	1,55	1,15
2,3-Dimethylbutan	0,196	—	—	0,567	0,574	0,590	0,599	0,574	0,563	—	2,11	1,65
2,2-Dimethylpentan	—	—	—	1,076	1,078	—	1,132	1,167	1,140	—	4,27	—
2,4-Dimethylpentan	0,297	—	—	1,173	—	—	1,194	—	—	—	4,51	—
3,3-Dimethylpentan	—	—	—	1,543	1,533	—	—	—	—	—	6,02	—
2,3-Dimethylpentan	—	—	—	1,955	1,972	—	2,040	2,085	2,058	—	6,84	—
2,2-Dimethylhexan	—	—	—	—	—	—	—	—	—	5,42	13,07	—
2,5-Dimethylhexan	—	—	—	—	—	—	—	—	—	6,36	14,10	—
2,2,4-Trimethylpentan	—	0,293	1,981	2,094	2,068	2,209	2,178	2,392	2,310	5,03	8,84	—
3-Äthylpentan	—	0,288	—	2,397	—	—	—	—	—	—	8,55	—
2,2,3-Trimethylbutan	0,236	—	—	—	—	—	—	—	—	—	—	—

Bezugssubstanz	Formaldehyd													
Flüssige Phase	DS			TTP	DDP					Min.-ÖL				ODP
Temperatur ° C	25	29	37	25	25	29	37	45	55	25	37	45	55	25
Literaturzitat	[558]	[558]	[558]	[558]	[558]	[558]	[558]	[558]	[558]	[558]	[558]	[558]	[558]	[79]
2,2-Dimethylbutan	0,13	—	—	0,30	0,81	—	0,81	0,84	—	1,66	1,39	1,20	1,55	0,027
2,3-Dimethylbutan	0,19	—	—	0,45	1,14	1,16	1,15	—	—	—	—	—	—	0,05
2,4-Dimethylpentan	0,33	0,34	0,38	0,85	2,35	—	2,19	2,05	—	—	—	3,03	—	0,06
2,3-Dimethylpentan	0,56	—	—	1,39	—	—	3,24	3,22	2,93	—	—	4,55	4,88	0,11

Tabelle 19. *Alicyclische Kohlenwasserstoffe*

Erläuterungen der Abkürzungen und Trennbedingungen: **HTK:** 23% Hexatriakontan auf C-22 firebrick oder Sterchamol (30 bis 60 mesh); Trägergas: H_2; Säule: 2 m × 0,6 cm; **BDP:** 23% p-Phenyl-diphenylmethan auf C-22 firebrick oder Sterchamol (30 bis 60 mesh); Trägergas: H_2; Säule: 2 m × 0,6 cm; **Par.-wachs:** 23% Paraffinwachs auf C-22 firebrick oder Sterchamol (30—60 mesh); Trägergas: H_2; Säule: 2 m × 0,6 cm; **OD:** 23% Octadecan auf C-22 firebrick oder Sterchamol (30—60 mesh); Trägergas: H_2; Säule: 2 m × 0,6 cm; **ODP:** 23% Oxydipropionitril auf C-22 firebrick oder Sterchamol (30—60 mesh); Trägergas: H_2; Säule: 2 m × 0,6 cm; **Sil.-Öl:** 23% Siliconöl DC 703 auf C-22 firebrick oder Sterchamol (30—60 mesh); Trägergas: H_2; Säule: 2 m × 0,6 cm; **BD:** 15% Benzyldiphenyl auf Celite (0,1—0,2 mm); Trägergas: N_2; **APL:** 15% Apiezon L auf Celite 545 (0,1—0,2 mm); Trägergas: N_2; **DIN:** 15% Di-n-octylester von 2,7-Dinitrophenanthrachinon auf Celite 545 (0,1—0,2 mm); Trägergas: N_2; **Squalan:** 30% auf Celite 545 (72—100 mesh); Trägergas: 60 ml N_2/min; Säule: 1,20 m × 0,4 cm; **AN:** 30% Anilin auf Celite 545 (72—100 mesh); Trägergas: 60 ml N_2/min; Säule: 1,20 m × 0,4 cm; **ICH:** Isochinolin 30% auf Celite 545 (72—100 mesh); Trägergas: 60 ml N_2/min; Säule: 1,20 m × 0,4 cm; **CH:** Chinolin 30% auf Celite 545 (72—100 mesh); Trägergas: 60 ml N_2/min; Säule: 1,20 m × 0,4 cm; **2-MCH:** 30% 2-Methylchinolin auf Celite 545 (72—100 mesh); Trägergas: 60 ml N_2/min; Säule: 1,20 m × 0,4 cm; **4-MCH:** 30% 4-Methylchinolin auf Celite 545 (72—100 mesh); Trägergas: 60 ml N_2/min; Säule: 1,20 m × 0,4 cm; **1-MN:** 30% 1-Methylnaphthalin auf Celite 545 (72—100 mesh); Trägergas: 60 ml N_2/min; Säule: 1,20 m × 0,4 cm; **1-CHN:** 30% 1-Chlornaphthalin auf Celite 545 (72—100 mesh); Trägergas: 60 ml N_2/min; Säule: 1,20 m × 0,4 cm; **S/P:** 1,5% Squalan auf Pelletex; Trägergas: H_2; Säule: 2 m × 6 mm; **Par.-öl:** 23% Paraffinöl auf Schamottemehl (C-22 firebrick oder Sterchamol) (30—60 mesh); Trägergas: H_2; Säule: 2 m × 0,6 cm; **S/S:** 3% Squalan auf Schamottemehl (C-22 firebrick oder Sterchamol) (30—60 mesh); Trägergas: H_2; Säule: 2 m × 0,6 cm; **MEEE:** 25% Bis(2-[2-methoxyäthoxy)äthyl]äther auf C-22 firebrick (30—60 mesh); Trägergas: 100 ml He/min; **EHS:** 23 %Äthyl-hexyl-sebacat auf Schamottemehl (30—60 mesh); Trägergas: H_2; Säule: 2 m × 6 mm; **CVC:** 23% Convachlor-12 (Chloriertes Öl, MG. 326, d. Rochester Division Consolidated Electrodynamics) auf Schamottemehl (30—60 mesh); Trägergas: H_2; Säule: 2 m × 0,6 cm; **FIS:** 23% Fluorolube S (Poly-trifluorvinylchlorid, MG. 775, d. Hooker Electro-Che-

Tabelle 19 (*Fortsetzung*)

mical Co.) auf Schamottemehl (30—60 mesh); Trägergas: H_2; Säule: 2 m × 0,6 cm; **IDP:** 23% β,β'-Imino-bis(propionitril) auf Schamottemehl (30—60 mesh); Trägergas: H_2; Säule: 2 m × 0,6 cm; **PFB:** 23% Perfluor-tributylamin auf Schamottemehl (30—60 mesh); Trägergas: H_2; Säule: 2 m × 0,6 cm; **TKP:** 23% Trikresylphosphat auf Schamottemehl (30—60 mesh); Trägergas: H_2; Säule: 2 m × 0,6 cm; **DPF:** 23% Dimethylformamid auf Schamottemehl (30—60 mesh); Trägergas: H_2; Säule: 2 m × 0,6 cm; **TDP:** 23% Thiodipropionitril auf Schamottemehl (30—60 mesh); Trägergas: H_2; Säule: 2 m × 0,6 cm; **ODP:** 23% β,β'-Bis(propionitril)äther auf Schamottemehl (30—60 mesh); Trägergas: H_2; Säule: 2 m × 0,6 cm; **PG 4:** 23% Polypropylenglykol (MG. 400) auf Schamottemehl (30—60 mesh); Trägergas: H_2; Säule: 2 m × 0,6 cm; **PG 20:** 23% Polypropylenglykol (MG. 2000) auf Schamottemehl (30—60 mesh); Trägergas: H_2; Säule: 2 m × 0,6 cm; **DS:** Dimethylsulfolan 40% auf Columpak* (30—60 mesh); Trägergas: bei 1 m Säule 70 ml He/min; **DSI:** 40% Dimethylsulfolan auf Columpak* (30—60 mesh); Trägergas: bei 2,5 m Säule 77 ml He/min; **TTP:** 40% Tritolylphosphat auf Columpak* (30—60 mesh); Trägergas: bei 2,5 m Säule 77 ml He/min; **DDP:** 40% Di-n-decylphthalat auf Columpak* (30—60 mesh); Trägergas: bei 2,5 m Säule 77 ml He/min; **Min.-öl:** 40% Mineralöl auf Columpak* (30—60 mesh); Trägergas: bei 2,5 m Säule 77 ml He/min; **ODP:** 40% 2,2'-Oxydipropionitril auf Columpak* (30—60 mesh); Trägergas: bei 2,5 m Säule 77 ml He/min; **ODPI:** 30% β,β'-Oxydipropionitril auf Sterchamol (0,25—0,35 mm); Trägergas: 9,9 l H_2/h; Säule: 4 m × 0,6 cm; **HGDÄ:** 30% Hexaäthylenglykol-dimethyläther auf Sterchamol (0,25—0,35 mm); Trägergas: 18 l H_2/h; Säule: 4 m × 0,6 cm; **DDP:** Di-n-decylphthalat auf Sterchamol (0,25—0,43 mm); Trägergas: 100 ml He/min; Säule: 2 m; **DHS:** Diäthylhexylsebacinat auf Sterchamol (0,25—0,43 mm); Trägergas: 100 ml He/min; Säule: 2 m; **Sil.-öl:** Siliconöl DC 200 auf Sterchamol (0,25—0,43 mm); Trägergas: 100 ml He/min; Säule: 2 m; **TGDÄ:** Tetraäthylenglykol-dimethyläther auf Sterchamol (0,25—0,43 mm); Trägergas: 100 ml He/min; Säule: 2 m; **F/PS:** Fluoren/Pikrinsäure auf Sterchamol (0,25—0,43 mm); Trägergas: 100 ml He/min; Säule: 2 m; **PG:** Polyäthylenglykol auf Sterchamol (0,25—0,43 mm); Trägergas: 100 ml He/min; Säule: 2 m; **Squalan:** 30% auf Celite 545 (72—100 mesh); Trägergas: 60 ml N_2/min; Säule: 1,20 m × 0,4 cm; **BCH:** 30% 7,8-Benzochinolin auf Celite 545 (72—100 mesh); Trägergas: 60 ml N_2/min; Säule: 1,20 m × 0,4 cm; **Na:** 30% Naphthylamin auf Celite 545 (72—100 mesh); Trägergas: 60 ml N_2/min; Säule: 1,20 m × 0,4 cm; **Phen:** 30% Phenanthren auf Celite 545 (72—100 mesh); Trägergas: 60 ml N_2/min; Säule: 1,20 m × 0,4 cm; **DPA:** 30% Diphenylamin auf Celite 545 (72—100 mesh); Trägergas: 60 ml N_2/min; Säule: 1,20 m × 0,4 cm; **DMS**:** 8,62 g Dimethylsulfolan auf 43,08 g Chromosorb (30—50 mesh); Trägergas: He; Säule: 6 m × 0,6 cm; **BC-AgNO$_3$***:** Benzylcyanid-Silbernitrat (3,806 g $AgNO_3$ gelöst in 9,66 g Benzylcyanid); Trägergas: He; Säule: 3,5 m × 0,6 cm.

* Träger der Fa. Fisher Scientific, Pittsburgh, USA.

** DMS: Trägergas: bei 35° C = 53—55 ml/min
22° C = 100—102 ml/min
15° C = 51—52 ml/min

*** BC-$AgNO_3$: Trägergas: bei 30° C = 72 ml/min
bei 22° C = 135—139 ml/min
bei 15° C = 132 ml/min

Bezugssubstanz	n-Pentan										Formaldehyd			
Flüssige Phase	EHS	CVC	FIS	IDP	PFB	TKP	DPF	TDP	PG 4	PG 20	DS	DS	DSI	TTP
Temperatur ° C	100	100	100	67	52	100	100	67	120	120	31	25	37	25
Literaturzitat	[1175]	[1175]	[1175]	[1175]	[1175]	[1175]	[1175]	[1175]	[1175]	[1175]	[558]	[558]	[558]	[558]
Cyclopropan	—	—	—	—	—	—	—	—	—	—	—	0,05	—	0,07
Cyclopentan	1,9	2,4	1,5	3,4	1,1	2,3	2,5	2,5	1,9	1,9	—	0,29	—	0,67
Methylcyclopentan	3,1	3,9	2,3	—	1,9	3,3	3,5	3,0	2,8	2,8	—	0,47	0,52	1,17
Äthylcyclopentan	6,9	9,0	5,1	7,4	4,6	7,1	7,1	6,3	5,4	5,6	—	—	—	—
n-Propylcyclopentan.	14,3	18,5	10,0	12,3	9,1	13,6	13,2	10,5	9,7	10,1	—	—	—	—
n-Butylcyclopentan	29,2	38,4	19,1	23,5	18,3	25,6	24,8	18,2	17,6	19,1	—	—	—	—
Cyclohexan.	3,9	5,5	2,9	5,5	2,6	4,7	4,9	4,9	3,7	3,8	0,69	0,67	0,70	—
Methylcyclohexan	5,8	8,7	4,9	7,0	4,4	6,9	6,8	6,0	5,2	5,5	—	—	—	—
Äthylcyclohexan	14,3	20,3	10,3	13,5	9,6	15,1	14,3	11,6	10,2	10,9	—	—	—	—
n-Propylcyclohexan	28,4	40,2	19,4	22,2	19,0	28	25,8	18,9	17,3	19,1	—	—	—	—
n-Butylcylcohexan	57,9	81,8	37,5	38,5	39,0	54	48,6	32,8	31	35,6	—	—	—	—
trans-1,2-Dimethylcyclopropan	—	—	—	—	—	—	—	—	—	—	—	0,13	—	0,25
cis-1,2-Dimethylcyclopropan .	—	—	—	—	—	—	—	—	—	—	—	0,21	—	0,41

Bezugssubstanz	Formalhdeyd										n-Pentan	Benzol	
Flüssige Phase	TTP			DDP				Min.-öl		ODP	ODPI	ODPI	HGDÄ
Temperatur ° C	29	37	45	25	37	45	55	45	55	25	67	70	70
Literaturzitat	[558]	[558]	[558]	[558]	[558]	[558]	[558]	[558]	[558]	[558]	[1175]	[715]	[715]
Cyclopropan	—	—	—	0,11	—	—	—	—	—	0,17	—	—	—
Cyclopentan	0,71	0,74	—	1,23	1,25	—	—	—	—	0,099	2,9	—	—
Methylcyclopentan	—	—	—	2,46	2,32	2,27	2,17	3,07	3,33	0,129	3,5	—	—
Äthylcyclopentan	—	—	—	—	—	—	—	—	—	—	6,6	—	—
n-Propylcyclopentan.	—	—	—	—	—	—	—	—	—	—	11,0	—	—
n-Butylcyclopentan	—	—	—	—	—	—	—	—	—	—	18,6	—	—
Cyclohexan.	—	—	—	3,55	3,33	3,20	2,59	—	4,43	0,197	5,0	0,11	0,30
Methylcyclohexan	—	3,08	2,91	—	—	—	5,1	—	8,3	0,254	6,3	0,14	0,46
Äthylcyclohexan	—	—	—	—	—	—	—	—	—	—	12,0	—	—
n-Propylcyclohexan	—	—	—	—	—	—	—	—	—	—	21,3	—	—
n-Butylcyclohexan	—	—	—	—	—	—	—	—	—	—	33,3	—	—
trans-1,2-Dimethylcyclopropan	—	—	—	0,47	0,51	0,55	0,59	0,71	0,84	0,89	—	—	—
cis-1,2-Dimethylcyclopropan .	—	0,45	—	0,75	—	0,81	—	1,00	—	1,35	—	—	—

Tabelle 19 *(Fortsetzung)*

Bezugssubstanz	n-Pentan													
Flüssige Phase	DDP			DHS			Sil.-öl			TGDÄ	F/PS	PG		
Temperatur ° C	50	100	150	50	100	150	50	100	150	50	100	50	100	150
Literaturzitat	[1012]	[1012]	[1012]	[1012]	[1012]	[1012]	[1012]	[1012]	[1012]	[1012]	[1012]	[1012]	[1012]	[1012]
Cyclohexan	5,42	4,58	3,95	5,27	4,02	4,00	4,64	3,74	3,07	7,20	4,9	9,30	6,60	5,67
Methylcyclohexan	10,0	7,44	5,82	—	6,58	5,57	—	—	—	—	—	—	—	—

Bezugssubstanz	Benzol										Isopren					
Flüssige Phase	Squalan			BCH			NA		Phen	DPA	DMS			BC-AgNO$_3$		
Temperatur ° C	66	80	100	65,5	81	100	65,5	81	101	56	35	22,25	15	35	22	15
Literaturzitat	[79]	[79]	[79]	[287]	[287]	[287]	[287]	[287]	[287]	[287]	[26]	[26]	[26]	[26]	[26]	[26]
Cyclopentan	0,50	0,52	0,54	—	0,21	0,23	0,13	—	0,26	0,15	0,76	0,72	0,72	0,37	0,34	0,33
Cyclohexan	1,26	1,24	1,21	0,39	0,42	0,44	0,26	0,28	0,52	0,35	—	—	—	0,81	0,77	0,75
Methylcyclohexan	2,26	2,13	2,0	0,66	0,68	0,69	0,39	0,43	0,85	0,55	—	—	—	—	—	—
Äthylcyclohexan	6,05	5,3	4,57	1,77	1,72	1,63	0,99	1,00	2,02	1,45	—	—	—	—	—	—

Bezugssubstanz	n-Pentan										Toluol	p-Xylol	Toloul	
Flüssige Phase	HTK	BDP	Par.-wachs	OD	ODP	Sil.-öl	BD		APL	APL	APL	APL	BD	DIN
Temperatur ° C	78,5	78,5	78,6	65	25	100	75	100	75	100	100	150	100	100
Literaturzitat	[289]	[289]	[289]	[1175]	[1175]	[1175]	[162]	[162]	[162]	[162]	[162]	[162]	[162]	[162]
Cyclopentan	1,90	2,54	1,85	1,82	3,34	1,9	2,44	2,43	2,23	1,93	0,228	—	0,131	0,121
Methylcyclopentan	3,25	3,74	3,3	3,3	4,48	3,0	3,81	3,54	3,32	2,98	0,352	0,236	0,191	0,174
Äthylcyclopentan	8,18	9,31	8,22	8,85	9,64	6,4	—	—	—	—	—	—	—	—
n-Propylcyclopentan	18,43	20,49	—	—	—	12,7	—	—	—	—	—	—	—	—
n-Butylcyclopentan	—	—	—	—	—	25,5	—	—	—	—	—	—	—	—
1,1-Dimethylcyclopentan	4,77	5,00	—	—	—	—	—	—	—	—	—	—	—	—
cis-1,3-Dimethylcyclopentan	5,18	5,66	—	—	5,37	—	—	—	—	—	—	—	—	—
trans-1,2-Dimethylcyclopentan	5,49	5,71	—	—	6,02	—	—	—	—	—	—	—	—	—

cis-1,2-Dimethylcyclopentan	7,25	8,03	—	—	9,01	—	—	—	—	—	—	—	—	—
1,1,3-Trimethylcyclopentan	10,39	10,43	—	—	—	—	—	—	—	—	—	—	—	—
1,2,4-Trimethylcyclopentan	8,53	9,03	—	—	—	—	—	—	—	—	—	—	—	—
1,3,4-Trimethylcyclopentan	11,37	11,32	—	—	—	—	—	—	—	—	—	—	—	—
1-Methyl-1-äthylcyclopentan	13,61	14,93	—	—	—	—	—	—	—	—	—	—	—	—
Isopropylcyclopentan	16,20	17,14	—	—	—	—	—	—	—	—	—	—	—	—
Cyclohexan	4,50	5,54	4,82	4,5	6,69	4,0	—	5,0	8,15	4,07	0,48	—	0,27	0,24
Methylcyclohexan	7,77	8,46	7,85	8,25	9,01	6,1	5,48	7,46	4,82	6,55	0,77	—	0,40	0,38
1,1-Dimethylcyclohexan	13,05	13,46	—	—	—	—	—	—	—	—	—	—	—	—
cis-1,3-Dimethylcyclohexan	12,95	12,80	—	—	—	—	—	—	—	—	—	—	—	—
Äthylcyclohexan	19,61	21,46	—	—	—	13,3	—	16,9	—	14,75	1,74	—	0,92	0,83
n-Propylcyclohexan	—	—	—	—	—	25,6	—	—	—	—	—	—	—	—
n-Butylcyclohexan	—	—	—	—	—	25,5	—	—	—	—	—	—	—	—
cis-1,2-Dimethylcyclohexan	—	—	—	—	—	—	—	16,7	—	14,55	1,72	0,848	0,90	0,83
Cycloheptan	14,0	18,09	13,15	14,9	—	—	—	—	—	—	—	—	—	—
Cyclooctan	38,72	51,43	36,4	43,0	—	—	—	—	—	—	—	—	—	—
Norbornylan	9,45	13,55	—	—	—	—	—	—	—	—	—	—	—	—
trans-(3,3,0)-bicyclooctan	24,53	38,13	—	—	—	—	—	—	—	—	—	—	—	—
cis-(3,3,0)-bicyclooctan	24,39	36,41	—	—	—	—	—	—	—	—	—	—	—	—
Dicylohexyl	—	—	—	—	—	—	—	—	—	—	—	12,6	—	—
trans-1,2-Dimethylcyclohexan	—	—	—	—	—	—	—	12,75	—	11,7	1,38	—	0,69	0,66

Bezugssubstanz	n-Hexan											n-Pentan
Flüssige Phase	Squalan	AN	ICH	CH	2-MCH	4-MN	1-MN	1-CHN	S/P	Par.-öl	S/S	MEEE
Temperatur ° C	20	20	20	20	20	20	20	20	75	100	25	25
Literaturzitat	*[287]*	*[287]*	*[287]*	*[287]*	*[287]*	*[287]*	*[287]*	*[287]*	*[336]*	*[79]*	*[336]*	*[1063]*
Cyclopentan	0,63	1,27	0,95	0,98	0,87	0,88	0,76	0,79	—	1,9	1,96	2,3
Methylcyclopentan	1,30	2,0	—	—	—	—	—	—	—	3,0	4,07	—
1,1-Dimethylcyclopentan	—	—	—	—	—	—	—	—	3,08	—	6,84	—
cis-1,3-Dimethylcyclopentan	—	—	—	—	—	—	—	—	—	—	8,55	—
trans-1,2-Dimethylcyclopentan	—	—	—	—	—	—	—	—	—	—	8,55	—
cis-1,2-Dimethylcyclopentan	—	—	—	—	—	—	—	—	—	—	11,17	—
Cyclohexan	1,91	3,01	2,25	2,35	2,22	2,22	2,03	2,04	—	—	—	—
Methylcyclohexan	3,97	4,75	4,15	4,32	4,30	4,33	4,25	4,19	—	—	—	—
Methylencyclohexan	—	—	—	—	—	—	—	—	—	—	—	2,99

Tabelle 20. *Olefine*

Erläuterungen der Abkürzungen und Trennbedingungen: **HTK:** 23% Hexatriakontan auf Schamottemehl (30—60 mesh); Trägergas: H_2; Säule: 2 m × 0,6 cm; **BDP:** 23% p-Phenyl-diphenylmethan auf Schamottemehl (30—60 mesh); Trägergas: H_2; Säule: 2 m × 0,6 cm; **Par.-wachs:** 23% Paraffinwachs auf Schamottemehl (30—60 mesh); Trägergas: H_2; Säule: 2 m × 0,6 cm; **Par.-öl:** 23% Paraffinöl auf Schamottemehl (30—60 mesh); Trägergas: H_2; Säule: 2 m × 0,6 cm; **DDP:** 23% Di-n-decylphthalat auf Schamottemehl (30—60 mesh); Trägergas: H_2; Säule: 2 m × 0,6 cm; **DTP:** 23% Ditetrahydrofurfuryl-phthalat auf Schamottemehl (30—60 mesh); Trägergas: H_2; Säule: 2 m × 0,6 cm; **Sil.-öl:** 23% Siliconöl DC 703 auf Schamottemehl (30—60 mesh); Trägergas: H_2; Säule: 2 m × 0,6 cm; **BD:** 15% Benzyldiphenyl auf Celite 545 (0,1—0,2 mm); Trägergas: N_2; **APL:** Apiezon L 15% auf Celite 545 (0,1—0,2 mm); Trägergas: N_2; **DIN:** Di-n-octylester von 2,7-Dinitrophenanthrachinon (15%) auf Celite 545 (0,1—0,2 mm); Trägergas: N_2; **Squalan:** 30% auf Celite 545 (72—100 mesh); Trägergas: 60 ml N_2/min; Säule: 1,20 m × 0,4 cm; **AN:** 30% Anilin auf Celite 545 (72—100 mesh); Trägergas: 60 ml N_2/min; Säule: 1,20 m × 0,4 cm; **ICH:** 30% Isochinolin auf Celite 545 (72—100 mesh); Trägergas: 60 ml N_2/min; Säule: 1,20 m × 0,4 cm; **CH:** 30% Chinolin auf Celite 545 (72—100 mesh); Trägergas: 60 ml N_2/min; Säule: 1,20 m × 0,4 cm; **2-MCH:** 30% 2-Methylchinolin auf Celite 545 (72—100 mesh); Trägergas: 60 ml N_2/min; Säule: 1,20 m × 0,4 cm; **4-MCH:** 30% 4-Methylchinolin auf Celite 545 (72—100 mesh); Trägergas: 60 ml N_2/min; Säule: 1,20 m × 0,4 cm; **1-MN:** 30% 1-Methylnaphthalen auf Celite 545 (72—100 mesh); Trägergas: 60 ml N_2/min; Säule: 1,20 m × 0,4 cm; **1-CHN:** 30% 1-Chlornaphthalin auf Celite 545 (72—100 mesh); Trägergas: 60 ml N_2/min; Säule: 1,20 m × 0,4 cm; **EHS:** 23% Äthyl-hexylsebacat auf Schamottemehl (30—60 mesh); Trägergas: H_2; Säule: 2 m × 0,6 cm; **CVC:** 23% Convachlor-12 (Chloriertes Öl, MG. 326, d. Rochester Consolidated Electrodynamics auf Schamottemehl (30—60 mesh); Trägergas: H_2; Säule: 2 m × 0,6 cm; **FIS:** 23% Fluorolube S (Poly-trifluorvinylchlorid, MG. 775, d. Hooker Electro-Chemical Co.) auf Schamottemehl (30—60 mesh); Trägergas: H_2; Säule: 2 m × 0,6 cm; **IDP:** 23% β,β'-Imino-bis(propionitril) auf Schamottemehl (30—60 mesh); Trägergas: H_2; Säule: 2 m × 0,6 cm; **PFB:** 23% Perfluortributylamin auf Schamottemehl (30—60 mesh); Trägergas: H_2; Säule: 2 m × 0,6 cm; **TKP:** 23% Trikresylphosphat auf Schamottemehl (30—60 mesh); Trägergas: H_2; Säule: 2 m × 0,6 cm; **DPF:** 23% Dimethylformamid auf Schamottemehl (30—60 mesh); Trägergas: H_2; Säule: 2 m × 0,6 cm; **TDP:** 23% Thiodipropionitril auf Schamottemehl (30—60 mesh); Trägergas: H_2; Säule: 2 m × 0,6 cm; **ODP:** 23% β,β'-Bis(propionitril)äther auf Schamottemehl (30—60 mesh); Trägergas: H_2; Säule: 2 m × 0,6 cm; **PG 4:** 23% Polypropylenglykol (MG. 400) auf Schamottemehl (30—60 mesh); Trägergas: H_2; Säule: 2 m × 0,6 cm; **PG 20:** 23% Polypropylenglykol (MG. 2000) auf Schamottemehl (30—60 mesh); Trägergas: H_2; Säule: 2 m × 0,6 cm; **PCG:** 23% Polyepichlorhydrin (MG. 450) auf Schamottemehl (30—60 mesh); Trägergas: H_2; Säule: 2 m × 0,6 cm; **DS/TP:** 25% ¼ Di-n-äthylhexylsebacat + ¾ Tri-m-tolylphosphat auf firebrick (30—60 mesh); Trägergas: 60 ml He/min; Säule: 5 m; **MEEE:** 25% Bis[2-(2-methoxyäthoxy]äthyl)äther auf C-22 firebrick (30—60 mesh); Trägergas: 100 ml He/min; **DS:** 40% Dimethylsulfolan auf Columpak (30—60 mesh); Trägergas: 77 ml He/min; Säule: 2,5 m; **TTP:** 40% Tritolylphosphat auf Columpak (30—60 mesh); Trägergas: 77 ml He/min; Säule: 2,5 m; **DDP:** 40% Di-n-decylphthalat auf Columpak (30—60 mesh); Trägergas: 77 ml He/min; Säule: 2,5 m; **Min.-öl:** 40% Mineralöl auf Columpak (30—60 mesh); Trägergas: 77 ml He/min; Säule: 2,5 m; **ODP:** 40% 2,2'-Oxydipropionitril auf Columpak (30—60 mesh); Trägergas: 77 ml He/min; Säule: 2,5 m; **Squalan:** 30% auf Celite 545 (72—100 mesh); Trägergas: 60 ml N_2/min; Säule: 1,20 m × 0,4 cm; **BCH:** 30% 7,8-Benzochinolin auf Celite 545 (72—100 mesh); Trägergas: 60 ml N_2/min; Säule: 1,20 m × 0,4 cm; **NA:** 30% Naphthylamin auf Celite 545 (72—100 mesh); Trägergas: 60 ml N_2/min; Säule: 1,20 m × 0,4 cm; **Phen:** 30% Phenanthren auf Celite 545 (72—100 mesh); Trägergas: 60 ml N_2/min; Säule: 1,20 m × 0,4 cm; **DPA:** 30% Diphenylamin auf Celite 545 (72—100 mesh); Trägergas: 60 ml N_2/min; Säule: 1,20 m × 0,4 cm; **DMS:** 8,62 g Dimethylsulfolan auf

43,08 g Chromosorb (30—50 mesh); Trägergas: bei 35° C = 53—55 ml He/min, bei 22,25° C = 100—102 ml He/min, bei 15° C = 51—52 ml He/min; Säule: 6 m × 0,5 cm; **BC-AgNO$_3$-:** Benzylcyanid-Silbernitrat (3,806 $AgNO_3$ gelöst in 9,660 g Benzylcyanid); Trägergas: bei 30° C = 72 ml He/min, bei 22° C = 135—138 ml He/min, bei 15° C = 132 ml He/min; Säule: 3,5 m × 0,6 cm; **MA:** 43% Maleinsäureanhydrid auf Kieselgur (0,2—0,4 mm); Trägergas: 42 ml CO_2/min; **DBTD:** 20% 3,5-Dibutyltetradecan auf Kieselgur (0,2—0,4 mm); Trägergas: 42 ml CO_2/min; **M-Sil.-öl:** 30% Methylsiliconöl auf Kieselgur (0,2—0,4 mm); Trägergas: 42 ml CO_2/min; **DF:** 20% Dimethylformamid auf Kieselgur (0,2—0,4 mm); Trägergas: 42 ml CO_2/min; **ALS:** Alusil (ohne) auf Kieselgur (0,2—0,4 mm); Trägergas: 42 ml CO_2/min; **DF I:** 25% Dimethylformamid auf Alusil (0,2—0,4 mm); Trägergas: 42 ml CO_2/min; **DF II:** 20% Dimethylformamid auf Alusil (0,2—0,4 mm); Trägergas: 42 ml CO_2/min; **DDP:** Di-n-decylphthalat auf Sterchamol (0,25—0,43 mm); Trägergas: 100 ml He/min; Säule: 2 m; **DHS:** Diäthylhexylsebacinat auf Sterchamol (0,25—0,43 mm); Trägergas: 100 ml He/min; Säule: 2 m; **Sil.-öl:** Siliconöl DC 200 auf Sterchamol (0,25—0,43 mm); Trägergas: 100 ml He/min; Säule: 2 m; **TGDÄ:** Tetraäthylenglykol-dimethyläther auf Sterchamol (0,25—0,43 mm); Trägergas: 100 ml He/min; Säule: 2 m; **F/PS:** Fluoren/Pikrinsäure auf Sterchamol (0,25—0,43 mm); Trägergas: 100 ml He/min; Säule: 2 m; **PG:** Polyäthylenglykol auf Sterchamol (0,25—0,43 mm); Trägergas: 100 ml He/min; Säule: 2 m; **GK:** 1 Teil $AgNO_3$ ges. Glykol auf 2 Teile Schamottemehl (50—80 mesh; Johns Manville C-22); Trägergas: 66 ml He/min.

Bezugssubstanz	n-Pentan													
Flüssige Phase	EHS	CVC	FIS	IDP	PFB	TKP	DPF	TDP	ODP	PG 4	PG 20	PCG	DS/TP	MEEE
Temperatur °C	100	100	100	67	52	100	100	67	67	120	120	120	30	25
Literaturzitat	*[1175]*	*[1175]*	*[1175]*	*[1175]*	*[1175]*	*[1175]*	*[1175]*	*[1175]*	*[1175]*	*[1175]*	*[1175]*	*[1175]*	*[1284]*	*[1063]*
Äthylen	—	—	—	—	—	—	—	—	—	—	—	—	0,033	0,06
Propen	—	—	—	—	—	—	—	—	—	—	—	—	0,13	0,18
Buten-(1)	—	—	—	—	—	—	—	—	—	—	—	—	0,41	0,46
Penten-(1)	1,0	1,2	0,8	1,6	1,0	1,2	1,3	1,6	1,3	1,0	1,0	1,1	1,12	1,30
Hexen-(1)	2,2	2,6	1,9	3,2	2,2	2,5	2,6	2,5	3,2	2,1	2,0	2,2	—	—
Hepten-(1)	4,5	5,7	3,8	5,8	4,6	5,0	4,9	5,0	5,7	3,9	3,9	4,0	—	—
Octen-(1)	9,5	12,1	7,5	10,4	9,6	10	9,5	9,2	9,8	6,2	7,2	7,4	—	—
Nonen-(1)	19,9	26,0	14,7	18,6	21,7	20	18,2	16,5	17,0	13,3	13,6	13	—	—
cis-Buten-(2)	—	—	—	—	—	—	—	—	—	—	—	—	—	0,70
trans-Buten-(2)	—	—	—	—	—	—	—	—	—	—	—	—	0,53	0,58
cis-Penten-(2)	—	—	—	—	—	—	—	—	—	—	—	—	1,54	1,60
trans-Penten-(2)	—	—	—	—	—	—	—	—	—	—	—	—	1,45	1,57
Isobuten	—	—	—	—	—	—	—	—	—	—	—	—	0,41	—

Tabelle 20 *(Fortsetzung)*

Bezugssubstanz	Formaldehyd														
Flüssige Phase	DS 2,5		TTP			DDP					Min.-öl				ODP
Temperatur ° C	25	37	25	37	45	25	29	37	45	55	25	29	37	45	25
Literaturzitat	*[558]*	*[558]*	*[558]*	*[558]*	*[558]*	*[558]*	*[558]*	*[558]*	*[558]*	*[558]*	*[558]*	*[558]*	*[558]*	*[558]*	*[558]*
Äthylen	0,006	—	0,008	—	—	0,011	—	—	—	—	0,017	—	—	—	—
Propen	0,023	—	0,031	—	—	0,051	—	—	—	—	0,084	—	—	—	—
Buten-(1)	0,06	—	0,095	—	—	0,17	—	—	—	—	0,28	—	—	—	0,03
Penten-(1)	0,16	—	0,28	0,32	—	0,53	—	—	—	—	0,91	0,73	0,78	0,70	—
Hexen-(1)	0,41	0,43	0,84	—	—	1,71	1,72	1,65	1,60	1,55	—	—	2,39	1,98	0,055
cis-Buten-(2)	0,09	—	0,15	—	—	0,26	—	—	—	—	0,43	—	—	—	—
trans-Buten-(2)	0,08	—	0,13	—	—	0,23	—	—	—	—	0,38	—	—	—	—
cis-Penten-(2)	0,21	—	0,39	—	—	0,70	—	—	—	—	1,21	—	—	—	0,078
trans-Penten-(2)	0,19	—	0,36	—	—	0,66	—	2,03	1,96	—	1,16	—	—	2,46	0,065
cis-Hexen-(2)	—	—	1,10	—	—	—	—	—	—	—	—	—	—	—	—
trans-Hexen-(2)	—	—	0,99	1,02	1,00	—	2,00	1,89	1,81	—	—	—	2,82	2,30	0,122
cis-Hexen-(3)	0,46	—	0,93	—	0,96	—	1,92	1,81	1,75	—	—	—	2,67	2,16	0,132
trans-Hexen-(3)	0,44	—	0,95	—	—	—	1,89	1,77	1,69	1,60	—	—	2,69	2,19	0,114

Bezugssubstanz	Isopren						n-Butylen						
Flüssige Phase	DMS			BC-$AgNO_3$			MA	DBTD	M-Sil.-öl	DF	ALS	DF I	DF II
Temperatur ° C	35	22,25	15	30	22	15	20	20	20	20	20	20	20
Literaturzitat	*[26]*	*[26]*	*[26]*	*[26]*	*[26]*	*[26]*	*[661]*	*[661]*	*[661]*	*[661]*	*[661]*	*[661]*	*[661]*
Äthylen	—	—	—	0,04	0,04	0,04	0,08	0,04	0,07	0,08	0,04	0,07	0,08
Propen	—	—	—	0,10	0,095	0,09	0,35	0,27	0,29	0,34	0,27	0,32	0,35
Buten-(1)	—	—	—	0,29	0,29	0,28	—	—	—	—	—	—	—
Penten-(1)	0,41	0,39	0,38	0,60	0,61	0,63	—	—	—	—	—	—	—
cis-Buten-(2)	—	—	—	0,35	0,33	0,33	—	—	—	—	—	—	—
trans-Buten-(2)	—	—	—	0,15	0,15	0,14	—	—	—	—	—	—	—
cis-Penten-(2)	0,55	0,53	0,52	0,81	0,83	0,85	—	—	—	—	—	—	—
trans-Penten-(2)	0,50	0,49	0,48	0,37	0,36	0,35	—	—	—	—	—	—	—

Bezugssubstanz	Benzol									
Flüssige Phase	Squalan		BCH			NA			Phen	DPA
Temperatur ° C	65,5	81	101	65,5	81	101	65,5	81	101	56
Literaturzitat	[287]	[287]	[287]	[287]	[287]	[287]	[287]	[287]	[287]	[287]
Hexen-(1)	0,58	0,59	0,59	0,21	0,22	0,24	0,14	0,15	0,28	0,17
Hepten-(1)	1,47	1,39	1,30	0,51	0,52	0,52	0,32	0,33	0,63	0,41
Octen-(1)	3,63	3,22	2,79	1,25	1,18	1,11	0,73	0,71	1,37	0,98

Bezugssubstanz	n-Pentan											Toluol
Flüssige Phase	HTK	BDP	Par.-wachs	Par.-öl	DDP	DTP	Sil.-öl	BD		APL		APL
Temperatur ° C	78,5	78,5	78,6	100	25	20	100	75	100	75	100	100
Literaturzitat	[289]	[289]	[289]	[1175]	[1175]	[1175]	[1175]	[1175]	[1175]	[1175]	[1175]	[162]
Penten-(1)	—	—	0,87	1,0	—	—	—	—	—	—	—	—
Penten-(2)	—	—	0,87	—	—	—	—	—	—	—	—	—
Hexen-(1)	2,13	2,73	2,13	2,1	3,10	3,20	2,1	2,55	2,5	2,26	1,94	0,23
Hepten-(1)	—	—	—	4,7	—	—	4,5	6,08	5,15	4,91	4,02	0,48
Octen-(1)	11,70	13,40	11,95	9,9	—	—	9,2	—	10,1	—	8,31	0,98
Nonen-(1)	—	—	—	21,5	—	—	18,6	—	21,3	—	16,9	2,00
Decen-(1)	—	—	—	—	—	—	—	—	35,6	—	45,9	4,20
Undecen-(1)	—	—	—	—	—	—	—	—	87,1	—	71,1	8,40
Dodecen-(1)	—	—	—	—	—	—	—	—	172,5	—	144,9	17,2
cis-Penten-(2)	—	—	—	—	—	—	—	1,38	1,54	1,07	1,18	0,14
cis-Hexen-(2)	—	—	—	—	3,95	4,20	—	—	—	—	—	—
trans-Hexen-(2)	—	—	—	—	3,60	3,65	—	—	—	—	—	—
cis-Hexen-(3)	—	—	—	—	3,50	3,75	—	—	—	—	—	—
trans-Hexen-(3)	—	—	—	—	3,45	3,55	—	—	—	—	—	—
cis-Octen-(2)	—	—	—	—	—	—	—	—	12,85	—	9,84	0,63
trans-Octen-(2)	—	—	—	—	—	—	—	—	12,25	—	8,43	0,995

Tabelle 20 *(Fortsetzung)*

Bezugssubstanz	p-Xylol	Toluol		n-Hexan							
Flüssige Phase	APL	BD	DIN	Squalan	AN	ICH	CH	2-MCH	4-MCH	1-MN	1-CHN
Temperatur ° C	150	100	100	20	20	20	20	20	20	20	20
Literaturzitat	*[162]*	*[162]*	*[162]*	*[287]*	*[287]*	*[287]*	*[287]*	*[287]*	*[287]*	*[287]*	*[287]*
Hexen-(1)	—	0,14	0,14	0.80	1,61	1,25	1,237	1,18	1,18	1,09	1,08
Hepten-(1)	0,28	0,28	0,26	2,59	4,33	3,86	3,84	3,75	3,69	3,67	3,65
Octen-(1)	0,49	0,58	0,53	—	—	—	—	—	—	—	—
Nonen-(1)	—	1,15	1,08	—	—	—	—	—	—	—	—
Decen-(1)	1,52	2,48	2,05	—	—	—	—	—	—	—	—
Undecen-(1)	—	4,70	4,14	—	—	—	—	—	—	—	—
Dodecen-(1)	4,57	9,34	7,88	—	—	—	—	—	—	—	—
Tetradecen-(1)	14,0	—	—	—	—	—	—	—	—	—	—
cis-Penten-(2)	—	0,083	0,09	—	—	—	—	—	—	—	—
cis-Octen-(2)	—	0,695	1,16	—	—	—	—	—	—	—	—
trans-Octen-(2)	0,54	0,661	0,58	—	—	—	—	—	—	—	—

Bezugssubstanz	n-Pentan											Toluol		
Flüssige Phase	HTK	BDP	Par.-wachs	Par.-öl	DDP	DTP	Sil.-öl	BD		APL		BD	DIN	APL
Temperatur ° C	78,5	78,5	78,6	100	25	20	100	75	100	75	100	100	100	100
Literaturzitat	*[289]*	*[289]*	*[289]*	*[1175]*	*[1175]*	*[1175]*	*[1175]*	*[162]*	*[162]*	*[162]*	*[162]*	*[162]*	*[162]*	*[162]*
2-Methylbuten-(1)	0,91	1,25	0,86	1,0	—	—	1,0	—	1,30	—	1,11	0,07	0,07	0,13
2-Methylbuten-(2)	1,16	1,55	1,17	—	—	—	—	1,56	1,55	1,33	1,25	0,08	0,09	0,15
2-Methylbuten-(3)	—	—	0,61	—	—	—	—	—	—	—	—	—	—	—
2-Äthylbuten-(1)	—	—	—	—	3,45	3,80	—	—	2,69	—	2,45	0,15	0,15	0,25
2-Methylpenten-(2)	—	—	—	—	3,70	4,0	—	1,18	2,35	1,03	1,87	0,13	0,13	0,22
2-Methylpenten-(1)	—	—	—	2,0	3,05	3,20	2,1	—	2,35	—	1,87	0,13	0,13	0,22
3-Methylpenten-(2)	—	—	—	—	2,05	2,15	—	—	—	—	—	—	—	—
3-Methyl-trans-penten-(2)	—	—	—	—	3,90	4,25	—	—	—	—	—	—	—	—
3-Methyl-cis-penten-(2)	—	—	—	—	4,30	4,65	—	—	—	—	—	—	—	—
4-Methylpenten-(1)	—	—	—	—	2,05	2,15	—	1,87	1,85	1,73	1,46	0,10	0,10	0,72
4-Methyl-trans-penten-(2)	1,73	1,97	1,73	—	2,30	2,50	—	2,07	1,95	1,72	1,49	0,11	0,11	0,18
4-Methyl-cis-penten-(2)	1,68	2,06	1,73	—	2,25	2,35	—	2,03	1,89	1,62	1,42	0,10	0,10	0,17
2-Methylhexen-(1)	—	—	—	4,4	—	—	4,3	—	—	—	—	—	—	—
2-Äthylhexen-(1)	—	—	—	—	—	—	—	—	10,4	—	8,12	0,56	0,53	0,96

Bezugssubstanz	n-Hexan					n-Pentan								
Flüssige Phase	Squalan	AN	ICH	CH	1-MN	EHS	CVC	FIS	IDP	PDB	TKP	DPF	TDP	ODP
Temperatur ° C	20	20	20	20	20	100	100	100	67	52	100	100	67	67
Literaturzitat	[287]	[287]	[287]	[287]	[287]	[1175]	[1175]	[1175]	[1175]	[1175]	[1175]	[1175]	[1175]	[1175]
2-Methylbuten-(1)	—	—	—	—	—	1,0	1,2	1,1	2,0	1,0	1,3	1,3	1,8	2,1
2-Methylpenten-(1)	0,78	1,61	1,21	1,20	1,03	2,2	2,6	2,0	3,3	2,1	2,5	2,5	3,0	3,5
2-Methylhexen-(1)	—	—	—	—	—	4,4	5,5	4,0	5,9	4,1	4,9	5,0	5,3	6,0

Bezugssubstanz	n-Pentan			n-Pentan		Formaldehyd								
Flüssige Phase	PG 4	PG 20	PCG	DS/TP		DS		TTP				DDP		
Temperatur ° C	120	120	120	30	25	29	37	25	29	37	45	25	29	37
Literaturzitat	[1175]	[1175]	[1175]	[1284]	[1284]	[558]	[558]	[558]	[558]	[558]	[558]	[558]	[558]	[558]
2-Methylbuten-(1)	1,1	1,1	1,2	1,28	0,18	—	—	0,32	—	—	—	0,58	0,61	0,62
2-Methylbuten-(2)	—	—	—	1,73	0,24	—	—	0,43	—	—	—	0,80	—	—
3-Methylbuten-(1)	—	—	—	0,76	0,10	—	—	0,18	—	—	—	0,36	—	—
2-Äthylbuten-(1)	—	—	—	—	0,48	—	0,54	0,97	—	—	—	1,96	1,95	1,85
2-Methylpenten-(1)	2,1	2,0	2,2	—	0,42	—	—	0,83	—	—	—	1,67	1,62	1,57
2-Methylpenten-(2)	—	—	—	—	0,51	—	0,55	1,05	0,96	—	—	—	2,05	1,95
3-Methylpenten-(1)	—	—	—	—	0,27	—	—	0,54	—	—	—	1,13	1,15	1,14
3-Methyl-trans-penten-(2)	—	—	—	—	0,55	—	0,57	1,10	—	—	1,11	—	2,20	2,08
3-Methyl-cis-penten-(2)	—	—	—	—	0,61	—	0,64	1,24	—	1,26	—	2,46	2,48	2,29
4-Methylpenten-(1)	—	—	—	—	0,28	—	—	0,54	—	—	—	1,11	1,14	1,13
4-Methyl-trans-penten-(2)	—	—	—	—	0,31	—	—	0,65	—	—	—	1,30	1,31	1,27
4-Methyl-cis-penten-(2)	—	—	—	—	0,30	—	—	0,59	—	—	—	1,21	1,23	1,21
3-Äthylpenten-(1)	—	—	—	—	0,66	—	—	0,41	—	—	—	—	—	3,01
3-Äthylpenten-(2)	—	—	—	—	1,36	1,36	1,28	—	2,62	2,64	—	—	—	—
2-Methylhexen-(1)	3,8	3,9	4,1	—	—	—	—	—	—	—	—	—	—	—
4-Methylhexen-(1)	—	—	—	—	0,82	—	0,82	1,71	—	—	—	—	—	—

Tabelle 20 (*Fortsetzung*)

Bezugssubstanz	Formaldehyd								Isopren					
Flüssige Phase	DDP		Min.-öl					ODP	DMS			BC-$AgNO_3$		
Temperatur °C	45	55	25	29	37	45	55	25	35	22,25	15	35	22,25	15
Literaturzitat	*[558]*	*[558]*	*[558]*	*[558]*	*[558]*	*[558]*	*[558]*	*[558]*	[26]	[26]	[26]	[26]	[26]	[26]
2-Methylbuten-(1)	0,65	—	—	—	—	—	—	0,07	0,63	0,62	0,61	0,39	0,38	0,37
2-Methylbuten-(2)	0,84	—	1,36	—	1,14	0,99	—	0,09	—	—	—	—	—	—
3-Methylbuten-(1)	—	—	0,63	—	—	0,48	—	0,04	0,29	0,26	0,244	0,45	0,46	0,46
2-Äthylbuten-(1)	1,78	—	—	—	2,68	2,20	—	0,14	—	—	—	—	—	—
2-Methylpenten-(1)	—	—	—	—	2,34	1,93	—	0,13	—	—	—	—	—	—
2-Methylpenten-(2)	1,86	—	—	—	—	2,35	—	0,15	—	—	—	—	—	—
3-Methylpenten-(1)	—	—	—	1,64	1,67	1,42	1,64	0,08	—	—	—	—	—	—
3-Methyl-trans-penten-(2)	1,99	1,87	—	—	—	2,43	2,60	0,17	—	—	—	—	—	—
3-Methyl-cis-penten-(2)	2,16	2,00	—	—	—	2,72	2,84	0,18	—	—	—	—	—	—
4-Methylpenten-(1)	1,12	—	2,00	1,58	1,64	1,39	1,59	—	—	—	—	—	—	—
4-Methyl-trans-penten-(2)	—	—	—	1,89	1,91	1,60	1,81	0,08	—	—	—	—	—	—
4-Methyl-cis-penten-(2)	—	—	—	1,74	1,79	1,49	1,73	0,09	—	—	—	—	—	—
3-Äthylpenten-(1)	2,85	—	—	—	—	3,71	3,91	0,15	—	—	—	—	—	—
3-Äthylpenten-(2)	4,66	4,24	—	—	—	—	—	0,32	—	—	—	—	—	—
4-Methylhexen-(1)	—	—	—	—	—	—	—	0,19	—	—	—	—	—	—

Bezugssubstanz	n-Pentan											Toluol		
Flüssige Phase	HTK	BDP	Par-wachs	Par.-öl	DDP	DTP	Sil-öl	BD		APL		BD	DIN	APL
Temperatur ° C	78,5	78,5	78,6	100	25	20	100	75	100	75	100	100	100	100
Literaturzitat	[289]	[289]	[289]	[1175]	[1175]	[1175]	[1175]	[162]	[162]	[162]	[162]	[162]	[162]	[162]
2,3-Dimethylbuten-(2)	—	—	—	—	5,05	5,75	—	3,96	3,58	3,18	2,63	0,19	0,31	0,19
3,3-Dimethylbuten-(1)	—	—	—	—	1,20	1,30	—	—	—	—	—	—	—	—
4,4-Dimethylpenten-(1)	2,59	2,61	—	—	—	—	—	—	—	—	—	—	—	—
2,6-Dimethylhepten-(3)	—	—	—	—	—	—	—	—	10,15	—	9,15	0,55	1,08	0,54
2,4,4-Trimethyl-penten-(1)	6,09	6,23	6,23	5,5	—	—	5,0	—	5,52	—	4,84	0,30	0,57	0,32
2,4,4-Trimethyl-penten-(2)	6,34	7,33	6,64	—	—	—	—	7,7	5,59	6,51	4,85	0,30	0,57	0,32
Cyclopenten	—	—	—	1,7	—	—	1,9	—	—	—	—	—	—	—
Cyclohexen	5,03	7,83	—	4,6	—	—	4,9	—	6,83	—	4,56	0,37	0,54	0,33
1-Methylcyclohexen	—	—	—	9,5	—	—	9,1	—	—	—	—	—	—	—
4-Methylcyclohexen	—	—	—	—	—	—	—	—	9,75	—	7,06	0,53	0,83	0,50
4-Äthylcyclohexen	—	—	—	15,8	—	—	13,5	—	—	—	—	—	—	—
3,5,5-Trimethylcyclohexen-(1)	—	—	—	17,7	—	—	16,1	—	—	—	—	—	—	—
Cyclohepten	12,41	19,12	—	—	—	—	—	—	—	—	—	—	—	—

Tabelle 20 *(Fortsetzung)*

Bezugssubstanz	p-Xylol	n-Pentan											
Flüssige Phase	APL	EHS	CVC	FIS	IDP	PFB	TKP	DPF	TDP	ODP	PG 4	PG 20	PCG
Temperatur ° C	150	100	100	100	67	52	100	100	67	67	120	120	120
Literaturzitat	[162]	[1175]	[1175]	[1175]	[1175]	[1175]	[1175]	[1175]	[1175]	[1175]	[1175]	[1175]	[1175]
2,4,4-Trimethyl-penten-(1) . .	—	5,8	6,7	5,0	5,9	5,8	5,5	—	5,3	6,0	4,5	4,4	4,4
2,4,4-Trimethyl-penten-(2) . .	0,34	—	—	—	—	—	—	—	—	—	—	—	—
Cyclopenten	—	1,9	2,7	1,6	5,0	1,4	2,7	3,0	4,4	4,6	2,1	2,1	2,9
Cyclohexen	0,34	5,0	7,4	3,5	11,7	3,2	6,6	7,7	11,2	11,2	4,7	4,7	6,8
1-Methylcyclohexen	—	9,7	14,4	6,9	17,6	7,1	12,0	13,2	15,4	16,4	8,0	8,2	11,1
4-Äthylcyclohexen.	—	16,0	21,4	12,0	17,6	13,2	15,7	15,7	24,3	25,8	11,0	11,2	18
3,5,5-Trimethylcyclohexen-(1).	—	18,1	27,3	12,0	28,2	—	21,1	22,2	14,5	—	13,3	13,7	—

Bezugssubstanz	Isopren						Formaldehyd							
Flüssige Phase	DMS			BC-$AgNO_3$			DS 1 m		DS 2,5 m			TTP		
Temperatur ° C	35	22,25	15	35	22,25	15	31	25	25	29	37	25	29	37
Literaturzitat	[26]	[26]	[26]	[26]	[26]	[26]	[558]	[558]	[558]	[558]	[558]	[558]	[558]	[558]
2,3-Dimethylbuten-(1)	—	—	—	—	—	—	—	—	0,33	—	0,36	0,63	—	—
2,3-Dimethylbuten-(2)	—	—	—	—	—	—	—	—	0,75	—	0,75	1,48	1,34	1,48
3,3-Dimenthylbuten-(1) . . .	—	—	—	—	—	—	—	—	0,17	—	—	0,30	—	0,34
2,4-Dimethylpenten-(2) . . .	—	—	—	—	—	—	—	—	0,69	—	—	1,43	—	1,40
3,3-Dimethylpenten-(1) . . .	—	—	—	—	—	—	—	—	0,55	0,56	0,57	1,10	—	—
Cyclopenten	1,08	1,11	1,12	2,46	2,61	2,78	—	—	0,42	—	—	0,80	—	—
Cyclohexen	—	—	—	—	—	—	—	1,43	1,40	1,43	1,41	—	—	2,93
1-Methylcyclohexen	—	—	—	—	—	—	3,19	3,32	—	—	3,04	—	—	—
4-Methylcyclohexen	—	—	—	—	—	—	2,16	2,24	—	—	2,16	—	—	—
1-Methylcyclopenten.	—	—	—	—	—	—	—	—	1,05	1,05	1,02	—	2,16	2,09

Bezugssubstanz	Formaldehyd												
Flüssige Phase	TTP		DDP					Min.-öl					ODP
Temperatur ° C	45	55	25	29	37	45	55	25	29	37	45	55	25
Literaturzitat	[558]	[558]	[558]	[558]	[558]	[558]	[558]	[558]	[558]	[558]	[558]	[558]	[1012]
2,3-Dimethylbuten-(1) .	—	—	1,28	1,31	1,27	1,26	—	2,40	—	1,96	1,66	1,86	0,098
2,3-Dimethylbuten-(2) .	—	—	—	2,89	2,64	2,51	2,28	—	—	—	3,14	3,17	0,22
3,3-Dimethylbuten-(1) .	—	—	0,66	0,68	0,70	0,71	—	1,19	0,96	1,02	0,90	—	0,05
2,4-Dimethylpenten-(2)	—	—	—	—	2,80	2,62	—	—	—	—	3,48	3,61	0,16
3,3-Dimethylpenten-(1)	—	—	—	—	2,39	2,36	—	—	—	—	2,95	—	0,14
Cyclopenten	—	—	1,24	1,27	1,25	—	—	2,02	1,60	1,67	1,44	1,54	—
Cyclohexen	2,77	2,63	—	—	—	4,16	3,81	—	—	—	—	5,0	0,53
1-Methylcyclohexen . .	—	5,5	—	—	—	—	8,3	—	—	—	—	—	—
4-Methylcyclohexen . .	4,40	3,97	—	—	—	—	6,4	—	—	—	—	—	0,68
1-Methylcyclopenten . .	—	—	3,55	—	3,42	3,18	2,92	—	—	—	3,97	3,86	0,34

Bezugssubstanz	Formaldehyd														Äthylbenzol
Flüssige Phase	DDP			DHS			Sil.-öl			TGÄD	F/PS	PG			GK
Temperatur ° C	50	100	150	50	100	150	50	100	150	50	100	50	100	150	30
Literaturzitat	[1012]	[1012]	[1012]	[1012]	[1012]	[1012]	[1012]	[1012]	[1012]	[1012]	[1012]	[1012]	[1012]	[1012]	[426]
1-Methylcyclohexen	7,30	5,50	4,42	6,77	5,07	4,23	5,06	4,48	3,36	5,54	9,22	17,1	11,7	9,00	—
4-Methylcyclohexen	—	—	—	—	—	—	—	—	—	—	—	—	—	—	1,49
3-Methylcyclohexen	—	—	—	—	—	—	—	—	—	—	—	—	—	—	1,65

Tabelle 21. *Diolefine*

Erläuterungen der Abkürzungen und Trennbedingungen: **HTK:** 23% Hexatriakontan auf Schamottemehl (30—60 mesh); Trägergas: H_2; Säule: 2 m × 0,6 cm; **BDP:** 23% p-Phenyl-diphenylmethan auf Schamottemehl (30—60 mesh); Trägergas: H_2; Säule: 2 m × 0,6 cm; **Par.-wachs:** 23% Paraffinwachs auf Schamottemehl (30—60 mesh); Trägergas: H_2; Säule: 2 m × 0,6 cm; **EHS:** 23% Äthyl-hexyl-sebacat auf Schamottemehl (30—60 mesh); Trägergas: H_2; Säule: 2 m × 0,6 cm; **Sil.-öl:** 23% Siliconöl DC 703 auf Schamottemehl (30—60 mesh); Trägergas: H_2; Säule: 2 m × 0,6 cm; **CVC:** 23% Convachlor-12 (MG 326) auf Schamottemehl (30—60 mesh); Trägergas: H_2; Säule: 2 m × 0,6 cm; **IDP:** 23% β,β' Imino-bis-(propionitril) auf Schamottemehl (30—60 mesh); Trägergas: H_2; Säule: 2 m × 0,6 cm; **TKP:** 23%

Tabelle 21 *(Fortsetzung)*

Trikresylphosohat auf Schamottemehl (30—60 mesh); Trägergas: H_2; Säule: 2 m × 0,6 cm; **DPF:** 23% Diphenylformamid auf Schamottemehl (30—60 mesh); Trägergas: H_2; Säule: 2 m × 0,6 cm; **TDP:** 23% Thiodipropionitril auf Schamottemehl (30—60 mesh); Trägergas: H_2; Säule: 2 m × 0,6 cm; **ODP:** 23% β,β'-Bis(propionitril)äther auf Schamottemehl (30—60 mesh); Trägergas: H_2; Säule: 2 m × 0,6 cm; **PG 4:** 23% Polypropylenglykol (MG 400) auf Schamottemehl (30—60 mesh); Trägergas: H_2; Säule: 2 m × 0,6 cm; **PG 20:** 23% Polypropylenglykol (MG 2000) auf Schamottemehl (30—60 mesh); Trägergas: H_2; Säule: 2 m × 0,6 cm; **PCG:** 23% Polyepichlorhydrin auf Schamottemehl (30—60 mesh); Trägergas: H_2; Säule: 2 m × 0,6 cm; **MEEE:** 25% Bis[2-(2-methoxyäthoxy)äthyl]äther auf C-22 firebrick (30—60 mesh); Trägergas: 100 ml He/min; **DS:** 40% Dimethylsulfolan auf Columpak (30—60 mesh); Trägergas: 70 ml He/min bei einer 1 m Säule; **DS:** 40% Dimethylsulfolan auf Columpak (30—60 mesh); Trägergas: 77 ml He/min bei einer 2,5 m Säule; **TTP:** 40% Tritolylphosphat auf Columpak (30—60 mesh); Trägergas: 77 ml He/min bei einer 2,5 m Säule; **DDP:** 40% Di-n-decylphthalat auf Columpak (30—60 mesh); Trägergas: 77 ml He/min bei einer 2,5 m Säule; **Min.-öl:** 40% Mineralöl auf Columpak (30—60 mesh); Trägergas: 77 ml He/min bei einer 2,5 m Säule; **ODP:** 40% 2,2'-Oxydipropionitril auf Columpak (30—60 mesh); Trägergas: 77 ml He/min; Säule: 2,5 m; **TDTD:** 30% Tetrahydro-2,4-dimethyl-thiophen-1-1-dioxyd(=2,4-Dimethylsulfolan) auf C-22 firebrick (30—60 mesh); Trägergas: 23 ml/min He; Säule: 2,5 m × 0,6 cm; **Sil.-öl:** 10% Siliconöl DC 550 auf C-22 firebrick (40—60 mesh); Trägergas: 23 ml He/min; Säule: 2,5 m × 0,6 cm; **DMS:** 8,62 g Dimethylsulfolan auf 43,08 g Chromosorb (30—50 mesh); Trägergas bei 35° C = 53—55 ml He/min; bei 22,25 = 100—102 ml He/min; bei 15° C = 51—52 ml He/min; Säule: 6 m × 0,6 cm; **BC-AgNO$_3$:** Benzylcyanid-Silbernitrat (3,806 g $AgNO_3$ gelöst in 9,660 g Benzylcyanid) auf 33,31 g Chromosorb; Trägergas: bei 30° C = 72 ml He/min; bei 22° C = 135—138 ml He/min; bei 15° C = 132 ml He/min; Säule: 3,5 m × 0,6 cm; **DS/TP:** 25% 1/4 Di-2-äthylhexylsebacat + 3/4 Tri-m-tolylphosphat auf firebrick (30—60 mesh); Trägergas: 60 ml He/min; Säule: 5 m × 0,6 cm.

Bezugssubstanz	n-Pentan														
Flüssige Phase	HTK	BDP	Par.-wachs	EHS	Sil.-öl	CVC	IDP	TKP	DPF	TDP	ODP	PG 4	PG 20	PCG	MEEE
Temperatur ° C	78,5	78,5	78,6	100	100	100	67	100	100	67	67	120	120	120	25
Literaturzitat	*[289]*	*[289]*	*[289]*	*[1175]*	*[1175]*	*[1175]*	*[1175]*	*[1175]*	*[1175]*	*[1175]*	*[1175]*	*[1175]*	*[1175]*	*[1175]*	*[1063]*
Isopren	—	—	—	1,3	1,3	1,5	4,1	1,8	2,1	3,8	4,3	1,5	1,4	1,7	—
Pentadien-(1,3)	—	—	—	—	—	—	—	—	—	—	—	—	—	—	2,9
Pentadien-(1,4)	—	—	—	—	12,0	—	—	—	—	—	—	—	—	—	3,1
Hexadien-(1,5)	—	—	—	2,2	2,1	2,5	5,8	2,7	3,0	4,5	5,4	2,3	2,0	2,5	—
2,5-Dimethyl-hexadien-(1,5)	—	—	—	9,2	8,7	11,6	15,5	10,3	11,3	14,0	16,0	7,5	7,4	8,3	—
2,3,3,4-Tetramethyl-pentadien-(1,4)	—	—	—	12,5	—	15,9	17,0	13,3	13,6	16,0	18,0	9,7	15,0	10,4	—
Cyclopentadien	1,32	3,17	—	—	—	—	—	—	—	—	—	—	—	—	—

1-Methylcyclopentadien	3,20	7,09	—	—	—	—	—	—	—	—	—	—	—	—	—
Cyclohexadien-(1,3)	4,27	10,02	—	—	—	—	—	—	—	—	—	—	—	—	—
Cyclooctatetraen	—	—	19,3	—	—	—	—	—	—	—	—	—	—	—	—

Bezugssubstanz	Formaldehyd														
Flüssige Phase	DS 1 m		DS			TTP					DDP				
Temperatur ° C	25	31	25	29	37	25	29	37	45	55	25	29	37	45	55
Literaturzitat	[558]	[558]	[558]	[558]	[558]	[558]	[558]	[558]	[558]	[558]	[558]	[558]	[558]	[558]	[558]
Allen	—	—	0,07	—	—	0,08	—	—	—	—	0,1	—	—	—	—
Butadien-(1,2)	—	—	0,20	—	—	0,28	—	—	—	—	0,36	—	0,40	0,44	—
Butadien-(1,3)	—	—	0,14	—	—	0,16	—	—	—	—	0,22	—	—	—	—
Isopren	—	—	0,40	0,41	0,43	0,54	0,53	0,58	—	0,63	0,82	0,85	0,86	0,87	—
3-Methyl-butadien-(1,2)	—	—	0,42	—	—	—	—	—	—	—	0,92	—	—	0,96	—
2-Äthyl-butadien-(1,3)	—	—	1,03	—	—	1,52	—	—	—	—	—	—	2,40	2,35	—
2,3-Dimethyl-butadien-(1,3)	—	—	1,15	—	1,12	1,68	—	1,80	—	—	2,96	2,97	2,75	2,62	2,36
3-Methylbutadien-(1,3)	—	—	—	—	—	0,64	0,67	0,68	—	—	—	—	—	—	—
Pentadien-(1,2)	—	—	0,51	—	0,52	0,77	—	0,80	—	—	1,12	1,14	1,11	1,13	—
Pentadien-(1,4)	—	—	0,23	—	—	0,33	—	—	—	—	0,51	0,54	0,55	0,59	—
Pentadien-(2,3)	—	—	0,52	—	0,53	0,86	—	—	—	—	1,17	—	1,16	—	—
1-trans-Pentadien(3)	—	—	0,54	—	0,57	0,75	—	—	—	—	1,10	—	1,10	—	—
1-cis-Pentadien(3)	—	—	0,60	—	0,63	0,86	—	—	—	—	1,20	—	1,20	—	—
2-Methyl-pentadien-(1,3)	1,53	1,49	1,50	—	1,47	2,20	—	2,34	—	—	—	—	—	—	—
4-Methyl-pentadien-(1,3)	—	—	—	—	1,71	—	—	2,56	—	—	—	—	—	3,39	3,04
Hexadien-(1,5)	—	—	0,63	—	0,63	0,99	0,92	—	1,01	—	1,68	1,70	1,63	—	1,53
Cyclopentadien	—	—	0,78	—	0,81	1,01	—	—	—	—	1,24	—	1,27	—	—
Cyclohexadien-(1,3)	2,39	—	—	—	2,36	—	—	—	3,46	3,22	—	—	—	3,31	3,97
Cyclohexadien-(1,4)	3,75	—	—	—	3,27	—	—	—	4,96	4,64	—	—	—	—	5,4

Tabelle 21 *(Fortsetzung)*

Bezugssubstanz	Formaldehyd								
Flüssige Phase	Min.-öl					ODP			
Temperatur °C	25	29	37	45	55	25	29	37	45
Literaturzitat	[*558*]	[*558*]	[*558*]	[*558*]	[*558*]	[*558*]	[*558*]	[*558*]	[*558*]
Allen	0,12	—	—	—	—	—	—	—	—
Butadien-(1,2)	0,48	0,40	0,44	0,42	—	0,10	—	—	—
Butadien-(1,3)	0,29	—	—	—	—	0,08	—	—	—
Isopren	1,11	0,89	0,94	0,84	—	0,18	—	—	—
3-Methyl-butadien-(1,2)	1,32	—	1,10	0,97	—	0,16	—	—	—
2-Äthyl-butadien-(1,3)	—	—	2,83	2,30	—	0,38	—	—	—
2,3-Dimethyl-butadien-(1,3)	—	—	—	2,72	2,79	0,43	—	—	—
Pentadien-(1,2)	1,58	—	1,29	1,14	—	0,20	—	—	—
Pentadien-(1,4)	0,73	0,60	0,64	0,59	—	—	—	—	—
Pentadien-(2,3)	1,69	—	1,36	1,17	1,61	0,20	—	—	—
1-trans-Pentadien-(3)	1,39	—	1,17	1,02	—	0,24	—	—	—
1-cis-Pentadien-(3)	1,54	—	1,28	1,11	—	0,28	—	—	—
2-Methyl-pentadien-(1,3)	—	—	—	3,14	3,27	0,55	0,55	—	—
4-Methyl-pentadien-(1,3)	—	—	—	3,16	3,37	0,66	0,67	—	—
Hexadien-(1,5)	—	1,93	1,96	1,65	—	0,23	—	—	—
Cyclohexadien-(1,3)	—	—	—	—	4,33	1,12	1,12	—	—
Cyclohexadien-(1,4)	—	—	—	—	5,8	1,83	1,78	1,72	1,63

Bezugssubstanz	Cyclopentadien		Isopren						n-Pentan
Flüssige Phase	TDTD	Sil.-öl	DMS				BC-$AgNO_3$		DS/TP
Temperatur ° C	34	107	35	22,25	15	35	22,25	15	30
Literaturzitat	[*252*]	[*252*]	[*26*]	[*26*]	[*26*]	[*26*]	[*26*]	[*26*]	[*1284*]
Butadien	0,22	—	0,37	0,33	0,31	0,37	0,35	0,34	0,612
Isopren	0,54	—	—	—	—	—	—	—	—
Pentadien-(1,4)	—	—	0,62	0,59	0,57	1,57	1,65	1,74	—
1-trans-Pentadien-(3)	0,71	—	1,34	1,36	1,38	1,38	1,39	1,41	—
1-cis-Pentadien-(3)	0,79	—	1,48	1,51	1,54	1,83	1,87	1,92	—
1-Methylcyclopentadien	2,85	—	—	—	—	—	—	—	—
2-Methylcyclopentadien	2,52	—	—	—	—	—	—	—	—
5-Methylcyclopentadien	3,29	—	—	—	—	—	—	—	—
Cyclopentadien dimer	—	1,00	—	—	—	—	—	—	—
Cyclopentadien/Methyl-cyclopentadien codimer	—	1,29	—	—	—	—	—	—	—
1-Methylcyclopentadien dimer	—	1,43	—	—	—	—	—	—	—
1-Methylcyclopentadien/2-Methylcyclopentadien codimer	—	1,77	—	—	—	—	—	—	—
2-Methylcyclopentadien dimer	—	2,10	—	—	—	—	—	—	—
Isomeres 2-Methylcyclopentadien dimer	—	2,52	—	—	—	—	—	—	—

Tabelle 22. *Acetylene*

Erläuterungen der Abkürzungen und Trennbedingungen: **EHS:** 23% Äthylhexyl-sebacat auf Schamottemehl (30—60 mesh); Trägergas: H_2; Säule: 2 m × 0,6 cm; **CVC:** 23% Convachlor-12 auf Schamottemehl (30—60 mesh); Trägergas: H_2; Säule: 2 m × 0,6 cm; **FIS:** 23% Fluorolube S auf Schamottemehl (30—60 mesh); Trägergas: H_2; Säule: 2 m × 0,6 cm; **IDP:** 23% β,β'-Imino-bis(propionitril) auf Schamottemehl (30—60 mesh); Trägergas: H_2; Säule: 2 m × 0,6 cm; **PFB:** 23% Perfluor-tributylamin auf Schamottemehl (30—60 mesh); Trägergas: H_2; Säule: 2 m × 0,6 cm; **TKP:** 23% Trikresylphosphat auf Schamottemehl (30—60 mesh); Trägergas: H_2; Säule 2 m × 0,6 cm; **DPF:** 23% Diphenylformamid auf Schamottemehl (30—60 mesh); Trägergas: H_2; Säule: 2 m × 0,6 cm; **TDP:** 23% Thio-dipropionitril auf Schamottemehl (30—60 mesh); Trägergas: H_2; Säule: 2 m × 0,6 cm; **ODP:** 23% β,β'-Bis(propionitril)äther auf Schamottemehl (30—60 mesh); Trägergas: H_2; Säule: 2 m × 0,6 cm; **PG 4:** 23% Polypropylenglykol (MG. 400) auf Schamottemehl (30—60 mesh); Trägergas: H_2; Säule: 2 m × 0,6 cm; **PG 20:** 23% Polypropylenglykol (MG. 2000) auf Schamottemehl (30—60 mesh); Trägergas: H_2; Säule: 2 m × 0,6 cm; **PCG:** 23% Polyepichlorgydrin auf Schamottemehl (30—60 mesh); Trägergas: H_2; Säule: 2 m × 0,6 cm; **DS:** 40% Dimethylsulfolan auf Columpak (30—60 mesh); Trägergas: 70 ml He/min; Säule: 1 m; **DS:** 40% Dimenthylsulfolan auf Columpak (30—60 mesh); Trägergas: 77 ml He/min; Säule 2,5 m; **TTP:** 40% Tritolylphosphat auf Columpak (30—60 mesh); Trägergas: 77 ml He/min; Säule: 2,5 m; **DDP:** 40% Di-n-decylphthalat auf Columpak (30—60 mesh); Trägergas: 77 ml He/min; Säule: 2,5 m; **Min.-öl:** 40% Mineralöl auf Columpak (30—60 mesh); Trägergas: 77 ml He/min; Säule: 2,5 m; **ODP:** 40% 2,2'-Oxydipropionitril auf Columpak (30—60 mesh); Trägergas: 77 ml He/min; Säule: 2,5 m; **DMS:** 8,62 g Dimethylsulfolan auf 43,08 g Chromosorb (30 bis 50 mesh, Johns Manville); Säule: 6 m × 0,6 cm; T: 35°; Trägergasdurchfluß: 55—53 ml He/min Trägergas; T: 22,25°; Trägergasdurchfluß: 100—102 ml/min He; T: 15°; Trägergasdurchfluß: 51—52 ml/min He; **BC-AgNO₃:** Benzylcyanid-Silbernitrat (3,806 $AgNO_3$ gelöst in 9,660 g Benzylcyanid) auf 33,31 g Chromsorb; Säule: 3,5 m × 0,6 cm; T: 30°; Trägergasdurchfluß: 72 ml/min; Trägergas: He; T: 22,0°; Trägergasdurchfluß: 135—139 ml/min; Trägergas: He; T: 15°; Trägergasdurchfluß: 132 ml/min; Trägergas: He.

Bezugssubstanz	n-Pentan											
Flüssige Phase	EHS	CVC	FIS	IDP	PFB	TKP	DPF	TDP	ODP	PG 4	PG 20	PCG
Temperatur °C	100	100	100	67	52	100	100	67	67	120	120	120
Literaturzitat	[1175]	[1175]	[1175]	[1175]	[1175]	[1175]	[1175]	[1175]	[1175]	[1175]	[1175]	[1175]
Hexin(1) . .	3,1	3,9	2,4	14,0	4,4	4,8	6,1	10,5	14,3	3,9	3,5	4,9
Heptin(1) . .	6,6	8,5	4,7	24,8	10,3	9,8	11,9	20,2	25,2	7,5	6,6	8,9
Octin(1) . .	13,9	18,2	9,2	42,6	27,3	19,5	23,0	35,1	44,0	13,7	12	16

Bezugssubstanz	Formaldehyd											
Flüssige Phase	DS 1 m	DS 2,5 m		TTP				DDP				
Temperatur °C	31	25	35	25	37	45	55	25	29	37	45	55
Literaturzitat	[558]	[558]	[558]	[558]	[558]	[558]	[558]	[558]	[558]	[558]	[558]	[558]
Acetylen . .	—	0,05	—	0,02	—	—	—	0,02	—	—	—	—
Propin . . .	—	0,15	—	0,11	—	—	—	0,11	—	—	—	—
Butin(1) . .	—	0,32	—	0,28	—	—	—	0,30	—	—	—	—
Butin(2) . .	—	0,57	0,59	0,63	—	—	—	0,70	—	0,73	—	—
Pentin(2) . .	—	1,15	1,10	1,54	1,51	—	—	1,82	1,82	1,72	1,66	1,56
Pentin(1) . .	—	0,84	0,82	0,83	0,84	—	—	0,98	—	0,97	0,98	—
Hexin(1) . .	2,17	—	1,99	—	2,40	2,14	—	—	—	2,84	2,66	2,38
Hexin(2) . .	2,61	—	2,45	—	3,68	3,47	2,94	—	—	—	4,10	3,54
Hexin(3) . .	1,94	—	1,80	—	3,02	2,77	—	—	—	3,61	3,36	2,92
2-Methylbuten(1)-in(3).	—	0,94	0,91	0,80	—	—	—	0,83	—	—	—	—

Tabelle 22 *(Fortsetzung)*

Bezugssubstanz	Formaldehyd							Isopren					
Flüssige Phase	Min.-öl					ODP		DMS			BC-$AgNO_3$		
Temperatur ° C	25	29	37	45	55	25	29	35	22,25	15	30	22	15
Literaturzitat	[558]	[558]	[558]	[558]	[558]	[558]	[558]	[26]	[26]	[26]	[26]	[26]	[26]
Acetylen . .	0,01	—	—	—	—	—	—	0,14	0,12	0,11	—	—	—
Propin . . .	0,09	—	—	—	—	—	—	0,38	0,36	0,35	—	—	—
Butin(1) . .	0,29	—	—	—	—	—	—	0,80	0,79	0,77	—	—	—
Butin(2) . .	0,78	—	0,66	0,62	—	0,38	—	1,41	1,44	1,46	1,62	1,61	1,61
Pentin(2) . .	2,13	1,65	1,69	1,40	1,69	0,58	—	2,66	2,86	3,01	3,24	3,35	3,49
Pentin(1) . .	0,96	—	0,82	0,72	0,97	0,38	—	1,96	2,09	2,18	—	—	—
Hexin(1) . .	—	—	2,47	2,09	—	0,81	0,79	—	—	—	—	—	—
Hexin(2) . .	—	—	—	3,60	3,79	1,09	—	—	—	—	—	—	—
Hexin(3) . .	—	—	—	3,09	3,18	0,78	—	—	—	—	—	—	—
2-Methyl-buten(1)-in(3)	0,69	—	0,60	—	—	0,41	—	—	—	—	—	—	—

Tabelle 23. *Benzole*

Erläuterungen der Abkürzungen und Trennbedingungen: **Squalan:** 23% auf Sterchamol (30—60 mesh); Trägergas: H_2; Säule: 2 m × 0,6 cm; **Par.-öl:** 23% Paraffinöl auf Sterchamol (30—60 mesh); Trägergas: H_2; Säule: 2 m × 0,6 cm; **Sil.-öl:** 23% Siliconöl auf Sterchamol (30—60 mesh); Trägergas: H_2; Säule: 2 m × 0,6 cm; **EHS:** 23% Äthyl-hexyl-sebacat auf Sterchamol (30—60 mesh); Trägergas: H_2; Säule: 2 m × 0,6 cm; **CVC:** 23% Convachlor-12 auf Sterchamol (30—60 mesh); Trägergas: H_2; Säule: 2 m × 0,6 cm; **FIS:** 23% Fluorolube S auf Sterchamol (30—60 mesh); Trägergas: H_2; Säule: 2 m × 0,6 cm; **IDP:** 23% β,β'-Imino-bis(propionitril) auf Sterchamol (30—60 mesh); Trägergas: H_2; Säule: 2 m × 0,6 cm; **PFB:** 23% Perfluor-tributylamin auf Sterchamol (30—60 mesh); Trägergas: H_2; Säule: 2 m × 0,6 cm; **TKP:** 23% Trikresylphosphat auf Sterchamol (30—60 mesh); Trägergas: H_2; Säule: 2 m × 0,6 cm; **DPF:** 23% Diphenylformamid auf Sterchamol (30—60 mesh); Trägergas: H_2; Säule: 2 m × 0,6 cm; **TDP:** 23% Thiodipropionitril auf Sterchamol (30—60 mesh); Trägergas: H_2; Säule: 2 m × 0,6 cm; **ODP:** 23% β,β'-Bis(propionitril)äther auf Sterchamol (30—60 mesh); Trägergas: H_2; Säule: 2 m × 0,6 cm; **PG 4:** 23% Polypropylenglykol (MG. 400) auf Sterchamol (30—60 mesh); Trägergas: H_2; Säule: 2 m × 0,6 cm; **PG 20:** 23% Polypropylenglykol (MG. 2000) auf Sterchamol (30—60 mesh); Trägergas: H_2; Säule: 2 m × 0,6 cm; **PCG:** 23% Polyepichlorhydrin auf Sterchamol (30—60 mesh); Trägergas: H_2; Säule: 2 m × 0,6 cm; **BD:** 15% Benzyldiphenyl auf Celite 545 (0,1—0,2 mm); Trägergas: N_2; **DIN:** 15% Di-n-octylester von 2,7-Dinitrophenanthrachinon auf Celite 545 (0,1—0,2 mm); Trägergas: N_2; **APL:** 15% Apiezon L auf Celite 545 (0,1—0,2 mm); Trägergas: N_2; **APL:** 25% Apiezon L auf firebrick (30—60 mesh); Trägergas: 100 ml He/min; Säule: 6 m × 0,6 cm; **NA:** 32% α-Naphthylamin auf C-22 firebrick (50—60 mesh); Trägergas: 45,7 ml N_2/min; Säule: 2,93 m × 0,6 cm; **DS:** 40% Dimethylsulfolan auf Columpak (30—60 mesh); Trägergas: 70 ml He/min; Säule: 1 m; **DS:** 40% Dimethylsulfolan auf Columpak (30—60 mesh); Trägergas: 77 ml He/min; Säule: 2,5 m; **TTPI:** 40% Tritolylphosphat auf Columpak (30—60 mesh); Trägergas: 77 ml He/min; Säule: 2,5 m; **DDP:** 40% Di-n-decylphthalat auf Columpak (30—60 mesh); Trägergas 77 ml He/min; Säule: 2,5 m; **Min.-öl:** 40% Mineralöl auf Columpak (30—60 mesh); Trägergas: 77 ml He/min; Säule: 2.5 m; **ODP:** 40% 2,2'-Oxydipropionitril auf Columpak (30—60 mesh); Trägergas: 77 ml He/min; Säule: 2,5 cm; **DDP:** Di-n-decylphthalat auf Sterchamol (0,25—0,43 mm); Trägergas: 100 ml He/min; Säule: 2 m; **DHS:** Diäthylhexylsebacinat auf Sterchamol (0,25—0,43 mm); Trägergas: 100 ml He/min; Säule: 2 m; **Sil.-öl:** Siliconöl DC 200 auf Sterchamol (0,25—0,43 mm); Trägergas: 100 ml He/min; Säule: 2 m; **TGDÄ:** Tetraäthylenglykol-dimethyläther auf Stermachol (0,25—0,43 mm); Trägergas: 100 ml He/min; Säule: 2 m; **F/PS:** Fluoren/Pikrinsäure auf Sterchamol (0,25—0,43 mm); Trägergas: 100 ml He/min; Säule: 2 m; **PG:** Polyäthylenglykol auf Sterchamol (0,25—0,43 mm); Trägergas: 100 ml He/min; Säule: 2 m; **PG:** Polyglykol 20000 (Anorgana, München) 20% auf Sterchamol (0,2—0,3 mm); Trägergas: 60 ml He/min; Säule: Cu-Säule 3 m × 0,4 cm; **Squalan:** 30% auf Celite 545 (72—100 mesh); Trägergas: 60 ml N_2/min; Säule: 1,2 m; × 0,4 cm; **BCH:** 30% 7,8-Benzochinolin auf Celite 545 (72—100 mesh); Trägergas: 60 ml N_2/min; Säule: 1,20 m × 0,4 cm; **NA:** α-Naphthylamin 30% auf Celite 545 (72—100 mesh); Trägergas: 60 ml N_2/min; Säule: 1,2 m × 0,4 cm; **Phen:** Phenanthren 30% auf Celite 545 (72—100 mesh); Trägergas: 60 ml N_2/min; Säule: 1,20 m × 0,4 cm; **DPA:** Diphenylamin 30% auf Celite 545 (72—100 mesh); Trägergas: 60 ml N_2/min; Säule: 1,20 m × 0,4 cm; **Squalan:** 30% auf Celite 545 (72—100 mesh); Trägergas: 60 ml N_2/min; Säule: 1,20 m × 0,4 cm; **AN:** 30% Anilin auf Celite 545 (72—100 mesh); Trägergas: 60 ml N_2/min; Säule: 1,20 m × 0,4 cm; **ICH:** 30% Isochinolin auf Celite 545 (72—100 mesh); Trägergas: 60 ml N_2/min; Säule: 1,20 m × 0,4 cm; **CH:** 30% Chinolin auf Celite 545 (72—100 mesh); Trägergas: 60 ml N_2/min; Säule: 1,20 m × 0,4 cm; **2-MCH:** 30% 2-Methylchinolin auf Celite 545 (72—100 mesh); Trägergas: 60 ml N_2/min; Säule: 1,20 m × 0,4 cm; **4-MCH:** 30% 4-Methylchinolin auf Celite 545 (72—100 mesh); Trägergas: 60 ml N_2/min; Säule: 1,20 m × 0,4 cm; **1-MN:** 30% 1-Methylnaphthalin auf Celite 545 (72—100 mesh); Trägergas: 60 ml N_2/min; Säule: 1,20 m × 0,4 cm; **1-CHN:** 30% 1-Chlornaphthalin auf Celite 545 (72—100 mesh); Trägergas: 60 ml N_2/min; Säule: 1,20 m × 0,4 cm; **Nujol:** Paraffinöl auf Sterchamol 30 : 100; **DNP:** Dinonylphthalat auf Sterchamol 30 : 100; **TXP:** Trixylenylphosphat auf

Tabelle 23 (*Fortsetzung*)

Sterchamol 50 : 100; **CW:** Polyäthylenglykol 1000 auf Sterchamol 30 : 100; **PPG:** Polypropylenglykol 2050 auf Sterchamol 30 : 100; **MPEG:** Methoxy-polyäthylenglykol auf Sterchamol 30 : 100; **TKP:** Trikresylphosphat auf Sterchamol 50 : 100.

Bezugssubstanz	n-Pentan												
Flüssige Phase	Squalan		Par.-öl	Sil.-öl	EHS	CVC	FIS	IDP	PFB	TKP	DPF	TDP	ODP
Temperatur ° C	100	150	100	100	100	100	100	67	52	100	100	67	67
Literaturzitat	[289]	[289]	[1175]	[1175]	[1175]	[1175]	[1175]	[1175]	[1175]	[1175]	[1175]	[1175]	[1175]
Benzol	3,2	2,8	3.7	4,9	5,6	9,2	3,7	44,6	5,5	10,3	13,4	40	45,0
Toluol	7,4	5,4	8,6	10,4	12,2	21,3	8,2	80,6	16,3	21	26,6	73	81
Äthylbenzol	14,6	9,4	17,1	20,2	23,9	41,5	15,6	130	34,6	40	48,0	118	130
n-Propylbenzol	28,4	16,1	33,9	37,8	46,3	76,4	27,4	198	80,7	70	83,0	177	194
n-Butylbenzol	—	—	—	—	96,0	162,2	53,8	295	—	137	160	305	330

Bezugssubstanz	n-Pentan					n-Toluol		n-Pentan			Toluol	p-Xylol
Flüssige Phase	PG 4	PG 20	PCG	BD		BD	DIN	APL			APL	APL
Temperatur ° C	120	120	120	75	100	100	100	75	100	100	100	150
Literaturzitat	[1175]	[1175]	[1175]	[162]	[162]	[162]	[162]	[162]	[162]	[162]	[162]	[162]
Benzol	6,5	5,9	9,8	10,5	—	0,47	0,46	46,2	—	4,0	0,46	0,30
Toluol	12,0	11,2	18	—	18,45	1,00	1,00	—	8,47	8,8	1,00	0,55
o-Xylol	—	—	—	—	—	2,63	2,60	—	—	—	2,60	1,18
m-Xylol	—	—	—	—	—	2,14	2,12	—	—	—	2,18	1,00
p-Xylol	—	—	—	—	—	2,07	2,07	—	—	—	2,15	1,00
Äthylbenzol	20	17	31	—	—	1,95	1,79	—	—	16,6	1,92	0,92
n-Propylbenzol	35	33	50	—	—	3,51	3,19	—	—	32	3,61	1,51
Cumol	—	—	—	—	—	2,93	2,90	—	—	—	2,89	1,27
1-Methyl-2-äthylbenzol	—	—	—	—	—	4,76	4,37	—	—	—	4,58	—
1-Methyl-3-äthylbenzol	—	—	—	—	—	3,93	3,54	—	—	—	3,90	—
1-Methyl-4-äthylbenzol	—	—	—	—	—	3,92	3,65	—	—	—	4,07	1,65
Mesitylen	—	—	—	—	—	4,47	4,22	—	—	—	4,66	1,79
Pseudocumol	—	—	—	—	—	5,34	5,14	—	—	—	5,58	—
n-Butylbenzol	63	62	89	—	—	7,29	6,36	—	—	63	7,45	2,68

Bezugssubstanz	Toloul	Formaldehyd										n-Pentan		
Flüssige Phase	NA	DS 1 m	TTP		DDPI		Min.-öl	CDP				DDP		
Temperatur ° C	87	31	45	55	45	55	55	29	37	45	55	50	100	150
Literaturzitat	[23]	[558]	[558]	[558]	[558]	[558]	[558]	[558]	[558]	[558]	[558]	[1012]	[1012]	[1012]
Benzol	0,45	4,74	4,74	4,36	4,96	4,43	3,80	2,86	2,72	2,55	2,51	9,12	6,56	5,03
Toluol	1,0	—	—	—	—	—	—	—	—	4,14	4,63	—	14,5	9,61
o-Xylol	2,76	—	—	—	—	—	—	—	—	—	—	—	37,9	21,6
m-Xylol	2,13	—	—	—	—	—	—	—	—	—	—	—	31,4	18,6
p-Xylol	1,97	—	—	—	—	—	—	—	—	—	—	—	31,9	18,8
Äthylbenzol	1,95	—	—	—	—	—	—	—	—	—	—	—	29,9	17,1

Bezugssubstanz	n-Pentan											C_6H_6
Flüssige Phase	DHS			Sil.-öl			TGDÄ	F/PS	PG			PG
Temperatur ° C	50	100	150	50	100	150	50	100	50	100	150	185
Literaturzitat	[1012]	[1012]	[1012]	[1012]	[1012]	[1012]	[1012]	[1012]	[1012]	[1012]	[1012]	[1012]
Benzol	7,42	5,45	4,80	4,48	3,66	3,07	8,62	20,4	51,7	26,1	18,7	1,00
Toluol	—	12,6	9,10	10,8	7,75	5,58	24,1	48,9	115	49,0	31,3	1,59
o-Xylol	—	31,5	20,1	—	19,2	11,3	—	126,5	—	118,7	60,4	2,94
m-Xylol	—	26,5	17,5	—	14,3	9,71	—	109,0	—	91,0	48,0	2,39
p-Xylol	—	26,4	17,5	26,0	15,6	9,96	—	105,0	—	88,2	47,3	2,39
Äthylbenzol	—	25,1	15,9	—	14,6	9,40	—	79,4	—	83,6	45,7	2,05
1,2,4-Trimethylbenzol	—	—	—	—	—	—	—	—	—	—	—	4,3
1,3,5-Trimethylbenzol	—	—	—	—	—	—	—	—	—	—	—	3,66

Tabelle 23 *(Fortsetzung)*

Bezugssubstanz	Benzol										n-Hexan		
Flüssige Phase	Squalan			BCH			NA		Phen	DPA	Squalan	AN	ICH
Temperatur ° C	65,5	81	101	65,5	81	101	65,5	81	101	56	20	20	20
Literaturzitat	*[287]*	*[287]*	*[287]*	*[287]*	*[287]*	*[287]*	*[287]*	*[287]*	*[287]*	*[287]*	*[287]*	*[287]*	*[287]*
Benzol	1,00	1,00	1,00	1,00	1,00	1,00	1,00	1,00	1,00	1,00	1,44	18,1	8,23
Toluol	2,69	2,50	2,29	2,58	2,42	2,25	2,34	2,22	2,33	2,46	—	—	—
o-Xylol	8,39	7,18	5,98	8,58	7,44	6,32	7,16	6,29	6,68	—	—	—	—
m-Xylol	7,07	6,15	5,13	6,64	5,83	5,01	5,43	4,84	5,37	—	—	—	—
p-Xylol	6,92	5,93	5,05	6,14	5,42	4,73	4,96	4,46	5,09	—	—	—	—
Äthylbenzol	6,08	5,34	4,52	5,77	5,09	4,42	4,92	4,39	4,64	—	—	—	—

Bezugssubstanz	n-Hexan					Benzol							
Flüssige Phase	CH	2-MCH	4-MCH	1-MN	1-CHN	Nujol	DNP		TXP	CW	PPG	MPEG	TKP
Temperatur ° C	20	20	20	20	20	120	120	130	120	120	120	120	130
Literaturzitat	*[287]*	*[287]*	*[287]*	*[287]*	*[287]*	*[158, 449]*	*[158, 449]*	*[158, 449]*	*[158, 449]*	*[158, 449]*	*[158, 449]*	*[158, 449]*	*[158, 449]*
Benzol	8,24	6,51	6,76	4,22	4,23	1,00	1,00	1,00	1,00	1,00	1,00	1,00	1,00
Toluol	—	—	—	—	—	2,06	1,91	—	1,87	1,31	1,76	1,56	—
o-Xylol	—	—	—	—	—	4,93	4,26	—	4,31	2,40	3,86	3,25	—
m-Xylol	—	—	—	—	—	4,51	3,76	—	3,64	2,03	3,35	2,64	—
p-Xylol	—	—	—	—	—	4,37	3,81	—	3,43	2,04	3,17	2,62	—
Äthylbenzol	—	—	—	—	—	3,84	3,30	—	3,29	1,84	2,99	—	—
Cumol	—	—	—	—	—	5,63	5,07	5,12	4,53	2,40	4,17	3,23	4,57
n-Propylbenzol	—	—	—	—	—	7,55	5,97	6,02	5,77	2,72	5,24	3,74	5,25
Mesitylen	—	—	—	—	—	8,73	6,88	7,59	6,48	3,02	5,97	4,33	6,76
Pseudocumol	—	—	—	—	—	11,2	8,00	8,71	7,84	3,60	7,02	5,39	8,13
sek.-Butylbenzol	—	—	—	—	—	11,3	8,45	—	7,89	3,30	7,05	4,62	—
p-Cymol	—	—	—	—	—	13,4	9,90	—	8,44	3,60	7,45	5,39	—
tert. Amylbenzol	—	—	—	—	—	20,6	14,4	—	13,2	4,85	11,6	7,25	—
Hydrinden	—	—	—	—	—	12,6	10,0	11,2	10,8	5,50	9,84	8,0	11,7
Styrol	—	—	—	—	—	4,98	4,60	—	4,89	3,39	4,76	4,52	—
Inden	—	—	—	—	—	14,6	13,7	14,1	15,2	10,1	12,5	14,1	15,1
α-Methylstyrol	—	—	—	—	—	9,18	7,75	—	8,11	4,72	7,45	6,38	—
p-Äthyltoluol	—	—	—	—	—	—	—	6,92	—	—	—	—	6,03
Cumaron	—	—	—	—	—	—	—	11,5	—	—	—	—	13,5

Tabelle 23 *(Fortsetzung)*

Bezugssubstanz	Toluol			p-Xylol	1,3,5-Triäthylbenzol	
Flüssige Phase	BD	DIN	APL	APL	APL	APL
Temperatur ° C	100	100	100	150	200	220
Literaturzitat	[162]	[162]	[162]	[162]	[162]	[162]
Tert. Butylbenzol	4,50	4,05	4,55	1,84	—	—
iso-Butylbenzol	4,97	4,30	5,18	—	—	—
1-Methyl-3-isopropylbenzol	5,46	4,80	5,72	—	—	—
1-Methyl-4-isopropylbenzol	5,65	5,17	6,08	2,23	—	—
1-Methyl-2-n-propylbenzol	7,96	7,33	7,93	—	0,62	0,64
1-Methyl-3-n-propylbenzol	7,00	6,35	7,26	—	—	—
1-Methyl-4-n-propylbenzol	7,40	6,80	7,22	—	—	—
1,3-Diäthylbenzol	6,83	5,78	6,76	2,44	—	—
1,4-Diäthylbenzol	7,32	6,22	7,45	2,71	0,58	0,61
1,2-Dimethyl-3-äthylbenzol	10,8	10,7	11,7	—	—	—
1,2-Dimethyl-4-äthylbenzol	9,10	9,00	9,38	—	0,67	0,70
1,3-Dimethyl-2-äthylbenzol	9,5	9,1	9,7	—	—	—
1,3-Dimethyl-4-äthylbenzol	8,95	8,45	9,1	—	—	—
1,3-Dimethyl-5-äthylbenzol	7,5	6,95	7,73	—	0,58	0,60
1,4-Dimethyl-2-äthylbenzol	8,5	7,90	9,06	—	—	—
1,2,3,4-Tetramethylbenzol	18,0	17,5	16,6	—	1,01	1,07
1,2,4,5-Tetramethylbenzol	11,9	12,2	12,4	4,16	0,82	0,84
1,2,3,5-Tetramethylbenzol	13,3	13,1	13,6	--	0,85	0,87
Pentamethylbenzol	—	—	—	9,35	1,72	1,75
sek. Butylbenzol	5,03	4,35	5,25	2,01	—	—
1-Methyl-3,5-diäthylbenzol	—	—	—	—	0,77	0,79
Hexamethylbenzol	—	—	—	—	3,58	3,47
1,3,5-Triäthylbenzol	—	—	—	—	1,00	1,00
Cyclohexylbenzol	—	—	—	—	2,09	2,05
Styrol	2,97	2,94	2,51	—	—	—
α-Methylstyrol	5,23	4,89	4,55	—	—	—
Inden	10,4	9,77	7,6	2,94	—	—

Tabelle 24. *Diphenyle*

Erläuterungen der Abkürzungen und Trennbedingungen: **R 400:** 30% Reoplex 400 auf Celite 545; Trägergas: H_2; Säule: 0,8 m × 0,6 cm; **APL:** 20% Apiezon L auf Celite 545; Trägergas: H_2; Säule: 0,8 m × 0,6 cm; **APL I:** 25% Apiezon L auf Firebrick C_{22}; Trägergas: 100 ml He/min; Säule: 6 m × 0,6 cm; **APM:** Apiezon M auf Kieselgur

Bezugssubstanz	Chinolin		1,3,5-Triäthylbenzol		Diphenyl
Flüssige Phase	R 400	APL	APL I	APL I	APM
Temperatur ° C	200	200	200	200	197
Literaturzitat	*[654, 655]*	*[654, 655]*	*[203]*	*[203]*	*[90]*
Diphenyl	1,13	1,73	2,66	2,60	1,00
2-Methyl-diphenyl	—	—	2,46	2,51	0,96
3-Methyl-diphenyl	—	—	—	3,82	1,55
4-Methyl-diphenyl	—	—	—	3,10	1,65
2,2'-Dimethyl-diphenyl	—	—	—	—	1,005
3,3'-Dimethyl-diphenyl	—	—	—	—	2,40
4,4'-Dimethyl-diphenyl	—	—	—	—	2,69
2,6-Dimethyl-diphenyl	—	—	—	—	1,09
2-Äthyl-diphenyl	—	—	—	—	1,22
3-Äthyl-diphenyl	—	—	—	—	2,19
4-Äthyl-diphenyl	—	—	—	—	2,45
2,6,2'-Trimethyl-diphenyl	—	—	—	—	1,17
2-n-Propyl-diphenyl	—	—	—	—	1,56
2-i-Propyl-diphenyl	—	—	—	—	1,30
2,4,2',4'-Tetramethyl-diphenyl	—	—	—	—	2,50
3,4,3',4'-Tetramethyl-diphenyl	—	—	—	—	8,10
2,6,2',6'-Tetramethyl-diphenyl	—	—	—	—	1,33
2,2'-Diäthyl-diphenyl	—	—	—	—	1,72
3,3'-Diäthyl-diphenyl	—	—	—	—	4,55
4,4'-Diäthyl-diphenyl	—	—	—	—	5,95
2-i-Propyl-5-methyl-diphenyl	—	—	—	—	1,91
2,4,6,2',4',6'-Hexamethyl-diphenyl	—	—	—	—	2,90
2-n-Butyl-diphenyl	—	—	—	—	2,24
2,2'-Di-tert.-butyl-diphenyl	—	—	—	—	5,05
2,2'-Diisopropyl-diphenyl	—	—	—	—	2,20
Phenanthren	—	—	—	—	6,60
9,10-Dihydrophenanthren	—	—	—	—	4,12
Pyren	—	—	—	—	25,5
1,2-Dihydropyren	—	—	—	—	18,8
1,2,6,7-Tetrahydropyren	—	—	—	—	11,8

Tabelle 25. *Indene* [*203*]

Erläuterungen der Abkürzungen und Trennbedingungen: APL: 25% Apiezon L **auf Firebrick C-22; Trägergas: 100 ml He/min; Säule: 6 m × 0,6 cm.**

Bezugssubstanz	1,3,5-Triäthylbenzol	
Flüssige Phase	APL	
Temperatur ° C	200	220
2-Methylinden	1,05	1,08
2-Äthylinden	1,64	1,63
3-Äthylinden	1,58	1,57
1,3-Dimethylinden	1,09	1,10
2,3-Dimethylinden	1,70	1,69
2,6-Dimethylinden	1,63	1,62
1-Methyl-3-äthylinden	1,62	1,60

Bezugssubstanz	1,3,5-Triäthylbenzol	
Flüssige Phase	APL	
Temperatur ° C	200	220
3-Methyl-2-äthylinden	2,40	2,34
2,3,6-Trimethylinden	2,57	2,51
5-Methylindan	0,97	0,96
4-Methylindan	1,05	1,07
3-Methylinden	1,07	1,09
1,6-Dimethylindan	1,09	1,07
4,7-Dimethylindan	1,67	1,64

Tabelle 26. *Naphthaline*

Erläuterungen der Abkürzungen und Trennbedingungen: **APL:** 20% Apiezon L auf Celite 545; Trägergas: H_2; Säule 0,8 m × 0,6 cm; **APL I:** 25% Apiezon L auf Firebrick (30—60 mesh); Trägergas: 100 ml He/min; Säule: 6 m × 0,6 cm; **APL II:** 15% Apiezon L auf Celite 545 (0,1—0,15 mm); Trägergas: N_2; **PG 20000:** 20% Polyglykol 20000 auf Sterchamol (0,2—0,3 mm); Trägergas: 60 ml He/min; Säule: 3 m × 0,4 cm; **R 400:** 30% Reoplex 400 auf Celite 545; Trägergas H_2; Säule 0,8 m × 0,6 cm

Bezugssubstanz V_R^{rel} = 1,00	Chinolin	1,2,5-Triäthylbenzol		Toluol	p-Xylol	Benzol	Chinolin
Flüssige Phase	APL	APL I		APL II	APL II	PG 20000	R 400
Temperatur °C	200	200	220	100	150	185	200
Literaturzitat	[654, 655]	[203]	[203]	[162]	[162]	[1029]	[654, 655]
Naphthalin	0,82	1,35	1,37	24,4	6,97	25,5	0,54
2-Methylnaphthalin	1,33	2,12	2,10	—	12,7	31,8	0,76
1-Methylnaphthalin	1,46	2,32	2,28	—	15,0	42,3	0,87
2-Äthylnaphthalin	—	3,01	2,93	—	—	—	—
1-Äthylnaphthalin	—	3,04	2,96	—	—	—	—
1,2-Dimethylnaphthalin	—	4,10	3,93	—	—	—	—
1,3-Dimethylnaphthalin	—	—	3,43	—	—	—	—
1,5-Dimethylnaphthalin	—	3,99	3,83	—	—	—	—
1,6-Dimethylnaphthalin	2,35	3,54	3,43	—	—	—	1,15
1,7-Dimethylnaphthalin	—	3,41	3,29	—	—	—	—
2,3-Dimethylnaphthalin	2,42	3,80	3,68	—	—	—	1,33
2,6-Dimethylnaphthalin	2,18	3,28	3,17	—	—	—	1,06
1,3,7-Trimethylnaphthalin	—	—	4,88	—	—	—	—
2,3,5-Trimethylnaphthalin	—	—	5,66	—	—	—	—
2,3,6-Trimethylnaphthalin	—	—	5,51	—	—	—	—
1,2,3,4-Tetrahydronaphthalin	—	1,14	1,16	—	—	12,3	—
trans-Decahydronaphthalin	—	—	—	—	3,56	—	—
cis-Decahydronaphthalin	—	—	—	—	4,57	—	—
Acenaphten	3,20	—	4,53	—	—	—	1,75
Acenaphtylen	—	—	4,05	—	—	—	—
2,3,4,5-Tetrahydroacenaphtylen	—	2,88	2,80	—	—	—	—

Tabelle 27. *Höherkondensierte Aromaten* [87]

Flüssige Phase: 20% Polyphenyl-Teer auf Chromosorb (30—60 mesh); Bereitung vgl. S. 107; Trägergas: He.

Bezugssubstanz	1,3-Di(2-xenyl)benzol		
Flüssige Phase	Polyphenyl-Teer		
Temperatur °C	350	430	445
3,4'-Diphenyl-diphenyl	—	0,322	0,372
1,2,4-Triphenylbenzol	0,090	—	—
1-(3-Xenyl)-3-phenyl-cyclohexadien-(1,3)	0,186	—	—
3,3'-Diphenyl-diphenyl	0,183	0,253	—
1-(4-Xenyl)-3-phenyl-cyclohexadien-(1,3)	0,244	—	—
4,4'Bis(2-methyl-1-cyclohexenyl)-diphenyl	0,135	—	—

Tabelle 27 *(Fortsetzung)*

Bezugssubstanz	1,3-Di(2-xenyl)benzol		
Flüssige Phase	Polyphenyl-Teer		
Temperatur ° C	350	430	445
2,2'''-Dimethyl-p-quaterphenyl	0,179	0,240	0,278
1,3-Di(2-xenyl)benzol	1,00	1,00	1,00
1,3-Di(3-xenyl)benzol	—	—	1,05
1,2,3-Triphenylazulen	—	0,322	—
1,1,4,4-Tetraphenyl-butadien-(1,3) . .	—	0,151	—
3-(3-Xenyl)-3'-phenyl-diphenyl	—	0,940	—
3,3'Di(3-xenyl)-diphenyl	—	—	3,60

Tabelle 28. *Fluorkohlenstoffverbindungen* [Lit. *1042*]

Erläuterungen der Abkürzungen und Trennbedingungen: **DNP:** 20% Dinonylphthalat auf Sterchamol; Trägergas: 50 ml H_2/min; Säule: 1,5 m; **CQ:** 24% Cetamoll Qu (chlorierter Äthylphosphorsäureester) auf Sterchamol; Trägergas: 50 ml H_2/min; Säule: 1,5 m; **DC 703:** 31% Siliconöl DC 703 (Methylphenylsiliconöl) auf Sterchamol; Trägergas: 50 ml H_2/min; Säule 1,5 m; **TIB:** 12,3% Triisobutylen auf Kaolin; Trägergas: 50 ml H_2/min; Säule: 1,5 m; **BC/TIB:** 15% Benzylcyanid ges. mit $AgNO_3$ auf Kaolin, dem 17% Triisobutylen auf Kaolin nachgeschaltet werden; Trägergas: 50 ml H_2/min; Säule: 3 m; **TPP:** 30% Triphenylphosphat auf Sterchamol; Trägergas: 50 ml H_2/min; Säule: 1,5 m.

Bezugssubstanz	Isopentan					Benzol			
Flüssige Phase	DNP	CQ	DC 703	TIB	BC/TIB	DNP	CQ	DC 703	TPP
Temperatur	25	25	25	25	25	90	90	90	90
CF_3Cl	0,03	—	0,02	0,01	0,02	—	—	—	—
CF_2Cl_2 . . .	0,18	0,35	0,21	0,12	0,24	—	—	—	—
$CFCl_3$	1,47	2,83	1,92	0,95	2,26	—	—	—	—
CHF_3	0,05	—	0,02	—	0,09	—	—	—	—
CHF_2Cl . . .	0,33	1,00	0,21	0,06	0,76	—	—	—	—
$CHFCl_2$ . . .	2,28	8,25	1,66	0,47	5,13	—	—	—	—
CF_2Br_2 . . .	1,92	4,13	2,12	0,83	3,44	—	—	—	—
CHF_2Br . . .	0,93	3,26	0,62	0,17	2,06	—	—	—	—
C_2F_4	0,03	—	0,01	0,01	0,02	—	—	—	—
C_2F_3Cl . . .	0,15	—	0,16	0,10	0,20	—	—	—	—
C_3F_6	0,04	—	0,04	0,03	0,06	—	—	—	—
C_4F_8 cycl. . .	0,04	—	0,02	0,03	0,06	—	—	—	—
Isopentan . .	1,00	1,00	1,00	1,00	1,00	—	—	—	—
C_2FCl_3 . . .	—	—	—	—	—	0,61	0,32	0,60	0,43
$C_2F_3Cl_3$ . . .	—	—	—	—	—	0,25	0,10	0,20	0,10
$C_2F_4Br_2$ . . .	—	—	—	—	—	0,28	0,12	0,23	0,15
$C_2H_2F_2Br_2$ . .	—	—	—	—	—	1,72	1,86	1,59	1,88
$C_3F_6Br_2$ . . .	—	—	—	—	—	0,43	0,14	0,39	0,22
C_6F_6	—	—	—	—	—	0,72	0,33	0,59	0,47
$CFBr_3$	—	—	—	—	—	2,28	2,14	2,66	2,85
$CHFBr_2$ . . .	—	—	—	—	—	0,96	0,95	0,75	1,15
Benzol . . .	—	—	—	—	—	1,00	1.00	1,00	1,00

Tabelle 29. *Chlorkohlenwasserstoffe*

Erläuterungen der Abkürzungen und Trennbedingungen: **Par.-öl:** 28% auf Kieselgur; **Sil.-öl:** 28% auf Kieselgur: **Dinonylphthalat:** 28% auf Kieselgur: **Trikresylphosphat:** 28% auf Kieselgur; **ODP:** 30% β,β'-Oxydipropionitril auf Sterchamol (0,25–0,35 mm); Trägergas: 9,9 l H_2/h; Säule: 4 m × 0,6 cm; **HGDÄ:** 30% Hexaäthylenglykoldimethyläther auf Sterchamol (0,25–0,35 mm); Trägergas: 18 l H_2/h; Säule: 4 m × 0,6 cm; **DDP:** Di-n-decylphthalat auf Sterchamol (0,25–0,43 mm); Trägergas: 100 ml He/min; Säule: 2 m; **DHS:** Diäthylhexylsebacinat auf Sterchamol (0,25–0,43 mm); Trägergas: 100 ml He/min; Säule: 2 m; **Sil.-öl:** Siliconöl DC 200 auf Sterchamol (0,25–0,43 mm); Trägergas: 100 ml He/min; Säule: 2 m; **TGDÄ:** Tetraäthylenglykoldimethyläther auf Sterchamol (0,25–0,43 mm); Trägergas: 100 ml He/min; Säule: 2 m; **F/PS:** Fluoren/Pikrinsäure auf Sterchamol (0,25–0,43 mm); Trägergas: 100 ml He/min; Säule: 2 m; **PG:** Polyäthylenglykol auf Sterchamol (0,25–0,43 mm); Trägergas: 100 ml He/min; Säule: 2 m.

Bezugssubstanz	Tetrachlorkohlenstoff								Benzol	
Flüssige Phase	Paraffinöl		Siliconöl		Dinonylphthalat		Trikresylphosphat		ODP	HGDÄ
Temperatur ° C	35	77	35	77	35	77	35	77	70	70
Literaturzitat	[510]	[510]	[510]	[510]	[510]	[510]	[510]	[510]	[715]	[715]
Methylchlorid	—	—	—	—	—	—	—	—	0,085	0,065
Methylenchlorid	—	—	—	—	—	—	—	—	0,64	0,76
Äthylchlorid	0,075	—	0,11	—	0,13	—	0,13	—	0,14	0,14
Vinylchlorid	—	—	—	—	—	—	—	—	0,07	0,08
Perchloräthylen	—	—	—	—	—	—	—	—	0,98	1,93
Isopropylchlorid	0,16	0,19	0,20	0,22	0,23	0,28	0,20	0,21	—	—
1,1-Dichloräthylen	0,22	0,23	0,23	0,27	0,28	0,31	0,22	0,29	0,16	0,24
Dichlormethan	0,20	0,23	0,35	0,41	0,50	0,50	0,54	0,61	—	—
Allylchlorid	0,22	0,23	-0,31	0.39	0,38	0,43	0,38	0,41	—	—
n-Propylchlorid	0,28	0,29	0,33	0,39	0,38	0,43	0,34	0,41	—	—
trans-1,2-Dichloräthylen	0,37	0,39	0,40	0,43	0,50	0,50	0,47	0,54	0,35	0,54
tert. Butylchlorid	0,28	0,29	0,28	0,33	0,35	0,37	0,27	0,31	—	—
1,1-Dichloräthan	0,37	0,39	0,53	0,57	0,71	0,70	0,70	0,73	0,58	0,68
cis-1,2-Dichloräthylen	0,47	0,50	0,73	0,76	1,12	1,00	1,20	1,22	0,87	1,24
Chloroform	0,60	0,58	0,82	0,84	1,37	1,19	1,55	1,41	0,91	1,63
Propargylchlorid	0,23	0,24	0,50	0,55	—	—	—	—	—	—
sek.-Butylchlorid	0,57	0,58	0,60	0,63	0,74	0,78	0,60	0,66	—	—
Isobutylchlorid	—	—	—	0,80	—	0,81	—	0,78	—	—
1,1,1-Trichloräthan	0,81	0,82	0,89	0,90	1,09	1,00	0,97	0,98	0,49	0,74

Tetrachlorkohlenstoff	1,00	1,00	1,00	1,00	1,00	1,00	1,00	1,00	0,36	0,70
n-Butylchlorid	0,81	0,82	0,92	0,92	1,17	1,04	0,90	0,93	—	—
1,2-Dichloräthan	0,74	0,73	1,28	1,28	1,51	1,52	2,14	2,00	2,15	2,06
tert. Amylchlorid	—	—	0,94	0,94	1,27	1,11	0,94	0,95	—	—
Trichloräthylen	—	1,42	—	1,48		1,89	—	1,90	0,77	1,43
Isoamylchlorid	—	1,50	—	1,48	—	1,93	—	1,63	—	—
1,1,2-Trichloräthan	—	2,34	—	3,47	—	5,00	—	6,59	5,8	<4
Tetrachloräthylen	—	0,89*	—	—	—	—	—	—	—	—
1,1,1,2-Tetrachloräthan	—	—	—	5,82	—	—	—	—	—	—
1,1,2,2-Tetrachloräthan	—	1,85*	—	11,22*	—	—	—	2,54*	—	—

* Trenntemperatur 136 °C.

Bezugssubstanz	n-Pentan													
Flüssige Phase	DDP			DHS			Sil.-öl			TGDÄ	F/PS	PG		
Temperatur °C	50	100	150	50	100	150	50	100	150	50	100	50	100	150
Literaturzitat	[*1012*]	[*1012*]	[*1012*]	[*1012*]	[*1012*]	[*1012*]	[*1012*]	[*1012*]	[*1012*]	[*1012*]	[*1012*]	[*1012*]	[*1012*]	[*1012*]
Methylenchlorid	3,17	2,69	2,38	2,97	2,33	1,94	1,20	1,37	1,32	3,13	6,34	37,1	19,5	15,0
Perchloräthylen	—	16,0	11,5	—	15,5	10,6	16,2	10,7	7,35	—	21,2	109	44,9	270
n-Propylchlorid	2,59	2,39	2,06	2,29	1,98	1,83	1,50	1,60	1,64	2,58	4,44	10,6	6,95	6,00
1,1-Dichloräthan	4,56	3,74	3,09	4,02	2,97	2,69	1,86	1,57	1,46	4,45	8,22	29,4	18,1	13,0
Chloroform	10,6	7,57	5,35	8,44	5,01	4,06	2,65	2,54	2,25	8,10	24,2	82,0	35,6	21,7
Tetrachlorkohlenstoff	8,23	5,46	4,46	6,73	4,79	4,17	4,40	3,81	3,71	6,93	23,1	30,8	15,8	12,0
1,2-Dichloräthan	10,7	7,42	5,32	9,48	6,16	4,78	3,22	2,72	2,61	8,68	25,4	116,0	52,5	33,3
Trichloräthylen	13,1	8,70	6,29	12,0	7,28	5,68	5,67	4,74	4,23	12,9	19,7	72,0	31,9	21,0
1,1,2,2-Tetrachloräthan	—	69,4	33,6	—	—	32,5	—	18,3	11,7	—	210	—	—	191,0
Chlorcyclohexan	—	35,0	21,6	—	—	18,7	—	16,5	11,4	—	—	—	91,8	56,3
Chlorbenzol	—	31,2	18,6	—	26,8	16,7	18,7	12,8	8,6	—	107,0	—	133	68,3
o-Dichlorbenzol	—	—	64,8	—	—	—	—	—	23,9	—	—	—	—	235

Tabelle 30. *Aromatische Halogenverbindungen* [385]

Trennbedingungen: **S-E-E 301:** Siliconelastomer E-301 auf Chromosorb; Trägergas: 25 ml N_2/min; Säulenlänge: 1,5 m.

Bezugssubstanz	Chlorbenzol	Bezugssubstanz	Chlorbenzol	Bezugssubstanz	Chlorbenzol
Flüssige Phase	S-E-E 301	Flüssige Phase	S-E-E 301	Flüssige Phase	S-E-E 301
Temperatur ° C	240	Temperatur ° C	240	Temperatur ° C	240
Chlorbenzol	1,00	2,4,5-Trichlorphenol	3,04	p-Dichlorbenzol	1,18
Benzylchlorid	1,14	2,4,6-Trichlorphenol	2,93	p-Dibrombenzol	1,52
Benzotrichlorid	1,55	o-Chloranilin	1,56	m-Chlornitrobenzol	1,64
o-Chlorphenol	1,325	m-Chloranilin	1,78	o-Chlornitrobenzol	1,68
p-Chlorphenol	1,895	p-Chloranilin	1,78	2,4-Dichlornitrobenzol	1,725
2,4-Dichlorphenol	1,87	p-Chlordiäthylanilin	2,50		

Tabelle 31. *Fettsäuren*

Erläuterung der Abkürzungen und Trennbedingungen: **Silicon DC 550/Stearinsäure:** 9/1, 16% des Gemisches auf Kieselgur; **Bienenwachs:** 30 g je 100 g Sterchamol (0,2—0,3 mm); **TKP:** 30% auf Kieselgur; **B-H_3PO_4-Sil.-öl:** 40 g Behensäure und 4 g Phosphorsäure auf je 100 g Kieselgur; **DDP:** Di-n-decylphthalat auf Sterchamol (0,25—0,43 mm); Trägergas: 100 ml He/min; Säule: 2 m; **DHS:** Diäthylhexyl-sebacinat auf Sterchamol (0,25—0,43 mm); Trägergas: 100 ml He/min; Säule: 2 m; **Sil.-öl:** Siliconöl auf Sterchamol (0,25—0,43 mm); Trägergas: 100 ml He/min; Säule: 2 m; **P 6:** Polyäthylenglykol auf Sterchamol (0,25—0,43 mm); **STS:** 10% Stearinsäure in Siliconöl DC 550 auf Kieselgur (100—120 mesh); Trägergas: 15 ml N_2/min; Säule: 1,2 m; **DOS:** 10% Dioctylsebacat; Sebacinsäure 85:15 auf Kieselgur (100—120 mesh); Trägergas: 18,2 ml N_2/min; Säule: 3,4 m; **Reoplex 400:** 25% auf Celite 545.

Bezugssubstanz	n-Buttersäure							n-Pentan	
Flüssige Phase	Silicon DC 550/Stearinsäure		Bienenwachs		TKP		B-H_3PO_4 Sil.-öl	DDP	
Temperatur ° C	100	137	138	160	100	137	137	100	150
Literaturzitat	[617]	[617]	[79]	[79]	[521]	[521]	[521]	[1012]	[1012]
Ameisensäure	0,076	—	—	—	—	—	—	5,72	3,70
Essigsäure	0,20	0,26	0,345	0,429	0,27	0,33	0,34	9,36	5,59
Propionsäure	0,47	0,54	0,517	0,631	0,51	0,57	0,59	26,0	—
Isobuttersäure	0,77	0,81	—	—	0,74	0,76	0,83	—	17,4
n-Buttersäure	1,0	1,0	1,0	1,0	1,0	1,0	1,0	—	—
αα-Dimethylpropionsäure	1,15	—	—	—	0,87	0,88	—	—	—
Isovaleriansäure	1,51	1,48	—	—	1,45	1,38	1,33	—	—
α-Methylbuttersäure	1,70	—	—	—	—	—	—	—	—
γ-Methylvaleriansäure	—	2,94	—	2,174	—	—	—	—	—

n-Valeriansäure	2,17	1,91	1,379	1,321	2,00	1,89	1,80	—	—
Capronsäure	—	3,58	—	—	—	—	3,24	—	—
Önanthsäure	—	6,55	—	—	—	—	5,57	—	—
Caprylsäure	—	12,0	—	—	—	—	9,57	—	—
Pelargonsäure	—	22,0	—	—	—	—	17,8	—	—
Caprinsäure	—	40,5	—	—	—	—	27,8	—	—
Undecylsäure	—	72,8	—	—	—	—	48,1	—	—
Laurinsäure	—	138,5	—	—	—	—	95,4	—	—

Bezugssubstanz	n-Pentan						n-Buttersäure			n-Buttersäure	
Flüssige Phase	DHS		Sil.-öl		PG		STS		DOS	Reoplex 400	
Temperatur ° C	100	150	100	150	100	150	100	137	150	192	200
Literaturzitat	[1012]	[1012]	[1012]	[1012]	[1012]	[1012]	[621]	[621]	[621]	[653]	[653]
Ameisensäure	8,68	—	—	—	688,0	252,0	0,076	—	0,25	—	—
Essigsäure	10,95	—	2,87	1,89	—	—	0,20	0,26	0,40	—	—
Propionsäure	25,1	12,2	—	—	—	287,0	0,47	0,54	0,57	0,72	0,72
Isobuttersäure	—	17,7	13,5	6,54	—	—	0,77	0,81	0,81	0,77	0,78
n-Buttersäure	—	—	—	7,36	—	—	1,00	1,00	1,00	1,00	1,00
α,α'-Dimethylpropionsäure	—	—	—	—	—	—	1,15	—	—	—	—
Isovaleriansäure	—	—	—	—	—	—	1,51	1,48	—	—	—
α-Methylbuttersäure	—	—	—	—	—	—	1,70	—	—	—	—
γ-Methylvaleriansäure	—	—	—	—	—	—	—	2,94	—	—	—
n-Valeriansäure	—	—	—	15,9	—	—	2,17	1,91	1,82	—	—
Capronsäure	—	—	—	—	—	—	—	3,58	—	2,21	2,10
Önanthsäure	—	—	—	—	—	—	—	6,55	—	—	—
Caprylsäure	—	—	—	—	—	—	—	12,0	—	—	—
Pelargonsäure	—	—	—	—	—	—	—	22,0	—	—	—
Caprinsäure	—	—	—	—	—	—	—	40,5	—	—	—
Undecylsäure	—	—	—	—	—	—	—	72,8	—	—	—
Laurinsäure	—	—	—	—	—	—	—	138,5	—	—	—
Acrylsäure	—	—	—	—	—	—	—	—	0,69	0,99	0,98
Crotonsäure	—	—	—	—	—	—	—	—	1,58	1,82	1,76
Methacrylsäure	—	—	—	—	—	—	—	—	—	1,22	1,21

Tabelle 32. *Fettsäuremethylester*

Erläuterungen der Abkürzungen und Trennbedingungen: **Par.-öl:** Paraffinöl auf Sterchamol 40 : 100; **Par.-w.:** Paraffinwachs auf Sterchamol 40 : 100; **BDP:** Benzyldiphenyl auf Sterchamol 40 : 100; **DOP:** Dioctylphthalat auf Sterchamol 40 : 100; **BW:** Bienenwachs auf Sterchamol 30 : 100; **Schmieröl-E.:** Schmierölextrakt auf Sterchamol 40 : 100; **Sil.-H.fett:** Siliconhochvakuumfett auf Sterchamol 40 : 100; **PÄGA:** 31% Polyäthylenglykoladipat auf Celite (100—120 mesh); Trägergas: Argon; Säule: 1,20 m × 0,4—0,5 cm; **R 400:** Reoplex 400 auf Sterchamol 40 : 100; **R 400:** Reoplex 400 25% auf Celite (100—120 mesh); **PÄGA:** 31% Polyäthylenglykoladipat auf Celite; **PÄGS:** 31% Polyäthylenglykolsuccinat auf Celite; **Sil.-G:** 25% Silikonfett D. C. auf Celite 545 (48—85 mesh); Trägergas: N_2; Säule: 1,2 m × 0,6 cm; **APL:** 15% Apiezon L auf Celite 545; Trägergas N_2; **APL:** 25% Apiezon L auf Celite (100—120 mesh); Trägergas: Argon; Säule: 1,2 m × 0,4 bis 0,5 cm; **APL:** 25% Apiezon L auf Celite; **APM:** 25% Apiezon M auf Celite; Trägergas: N_2; Säule: 1,2 m × 0,4 cm; **PÄGS:** 25% Polyäthylenglykolsuccinat auf Celite 545 (48—85 mesh); Trägergas: N_2; Säule: 1,2 m × 0,6 cm; **PVA:** 15% Polyvinylacetat auf Chromosorb R (30—60 mesh); Trägergas: 83 ml He/min; Säule: 3,0 m × 0,6 cm; **PVA:** 15% Polyvinylacetat auf Glasmehl; Trägergas:

Bezugssubstanz	n-Buttersäuremethylester						n-Tetradecansäuremethylester	
Flüssige Phase	Par.-öl	Par.-w.	BDP	DOP	DOP	BW	Schmieröl-E	Sil. H. fett
Temperatur °C	78,6	100	100	78,6	100	98	197	230
Literaturzitat	*[620]*	*[620]*	*[620]*	*[620]*	*[620]*	*[79]*	*[620]*	*[249, 250]*
Methylester der								
Ameisensäure	0,071	0,09	0,117	0,098	0,124	—	—	—
Essigsäure	0,177	0,228	0,261	0,216	0,256	0,280	—	—
Propionsäure	0,445	0,495	0,53	0,485	0,51	0,600	—	—
Isobuttersäure	0,724	0,75	0,67	0,71	0,706	—	—	—
n-Buttersäure	1,00	1,00	1,00	1,00	1,00	1,00	—	—
α,α-Dimethylpropionsäure	1,04	1,0	—	0,87	0,875	—	—	—
α-Methylbuttersäure	1,69	1,52	—	1,51	1,45	—	—	—
Isovaleriansäure	1,63	1,53	1,34	1,56	1,45	—	—	—
n-Valeriansäure	2,42	2,15	2,13	2,31	2,12	1,60	0,0148	—
3-Methylvaleriansäure	4,25	3,53	—	3,66	—	—	—	—
Isocapronsäure	4,5	3,60	3,03	3,96	3,24	—	—	—
n-Capronsäure	5,86	4,70	4,37	5,16	4,36	—	0,240	—
4-Methylcapronsäure	—	—	—	—	—	—	0,0354	—
Önanthsäure	—	—	—	—	—	—	—	—
6-Methylönanthsäure	—	—	—	—	—	—	0,052	—
n-Caprylsäure	—	—	—	—	—	—	0,064	—
6-Methylcaprylsäure	—	—	—	—	—	—	0,0861	—
n-Pelargonsäure	—	—	—	—	—	—	0,100	—
8-Methylpelargonsäure	—	—	—	—	—	—	0,133	—
n-Caprinsäure	—	—	—	—	—	—	0,169	—
8-Methylcaprinsäure	—	—	—	—	—	—	0,229	—
10-Methylundecylsäure	—	—	—	—	—	—	0,344	—
n-Undecylsäure	—	—	—	—	—	—	—	—
n-Dodecansäure	—	—	—	—	—	—	0,396	0,400
10-Methyldodecansäure	—	—	—	—	—	—	0,55	—
n-Tridecansäure	—	—	—	—	—	—	—	—
n-Tetradecadiensäure	—	—	—	—	—	—	—	—
n-Tetradecensäure	—	—	—	—	—	—	—	—
Myristolsäure	—	—	—	—	—	—	—	—
cis-Δ^9-Tetradecensäure	—	—	—	—	—	—	—	—
n-Tetradecansäure	—	—	—	—	—	—	1,0	1,0
12-Methyltetradecansäure	—	—	—	—	—	—	1,37	—
n-Pentadecansäure	—	—	—	—	—	—	—	—
4-Methylpentadecansäure	—	—	—	—	—	—	2,09	—
$\Delta^{6,9,12,15}$-Hexadecatetraensäure	—	—	—	—	—	—	—	—
$\Delta^{6,9,12}$-Hexadecatriensäure	—	—	—	—	—	—	—	—
$\Delta^{9,12}$-Hexadecadiensäure	—	—	—	—	—	—	—	—
$\Delta^{8,9}$-Hexadecadiensäure	—	—	—	—	—	—	—	—
Δ^8-Hexadecensäure	—	—	—	—	—	—	—	—
cis-Δ^9-Hexadecensäure	—	—	—	—	—	—	—	—

83 ml He/min; Säule: 3,0 m × 0,6 cm; **PVA:** 15% Polyvinylacetat auf Celite 545 (30—60 mesh); Trägergas: 83 ml He/min; Säule: 3,0 m × 0,6 cm; **UCON:** 14% UCON 50 HB-5100 (Carbide and Carbon Chemicals Co., New York) auf Chromosorb (30—60 mesh); Trägergas: 50—60 ml He/min; Säule: 3,0 m × 0,6 cm; **PEG:** 15% Äthylenglykoladipinsäure-Polyester auf Celite (120—150 mesh); Trägergas: N_2; Säule: 1,2 m × 0,4 cm; **BD:** 15% Benzyldiphenyl auf Celite 545; Trägergas: N_2; **DIN:** Di-n-octylester von 2,7-Dinitrophenanthrachinon auf Celite 545; Trägergas: N_2; **ODP:** 30% β,β'-Oxydipropionitril auf Sterchamol (0,25—0,35 mm); Trägergas: 9,9 l H_2/h; Säule: 4 m × 0,6 cm; **HGDÄ:** 30% Hexaäthylenglykoldimethyläther auf Sterchamol (0,25—0,35 mm); Trägergas: 18 l H_2/h; Säule: 4 m × 0,6 cm; **DDP:** Di-n-decylphthalat auf Sterchamol (0,25—0,43 mm); Trägergas: 100 ml He/min; Säule: 2 m; **DHS:** Diäthylhexylsebacinat auf Sterchamol (0,25—0,43 mm); Trägergas: 100 ml He/min; Säule: 2 m; **Sil.-öl:** Siliconöl DC 200 auf Sterchamol (0,25—0,43 mm); Trägergas: 100 ml He/min; Säule: 2 m; **TGDÄ:** Tetraäthylenglykol-dimethyläther auf Sterchamol (0,25—0,43 mm); Trägergas: 100 ml He/min; Säule: 2 m; **F/PS:** Fluoren/Pikrinsäure auf Sterchamol (0,25 bis 0,43 mm); Trägergas: 100 ml He/min; Säule: 2 m; **PG:** Polyäthylenglykol auf Sterchamol (0,25—0,43 mm); Trägergas: 100 ml He/min; Säule: 2 m.

n-Tetradecansäuremethylester		Methylpalmitat			n-Tetradecansäuremethylester		Toluol	n-Tetradecansäuremethylester	Methylptalmitat		Tetradecansäuremethylester			
PÄGA	R 400	R 400	PÄGA	PÄGS	Sil. G.		APL	APL	APL	APM	APM		PÄGS	
180	240	197	180	203	200	220	100	197	197	197	200	220	200	220
[622]	[941]	[621]	[621]	[621]	[523]	[523]		[620]	[621]	[621]	[523]		[523]	
—	—	—	—	—	—	—	—	—	—	—	—	—	—	—
—	—	—	—	—	—	—	—	—	—	—	—	—	—	—
—	—	—	—	—	—	—	—	—	—	—	—	—	—	—
—	—	—	—	—	—	—	—	—	—	—	—	—	—	—
—	—	—	—	—	—	—	—	—	—	—	—	—	—	—
—	—	—	—	—	—	—	—	—	—	—	—	—	—	—
—	—	—	—	—	—	—	—	—	—	—	—	—	—	—
—	—	—	—	—	—	—	—	—	—	—	—	—	—	—
—	—	—	—	—	—	—	—	0,019	0,008	—	—	—	—	—
—	—	—	—	—	—	—	—	—	—	—	—	—	—	—
—	—	—	—	—	—	—	—	—	—	—	—	—	—	—
—	—	—	—	—	—	—	1,84	0,031	0,013	—	—	—	—	—
—	—	—	—	—	—	—	—	0,041	0,017	—	—	—	—	—
—	—	—	—	—	—	—	—	0,046	0,019	—	—	—	—	—
—	—	—	—	—	—	—	—	0,057	0,024	—	—	—	—	—
0,141	0,197	—	0,060	—	0,11	—	—	0,071	0,030	—	0,07	—	0,17	—
—	—	—	—	—	—	—	—	0,097	0,041	—	—	—	—	—
0,193	—	—	0,082	—	0,16	—	—	0,11	0,47	—	0,1	—	0,24	—
—	—	—	—	—	—	—	—	0,144	0,061	—	—	—	—	—
0,264	0,345	0,179	0,134	—	0,24	—	—	0,173	0,073	0,069	0,17	—	0,32	—
—	—	—	—	—	—	—	—	0,235	0,10	—	—	—	—	—
—	—	—	—	—	—	—	—	0,354	0,15	—	—	—	—	—
0,360	—	0,232	0,183	—	0,33	—	—	0,274	0,117	0,112	0,27	—	0,42	—
0,510	0,592	0,286	0,26	0,36	0,49	—	—	0,426	0,18	0,18	0,42	—	0,57	—
—	—	—	—	—	—	—	—	0,567	0,242	—	—	—	—	—
0,710	—	0,388	0,362	—	0,70	—	—	0,580	0,250	0,267	0,64	—	0,73	—
—	—	—	0,90	—	—	—	—	—	0,291	—	—	—	—	—
—	—	0,555	0,51	0,60	1,00	1,00	—	1,0	0,42	0,416	1,00	1,00	1,00	1,00
—	—	—	0,615	—	—	—	—	—	0,39	—	—	—	—	—
1,2	—	—	—	—	—	—	—	—	—	—	—	—	—	—
1,0	1,0	0,634	—	—	—	—	—	0,92	—	0,38	—	—	—	—
—	—	—	—	—	—	—	—	1,35	0,58	—	1,33	—	1,22	—
1,38	—	—	0,705	—	1,44	—	—	1,54	0,66	0,65	1,53	—	1,31	—
—	—	—	—	—	1,82	—	—	2,04	—	—	2,00	—	1,56	—
—	—	1,97	—	—	—	—	—	—	—	0,74	—	—	—	—
—	—	0,59	—	—	—	—	—	—	—	0,77	—	—	—	—
—	—	1,39	—	—	—	—	—	—	—	0,79	—	—	—	—
—	—	1,28	—	—	—	—	—	—	—	0,86	—	—	—	—
—	—	1,13	—	—	—	—	—	—	—	0,89	—	—	—	—
2,26	—	—	—	—	—	—	—	2,09	—	—	2,15	—	2,08	—

Tabelle 32

Bezugssubstanz	n-Buttersäuremethylester						n-Tetradecansäuremethylester	
Flüssige Phase	Par.-öl	Par.-w.	BDP	DOP	DOP	BW	Schmieröl E	Sil-H. fett
Temperatur ° C	78,6	100	100	78,6	100	98	197	230
Literaturzitat	*[620]*	*[620]*	*[620]*	*[620]*	*[620]*	*[79]*	*[620]*	*[249, 250]*
trans-Δ^{9}-Hexadecensäure	—	—	—	—	—	—	—	—
n-Hexadecansäure	—	—	—	—	—	—	2,45	1,80
14-Methylhexadecansäure	—	—	—	—	—	—	3,32	—
n-Heptadecansäure	—	—	—	—	—	—	—	—
14-Methylheptadecansäure	—	—	—	—	—	—	—	—
$\Delta^{6,9,12,15}$-Octadecatetraensäure	—	—	—	—	—	—	—	—
all-cis-$\Delta^{9,12,15}$-Octadecatriensäure	—	—	—	—	—	—	—	—
cis-trans-trans-$\Delta^{9,11,13}$-Octadecatriensäure	—	—	—	—	—	—	—	—
all-trans-$\Delta^{9,11,13}$-Octadecatriensäure	—	—	—	—	—	—	—	—
cis-cis-$\Delta^{9,12}$-Octadecadiensäure	—	—	—	—	—	—	5,05	—
$\Delta^{6,9}$-Octadecadiensäure	—	—	—	—	—	—	—	—
cis-Δ^{9}-Octadecensäure	—	—	—	—	—	—	5,22	—
trans-Δ^{9}-Octadecensäure	—	—	—	—	—	—	5,40	—
cis-Δ^{6}-Octadecensäure	—	—	—	—	—	—	5,15	—
cis-Δ^{4}-Octadecensäure	—	—	—	—	—	—	5,42	—
trans-Δ^{4}-Octadecensäure	—	—	—	—	—	—	5,52	—
n-Octadecansäure	—	—	—	—	—	—	—	—
n-Nonadecansäure	—	—	—	—	—	—	—	—
$\Delta^{5,8,11,14,17}$-Eicosapentaensäure	—	—	—	—	—	—	—	—
Eicosapentaensäure	—	—	—	—	—	—	—	—
$\Delta^{5,8,11,14}$-Eicosatetraensäure	—	—	—	—	—	—	—	—
n-Eicosansäure	—	—	—	—	—	—	—	—
n-Heneicosansäure	—	—	—	—	—	—	—	—
Docosahexaensäure	—	—	—	—	—	—	—	—
Δ^{13}-Docosaensäure	—	—	—	—	—	—	—	—
n-Docosansäure	—	—	—	—	—	—	—	—
n-Tricosansäure	—	—	—	—	—	—	—	—
n-Tetracosansäure	—	—	—	—	—	—	—	—
n-Hexacosansäure	—	—	—	—	—	—	—	—

Bezugssubstanz	Tetradecansäuremethylester			Methylcaproat	trans-trans-Farnesol	Toluol		Benzol	
Flüssige Phase	PVA			UCON	PEG	BD	DIN	ODP	HGDÄ
Temperatur ° C	205	168	205	150	197	100	100	70	70
Literaturzitat	*[576]*	*[576]*	*[576]*	*[217]*	*[983]*	*[162]*	*[162]*	*[715]*	*[715]*
Methylester der									
Essigsäure	—	—	—	—	—	—	—	1,24	0,82
Propionsäure	—	—	—	—	—	—	—	—	1,01
Isobuttersäure	—	—	—	—	—	—	—	—	1,5
n-Buttersäure	—	—	—	0,37	—	—	—	—	—
Isovaleriansäure	—	—	—	0,45	—	—	—	—	—
n-Capronsäure	—	—	—	1,00	—	2,80	2,37	—	—
Önanthsäure	—	—	—	1,91	—	—	—	—	—
n-Caprylsäure	—	—	—	2,73	—	—	—	—	—
n-Caprinsäure	—	—	—	7,35	0,093	—	—	—	—
n-Dodecansäure	0,23	0,23	0,16	—	0,178	—	—	—	—
n-Tetradecansäure	0,41	0,41	0,33	—	0,339	—	—	—	—
n-Hexadecansäure	0,73	0,73	0,69	—	0,646	—	—	—	—
n-Heptadecansäure	1,00	1,00	1,00	—	—	—	—	—	—
all-cis-$\Delta^{9,12,15}$-Octadecatriensäure	1,72	1,75	—	—	—	—	—	—	—
trans-Δ^{9}-Octadecensäure	1,47	1,48	1,60	—	—	—	—	—	—
cis-Δ^{9}-Octadecensäure	1,47	1,48	1,60	—	—	—	—	—	—
n-Octadecansäure	1,32	1,32	1,41	—	1,23	—	—	—	—

(Fortsetzung)

n-Tetra-decansäure-methylester		Methylpalmitat			n-Tetra-decansäure-methylester		Tetradecan-säure-methylester	Methyl-palmitat		Tetradecansäure-methylester			
PÄGA	R 400	R 400	PÄGA	PÄGS	Sil. G.		APL	APL	APM	APM		PÄGS	
180	240	197	180	203	200	220	197	197	197	200	220	200	220
[622]	*[941]*	*[621]*	*[621]*	*[621]*	*[523]*	*[523]*	*[620]*	*[621]*	*[621]*	*[523]*	*[523]*	*[523]*	*[523]*
2,26	—	—	—	—	—	—	2,16	—	—	—	—	—	—
1,96	1,12	1,00	1,00	1,00	2,06	—	2,34	1,00	1,00	2,38	—	1,77	1,70
—	—	—	—	—	—	—	3,24	—	—	3,17	—	2,16	—
2,75	—	1,32	1,40	—	2,91	—	3,59	1,51	1,55	3,47	—	2,29	—
—	—	—	—	—	—	—	—	1,38	—	—	—	—	—
—	—	3,48	—	—	—	—	—	—	1,72	—	—	—	—
6,88	4,282	2,95	3,51	—	—	—	4,60	1,93	1,84	4,41	—	5,60	—
—	—	—	—	—	—	—	—	3,82	—	—	—	—	—
—	—	—	—	—	—	—	—	4,35	—	—	—	—	—
5,27	3,55	2,38	2,69	2,40	—	—	4,55	1,9	1,81	4,70	—	4,34	—
—	—	2,56	—	—	—	—	—	—	1,81	—	—	—	—
4,33	3,07	2,02	2,21	1,93	—	—	4,75	2,03	2,08	—	—	—	—
4,33	—	—	2,21	—	—	—	4,95	2,12	—	—	—	3,46	—
4,35	—	—	2,22	—	—	—	4,87	2,09	—	4,82	—	3,54	—
4,36	—	—	—	—	—	—	4,95	—	—	—	—	—	—
—	—	—	—	—	—	—	5,15	2,22	—	—	—	—	—
3,86	—	1,79	1,97	1,66	4,22	3,75	5,5	2,36	2,39	5,49	4,81	3,09	2,75
—	—	—	—	—	6,11	5,17	—	—	—	8,65	7,24	4,02	3,50
—	—	6,64	8,5	—	—	—	—	3,48	3,48	—	—	—	—
16,7	—	—	—	—	—	—	8,25	—	—	—	—	—	—
12,85	—	—	—	—	—	—	8,25	—	—	—	—	9,62	—
17,54	—	—	—	—	8,48	7,14	12,1	—	—	—	10,40	5,50	4,59
—	—	—	—	—	—	9,72	—	—	—	—	—	7,30	5,92
35,7	—	—	—	—	—	—	16,8	—	—	—	—	—	—
16,0	—	—	—	—	—	—	25,6	—	—	—	—	11,25	—
—	—	—	—	—	—	13,60	26,3	—	—	—	—	9,83	7,91
—	—	—	—	—	—	—	—	—	—	—	—	13,71	10,08
—	—	—	—	—	—	—	—	—	—	—	—	17,51	15,12
—	—	—	—	—	—	—	—	—	—	—	—	31,83	20,33

n-Pentan

DDP			DHS			Sil.-öl			TGDÄ	F/PS	PG		
50	100	150	50	100	150	50	100	150	50	100	50	100	150
[1012]	*[1012]*	*[1112]*	*[1012]*	*[1012]*	*[1012]*	*[1012]*	*[1012]*	*[1012]*	*[1012]*	*[1012]*	*[1012]*	*[1012]*	*[1012]*
6,27	4,32	3,53	4,94	3,13	2,71	3,04	2,40	2,11	5,79	22,9	44,9	22,6	15,7
8,90	6,16	4,38	—	4,84	3,77	5,11	3,73	2,89	8,87	10,7	53,3	26,3	14,4
13,5	8,63	6,00	11,7	6,87	5,43	6,92	5,20	3,75	14,4	39,0	84,7	39,4	22,0
—	—	—	—	—	—	—	—	—	—	—	—	—	—
—	—	—	—	—	—	—	—	—	—	—	—	—	—
—	—	—	—	—	—	—	—	—	—	—	—	—	—
—	—	—	—	—	—	—	—	—	—	—	—	—	—
—	—	65,4	—	—	—	—	—	35,1	—	—	—	—	139
—	—	—	—	—	—	—	—	—	—	—	—	—	—
—	—	—	—	—	—	—	—	—	—	—	—	—	—
—	—	—	—	—	—	—	—	—	—	—	—	—	—
—	—	—	—	—	—	—	—	—	—	—	—	—	—
—	—	—	—	—	—	—	—	—	—	—	—	—	—
—	—	—	—	—	—	—	—	—	—	—	—	—	—
—	—	—	—	—	—	—	—	—	—	—	—	—	—
—	—	—	—	—	—	—	—	—	—	—	—	—	—
—	—	—	—	—	—	—	—	—	—	—	—	—	—

Tabelle 33. *Ameisen- und Essigsäureester*

Erläuterungen der Abkürzungen und Trennbedingungen: **EHS:** 23% Äthyl-hexyl-sebacat auf Schamottemehl (30—60 mesh); Trägergas: H_2; Säule: 2 m×0,6 cm; **CVC:** 23% Convachlor-12 auf Schamottemehl (30—60 mesh); Trägergas: H_2; Säule: 2 m×0,6 cm; **IDP:** 23% β,β'-Imino-bis(propionitril) auf Schamottemehl (30—60 mesh); Trägergas: H_2; Säule: 2 m × 0,6 cm; **TKP:** 23% Trikresylphosphat auf Schamottemehl (30—60 mesh); Trägergas: H_2; Säule: 2 m×0,6 cm; **DPF:** 23% Dimethylformamid auf Schamottemehl (30—60 mesh); Trägergas: H_2; Säule: 2 m×0,6 cm; **TDP:** 23% Thiodipropionitril auf Schamottemehl (30—60 mesh); Trägergas: H_2; Säule: 2 m×0,6 cm; **PG 4:** 23% Polypropylenglykol (MG. 400) auf Schamottemehl (30—60 mesh); Trägergas: H_2; Säule: 2 m×0,6 cm; **PG 20:** 23% Polypropylenglykol (MG 2000) auf Schamottemehl (30—60 mesh); Trägergas: H_2; Säule: 2 m × 0,6 cm; **PCG:** 23% Polyepichlorhydrin auf Schamottemehl (30—60 mesh); Trägergas: H_2; Säule: 2 m × 0,6 cm; **APL:** 23% Apiezon L auf Schamottemehl (30—60 mesh); Trägergas: H_2; Säule: 2 m × 0,6 cm; **APL:** 15% Apiezon L auf Celite 545 (0,1—0,2 mm); Trägergas: N_2; **BD:** 15% Benzyldiphenyl auf Celite 545 (0,1—0,2 mm); Trägergas: N_2; **DIN:** 15% Di-n-octylester von 2,7-Dinitrophenantrachinon auf Celite 545 (0,1—0,2 mm); Trägergas: N_2; **ODP:** 23% β,β'-Bis(propionitril)äther auf Schamottemehl (30—60 mesh); Trägergas: H_2; Säule: 2 m × 0,6 cm; **OPD:** β,β'-Oxydipropionitril auf Sterchamol (0,25—0,35 mm); Trägergas: H_2; Säule: 4 m × 0,6 cm; **HGDÄ:** 30% Hexaäthylenglykol-dimethyläther auf Sterchamol (0,25—0,35 mm); Trägergas: H_2; Säule: 4 m × 0,6 cm; **DDP:** Din-decylphthalat auf Sterchamol (0,25—0,43 mm): Trägergas: 100 ml/min He; Säule 2 m; **DHS:** Diäthylhexylsebacinat auf Sterchamol (0,25—0,43 mm); Trägergas: 100 ml/min He; Säule: 2 m; **Sil.-Öl:** Siliconöl DC 200 auf Sterchamol (0,25—0,43 mm); Trägergas: 100 ml/min He; Säule: 2 m; **TGDÄ:** Tetraäthylenglykol-dimethyläther auf Sterchamol (0,25—0,43 mm); Trägergas: 100 ml He/min; Säule: 2 m; **F/PS:** Fluoren/Pikrinsäure auf Sterchamol (0,25—0,43 mm); Trägergas: 100 ml He/min; Säule: 2 m; **PG:** Polyäthylenglykol auf Sterchamol (0,25—0,43 mm); Trägergas: 100 ml He/min; Säule: 2 m.

Bezugssubstanz	n-Pentan										Toluol			n-Pentan
Flüssige Phase	EHS	CVC	IDP	TKP	DPF	TDP	PG 4	PG 20	PCG	APL	APL	BD	DIN	ODP
Temperatur ° C	100	100	67	100	100	67	120	120	120	100	100	100	100	67
Literaturzitat	[1175]	[1175]	[1175]	[1175]	[1175]	[1175]	[1175]	[1175]	[1175]	[1175]	[162]	[162]	[162]	[1175]
Äthylformiat	1,6	2,5	30,4	3,9	5,6	27	3,0	2,2	4,3	1,7	—	—	—	33
Isopropylformiat	—	—	—	—	—	—	—	—	—	—	0,15	0,22	0,23	—
n-Propylformiat	3,6	5,6	53,9	8,0	11,1	47	5,8	4,3	8,1	3,1	0,20	0,31	0,33	57
Isobutylformiat	6,0	9,2	67,5	11,8	15,7	58	11,1	6,3	11,3	4,5	0,35	0,49	0,52	70
n-Butylformiat	—	—	—	—	—	—	—	—	—	—	0,45	0,67	0,71	—
Äthylacetat	3,0	5,6	44	6,8	9,4	39	5,2	3,9	7,7	2,7	0,18	0,29	0,29	48
Isopropylacetat	—	—	—	—	—	—	—	—	—	—	0,23	0,36	0,36	—
n-Propylacetat	6,3	10,6	75	13,0	17,9	65	9,3	7,1	13,5	4,9	—	—	—	80
Isobutylacetat	—	—	—	—	—	—	—	—	—	—	0,57	0,85	0,82	—
n-Butylacetat	13,8	25,1	129	26,1	25,4	115	17,1	13,3	24,3	9,3	—	—	—	138
n-Amylacetat	—	—	—	—	—	—	—	—	—	—	1,24	1,85	1,75	—

Bezugssubstanz	Benzol		n-Pentan													
Flüssige Phase	ODP	HGDÄ	DDP			DHS			Sil.-öl			TGDÄ	F/PS	PG		
Temperatur °C	70	70	50	100	150	50	100	150	50	100	150	50	100	50	100	150
Literaturzitat	[715]	[715]	[1012]	[1012]	[1012]	[1012]	[1012]	[1012]	[1012]	[1012]	[1012]	[1012]	[1012]	[1012]	[1012]	[1012]
Methylformiat	—	—	0,85	0,91	0,88	0,72	0,82	0,80	0,50	0,53	0,61	0,83	6,89	15,2	6,95	6,0
Äthylformiat	0,75	0,43	2,16	1,91	1,80	1,91	1,64	1,40	1,30	1,23	1,03	2,10	11,3	23,6	11,7	10,7
Methylacetat	0,82	0,43	2,38	2,12	1,88	1,96	1,54	1,46	1,21	1,26	1,11	2,33	13,0	23,6	14,1	10,0
Äthylacetat	1,09	0,73	5,33	3,70	2,97	4,15	2,93	2,34	2,80	2,36	2,10	4,91	20,3	38,4	19,3	13,7
Isopropylacetat	1,02	0,88	7,44	4,95	3,53	6,24	4,07	3,57	4,18	3,04	2,64	7,31	22,9	42,5	20,3	13,3
n-Propylacetat	1,78	1,47	12,8	7,81	5,30	—	6,39	4,94	6,45	4,63	3,50	12,5	34,1	71,8	34,9	20,2
n-Butylacetat	3,00	3,10	—	16,8	10,0	—	13,5	9,14	14,8	8,89	6,35	—	81,2	—	63,9	33,0
Vinylacetat	0,97	0,73	—	—	—	—	—	—	—	—	—	—	—	—	—	—

Tabelle 34. *Fettsäureäthylester*

Erläuterungen der Abkürzungen und Trennbedingungen: **ODP:** 30% β,β'-Oxydipropionitril auf Sterchamol (0,25—0,35 mm); Trägergas: H_2; Säule: 4 m × 0,6 cm; **HGDÄ:** 30% Hexaäthylenglykoldimethyläther auf Sterchamol (0,25—0,35 mm); Trägergas: H_2; Säule: 4 m × 0,6 cm; **DDP:** Di-n-decylphthalat auf Sterchamol (0,25—0,43 mm); Trägergas: 100 ml He/min; Säule: 2 m; **DHS:** Diäthylhexylsebacinat auf Sterchamol (0,25—0,43 mm); Trägergas: 100 ml He/min; Säule: 2 m; **Sil.-öl:** Siliconöl DC 200 auf Sterchamol (0,25—0,43 mm); Trägergas: 100 ml He/min; Säule 2 m; **TGDÄ:** Tetraäthylenglykoldimethyläther auf Sterchamol (0,25—0,43 mm); Trägergas: 100 ml He/min; Säule: 2 m; **F/PS:** Fluoren/Pikrinsäure auf Sterchamol (0,25—0,43 mm); Trägergas: 100 ml He/min; Säule: 2 m; **PG:** Polyäthylenglykol auf Sterchamol (0,25—0,43 mm); Trägergas: 100 ml He/min; Säule: 2 m.

Bezugssubstanz $V^{rd}_R = 1,00$	Benzol		n-Pentan													
Flüssige Phase	ODP	HGDÄ	DDP			DHS			Sil.-öl			TGDÄ	F/PS	PG		
Temperatur °C	70	70	50	100	150	50	100	150	50	100	150	50	100	50	100	150
Literaturzitat	[715]	[715]	[1012]	[1012]	[1012]	[1012]	[1012]	[1012]	[1012]	[1012]	[1012]	[1012]	[1012]	[1012]	[1012]	[1012]
Äthylester der																
Propionsäure	—	—	11,8	7,43	5,30	9,90	5,94	4,26	6,46	4,60	3,33	11,6	33,9	69,2	31,7	20,3
Isobuttersäure	—	—	—	10,0	6,74	—	8,11	7,03	9,25	6,89	4,75	16,7	35,4	71,8	32,7	18,7
n-Buttersäure	2,33	2,47	—	14,5	9,24	—	12,2	8,18	13,2	8,60	5,90	26,3	53,0	—	48,5	47,3
n-Valeriansäure	—	—	—	26,9	16,8	—	24,0	15,0	—	15,3	10,0	—	—	—	86,0	70,3
n-Capronsäure	—	—	—	—	30,7	—	—	28,2	—	—	17,7	—	—	—	—	108
n-Önanthsäure	—	—	—	—	—	—	—	—	—	—	29,5	—	—	—	—	397

Tabelle 35. *Ester ungesättigter Carbonsäuren* [684]

Erläuterungen der Abkürzungen und Trennbedingungen: **ROL:** 12,5% Reomol PPS/P auf Celite 545 (100–120 mesh); Trägergas: N_2; Säule: 1,2 m × 0,76 cm; **ESÖ:** 12,5% „Embaphase“ Siliconöl auf Celite 545 (100–120 mesh); Trägergas: N_2; Säule: 1,2 m × 0,76 cm; **EKO:** 12,5% Eastman Kodak (Polymeres NP-10) auf Celite 545 (100–120 mesh); Trägergas: N_2; Säule: 1,2 m × 0,76 cm; **DGS:** 12,5% Diglykolsäure-Polyester (Geigy) auf Celite 545 (100–120 mesh); Trägergas: N_2; Säule: 1,2 m × 0,76 cm; **R 400:** 12,5% Reoplex 400 auf Celite 545 (100–120 mesh); Trägergas: N_2; Säule: 1,2 m × 0,76 cm; **ÄGD:** 12,5% Äthylenglykoldistearat auf Celite 545 (100–120 mesh); Trägergas: N_2; Säule: 1,2 m × 0,76 cm; **PÄGA:** 12,5% Polyäthylenglykoladipat auf Celite 545 (100–120 mesh); Trägergas: N_2; Säule: 1,2 m × 0,76 cm; **PPGA:** 12,5% Polypropylenglykoladipat auf Celite 545 (100–120 mesh); Trägergas: N_2; Säule: 1,2 m × 0,76 cm; **PDGA:** 12,5% Polydiäthylenglykoladipat auf Celite 545 (100–120 mesh); Trägergas: N_2; Säule: 1,2 m × 0,76 cm; **PTGA:** 12,5% Polytriäthylenglykoladipat auf Celite 545 (100–120 mesh); Trägergas: N_2; Säule: 1,2 m × 0,76 cm; **PTGS:** 12,5% Polytriäthylenglykolsuccinat auf Celite 545 (100–120 mesh); Trägergas: N_2; Säule: 1,2 m × 0,76 cm; **PTGP:** 12,5% Polytriäthylenglykolphthalat auf Celite 545 (100 bis 120 mesh); Trägergas: N_2; Säule: 1,2 m × 0,76 cm.

Bezugssubstanz	Äthylcaprylat											
Flüssige Phase	ROL	ESÖ	EKO	DGS	R 400	ÄGD	PÄGA	PPGA	PDGA	PTGA	PTGS	PTGP
Temperatur °C	141	141	141	141	141	141	141	141	141	141	141	141
Vinylacetat	0,008	0,007	0,018	0,026	0,013	0,007	0,060	0,028	0,014	0,013	0,040	0,016
Vinylpropionat	0,035	0,034	0,043	0,066	0,039	0,033	0,080	0,048	0,065	0,052	0,063	0,048
Vinylbutyrat	0,071	0,067	0,086	0,092	0,089	0,062	0,128	0,104	0,111	0,100	0,117	0,116
Vinylisobutyrat	0,040	—	0,055	0,052	0,044	0,046	0,083	0,058	—	0,063	0,065	0,047
Vinylcaproat	0,282	0,259	0,296	0,401	0,345	0,250	0,371	0,339	0,373	0,359	0,406	0,320
Vinylcaprylat	0,867	0,798	0,901	0,917	0,912	0,863	0,906	0,930	0,977	0,954	0,961	0,796
Vinylcaprat	2,271	2,112	2,397	1,937	2,202	2,663	2,107	2,253	2,454	2,250	2,017	1,832
Vinyllaurat	5,509	5,161	5,943	3,572	4,882	—	4,472	5,029	4,658	4,900	3,998	2,529
Methylacrylat	0,019	0,017	0,034	0,062	0,027	0,023	0,073	0,047	0 069	0 059	0,061	0,054
Äthylacrylat	0,044	0,035	0,057	0,087	0,058	0,043	0,093	0,066	0,093	0,085	0,092	0,066
Butylacrylat	0,192	0,165	0,212	0,571	0,243	0,155	0,304	0,246	0,280	0,282	0,277	0,308
2-Äthylhexylacrylat	1,282	1,186	1,295	1,287	1,166	1,243	1,238	1,204	1,214	1,341	1,181	1,261
β-Äthoxyäthylacrylat	0,517	0,305	0,495	1,091	0,798	0,304	0,840	0,657	0,853	0,860	0,934	1,014
Methylmetacrylat	0,050	0,046	0,057	0,097	0,071	0,040	0,112	0,078	0,091	0,081	0,100	0,077
Äthylmetacrylat	0,078	0,076	0,089	0,131	0,103	0,067	0,146	0,114	0,130	0,122	0,128	0,105
Butylmetacrylat	0,293	0,288	0,313	0,381	0,343	0,269	0,402	0,332	0,378	0,386	0,390	0,416
Isobutylmetacrylat	0,217	0,244	0,243	0,290	0,243	0,204	0,310	0,242	0,277	0,251	0,292	0,277
sek.-Butylmetacrylat	0,170	0,191	0,196	0,213	0,189	0,166	0,264	0,208	0,223	0,185	0,198	0,187
tert-Butylmetacrylat	0,118	0,133	0,119	0,121	0,107	0,107	0,159	0,121	0,134	0,136	0,111	0,101
2-Äthylhexylmetacrylat	1,734	1,800	1,847	1,525	1,611	2,010	1,477	1,637	1,627	1,609	1,333	1,465
β-Äthoxyäthylmetacrylat	0,703	0,479	0,684	1,236	1,007	0,483	1,026	0,916	1,044	1,031	1,002	1,138
Glycidylmetacrylat	1,717	0,512	1,115	3,399	2,257	0,565	2,238	1,758	2,176	2,400	2,625	2,816

Tabelle 36. *Relative Retentionsvolumina einiger Methylester von Hydroxycarbonsäuren und Dicarbonsäuren*

Bezugssubstanz Campher: $V_R^{rel} = 1{,}0$. Lit. [*81*]. Trägersubstanz in allen Fällen Schamottemehl (imprägniert mit 25% flüssiger Phase)

Flüssige Phase	Li-Capronat/ Siliconfett C (vgl. S. 122)	Na-Capronat/ Siliconfett C (vgl. S. 122)	Polyäthylenglykol der Chem. Werke Hüls (Molgew. 4000) (vgl. S. 122)			Polyäthylenglykol 4000 + 10% Silbernitrat (vgl. S. 122)		
	145° C	142,5° C	139° C	164° C	191° C	145° C	181° C	192° C
Methylester der								
Oxalsäure	0,16	—	0,26	0,13	0,22	0,48	—	—
Malonsäure	0,29	0,25	0,44	0,23	0,32	0,96	0,50	—
Fumarsäure	0,48	0,41	0,94	0,47	—	1,16	0,92	—
Maleinsäure	0,45	0,38	0,87	0,46	—	1,95	1,34	—
Bernsteinsäure	0,50	0,42	0,85	0,46	0,46	1,46	1,12	—
Milchsäure	0,099	0,099	0,19	0,13	0,22	0,45	0,36	—
Äpfelsäure	—	—	—	—	1,54	—	5,43	4,25
Weinsäure	—	—	—	—	2,98	—	—	12,4
Citronensäure	—	—	—	—	3,98	—	—	—

Tabelle 37. *Amine* [*610, 612, 625*]

Bezugssubstanz Äthylamin. Temperatur 100 °C. 20% der genannten Phasen auf Kieselgur (Bereitung vgl. S. 123)

Amin	Stationäre Phasen:	
	Polyäthylenoxid	Paraffin flüssig
Trimethylamin	0,67	1,17
i-Propylamin	1,42	1,49
n-Propylamin	2,10	2,20
Diäthylamin	2,10	3,25
sek.-Butylamin	2,8	3,57
i-Butylamin	3,1	3,70
Äthylendiamin	15,5	4,65
n-Butylamin	4,4	4,7
Äthanolamin	25,8	5,25
Di-i-propylamin	3,00	6,8
Triäthylamin	3,1	8,6
i-Amylamin	7,3	8,8
n-Amylamin	9,7	10,5
Di-n-Propylamin	7,2	13,2
4-Methylpentyl-1-amin	13,8	17,8
n-Hexylamin	19,6	22,6
Di-sek.-butylamin	9,74	27,6
Cyclo-hexylamin	25,9	28,4
Di-i-butylamin	10,9	30,4
n-Heptylamin	40,05	49,5
Tri-n-propylamin	15,1	49,6
Di-n-butylamin	27,6	62,1
Tri-n-butylamin	85,5	—
Benzylamin	91,5	81,0

Tabelle 38. *Aniline*

Erläuterungen der Abkürzungen und Trennbedingungen: **Paraffinwachs** auf Kieselgur (30%) mit 70 g NaOH gewaschen; **Polyäthylenoxid** auf Kieselgur (30%) mit 70 g NaOH gewaschen; **BD:** Benzyldiphenyl auf Kieselgur (30%) mit 70 g NaOH gewaschen; **Sil. E. 301:** Silicon E 301 auf Celite 545; Trägergas: N_2; **DG:** Diglycerol auf Celite 545; Trägergas: N_2; **CEM:** Cyanoäthylmelamin auf Celite 545; Trägergas: N_2; **MST:** Manganstearat auf Celite 545; Trägergas: N_2; **ZST:** Zinkstearat auf Celite 545; Trägergas: N_2; **KST:** Kobaltstearat auf Celite 545; Trägergas: N_2; **Sil. DC 710:** 40% Siliconöl DC 710 auf Firebrick 22; Trägergas: 20 ml He/min; Säule: 2,4 m.

Bezugssubstanz	Anilin									2-Methyl-anilin
Flüssige Phase	Paraffin-wachs	Polyäthy-lenoxid	BD	Sil. E 301	DG	CEM	MST	ZST	KST	Sil. DC 710
Temperatur °C	137	137	137	150	150	175	150	200	200	205
Literaturzitat	[*610*]	[*612*]	[*625*]	[*376*]	[*376*]	[*376*]	[*376*]	[*376*]	[*376*]	[*376*]
2-Fluor-anilin	0,72	—	0,63	—	—	—	—	—	—	—
2,4-Difluor-anilin	0,74	0,75	—	—	—	—	—	—	—	—
2,5-Difluor-anilin	0,79	1,08	—	—	—	—	—	—	—	—
4-Fluor-anilin	0,96	1,28	1,1	—	—	—	—	—	—	—
3-Fluor-anilin	—	0,99	1,52	—	—	—	—	—	—	—
3-Fluor-4-methyl-anilin	1,88	2,28	—	—	—	—	—	—	—	—
4-Methyl-anilin	1,95	1,63	1,75	1,65	1,13	1,13	2,25	1,75	1,72	1,00
4-Fluor-2-methyl-anilin	2,0	2,28	—	—	—	—	—	—	—	—
3-Methyl-anilin	2,0	1,56	1,86	1,64	1,12	1,18	—	1,68	1,47	1,00
Methylanilin	2,05	1,28	1,73	1,57	0,49	0,75	1,53	1,31	0,50	—
2-Methylanilin	2,05	1,53	1,8	1,65	0,94	1,10	1,69	1,49	0,94	1,00
2-Methyl-dimethyl-anilin	2,56	0,71	1,07	—	—	—	—	—	—	—
Dimethylanilin	2,60	1,05	1,68	1,84	0,2	0,34	1,62	1,37	0,34	—
2-Chlor-anilin	2,8	2,34	2,6	—	—	—	—	—	—	—
Äthylanilin	3,18	1,66	2,33	—	—	—	—	—	—	—
2-Methoxy-anilin	3,4	2,7	3,7	—	—	—	—	—	—	—
2-Methyl-N-methyl-anilin	3,4	—	3,05	—	—	—	—	—	—	—
3-Methyl-N-methyl-anilin	3,4	—	3,28	—	—	—	—	—	—	—
4-Chlor-anilin	3,7	5,25	4,4	—	—	—	—	—	—	—
Äthyl-N-methylanilin	3,76	—	—	—	—	—	—	—	—	—
3-Chlor-anilin	3,8	5,35	4,4	—	—	—	—	—	—	—
2,4-Dimethylanilin	3,84	2,60	3,36	2,60	0,98	1,22	—	2,52	1,53	1,45
2-Amino-anilin	3,92	7,95	6,6	—	—	—	—	—	—	—
2,5-Dimethylanilin	4,0	2,7	3,14	2,72	1,00	1,30	—	—	—	—
3,5-Dimethylanilin	—	—	—	2,70	1,23	1,35	—	2,76	2,03	1,45
2-Methoxy-anilin	4,1	5,5	—	—	—	—	—	—	—	—
3-Amino-anilin	4,2	—	10,0	—	—	—	—	—	—	—
2,6-Dimethylanilin	4,25	2,5	3,22	2,62	0,83	1,20	2,70	2,26	0,95	1,45
3,4-Dimethylanilin	4,27	3,27	3,8	3,18	1,57	1,72	—	—	—	1,69
2-Chlor-N-methylanilin	4,3	—	3,7	—	—	—	—	—	—	—
3-Methoxy-anilin	4,4	5,8	6,6	—	—	—	—	—	—	—
2,3-Dimethylanilin	4,6	5,34	4,0	3,15	1,37	1,77	—	2,92	1,72	1,69
2-Chlor-N,N-dimethylanilin	4,8	—	—	—	—	—	—	—	—	—
2-Brom-anilin	4,9	4,5	5,0	—	—	—	—	—	—	—

Tabelle 38 *(Fortsetzung)*

Bezugssubstanz	Anilin									2-Methylaniln
Flüssige Phase	Paraffinwachs	Polyäthylenoxid	BD	Sil. E 301	DG	CEM	MST	ZST	KST	Sil. DC 710
Temperatur °C	137	137	137	150	150	175	150	200	200	205
Literaturzitat	*[610]*	*[612]*	*[625]*	*[376]*	*[376]*	*[376]*	*[376]*	*[376]*	*[376]*	*[376]*
4-Methoxy-anilin	4,9	—	5,7	—	—	—	—	—	—	—
4-Methyl-N,N-dimethylanilin	5,1	1,7	2,74	—	—	—	—	—	—	—
2-Methyl-N-äthylanilin	5,21	2,34	3,66	—	—	—	—	—	—	—
3-Methyl-N,N-dimethylanilin	5,4	1,8	2,9	—	—	—	—	—	—	—
Diäthylanilin	5,45	1,9	3,0	—	—	—	—	—	—	—
n-Propylanilin	5,82	2,7	4,0	—	—	—	—	—	—	—
3-Methyl-N-äthylanilin	5,9	3,02	4,4	—	—	—	—	—	—	—
4-Methyl-N-äthylanilin	6,0	2,9	4,4	—	—	—	—	—	—	—
2,4,6-Trimethylanilin	—	—	—	—	—	—	—	—	—	1,95
2,3,6-Trimethylanilin	—	—	—	—	—	—	—	—	—	2,43
2,4,5-Trimethylanilin	—	—	—	—	—	—	—	—	—	2,43
2,3,5-Trimethylanilin	—	—	—	—	—	—	—	—	—	2,06
2,3,4-Trimethylanilin	—	—	—	—	—	—	—	—	—	2,95
3,4,5-Trimethylanilin	—	—	—	—	—	—	—	—	—	2,88
2,4,5,6-Tetramethylanilin	—	—	—	—	—	—	—	—	—	4,00
2,3,5,6-Tetramethylanilin	—	—	—	—	—	—	—	—	—	4,00
3-Amino-anilin	6,2	—	12,4	—	—	—	—	—	—	—
4-Äthoxy-anilin	6,2	—	8,8	—	—	—	—	—	—	—
4-Brom-anilin	6,4	10,0	8,8	—	—	—	—	—	—	—
3-Brom-anilin	6,4	10,0	9,0	—	—	—	—	—	—	—
4-Chlor-N-methylanilin	7,35	—	6,9	—	—	—	—	—	—	—
3-Brom-methylanilin	8,8	—	—	—	—	—	—	—	—	—
2-Nitroanilin	9,8	—	—	—	—	—	—	—	—	—
2,3-Dichloranilin	10,0	—	—	—	—	—	—	—	—	—
2,4-Dichloranilin	10,0	—	—	—	—	—	—	—	—	—
2-Jod-anilin	10,1	—	—	—	—	—	—	—	—	—
4-Methyl-N,N-diäthylanilin	10,5	3,2	5,0	—	—	—	—	—	—	—
3-Methyl-N,N-diäthylanilin	10,8	3,1	5,1	—	—	—	—	—	—	—
n-Butylanilin	11,0	4,7	7,0	—	—	—	—	—	—	—
4-Jod-anilin	13,0	—	23,2	—	—	—	—	—	—	—
3-Jod-anilin	13,1	22,4	23,2	—	—	—	—	—	—	—
2,5-Dimethoxyanilin	14,0	—	—	—	—	—	—	—	—	—
3,4-Dichlor-anilin	14,6	—	—	—	—	—	—	—	—	—
2-Methoxy-5-Amino-anilin	16,4	—	—	—	—	—	—	—	—	—
i-Amyl-anilin	16,8	6,4	—	—	—	—	—	—	—	—
4-Brom-N,N-dimethylanilin	17,3	6,8	13,3	—	—	—	—	—	—	—

Tabelle 39. *Pyridine*

Erläuterungen der Abkürzungen und Trennbedingungen: **APL:** 15% Apiezon L auf Celite 545 (0,10—0,2 mm); Trägergas: N_2; **Squalan:** 15% Squalan auf Tide (40—60 mesh); Trägergas: 60 ml He/min; Säule: 2 m × 0,6 cm; **Min.-öl:** Mineralöl 15% auf Tide (40—60 mesh); Trägergas: 60 ml He/min; Säule: 2 m × 0,6 cm; **APL:** 15% Apiezon L auf Tide (40—60 mesh); Trägergas: 60 ml He/min: Säule: 2 m × 0,6 cm; **Sil.-öl:** 15% Siliconhochvakuumfett auf Tide (40—60 mesh); Trägergas: 60 ml He/min; Säule: 2 m × 0,6 mm; **Sil.-öl:** 15% Siliconöl DC 703 auf Tide (40—60 mesh); Trägergas: 60 ml He/min; Säule: 2 m × 0,6 cm); **DHP:** 15% Octoil (Di-2-äthylhexylphthalat) auf Tide (40—60 mesh); Trägergas: 60 ml He/min; Säule: 2 m × 0,6 cm; **DHS:** 15% Octoil C (Di-2-äthylhexylsebacat) auf Tide (40 bis 60 mesh); Trägergas: 60 ml He/min; Säule: 2 m × 0,6 cm; **Tide:** Tide; Trägergas: 60 ml He/min; Säule: 2 m × 0,6 cm; **DPP:** 15% Diphenylphthalat auf Tide (40—60 mesh); Trägergas: 60 ml He/min; Säule: 2 m × 0,6 cm; **MTE:** 15% Monohydroxyäthylentrihydroxypropyläthylendiamin auf Tide (40—60 mesh); Trägergas: 60 ml He/min; Säule: 2 m × 0,6 cm); **R 400:** 30% Reoplex 400 auf Celite 545; Trägergas: H_2; Säule: 80 cm × 6—8 cm); **APL:** 20% Apiezon L auf Celite; Trägergas: H_2; Säule: 80 cm × 0,6 cm); **Sil:** Silicon E 301 auf Celite 545: Trägergas: H_2; Säule: 80 cm × 0,6—0,8 cm; **N/P:** Nujol-Paraffin flüssig auf Kieselgur; Trägergas: N_2; **TXP:** Trixylenylphosphat auf Kieselgur; Trägergas: N_2; **CW 1000:** Polyäthylenglykol 1000 auf Kieselgur; Trägergas: N_2; **SM 430:** Silicon M 430 auf Kieselgur; Trägergas: N_2; **TEA:** Triäthanolamin auf Kieselgur; Trägergas: N_2; **G:** Glycerin auf Kieselgur; Trägergas: N_2; **Sil.:** Silicon E 301 auf Celite; Trägergas: N_2; **DG:** Diglycerin auf Celite; Trägergas: N_2; **TEA:** Triäthanolamin auf Celite; Trägergas: N_2; **MST:** Manganstearat auf Celite; Trägergas: N_2; **ZST:** Zinkstearat auf Celite; Trägergas: N_2; **KS:** Kobaltstearat auf Celite; Trägergas: N_2; **Polyäthylenoxid** auf Kieselgur 30%; **Paraffin** flüssig auf Kieselgur 30%.

Bezugssubstanz	p-Xylol	2,5-Dimethylpyridin											Chinolin		
Flüssige Phase	APL	Squalan	Min.-öl	APL	Sil.-fett	Sil.-öl	DHP	DHS	TKP	Tide	DPP	MTE	R 400	APL	Sil.
Temperatur °C	150	130	130	130	130	130	130	130	130	130	130	130	200	200	200
Literaturzitat	[162]	[270]	[270]	[270]	[270]	[270]	[270]	[270]	[270]	[270]	[270]	[270]	[654,655]	[654,655]	[654,655]
Pyridin	0,47	0,30	0,29	0,33	0,40	0,35	0,34	0,34	0,40	0,44	0,40	0,45	—		—
2-Methylpyridin	—	0,47	0,46	0,51	0,53	0,50	0,48	0,50	0,53	0,51	0,52	0,53	—	—	—
2,6-Dimethylpyridin	0,96	0,73	0,72	0,73	0,66	0,70	0,67	0,67	0,68	0,69	0,65	0,55	—	—	—
3-Methylpyridin	—	0,64	0,64	0,69	0,74	0,71	0,71	0,71	0,81	0,86	0,82	0,88	—	—	—
4-Methylpyridin	—	0,64	0,64	0,71	0,71	0,71	0,74	0,69	0,83	0,86	0,86	0,95	—	—	—
2-Äthylpyridin	—	0,81	0,81	0,80	0,82	0,83	0,79	0,79	0,78	0,76	0,77	0,66	—	—	—
2,5-Dimethylpyridin	1,34	1,00	1,00	1,00	1,00	1,00	1,00	1,00	1,00	1,00	1,00	1,00	—	—	—
2,4-Dimethylpyridin	—	1,00	1,00	1,05	0,96	1,01	1,02	1,01	1,07	1,05	1,08	1,11	—	—	—
2,3-Dimethylpyridin	—	1,09	1,08	1,14	1,09	1,11	1,10	1,11	1,21	1,13	1,19	1,15	—	—	—
4-Äthylpyridin	—	1,19	1,18	1,26	1,22	1,30	1,33	1,27	1,43	1,47	1,46	1,51	—	—	—
2,4,6-Trimethylpyridin	—	1,50	1,51	1,49	1,30	1,36	1,35	1,42	1,42	1,35	1,33	1,11	0,14	0,23	0,037
2,3,5-Trimethylpyridin	—	—	—	—	—	—	—	—	—	—	—	—	0,23	0,26	0,050

Tabelle 39 *(Fortsetzung)*

2,3,4-Trimethylpyridin	—	—	—	—	—	—	—	—	—	—	—	—	0,30	0,48	—
5-Äthyl-2-methylpyridin	—	1,79	1,80	1,82	1,57	1,74	1,75	1,72	1,70	1,49	1,65	1,60	0,17	0,29	—
4-Isopropylpyridin . .	—	1,77	1,76	1,81	1,71	1,87	1,92	1,83	1,94	1,93	1,92	1,96	—	—	—
4-n-Propylpyridin . .	—	2,07	2,09	2,15	2,07	2,15	2,23	2,19	2,40	2,28	2,32	2,31	—	—	—
3-Äthyl-4-methylpyridin	—	2,55	2,61	2,77	2,55	2,77	3,02	2,75	3,08	2,77	3,24	3,37	0,26	0,46	—
2,3,5,6-Tetramethylpyridin	—	—	—	—	—	—	—	—	—	—	—	—	0,38	0,51	—

Bezugssubstanz	Pyridin													
Flüssige Phase	N/P	TXP	CW 1000	SM 430	TEA	G	Sil.	DG	TEA	MST	ZST	KST	Polyäthylenoxid	Paraffin flüssig
Temperatur °C	120	120	120	140	120	90	100	100	100	150	200	200	137	137
Literaturzitat	*[159]*	*[159]*	*[159]*	*[159]*	*[159]*	*[159]*	*[376]*	*[376]*	*[376]*	*[376]*	*[376]*	*[376]*	*[610, 612, 624]*	
Pyridin	1,00	1,00	1,00	1,00	1,00	1,00	1,00	1,00	1,00	1,00	1,00	1,00	1,00	1,00
2-Methylpyridin	1,80	1,72	1,22	1,60	1,13	0,82	1,51	0,89	1,15	0,88	0,88	0,26	1,50	1,75
2,6-Dimethylpyridin . .	2,90	2,64	1,43	2,31	1,16	0,53	2,51	0,65	1,23	1,02	0,73	0,05	—	—
3-Methylpyridin	2,55	3,12	1,98	2,10	1,90	1,54	2,13	1,53	1,92	2,50	2,80	2,11	2,3	2,4
4-Methylpyridin	2,55	3,12	2,07	2,10	2,20	1,86	2,13	1,79	2,20	3,10	2,90	2,83	2,34	2,31
2-Äthylpyridin	3,25	3,24	1,74	2,72	1,25	0,62	2,89	0,77	1,33	—	—	—	—	—
2,5-Dimethylpyridin . .	4,34	4,40	2,25	3,06	2,22	1,22	3,42	1,40	2,26	1,89	2,1	0,56	—	—
2,4-Dimethylpyridin . .	4,42	4,47	2,43	3,06	2,55	1,55	3,42	1,67	2,67	—	—	—	3,40	4,00
2,3-Dimethylpyridin . .	4,95	4,85	2,79	3,45	2,68	1,51	3,80	1,78	—	—	—	—	—	—
2-Methyl-6-äthylpyridin .	5,00	4,40	1,83	3,84	1,17	0,30	—	—	—	—	—	—	—	—
2,6-Dimethylpyridin . .	—	—	—	—	—	—	4,19	0,50	1,15	1,58	—	0,10	—	—
3-Äthylpyridin	5,25	5,73	2,99	3,84	3,00	1,65	4,06	1,92	2,76	—	—	—	—	—
4-Äthylpyridin	5,20	6,25	3,60	3,83	3,54	2,11	4,25	2,14	3,37	—	—	—	—	—
2,4,6-Trimethylpyridin .	6,95	6,20	2,83	4,27	2,34	1,00	4,85	1,25	2,60	2,10	1,37	0,05	4,85	6,35
3,5-Dimethylpyridin . .	6,10	6,85	3,68	4,07	3,60	2,30	4,63	2,48	3,70	—	—	—	—	—
2,3,6-Trimethylpyridin .	—	—	—	—	—	—	5,54	1,22	—	—	—	—	—	—
2,3,5-Trimethylpyridin .	11,17	11,08	4,74	6,29	4,87	2,46	—	—	—	—	—	—	—	—
2,3,4-Trimethylpyridin .	13,75	13,15	6,80	7,33	7,98	4,03	—	—	—	—	—	—	—	—
5-Äthyl-2-methylpyridin	—	—	—	—	—	—	6,03	1,69	—	—	—	—	—	—
4-Isopropylpyridin . . .	—	—	—	—	—	—	6,27	2,17	3,94	—	—	—	—	—
4-n-Propylpyridin . . .	—	—	—	—	—	—	7,65	2,56	4,60	—	—	—	—	—
4-Äthyl-3-methylpyridin	—	—	—	—	—	—	9,58	4,68	—	—	—	—	—	—
3-Äthyl-4-methylpyridin	—	—	—	—	—	—	8,93	4,24	—	—	—	—	—	—

Tabelle 40. *Chinoline und Indole*

Erläuterungen der Abkürzungen und Trennbedingungen: **R 400:** 30% Reoplex 400 auf Celite 545; Trägergas: H_2; Säule 80 cm × 0,6 cm; **APL:** 20% Apiezon L auf Celite 545; Trägergas: H_2; Säule: 80 cm × 0,6 cm; **Sil. E 301:** Silicon E 301 auf Celite 545; Trägergas: H_2; Säule: 80 cm × 0,6 cm; **Sil. E 301:** Silicon E 301 auf Celite 545; Trägergas: N_2; **CEA:** Cyanoäthylmelamin auf Celite 545; Trägergas: N_2; **MST:** Manganstearat auf Celite 545; Trägergas: N_2; **ZST:** Zinkstearat auf Celite 545; Trägergas: N_2; **KST:** Kobaltstearat auf Celite 545; Trägergas: N_2.

Bezugssubstanz $V_R^{rel} = 1,00$	Chinolin					Pyridin		
Flüssige Phase	R 400	APL	Sil. E 301	Sil. E 301	CEA	MST	ZST	KST
Temperatur °C	200	200	200	200	200	150	200	200
Literaturzitat	*[654,655]*	*[654,655]*	*[654,655]*	*[376]*	*[376]*	*[376]*	*[376]*	*[376]*
Chinolin	1,00	1,00	1,00	1,00	1,00			
Isochinolin	1,18	1,14	1,15	1,11	1,27	1,65	2,7	3,6
1-Methylisochinolin	1,39	1,66	—	1,43	1,13	—	—	—
3-Methylisochinolin	1,19	1,57	—	1,40	0,97	1,65	—	—
2-Methylchinolin	1,03	1,27	1,31	1,28	0,79	1,18	0,95	0,28
4-Methylchinolin	—	—	—	1,71	1,58	1,97	2,15	2,60
6-Methylchinolin	1,36	1,54	1,53	1,52	1,25	—	—	—
7-Methylchinolin	1,41	1,68	1,60	1,54	1,28	—	—	—
8-Methylchinolin	0,98	1,39	1,40	1,35	1,68	—	—	—
2,4-Dimethylchinolin	1,81	2,37	2,33	2,05	1,18	2,23	1,86	0,52
2,6-Dimethylchinolin	1,50	2,14	2,06	1,92	1,00	1,91	1,50	0,41
2,8-Dimethylchinolin	—	—	—	1,62	0,51	—	—	—
4,6-Dimethylchinolin	—	—	—	2,88	1,94	—	—	—
2,4,6-Trimethylchinolin	2,63	4,02	3,70	—	—	—	—	—
Indol	3,20	0,97	—	—	—	—	—	—
2-Methylindol	3,83	1,94	—	—	—	—	—	—
3-Methylindol	3,71	1,89	—	—	—	—	—	—
5-Methylindol	4,04	1,97	—	—	—	—	—	—
7-Methylindol	3,57	1,79	—	—	—	—	—	—

Tabelle 41. *Nitrobenzole*

Erläuterungen der Abkürzungen und Trennbedingungen: **Sil.-öl:** 40% Siliconöl auf „firebrick C-22"; Trägergas: 20 ml He/min; Säule: 2,4 m; **PG:** Polyäthylenglykol auf Sterchamol (0,25—0,34 mm); Trägergas: 100 ml He/min; Säule: 2 m.

Bezugssubstanz	1-Nitro-2-methylbenzol	n-Pentan
Flüssige Phase	Sil.-öl	PG
Temperatur °C	205	150
Literaturzitat	*[376]*	*[1012]*
Nitrobenzol		722
1-Nitro-2-methylbenzol	1,00	—
1-Nitro-2,6-dimethylbenzol	1,00	—
1-Nitro-2,5-dimethylbenzol	1,61	—
1-Nitro-2,3-dimethylbenzol	1,65	—
1-Nitro-2,3,6-trimethylbenzol	1,82	—
1-Nitro-2,4,5-trimethylbenzol	2,87	—
1-Nitro-2,3,5-trimethylbenzol	2,48	—
1-Nitro-2,3,4-trimethylbenzol	3,18	—
1-Nitro-3,4,5-trimethylbenzol	3,90	—
1-Nitro-2,4,6-trimethylbenzol	1,57	—

Tabelle 42. *Alkohole*

Erläuterungen der Abkürzungen und Trennbedingungen: **EHS:** Äthyl-hexyl-sebacat (23%) auf Schamottemehl; **CVC:** 23% Convachlor-12 (Chloriertes Öl, Molekulargew. 326, d. Rochester Division Consolidated Electrodynamics); **IDP:** 23% β,β'-Imino-bis(propionitril) auf Schamottemehl (30–60 mesh); Trägergas: H_2; Säule: 2 m × 0,6 cm; **TKP:** 23% Trikresylphosphat auf Schamottemehl (30–60 mesh); Trägergas: H_2; Säule: 2 m × 0,6 cm; **DPF:** 23% Diphenylformamid auf Schamottemehl (30–60 mesh); Trägergas: H_2; Säule: 2 m × 0,6 cm; **TDP:** 23% Thio-dipropionitril auf Schamottemehl (30–60 mesh); Trägergas: H_2; Säule: 2 m × 0,6 cm; **ODP:** 23% β,β'-Bis (propionitril)-äther auf Schamottemehl (30–60 mesh); Trägergas: H_2; Säule: 2 m × 0,6 cm; **PG 4:** 23% Polypropylenglykol MG. 400 (Dow Chem. Corp.) (30–60 mesh); Trägergas: H_2; Säule: 2 m × 0,6 cm; **PG 20:** 23% Polypropylenglykol MG. 2000 auf Schamottemehl (30–60 mesh); Trägergas: H_2; Säule: 2 m × 0,6 cm; **PCG:** 23% Polyepichlorhydrin MG. 450 (Dow. Chem. Corp.) auf Schamottemehl (30–60 mesh); Trägergas: H_2; Säule: 2 m × 0,6 cm; **BD:** 15% Benzyldiphenyl auf Celite 545 (0,1–0,2 mm); Trägergas: N_2; **APL:** 15% Apiezon L auf Celite 545 (0,1–0,2 mm); Trägergas: N_2; **DIN:** 15% Di-n-octylester von 2,7-Dinitrophenanthrachinon auf Celite 545 (0,1 bis 0,2 mm); Trägergas: N_2; **ODP:** 30% β,β'-Oxydipropionitril auf Sterchamol-(0,25–0,35 mm); Trägergas: 9,9 l H_2/h; Säule: 4 m × 0,6 cm; **HGDÄ:** 30% Hexaäthylenglykol-dimethyläther auf Sterchamol (0,25–0,35 mm); Trägergas: 18 l H_2/h; Säule: 4 m × 0,6 cm; **DDP:** Di-n-decylphthalat auf Stermachol (0,25–0,43 mm); Trägergas: 100 ml He/min; Säule: 2 m; **DHS:** Diäthylhexylsebacinat auf Sterchamol (0,25–0,43 mm); Trägergas: 100 ml He/min; Säule: 2 m; **Sil.-öl:** Siliconöl DC 200 auf Sterchamol (0,25–0,43 mm); Trägergas: 100 ml He/min; Säule: 2 m; **TGDÄ:** Tetraäthylenglykol-dimethyläther auf Sterchamol (0,25–0,43 mm); Trägergas: 100 ml He/min; Säule: 2 m; **F/PS:** Fluoren/Pikrinsäure auf Sterchamol (0,25–0,43 mm); Trägergas: 100 ml He/min; Säule: 2 m; **PG:** Polyäthylenglykol auf Sterchamol (0,25–0,43 mm); Trägergas: 100 ml He/min; Säule: 2 m; **MEEE:** 25% Bis2-[(2-methoxyäthoxy)äthyl]äther auf C 22 Firebrick (20–60 mesh); 100 ml He/min; Säule: 2,4 m.

Bezugssubstanz	n-Pentan											Toluol	n-Pentan	Toluol	p-Xylol	Toloul
Flüssige Phase	EHS	CVC	IDP	TKP	DPF	TDP	ODP	PG 4	PG 20	PCG	BD	BD	APL	APL	APL	DIN
Temperatur °C	100	100	67	100	100	67	67	120	120	120	75	100	75	100	150	100
Literaturzitat	[1175]	[1175]	[1175]	[1175]	[1175]	[1175]	[1175]	[1175]	[1175]	[1175]	[1175]	[162]	[162]	[162]	[162]	[162]
Primäre Alkohole																
Methylalkohol	1,0	0,9	49,0	3,7	6,4	34	43	4,0	2,4	4,5	—	—	—	—	—	—
Äthylalkohol	1,7	1,5	58,0	5,2	7,6	39	53	5,4	3,3	5,9	1,99	0,099	0,51	0,05	—	0,12
Propylalkohol	3,7	3,5	102	10,9	15,1	70	92	9,2	6,0	11,1	—	0,22	—	0,13	—	0,27
2-Methylpropylalkohol	—	—	—	—	—	—	—	—	—	—	—	0,35	—	0,24	—	0,43
Butylalkohol	5,9	7,9	189	23,9	31	123	168	20	12	20	—	0,47	—	0,30	0,18	0,58
n-Hexylalkohol	—	—	—	—	—	—	—	—	—	—	—	2,12	—	1,37	—	2,44
n-Octylalkohol	—	—	—	—	—	—	—	—	—	—	—	8,79	—	5,78	—	9,18

Tabelle 42 *(Fortsetzung)*

Bezugssubstanz	n-Pentan											Toluol	n-Pentan	Toluol	p-Xylol	Toluol
Flüssige Phase	EHS	CVC	IDP	TKP	DPF	TDP	ODP	PG4	PG20	PCG	BD	BD	APL	APL	APL	DIN
Temperatur °C	100	100	67	100	100	67	67	120	120	120	75	100	75	100	150	100
Literaturzitat	*[1175]*	*[1175]*	*[1175]*	*[1175]*	*[1175]*	*[1175]*	*[1175]*	*[1175]*	*[1175]*	*[1175]*	*[1175]*	*[162]*	*[162]*	*[162]*	*[162]*	*[162]*
Sekundäre Alkohole																
Propylalkohol	2,1	2,2	51	5,7	7,6	35	50	5,6	3,0	6,2	—	0,13	—	0,09	—	0,16
Butylalkohol	4,8	5,1	89	11,7	15,3	62	85	10,4	6,1	11,5	—	0,29	—	0,20	—	0,34
Tertiäre Alkohole																
Butylalkohol	2,7	2,8	43	5,6	7,0	30	44	5,4	3,1	5,6	—	—	—	—	—	—
Amylalkohol	6,4	6,9	84	12,6	15,7	60	83	10,7	6,5	11,3	—	—	—	—	—	—
Diacetonylalkohol	—	—	—	—	—	—	—	—	—	—	—	2,70	—	1,07	—	3,52
2-Methyl-propanol(2)	—	—	—	—	—	—	—	—	—	—	—	0,15	—	0,11	—	0,19

Bezugssubstanz	Benzol		n-Pentan															
Flüssige Phase	ODP	HGDÄ	DDP			DHS			Sil.-öl			TGDÄ	F/PS	PG			MEEE
Temperatur °C	70	70	50	100	150	50	100	150	50	100	150	50	100	50	100	150	25
Literaturzitat	*[715]*	*[715]*	*[1012]*	*[1012]*	*[1012]*	*[1012]*	*[1012]*	*[1012]*	*[1012]*	*[1012]*	*[1012]*	*[1012]*	*[1012]*	*[1012]*	*[1012]*	*[1012]*	*[1063]*
Primäre Alkohole																	
Methylalkohol	0,91	0,53	1,19	0,94	0,68	1,26	0,71	0,74	0,35	0,34	0,36	1,21	8,8	62,2	23,4	15,0	5,3
Äthylalkohol	1,13	0,73	2,22	1,68	1,30	2,47	1,49	1,28	0,72	0,69	0,57	2,32	11,3	87,4	31,5	16,3	—
Propylalkohol	1,96	1,63	6,79	3,91	2,88	5,38	3,75	2,52	1,99	1,51	1,36	6,20	20,8	180	59,3	29,0	—
Butylalkohol	3,47	3,60	20,0	9,11	5,74	—	8,72	5,52	4,46	3,57	2,86	18,7	42,8	—	111	41,0	—
n-Amylalkohol	—	—	—	25,5	11,3	—	19,4	11,1	10,8	7,15	5,08	—	85,8	—	200,0	76,0	—
2-Methylbutyl-alkohol(4)	—	—	—	16,6	9,35	—	17,6	8,83	8,84	5,95	4,28	—	62,9	—	167	60,4	—
n-Hexylalkohol	—	—	—	—	21,1	—	—	—	—	14,6	10,5	—	—	—	—	118	—
n-Heptylalkohol	—	—	—	—	41,5	—	—	34,7	—	—	17,5	—	—	—	—	189	—
n-Octylalkohol	—	—	—	—	—	—	—	—	—	—	32,9	—	—	—	—	310	—

Tabelle 42 *(Fortsetzung)*

Bezugssubstanz	Benzol		n-Pentan						
Flüssige Phase	ODP	HGDÄ	DDP			DHS			Sil.-öl
Temperatur °C	70	70	50	100	150	50	100	150	50
Literaturzitat	[*715*]	[*715*]	[*1012*]	[*1012*]	[*1012*]	[*1012*]	[*1012*]	[*1012*]	[*1012*]
Sekundäre Alkohole									
Butylalkohol . . .	1,79	1,66	8,30	5,20	3,56	9,15	5,02	3,60	2,44
Isopropylalkohol . .	1,03	0,78	2,96	2,16	1,35	3,46	2,13	1,92	0,97
Tertiäre Alkohole									
Butylalkohol . . .	0,89	—	4,31	2,70	2,24	4,21	2,63	2,20	1,41
2-Methyl-butanol(2)	—	—	11,4	6,82	4,71	—	6,38	4,60	3,41
Glykole									
Äthylenglykol . . .	—	—	—	—	—	—	—	—	—
1,2-Propylenglykol .	—	—	—	—	—	—	—	—	—
1,3-Propylenglykol .	—	—	—	—	—	—	—	—	—
Crotylalkohol . . .	—	—	—	11,2	6,71	—	9,41	—	—

Bezugssubstanz	n-Pentan							
Flüssige Phase	Sil.-öl		TGDÄ	F/PS	PG			MEEE
Temperatur °C	100	150	50	100	50	100	150	25
Literaturzitat	[*1012*]	[*1012*]	[*1012*]	[*1012*]	[*1012*]	[*1012*]	[*1012*]	[*1063*]
Sekundäre Alkohole								
Butylalkohol	2,23	2,07	8,72	21,3	138	51,9	22,0	—
Isopropylalkohol . . .	1,03	1,00	2,61	10,8	80,1	28,8	15,3	—
Tertiäre Alkohole								
Butylalkohol	1,28	1,25	4,20	9,56	65,4	23,8	12,3	—
2-Methyl-butanol(2) .	3,06	2,57	11,9	22,2	—	56,0	22,7	—
Glykole								
Äthylenglykol	—	25,6	—	—	—	—	682	—
1,2-Propylenglykol . .	—	9,6	—	—	—	—	1533	—
1.3-Propylenglykol . .	—	—	—	—	—	—	1530	—
Crotylalkohol	—	—	—	—	—	—	—	—

Tabelle 43. *Phenole*

Erläuterungen der Abkürzungen und Trennbedingungen: **APL:** 30% Apiezon L auf Schamottemehl C-22 (350—510 μ); Trägergas: 60 ml H_2/min; Kolonne: 11 m × 0,7 cm; **APL:** 20% Apiezon L auf Kieselgur; **APL:** 30% Apiezon L auf Schamottemehl C-22 (350—510 μ); Trägergas: 50 ml H_2/min; Kolonne 11 m × 0,7 cm; **APL:** 20% Apiezon L auf Kieselgur; **APL:** 20% Apiezon L auf Celite 545; Trägergas: N_2; Säule: 2,5—3,5 m; **Erythrit:** 20% auf Kieselgur; **Diäthylmercaptal der Glucose:** 20% auf Kieselgur; **B_{34}:** Montmorillonit (anorg. Kationen durch Dimethyldioctadecyl-ammoniumionen ersetzt); **DNS/S:** 20% α,β-Dimaphthylsulfon + Siliconöl auf Sterchamol (0,2—0,4 mm); Trägergas: 30 ml N_2/min; **DDP:** Di-n-decylphthalat auf Sterchamol (0,25—0,43 mm); Trägergas: 100 ml He/min; Säulenlänge: 2 m; **Sil.-öl:** Siliconöl DC 200 auf Sterchamol (0,25—0,43 mm); Trägergas: 100 ml He/min; Säulenlänge: 2 m; **PG:** Polyäthylenglykol auf Sterchamol (0,25—0,43 mm); Trägergas: 100 ml He/min; Säulenlänge: 2 m; **Sil.-fett:** 30% Siliconfett auf Schamottemehl C-22 (350—510 μ); Trägergas: 220 ml H_2/min; Kolonne: 11 m × 0,7 cm; **DOS:** 15% Di-n-octyl-sebacat auf May & Baker „Embacel" (60—100 mesh); Trägergas: 20—30 ml/min; Säule: 2,5 m × 0,4 cm; **DCP:** Didecylphthalat; Trägergas: He; **DBS:** 12% Dodecylphenylsulfonat auf Celite 545; Trägergas: N_2; Säule 2,5×3,5 m; **DAPS:** 25% 4,4'-Diaminodiphenylsulfon auf Celite 545; Trägergas: N_2; Säule: 2,5—3,5 m; **DG:** 16,7% Diglycerin auf Celite Trägergas: N_2; Säule: 2,5—3,5 m; **D 55:** 20% „Dutrex 55" auf C-3; Trägergas: N_2; Säule: 2,5—3,5 m; **GMO:** 20% Glycerin-mono-oleat auf „firebrick C-22";

Tabelle 43

Trägergas: N_2; Säule: 2,5—3,5 m; **GMS:** 20% Glycerin-monostearat auf „firebrick C-22"; Trägergas: N_2; Säule: 2,5—3,5 m; **TP:** 20% Trixylenylphosphat auf Celite; Trägergas: N_2; Säule: 2,5—3,5 m; **DNP:** 20% Dinonylphthalat auf C-3; Trägergas: N_2; Säule: 2,5—3,5 m; **PPS:** 20% Polypropylensebacat auf Celite; Trägergas: N_2; Säule: 2,5—3,5 m; **PG 50:** 20% „Parablex G-50" auf C-3; Trägergas: N_2; Säule: 2,5—3,5 m; **Sil.-DC:** 20% Silicon DC-703 auf Celite; Trägergas: N_2; Säule: 2,5—3,5 m; **Sil.-E:** 20% Silicon E-301 auf Celite; Trägergas: N_2; Säule: 2,5—3,5 m;

Bezugssubstanz	Phenol								m-Kresol
Flüssige Phase	APL					Erythrit	Diäthylmercaptal der D-Glucose	B 34	DNS/S
Temperatur °C	165	170	183	190	200	150	170	200	175
Literaturzitat	*[766]*	*[656]*	*[766]*	*[656]*	*[374]*	*[656]*	*[656]*	*[589]*	*[1132]*
Phenol	1,00	1,00	1,00	1,00	1,00	1,00	1,00	1,00	0,65
2-Methylphenol	1,68	1,65	1,15	1,60	1,5	0,52	0,76	0,84	0,84
3-Methylphenol	1,77	1,79	1,90	1,69	1,65	0,94	1,14	1,40	1,00
4-Methylphenol	1,77	1,75	2,14	1,63	1,6	0,88	1,15	1,04	1,00
2-Äthylphenol	2,77	2,54	2,9	2,28	2,2	0,40	0,76	—	1,06
3-Äthylphenol	3,12	2,88	3,5	2,70	2,5	0,83	1,33	—	—
4-Äthylphenol	3,07	2,83	3,5	2,50	2,45	0,84	1,31	—	—
2,3-Dimethylphenol . .	3,38	3,44	4,2	3,10	2,9	0,67	1,15	—	1,52
2,4-Dimethylphenol . .	2,93	2,90	3,6	2,59	2,4	0,47	0,85	—	1,17
2,5-Dimethylphenol . .	2,93	2,90	3,5	2,58	2,4	0,45	0,83	—	1,17
2,6-Dimethylphenol . .	2,77	2,75	2,9	2,47	2,25	0,23	0,48	—	1,06
3,4-Dimethylphenol . .	3,56	3,64	4,5	3,29	3,0	1,17	1,71	—	1,81
3,5-Dimethylphenol . .	3,12	3,16	3,8	2,73	2,6	0,86	1,33	—	1,53
2-n-Propylphenol . . .	—	—	—	—	3,1	—	—	—	—
3-n-Propylphenol . . .	—	4,45	—	3,97	3,6	0,66	1,42	—	—
4-n-Propylphenol . . .	—	—	—	—	3,8	—	—	—	—
2-iso-Propylphenol . .	3,38	—	4,5	—	2,7	—	—	—	—
4-iso-Propylphenol . .	4,85	—	5,2	—	3,2	—	—	—	—
2-Methyl-4-äthylphenol	—	4,42	—	3,84	—	0,40	0,94	—	—
3-Methyl-5-äthylphenol	—	4,90	—	4,36	—	0,82	1,44	—	—
2,3,4-Trimethylphenol	—	—	—	—	5,2	—	—	—	—
2,3,5-Trimethylphenol	5,57	—	7,00	—	4,35	—	—	—	—
2,3,6-Trimethylphenol	—	—	—	—	4,1	—	—	—	—
2,4,5-Trimethylphenol	5,57	—	7,00	—	4,5	—	—	—	—
2,4,6-Trimethylphenol	4,85	—	—	—	3,5	—	—	—	—
3,4,5-Trimethylphenol	—	—	—	—	5,5	—	—	—	—
2-Äthyl-4-methylphenol	4,85	4,10	5,2	3,38	—	0,33	0,77	—	—
2-Äthyl-5-methylphenol	4,85	—	5,2	—	3,2	—	—	—	—
3-Äthyl-2-methylphenol	—	—	—	—	3,85	—	—	—	—
3-Äthyl-5-methylphenol	4,85	—	5,2	—	3,8	—	—	—	—
4-Äthyl-2-methylphenol	4,85	—	5,2	—	3,6	—	—	—	—
4-Äthyl-3-methyl — phenol	4,85	—	5,2	—	4,2	—	—	—	—
2-Methyl-5-iso-propylphenol	—	—	—	—	4,55	—	—	—	—

(Fortsetzung)

BDP: 10% Benzyldiphenyl auf Celite; Trägergas: N_2; Säule: 2,5—3,5 m; **PNA:** 20% Phenyl-2-naphthylamin auf C-3; Trägergas: N_2; Säule: 2,5—3,5 m; **THD:** 20% Tetra-(hydroxyäthyl)-äthylendiamin auf Celite; Trägergas: N_2; Säule: 2,5—3,5 m; **SB:** 20% Sorbit auf Celite; Trägergas: N_2; Säule: 2,5—3,5 m; **ET:** 25% Erythrit auf Celite; Trägergas: H_2; Säule: 2,5—3,5 m; **APM:** Apiezon M auf Celite; Trägergas: N_2; Säule: 2,5—3,5 m; **Sil.-E 301:** Silicon E-301 auf Celite; Trägergas: N_2; Säule: 2,5—3,5 m.

n-Pentan			Phenol		Anisol	Phenol					
DDP	Sil.-öl	PG	Sil.-fett	DOS	DCP	DBS	DAPS	DG	D 55	GMO	GMS
150	150	150	165	178	150	200	200	140	180	180	180
[1012]	*[1012]*	*[1012]*	*[766]*	*[959]*	*[384]*	*[374,375]*	*[374,375]*	*[374,375]*	*[374,375]*	*[374,375]*	*[374,375]*
—	—	—	1,00	1,00	3,2	1,00	1,00	1,00	1,00	1,00	1,00
139,0	16,1	1450	1,46	1,24	—	0,9	0,9	0,7	1,4	1,2	1,3
—	—	2110	1,57	1,49	—	1,35	1,3	1,1	1,6	1,2	1,55
—	26,7	2030	1,57	1,49	—	1,35	1,3	1,1	1,6	1,2	1,55
—	—	—	2,14	1,75	—	1,1	1,0	0,7	2,0	1,5	1,8
—	—	—	2,44	—	7,16	1,7	1,6	—	—	—	—
—	—	—	2,44	2,20	9,41	1,85	1,5	—	—	—	—
—	—	—	2,62	2,20	8,51	1,5	1,35	—	—	1,7	2,35
—	—	2440	2,28	1,84	—	1,3	1,1	0,75	2,2	1,6	2,0
—	—	—	2,28	1,84	—	1,25	1,15	—	—	—	—
—	—	—	2,01	1,43	4,86	0,75	0,7	0,4	1,8	—	1,5
—	—	—	2,77	2,55	10,42	2,15	2,0	—	—	1,8	2,7
—	—	—	2,44	2,26	8,16	1,8	1,65	1,25	2,6	—	2,4
—	—	—	—	—	—	1,35	1,0	—	—	—	—
—	—	—	—	—	—	2,5	1,8	—	—	—	—
—	—	—	—	—	—	2,6	1,55	—	—	—	—
—	—	—	2,77	—	—	1,2	—	—	—	—	—
—	—	—	3,22	—	—	2,2	1,5	—	—	—	—
—	—	—	—	—	—	—	—	—	—	—	—
—	—	—	—	—	—	—	—	—	—	—	—
—	—	—	—	—	—	2,4	2,2	—	—	—	—
—	—	—	4,00	—	—	1,9	1,7	1,1	—	—	3,55
—	—	—	—	—	—	1,2	1,0	—	—	—	—
—	—	—	4,00	—	—	2,0	1,6	—	—	—	—
—	—	—	3,10	—	—	1,15	0,85	0,45	2,9	2,2	2,4
—	—	—	—	—	—	3,3	3,35	—	—	—	—
—	—	—	3,46	—	—	—	—	—	—	—	—
—	—		3,25	—	—	1,4	1,15	—	—	—	—
—	—	—	—	—	—	1,9	1,55	—	—	—	—
—	—	—	3,66	—	—	2,3	1,85	1,35	3,4	—	—
—	—	—	3,46	—	—	1,8	1,2	—	—	—	—
—	—	—	4,00	—	—	2,9	2,2	—	—	—	—
—	—	—	—	—	—	2,0	1,35	—	—	—	—

Tabelle 43

Bezugssubstanz	Phenol								m-Kresol
Flüssige Phase	APL					Erythrit	Diäthylmercaptal der D-Glucose	B 34	DNS/S
Temperatur °C	165	170	183	190	200	150	170	200	175
Literaturzitat	[766]	[656]	[766]	[656]	[374,375]	[656]	[656]	[589]	[1132]
4-Methyl-2-iso-propylphenol	—	—	—	—	3,85	—	—	—	—
5-Methyl-2-iso-propylphenol	—	—	—	—	4,2	—	—	—	—
2,5-Diäthylphenol	—	6,75	—	5,8	—	0,29	0,94	—	—
2,6-Diäthylphenol	—	—	—	—	3,7	—	—	—	—
3,5-Diäthylphenol	—	—	—	—	5,2	—	—	—	—
4-tert.-Butylphenol	—	—	—	—	4,3	—	—	—	—
Pentamethylphenol	—	—	—	—	16,0	—	—	—	—
4-tert.-Amylphenol	—	—	—	—	6,9	—	—	—	—
2,6-Di-n-propylphenol	—	—	—	—	7,8	—	—	—	—
2,6-Di-iso-propylphenol	—	—	—	—	5,7	—	—	—	—
4-Indanol	—	—	—	—	6,0	—	—	—	—
5-Indanol	—	—	—	—	6,5	—	—	—	—
2-Phenylphenol	—	—	—	—	13,0	—	—	—	—
3-n-Butylphenol	—	7,7	—	6,0	—	0,64	1,77	—	—
5-Äthyl-2-methylphenol	4,85	—	5,2	—	3,6	—	—	—	—
2-Methyl-6-n-propylphenol	—	—	—	—	5,1	—	—	—	—
2,3,5,6-Tetramethylphenol	—	—	—	—	7,3	—	—	—	—
2,3,4,5-Tetramethylphenol	—	—	—	—	8,9	—	—	—	—
2,6-Di-tert.butyl-4-methylphenol	—	—	—	—	10,5	—	—	—	—

Bezugssubstanz	Phenol						
Flüssige Phase	TP	DNP	PPS	PG 50	Sil-DC	Sil-E	BDP
Temperatur °C	175	190	150	180	180	170	140
Literaturzitat	[374,375]	[374,375]	[374,375]	[374,375]	[374,375]	[374,375]	[374,375]
Phenol	1,00	1,00	1,00	1,00	1,00	1,00	1,00
2-Methylphenol	1,1	1,3	1,1	1,0	1,3	1,45	1,3
3-Methylphenol	1,45	1,5	1,3	1,3	1,5	1,5	1,75
4-Methylphenol	1,45	1,5	1,3	1,3	1,5	1,5	1,75
2-Äthylphenol	—	1,8	—	1,3	—	—	2,0
2,3-Dimethylphenol	—	2,25	—	1,8	2,2	—	—
2,4-Dimethylphenol	1,6	1,9	1,45	1,5	—	2,3	2,6
2,6-Dimethylphenol	1,0	1,45	1,1	1,0	1,75	2,0	1,9
3,4-Dimethylphenol	2,4	2,6	—	—	—	—	3,4
3,5-Dimethylphenol	2,1	2,3	1,8	1,85	2,1	2,4	2,9
2,3,5-Trimethylphenol	2,8	3,4	2,3	2,4	—	—	—
2,4,6-Trimethylphenol	1,5	2,2	1,45	1,4	2,5	3,1	3,4
3-Äthyl-5-methylphenol	3,1	3,4	2,4	—	3,2	—	4,8
2,3,5,6-Tetramethylphenol	—	—	2,7	2,7	4,9	—	—

(Fortsetzung)

n-Pentan			Phenol		Anisol	Phenol					
DDP	Sil.-öl	PG	Sil.-fett	DOS	DCP	DBS	DAPS	DG	D 55	GMO	GMS
150	150	150	165	178	150	200	200	140	180	180	180
[1012]	[1012]	[1012]	[766]	[959]	[384]	[374]	[374]	[374]	[374]	[374]	[374]
—	—	—	—	—	—	1,5	0,9	—	—	—	—
—	—	—	—	—	—	1,6	1,1	—	—	—	—
—	—	—	—	—	—	—	—	—	—	—	—
—	—	—	—	—	—	0,95	0,8	—	—	—	—
—	—	—	—	—	—	3,35	2,15	—	—	—	—
—	—	—	—	—	—	2,75	1,8	—	—	—	—
—	—	—	—	—	—	3,8	3,4	—	—	—	—
—	—	—	—	—	—	4,2	2,4	—	—	—	—
—	—	—	—	—	—	1,4	—	—	—	—	—
—	—	—	—	—	—	1,0	0,55	—	—	—	—
—	—	—	—	—	—	3,4	3,2	—	—	—	—
—	—	—	—	—	—	4,3	4,3	—	—	—	—
—	—	—	—	—	—	4,45	6,2	—	—	—	—
—	—	—	—	—	—	—	—	—	—	—	—
—	—	—	3,46	—	—	1,7	1,3	—	—	—	—
—	—	—	—	—	—	1,05	—	—	—	—	4,4
—	—	—	—	—	—	1,9	1,6	0,75	—	—	—
—	—	—	—	—	—	3,55	3,5	—	—	—	—
—	—	—	—	—	—	1,1	0,3	—	—	—	—

Bezugssubstanz	Phenol			
Flüssige Phase	PNA	THD	SB	ET
Temperatur °C	180	190	140	150
Literaturzitat	[374, 375]	[374]	[374]	[374]
Phenol	1,00	1,0	1,0	1,0
2-Methylphenol	1,3	0,7	—	0,6
3-Methylphenol	1,5	1,1	0,4	1,0
4-Methylphenol	1,5	1,1	0,4	1,0
2-Äthylphenol	1,8	—	—	0,5
2,3-Dimethylphenol	2,4	1,0	0,6	0,8
2,4-Dimethylphenol	2,1	0,8	—	0,6
2,6-Dimethylphenol	1,7	0,4	—	0,3
3,4-Dimethylphenol	—	1,4	0,4	1,4
3,5-Dimethylphenol	2,5	1,1	—	1,0
2,4,6-Trimethylphenol	—	0,5	0,8	0,3
2,3,5-Trimethylphenol	2,3	—	0,8	—
3-Äthyl-5-methylphenol	—	1,2	—	—
2,3,4,5-Tetramethylphenol	—	—	1,1	—
2,3,5,6-Tetramethylphenol	—	0,7	0,6	0,5

Tabelle 43 *(Fortsetzung)*

Bezugssubstanz	Brenzcatechin			Phenol	
Flüssige Phase	γ-Lacton der Galacton-säure 20% auf Kieselgur	Mannit 20% auf Kieselgur	Inosit 20% auf Kieselgur	APM	Sil.-E 301
Temperatur °C	190	190	230	190	180
Literaturzitat	*[656]*	*[656]*	*[656]*	*[374]*	*[374]*
Brenzcatechin	1,00	1,00	1,00	2,4	2,5
2-Methylbrenzcatechin	—	—	—	4,1	3,9
3-Methylbrenzcatechin	0,54	0,45	0,25	—	—
4-Methylbrenzcatechin	0,85	0,75	0,44	—	—
3,4-Dimethyl-brenzcatechin	0,26	0,19	<0,1	—	—
3,5-Dimethyl-brenzcatechin	0,30	0,29	<0,1	—	4,95
3,6-Dimethyl-brenzcatechin	—	—	—	—	4,1
4,5-Dimethyl-brenzcatechin	0,32	0,32	<0,1	—	—
Resorcin	—	—	4,10	3,0	3,8
2-Methylresorcin	—	—	—	4,4	4,4
4-Methylresorcin	—	—	—	4,7	4,9
5-Methylresorcin	—	—	—	5,1	5,6
2,4-Dimethylresorcin	—	—	—	—	5,5
2,4,6-Trimethylresorcin	—	—	—	—	6,55
Hydrochinon	—	—	4,00	—	3,4
2-Methylhydrochinon	—	—	—	—	4,3

Tabelle 44. *Clorphenole und Chloranisole* *[374]*

Erläuterungen der Abkürzungen und Trennbedingungen: **APL:** Apiezon L auf Celite 545; Trägergas: N_2; Säule: 2,5 m — 3,6 m; **APS:** 4,4'-Diaminodiphenylsulfon auf Celite 545; Trägergas: N_2; Säule: 2,5 m — 3,6 m; **Sil.:** Silicon DC 703 auf Celite 545; Trägergas: N_2; Säule: 2,5 m — 3,6 m; **BDP:** Benzyldiphenyl auf Celite 545; Trägergas: N_2; Säule: 2,5 m — 3,6 m; **ZST:** Zinkstearat auf Celite 545; Trägergas: N_2; Säule: 2,5 m — 3,6 m.

Bezugssubstanz	Phenol					
Flüssige Phase	APL		APS	Sil.	BDP	ZST
Temperatur °C	200	190	180	160	160	190
2-Chlor-phenol	1,3	—	0,6	1,15	0,6	—
4-Chlor-phenol	1,8	—	2,7	1,7	3,0	—
2,4-Dichlor-phenol	2,4	—	1,25	2,6	1,3	—
2,6-Dichlor-phenol	2,65	—	1,25	3,0	1,3	—
2,4,6-Trichlor-phenol	4,9	—	2,2	—	2,4	—
2,4,5-Trichlor-phenol	—	—	3,0	—	—	—
2-Chlor-anisol	—	2,1	—	—	—	0,4
4-Chlor-anisol	—	2,1	—	—	—	0,4
2,4-Dichlor-anisol	—	4,3	—	—	—	0,8
2,6-Dichlor-anisol	—	3,1	—	—	—	0,6
2,4,6-Trichlor-anisol	—	5,3	—	—	—	1,0

Tabelle 45. *Aldehyde*

Erläuterungen der Abkürzungen und Trennbedingungen: **EHS:** 23% Äthyl-hexyl-sebacat auf Schamottemehl (30—60 mesh); Trägergas: H_2; Säule: 2 m × 0,6 cm; **CVC:** 23% Convachlor-12 auf Schamottemehl (30—60 mesh); Trägergas: H_2: Säule: 2 m × 0,6 cm; **TKP:** 23% Trikresylphosphat auf Schamottemehl (30—60 mesh); Trägergas: H_2; Säule: 2 m × 0,6 cm; **DPF:** 23% Diphenylformamid auf Schamottemehl (30—60 mesh); Trägergas: H_2; Säule: 2 m × 0,6 cm; **TDP:** 23% Thiodipropionitril auf Schamottemehl (30—60 mesh); Trägergas: H_2; Säule: 2 m × 0,6 cm; **PG 4:** 23% Polypropylenglykol (MG. 400) auf Schamottemehl (30—60 mesh); Trägergas: H_2; Säule: 2 m × 0,6 cm; **PG 20:** 23% Polypropylenglykol (MG. 2000) auf Schamottemehl (30—60 mesh); Trägergas: H_2; Säule: 2 m × 0,6 cm; **PCG:** 23% Polyepichlorhydrin auf Schamottemehl (30—60 mesh); Trägergas: H_2; Säule: 2 m × 0,6 cm; **APL:** 23% Apiezon L auf Schamottemehl (30—60 mesh); Trägergas: H_2; Säule: 2 m × 0,6 cm; **APL:** 15% Apiezon L auf Celite 545 (0,1—0,2 mm); Trägergas: N_2; **BD:** 15% Benzyldiphenyl auf Celite 545 (0,1—0,2 mm); Trägergas: N_2; **DIN:** 15% Di-n-octylester von 2,7- Dinitrophenanthrachinon auf Celite 545 (0,1—0,2 mm); Trägergas: N_2; **ODP:** 23% β,β'-Bis(propionitril)äther auf Schamottemehl (30—60 mesh); Trägergas: H_2; Säule: 2 m × 0,6 cm; **ODP:** 30% β,β'-Oxydipropionitril auf Sterchamol (0,25—0,35 mm); Trägergas: H_2; Säule: 4 m × 0,6 cm; **HGDÄ:** 30% Hexaäthylenglykol-dimethyläther auf Sterchamol (0,25—0,35 mm); Trägergas: H_2; Säule: 4 m × 0,6 cm; **DDP:** Di-n-decylphthalat auf Sterchamol (0,25—0,43mm); Trägergas: 100 ml He/min; Säule: 2 m; **DHS:** Diäthylhexylsebacinat auf Sterchamol (0,25—0,43 mm); Trägergas: 100 ml He/min; Säule: 2 m; **Sil.-öl:** Siliconöl DC 200 auf Sterchamol (0,25—0,43 mm); Trägergas: 100 ml He/min; Säule: 2 m; **TGDÄ:** Tetraäthylenglykol-dimethyläther auf Sterchamol (0,25—0,43 mm); Trägergas: 100 ml He/min; Säule: 2 m; **F/PS:** Fluoren/Pikrinsäure auf Sterchamol (0,25—0,43 mm); Trägergas: 100 ml He/min; Säule: 2 m; **PG:** Polyäthylenglykol auf Sterchamol (0,25—0,43 mm); Trägergas: 100 ml He/min; Säule: 2 m; **Sil.:** 20% Silicon DC 550 auf Celite (May & Baker); Trägergas: 80—100 ml/min; Säule: 3—5 m × 0,4—0,5 cm; **H.S.P.** 20% Hyprose S.P. 80 (Dow Chemical Co. — Octakis(2-hydroxypropyl)saccharose auf Celite; Trägergas: 80—100 ml/min; Säule: 3—5 m × 0,4—0,5 cm); **LAC-2-R 446:** 20% auf Sil-0-Cel C-22 (30—60 mesh); Trägergas: 90 ml He/min; Säule: 3 m × 0,6 cm; **LAC-4-R 777:** 20% auf Sil-0-Cel C-22 (30—60 mesh); Trägergas: 90 ml He/min; Säule: 3 m × 0,6 cm; **DEGS:** 20% Diäthylenglykolsuccinat auf Sil-0-Cel C-22 (30—60 mesh); Trägergas: 140 ml He/min; Säule: 3 m × 0,6 cm.

Bezugssubstanz	n-Pentan									Toluol			n-Pentan	Benzol		n-Pentan		
Flüssige Phase	EHS	CVC	TKP	DPF	TDP	PG 4	PG 20	PCG	APL	APL	BD	DIN	ODP	ODP	HGDÄ	DDP		
Temperatur °C	100	100	100	100	67	120	120	120	100	100	100	100	67	70	70	50	100	150
Literaturzitat	*[1175]*	*[1175]*	*[1175]*	*[1175]*	*[1175]*	*[1175]*	*[1175]*	*[1175]*	*[1175]*	*[162]*	*[162]*	*[162]*	*[1175]*	*[715]*	*[715]*	*[1012]*	*[1012]*	*[1012]*
Acetaldehyd	0,5	0,9	0,19	2,8	15	1,4	1,0	2,2	1,0	—	—	—	19	0,43	0,16	—	—	—
Paraldehyd	—	—	—	—	—	—	—	—	—	—	—	—	—	—	—	—	13,2	8,23
Propionaldehyd	1,2	2,3	3,9	5,6	27	2,8	1,8	4,3	1,5	0,096	0,153	0,163	33	0,72	0,34	2,00	1,70	1,68
Crotonaldehyd	—	—	—	—	—	—	—	—	—	—	—	—	—	3,96	1,18	—	8,43	5,64
Isobutyraldehyd	—	—	—	—	—	—	—	—	—	—	—	—	—	0,78	0,46	4,08	2,82	2,41
n-Butyraldehyd	3,7	4,9	7,8	10,6	46	4,8	3,5	8,0	2,8	0,201	0,296	0,322	54	1,19	0,69	4,53	4,06	2,94
n-Valeraldehyd	6,9	11,9	16,3	21,5	84	9,4	7,0	15	5,5	—	—	—	98	—	—	—	—	—
Benzaldehyd	—	—	—	—	—	—	—	—	—	3,56	7,77	8,61	—	—	—	—	—	—
Furfurol	—	—	—	—	—	—	—	—	—	1,11	3,22	3,97	—	—	—	—	—	22,3

Tabelle 45 *(Fortsetzung)*

Bezugssubstanz	n-Pentan											Tetralin		n-Decanal		
Flüssige Phase	DHS			Sil.-öl			TGDÄ	F/PS	PG			Sil.	H.S.P.	LAC-2-R 446	LAC-4-R 777	DEGS
Temperatur °C	50	100	150	50	100	150	50	100	50	100	150	132	156	150	150	112
Literaturzitat	*[1012]*	*[1012]*	*[1012]*	*[1012]*	*[1012]*	*[1012]*	*[1012]*	*[1012]*	*[1012]*	*[1012]*	*[1012]*	*[192]*	*[192]*	*[105]*	*[105]*	*[213]*
Paraldehyd	—	26,8	16,7	18,7	12,8	8,55	—	15,8	—	61,7	31,1	—	—	—	—	—
Propionaldehyd	1,56	1,36	1,29	0,80	0,80	0,82	1,95	12,1	20,4	10,5	7,67	—	—	—	—	—
n-Butyraldehyd	4,10	3,12	—	2,16	1,97	1,64	5,15	18,8	35,6	19,3	14,3	—	—	—	—	—
n-Capronaldehyd	—	—	—	—	—	—	—	—	—	—	—	0,32	0,43	0,444	—	—
n-Önanthaldehyd	—	—	—	—	—	—	—	—	—	—	—	—	—	0,302	—	—
n-Caprylaldehyd	—	—	—	—	—	—	—	—	—	—	—	0,57	0,67	0,455	0,495	0,413
n-Pelargonaldehyd	—	—	—	—	—	—	—	—	—	—	—	—	—	0,676	0,701	0,646
n-Caprinaldehyd	—	—	—	—	—	—	—	—	—	—	—	—	—	1,00	1,00	1,00
n-Undecylaldehyd	—	—	—	—	—	—	—	—	—	—	—	—	—	1,47	1,41	1,55
n-Laurinaldehyd	—	—	—	—	—	—	—	—	—	—	—	—	—	2,17	—	—
Benzaldehyd	—	—	—	—	—	14,8	—	—	—	—	282	—	—	—	—	—
Furfurol	—	—	18,6	—	13,3	9,04	—	—	—	—	214	—	—	—	—	—

Tabelle 46. *Ketone*

Erläuterungen der Abkürzungen und Trennbedingungen: **BD:** 15% Benzyldiphenyl auf Celite 545 (0,1—0,2 mm); Trägergas: N_2; **APL:** 15% Apiezon L auf Celite 545 (0,1—0,2 mm); Trägergas: N_2; **APL:** 23% Apiezon L auf Schamottemehl (30—60 mesh); Trägergas: H_2; Säule: 2 m × 0,6 cm; **APL:** 15% Apiezon L auf Celite 545 (0,1—0,2 mm); Trägergas: N_2; **DIN:** 15% Di-n-octylester von 2,7-Dinitrophenanthrachinon auf Celite 545 (0,1—0,2 mm); Trägergas: N_2; **PPG:** Polypropylenglykol (MG. 1025) auf firebrick (Fisher „Columpak"); Trägergas: 45 ml He/min; Säule: 1 m × 0,6—1,0 cm; **PBG:** Polybutylenglykol (MG. 1500) auf firebrick (Fisher „Columpak"); Trägergas: 50 ml He/min; Säule: 1 m × 0,6—1,0 cm; **PÄG:** Polyäthylenglykol (MG. 20000) auf firebrick (Fisher „Columpak"); Trägergas: 48 ml He/min; Säule: 1 m × 0,6—1,0 cm; **ODP:** 23% β,β'-Bis(propionitril)äther auf Schamottemehl (30—60 mesh); Trägergas: H_2; Säule: 2 m × 0,6 cm; **ODP:** 30% β,β'-Oxydipropionitril auf Sterchamol (0,25—0,35 mm); Trägergas: H_2; Säule: 4 m × 0,6 cm; **HGDÄ:** 30% Hexaäthylenglykoldimethyläther auf Sterchamol (0,25—0,35 mm); Trägergas: H_2; Säule: 4 m × 0,6 cm; **DDP:** Di-n-decylphthalat auf Sterchamol (0,25 bis 0,43 mm); Trägergas: 100 ml He/min; Säule: 2 m; **DHS:** Diäthylhexylsebacinat auf Sterchamol (0,25—0,43 mm); Trägergas: 100 ml He/min; Säule: 2 m; **Sil.-öl:** Siliconöl DC 200 auf Sterchamol (0,25—0,43 mm); Trägergas: 100 ml He/min; Säule: 2 m; **F/PS:** Fluoren/Pikrinsäure auf Sterchamol (0,25—0,43 mm); Trägergas: 100 ml He/min; Säule: 2 m; **PG:** Polyäthylenglykol auf Sterchamol (0,25 bis 0,43 mm); Trägergas: 100 ml He/min; Säule: 2 m; **EHS:** 23% Äthyl-hexyl-sebacat auf Schamottemehl (30—60 mesh); Trägergas: H_2; Säule: 2 m × 0,6 cm; **CVC:** 23% Convachlor-12 auf Schamottemehl (30—60 mesh); Trägergas: H_2; Säule: 2 m × 0,6 cm; **IDP:** 23% β,β'-Imino-bis(propionitril) auf Schamottemehl (30—60 mesh); Trägergas: H_2; Säule: 2 m × 0,6 cm; **TKP:** 23% Trikresylphosphat auf Schamottemehl (30—60 mesh); Trägergas: H_2; Säule: 2 m × 0,6 cm; **DPF:** 23% Diphenylformamid auf Schamottemehl (30—60 mesh); Trägergas: H_2; Säule: 2 m × 0,6 cm; **TDP:** 23% Thiodipropionitril auf Schamottemehl (30—60 mesh); Trägergas: H_2; Säule: 2 m × 0,6 cm; **PG 4:** 23% Polypropylenglykol (MG. 400) auf Schamottemehl (30—60 mesh); Trägergas: H_2; Säule: 2 m × 0,6 cm; **PG 20:** 23% Polypropylenglykol (MG. 2000) auf Schamottemehl (30—60 mesh); Trägergas: H_2; Säule: 2 m × 0,6 cm; **PCG:** 23% Polyepichlorhydrin auf Schamottemehl (30—60 mesh); Trägergas: H_2; Säule: 2 m × 0,6 cm.

Bezugssubstanz	Toluol		n-Pentan	p-Xylol	Toluol	Nicotin			n-Pentan	Benzol		n-Pentan					
Flüssige Phase	BD	APL	APL	APL	DIN	PBG	PPG	PÄG	ODP	ODP	HGDÄ	DDP			DHS		
Temperatur °C	100	100	100	150	100	190	180	190	67	70	70	50	100	150	50	100	150
Literaturzitat	*[162]*	*[162]*	*[1175]*	*[162]*	*[162]*	*[1002]*	*[1002]*	*[1002]*	*[1175]*	*[715]*	*[715]*	*[1012]*	*[1012]*	*[1012]*	*[1012]*	*[1012]*	*[1012]*
Aceton	0,152	0,076	1,7	—	0,178	—	—	—	52,4	1,10	0,41	2,14	1,92	1,59	1,63	1,34	1,14
Butanon-(2)	0,320	0,174	2,7	—	0,354	—	—	—	81	1,67	0,79	5,89	4,44	3,47	4,36	3,21	2,37
3-Methyl-butanon-(2)	0,470	0,285	—	—	0,515	—	—	—	—	1,89	1,08	—	—	—	—	—	—
Pentanon-(2)	0,602	0,350	4,6	—	0,650	—	—	—	120	2,47	1,46	—	—	—	—	—	—
Pentanon-(3)	0,636	0,382	—	0,235	0,651	—	—	—	—	2,40	1,46	—	9,01	9,09	10,5	6,68	5,26
3,3-Dimethyl-butanon-(2)	0,613	0,437	—	—	0,702	—	—	—	—	—	—	—	—	—	—	—	—
4-Methyl-pentanon-(2)	0,818	0,522	6,1	—	0,922	—	—	—	132	—	—	—	—	—	—	—	—
Hexanon-(3)	1,17	0,742	—	—	1,15	—	—	—	—	—	—	—	—	—	—	—	—
2,4-Dimethyl-pentanon-(3)	1,01	0,777	—	—	1,08	—	—	—	—	—	—	—	—	—	—	—	—
Hexanon-(2)	1,25	0,767	—	—	1,30	—	—	—	—	—	—	—	—	—	—	—	—
5-Methyl-hexanon-(3)	1,52	1,04	—	—	1,56	—	—	—	—	—	—	—	—	—	—	—	—
Heptanon-(4)	2,07	1,41	—	—	2,04	—	—	—	—	—	—	—	—	—	—	—	—
5-Methyl-hexanon-(2)	1,95	1,21	—	—	2,09	—	—	—	—	—	—	—	—	—	—	—	—
Heptanon-(3)	2,35	1,54	—	—	2,29	—	—	—	—	—	—	—	—	—	—	—	—
Heptanon-(2)	2,60	1,55	18	—	2,66	—	—	—	—	—	—	—	—	—	—	—	—
6-Methyl-heptanon-(3)	3,25	2,32	—	—	3,34	—	—	—	—	—	—	—	—	—	—	—	—
6-Methyl-heptanon-(2)	3,88	2,46	—	—	3,90	—	—	—	—	—	—	—	—	—	—	—	—
2,6-Dimethyl-heptanon-(4)	3,45	2,86	—	—	3,74	—	—	—	—	—	—	—	—	—	—	—	—
Octanon-(3)	4,79	3,20	—	—	4,68	—	—	—	—	—	—	—	—	—	—	—	—
Octanon-(2)	5,26	3,22	—	—	5,25	—	—	—	—	—	—	—	—	—	—	—	—
Nonanon-(5)	8,22	5,82	—	—	8,11	—	—	—	—	—	—	—	—	—	—	—	—
Nonanon-(3)	9,35	6,30	—	—	8,75	—	—	—	—	—	—	—	—	—	—	—	—
Cyclopentanon	1,99	0,880	—	—	1,88	—	—	—	—	—	—	—	—	—	—	—	—
Acetophenon	—	7,33	—	—	—	—	—	—	—	—	—	—	—	—	—	—	—
3-Pyridylmethylketon	—	—	—	—	—	0,501	0,378	0,876	—	—	—	—	—	—	—	—	—
3-Pyridyläthylketon	—	—	—	—	—	0,71	0,61	1,018	—	—	—	—	—	—	—	—	—
3-Pyridyl-n-propylketon	—	—	—	—	—	0,943	0,854	1,27	—	—	—	—	—	—	—	—	—
Acetylaceton	1,63	0,818	—	—	2,02	—	—	—	—	—	—	—	22,9	14,2	—	17,5	11,7
Cyclohexanon	4,25	1,90	—	—	4,02	—	—	—	—	—	—	—	54,5	27,6	—	47,8	24,0
p-Methylcyclohexanon	6,00	2,86	—	—	5,81	—	—	—	—	—	—	—	—	—	—	—	—

Tabelle 46 *(Fortsetzung)*

Bezugssubstanz	n-Pentan														
Flüssige Phase	Sil.-öl			F/PS	PG		EHS	CVC	IDP	TKP	DPF	TDP	PG 4	PG 20	PCG
Temperatur °C	50	100	150	100	100	150	100	100	67	100	100	67	120	120	120
Literaturzitat	*[1012]*	*[1012]*	*[1012]*	*[1012]*	*[1012]*	*[1012]*	*[1175]*	*[1175]*	*[1175]*	*[1175]*	*[1175]*	*[1175]*	*[1175]*	*[1175]*	*[1175]*
Aceton	0,82	0,96	0,97	17,0	13,7	11,7	1,5	2,8	45,4	4,5	6,7	42	3,2	2,1	5,0
Butanon-(2)	2,20	2,07	1,82	29,7	22,7	17,3	3,3	6,2	70,6	8,7	12,4	66	5,7	3,9	9,0
Pentanon-(2)	—	—	—	—	—	—	6,4	12,3	108,6	15,6	21,5	100	9,5	6,9	14,8
Pentanon-(3)	5,44	4,29	3,32	49,0	37,9	24,7	—	—	—	—	—	—	—	—	—
4-Methyl-pentanon-(2)	—	—	—	—	—	—	9,5	18,8	119,2	20,5	26,7	106	12,5	9,0	18
Heptanon-(2)	—	—	—	—	—	—	—	57,6	347	48,0	81,5	—	33	24	49
Acetylaceton	11,9	8,10	6,11	24,4	159	—	—	—	—	—	—	—	—	—	—
Acetonylaceton	—	—	14,8	—	—	286	—	—	—	—	—	—	—	—	—
Cyclohexanon	—	16,3	11,6	—	—	158	—	—	—	—	—	—	—	—	—

Tabelle 47. *Acetale*

Erläuterungen der Abkürzungen und Trennbedingungen: **ODP:** 30% β,β'-Oxydipropionitril auf Sterchamol (0,25–0,35 mm); Trägergas: 9,9 l H_2/h; Säule: 4 m × 0,6 cm; **HGDÄ:** 30% Hexaäthylenglykol-dimethyläther auf Sterchamol (0,25–0,35 mm); Trägergas: 18 l H_2/h; Säule: 4 m × 0,6 cm; **APL:** 23% Apiezon L auf Schamottemehl (30–60 mesh); Trägergas: H_2; Säule: 2 m × 0,6 cm; **APL:** 25% Apiezon L auf Celite (100–120 mesh); Trägergas: Argon; Säule: 1,2 m × 0,4 cm; **R 400:** 30% Reoplex 400 auf Celite (100–120 mesh); Trägergas: Argon; Säule: 1,2 m × 0,4 cm; **EHS:** 23% Äthyl-hexyl-sebacat auf Schamottemehl (30–60 mesh); Trägergas: H_2; Säule: 2 m × 0,6 cm; **IDP:** 23% β,β'-Imino-bis(propionitril) auf Schamottemehl (30–60 mesh); Trägergas: H_2; Säule: 2 m × 0.6 cm; **DPF:** 23% Diphenylformamid auf Schamottemehl (30–60 mesh); Trägergas: H_2; Säule: 2 m × 0,6 cm; **TDP:** 23% Thiodipropionitril auf Schamottemehl (30 bis 60 mesh); Trägergas: H_2; Säule: 2 m × 0,6 cm; **ODP:** 23% β,β'-Bis(propionitril)äther auf Schamottemehl (30–60 mesh); Trägergas: H_2; Säule: 2 m × 6 mm; **PG 4:** 23% Polypropylenglykol (MG. 400) auf Schamottemehl (30–60 mesh); Trägergas: H_2; Säule: 2 m × 0,6 cm; **PG 20:** 23% Polypropylenglykol (MG. 2000) auf Schamottemehl (30–60 mesh); Trägergas: H_2; Säule: 2 m × 0,6 cm; **PCG:** 23% Polyepichlorhydrin auf Schamottemehl (30–60 mesh); Trägergas: H_2; Säule: 2 m × 0,6 cm.

Bezugssubstanz	Benzol		n-Pentan	Stearinaldehyd-dimethylacetal		n-Pentan							
Flüssige Phase	ODP	HGDÄ	APL	APL	R 400	EHS	IDP	DPF	TDP	ODP	PG 4	PG 20	PCG
Temperatur °C	70	70	100	190	190	100	67	100	67	67	120	120	120
Literaturzitat	*[715]*	*[715]*	*[1175]*	*[454]*	*[454]*	*[1175]*	*[1175]*	*[1175]*	*[1175]*	*[1175]*	*[1175]*	*[1175]*	*[1175]*
Acetale:													
Formaldehyddimethyl-	0,40	0,25	1,2	—	—	1,1	16,4	4,0	15	18	2,5	1,9	3,6
Formaldehyddiäthyl-	0,69	0,69	1,8	—	—	2,3	24,1	6,3	22	27	3,8	3,0	5,4
Acetaldehyddimethyl-	0,59	0,41	—	—	—	—	—	—	—	—	—	—	—
Acetaldehyddiäthyl-	0,84	0,97	4,4	—	—	—	34,6	12,4	30	38	7,5	6,1	9,6
Propionaldehyddimethyl-	0,87	0,78	—	—	—	—	—	—	—	—	—	—	—
Propionaldehyddiäthyl-	—	—	7,8	—	—	—	47,2	19,9	41	51	11,7	10	15
Butyraldehyddimethyl-	1,38	1,56	—	—	—	—	—	—	—	—	—	—	—
Caprylaldehyddimethyl-	—	—	—	0,028	0,064	—	—	—	—	—	—	—	—
Undecylaldehyddimethyl-	—	—	—	0,043	0,089	—	—	—	—	—	—	—	—
Laurinaldehyddimethyl-	—	—	—	0,067	0,124	—	—	—	—	—	—	—	—
Tridecylaldehyddimethyl-	—	—	—	0,106	0,177	—	—	—	—	—	—	—	—
Myristolaldehyddimethyl-	—	—	—	0,150	0,280	—	—	—	—	—	—	—	—
Myristinaldehyddimethyl-	—	—	—	0,167	0,254	—	—	—	—	—	—	—	—
Pentadecylaldehyddimethyl-	—	—	—	0,263	0,364	—	—	—	—	—	—	—	—
Palmetolaldehyddimethyl-	—	—	—	0,364	0,570	—	—	—	—	—	—	—	—
Palmitinaldehyddimethyl-	—	—	—	0,412	0,506	—	—	—	—	—	—	—	—
Heptadecylaldehyddimethyl-	—	—	—	0,640	0,715	—	—	—	—	—	—	—	—
Ölaldehyddimethyl-	—	—	—	0,84	1,12	—	—	—	—	—	—	—	—
Linolaldehyddimethyl-	—	—	—	0,79	1,34	—	—	—	—	—	—	—	—
Linolenaldehyddimethyl-	—	—	—	0,79	1,68	—	—	—	—	—	—	—	—
Stearinaldehyddimethyl-	—	—	—	1,00	1,00	—	—	—	—	—	—	—	—
Nonadecylaldehyddimethyl-	—	—	—	1,56	1,41	—	—	—	—	—	—	—	—

Tabelle 48. *Epoxide* [715]

Erläuterungen der Abkürzungen und Trennbedingungen: **ODP:** 30% β,β'-Oxydipropionitril auf Sterchamol (0,25—0,35 mm); Trägergas: 9,9 l H_2/h; Säule: 4 m × 6 mm; **HGDÄ:** 30% Hexaäthylenglykol-dimethyläther auf Sterchamol (0,25 bis 0,35 mm); Trägergas: 9,9 l H_2/h; Säule: 4 m × 6 mm.

Bezugssubstanz	Benzol	
Flüssige Phase	ODP	HGDÄ
Temperatur °C	70	70
Äthylenoxid	0,37	0,16
Propylenoxid	0,48	0,24
Isobutylenoxid	0,52	0,31
2,3-Butylenoxid (cis)	0,78	0,46
2,3-Butylenoxid (trans)	0,57	0,35
1,2-Butylenoxid	0,78	0,52

Tabelle 49. *Äther*

Erläuterungen der Abkürzungen und Trennbedingungen: **EHS:** 23% Äthyl-hexylsebacat auf Schamottemehl (30—60 mesh); Trägergas: H_2; Säule: 2 m × 0,6 cm; **CVC:** 23% Convachlor-12 (Chloriertes Öl, MG. 326) auf Schamottemehl; Trägergas: H_2; Säule: 2 m × 0,6 cm; **FIS:** 23% Fluorolube S (Poly-trifluorvinylchlorid, MG. 775) auf Schamottemehl; Trägergas: H_2; Säule: 2 m × 0,6 cm; **IDP:** 23% β,β'-Iminobis(propionitril) auf Schamottemehl (30—60 mesh); Trägergas: H_2; Säule: 2 m × 0,6 cm; **TKP:** 23% Trikresylphosphat auf Schamottemehl (30—60 mesh); Trägergas: H_2; Säule: 2 m × 0,6 cm; **DPF:** 23% Diphenylformamid auf Schamottemehl (30—60 mesh); Trägergas: H_2; Säule: 2 m × 0,6 cm; **TDP:** 23% Thiodipropionitril auf Schamottemehl (30—60 mesh); Trägergas: H_2; Säule: 2 m × 0,6 cm; **ODP:** 23% β,β'-Bis(propionitril)äther auf Schamottemehl (30—60 mesh); Trägergas: H_2; Säule: 2 m × 0,6 cm; **PG 4:** 23% Polypropylenglykol (MG. 400) auf Schamottemehl (30—60 mesh); Trägergas: H_2; Säule: 2 m × 0,6 cm; **PG 20:** 23% Polypropylenglykol (MG. 2000) auf Schamottemehl (30—60 mesh); Trägergas: H_2; Säule: 2 m × 0,6 cm; **PCG:** 23% Polyepichlordyhrin auf Schamottemehl (30—60 mesh); Trägergas: H_2; Säule: 2 m × 0,6 cm; **APL:** 23% Apiezon L auf Schamottemehl (30—60 mesh); Trägergas: H_2; Säule: 2 m × 0,6 cm; **APL:** 25% Apiezon L auf firebrick (30—60 mesh); Trägergas: 100 ml He/min; Säule: 6 m × 0,6 cm; **APL:** 15% Apiezon L auf Celite 545 (0,1—0,2 mm); Trägergas: N_2; **BD:** 15% Benzyldiphenyl auf Celite 545 (0,1—0,2 mm); Trägergas: N_2; **DIN:** 15% Di-n-octylester von 2,7-Dinitrophenanthrachinon auf Celite 545 (0,1—0,2 mm); Trägergas: N_2; **ODP:** 30% β,β'-Oxydipropionitril auf Sterchamol (0,25—0,35 mm); Trägergas: 9,9 l H_2/min; Säule: 4 m × 0,6 cm; **HGDÄ:** 30% Hexaäthylenglykol-dimethyläther auf Sterchamol (0,25—0,35 mm); Trägergas: 18 l H_2/h; Säule: 4 m × 0,6 cm; **DDP:** Di-n-decylphthalat auf Sterchamol (0,25—0,43 mm); Trägergas: 100 ml He/min; Säule: 2 m; **DHS:** Diäthylhexylsebacinat auf Sterchamol (0,25—0,43 mm); Trägergas: 100 ml He/min; Säule: 2 m; **Sil.-öl:** Siliconöl DC 200 auf Sterchamol (0,25 bis 0,43 mm); Trägergas: 100 ml He/min; Säule: 2 m; **TGDÄ:** Tetraäthylenglykol-dimethyläther auf Sterchamol (0,25—0,43 mm); Trägergas: 100 ml He/min; Säule: 2 m; **F/PS:** Fluoren/Pikrinsäure auf Sterchamol (0,25—0,43 mm); Trägergas: 100 ml He/min; Säule: 2 m; **PG:** Polyäthylenglykol auf Sterchamol (0,25—0,43 mm); Trägergas: 100 ml He/min; Säule: 2 m; **ROL:** 12,5% Reomol PPs/P auf Celite 545 (110—120 mesh); Trägergas: N_2; Säule: 1,2 m × 0,6 cm; **ESÖ:** 12,5% „Embaphase" Siliconöl auf Celite 545 (110—120 mesh); Trägergas: N_2; Säule: 1,2 m × 0,6 cm; **EKO:** 12,5% Eastman Kodak (Polymer Plastic auf Celite) 545 (110—120 mesh); Trägergas: N_2; Säule: 1,2 × 0,6 cm; **DGS:** 12,5% Diglykolsäuredistearat auf Celite 545 (110—120 mesh); Trägergas: N_2; Säule: 1,2 m × 0,6 cm; **PÄGA:** 12,5% Polyäthylenglykoladipat auf Celite 545 (110—120 mesh); Trägergas: N_2; Säule: 1,2 m × 0,6 cm; **PPGA:** 12,5% Poly(propylenglykoladipat) auf Celite 545 (110—120 mesh); Trägergas: N_2; Säule: 1,2 m ×

Tabelle 49 (*Fortsetzung*)

0,6 cm; **PDGA:** 12,5% Poly(diäthylenglykoladipat) auf Celite 545 (110 bis 120 mesh); Trägergas: N_2; Säule: 1,2 m × 0,6 cm; **PTGA:** 12,5% Poly(triäthylenglykoladipat) auf Celite 545 (110–120 mesh); Trägergas: N_2; Säule: 1,2 m × 0,6 cm; **PTGS:** 12,5% Poly(triäthylenglykolsuccinat) auf Celite 545 (110–120 mesh); Trägergas: N_2; Säule: 1,2 m × 0,6 cm; **PTGR:** 12,5% Poly(triäthylenglykolphthalat) auf Celite 545 (110–120 mesh); Trägergas: N_2; Säule: 1,2 m × 0,6 cm.

Bezugssubstanz	n-Pentan												1,3,5-Triäthylbenzol	
Flüssige Phase	EHS	CVC	FIS	IDP	TKP	DPF	TDP	ODP	PG 4	PG 20	PCG	APL	APL	
Temperatur °C	100	100	100	67	100	100	67	67	120	120	120	100	200	220
Literaturzitat	[*1175*]	[*1175*]	[*1175*]	[*1175*]	[*1175*]	[*1175*]	[*1175*]	[*1175*]	[*1175*]	[*1175*]	[*1175*]	[*1175*]	[*203*]	[*203*]
Diäthyläther	1,1	1,5	2,0	5	—	—	4,4	5,0	1,2	1,3	2,0	1,0	—	—
Di-i-propyläther	2,3	3,0	3,2	5	2,9	3,1	4,6	5,7	2,4	2,2	2,8	1,8	—	—
Äthyl-n-butyläther	4,9	7,1	6,3	12,2	6,6	7,0	10,9	12,8	5,0	4,5	6,0	3,6	—	—
Di-n-butyläther	19,7	27,6	20,0	31	22	22,4	27,0	31	14,5	14	16,7	14	—	—
Di-n-amyläther	—	—	—	—	—	—	—	—	—	—	—	—	2,53	2,47

Bezugssubstanz	Toluol			Benzol		n-Pentan								
Flüssige Phase	APL	BD	DIN	ODP	HGDÄ	DDP			DHS			Sil.-öl		
Temperatur °C	100	100	100	70	70	50	100	150	50	100	150	50	100	150
Literaturzitat	[*162*]	[*162*]	[*162*]	[*715*]	[*715*]	[*1012*]	[*1012*]	[*1012*]	[*1012*]	[*1012*]	[*1012*]	[*1012*]	[*1012*]	[*1012*]
Dimethyläther	—	—	—	0,07	0,035	—	—	—	—	—	—	—	—	—
Diäthyläther	—	—	—	0,12	0,12	1,24	1,18	0,94	1,15	1,08	1,05	1,00	1,03	1,07
Di-i-propyläther	0,190	0,142	0,146	0,12	0,20	—	—	—	—	—	—	—	—	—
Di-n-propyläther	0,378	0,297	0,275	0,24	0,43	7,33	3,9	3,76	—	3,71	3,60	5,57	4,33	3,46
Äthyl-n-butyläther	—	—	—	0,71	0,195	—	—	—	—	—	—	—	—	—
Di-n-amyläther	3,86	2,60	2,38	—	—	—	14,5	8,56	—	11,0	7,54	7,49	5,33	3,99
Äthylenglykolmonoäthyläther	—	—	—	—	—	—	—	—	—	—	—	—	—	—
sym. Hexafluordiäthyläther	—	—	—	—	0,38	—	—	—	—	—	—	—	—	—

Tabelle 49 *(Fortsetzung)*

Bezugssubstanz	n-Pentan					Äthylcaprylat											
Flüssige Phase	TGDÄ	F/PS	PG			ROL	ESÖ	EKO	DGS	R 400	ÄGD	PÄGA	PPGA	PDGA	PTGA	PTGS	PTGP
Temperatur °C	50	100	50	100	150	141	141	141	141	141	141	141	141	141	141	141	141
Literaturzitat	*[1012]*	*[1012]*	*[1012]*	*[1012]*	*[1012]*	*[684]*	*[684]*	*[684]*	*[684]*	*[684]*	*[684]*	*[684]*	*[684]*	*[684]*	*[684]*	*[684]*	*[684]*
Diäthyläther	1,25	2,22	3,93	3,22	2,67	—	—	—	—	—	—	—	—	—	—	—	—
Di-n-propyläther	7,11	8,12	14,9	8,99	7,66	—	—	—	—	—	—	—	—	—	—	—	—
Vinylbutyläther	—	—	—	—	—	0,030	0,044	0,040	0,031	0,019	0,039	0,047	0,033	0,040	0,031	0,033	0,017
Äthylenglykolmonoäthyläther	—	149,0	—	—	78,0	—	—	—	—	—	—	—	—	—	—	—	—

Tabelle 50. *Phenoläther*

Erläuterungen der Abkürzungen und Trennbedingungen: **BD:** 15% Benzyldiphenyl auf Celite 545 (1,1—1,6 mm); Trägergas: N_2; **APL:** 15% Apiezon L auf Celite 545 (1,1—1,6 mm); Trägergas: N_2 **DIN:** 15% Di-n-octylester von 2,7-Dinitrophenanthrachinon auf Celite 545 (1,1—1,6 mm); Trägergas: N_2; **APL:** Apiezon L auf Celite 545; Trägergas: N_2; **GD:** „Gardilen" auf Celite 545; Trägergas: N_2; **GMS:** Glycerylmonostearat auf Celite 545; Trägergas: N_2; **PG 50:** „Parablex G 50" auf Celite 545; Trägergas: N_2; **BD:** Benzyldiphenyl auf Celite 545; Trägergas: N_2; **DP:** Decylphthalat auf Celite; Trägergas: He.

Bezugssubstanz	Toluol			Phenol							Anisol	
Flüssige Phase	BD	APL	DIN	APL		GD		GMS	PG 50	BD	DP	APM
Temperatur °C	100	100	100	150	200	150	200	180	180	180	150	145
Literaturzitat	*[162]*	*[162]*	*[162]*	*[374]*	*[374]*	*[374]*	*[374]*	*[374]*	*[374]*	*[374]*	*[101, 188, 384]*	
Anisol	4,21	2,64	4,08	0,6	—	0,085	—	0,45	0,25	0,6	1,00	1,00
o-Methylanisol	7,53	5,01	6,50	1,0	—	0,125	—	0,6	0,3	—	1,54	1,56
m-Methylanisol	8,61	5,53	8,42	1,1	—	0,145	—	0,7	0,3	—	1,73	1,67
p-Methylanisol	—	—	—	1,1	—	0,145	—	—	0,3	—	1,73	1,67

o-Äthylanisol	—	—	—	1,4	—	0,17	—	—	—	—	2,26	—
m-Äthylanisol	—	—	—	—	—	—	—	—	—	—	2,80	—
p-Äthylanisol	—	—	—	1,8	—	0,23	—	—	—	—	2,89	—
2,3-Dimethylanisol	—	—	—	2,1	—	0,24	—	—	—	—	3,03	2,96
2,4-Dimethylanisol	14,6	10,2	13,3	1,7	—	0,185	—	—	—	1,45	—	2,42
2,5-Dimethylanisol	—	—	—	1,65	—	0,18	—	1,0	0,4	—	2,57	2,50
2,6-Dimethylanisol	9,58	7,25	—	1,3	—	0,155	—	0,8	0,3	1,0	2,0	2,05
3,4-Dimethylanisol	—	—	—	2,2	—	0,27	—	—	—	—	3,42	3,16
3,5-Dimethylanisol	—	—	—	1,9	—	0,24	—	1,2	0,4	1,6	3,03	2,50
3-Äthyl-5-methylanisol	—	—	—	2,9	—	0,33	—	1,6	0,5	2,6	—	—
Phenetol	—	—	—	—	—	—	—	—	—	—	1,39	—
o-Methylphenetol	—	—	—	—	—	—	—	—	—	—	2,05	—
m-Methylphenetol	—	—	—	—	—	—	—	—	—	—	2,39	—
p-Methylphenetol	—	—	—	—	—	—	—	—	—	—	2,43	—
o-Äthylphenetol	—	—	—	—	—	—	—	—	—	—	2,23	—
m-Äthylphenetol	—	—	—	—	—	—	—	—	—	—	3,89	—
p-Äthylphenetol	—	—	—	—	—	—	—	—	—	—	4,03	—
2,3-Dimethylphenetol	—	—	—	—	—	—	—	—	—	—	4,35	—
2,5-Dimethylphenetol	—	—	—	—	—	—	—	—	—	—	3,38	—
2,6-Dimethylphenetol	—	—	—	—	—	—	—	—	—	—	2,14	—
3,4-Dimethylphenetol	—	—	—	—	—	—	—	—	—	—	5,30	—
3,5-Dimethylphenetol	—	—	—	—	—	—	—	—	—	—	4,32	—
1-Hydroxy-2-methoxybenzol	—	—	—	—	2,0	—	1,05	1,25	0,9	2,0	—	2,51
1,2-Dimethoxybenzol	—	—	—	—	2,25	—	0,65	1,2	0,7	2,9	—	—
1-Hydroxy-2-methoxy-4-methylbenzol	—	—	—	—	3,1	—	1,6	—	—	—	—	—
1,2-Dimethoxy-4-methylbenzol	—	—	—	—	3,35	—	0,9	—	—	—	—	—
1-Hydroxy-3-methoxybenzol	—	—	—	—	3,1	—	3,6	—	—	—	—	3,11
1,3-Dimethoxybenzol	—	—	—	—	2,8	—	0,55	1,5	0,8	—	—	—
1-Hydroxy-4-methoxybenzol	—	—	—	—	2,7	—	3,1	—	—	—	—	—
1,4-Dimethoxybenzol	—	—	—	—	3,0	—	0,55	—	—	—	—	—

Tabelle 51. *Mercaptane und Thiophene*

Erläuterungen der Abkürzungen und Trennbedingungen: **BD:** 15% Benzyldiphenyl auf Celite 545 (0,1—0,2 mm); Trägergas: N_2; **APL:** 15% Apiezon L auf Celite 545 (0,1—0,2 mm); Trägergas: N_2; **DIN:** 15% Di-n-octylester von 2,7-Dinitrophenanthrachinon auf Celite 545 (0,1—0,2 mm); Trägergas: N_2; **IPN:** 28,6% β,β'-Iminodipropionitril auf Celite 545; Trägergas: 70 ml He/min; Säule: 2 m × 0,6 cm; **WÖL:** 25% White Oil auf Celite 545; Trägergas: 70 ml He/min; Säule: 2 m × 0,6 cm; **C 1540:** Carbowax 1540; Trägergas: 35 ml He/min; Säule: 3 m × 0,6 cm; **APM:** Apiezon M; Trägergas: 50 ml He/min; Säule: 1,5 m × 0,6 cm; **TKP:** 40% Trikresylphosphat auf firebrick C-22 (35—80 mesh); Trägergas: 25—40 ml N_2/min; Säule: 3,6 m; **DNP:** 40% Dinonylphthalat auf firebrick C-22 (20—30 mesh); Trägergas: 92 ml He/min; Säule: 1,5 m; **HK:** 23% Hexatriakontan auf Schamottemehl (30—60 mesh); Trägergas: H_2; Säule: 2 m × 0,6 cm; **BDP:** 23% p-Phenyl-diphenylmethan auf Schamottemehl (30—60 mesh); Trägergas: H_2; Säule: 2 m × 0,6 cm.

Bezugssubstanz	Toluol			Benzol		Methanthiol		C_6H_6	Toluol			n-Heptan	n-Pentan	
Flüssige Phase	BD	APL	DIN	IPN	WÖL	C 1540	APM	TKP	TKP	TKP	TKP	DNP	HK	BDP
Temperatur °C	100	100	100	84	84	80	60	85	85	100	101	50	78,5	78,5
Literaturzitat	[162]	[162]	[162]	[704]	[704]	[190]	[190]	[11]	[11]	[11]	[11]	[1134]	[289]	[289]
Methanthiol	—	—	—	—	—	1,00	1,00	—	—	—	—	0,094	—	—
Äthanthiol	—	—	—	—	—	1,33	1,77	—	—	—	—	0,257	—	—
Propanthiol(2)	—	—	—	—	—	1,42	2,53	0,362	—	—	—	0,396	1,14	3,38
Propanthiol(1)	—	—	—	0,50	0,668	2,19	4,15	0,581	—	—	—	0,688	—	—
2-Methyl-propanthiol(1)	—	—	—	0,665	1,19	2,93	7,22	0,92	—	—	—	1,305	—	—
Butanthiol(2)	—	—	—	0,293	0,453	2,40	6,45	—	0,272	—	—	1,15	—	—
2-Methyl-propanthiol(2)	—	—	—	0,293	0,547	1,45	3,30	0,413	—	—	—	0,528	—	—
Butanthiol(1)	—	—	—	0,88	1,59	2,57	9,93	—	—	—	0,589	1,88	—	—
3-Methyl-butanthiol(1)	—	—	—	1,16	2,88	—	—	1,97	—	—	—	—	—	—
Pentanthiol(3)	—	—	—	—	—	—	—	—	0,489	—	—	—	5,22	13,8
2-Methyl-butanthiol(2)	—	—	—	0,61	1,74	—	—	—	—	—	—	—	—	—
2-Methyl-pentanthiol(3)	—	—	—	—	—	—	—	—	—	—	—	2,38	—	—
Pentanthiol(1)	—	—	—	1,49	3,74	—	—	—	—	—	1,20	5,14	—	—
Hexanthiol(3)	—	—	—	—	—	—	—	—	—	—	—	3,72	11,6	29,1
Hexanthiol(1)	—	—	—	—	—	—	—	—	—	2,32	—	—	—	—
Heptanthiol(4)	—	—	—	—	—	—	—	—	1,77	—	—	—	—	—
Heptanthiol(3)	—	—	—	—	—	—	—	—	—	—	—	9,65	—	—
5-Methyl-hexanthiol(3)	—	—	—	—	—	—	—	—	—	—	—	6,09	—	—
Cyclopentanthiol	—	—	—	—	—	—	—	—	1,55	—	—	—	13,3	50,6
2-Methylcyclopentanthiol	—	—	—	—	—	—	—	—	—	—	—	—	18,5	61,2

Cyclohexanthiol	2,78	2,39	2,31	—	—	—	—	—	—	—	—	—	—	—
3-Methyl-butanthiol(2)	0,418	0,42	0,40	—	—	—	—	—	—	—	—	—	—	—
Thiophen	—	—	—	—	—	—	—	1,42	—	—	—	—	4,58	15,1
2-Methylthiophen	1,18	1,03	1,13	1,63	1,11	—	—	—	1,18	—	—	—	—	—
3-Methylthiophen	1,29	1,10	1,22	2,89	2,795	—	—	—	1,35	—	—	—	10,0	35,3
2-Äthylthiophen	2,23	1,98	2,02	—	—	—	—	—	2,18	—	—	—	—	—
3-Äthylthiophen	—	—	—	—	—	—	—	—	2,72	—	—	—	—	—
2,5-Dimethylthiophen	2,20	2,04	2,07	—	—	—	—	—	2,11	—	—	—	—	—
2,4-Dimethylthiophen	—	—	—	—	—	—	—	—	2,51	—	—	—	—	—
2,3-Dimethylthiophen	—	—	—	—	—	—	—	—	2,82	—	—	—	—	—
Tetrahydrothiophen	1,71	1,34	1,42	—	—	—	—	—	—	—	—	—	—	—

Tabelle 52. *Thiolsulfonate und Disulfide*

Erläuterungen der Abkürzungen und Trennbedingungen: **SF:** 5% Siliconöl 704 auf Celite (60–70 mesh); Säule: 1,5 m × 0,4 cm; **C 1540:** 25% Carbowax 1540 auf firebrick C-22 (40–60 mesh); Trägergas: 45 ml He/min; **R 400:** 25% Reoplex 400 auf firebrick C-22 (40–60 mesh); Trägergas: 45 ml He/min; **APM:** 25% Apiezin M auf firebrick C-22 (40–60 mesh); Trägergas: 45 ml He/min.

Bezugssubstanz	n-Nonan *	Cyclohexanon		
Flüssige Phase	SF	C 1540	R 400	APM
Temperatur °C	138	150	150	150
Literaturzitat	[48]	[190]	[190]	[190]
Methyl-methan-thiolsulfonat	10,74		—	—
Äthyl-äthan-thiolsulfonat	22,54	—	—	—
n-Propyl-n-propanthiolsulfonat	52,39	—	—	—
n-Butyl-n-butan-thiolsulfonat	143,1	—	—	—
Diäthylsulfon	15,7	—	—	—
Di-n-butylsulfon	86,5	—	—	—
$(CH_3)_2S_2$	—	0,333	0,308	0,349
$(C_2H_5)_2S_2$	2,1	0,629	0,567	0,964
CH_3S_2-n-C_3H_7	—	0,660	0,615	1,00
$(i\text{-}C_3H_7)_2S_2$	—	0,733	0,668	1,71
i-$C_3H_7S_2$-n-C_3H_7	—	0,961	0,870	2,24

Bezugssubstanz	n-Nonan *	Cyclohexanon		
Flüssige Phase	SF	C 1450	R 400	APM
Temperatur °C	138	150	150	150
Literaturzitat	[48]	[190]	[190]	[190]
$(t\text{-}C_4H_9)_2S_2$	—	1,02	0,894	2,84
$(n\text{-}C_3H_7)_2S_2$	—	1,23	1,13	2,69
$CH_2{=}CH\text{-}CH_2S_2$-n-C_3H_7	—	1,53	1,43	2,45
$(CH_2{=}CH\text{-}CH_2)_2S_2$	—	1,87	1,76	2,22
$(i\text{-}C_4H_9)_2S_2$	—	1,56	1,45	4,58
$(n\text{-}C_4H_9)_2S_2$	17,38	2,74	2,46	7,88
$(i\text{-}C_5H_{11})_2S_2$	—	3,82	3,52	13,0
$(CH_3)_2S_3$	—	1,37	1,23	1,48
$(C_2H_5)_2S_3$	—	2,16	2,00	3,66
CH_3S_3-nC_3H_7	—	2,42	2,34	3,96
$(n\text{-}C_3H_7)_2S_3$	—	4,20	4,00	9,93

* Theoretischer Nonanwert R_{x9} (vgl. S. 75).

Tabelle 53.

Erläuterungen der Abkürzungen und Trennbedingungen: **DDP:** 25% Didecylphthalat auf Celite 545 (50–100 mesh); Trägergas: 45 ml He/min; Säule: 2 m; **CW 4:** 28,5% Carbowax 4000 auf Chromosorb C 44857 (35–80 mesh); Trägergas: 45 ml He/min; Säule: 1,8 m; **Mat:** 25% Methylabietat auf Sil-O-Cel C-22 (30–60 mesh); Trägergas: 110 ml He/min; Säule: 1,5 m × 0,6 cm; **Sil.-DC 550:** 20% Silicon DC 550 auf Celite (May u. Baker); Trägergas: 80–100 ml/min; Säule: 3–5 m × 0,4–0,5 cm; **H.S.P.:** 20% Hyprose S.P. 80 (Dow Chemical Co.: Octakis(2-hydroxypropyl)rohrzucker; Säule: 3–5 m × 0,4–0,5 cm; Trägergas: 80–100 ml/min; **LAC-1-R 296:** 25% auf Sil-0-Cel C-22 (30–60 mesh); Trägergas: 145 ml He/min; Säule: 3 m × 0,6 cm; **LAC-2-R 446:** 25% auf Sil-0-Cel C-22 (30–60 mesh); Trägergas: 145 ml He/min; Säule: 3 m × 0,6 cm; **LAC-2-R 446:** 20% auf Sil-0-Cel C-22 (30–60 mesh); Trägergas: 90 ml He/min; Säule: 3 m × 0,6 cm; **LAC-2-R 446:** 25% auf Sil-0-Cel C-22 (30–60 mesh); Trägergas: 90 ml He/min; Säule: 3 m × 0,6 cm; **LAC-4-R 777:** 25% auf Sil-0-Cel C-22 (30–60 mesh); Trägergas: 90 ml He/min;

Bezugssubstanz	α-Pinen			Tetralin		Limonen	
Flüssige Phase	DDP			Sil.-DC 550	H.S.P.	BW	LAC-2-R 446
Temperatur °C	110	130	150	132—156	132—156	150	150
Literaturzitat	[*1300*]	[*1300*]	[*1300*]	[*192*]	[*192*]	[*107*]	[*107*]
Tetralin	—	—	—	1,00	1,00	—	—
Cineol	—	—	—	0,38	0,33	—	—
Linalool	—	—	—	0,56	1,29	—	—
Menthol	—	—	—	0,99	2,63	—	—
Citronellol	—	—	—	1,15	4,48	—	3,33
Nerol	—	—	—	1,41	5,32	—	—
Geraniol	—	—	—	1,48	6,65	—	—
Eugeniol	—	—	—	3,41	—	—	—
cis-trans-Farnesol	—	—	—	—	—	—	—
trans-trans-Farnesol	—	—	—	—	—	—	—
all-trans-Tetraprenol	—	—	—	—	—	—	—
Nerolidol	—	—	—	—	—	—	—
Dihydronerolidol	—	—	—	—	—	—	—
tert.-Tetraprenol (cis-trans)	—	—	—	—	—	—	—
(Geranyl-linalool)trans-trans	—	—	—	—	—	—	—
Tetrahydrogeraniol	—	—	—	—	—	—	—
α-Fenchylalkohol	—	—	—	—	—	—	—
β-Fenchylalkohol	—	—	—	—	—	—	—
trans-Dihydroterpineol	8,21	6,90	5,60	—	—	—	—
β-Terpineol	—	7,47	6,24	—	—	—	—
cis-Dihydroterpineol	—	7,56	6,14	—	—	—	—
Borneol	—	—	7,10	—	—	—	—
Isoborneol	—	—	7,89	—	—	—	—
α-Terpineol	—	—	7,98	1,10	3,37	—	—
1,4-Cineol	2,12	1,94	1,82	—	—	—	—
1,8-Cineol	2,33	2,24	2,08	—	—	—	—
Fenchon	4,92	4,08	3,77	—	—	—	—
Estragol	—	—	7,82	—	—	—	—
trans-Anethol	—	—	14,4	—	—	—	—

Terpene

Säule: 3 m × 0,6 cm; **LAC-4-R 777:** 20% auf Sil-0-Cel C-22 (30—60 mesh); Trägergas: 90 ml He/min; **Säule:** 3 m × 0,6 cm; **DEGS:** 20% Diäthylenglykolsuccinat auf Sil-0-Cel C-22 (30—60 mesh); Trägergas: 140 ml He/min; Säule: 3 m × 0,6 cm; **APM:** 30% Apiezon M auf Celite; Trägergas: 1,2 l N_2/h; Säule: 1,8 m; **BW:** 25% Bienenwachs auf Sil-0-Cel C-22; Trägergas: 90 ml He/min; Säule: 3 m × 0,6 cm; **Siliconfett C/Li-Capr.:** Siliconhochvakuumfett C mit Li-Capronat (27 : 3) : 100 Sterchamol; Säule: 3 m; **Siliconfett C/Na-Capr.:** Siliconhochvakuumfett C mit Na-Capronat (27 : 3) : 100 Sterchamol; Säule: 3 m; **Siliconfett C:** Siliconhochvakuumfett C auf Sterchamol (30 : 100); Säule: 3 m; **TKP:** 20% Trikresylphosphat auf Sterchamol; Säule: 3—5 m; **Siliconöl DC 550:** 20% Siliconöl DC 550 auf Sterchamol; Säule: 3—5 m; **PEG:** 15% Polyäthylenglykoladipat auf Celite (120—150 mesh); Trägergas: N_2; Säule: 1,20 m × 0,4 cm; **APM:** 20% Apiezon M auf Celite (120—150 mesh); Trägergas: N_2; Säule: 1,20 × 0,4 cm.

n-Decanal			trans-trans Farnesol		Camphor					
LAC-2-R 446	LAC-4-R 777	DEGS	PEG	APM	Siliconfett C/Li.-Capr.		Siliconfett C/Na-Capr.		Siliconfett C	
150	150	112	197	197	157	187	160	185	160	187
[213]	*[213]*	*[213]*	*[983]*	*[983]*	*[983]*	*[983]*	*[983]*	*[983]*	*[983]*	*[983]*
—	—	—	—	—	—	—	—	—	—	—
0,35	—	—	—	—	—	—	—	—	—	—
1,06	1,15	1,28	0,07	0,07	0,79	0,725	0,73	0,90	0,655	0,78
—	—	—	—	—	1,15	1,21	1,115	1,10	1,31	1,23
2,38	2,46	—	—	—	1,60	1,48	—	—	1,65	1,50
—	—	—	0,17	0,12	—	—	—	—	—	—
—	—	—	0,19	0,14	1,20	1,15	—	1,40	1,10	0,78
—	—	—	—	—	—	—	—	—	—	—
—	—	—	0,89	0,91	—	—	—	—	—	—
—	—	—	1,00	1,00	—	—	—	—	—	—
—	—	—	4,80	7,35	—	—	—	—	—	—
—	—	—	0,39	0,52	—	—	—	—	—	—
—	—	—	0,39	0,62	—	—	—	—	—	—
—	—	—	1,56	3,14	—	—	—	—	—	—
—	—	—	1,85	3,79	—	—	—	—	—	—
1,54	—	—	—	—	—	—	—	—	—	—
—	—	—	—	—	0,95	0,915	0,885	0,90	0,61	0,69
—	—	—	—	—	0,95	0,915	0,885	0,90	0,61	0,69
—	—	—	—	—	—	—	—	—	—	—
—	—	—	—	—	—	—	—	—	—	—
—	—	—	—	—	—	—	—	—	—	—
—	—	—	—	—	1,11	1,345	1,03	1,10	—	0,65
—	—	2,77	—	—	—	—	—	—	—	—
2,30	—	2,77	—	—	—	1,18	—	1,25	—	—
—	—	—	—	—	—	—	—	—	—	—
—	—	—	—	—	—	—	—	—	—	—
—	—	—	—	—	—	—	—	—	—	—
—	—	—	—	—	—	—	—	—	—	—
—	—	—	—	—	—	—	—	—	—	—

Tabelle 53

Bezugssubstanz	α-Pinen				α-Pinen	Tetralin		α-Pinen		n-Decanal
Flüssige Phase	DDP			CW 4	MAT	Sil.-DC 550	H.S.P.	LAC-1-R 296	LAC-2-R 446	LAC-2-R 446
Temperatur °C	110	130	150	130	125	132–156	132–156	100	100	150
Literaturzitat	[1300]	[1300]	[1300]	[1300]	[212]	[192]	[192]	[212]	[212]	[213]
Δ^3-p-Menthen	1,42	1,35	1,34	1,18	—	—	—	—	—	—
trans-p-Menthan	1,43	1,35	1,35	0,97	—	—	—	—	—	—
cis-p-Menthan	1,50	1,45	1,45	1,10	—	—	—	—	—	—
α-Phellandren	1,84	1,78	1,75	1,96	—	—	—	—	—	—
β-Phellandren	2,28	2,24	2,12	2,46	2,16	—	—	2,84	—	—
α-Terpinen	2,08	1,89	1,80	2,09	—	—	—	—	—	—
Δ^1-p-Menthen	1,90	1,83	1,77	1,72	—	—	—	—	—	—
$\Delta^{4(8)}$-p-Menthen	2,04	1,90	1,85	1,71	—	—	—	—	—	—
Dipenten	2,16	2,04	1,90	2,29	—	—	—	—	—	—
α-Terpinen	2,72	2,47	2,46	2,88	2,51	—	—	3,69	3,28	0,36
$\Delta^{3,8}$-p-Menthadien	3,06	2,79	2,56	3,12	—	—	—	—	—	—
$\Delta^{2,4(8)}$-p-Menthadien	3,66	3,26	2,92	—	—	—	—	—	—	—
Terpinolen	3,18	2,83	2,75	3,51	1,81	—	—	3,51	2,36	—
D-Limonen	—	—	—	—	2,13	—	—	2,93	2,64	0,30
Cumen	1,27	1,26	1,17	2,02	—	—	—	—	—	—
m-Cymen	2,45	2,25	2,12	3,14	—	—	—	—	—	—
p-Cymen	2,46	2,35	2,13	3,15	—	—	—	—	—	0,44
o-Cymen	2,94	2,38	2,40	—	—	—	—	—	—	—
Bornylen	0,80	0,83	0,86	0,86	—	—	—	—	—	—
α-Pinen	1,00	1,00	1,00	1,00	1,00	—	—	1,00	1,00	0,15
α-Fenchen	1,13	1,14	1,16	1,22	—	—	—	—	—	—
Camphen	1,16	1,20	1,21	1,28	1,22	—	—	1,46	1,37	—
β-Pinen	1,52	1,44	1,41	1,58	1,47	—	—	1,70	1,67	0,23
Isocamphan	1,45	1,40	1,40	1,26	—	—	—	—	—	—
trans-Pinen	1,31	1,34	1,37	1,19	—	—	—	—	—	—
cis-Pinen	1,39	1,41	1,40	1,25	—	—	—	—	—	—
Δ^3-Caren	1,77	1,74	1,66	1,82	—	—	—	—	—	—
Citronellal	—	—	—	—	—	0,76	1,14	—	—	1,43
β-Citral	—	—	—	—	—	1,52	2,94	—	—	2,89
α-Citral	—	—	—	—	—	1,85	3,63	—	—	2,89
Carvon	—	—	—	—	—	1,74	3,81	—	—	3,10
Cumicaldehyd	—	—	—	—	—	1,76	3,45	—	—	—
Cinnamaldehyd	—	—	—	—	—	2,70	9,98	—	—	—

(Fortsetzung)

Limonen		n-Decanal		Campher	Limonen	Campher						Cyclohexanol	
LAC-2-R 446	LAC-4-R 777	LAC-4-R 777	DEGS	APM	BW	Siliconfett C/Li-Capr.		Siliconfett C/Na-Capr.		Siliconfett C		TKP	Siliconöl DC 550
150	150	150	112	122	150	157	187	160	185	160	187	100	100
[*107*]	[*107*]	[*213*]	[*213*]	[*1228*]	[*107*]	[*80*]	[*80*]	[*80*]	[*80*]	[*80*]	[*80*]	[*983*]	[*983*]
—	—	—	—	—	—	—	—	—	—	—	—	—	—
—	—	—	—	—	—	—	—	—	—	—	—	—	—
—	—	—	—	—	—	—	—	—	—	—	—	—	—
—	—	—	—	—	—	—	—	—	—	—	—	0,96	1.86
—	—	—	—	—	—	—	—	—	—	—	—	0,96	1,86
—	—	—	—	1,45	—	—	—	—	—	—	—	0,94	1,81
—	—	—	—	—	—	—	—	—	—	—	—	—	—
—	—	—	—	—	—	—	—	—	—	—	—	—	—
—	—	—	—	—	—	—	—	—	—	—	—	—	—
—	—	0,34	—	—	—	—	—	—	—	—	—	0,94	1,81
—	—	—	—	—	—	—	—	—	—	—	—	—	—
—	—	—	—	—	—	—	—	—	—	—	—	—	—
—	—	—	—	2,30	—	0,60	0,57	0,54	0,50	0,64	0,75	1,13	2,69
1,00	1,00	0,29	0,22	1,67	1,00	0,65	0,75	0,57	0,595	0,70	0,64	0,72	1,68
—	—	—	—	—	—	—	—	—	—	—	—	—	—
—	—	—	—	—	—	—	—	—	—	—	—	—	—
—	—	0,44	—	—	—	—	—	—	—	—	—	0,99	2,08
—	—	—	—	—	—	—	—	—	—	—	—	0,84	1,79
—	—	—	—	—	—	—	—	—	—	—	—	—	—
—	—	0,14	0,09	0,84	—	0,55	0,62	0,51	0,595	0,63	0,59	0,29	0,86
—	—	—	—	—	—	—	—	—	—	—	—	—	—
—	—	—	—	1,00	—	0,43	0,59	0,43	0,50	0,46	0,58	0,36	0,97
—	—	0,22	0,15	1,20	—	—	—	—	—	—	—	0,51	1,21
—	—	—	—	—	—	—	—	—	—	—	—	—	—
—	—	—	—	—	—	—	—	—	—	—	—	—	—
—	—	—	—	—	—	—	—	—	—	—	—	—	—
—	—	—	—	—	—	—	—	—	—	—	—	0,57	1,63
—	3,64	1,07	—	—	—	1,05	1,105	1,00	0,95	1,145	1,075	—	—
—	10,97	3,22	3,94	—	—	—	1,34	—	1,60	0,935	0,77	—	—
—	10,97	3,22	3,94	—	—	—	1,34	—	1,60	0,935	0,77	—	—
10,4	12,52	3,68	—	—	2,99	1,06	1,47	1,525	1,50	1,71	1,42	—	—
—	—	—	—	—	—	—	—	—	—	—	—	—	—
—	—	—	—	—	—	—	—	—	—	—	—	—	—

Tabelle 53

Bezugssubstanz	α-Pinen						n-Decanal		α-Pinen
Flüssige Phase	DDT			CW 4	LAC-1-R 296	LAC-2-R 446	LCA-2-R 446	LAC-4-R 777	MAT
Temperatur °C	110	130	150	130	100	100	150	150	125
Literaturzitat	[*1300*]	[*1300*]	[*1300*]	[*1300*]	[*212*]	[*212*]	[*213*]	[*213*]	[*212*]
Linalylacetat	—	—	—	—	—	—	0,62	1,18	—
Geranylacetat	—	—	—	—	—	—	2,61	2,74	—
Geranylformiat	—	—	—	—	—	—	1,61	—	—
Geranylbutyrat	—	—	—	—	—	—	4,24	—	—
Linalylpropionat	—	—	—	—	—	—	—	—	—
Terpinylpropionat	—	—	—	—	—	—	—	—	—
Citronellylacetat	—	—	—	—	—	—	1,18	1,80	—
Methyl-cis-geranat	—	—	—	—	—	—	—	—	—
Methyl-trans-geranat	—	—	—	—	—	—	—	—	—
3,7,11-Trimethyl-dodecanoat	—	—	—	—	—	—	—	—	—
Methyl-cis-trans-Farnesoat	—	—	—	—	—	—	—	—	—
Methyl-trans-trans-Farnesoat	—	—	—	—	—	—	—	—	—
Methyl-cis-trans-trans-Tetraprenoat	—	—	—	—	—	—	—	—	—
Methyl-all-trans-Tetraprenoat(3,7,11,15-tetramethylhexadeca-2,6-10-14-tetraenoat)	—	—	—	—	—	—	—	—	—
Cyclofenchen	0,64	0,67	0,68	0,65	—	—	—	—	—
Tricyclen	0,90	0,91	0,94	0,96	—	—	—	—	—
Myrcen	1,46	1,44	1,33	1,70	2,10	1,96	0,23	0,22	1,44

Tabelle 54. *Relative Retentionsvolumina (O_2 = 1) verschiedener permanenter Gase an 2 m-Silicagel-Säulen (vgl. S.* 144 *und Lit.* [*1167*])

Gas	Temp. °C	V_R^{rel}
Stickstoff	— 78°C	1,481
Stickoxyd	— 78°C	3,778
Kohlenmonoxyd	— 78°C	4,593
Kohlendioxyd	25°C	85,600
Stickoxydul	25°C	71,200

Tabelle 55. *Relative Retentionsvolumina von anorganischen Halogenverbindungen* (Bezugssubstanz V_R^{rel} = 1 : Chlor) an 16% Kel-F-Öl[1] auf Polytrifluormonochloräthylen[1] (vgl. Lit. [*340*] und S. 150) Trägergas: 165 ml Argon/min. Temperatur 48°C

Substanz	V_R^{rel}	Substanz	V_R^{rel}
Chlormonofluorid	0,25	Brom	4,19
Fluorwasserstoff	0,62	Brompentafluorid	6,10
Chlor	1,00	Uranhexafluorid	11,6
Chortrifluorid	2,00		

[1] Bezugsquelle: Kellogg Corp., Jersey City, U.S.A.

(Fortsetzung)

Tetralin		n-Decanal	trans-trans Farnesol		Campher						Cyclohexanol	
Sil.-DC 550	H.S.P.	DEGS	PEG	APM	Siliconfett C/Li-Capr.		Siliconfett C/Na-Capr.		Siliconfett C		TKP	Silicon-öl DC 550
132–156	132–156	112	197	197	157	187	160	185	160	187	100	100
[192]	*[192]*	*[213]*	*[983]*	*[983]*	*[80]*	*[80]*	*[80]*	*[80]*	*[80]*	*[80]*	*[983]*	*[983]*
1,34	1,24	—	—	—	—	—	—	—	—	—	—	—
2,94	2,98	3,70	—	—	2,15	2,13	2,165	1,71	—	1,78	—	—
—	—	—	—	—	0,58	—	—	—	—	—	—	—
—	—	—	—	—	3,42	3,53	—	—	—	4,38	—	—
—	—	1,71	—	—	—	—	—	—	—	—	—	—
—	—	3,25	—	—	—	—	—	—	—	—	—	—
—	—	2,23	—	—	—	—	—	—	—	—	—	—
—	—	—	0,12	0,14	—	—	—	—	—	—	—	—
—	—	—	0,15	0,18	—	—	—	—	—	—	—	—
—	—	—	0,23	0,72	—	—	—	—	—	—	—	—
—	—	—	0,58	0,99	—	—	—	—	—	—	—	—
—	—	—	0,74	1,21	—	—	—	—	—	—	—	—
—	—	—	2,91	6,91	—	—	—	—	—	—	—	—
—	—	—	3,52	8,10	—	—	—	—	—	—	—	—
—	—	—	—	—	—	—	—	—	—	—	—	—
—	—	—	—	—	—	—	—	—	—	—	—	—
—	—	—	—	—	—	—	—	—	—	—	0,52	1,35

Tabelle 56. *Steroide* [*nach 95*]

20% Siliconöl auf Celite 545 (150—178 μ); Trägergas: 24 ml N_2/min; Säule 90 cm × 0,4 cm.

Bezugssubstanz	Cholesterin
Flüssige Phase	Siliconöl
Temperatur °C	287
Coprostanol	0,9
Cholesterin	1,0
Choletanin	1,0
Δ^7-Cholestenol	1,14
Δ^7-Dehydrocholesterin	1,14
Methostenol	1,28
Ergosterin	1,30
Stigmasterin	1,36
Cholesterylacetat	1,42
Tetratriacontan	1,45
Cholesterylpropionat	1,83
Cholesterylisobutyrat	2,0
Cholesterylbutyrat	2,32
Cholesterylisovalerat	2,64
Cholesterylvalerat	3,02
Octatriacontan	3,96

Tabelle 57. *Alkaloide* [*nach 1002*]

Erläuterungen der Abkürzungen und Trennbedingungen: **PPG:** Polypropylenglykol (MG. 1025) auf firebrick (Fisher „Columpak"); Trägergas: 45 ml He/min; Säule: 1 m × 0,6 cm); **PBG:** Polybutylenglykol (MG. 1500) auf firebrick (Fisher „Columpak"); Trägergas: 45 ml He/min; Säule: 1 m × 0,6 cm; **PEG:** Polyäthylenglykol (MG. 20000) auf firebrick (Fisher „Columpak"); Trägergas: 48 ml He/min; Säule: 1 m × 0,6 cm.

Bezugssubstanz	Nicotin		
Flüssige Phase	PPG	PBG	PEG
Temperatur °C	190	180	190
Nicotin	1,00	1,00	1,00
Nornicotin	1,87	1,75	2,37
Myosin	1,91	1,80	2,54
Anabasin	2,25	2,21	2,65
Nicotyrin	2,44	2,23	3,73
Metanicotin	2,73	2,55	3,17
Anatabin	2,93	2,74	4,06
2,3'-Dipyridyl	3,63	3,17	5,57
n-Methylnicotinamid	4,88	3,66	12,3
Nornicotyrin	8,48	6,72	19,45
Cotinin	9,19	7,68	16,32

Tabelle 58. N-*Trifluoracetylmethylester von Aminosäuren*

Erläuterungen der Abkürzungen und Trennbedingungen: **Siliconfett** auf Celite; Trägergas: bei 160°C = 84 ml He/min; Säule: 2 m; bei 190°C = 100 ml He/min; Säule: 2 m; bei 204°C = 97 ml He/min; Säule: 2 m; **P(R):** Polyester (Reoplex) auf Celite; Trägergas: 65 ml He/min; Säule: 2 m; **P/S:** Polyester + Siliconfett auf Celite; Trägergas: 94 ml He/min; Säule: 1 m + 1 m; **Siliconfett** auf Celite; Trägergas: bei 190°C = 100 ml He/min; Säule: 2 m; bei 204°C = 97 ml He/min; Säule: 2 m; bei 225°C = 91 ml He/min; Säule: 2 m; 22% **Polyäthylenglykoladipat** auf Chromosorb W (80—100 mesh); Trägergas: bei 160°C = 80 ml Argon/min; Säule: 1,8 m × 0,6 cm; bei 180°C = 50 ml N_2/min; Säule: 1,8 m × 0,6 cm.

Bezugssubstanz $V_R^{rel} = 1,00$	Laurinsäuremethylester					Myristinsäuremethylester			Methylstearat		
Flüssige Phase	Siliconfett			P (R)	P/S	Siliconfett			Polyäthylenglykoladipat		
Temperatur °C	160	190	204	204	204	190	204	225	160	190	215
Literaturzitat	[*1233*]	[*1233*]	[*1233*]	[*1233*]	[*1233*]	[*1233*]	[*1233*]	[*1233*]	[*1065*]	[*1065*]	[*1065*]
N-Trifluoracetylmethylester von Aminosäuren:											
Alanin	0,056	0,081	0,095	0,73	0,40	—	—	—	0,059	—	—
Glycin	0,058	0,083	0,096	1,50	0,74	—	—	—	0,12	—	—
Valin	0,102	0,137	0,156	0,63	0,38	—	—	—	0,059	—	—
Leucin	0,147	0,189	0,207	0,95	0,55	—	—	—	0,10	—	—
Isoleucin	0,154	0,198	0,220	0,78	0,48	—	—	—	0,076	—	—
Asparaginsäure	0,226	0,270	0,292	3,70	1,89	—	—	—	—	0,34	—
Prolin	0,246	0,305	0,334	2,53	1,37	—	—	—	0,22	—	—
Methionin	0,45	0,50	0,52	6,04	3,11	—	—	—	—	0,71	—
Phenylalanin	0,74	0,78	0,80	7,70	4,05	—	—	—	—	0,96	—
Lysin	—	—	—	—	—	—	—	—	—	—	2,7
Lysin-bis-N-TFA-Verbg.	1,38	1,22	1,17	—	—	—	—	—	—	—	—
Threonin	—	—	—	4,96	2,44	—	—	—	—	0,41	—
Serin	—	—	—	—	—	—	—	—	—	0,79	—

Tabelle 58 *(Fortsetzung)*

Bezugssubstanz $V_R^{rel} = 1{,}00$	Laurinsäuremethylester					Myristinsäuremethylester			Methylstearat		
Flüssige Phase	Siliconfett			P (R)	P/S	Silconfett			Polyäthylenglykoladipat		
Temperatur °C	160	190	204	204	204	190	204	225	160	190	215
Literaturzitat	*[1233]*	*[1233]*	*[1233]*	*[1233]*	*[1233]*	*[1233]*	*[1233]*	*[1233]*	*[1065]*	*[1065]*	*[1065]*
Glutaminsäure	—	—	—	—	—	—	—	—	—	0,82	—
Hydroxyprolin	—	—	—	—	—	—	—	—	—	—	1,4
Dipeptidmethylester:											
L-Ala · L-Ala	—	—	—	—	—	0,28	0,30	0,32	—	—	—
L-Ala · Gly	—	—	—	—	—	0,31	0,33	0,35	—	—	—
Gly · L-Ala	—	—	—	—	—	0,35	0,37	0,40	—	—	—
Gly · Gly	—	—	—	—	—	0,39	0,41	0,44	—	—	—
L-Ala · L-Val	—	—	—	—	—	0,44	0,46	0,48	—	—	—
Gly · L-Val	—	—	—	—	—	0,54	0,55	0,56	—	—	—
L-Ala · L-Leu	—	—	—	—	—	0,57	0,58	0,59	—	—	—
Gly · L-Ileu	—	—	—	—	—	0,58	0,59	0,60	—	—	—
L-Ileu · L-Leu	—	—	—	—	—	0,70	0,71	0,72	—	—	—
Gly · L-Leu	—	—	—	—	—	0,73	0,73	0,73	—	—	—
L-Pro · Gly	—	—	—	—	—	0,75	0,76	0,80	—	—	—
L-Ileu · L-Val	—	—	—	—	—	0,83	0,83	0,83	—	—	—
Gly- · L-Pro	—	—	—	—	—	0,99	0,99	0,99	—	—	—
L-Pro · L-Leu	—	—	—	—	—	1,42	1,39	1,35	—	—	—
L-Phe · L-Ala	—	—	—	—	—	2,09	1,97	1,86	—	—	—
L-Ala · L-Phe	—	—	—	—	—	2,24	2,13	1,98	—	—	—
L-Phe · Gly	—	—	—	—	—	2,26	2,15	2,01	—	—	—
Gly · L-Phe	—	—	—	—	—	2,90	2,68	2,41	—	—	—
L-Phe · L-Leu	—	—	—	—	—	—	3,68	3,14	—	—	—

Tabelle 59. *Siliciumverbindungen [Lit. 397]*

Erläuterungen der Abkürzungen und Trennbedingungen: **DP/S:** 60% Diäthylphthalat + 20% Siliconöl D 200/350 auf Kieselgur; Trägergas: 40 ml H_2/min; Säule: 4,10 m; **Sil:** Siliconöl D 200/350 auf Kieselgur; Trägergas: 30 ml H_2/min; Säule: 1,3 m.

Bezugssubstanz	$Si(CH_3)_4$		$[(CH_3)_3Si]_2CH_2$
Flüssige Phase	DP/S	DP/S	Sil.
Temperatur °C	30	60	150
H_3SiCl	0,24	—	—
$(CH_3)_2SiH_2$	0,32	—	—
H_2SiCl_2	0,95	—	—
$Si(CH_3)_4$	1,00	1,00	—
$HSiCl_3$	2,68	2,46	—
$SiCl_4$	3,78	3,62	—
$(CH_3)_3SiCl$	6,35	4,95	—
CH_3SiCl_3	11,10	7,93	—
$(CH_3)_2SiCl_2$	13,95	9,46	—
$(C_2H_5)_2SiHCl$	—	14,4	—
$(C_2H_5)_3SiH$	—	18,3	—
$(CH_3)_2SiCl(CH_2Cl)$	—	—	0,74
$[(CH_3)_3Si]_2CH_2$	—	—	1,00
$(CH_3)_2SiCl(CHCl_2)$	—	—	1,65
$CH_3(CHCl_2)SiCl_2$	—	—	2,45
$(Cl_3Si)_2CH_2$	—	—	3,81

Tabelle 60. *Boralkylverbindungen*

Erläuterungen der Abkürzungen und Trennbedingungen: Squalan auf Sterchamol (0,2—0,3 mm); Trägergas: 85 ml He/min; Säule: 3 m; Siliconöl auf Chromosorb (0,3—0,4 mm); Trägergas: 73 ml He/min; Säule: 1 m.

Bezugssubstanz $V_R^{rel} = 1{,}00$	$B(CH_3)_3$	$B(C_2H_5)_3$			$B(i\text{-}C_3H_7)_3$	$B(C_2H_5)_3$
Flüssige Phase	Squalan	Squalan			Squalan	Siliconöl
Temperatur °C	50	100	120	100	82	125
Literaturzitat	[*1082*]	[*1082*]	[*1082*]	[*1082*]	[*1082*]	[*1082*]
$B(CH_3)_3$	1,00	—	—	—	—	—
$B(CH_3)_2(C_2H_5)$	2,41	—	—	—	—	—
$B(CH_3)(C_2H_5)_2$	7,55	—	—	—	—	—
$B(C_2H_5)_3$	22,90	1,00	1,00	1,00	—	1,00
$B(C_2H_5)_2\text{-}(n\text{-}C_3H_7)$	—	1,87	—	—	—	—
$B(C_2H_5)(n\text{-}C_3H_7)_2$	—	3,45	—	—	—	—
$B(n\text{-}C_3H_7)_3$	—	6,32	—	—	—	—
$B(C_2H_5)_2(i\text{-}C_4H_9)$	—	—	2,52	—	—	—
$B(C_2H_5)(i\text{-}C_4H_9)_2$	—	—	5,93	—	—	—
$B(i\text{-}C_4H_9)_3$	—	—	13,01	—	—	10,40
$B(C_2H_5)_2(i\text{-}C_3H_7)$	—	—	—	1,61	—	—
$B(C_2H_5)(n\text{-}C_3H_7)(i\text{-}C_3H_7)$	—	—	—	2,96	—	—
$B(n\text{-}C_3H_7)_2(i\text{-}C_3H_7)$	—	—	—	5,33	1,36	—
$B(i\text{-}C_3H_7)_3$	—	—	—	—	1,00	—
$B(i\text{-}C_3H_7)_2(n\text{-}C_3H_7)$	—	—	—	—	1,15	—
$B(n\text{-}C_3H_7)_3$	—	—	—	—	1,65	4,69
$B(nC_4H_9)_3$	—	—	—	—	—	25,86

Tab. 61. *Relative Retentionsvolumina von Tetramethyl-methylglykosiden* (Bezugssubstanz: Bernsteinsäurediäthylester)

Bedingungen: Trenntemperatur 180° C, Trägergasdurchfluß 200 ml H_2/min. Säule 4 m Polyäthylenglykol 1500 auf Kieselgur (0,2—0,3 mm).

Substanz	V_R
2,3,4,5,6-Penta-methyl-al-D-galaktose	2,77
2,3,5,6-Tetramethyl-β-methyl-D-galaktosid	4,88
2,3,4-Tri-methyl-galaktosan α⟨1,5⟩,β⟨1,6⟩	5,66
2,3,4,6-Tetra-methyl-β-methyl-D-galaktosid	5,80
2,3,5-Tri-methyl-galaktosan α⟨1,6⟩β⟨1,4⟩	8,25
2,3,5,6-Tetra-methyl-α-methyl-D-galaktosid	11,28
2,3,4,6-Tetra-methyl-a-methyl-D-galaktosid	16,28
2,3,4,6-Tetra-methyl-β-methyl-D-glucosid	3,00
2,3,5-Tri-methyl-D-glucosan α⟨1,4⟩β⟨1,8⟩	3,44
2,3,4,6-Tetra-methyl-α-methyl-D-glucosid	4,14
2,3,5,6-Tetra-methyl-β-methyl-D-glucosid	4,52
2,3,5-Tetra-methyl-α-methyl-D-glucosid	5,14
2,3,4-Tri-methyl-D-glucosan α⟨1,5⟩β⟨1,6⟩	5,43

Literatur

[1] ABE, Y.: Japan Analyst. **9**, 795 (1960).

[2] ABEL, E. W., G. NICKLESS and F. H. POLLARD: Proc. chem. Soc. (Lond.) **1960**, 288.

[3] ABRAHAM, M. H., A. G. DAVIES, D. R. LLEWELLYN and E. M. THAIN: Analyt. chim. Acta **17**, 499 (1957).

[4] ACKMAN, R. G., M. A. BANNERMAN and F. A. VANDENHEUVEL: Analyt. Chem. **32**, 1209 (1960).

[5] ADAMS, G. A., and C. T. BISHOP: Canad. J. Chem. **38**, 2380 (1960).

[6] ADAMS, N. G.: in D. H. DESTY: Vapour Phase Chromatography, Butterworths Scientific Publ., Diskussionsbeitrag. London 1957. S. 386.

[7] ADLARD, E. R.: in D. H. DESTY: Vapour Phase Chromatography, Butterworths Scientific Publ., London 1957, S. 98.

[8] ADLARD, E. R., and D. W. HILL: Nature (Lond.) **186**, 1045 (1960).

[9] ADLARD, E. R., M. A. KHAN and B. T. WHITMAN: in R. P. W. SCOTT: Gas Chromatography 1960, Butterworths Scientific Publ., London 1960, S. 251.

[10] ADLARD, E. R., and B. T. WHITHMAN: in D. H. DESTY: Gas Chromatography, Butterworths Scientific Publ., preprint. London 1958. S. 177.

[11] AMBERG, C. H.: Canad. J. Chem. **36**, 590 (1958).

[12] AMBROSE, D., and R. R. COLLERSON: J. Sci. Instr. **32**, 323 (1955).

[13] —: Nature (Lond.) **177**, 84 (1956).

[14] AMRROSE, D., A. T. JAMES, A. I. M. KEULEMANS, E. KOVATS, H. RÖCK, C. ROUIT and F. H. STROSS: in R. P. W. SCOTT: Gas Chromatography 1960, Butterworths Scientific Publ., London 1960, S. 423.

[15] AMBROSE, D., and J. H. PURNELL: in D. H. DESTY: Gas Chromatography, Butterworths Scientific Publ., London 1958, S. 369.

[16] *Analytical Methods Committee, Society for Analytical Chemistry, Great Britain:* Analyst **84**, 690 (1959).

[17] ANDERS, F., u. E. BAYER: Biol. Zentr. **78**, 584 (1959).

[18] ANDERSON, D. M. W.: Analyst **85**, 163 (1960).

[19] ANDERSON, D. M. W., and J. L. DUNCAN: Chem. and Ind. **1958**, 1662.

[20] ANDERSON, J. R.: J. Amer. Chem. Soc. **78**, 5692 (1956).

[21] ANDERSON, J. R., and B. G. BAKER: Nature (Lond.) **187**, 937 (1960).

[22] ANSELMI, S., L. BONIFORTI e R. MONACELLI: Boll. lab. chim. provinciali (Bologna) **10**, 335 (1959).

[23] ARAKI, T., and R. GOTO: Bull. Chem. Soc. Japan **33**, 115 (1960).

[24] ARAKI, T., R. GOTO and S. MUNEMIYA: Nippon Kagaku Zasshi (J. Chem. Soc. Japan, Pure Chem. Sect.) **81**, 1315 (1960).

[25] ARAKI, T., R. GOTO and A. ONO: Nippon Kagaku Zasshi (J. Chem. Soc. Japan, Pure Chem. Sect.) **81**, 1318 (1960).

[26] ARMITAGE, F.: J. Chromatogr. **2**, 655 (1959).

[27] ARNDT, R. R., W. J. NEL and V. PRETORIUS: J. South African Chem. Inst. **12**, 69 (1959).

[28] ARNETT, E. M., M. STREM, N. HEPFINGER, J. LIPOWITZ and D. MCGUIRE: Science **131**, 1680 (1960).

[29] APPLEQUIST, D. E., G. F. FANTA and B. W. HENRIKSON: J. Amer. chem. Soc. **82**, 2368 (1960).

[30] ASHBURY, G. K., A. J. DAVIES and J. W. DRINKWATER: Analyt. Chem. **29**, 918 (1957).

[31] ASSELINEAU, J.: Ann. Inst. Pasteur **100**, 109 (1961).

[32] ATKINSON, A. P., and G. A. P. TUEY: in D. H. DESTY: Gas Chromatography, Butterworths Scientific Publ., London 1958, S. 270.

[33] AVERILL, W.: Perkin-Elmer Instrument News **12**, 6 (1960).

[34] AYERS, B. O.: in V. J. COATES, H. J. NOEBELS and I. S. FAGERSON: Gas Chromatography, Academic Press, Inc., New York 1958, S. 249.
[35] BADDIEL, C. B., and C. F. CULLIS: Chem. and Ind. **1960**, **1154**.
[36] BAILEY, S. D., M. L. BAZINET, J. L. DRISCOLL and A. I. MCCARTHY: J. Food Sci. **26**, 163 (1961).
[37] BAKER, R. A., and R. C. DOERR: Internat. J. Air Pollution **2**, 142 (1959).
[38] BAKER, W. J., and T. L. ZINN: Control Engrg. **8**, 77 (1961).
[39] BARAUD, J.: Bull. soc. chim. France **1960**, **784**.
[40] BARAUD, J., et L. GENEVOIS: Compt. rend. **247**, 2479 (1958).
[41] —: Bull. soc. chim. France **1959**, 779.
[42] —: Bull. soc. chim. France **1960**, 212.
[43] BARBER, D. W., C. S. G. PHILLIPS, G. F. TUSA and A. VERDIN: J. Chem. Soc. (Lond.) **1959**, 18.
[44] BARBIER, M., et J. PAIN: Compt. rend. Acad. Sci. **250**, 3740 (1960).
[45] BAREFOOT, R. R., and J. E. CURRAH: Chem. in Canada **1955**, 45.
[46] BARKER, P. E., and D. CRITCHER: Chem. Eng. Sci. **13**, 82 (1960).
[47] BARLOW, A., R. S. LEHRLE and J. C. ROBB: Polymer **2**, 27 (1961).
[48] BARNARD, D., M. B. EVANS, G. M. C. HIGGINS and J. F. SMITH: Chem. and Ind. **1961**, 20.
[49] BARNARD, J. A., and H. W. D. HUGHES: Nature (Lond.) **183**, 250 (1950).
[50] BARNES, C. S.: Australian J. Chem. **13**, 184 (1960).
[51] BARRER, R. M.: J. Soc. Chem. Ind. (Lond.) **64**, 133 (1945).
[52] —: J. chem. Soc. (Lond.) **1948**, 133.
[53] BARRER, R. M., and L. BELCHETZ: J. Soc. chem. Ind. (Lond.) **64**, 131 (1945).
[54] BARRER, R. M., and D. A. IBBITSON: Trans. Faraday Soc. **40**, 195 (1944).
[55] BARRER, R. M., and N. MACKENZIE: J. phys. Chem. **58**, 560, 568 (1954).
[56] BARRER, R. M., and D. W. RILEY: J. chem. Soc. (Lond.) **1948**, 133.
[57] BARRER, R. M., and A. B. ROBINS: J. chem. Soc. (Lond.) **1953**, 807.
[58] BARTLET, J. C., and D. M. SMITH: Canad. J. Chem. **38**, 2057 (1960).
[59] BARTON, R. S.: Rept. issued Feb. 1960 as A. E. R.-M 599, London, Her Majesty's Stationery Office.
[60] BARTSCH, R. C., F. D. MILLER and F. M. TRENT: Analyt. Chem. **32**, 1101 (1960).
[61] BASSEMIR, R. W., and W. E. RUSTERHOLZ: Amer. Ink Maker **35**, **44**, 79 (1957).
[62] BASSETTE, R., and C. H. WHITNAH: Analyt. Chem. **32**, 1098 (1960).
[63] BASSON, R. A., C. R. DEWET, W. NEL and V. PRETORIUS: J. South African Chem. Inst. **12**, 62 (1959).
[64] BAVISOTTO, V. S., and L. A. ROCH: Amer. Soc. Brewing Chemists Proc. **1960**, 101.
[65] BAYER, E.: Angew. Chem. **69**, 732 (1957).
[66] —: Vitis **1**, 298 (1958).
[67] —: in D. H. DESTY: Gas Chromatography, Butterworths Scientific Publ., London 1958, S. 333.
[68] —: Angew. Chem. **71**, 299 (1959).
[69] —: Vortrag G d Ch. Hauptversammlung, Oktober 1957. Berlin, vgl. Referat Programmheft S. 103.
[70] —: Naturwissenschaften **47**, 433 (1960).
[71] —: in D. H. DESTY: Gas Chromatography 1960, Butterworths Scientific Publ., London 1960, S. 236.
[72] BAYER, E., u. F. ANDERS: Naturwissenschaften **46**, 380 (1959).
[73] BAYER, E., u. L. BÄSSLER: Z. analyt. Chem. **181**, 418 (1961).
[74] —: Diplomarbeit L. BÄSSLER, TH Karlsruhe 1960.
[75] BAYER, E., u. H. BERTLING: Diplomarbeit H. BERTLING, TH Karlsruhe 1961.
[76] BAYER, E., u. F. BORN: unveröffentlicht.
[77] BAYER, E., F. BORN u. K.-H. REUTHER: Angew. Chem. **69**, 640 (1957).
[78] BAYER, E., K. P. HUPE u. H. G. WITSCH: Angew. Chemie **73**, 525 (1961).
[79] BAYER, E., u. G. KUPFER: unveröffentlicht.
[80] BAYER, E., G. KUPFER u. K.-H. REUTHER: Z. analyt. Chem. **164**, **1** (1958).
[81] BAYER, E., u. K. H. REUTHER: unveröffentlicht.
[82] BAYER, E., K.-H. REUTHER u. R. TERHEIDE: Chem. Ber. **90**, 1929 (1957).

[83] BAYER, E., u. H. RÖCK: Angew. Chem. **71**, 407 (1959).
[84] BAYER, E., G. WAHL u. H. G. WITSCH: Z. analyt. Chem. **181**, 384 (1961). Vortrag auf der Arbeitstagung der GdCh-Fachgruppe Analytische Chemie, München, Oktober 1960.
[85] BAYER, E., u. H. G. WITSCH: Z. analyt. Chem. **170**, 278 (1959).
[86] BAYER, E., H. G. WITSCH u. R. WIDDER: Dissertation H. G. WITSCH, TH Karlsruhe 1961 und Diplomarbeit R. WIDDER, TH Karlsruhe 1961; vgl. Angew. Chem. **73**, 766 (1961).
[87] BAXTER, R. A., and R. T. KEEN: Analyt. Chem. **31**, 475 (1959).
[88] BAXTER, R. M., P. C. DANDIYA, S. I. KANDEL, A. OKANY and G. C. WALKER: Nature (Lond.) **185**, 466 (1960).
[89] BAZINET, M. L., and J. T. WALSH: Rev. Sci. Instr. **31**, 346 (1960).
[90] BEAVEN, G. H., A. T. JAMES and E. A. JOHNSON: Nature (Lond.) **179**, 490 (1957).
[91] BEDNAS, M. E., and D. S. RUSSELL: Canad. J. Chem. **36**, 1272 (1958).
[92] BEEBE, R. A., and P. H. EMMETT: J. phys. Chem. **65**, 184 (1961).
[93] BEERTHUIS, R. K., G. DIJKSTRA, J. G. KEPPLER and J. H. RECOURT: Ann. N. Y. Acad. Sci. **72**, 616 (1959).
[94] BEERTHUIS, R. K., and J. G. KEPPLER: Nature (Lond.) **179**, 731 (1957).
[95] BEERTHUIS, R. K., and J. H. RECOURT: Nature (Lond.) **186**, 372 (1960).
[96] BENEDEK, P., u. L. SZEPESY: zit. in Erdöl und Kohle **9**, 593 (1956).
[97] BENEDEK, P., L. SZEPESY and S. SZEPE: in V. J. COATES, H. J. NOEBELS and I. S. FAGERSON: Gas Chromatography, Academic Press, Inc., New York 1958, S. 225.
[98] BENNETT, C. E., S. D. NOGARE, L. W. SAFRANSKI and C. D. LEWIS: Analyt. Chem. **30**, 898 (1958).
[99] BENS, E. M., and W. R. MCBRIDE: Analyt. Chem. **31**, 1379 (1959).
[100] BERCH, B., and J. SOLOMON: Vortrag beim 138th meeting, Amer. Chem. Soc., Soc., New York, N. Y., Sept. 11—16, 1960.
[101] BERGMANN, G., u. D. JENTZSCH: Z. analyt. Chem. **164**, 10 (1958).
[102] BERNHARD, R. A.: Food Research **23**, 213 (1958).
[103] —: Nature (Lond.) **185**, 311 (1960).
[104] —: Vortrag beim 20th Annual Meeting, Institute of Food Technologists, San Francisco, Calif., Mai 1960.
[105] —: J. Chromatogr. **3**, 471 (1960).
[106] —: Food Research **25**, 531 (1960).
[107] BERNHARD, R. A., and A. G. MARR: Food Research **25**, 517 (1960).
[108] BERRY, R.: Nature (Lond.) **188**, 578 (1960).
[109] BETHEA, R. M., and M. SMUTE: Analyt. Chem. **31**, 1211 (1959).
[110] BIDMEAD, D. S., and D. WELTI: Research Appl. Ind. **13**, 295 (1960).
[111] BIEMANN, K., and W. VETTER: Biochem. Biophys. Research Commun. **3**, 578 (1960).
[112] BIER, M., and P. TEITELBAUM: Ann. N. Y. Acad. Sci. **72**, 641 (1959).
[113] BIERMANN, W. J., and H. GESSER: Analyt. Chem. **32**, 1525 (1960).
[114] BIGGERS, R. E., and A. D. HORTON: Oak Ridge National Laboratory, Anal. Chem. Div. Annual Progress Rept. for Period Ending Dec. 31, 1959. p. 20. Issued Feb. 18, 1960, as ORNL-2866, UC-4 Chemistry-General, TID-4500 (15th Ed.), Office of Technical Services, Dept. of Commerce, Washington 25, D. C.
[115] BISHOP, C. T., F. BLANK and P. E. GARDNER: Canad. J. Chem. **38**, 869 (1960).
[116] BISHOP, C. T., and F. P. COOPER: Canad. J. Chem. **38**, 388, 793 (1960).
[117] BISHOP, R. J., H. LIEBMANN and M. HUMPHREY: Chem. and Ind. **1957**, 360.
[118] BITTEL, A.: Dissertation. Universität Tübingen 1957.
[119] BLAKE, A. R., and K. O. KUTSCHKE: Canad. J. Chem. **39**, 278 (1961).
[119a] BLAY, N. J., J. WILLIAMS and R. L. WILLIAMS: J. Chem. Soc. (Lond.) **1960**, 424.
[120] BLOMSTRAND, R., and O. DAHLBÄCK: J. clin. Invest. **39**, 1185 (1960).
[121] BLUNDELL, R. V., S. T. GRIFFITHS and R. R. WILSON: in R. P. W. SCOTT: Gas Chromatography 1960, Butterworths Scientific, Publ., London 1960, S. 360.

[*122*] BLYHOLDER, G.: Analyt. Chem. **32**, 572 (1960).
[*123*] BÖHM, Z.: J. Chromatogr. **3**, 265 (1960).
[*124*] BOER, H.: in D. H. DESTY: Vapour Phase Chromatography, Butterworths Scientific Publ., London 1957, S. 169.
[*125*] —: Proc. 4th World Petroleum Congr. Rome 1955.
[*126*] BOER, H., and E. C. KOOYMAN: Analyt. chim. Acta **5**, 550 (1951).
[*127*] BÖTTCHER, C. J. F., G. F. G. CLEMENS and C. M. VAN GENT: J. Chromatogr. **3**, 582 (1960).
[*128*] BÖTTCHER, C. J. F., F. P. WOODFORD, C. CH. TER HAAR ROMENY-WACHTER, E. BOELSMA-VAN HOUTE and C. M. VAN GENT: Lancet **1960** I, 1378.
[*129*] BOHEMEN, J., S. H. LANGER, R. H. PERRETT and J. H. PURNELL: J. chem. Soc. (Lond.) **1960**, 2444.
[*130*] BOHEMEN, J., and J. H. PURNELL: Chem. and Ind. **1957**, 815.
[*131*] —: in D. H. DESTY: Gas Chromatography, Butterworths Scientific Publ., London 1958, S. 6.
[*132*] BOKHOVEN, C., and A. DIJKSTRA: Nature (Lond.) **186**, 793 (1960).
[*133*] BOMBAUGH, K. J.: Analyt. Chem. **33**, 29 (1961).
[*134*] BOREHAM, G. R., and F. A. MARHOFF: in R. P. W. SCOTT: Gas Chromatography 1960, Butterworths Scientific Publ., London 1960, S. 412.
[*135*] BORER, K., A. B. LITTLEWOOD and C. S. G. PHILLIPS: J. Inorg. and Nuclear Chem. **15**, 316 (1960).
[*136*] BORER, K., and C. S. G. PHILLIPS: Proc. chem. Soc. **1959**, 189.
[*137*] BOSANQUET, C. H., and G. O. MORGAN: in D. H. DESTY: Vapour Phase Chromatography Butterworths Scientific Publ., London 1957, S. 35.
[*138*] —: in D. H. DESTY: Gas Chromatography, Butterworths Scientific Publ., London 1958, S. 107.
[*139*] BOSANQUET, C. H.: Nature (Lond.) **183**, 252 (1959).
[*140*] BOUTHILET, R. J., and W. LOWREY: J. Assoc. Offic. Agr. Chemists **42**, 634 (1959).
[*141*] BOVIJIN, L., J. PIROTTE and A. BERGER: in D. H. DESTY: Gas Chromatography, Butterworths Scientific Publ., London 1958, S. 310.
[*142*] BOWMAN, R. L., and A. KARMEN: Nature (Lond.) **182**, 1233 (1958).
[*143*] BRACHT, G.: Brennstoff-Chem. **42**, 123 (1961).
[*144*] BRADFORD, B. W., D. HARVEY and D. E. CHALKLEY: J. Inst. Petrol. **41**, 80 (1955).
[*145*] BRAUER, G. M., and F. LEHMAN: Vortrag bei 138th meeting, Amer. Chem. Soc., New York, N. Y., Sept. 1960. Abstracts, **24T**, No. 54.
[*146*] BRENNER, N., and E. CIEPLINSKI: Ann. N. Y. Acad. Sci. **72**, 705 (1959).
[*147*] BRENNER, N., E. CIEPLINSKI, L. S. ETTRE and V. J. COATES: J. Chromatogr. **3**, 230 (1960).
[*148*] BRENNER, N., and V. J. COATES: Nature (Lond.) **181**, 1401 (1958).
[*149*] BRENNER, N., and L. S. ETTRE: Analyt. Chem. **31**, 1815 (1959).
[*150*] BRENNER, N., H. J. MAIER, O. C. KARPATHY and D. R. BRESKY: Vortrag bei Pittsburgh Conf. on Analyt. Chem. and Applied Spectroscopy, März 1960. Meeting program. p. 41.
[*151*] BRENNER, N., H. J. MAIER, O. C. KARPATHY and D. R. BRESKY: Vortrag bei Pittsburgh Conf. on Analyt. Chem. and Applied Spectroscopy, Pittsburgh, Pa., März 1961.
[*152*] BRENNER, N., P. R. SCHOLLY and L. O'BRIEN: NLGI Spokesman **23**, 137 (1959).
[*153*] BRIESKORN, C. H., u. E. WENGER: Arch. Pharm. **293**, 21 (1960).
[*154*] BRODERSEN, K., u. U. SCHLENKER: Z. analyt. Chem. **182**, 421 (1961).
[*155*] BRODSKY, J., M. MACKA u. O. MIKL: Chem. průmysl **10**, 460 (1960).
[*156*] BROOKS, J., W. MURRAY and A. F. WILLIAMS: in D. H. DESTY: Vapour Phase Chromatography, Butterworths Scientific Publ., London 1957, S. 281.
[*157*] BROOKS, J., and A. F. WILLIAMS: Lit. nach A. I. M. KEULEMANS; Gaschromatography, S. 210.
[*158*] BROOKS, V. T., and G. A. COLLINS: Chem. and Ind. **1956**, 921.
[*159*] BROOKS, V. T., and G. A. COLLINS: Chem. and Ind. **1956**, 1021.
[*160*] BROOKS, V. T.: Chem. and Ind. **1959**, 1317.

[161] BROUGHTON, B., and V. R. WHEATLEY: Biochem. J. 73, 144 (1959).
[162] BROWN, I.: Nature (Lond.) 188, 1021 (1960).
[163] BROWN, I.: Australien J. Appl. Sci. 10, 294 (1959); 11, 403 (1960).
[164] BROWNING, L. C., and J. O. WATTS: Analyt. Chem. 29, 24 (1957).
[165] BRUNSCHWIG, H.: Liber de arte distillandi (1512).
[166] BURCHFIELD, H. P., and E. A. PRILL: Contrib. Boyce Thompson Inst. 20, 217 (1959).
[167] BURDON, J., D. J. GILMAN, C. R. PATRICK, M. STACEY and J. C. TATLOW: Nature (Lond.) 186, 231 (1960).
[168] BURG, S. P., and J. A. J. STOLWIJK: J. Biochem. and Microbiol. Technol. and Eng. 1, 245 (1959).
[169] BURK, M. C., and F. W. KARASEK: ISA Journal 5, 28 (1958).
[170] BURKS, JR. R. E.: U.S. Government Research Reports, Vol. 33, No. 2 (1960).
[171] BURNELL, M. R.: Analyzer 1, 3 (1960).
[172] BUTENANDT, A.: Naturwiss. Rundschau 8, 457 (1955).
[173] BUTLER, R. A., and D. W. HILL: Nature (Lond.) 189, 488 (1961).
[174] BUTZ, W. H., and T. JOHNS: Research Development 11, 90 (1960).
[175] CACACE, F., R. CIPOLLINI and G. PEREZ: Science 132, 1253 (1960).
[176] CACACE, F., A. GUARINO and G. MONTEFINALE: Nature (Lond.) 189, 54 (1961).
[177] CACACE, F., M. IKRAM e M. L. STEIN: Ann. chim. (Roma) 49, 1383 (1959).
[178] CADMAN, W. J., and T. JOHNS: J. Forensic Sci. 5, 369, (1960).
[179] CALLEAR, A. B., and R. J. CVETANOVIĆ: Canad. J. Chem. 33, 1256 (1955).
[180] CALVARANO, M.: Essenze deriv, agrumari 28, 107 (1958).
[181] —: Essenze derivati agrumari 28, 157 (1958).
[182] CALVIN, H.: J. Amer. pharm. Assoc. (Sci. Ed.) 49, 502 (1960).
[183] CAPRIOLI, G., E. PAVAN e M. DE VITA: Ann. chim. (Roma) 49, 1120 (1959)
[184] CARBERRY, J. J.: Nature (Lond.) 189, 391 (1961).
[185] CAREW, J. R.: Analyt. Chem. 33, 156 (1961).
[186] CARROLL, R. B., and L. C. O'BRIEN: Vortrag bei 135th Meeting, Amer. Chem. Soc. Abstracts of Papers p. 10 A, No. 27, 1959.
[187] CARRUTHERS, W., and R. A. W. JOHNSTONE: Nature (Lond.) 185, 762 (1960).
[188] CARRUTHERS, W., R. A. W. JOHNSTONE and J. R. PLIMMER: Chem. and Ind. 1958, 331.
[189] CARSON, J. F., W. J. WESTON and J. W. RALLS: Nature (Lond.) 186, 801 (1960).
[190] CARSON, J. F., and F. F. WONG: J. org. Chem. 24, 175 (1959).
[191] —: J. Agricult. and Food Chem. 9, 143 (1961).
[192] CARTONI, G. P., and A. LIBERTI: J. Chromatogr. 3, 121 (1960).
[193] CARTONI, G. P., R. S. LOWRIE, C. S. G. PHILLIPS and L. M. VENANZI: in R. P. W. SCOTT: Gas Chromatography 1960, Butterworths Scientific Publ., London 1960, S. 273.
[194] CASE, L. C.: J. Chromatogr. 5, 181 (1961).
[195] CASON, J., J. S. FESSENDEN and C. L. AGRE: Tetrahedron 7, 289 (1959).
[196] CASON, J., and E. R. HARRIS: J. org. Chem. 24, 676 (1959).
[197] CASON, J., and W. T. MILLER: J. org. Chem. 24, 1814 (1959).
[198] CASON, J., and P. TAVS: J. biol. Chem. 234, 1401 (1959).
[199] CASEY, P. J.: Proc. Penna. Acad. Sci. 32, 97 (1959).
[200] CASSUTO, E.: Brasserie 15, 40, 64 (1960).
[201] CASTIGLIONI, A.: Z. analyt. Chem. 161, 191 (1958).
[202] CHANG, S. S., C. E. IRELAND and H. TAI: Analyt. Chem. 33, 479 (1961).
[203] CHANG, T.-C. L., and C. KARR: Analyt. chim. Acta 21, 475 (1959).
[204] —: Analyt. chim. Acta 24, 343 (1961).
[205] CHAPMAN, R. L.: Vortrag bei 53rd Annual Meeting, Air Pollution Control Assoc., Mai 1960, Cincinnati, Ohio. Annual Meeting Paper 60—50.
[206] CHEN, C., and C. D. LANTZ: Biochem. Biophys. Research Commun. 3, 451 (1960).
[207] CHERDRON, H., L. HÖHR u. W. KERN: Angew. Chem. 73, 215 (1961).
[208] CHUNDELA, B., u. J. JANAK: Čas. Lek. Czes. 99, 90 (1960).
[209] CIEPLINSKI, W. E., and L. S. ETTRE: J. Chromatogr. 4, 169 (1960).

[210] CIOLA, R.: Anais assoc. brasil, quim. **19**, 35 (1960).
[211] CLAESSON, S.: Ark. Kemi (Stockh.) **23**, 1 (1947).
[212] CLARK, J. R., and R. A. BERNHARD: Food Research **25**, 389 (1960).
[213] —: Food Research **25**, 731 (1960).
[214] CLAUDY, H. N., E. S. WATSON, V. J. COATES, M. KAYE and J. J. DAVIS: Vortrag bei Pittsburgh Conference on Analyt. Chem. and Appl. Spectroscopy, März 1959.
[215] CLEMO, G. R.: Tetrahedron **11**, 11 (1960).
[216] CLIFFORD, J.: Analyst **85**, 475 (1960).
[217] COFFMAN, J. R., D. E. SMITH and J. S. ANDREWS: Food Research **25**, 663 (1960).
[218] COMINGS, E. W., W. B. LEE and F. R. KRAMER: Proc. Conf. Thermod. and Transp. Properties Fluids London, 1957, 188—192. Chem. Abstr. **53**, 4828 (1959).
[219] CONDON, R. D.: Analyt. Chem. **31**, 1717 (1959).
[220] CONDON, R. D., P. R. SCHOLLY and W. AVERILL: in R. P. W. SCOTT; Gas Chromatography 1960, Butterworths Scientific Publ., London 1960, S. 30.
[221] CONSDEN, R., A. H. GORDON and A. J. P. MARTIN: Biochem. J. **38**, 224 (1944).
[222] COOPER, J. A., R. CANTER, F. L. ESTES and J. H. GAST: J. Chromatogr. **3**, 87 (1960).
[223] COPE, A. C., D. AMBROS, E. CIGANEK, F. HOWELL and Z. JACURA: J. Amer. chem. Soc. **82**, 1750 (1960).
[224] COPE, A. C., E. CIGANEK, C. F. HOWELL and E. E. SCHWEIZER: J. Amer. chem. Soc. **82**, 4663 (1960).
[225] COPE, A. C., P. T. MOORE and W. R. MOORE: J. Amer. chem. Soc. **82**, 1744 (1960).
[226] CORSE, J.: Symposium über "Physicochemical Research on Flavor"; ref. Analyt. Chem. **30**, 24A (1958).
[227] CORSE, J., and K. P. DIMICK: Flavor Research and Food Acceptance **1958**, 302; vgl. Chem. Abstr. **53**, 5534 (1959).
[228] CORSE, J., and R. TERANISHI: J. Lipid Research **1**, 191 (1960).
[229] COTTER, R. J., C. K. SAUERS and J. M. WHELAN: J. org. Chem. **26**, 10 (1961).
[230] COULSON, D. M., and L. A. CAVANAGH: Vortrag bei Pittsburgh Conf. on Analyt. Chem. and Applied Spectroscopy, Pittsburgh, Pa., März 1961.
[231] COULSON, D. M., L. A. CAVANAGH and J. STUART: J. Agricult. and Food Chem. **7**, 250 (1959).
[232] COULSON, D. M., L. A. CAVANAGH, J. E. DEVRIES and B. WALTHER: J. Agricult. and Food Chem. **8**, 399 (1960).
[233] COWAN, C. B., and P. H. STIRLING: in V. J. COATES, H. J. NOEBELS and I. S. FAGERSON: Gas Chromatography, Academic Press, Inc., New York 1958, S. 165.
[234] CRAATS, F. VAN DE: Analyt. chim. Acta **14**, 136 (1956).
[235] —: in D. H. DESTY: Gas Chromatography, Butterworths Scientific Public London 1958, S. 248.
[236] —: in D. H. DESTY: Vapour Phase Chromatography, Butterworths Scientfic., Publ. Diskussionsbeitrag. London 1957. S. 245.
[237] CRAIG, B. M.: Chem. and Ind. **1960**, **1442**.
[238] CRAIG, B. M., and N. L. MURTY: Canad. J. Chem. **36**, 1297 (1958).
[239] —: J. Amer. Oil Chemists' Soc. **36**, 549 (1959).
[240] CRAIG, L. C., and O. POST: Analyt. Chem. **21**, 500 (1949).
[241] CRAWFORD, R. V.: Chem. and Ind. **1960**, 68.
[242] CREMER, E.: Z. analyt. Chem. **170**, 219 (1959).
[243] CREMER, E., u. R. MÜLLER: Z. Elektrochem. **55**, 217 (1951).
[244] —: Mikrochem. Mikrochim. Acta (Wien) **36/37**, 553 (1951).
[245] CREMER, E., u. F. PRIOR: Z. Elektrochem. **55**, 66 (1951).
[246] CREMER, E., u. L. ROSELIUS: Angew. Chem. **70**, 42 (1958).
[247] CRIDDLE, D. W., and R. L. LETOURNEAU: Analyt. Chem. **23**, 1620 (1951).
[248] CRIPPES, R. C., and H. FREIMUTH: Vortrag beim Symposium on Gas Chromatography, A.C.S. meeting, Cleveland, Ohio, 5.—14. April 1960.

[249] CROPPER, F. R., and A. HEYWOOD: Nature (Lond.) **172**, 1101 (1953).
[250] —: Nature (Lond.) **174**, 1063 (1954).
[251] —: in D. H. DESTY: Vapour Phase Chromatography, Butterworths Scientific Publ., London 1957, S. 316.
[252] CSICSERY, S. M.: J. org. Chem. **25**, 518 (1960).
[253] CVETANOVIC, R. J., and L. C. DOYLE: Canad. J. Chem. **38**, 2187 (1960).
[254] CVRKAL, H., u. J. JANAK: Parfümerie und Kosmetik **40**, 518 (1959).
[255] DAGLEY, S.: Biochem. J. Proc. **63**, 27 (1956).
[256] DAHMEN, E. A. M. F., u. J. D. VAN DER LAARSE: Z. analyt. Chem. **164**, 37 (1958).
[257] DAILEY, R. E., L. SWELL, H. FIELD and C. R. TREADWELL: Proc. Soc. exp. Biol. Med. **105**, 4 (1960).
[258] DAMKÖHLER, G., u. H. THEILE: Chemie **56**, 353 (1943).
[259] DAN, T., and S. OSHIMA: Bull. Japan Petrol. Inst. **2**, 25 (1960).
[260] DANIELS, N. W. R., and J. W. RICHMOND: Nature (Lond.) **187**, 55 (1960).
[261] DAVIES, A. J., and J. K. JOHNSON: in D. H. DESTY: Vapour Phase Chromatography, Butterworths Scientific Publ., London 1957, S. 185.
[262] DAVIDSON, L. V., R. D. EANES, J. U. EYNON and J. A. CALLAHAN: Vortrag bei Pittsburgh Conf. on Anal. Chem. and Applied Spectroscopy, Pittsburgh, Pa., März 1961.
[263] DAVIS, A. D., and G. A. HOWARD: Chem. and Ind. B.I.F. Rev. **1956**, 25.
[264] —: J. appl. Chem. **8**, 183 (1958).
[265] DAVIS, R. E., and J. M. MCCREA: Analyt. Chem. **29**, 1114 (1957).
[266] DAVIS, J. J.: ISA Proc. Anal. Instr. Div. 2nd Int. Gas Chromatography Symposium, Juni 1959. Preprints **2**, 48—51.
[267] DAVISON, W. H. T., S. SLANEY and A. L. WRAGG: Chem. and Ind. **1954**, 1356.
[268] DEAL, C. H., J. W. OTVOS, V. N. SMITH and P. S. ZUCCO: Analyt. Chem. **28**, 1958 (1956).
[269] DEBOER, F. E.: Nature (Lond.) **185**, 915 (1960).
[270] DECORA, A. W., and G. U. DINNEEN: Analyt. Chem. **32**, 164 (1960).
[271] DEEMTER J. J. VAN, F. J. ZUIDERWEG and A. KLINKENBERG: Chem. Eng. Sci. **5**, 271 (1956).
[272] DEFORD, D. D., B. O. AYERS and R. J. LOYD: Vortrag beim 137th meeting, Amer. chem. Soc., Cleveland, Ohio, April 1960.
[273] —: Analyt. Chem. **32**, 1711 (1960).
[274] DENNY, B.: Oil Gas J. **1958**, 117.
[275] DENNEY, D. B., and M. J. BOSKIN: J. Amer. chem. Soc. **82**, 4736 (1960).
[276] DERBY, J. V., and B. D. LAMONT: Vortrag bei Pittsburgh Conf. on Analyt Chem. and Applied Spectroscopy, März 1960.
[277] DESTY, D. H.: in D. H. DESTY: Vapour Phase Chromatography, Butterworths Scientific Publ., London 1957, S. 11.
[278] DESTY, D. H.: Vapour Phase Chromatography, Butterworths Scientific Publ. Diskussionsbeiträge, S. 328—331. London 1957.
[279] DESTY, D. H., C. J. GEACH and A. GOLDUP: in R. P. W. SCOTT: Gas Chromatography 1960, Butterworths Scientific Publ., London 1960, S. 46.
[280] DESTY, D. H., F. M. GODFREY and C. L. A. HARBOURN: Gas Chromatography, Butterworths Scientific Publ., London 1958, S. 200.
[281] DESTY, D. H., and A. GOLDUP: in R. P. W. SCOTT: Gas Chromatography 1960, Butterworths Scientific Publ., London 1960, S. 162.
[282] DESTY, D. H., A. GOLDUP and W. T. SWANTON: Nature (Lond.) **183**, 107 (1959).
[283] —: ISA Proceedings: 1961 International Gas Chromatography Symposium, p. 83—99.
[284] DESTY, D. H., A. GOLDUP and B. H. F. WHYMAN: J. Inst. Petrol. **45**, 287 (1959).
[285] DESTY, D. H., J. N. HARESNAPE and B. H. F. WHYMAN: Analyt. Chem. **32**, 302 (1960).
[286] —: Analyt. Chem. **32**, 1302 (1960).
[287] DESTY, D. H., and W. T. SWANTON: J. phys. Chem. **65**, 766 (1961).

[288] Desty, D. H., T. J. Warham and B. H. F. Whyman: in D. H. Desty: Vapour Phase Chromatography, Butterworths Scientific Publ., London 1957, S. 346.
[289] Desty, D. H., and B. H. F. Whyman: Analyt. Chem. **29**, 320 (1957).
[290] Dhont, J. H., and C. Weurman: Analyst **85**, 419 (1960).
[291] Dietrich, P., and D. Mercier: J. Chromatogr. **1**, 67 (1958).
[292] Dijkstra, G., and I. de Goey: in D. H. Desty: Gas Chromatography, Butterworths Scientific Publ., London 1958, S. 56.
[293] Dijkstra, G., J. G. Keppler and J. A. Schols: Rec. trav. chim. Pays-Bas **74**, 805 (1955).
[294] Dimbat, M., P. E. Porter and F. H. Stross: Analyt. Chem. **28**, 290 (1956).
[295] Dimick, K. P., and J. Corse: Quartermaster Food and Container Inst., Surveys Progr. Military Subsistence Problems. Ser. 1, No. 9, 123—132 (1957). Chem. Abstr. **52**, 7564 (1958).
[296] —: Amer. Perfumer Aromat. **71**, 45, 48, 53 (1958).
[297] Dobbs, H. E.: J. Chromatogr. **5**, 32 (1961).
[298] Doering, W. v. E., E. Buttery, R. G. Laughlin and N. Chaudhuri: J. Amer. chem. Soc. **78**, 3224 (1956).
[299] Domange, L., et S. Longuevalle: Compt. rend **247**, 209 (1958).
[300] —: Ann. pharm. franc. **16**, 557 (1958).
[301] Dominguex, A. M., H. E. Christensen, L. R. Goldbaum and V. A. Stembridge: Toxicol. appl. Pharmacol. **1**, 135 (1959).
[302] Dorfner, K.: J. Chromatogr. **4**, 502 (1960).
[303] Downing, D. T., Z. H. Kranz and K. E. Murray: Australian J. Chem. **13**, 80 (1960).
[304] Drawert, F., R. Felgenhauer u. G. Kupfer: Angew. Chem. **72**, 555 (1960).
[305] —: Angew. Chem. **72**, 385 (1960).
[306] Drawert, F., u. G. Kupfer: Angew. Chem. **72**, 33 (1960).
[307] Drawert, F., u. K. H. Reuther: Chem. Ber. **93**, 3066 (1960).
[308] Dressler, D. P., G. J. Mastio and F. A. Allbritten: J. Lab. Clin. Med. **55**, 144 (1960).
[309] Drew, C. M., and J. R. McNesby: in D. H. Desty: Vapour Phase Chromatography, Butterworths Scientific Publ., London 1957, S. 213.
[310] Drew, C. M., J. R. McNesby, S. R. Smith and A. S. Gordon: Analyt. Chem. **28**, 979 (1956).
[311] Drinkwater, J. W.: Privatmitteilung.
[312] Drysdale, J. J., and D. D. Coffman: J. Amer. chem. Soc. **82**, 5111 (1960).
[313] Dubois, L., and J. L. Monkman: ISA Proc. Anal. Instr. Div. 2nd Int. Gas Chromatography, Juni 1959. Preprints **2**, 96—104.
[314] Dubsky, E. H.: Chem. Listy **54**, 1183 (1960).
[315] Dubsky, E. H., and J. Janak: J. Chromatogr. **4**, 1 (1960).
[316] Dubsky, E. H., u. J. Sokolicek: Chem. Listy **54**, 724 (1960).
[317] Duffield, J. J., and L. B. Rogers: Vortrag beim 138th meeting, Amer. chem. Soc., New York, N. Y., Sept. 1960.
[318] —: Analyt. Chem. **32**, 340 (1960).
[319] Dumazert, C., et C. Ghiglione: Bull. soc. chim. France **1959**, 615.
[320] —: Bull. soc. chim. France **1960**, 1770.
[321] Dupire, F., and G. Botquin: Analyt. chim. Acta **18**, 282 (1958).
[322] Dupire, F.: Z. analyt. Chem. **170**, 317 (1959).
[323] Durett, L. R.: Analyt. Chem. **31**, 1824 (1959).
[324] —: Analyt. Chem. **32**, 1393 (1960).
[325] Durett, L. R., M. C. Simmons and I. Dvoretzky: Vortrag bei Div. of Petrol. Chem., Amer. chem. Soc., St. Louis, Mo., März 1961. Preprints, Div. Petrol Chem. **6**, No. 2: B-63—B-77 (April 1961).
[326] Dutch, P. H.: Analyt. Chem. **32**, 1532 (1960).
[327] Dutton, H. J.: Vortrag bei Pittsburgh Conf. on Analyt. Chem. and Applied Spectroscopy, Pittsburgh, März 1961.
[328] Duswalt, A. A., and W. W. Brandt: Analyt. Chem. **32**, 272 (1960).
[329] Dykstra, S., and H. S. Mosher: J. Amer. chem. Soc. **79**, 3474 (1957).
[330] Eberly, P. E.: J. phys. Chem. **65**, 68 (1961).

[331] Eckhardt, F., u. H.-O. Heinze: Z. analyt. Chem. **170**, 166 (1959).
[332] —: Brennstoff-Chem. **42**, 136 (1961).
[333] Edse, R., u. P. Harteck: Angew. Chem. **53**, 210 (1940).
[334] Eggertsen, F. T., and S. Groennings: Analyt. Chem. **30**, 20 (1958).
[335] —: Vortrag bei Div. of Petroleum Chem., Amer. chem. Soc., St. Louis, Mo., März 1961. Preprints, Div. Petrol. Chem., Amer. chem. Soc. 6, No. 2: B-27 to B-32.
[336] Eggertsen, F. T., H. S. Knight and S. Groennings: Analyt. Chem. **28**, 303 (1956).
[337] Eggertsen, F. T., and F. M. Nelsen: Analyt. Chem. **30**, 1040 (1958).
[338] Ellis, J. F., and C. W. Forrest: Analyt. chim. Acta **24**, 329 (1961).
[339] Ellis, J. F., C. W. Forrest and P. L. Allen: Analyt. chim. Acta **22**, 27 (1960).
[340] Ellis, J. F., and G. Iveson: in D. H. Desty: Gas Chromatography, Butterworths Scientific Publ., London 1958, S. 300.
[341] Ellis, W. H., and R. C. LeTourneau: Analyt. Chem. **25**, 1269 (1953).
[342] Elsey, P. G.: Analyt. Chem. **31**, 869 (1959).
[343] Elsey, P. G., and T. Rye: J. Chromatogr. **5**, 88 (1961).
[344] Erickson, E. L.: Instruments and Control Systems **33**, 1362 (1960).
[345] Erni, M.: Perfumery Essent. Oil Record **51**, 541 (1960).
[346] Essayan, L., M. Gherman, V. Stefan u. E. Istrate: Rev. chim. (Bucharest) **9**, 125 (1958).
[347] Ettre, L. S., e G. Caroti: Chim. e Ind. **42**, 864 (1960).
[348] Ettre, L. S.: J. Chromatogr. **4**, 166 (1960).
[349] —: J. Air Pollution Control Assoc. **11**, 34 (1961).
[350] Ettre, L. S., and W. Averill: Vortrag bei Div. Petrol, Chem., Amer. Chem. Soc., 139th meeting, St. Louis, Mo., März 1961. Preprints, Petrol. Div., **6**, No. 2: B-79—B-B-90 (April 1961).
[351] Ettre, L. S., and N. Brenner: Printed by the Perkin-Elmer Corporation, Norwalk, Conn., U.S.A. 1959.
[352] —: J. Chromatogr. **3**, 524 (1960).
[353] Eucken, A., u. H. Knick: Brennstoff-Chem. **17**, 241 (1936).
[354] Euston, G. B., and A. J. Martin: Vortrag bei Pittsburgh Conf. on Analyt. Chem. and Applied Spectroscopy, 1961; vgl. auch Chem. and Eng. News **39**, 46 (1961).
[355] Evans, D. E. M., and J. C. Tatlow: J. chem. Soc. (Lond.) **1955**, 1184.
[356] —: in D. H. Desty: Vapour Phase Chromatography, Butterworths Scientific Publ., London 1957, S. 256.
[357] Evans, J. B., and J. E. Willard: J. Amer. chem. Soc. **78**, 2908 (1956).
[358] Evans, J. B., J. E. Quinlan and J. E. Willard: Ind. Eng. Chem. **50**, 192 (1958).
[359] Evans, M. B., and J. F. Smith: J. Chromatogr. **5**, 300 (1961).
[360] —: Nature (Lond.) **190**, 905 (1961).
[361] Evered, S., and F. H. Pollard: J. Chromatogr. **4**, 451 (1960).
[362] Faley, R. L., and J. F. Long: Analyt. Chem. **32**, 302 (1960).
[363] *Farbenfabriken Bayer A.G.*: Brit. Pat. 832,423.
[364] Farrington, P. S., R. L. Pecsok, R. L. Meeker and T. J. Olson: Analyt. Chem. **31**, 1512 (1959).
[365] Feigl, F.: Angew. Chem. **70**, 166 (1958).
[366] Feinland, R., A. J. Andreatch and D. P. Cotrupe: Vortrag bei 137th meeting, Amer. chem. Soc., New York, N. Y., Sept. 1960.
[367] Felton, H. R., in V. J. Coates, H. J. Noebels and I. S. Fagerson: Gas Chromatography, Academic Press, Inc., New York 1958, S. 131.
[368] Felton, H. R., and A. A. Buehler: Analyt. Chem. **30**, 1163 (1958).
[369] Ferrero, P.: Ind. chim. belge **25**, 237 (1960).
[370] Ferrero, R.: Parfumerie Cosmetique Savons **3**, 319 (1960).
[371] Ferrin, C. R., D. R. Latham and W. E. Haines: Vortrag bei Div. of Petroleum Chem., Amer. chem. Soc., St. Louis, März 1961. Preprints, Div. Petrol. Chem., Amer. chem. Soc. **6**, No. 2: B-23—B-26 (April 1961).
[372] Fessenden, R.: J. org. chem. **25**, 2191 (1960).

[373] FISCHER, E.: Ber. dtsch. chem. Ges. **34**, 433 (1901).
[374] FITZGERALD, J. S.: Australien J. appl. Sci. **10**, 169 (1959).
[375] —: Australian J. appl. Sci. **10**, 306 (1959).
[376] —: Australian J. appl. Sci. **12**, 51 (1961).
[377] FLEISCHMANN, L., e A. DAGHETTA: Ricerca sci. **28**, 2286 (1958).
[378] FORSS, D. A., E. A. DUNSTONE and W. STARK: J. Dairy Research **27**, 211 (1960).
[379] —: J. Dairy Research **27**, 381 (1960).
[380] FOSTER, N. F., and R. J. CVETANOVIĆ: J. Amer. chem. Soc. **82**, 4274 (1960).
[381] FOULLETIER, L., et E. ELCHARDUS: Chimie et ind. (Paris) **83**, 242 (1960).
[382] FOURROUX, M. M., F. W. KARASEK and R. E. WIGHTMAN: Oil and Gas J. **58**, 96 (1960).
[383] FOX, J. E.: Proc. Soc. exp. Biol. Med. **97**, 236 (1958).
[384] FRANC, J.: Coll. czechoslov. chem. Comm. **25**, 1573 (1960).
[385] FRANC, J., u. M. WURST: Coll. czechoslov. chem. Comm. **25**, 701 (1960).
[386] —: Coll. czechoslov. chem. Comm. **25**, 2290 (1960).
[387] FRANKEL, E. N., J. NOWAKOWSKA and C. D. EVANS: J. Amer. Oil Chemists Soc. **38**, 161 (1961).
[388] FREDERICKS, E. M., and F. R. BROOKS: Analyt. Chem. **28**, 297 (1956).
[389] FREDERICKS, E. M., M. DIMBAT and F. H. STROSS: Nature (Lond.) **184**, 54 (1959).
[390] FREEMAN, S. K.: J. org. Chem. **26**, 212 (1961).
[391] —: Analyt. Chem. **32**, 1304 (1960).
[392] FREISER, H.: Analyt. Chem. **31**, 1440 (1959).
[393] FREUND, M., P. BENEDEK and L. SZEPESY: in D. H. DESTY: Vapour Phase Chromatography, Butterworths Scientific Publ., London 1957, S. 359.
[394] FRIEDRICH, K.: Chem. and Ind. **1957**, 47.
[395] —: J. Chromatogr. **2**, 664 (1959).
[396] FRISONE, G. J.: Chemist-Analyst **48**, 47 (1959).
[397] FRITZ, G., u. D. KSINSIK: Z. anorg. allg. Chem. **304**, 241 (1960).
[398] FRITZ, G., u. H. THIELKING: Z. anorg. allg. Chem. **306**, 39 (1960).
[399] FUKUDA, T.: Japan Analyst **8**, 627 (1959).
[400] —: Bull. Chem. Soc. Japan **32**, 1299 (1959).
[401] FUKUDA, T., and T. OMORI: Japan Analyst **8**, 630 (1959).
[402] FUNASAKA, W., and T. KOJIMA: Japan Analyst **9**, 741 (1960).
[403] FUNK, J. E., and G. HOUGHTON: Nature (Lond.) **188**, 389 (1960).
[404] FURUYAMA, S., and T. KWAN: J. phys. Chem. **65**, 190 (1961).
[405] FUTRELL, J. H., and A. S. NEWTON: J. Amer. chem. Soc. **82**, 2676 (1960).
[406] GALLAGHER, M. J., and M. D. SUTHERLAND: Australian J. Chem. **13**, 367 (1960).
[407] GALAWAY, W. S., and M. R. BURNELL: Analyzer **1**, 8 (1960).
[408] GAMSON, R. M., D. N. KRAMER and F. M. MILLER: J. org. Chem. **24**, 1747 (1959).
[409] GARDNER, K., and K. C. OVERTON: Analyt. chim. Acta **23**, 337 (1960).
[410] GAULIN, C. A., E. R. MICHAELSEN, A. B. ALEXANDER and R. W. SAUER: Chem. Eng. Progress **54**, 49 (1958) und J. Inst. Petrol. **45**, 28 A (1959).
[411] GECHELE, G. B., A. NENZ, C. GARBUGLIO e S. PIETRA: Chim. e Ind. **42**, 959 (1960)
[412] GEHRKE, C. W., D. F. GOERLITZ, C. O. RICHARDSON and H. D. JOHNSON: Vortrag bei 55th Annual Meeting, Amer. Dairy Science Assoc., Juni 1960, Utah State Univ., Logan, Utah. Abst., J. Dairy Sci. **43**, 839 (1960).
[413] GEHRKE, C. W., and W. M. LAMKIN: J. Agricult. and Food Chem. **9**, 85 (1961).
[414] GERRARD, W., S. J. HAWKES and E. F. MOONEY: in R. P. W. SCOTT: Gas Chromatography 1960, Butterworths Scientific Publ., London 1960, S. 199.
[415] GIDDINGS, J. C.: J. Chromatogr. **2**, 44 (1959).
[416] —: Nature (Lond.) **184**. 357 (1959).
[417] —: J. chem. Phys. **31**, 1462 (1959).
[418] —: J. Chromatogr. **3**, 443 (1960).
[419] —: J. Chromatogr. **3**, 520 (1960).

[420] GIDDINGS, J. C.: Nature (Lond.) **187**, 1023 (1960).
[421] —: Analyt. Chem. **32**, 1707 (1960).
[422] —: Nature (Lond.) **188**, 847 (1960).
[423] GIDDINGS, J. C., and H. EYRING: J. phys. Chem. **59**, 416 (1955).
[424] GIDDINGS, J. C., S. L. SEAGER, L. R. STUCKI and G. H. STEWART: Analyt. Chem. **32**, 867 (1960).
[425] GIL-AV, E., J. HERLING and J. SHABTAI: Chem. and Ind. **1957**, 1483.
[426] —: J. Chromatogr. **1**, 508 (1958).
[427] GIMBLETT, F. G. R.: Chem. and Ind. **1958**, 365.
[428] GLICK, C. F., A. J. MISKALIS and T. KESSLER: Analyt. Chem. **32**, 1692 (1960).
[429] GLUECKAUF, E.: Trans. Faraday Soc. **51**, 34 (1955).
[430] —: in D. H. DESTY: Gas Chromatography, Butterworths Scientific Publ., London **1958**, S. 160.
[431] —: J. chem. Soc. (Lond.) **1947**, 1321.
[432] —: Ann. N. Y. Acad. Sci. **72**, 562 (1959).
[433] GLUECKAUF, E., and G. P. KITT: Disc. Faraday Soc. **7**, 199 (1949).
[434] —: in D. H. DESTY: Vapour Phase Chromatography, Butterworths Scientific Publ., London 1957, S. 422.
[435] GÖTZ, A.: Z. analyt. Chem. **181**, 92 (1961).
[436] GOHLKE, R. S.: Analyt. Chem. **29**, 1723 (1957).
[437] —: Analyt. Chem. **31**, 536 (1959).
[438] GOLAY, M. J. E.: Analyt. Chem. **29**, 928 (1957).
[439] —: Nature (Lond.) **180**, 435 (1957).
[440] —: in D. H. DESTY: Gas Chromatography, Butterworths Scientific Publ., London 1958, S. 36.
[441] GOLAY, M. J. E.: in V. J. COATES, H. J. NOEBELS and I. S. FAGERSON: Gas Chromatography, Academic Press, Inc., New York 1958, S. 37.
[442] GOLAY, M. J. E.: ISA Proc. Anal. Instr. Div. 2nd Int. Gas Chromatography Symposium, Juni 1959. Preprints **2**, 5—11.
[443] —: U. S. Patent 2920478.
[444] GOLD, H. J.: Chemist-Analyst **49**, 112 (1960).
[445] GOLDFINGER, G.: J. Polymer Sci. **4**, 93 (1949).
[446] GOLDING, W. E., and C. A. TOWNSEND: Chem. and Ind. **1960**, 1476.
[447] GOLDSCHMIDT, H.: Monatsh. Chem. **2**, 433 (1881).
[448] GOODWIN, E. S., R. GOULDEN, A. RICHARDSON and J. G. REYNOLDS: Chem. and Ind. **1960**, 1220.
[449] GRANT, D. W., and G. A. VAUGHAN: in D. H. DESTY: Vapour Phase Chromatography, Butterworths Scientific Publ. London 1957, S. 413; vgl. auch GRANT, D. W.: in D. H. DESTY: Gas Chromatography, Butterworths Scientific Publ., London 1958, S. 153.
[450] —: J. appl. Chem. **6**, 145 (1956).
[451] —: J. appl. Chem. **10**, 181 (1960).
[452] GRASSMANN, H.: Z. angew. Geol. **5**, 164 (1959).
[453] GRAVEN, W. M.: Analyt. Chem. **31**, 1197 (1959).
[454] GRAY, G. M.: J. Chromatogr. **4**, 52 (1960).
[455] GREEN, G. E.: Nature (Lond.) **180**, 295 (1957).
[456] GREEN, S. W.: in D. H. DESTY: Vapour Phase Chromatography, Butterworths Scientific Publ., London 1957, S. 388.
[457] GREENE, S. A.: Analyt. Chem. **31**, 480 (1959).
[458] GREENE, S. A., M. L. MOBERG and E. M. WILSON: Analyt. Chem. **28**, 1369 (1956).
[459] GREENE, S. A., and H. PUST: Analyt. Chem. **29**, 1055 (1957).
[460] —: Analyt. Chem. **30**, 1039 (1958).
[461] GREENE, S. A., and H. E. ROY: Analyt. Chem. **29**, 569 (1957).
[462] GREGG, S. J., and R. STOCK: in D. H. DESTY: Gas Chromatography, Butterworths Scientific Publ., London 1958, S. 90.
[463] GREGORY, N. L., and J. E. LOVELOCK: ISA Proceedings: 1961 International Gas Chromatography Symposium, S. 151—158.
[464] GRIFFITHS, J. H., D. H. JAMES and C. S. G. PHILLIPS: Analyst **77**, 897 (1952).

[465] Griffiths, J. H., and C. S. G. Phillips: J. chem. Soc. (Lond.) **1954**, 3446.
[466] Grob, R. L., D. Mercer, T. Gribben and J. Wells: J. Chromatogr. **3**, 545 (1960).
[467] Grosskopf, K.: Erdöl und Kohle **11**, 304 (1958).
[468] Grubner, O.: Vortrag bei der 3. Konferenz über Analytische Chemie, Prag, September 1959.
[469] Grubner, O., u. E. Smolkova: Vortrag bei der 3. Konferenz über Analytische Chemie, Prag, September 1959.
[470] Gudzinowicz, B. J., and W. R. Smith: Analyt. Chem. **32**, 1767 (1960).
[471] Günzler, H.: Z. analyt. Chem. **164**, 49 (1958).
[472] Guild, L. V., S. Bingham and F. Aul: in D. H. Desty: Gas Chromatography, Butterworths Scientific Publ., London 1958, S. 226.
[473] Guild, L. V., C. A. Hollingsworth, D. H. McDaniel and J. H. Wotiz: Analyt. Chem. **33**, 1156 (1961).
[474] Guild, L. V., and M. I. Lloyd: Vortrag bei Pittsburgh Conf. on Analyt. Chem. and Applied Spectroscopy, März 1960. Meeting programm, p. 42.
[475] Guillet, J. E., W. C. Wasten and R. L. Combs: J. appl. Polymer Sci. **3**, 61 (1960).
[476] Guillot, M., et A. Berton: Compt. rend. Acad. Sci. **250**, 1857 (1960).
[477] Gunesch, H., u. R. Stadtmuller: Rev. chim. (Bucharest) **9**, 35 (1958).
[478] Gunner, S. W., J. K. N. Jones and M. B. Perry: Chem. and Ind. **1961**, 255.
[479] Gunstone, F. D., and P. J. Sykes: Chem. and Ind. **1960**, 1130.
[480] Haahti, E. O. A., W. J. A. Vanden Heuvel and E. C. Horning: J. org. Chem. **26**, 626 (1961).
[481] Haahti, E. O. A., and H. M. Fales: Chem. and Ind. **1961**, 507.
[482] Haahti, E. O. A., and T. Nikkari: Acta Chem. Scand. **13**, 2125 (1959).
[483] Haahti, E. O. A., T. Nikkari and O. Koskinen: Scand. J. Clin. and Lab. Invest. **12**, 249 (1960).
[484] Haahti, E. O. A., T. Nikkari and E. Kulonen: J. Chromatogr. **3**, 372 (1960).
[485] Haber, H. S., and K. W. Gardiner: Vortrag bei 138th meeting, Amer. Chem. Soc., New York, N. Y., Sept. 1960.
[486] Habgood, H. W., and J. F. Hanlan: Canad. J. Chem. **37**, 843 (1959).
[487] Haddock, L. A., R. Hill and A. G. Jones: Mfg. Chemist **30**, 57 (1959).
[488] Halàsz, I., u. W. Schneider: Brennstoff-Chem. **41**, 225 (1960).
[489] —: in R. P. W. Scott: Gas Chromatography 1960, Butterworths Scientific Publ., London 1960, S. 104.
[490] —: Analyt. Chem. **33**, 979 (1961).
[491] Halàsz, I., u. G. Schreyer: Chem.-Ing.-Techn. **32**, 675 (1960).
[492] —: Z. analyt. Chem. **181**, 367 (1961).
[493] Halàsz, I., and E. E. Wegner: Nature (Lond.) **189**, 570 (1961).
[494] —: Z. analyt. Chem. **181**, 382 (1961).
[495] Hall, W. K., D. S. Mac Iver and H. P. Weber: Ind. Eng. Chem. **52**, 421 (1960).
[496] Hallgren, B., u. S. O. Larsson: Acta Chem. Scand. **13**, 2147 (1959).
[497] Hallgren, B., S. Stenhagen, A. Svanborg and I. Svennerholm: J. clin. Invest. **39**, 1424 (1960).
[498] Hamilton, L. H., and R. C. Kory: J. appl. Physiol. **15**, 829 (1960).
[499] Hamilton, L. H., and J. R. Smith: Physiologist **3**, 73 (1960).
[500] Hanahan, D. J., R. M. Watts and D. Pappajohn: J. Lipid Research **1**, 421 (1960).
[501] Hannemann, W. W., C. F. Spencer and J. F. Johnson: Vortrag bei 137th meeting, Amer. Chem. Soc., Cleveland, O., April 1960.
[502] Hansen, R. P., and A. G. McInnes: Nature (Lond.) **173**, 1093 (1954).
[503] Hara, N., H. Shimada, A. Ishikawa and K. Dohi: Bull. Japan Petrol. Inst. **2**, 33 (1960).
[504] Hardy, C. J.: J. Chromatogr. **2**, 490 (1959).
[505] Hardy, C. J., and F. H. Pollard: J. Chromatogr. **2**, 1 (1959).
[506] Hardy, R., J. R. Majer and S. Travers: J. Sci. Instr. **37**, 103 (1960).

[507] Harley, J., W. Nel and V. Pretorius: Nature (Lond.) 181, 177 (1958).
[508] Harley, J., and V. Pretorius: Nature (Lond.) 178, 1244 (1956).
[509] Harris, W. E., and W. H. McFadden: Analyt. Chem. 31, 114 (1959).
[510] Harrison, G. F.: in D. H. Desty: Vapour Phase Chromatography, Butterworths Scientific Publ., London 1957, S. 332.
[511] Harrison, G. F., P. Knight, R. P. Kelley and M. T. Heath: in D. H. Desty: Gas Chromatography, Butterworths Scientific Publ., London 1958, S. 200.
[512] Haslam, J.: Chem. Age (Lond.) 82, 169 (1959).
[513] Haslam, J., A. R. Jeffs and H. A. Willis: Analyst 86, 44 (1961).
[514] Haruki, T.: Japan Analyst 9, 865 (1960).
[515] Harvey, D., and G. O. Morgan: in D. H. Desty: Vapour Phase Chromatography, Butterworths Scientific Publ., London 1957, S. 74.
[516] Haskin, J. F., G. W. Warren, L. J. Priestley and V. A. Yarborough: Analyt. Chem. 30, 217 (1958).
[517] Hatch, L. F.: in V. H. Coates, H. J. Noebels and J. S. Fagerson: Gas Chromatography, Academic Press, Inc., New York 1958, S. 105.
[518] Hausdorff, H. H.: in D. H. Desty: Vapour Phase Chromatography, Butterworths Scientific Publ., London 1957, S. 377.
[519] —: "Vapour Fractometry" Perkin Elmer Corp. Norwalk, Conn. USA.
[520] Hawkes, J. C.: in D. H. Desty: Vapour Phase Chromatography, Butterworths Scientific Publ., London 1957, S. 266.
[521] —: Privatmitteilung.
[522] —: Biochem. J. 64, 311 (1956).
[523] Hawkes, J. C., R. P. Hansen and F. B. Shorland: J. Chromatogr. 2, 547 (1959).
[524] Heaton, W. B., and J. T. Wentworth: Analyt. Chem. 31, 349 (1959).
[525] Hedgley, E. J., O. Meresz, W. G. Overend and R. Rennie: Chem. and Ind. 1960, 938.
[526] Heft, C. H.: Gas-Chromatographie 1958, Akademie-Verlag, Berlin 1958, S. 59.
[527] Heide, R. ter: Soap, Perfumery and Cosmetics 33, 727 (1960).
[528] Heide, R. ter, and M. H. Klouwen: J. Chromatogr. (im Druck).
[529] Heilbronner, E., E. Kovats u. W. Simon: Helv. chim. Acta 40, 2410 (1957); 41, 275 (1958).
[530] Heinemann, W.: Brennstoff-Chem. 41, 342 (1960).
[531] Heinze, H. O.: Vortrag bei Gesellschaft Deutscher Chemiker Hauptversammlung 1960, Stuttgart April 1960.
[532] Helm, R. V., D. R. Latham, C. R. Ferrin and J. S. Ball: Analyt. Chem. 32, 1765 (1960).
[533] Helms, C. C., and H. N. Claudy: in V. J. Coates, H. J. Noebels and I. S. Fagerson: Gas Chromatography, Academic Press, Inc., New York 1958, S. 269.
[534] Henderson, J. I., and J. H. Knox: J. chem. Soc. (Lond.) 1956, 1294.
[535] —: J. chem. Soc. (Lond.) 1956, 2299.
[536] Hendriks, W. J., R. M. Soemantri and H. J. Waterman: J. Inst. Petrol. 43, 288 (1957).
[537] Henneberg, D.: Z. analyt. Chem. 170, 365 (1959).
[538] —: in R. P. W. Scott: Gas Chromatography 1960, Butterworths Scientific Publ., London 1960, S. 129.
[539] Herb, S. F., P. Magidmam and R. W. Riemenschneider: J. Amer. Oil Chemists Soc. 37, 127 (1960).
[540] Herington, E. F. G.: in D. H. Desty: Vapour Phase Chromatography, Butterworths Scientific Publ., London 1957, S. 5.
[541] Herr, W., F. Schmidt u. G. Stöcklin: Z. analyt. Chem. 170, 301 (1959).
[542] Heseltine, H. K., J. D. Pearson and H. Wainman: Chem. and Ind. 1958, 1287.
[543] Hesse, G.: Z. Elektrochem. 55, 60 (1951).
[544] Hesse, G., u. H. Eilbrecht: Justus Liebigs Ann. Chem. 546, 405 (1941).
[545] Hesse, G., u. B. Tschachotin: Naturwissenschaften 30, 387 (1942).

[*546*] Heuschkel, G., J. Wolny u. S. Skoczowski: Erdöl und Kohle **13**, 98 (1960).
[*547*] Heuvel, W. J. A. Vanden, E. O. A. Haahti and E. C. Horning: J. Amer. chem. Soc. **83**, 1514 (1961).
[*548*] Heuvel, W. J., A. Vanden and E. C. Horning: Biochem. Biophys. Research Commun. **3**, 356 (1960).
[*549*] —: Biochem. Biophys. Research Commun. **4**, 399 (1961).
[*550*] —: J. Org. Chem. **26**, 634 (1961).
[*551*] Heuvel, W. J. A. Vanden, E. C. Horning, Y. Sato and N. Ikekawa: J. Org. Chem. **26**, 628 (1961).
[*552*] Heuvel, W. J. A. Vanden, C. C. Sweeley and E. C. Horning: J. Amer. chem. Soc. **82**, 3481 (1960).
[*553*] Hickerson, J. F.: NGAA Forum on Gas Chromatography, Dallas, Tex., April 1958.
[*554*] Higson, H. G., and D. Butler: Analyst **85**, 657 (1960).
[*555*] Hill, D. W.: in R. P. W. Scott: Gas Chromatography 1960, Butterworths Scientific Publ., London 1960, S. 344.
[*556*] Hirsch, J., J. W. Farquhar, E. H. Ahrens, M. L. Peterson and W. Stoffel: Amer. J. Clin. Nutrition **8**, 499 (1960).
[*557*] Hishta, C., J. P. Messerly, R. F. Reschke, D. H. Fredericks and W. D. Cooke: Analyt. Chem. **32**, 880 (1960).
[*558*] Hively, R. A.: J. Chem. and Eng. Data **5**, 237 (1960).
[*559*] Hoag, L. E., and H. G. Reinke: Amer. Soc. Brewing Chemists Proc. **1960**, 141.
[*560*] Hoare, M. R., and J. H. Purnell: Trans. Faraday Soc. **52**, 222 (1956).
[*561*] Hobden, F. W.: J. Oil and Colour Chemists' Assoc. **41**, 24 (1958).
[*562*] Hoffmann, G.: Z. analyt. Chem. **164**, 182 (1958).
[*563*] —: J. Amer. Oil Chemists' Soc. **38**, 1 (1961).
[*564*] Hofmann, M., u. R. Kaiser: Vortrag Symposium über Analyt. Chem., Chemische Gesellschaft in der DDR, Nov. 1959, Leipzig; ref. Angew. Chem. **72**, 141 (1960).
[*565*] Hollis, O. L.: Analyt. Chem. **33**, 352 (1961).
[*566*] —: Chem. and Eng. News **38**, 50 (1960).
[*567*] Holzhauser, H.: Gas-Chromatographie 1958, Akademie-Verlag, Berlin 1958, S. 86.
[*568*] Hoojmeijer, J., A. Kwantes and F. van de Craats: in D. H. Desty: Gas Chromatography, Butterworths Scientific Publ., London 1958, S. 288.
[*569*] Hook, W. A. van, and P. H. Emmett: J. phys. Chem. **64**, 673 (1960).
[*570*] Horn, O., U. Schwenk u. H. Hachenberg: Brennstoff-Chem. **38**, 116 (1957); **39**, 336 (1958).
[*571*] Horner, L., u. L. Schläfer: Liebigs Ann. Chem. **635**, 31 (1960).
[*572*] Horning, E. C., E. A. Moscatelli and C. C. Sweeley: Chem. and Ind. **1959**, 751.
[*573*] Horning, M. G., D. B. Martin, A. Karmen and P. R. Vageles: Biochim. Biophys. Research Commun. **3**, 101 (1960).
[*574*] Hornstein, I., J. A. Alford, L. E. Elliott and P. F. Crowe: Analyt. Chem. **32**, 540 (1960).
[*575*] Hornstein, I., and P. F. Crowe: Vortrag beim 137th national meeting, Amer. Chem. Soc., Cleveland, O., April 1960. Meeting programm, P. 13A.
[*576*] —: Analyt. Chem. **33**, 310 (1961).
[*577*] Hornstein, I., L. E. Elliott and P. F. Crowe: Nature (Lond.) **184**, 1710 (1959).
[*578*] Horton, A. D.: Oak Ridge National Laboratory, Anal. Chem. Div. Annual Progress Rept. for Period Ending Dec. 31, 1959, pp. 18—20. Issued as ORNL-2866, UC-4 Chemistry-General, TID-4500 (15th Ed.), Office of Technical Services, Dept. of Commerce, Washington 25, D.C.
[*579*] Houben-Weyl-Müller: Methoden der Organischen Chemie, 4. Auflage, Bd. 3/1, S. 753.
[*580*] Howard, G. A.: J. Inst. Brewing **1956**, 158.
[*581*] Howard, G. A., and C. A. Slater: Chem. and Ind. **1957**, 495.

[582] HOWARD, G. A., and R. STEVENS: J. chem. Soc. (Lond.) **1960**, 161.
[583] HOWARD, G. A., and C. A. SLATER: Brewers Guild J. **44**, 409 (1958): vgl. auch J. Inst. Brewing **65**, 77 (1959).
[584] HRAPIA, H.: Gas Chromatographie 1958, Akademie-Verlag, Berlin 1958, S. 123.
[585] HRIVNAC, M., u. J. JANAK: Vortrag bei der 3. Konferenz über Analytische Chemie Prag, September 1959.
[586] —: Chem. and Ind. **1960**, 930.
[587] HUDSON, J. R., and R. STEVENS: J. Inst. Brewing **66**, 471 (1960).
[588] HÜCKEL, W., H. FELTKAMP u. S. GEIGER: Liebigs Ann. Chem. **637**, 1 (1960).
[589] HUGHES, M. A., D. WHITE and A. L. ROBERTS: Nature (Lond.) **184**, 1796 (1959).
[590] HUGHES, T. R., R. J. HOUSTON and R. P. SIEG: Vortrag bei 135th Meeting, Amer. Chem. Soc. Abstracts of Papers p. 2Q, No. 5, 1959.
[591] HUGHES, K. J., and R. W. HURN: Vortrag beim Southwest Regional A.C.S. Meeting, Dezember 1960, Oklahoma City.
[592] HUNT, P. P., and H. A. SMITH: J. phys. Chem. **65**, 87 (1961).
[593] HUNTER, I. R., E. W. COLE and J. W. PENCE: J. Assoc. Offic. Agr. Chemists **43**, 769 (1960).
[594] HUNTER, I. R., K. P. DIMICK and J. W. CORSE: Chem. and Ind. **1956**, 294.
[595] HUNTER, I. R., N. G. HAWKINS and J. W. PENCE: Analyt. Chem. **32**, 1757 (1960).
[596] HUNTER, I. R., V. H. ORTEGREN and J. W. PENCE: Analyt. Chem. **32**, 682 (1960).
[597] HUPE, K. P., u. E. BAYER: Chem.-Ing.-Techn. (im Druck).
[598] HURN, R. W., and T. C. DAVIS: Proc. Amer. Petrol. Inst. **38**, 353 (1958).
[599] HURN, R. W., J. O. CHASE and K. J. HUGHES: Ann. N. Y. Acad. Sci. **72**, 675 (1959).
[600] HUYTEN, F.H., W. VAN BEERSUM and G.W.A.RIJNDERS: in R.P.W. SCOTT: Gas Chromatography 1960, Butterworths Scientific Publ., London 1960, S. 224.
[601] IGUCHI, M., A. NISHIYAMA and Y. NAGASE: J. Pharm. Soc. Japan **80**, 1408 (1960).
[602] IKEDA, R. M., W. L. STANLEY and S. COOK: Vortrag beim 20th Annual Meeting, Institute of Food Technologists, San Francisco, Mai 1960; vgl. Food Technol. **14**, 35 (1960).
[603] IRVINE, L., and T. J. MITCHELL: J. appl. Chem. **8**, 3 (1958).
[604] —: J. appl. Chem. **8**, 425 (1958).
[605] IVESON, G., and A. G. HAMLIN: in R. P. W. SCOTT: Gas Chromatography 1960, Butterworths Scientific Publ., London 1960, S. 333.
[606] JACKSON, H. W.: Symposium über „Physicochemical Research on Flavor"; ref. Analyt. Chem. **30**, 20A (1958).
[607] —: Perfumery Essent. Oil Record **49**, 256 (1958).
[608] KENNETH, L. J., and C. ENTENMAN: J. Chromatogr. **4**, 435 (1960).
[609] JACOBSON, M., M. BEROZA and W. A. JONES: Science **132**, 1011 (1960).
[610] JAMES, A. T.: Biochem. J. **52**, 242 (1952).
[611] —: Research **8**, 8 (1955).
[612] —: Analyt. Chem. **28**, 1564 (1956).
[613] —: in D. H. DESTY: Vapour Phase Chromatography, Butterworths Scientific Publ., London 1957, S. 127.
[614] —: in D. H. DESTY: Vapour Phase Chromatography, Butterworths Scientific Publ., Diskussionsbeitrag, S. 232. London 1957.
[615] —: Fette, Seifen, Anstrichmittel **59**, 73 (1957).
[616] JAMES, A. T., and A. J. P. MARTIN: Biochem. J. **50**, 679 (1952).
[617] —: Analyst **77**, 915 (1952).
[618] —: Brit. med. Bull. **10**, 170 (1954).
[619] —: J. appl. Chem. **6**, 105 (1956).
[620] —: Biochem. J. **63**, 144 (1956).
[621] JAMES, A. T.: in „Methods of Biochemical Analysis", edited by David Glick, Vol. 8, S. 1—59. Interscience Publishers, Inc., New York 1960.

[622] —: J. Chromatogr. **2**, 552 (1959).
[623] James, A. T., J. E. Lovelock and J. P. W. Webb: Biochem. J. **73**, 106 (1959).
[624] James, A. T., A. J. P. Martin and G. Horward-Smith: Biochem. J. **52**, 238 (1952).
[625] —: Biochem. J. **52**, 242 (1952).
[626] James, A. T., G. Peeters and M. Lauryssens: Biochem. J. **64**, 726 (1956).
[627] James, A. T., and E. A. Piper: J. Chromatogr. **5**, 265 (1961).
[628] James, A. T., and J. Webb: Biochem. J. **66**, 520 (1957).
[629] James, A. T., J. P. W. Webb and T. D. Kellock: Vortrag beim 389th meeting of the Biochem. Soc., Dez. 1959, ref. Biochem. J. **74**, 21P (1960).
[630] —: Biochem. J. **78**, 333 (1961).
[631] James, A. T., and V. R. Wheatly: Biochem. J. **63**, 269 (1956).
[632] James, D. H., and C. S. G. Phillips: J. chem. Soc. (Lond.) **1953**, 1600.
[633] —: J. chem. Soc. (Lond.) **1954**, 1066.
[634] Jamieson, G. R.: Analyst **84**, 74 (1959).
[635] —: J. Chromatogr. **3**, 464 (1960).
[636] —: J. Chromatogr. **4**, 420 (1960).
[637] Janak, J.: Chem. Listy **47**, 464 (1953).
[638] —: Chem. Listy **47**, 817 (1953).
[639] —: Chem. Listy **47**, 828 (1953).
[640] —: Chem. Listy **47**, 837 (1953).
[641] —: Chem. Listy **47**, 1184 (1953).
[642] —: Chem. Listy **47**, 1348 (1953).
[643] —: Coll. čzechoslov. chem. Commun. **19**, 684 (1954).
[644] —: Coll. čzechoslov. chem. Commun. **19**, 700 (1954).
[645] —: Coll. čzechoslov. chem. Commun. **19**, 917 (1954).
[646] —: in D. H. Desty: Vapour Phase Chromatography, Butterworths Scientific Publ., London 1957, S. 235.
[647] —: in D. H. Desty: Vapour Phase Chromatography, Butterworths Scientific Publ., London 1957, S. 247.
[648] —: Ann. N. Y. Acad. Sci. **72**, 606 (1959).
[649] —: J. Chromatogr. **3**, 308 (1960).
[650] —: Nature (Lond.) **185**, 684 (1960).
[651] —: in R. P. W. Scott: Gas Chromatography 1960, Butterworths Scientific Publ., London 1960, S. 387.
[652] —: Coll. čzechoslov. chem. Commun. **25**, 1780 (1960).
[653] Janak, J., M. Dobiasova u. K. Veres: Coll. čzechoslov. chem. Commun. **52**, 1566 (1960).
[654] Janak, J., and M. Hvrinac: J. Chromatogr. **3**, 297 (1960).
[655] —: Coll. čzechoslov. chem. Commun. **52**, 1557 (1960).
[656] Janak, J., and R. Komers: in D. H. Desty: Gas Chromatography, Butterworths Scientific Publ., London 1958, S. 343.
[657] —: Coll. čzechoslov. chem. Commun. **24**, 1960 (1959).
[658] Janak, J., M. Krejci u. H. E. Dubsky: Coll. čzechoslov. chem. Commun. **24**, 1080 (1959).
[659] —: Ann. N. Y. Acad. Sci. **72**, 731 (1959).
[660] Janak, J., M. Nedorost u. V. Bubenikova: Chem. Listy. **51**, 890 (1957).
[661] Janak, J., u. J. Novak: Coll. čzechoslov. chem. Commun. **24**, 384 (1959).
[662] Janak, J., u. I. Paralova: Chem. Listy **47**, 1476 (1953).
[663] Janak, J., u. M. Rusek: Chem. Listy **47**, 1190 (1953).
[664] —: Chem. Listy **48**, 207 (1954).
[665] —: Chem. Listy **49**, 191 (1955).
[666] —: Chem. Listy **48**, 397 (1954).
[667] Janak, J., M. Rusek u. A. Lazarev: Chem. Listy **49**, 700 (1955).
[668] Janak, J., u. K. Tesarik: Chem. Listy **48**, 1051 (1954).
[669] Janak, J., u. K. Vajtovic: Chem. průmysl **8**, 127 (1958).
[670] Jenard, H.: Echo Brasserie **16**, 37 (1960), vgl. auch Brewers Digest **35**, 58 (1960).

[671] JENNINGS, E. C., and K. P. DIMICK: Vortrag bei Div. Petrol Chem., 139th meeting, Amer. Chem. Soc., St. Louis, März 1961. Preprints, Div. Petrol. Chem. **6**, No. 2: B-103—B-108 (1961).
[672] JENNINGS, W. G., S. LEONARD and R. M. PANGBORN: Food Technol. **14**, 587 (1960).
[673] JENTZSCH, D., u. G. BERGMANN: Z. analyt. Chem. **170**, 239 (1959).
[674] JENTZSCH, D., u. K. FRIEDRICH: Z. analyt. Chem. **180**, 96 (1961).
[675] JOHNS, T.: in V. J. COATES, H. J. NOEBELS and I. S. FAGERSON: Gas Chromatography, Academic Press, Inc., New York 1958, S. 31.
[676] JOHNS, T.: in R. P. W. SCOTT: Gas Chromatography 1960, Butterworths Scientific Publ., London 1960, S. 242.
[677] JOHNSON, D. E., S. J. SCOTT and A. MEISTER: Analyt. Chem. **33**, 669 (1961).
[678] JOHNSON, E. A.: J. chem. Soc. (Lond.) **1957**, 4155.
[679] JOHNSON, E. A., D. G. CHILDS and G. H. BEAVEN: J. Chromatogr. **4**, 429 (1960).
[680] JOHNSON, H. W., and F. H. STROSS: Analyt. Chem. **31**, 357 (1959).
[681] —: Analyt. Chem. **31**, 1206 (1959).
[682] JOHNSON, R. E.: Vortrag bei 1960 ISA Symposium on Instrumental Methods of Analysis, Juni 1960, Montreal, Canada. ISA Proc. **6**: C10-1—C10-6.
[683] JOHNSTON, P. V., and F. A. KUMMEROW: Proc. Soc. exp. Biol. Med. **104**, 201 (1960).
[684] JONES, C. E. R.: in R. P. W. SCOTT: Gas Chromatography 1960, Butterworths Scientific Publ., London 1960, S. 401.
[685] JONES, C. E. R., and A. F. MOYLES: Nature (Lond.) **189**, 222 (1961).
[686] JONES, E. R. H., H. H. LEE and M. C. WHITING: J. Chem. Soc. (Lond.) **1960**, 341.
[687] JONES, J. H., R. FENSKE, D. G. HUTTON and H. D. ALLENDORF: Vortrag vor Division of Petroleum Chem., Amer. Chem. Soc., Cleveland, Ohio, April 1960. Preprints, Div. Petroleum Chem., **5**, C-5 (1960).
[688] JONES, J. H., C. D. RITCHIE and S. H. NEWBURGER: J. Assoc. Offic. Agr. Chemists **41**, 673 (1958).
[689] JONES, J. H., and C. D. RITCHIE: J. Assoc. Offic. Agr. Chemists **41**, 753 (1958).
[690] JONES, W. L.: Analyt. Chem. **33**, 829 (1961).
[691] JUVET, R. S., and F. M. WACHI: J. Amer. chem. Soc. **81**, 6110 (1959).
[692] —: Analyt. Chem. **32**, 290 (1960).
[693] KAESZ, H. D., J. R. PHILLIPS and F. G. A. STONE: J. Amer. chem. Soc. **82**, 6228 (1960).
[694] KAINZ, G., u. H. HUBER: Mikrochim. Acta **1959**, 51.
[695] KAISER, R.: in D. H. DESTY: Gas Chromatography, Butterworths Scientific Publ., London 1958, S. 187.
[696] —: Gas-Chromatographie, Akademie-Verlag, Berlin 1958, S. 171.
[697] —: Chromatographie in der Gasphase, Bd. II, Kapillar-Chromatographie. Bibliographisches Institut, Mannheim 1961.
[698] KALLEN, J., u. E. HEILBRONNER: Helv. chim. Acta **43**, 489 (1960).
[699] KALLINA, D., u. F. KUFFNER: Monatsh. Chem. **91**, 289 (1960).
[700] KAMER, J. H. VAN DE, K. W. GERRITSMA and E. J. WANSINK: Biochem. J. **61**, 174 (1955).
[701] KAMIBAYASHI, A., M. MIKI and H. ONO: Rep. Fermentation Res. Inst., Chiba, 1960 (xviii), 101—110; vgl. J. Inst. Brewing **66**, 520 (1960).
[702] KARASEK, F. W., and B. O. AYERS: ISA Journal **7**, 70 (1960).
[703] KARASEK, F. W., and M. C. BURK: Vortrag bei Pittsburgh Conf. on Analyt. Chem. and Applied Spectroscopy, Pittsburgh, März 1961.
[704] KARCHMER, J. H.: Analyt. Chem. **31**, 1377 (1959).
[705] KARMEN, A.: Amer. Heart J. **59**, 937 (1960).
[706] KARMEN, A., and R. L. BOWMAN: Ann. N. Y. Acad. Sci. **72**, 714 (1959).
[707] —: ISA Proceedings: 1961 International Gas Chromatography Symposium, p. 129—131.
[708] KARMEN, A., and H. R. TRITCH: Nature (Lond.) **186**, 150 (1960).
[709] KASSNER, B.: Erdöl und Kohle **13**, 776 (1960).

[710] KAUFFMAN, F. L., J. W. HARLAN, G. D. LEE, M. D. WILDING and R. D. BECKSTROM: Vortrag beim American Meat Institute Foundation Meeting, März 1960, Chicago.
[711] KAUFFMAN, F. L., and G. D. LEE: J. Amer. Oil Chemists' Soc. **37**, 385 (1960).
[712] KAUFMAN, H. R., and A. ZLATKIS: Chem. and Ind. **1958**, 1001.
[713] KAUFMANN, J. J., J. E. TOPP and W. S. KOSKI: Analyt. Chem. **29**, 1032 (1957).
[714] KAYE, W. I.: Vortrag bei Pittsburgh Conf. on Analyt. Chem. and Applied Spectroscopy, Pittsburgh, März 1961.
[715] KELKER, H.: Angew. Chem. **71**, 218 (1959).
[716] —: Kältetechnik **11**, 101 (1959).
[717] —: Z. analyt. Chem. **176**, 3 (1960).
[718] KELLER, R. A.: J. Chromatogr. **5**, 225 (1961).
[719] KELLER, R. A., and H. FREISER: in R. P. W. SCOTT: Gas Chromatography 1960, Butterworths Scientific Publ., London 1960, S. 301.
[720] KEPPLER, J. G., G. DIJKSTRA and J. A. SCHOLS: in D. H. DESTY: Vapour Phase Chromatography, Butterworths Scientific Publ., London 1957, S. 222.
[721] —: Rec. trav. chim. Pays-Bas **75**, 965 (1956).
[722] KESTERSON, J. W., and R. HENDRICKSON: Amer. Perfumer Aromat. **75**, 35 (1960).
[723] KEULEMANS, A. I. M., and A. KWANTES: Proc. IVth World Petr. Congr. Section V B Paper 4, Colombo Publ. Rom 1955.
[724] —: in D. H. DESTY: Vapour Phase Chromatography, Butterworths Scientific Publ., London 1957, S. 15.
[725] KEULEMANS, A. I. M., A. KWANTES u. P. ZAAL: Analyt. chim. Acta **13**, 357 (1955).
[726] KHAN, M. A.: Nature (Lond.) **186**, 800 (1960).
[727] KHUNRATH, K.: Medulla destillatoria et medica (1605).
[728] KIESELBACH, R.: Analyt. Chem. **32**, 880 (1960).
[729] —: Analyt. Chem. **32**, 1749 (1960).
[730] —: Analyt. Chem. **33**, 23 (1961).
[731] KIESER, M. E., and D. J. SISSONS: Nature (Lond.) **185**, 529 (1960).
[732] KILLHEFFER, J. V., and E. JUNGERMANN: J. Amer. Oil Chemists' Soc. **37**, 456 (1960).
[733] KINKEL, J. F.: Proc. Instr. Soc. Amer. **7**, 188 (1952).
[734] KIRCHNER, H. W.: Analyt. Chem. **32**, 1103 (1960).
[735] KIRKLAND, J. J.: in V. J. COATES, H. J. NOEBELS and I. S. FAGERSON: Gas-Chromatography, Academic Press 1958, S. 203.
[736] KIRKLAND, J. J.: Vortrag beim 137th national meeting, Amer. Chem. Soc. Cleveland April 1960. Meeting programm, p. 33B.
[737] KITAHARA, K.: J. Pharm. Soc. Japan **80**, 1624 (1960).
[738] KJAER, A., and A. JART: Acta Chem. Scand. **11**, 1423 (1957).
[739] KLENK, E., u. D. EBERHAGEN: Hoppe-Seylers Z. physiol. Chem. **322**, 258 (1960).
[740] KLENK, E., u. H. MOHRHAUER: Hoppe-Seylers Z. physiol. Chem. **320**, 218 (1960).
[741] KLINKENBERG, A. J.: J. phys. Chem. **59**, 1184 (1955).
[742] —: in D. H. DESTY: Vapour Phase Chromatography, Butterworths Scientific Publ. Diskussionsbeiträge, S. 30—34. London 1957.
[743] KLINKENBERG, A., and F. SJENITZER: Chem. Eng. Sci. **5**, 258 (1956).
[744] —: Nature (Lond.) **187**, 1023 (1960).
[745] KLOOT, A.P. VAN DER, and F. A. WILCOX: Amer. Soc. Brewing Chemists Proc. **1960**, 113.
[746] KNIAZUK, M., and F. R. PREDIGER: ISA Proc. Vol. **11** (1955).
[747] KNIGHT, H. S.: Analyt. Chem. **30**, 9 (1958).
[748] KNIGHT, H. S., and S. GROENNINGS: Analyt. Chem. **28**, 1949 (1956).
[749] KOBERSTEIN, E.: Z. Elektrochem. **64**, 906 (1960).
[750] KOCH, R. C., and G. L. GRANDY: Analyt. Chem. **33**, 43 (1961).
[751] KÖGL, F., J. DE GIER, I. MULDER and L. L. M. VAN DEENEN: Biochim. biophys. Acta **43**, 95 (1960).

[752] KOHLRAUSCH, H.: Praktische Physik, Bd. II.
[753] KOKES, R. J., H. TOBIN and P. H. EMMET: J. Amer. chem. Soc. **77**, 5860 (1955).
[754] KOMERS, R., K. KOCHLOEFEL and V. BAZANT: Chem. and Ind. **1958**, 1405.
[755] KONDRAT'EV, D. A., M. A. MARKOV and KH. M. MINACHEV: Ind. Lab. **25**, 1359 (1959, publ. 1960).
[756] KOOIMAN, P., and G. A. ADAMS: Canad. J. Chem. **39**, 889 (1961).
[757] KOVATS, E.: Helv. chim. Acta **41**, 1915 (1958).
[758] —: Z. analyt. Chem. **181**, 351 (1961).
[759] KRAMLICH, W. E., and A. M. PEARSON: Food Research **25**, 712 (1960).
[760] KRANZ, Z. H., J. A. LAMBERTON, K. E. MURRAY and A. H. REDCLIFFE: Australian J. Chem. **13**, 498 (1960).
[761] KRATZ, P., M. JACOBS and B. M. MITZNER: Analyst **84**, 671 (1959).
[762] KRATZL, K., u. G. GRUBER: Monatsh. Chem. **89**, 618 (1958).
[763] KREJCI, M., u. J. JANAK: Coll. čzechoslov. chem. Commun. **24**, 3887 (1959).
[764] KREYENBUHL, A.: J. Chromatogr. **4**, 130 (1960).
[765] —: Bull. soc. chim. France **1960**, 2125.
[766] KREYENBUHL, A., et H. WEISS: Bull. soc. chim. France **1959**, 1880.
[767] KRONMUELLER, G.: ISA Proc. Anal. Instr. Div. 2nd Int. Gas-Chromatography Symposium, Juni 1959. Preprints **2**, 79—81.
[768] KUCHLER, L., u. O. G. WELLER: Mikrochemie **26**, 44 (1939).
[769] KUHN, R., A. WINTERSTEIN u. E. LEDERER: Hoppe-Seylers Z. physiol. Chem. **197**, 141 (1931).
[770] KUHN, W., A. NARTEN u. M. THURKAUF: Helv. chim. Acta **41**, 2135 (1958).
[771] KURZ, H.: Fette und Seifen **44**, 144 (1937).
[772] KWAN, T.: J. Research Inst. for Catalysis, Hokkaido Univ. **8**, 14, 18 (1960).
[773] KWANTES, A., and G. W. A. RIJNDERS: in D. H. DESTY: Gas Chromatography, Butterworths Scientific Publ., London 1958, S. 125.
[774] KYRIACOS, G., and C. E. BOORD: Analyt. Chem. **29**, 787 (1957).
[775] LACEY, R. A. S.: J. Soc. Cosmetic Chemists **11**, 2 (1960).
[776] La LAU, C.: Chem. Weekblad **56**, 537 (1960).
[777] LAMPARKSY, D.: Riechstoffe und Aromen **9**, 201, 241 (1959).
[778] LANDOWNE, R. A., and S. R. LIPSKY: Biochim. biophys. Acta **46**, 1 (1961).
[779] —: Nature (Lond.) **189**, 571 (1961).
[780] LANGENAU, E. E., and J. A. ROGERS: Amer. Perfumer Aromat. **75**, 38, 45 (1960).
[781] LANGER, S. H., P. PANTAGES and I. WENDER: Chem. and Ind. **1958**, 1664.
[782] LANGER, S. H., C. ZAHN and G. PANTAZOPOLOS: Chem. and Ind. **1958**, 1145.
[783] —: J. Chromatogr. **3**, 154 (1960).
[784] LARD, E. W., and R. C. HORN: Analyt. Chem. **32**, 878 (1960).
[785] LAWREY, D. M. G., and C. C. CERATO: Analyt. Chem. **31**, 1011 (1959).
[786] LEE, J. K., B. MUSGRAVE and F. S. ROWLAND: J. chem. Phys. **32**, 1266 (1960).
[787] —: J. Amer. chem. Soc. **82**, 3545 (1960).
[788] —: J. phys. Chem. **64**, 1950 (1960).
[789] LEE, E. H., and G. D. OLIVER: Analyt. Chem. **31**, 1925 (1959).
[790] LEGGON, H. W.: Analyt. Chem. **33**, 1295 (1961).
[791] LEGHISSA, S., e G. A. CARAZZOLO: Ann. Chim. (Roma) **49**, 1621 (1959).
[792] LEHMANN, F. A., and G. M. BRAUER: Analyt. Chem. **33**, 673 (1961).
[793] LEONARD, N. J., and W. K. MUSKER: J. Amer. chem. Soc. **82**, 5148 (1960).
[794] LEROSEN, H. D.: Analyt. Chem. **32**, 444 (1960).
[795] LESSER, R.: Angew. Chem. **72**, 631 (1960).
[796] LEVADIE, B., and J. F. HARWOOD: Amer. Industr. Hygiene Assoc. J. **21**, 20 (1960).
[797] LEVADIE, B.: Amer. Indust. Hygiene Assoc. J. **21**, 322 (1960).
[798] LEVY, E. J., R. R. DOYLE, R. A. BROWN and F. W. MELPOLDER: Preprints, Div. Petrol. Chem., 138th meeting, Amer. Chem. Soc., New York, Sept. 1960, **5**, 171—183.
[799] LEWIS, J. S., and H. W. PATTON: in V. J. COATES, H. J. NOEBELS and I. S. FAGERSON: Gas Chromatography, Academic Press, Inc., New York 1958, S. 145.

[*800*] Lewis, J. S., H. W. Patton and W. I. Kaye: Analyt. Chem. **28**, 1370 (1956).
[*801*] Liberti, A.: in D. H. Desty: Gas Chromatography, Diskussionsbeitrag; Butterworths Scientific Publ., London 1958, S. 341.
[*802*] Liberti, A., e G. P. Cartoni: Chim. e Ind. **39**, 821 (1957).
[*803*] —: in D. H. Desty: Gas Chromatography, Butterworths Scientific Publ., London 1958, S. 321.
[*804*] Liberti, A., L. Conti and V. Crescenzi: Nature (Lond.) **178**, 1067 (1956).
[*805*] Lichtenfels, D. H., S. A. Fleck and F. H. Burow: Analyt. Chem. **27**, 1510 (1955).
[*806*] Lindeman, L. P., and J. L. Annis: Analyt. Chem. **32**, 1742 (1960).
[*807*] Link, W. E., H. M. Hickman and R. A. Morrissette: J. Amer. Oil Chemists Soc. **36**, 300 (1959).
[*808*] Link, W. E., R. A. Morrissette, A. D. Cooper and C. F. Smullin: J. Amer. Oil Chemists Soc. **37**, 364 (1960).
[*809*] Link, W. E., and R. A. Morrissette: J. Amer. Oil Chemists Soc. **37**, 668 (1960).
[*810*] Lipsky, S. R., and R. A. Landowne: Ann. N. Y. Acad. Sci. **72**, 666 (1959).
[*811*] —: Biochim. biophys. Acta **27**, 666 (1958).
[*812*] —: Analyt. Chem. **33**, 818 (1961).
[*813*] Lipsky, S. R., R. A. Landowne and M. R. Godet: Biochim. biophys. Acta **31**, 336 (1959).
[*814*] Lipsky, S. R., R. A. Landowne and J. E. Lovelock: Analyt. Chem. **31**, 852 (1959).
[*815*] Lipsky, S. R., J. E. Lovelock and R. A. Landowne: J. Amer. chem. Soc. **81**, 1010 (1959).
[*816*] Littlewood, A. B., C. S. G. Phillips and D. T. Price: J. chem. Soc. (Lond.) **1955**, 1480.
[*817*] Littlewood, A. B.: in D. H. Desty: Gas Chromatography, Butterworths Scientific Publ., London 1958, S. 23.
[*818*] —: Nature (Lond.) **184**, 1631 (1959).
[*819*] —: J. Sci. Instr. **37**, 185 (1960).
[*820*] Lloyd, H. A., H. M. Fales, P. F. Highet, W. J. A. Van den Heuvel and W. C. Wildman: J. Amer. chem. Soc. **82**, 3791 (1960).
[*821*] Lochte, H. L., and A. G. Pittman: J. Amer. chem. Soc. **82**, 469 (1960).
[*822*] Lockhart, E. E.: in Chemistry of Natural Food Flavors Department of the Army, Washington D.C. Report May 1957.
[*823*] Lovelock, J. E.: in D. H. Desty: Gas Chromatography, Butterworths Sci. Publ., London 1958, S. 330.
[*824*] Lovelock, J. E.: Nature (Lond.) **182**, 1663 (1958).
[*825*] —: J. Chromatogr. **1**, 35 (1958).
[*826*] —: in R. P. W. Scott: Gas Chromatography 1960, Butterworths Scientific Publ., London 1960, S. 16.
[*827*] —: Nature (Lond.) **187**, 49 (1960).
[*828*] —: Nature (Lond.) **188**, 401 (1960).
[*829*] —: Nature (Lond.) **189**, 729 (1961).
[*830*] —: Analyt. Chem. **33**, 162 (1961).
[*831*] Lovelock, J. E., A. T. James and E. A. Piper: Ann. N. Y. Acad. Sci. **72**, 720 (1959).
[*832*] Lovelock, J. E., and S. R. Lipsky: J. Amer. chem. Soc. **82**, 431 (1960).
[*833*] Loyd, R. J., B. O. Ayers and F. W. Karasek: Analyt. Chem. **32**, 698 (1960).
[*834*] Luddy, F. E., R. A. Barford and R. W. Riemenschneider: J. Amer. Oil Chemists Soc. **37**, 447 (1960).
[*835*] Luh, B. S., and M. S. Chaudhry: Food Technol. **15**, 52 (1961).
[*836*] Lunaas, T.: Acta Chem. Scand. **14**, 773 (1960).
[*837*] Lysyj, I.: Analyt. Chem. **32**, 771 (1960).
[*838*] Mackay, D. A. M., D. A. Lang and M. Berdick: Drug and Cosmetic Ind. **86**, 46, 105 (1960).
[*839*] Maczek, A. O. S., and C. S. G. Phillips: in R. P. W. Scott: Gas Chromatography 1960, Butterworths Scientific Publ., London 1960, S. 284.
[*840*] Madden, W. F., R. K. Quigg and C. Kemball: Chem. and Ind. **1957**, 892.

[841] MAIER, H. J., and H. N. CLAUDY: Ann. N. Y. Acad. Sci. **87**, 864 (1960).
[842] MAIR, B. H., and M. SHAMAIENGAR: Analyt. Chem. **30**, 276 (1958).
[843] MANGAN, G. F., C. MERRITT and J. T. WALSH: Vortrag beim 135th Meeting, Amer. Chem. Soc. Abstracts of Papers p. 13A, No. 26, 1959.
[844] MAO, T. J., R. D. DRESDNER and J. A. YOUNG: J. Amer. chem. Soc. **81**, 1020 (1959).
[845] MARICQ, L., et L. MOLLE: Ann. pharm. franç. **18**, 811 (1960).
[846] MARTIN, A. J. P., and A. T. JAMES: Biochem. J. **63**, 138 (1956).
[847] MARTIN, A. J. P., and R. L. M. SYNGE: Biochem. J. **35**, 1358 (1941).
[848] MARTIN, A. E., and J. SMART: Nature (Lond.) **175**, 422 (1955).
[849] MARTIN, F., S. VERTALIER et J. CAMIER: Bull. soc. chim. France **1960**, 2067.
[850] MARTIN, F. D.: ref. in Chem. and Eng. News **38**, 66 (1960).
[851] MARTIN, R. L.: Analyt. Chem. **32**, 336 (1960).
[852] —: Analyt. Chem. **33**, 347 (1961).
[853] MARTIN, R. L., and J. C. WINTERS: Analyt. Chem. **31**, 1954 (1959), siehe auch Oil and Gas J. **58**, 138 (1960).
[854] MARTIRE, D. E.: Analyt. Chem. **33**, 1143 (1961).
[855] MARVILLET, L., and J. TRANCHANT: in R. P. W. SCOTT: Gas Chromatography 1960, Butterworths Scientific Publ., London 1960, S. 321.
[856] MATOUSEK, S.: in R. P. W. SCOTT: Gas Chromatography 1960, Butterworths Scientific Publ., London 1960, S. 65.
[857] MATSUURA, T., H. KOMAE, T. ARATANI and S. HAYASHI: J. Chem. Soc. Japan, Indust. Section **63**, 1761 (1960).
[858] MATTESON, D. S., J. J. DRYSDALE and W. H. SHARKEY: J. Amer. chem. Soc. **82**, 2853 (1960).
[859] MATTHEWS, J. S., F. H. BUROW and R. E. SNYDER: Analyt. Chem. **32**, 691 (1960).
[860] MATTHEWS, R. F.: Dissertation Cornell Univ. 1960. Ann Arbor, Mich. Diss. Abstr. **21**, 1693 (1961).
[861] MAZLIAK, P.: Compt. rend. Acad. Sci. **250**, 2255 (1960).
[862] McBRIDE, C. H., and W. S. FLEMING: AEC Research and Development Rept. MCW-1459, 1. Nov. 1960, S. 37—42. U.S. Dept. of Commerce.
[863] McCARTHY, R. D., S. PATTON and L. EVANS: J. Dairy Sci. **43**, 1196 (1960).
[864] McCREADIE, S. W. S., and A. F. WILLIAMS: J. appl. Chem. **7**, 47 (1957).
[865] McDONALD, E. J.: Bericht UCRL-9208, Office of Techn. Services. U.S. Dept. Commerce, Washington 25, D.C. Juni 1960. S. 78—83.
[866] McFADDEN, W. H.: Analyt. Chem. **30**, 479 (1958).
[867] McFADDEN, W. H., R. G. McINTOSH and W. E. HARRIS: J. phys. Chem. **64**, 1076 (1960).
[868] McINNES, A. G.: in D. H. DESTY: Vapour Phase Chromatography, Butterworths Scientific Publ., London 1957, S. 304.
[869] McINNES, A. G., D. H. BALL, F. P. COOPER and C. T. BISHOP: J. Chromatogr., **1**, 556 (1958).
[870] McINNES, A. G., R. P. HANSEN and A. S. JESSOP: Biochem. J. **63**, 702 (1956).
[871] McKENNA, T. A., and J. A. IDLEMAN: Analyt. Chem. **31**, 2000 (1959).
[872] —: Analyt. Chem. **32**, 1299 (1960).
[873] McNAIR, H. M., and T. DEVRIES: Analyt. Chem. **33**, 806 (1961).
[874] McREYNOLDS, W. O.: Vortrag bei der Pittsburgh Conf. on Analyt. Chem. and Applied Spectroscopy, Pittsburgh, Pa., März 1961.
[875] McWILLIAM, I. G.: J. appl. Chem. **9**, 379 (1959).
[876] McWILLIAM, I. G., and R. A. DEWAR: in D. H. DESTY: Gas Chromatography, Butterworths Scientific Publ., London 1958, S. 142.
[877] MEAD, J. F., and M. L. GOUZE: Proc. Soc. exp. Biol. Med. **106**, 4 (1961).
[878] MEHLENBACHER, V. C.: J. Amer. Oil Chemists Soc. **37**, 613 (1960).
[879] MEIGH, D. F., K. H. NORRIS, C. C. CRAFT and M. LIEBERMAN: Nature (Lond.) **186**, 902 (1960).
[880] MEILGAARD, M.: J. Inst. Brewing **66**, 35 (1960).
[881] MELAMED, N., et M. RENARD: J. Chromatogr. **4**, 339 (1960).
[882] MELLADO, G. L., and R. KOBAYASHI: Petroleum Refiner **39**, 125 (1960).

[883] MELLOR, N.: in D. H. DESTY: Vapour Phase Chromatography, Butterworths Scientific Publ., London 1957, S. 63.
[884] MERRITT, C., S. R. BRESNICK, M. L. BAZINET, J. T. WALSH and P. ANGELINI: J. Agricult and Food Chem. **7**, 784 (1959).
[885] MESSNER, A. E., D. M. ROSIE and P. A. ARGABRIGHT: Analyt. Chem. **31**, 230 (1959).
[886] METCALFE, L. D.: Nature (Lond.) **188**, 142 (1960).
[887] —: Facts and Methods for Scientific Research **2**, 1 (1961), ed. by F & M Scientific Corp., New Castle, Del.
[888] METCALFE, L. D., and A. A. SCHMITZ: Analyt. Chem. **33**, 363 (1961).
[889] MEYER ZU RECKENDORF, W.: Z. analyt. Chem. **175**, 350 (1960).
[890] MITZNER, B. M., and M. H. JACOBS: Vortrag beim 137th National Meeting, Amer. Chem. Soc., Cleveland, April 1960.
[891] MIWA, T. K., K. L. MIKOLAJCZAK, F. R. EARLE and I. A. WOLFF: Vortrag beim 137th National Meeting, Amer. Chem. Soc., Cleveland April 1960.
[892] MOHNKE, M., u. K. RENKER: Chem. Techn. **12**, 493 (1960).
[893] MOORE, W. R., and H. R. WARD: J. phys. Chem. **64**, 832 (1960).
[894] MOORLEY, H. R., F. D. COOPER and A. S. HOTT: Chem. and Ind. **1959**, 1018.
[895] MORGAN, M. E.: J. Dairy Sci. **43**, 848 (1960).
[896] MORRIS, L. J., R. T. HOLMAN and K. FONTELL: J. Lipid Chem. **1**, 412 (1960).
[897] MOSEN, A. W., and G. BUZZELLI: Analyt. Chem. **32**, 141 (1960).
[898] MOTTLAU, A. Y.: Analyt. Chem. **33**, 293 (1961).
[899] MOUSSEBOIS, C., and G. DUYCKAERTS: J. Chromatogr. **1**, 200 (1958).
[900] MUNDAY, C. W., and G. R. PRIMAVESI: in D. H. DESTY: Vapour Phase Chromatography, Butterworths Scientific Publ., London 1957, S. 146.
[901] MURRAY, K. E.: Australian J. Appl. Sci. **10**, 156 (1959).
[902] —: Australian J. Chem. **12**, 657 (1959).
[903] MUSGRAVE, W. K. R.: Chem. and Ind. **1959**, 46.
[904] MUYSERS, K., F. SIEHOFF u. G. WORTH: Klin. Wschr. **39**, 83 (1961).
[905] NADEAU, H. G., and D. M. OAKS: Analyt. Chem. **32**, 1760 (1960).
[906] —: Analyt. Chem. **33**, 1157 (1961).
[907] NAPIER, I. M., and H. J. RODDA: Chem. and Ind. **1958**, 1319.
[908] National Instruments Laboratories, Bulletin 175, 6108 Rhode Island Avenue Riverdale, Maryland U.S.A.
[909] NAUMANN, A.: Siemens Z. **27**, 8 (1953).
[910] NAUMANN, A., u. H. OSTER: Privatmitteilung.
[911] NAVES, Y. R.: Perfumery Essent. Oil Record **48**, 118 (1957).
[912] —: J. Soc. Cosmetic Chemists **9**, 101 (1958).
[913] —: Perfumery Essent. Oil Record **49**, 290 (1958).
[914] —: Compt. rend. Acad. Sci. **246**, 2163 (1958).
[915] —: Helv. chim. Acta **42**, 1237 (1959).
[916] —: Helv. chim. Acta **43**, 2744 (1960).
[917] NAVES, Y. R., P. OCHSNER et P. TULLEN: Helv. chim. Acta **43**, 1616 (1960).
[918] NAVES, Y. R., et A. ODERMATT: Bull. soc. chim. France **1958**, 377.
[919] NAVES, Y. R., u. P. TULLEN: Helv. chim. Acta **43**, 1619 (1960).
[920] —: Helv. chim. Acta **43**, 2150 (1960).
[921] —: Bull. soc. chim. France **1960**, 2123.
[922] —: Helv. chim. Acta **44**, 316 (1961).
[923] NAWAR, W. W., and I. S. FAGERSON: Analyt. Chem. **32**, 1534 (1960).
[924] NAWAR, W. W., F. SAWYER, E. G. BELTRAN and I. S. FAGERSON: Analyt. Chem. **32**, 1534 (1960).
[925] NEL, W., J. MORTIMER and V. PRETORIUS: South African Ind. Chemist **13**, 68 (1959).
[926] NEL, W., W. I. DE WET and V. PRETORIUS: South African Ind. Chemist **13**, 44 (1959).
[927] NELSON, J., and A. MILUN: Chem. and Ind. **1960**, 663.
[928] NELSON, K. H., W. J. HINES, M. D. GRIMES and D. E. SMITH: Analyt. Chem. **32**, 1110 (1960).
[929] NERHEIM, A. G.: Vortrag beim 137th national meeting, Amer. Chem. Soc., Cleveland, April 1960. Meeting programm, p. 24B—25B.

[930] NOBLE, F. W.: ISA Journal 8, 54 (1960).
[931] NODOP, G.: Z. analyt. Chem. **164**, 120 (1958).
[932] NOEBELS, H. J.: Erdöl und Kohle **13**, 774 (1960).
[933] NOGARE, C. D., and J. C. HARDEN: Analyt. Chem. **31**, 1829 (1959).
[934] NOVAK, J., and J. JANAK: J. Chromatogr. **4**, 249 (1960).
[935] NUNEZ, L. J., W. H. ARMSTRONG and H. W. GOGSWELL: Analyt. Chem. **29**, 1164 (1957).
[936] OGILVIE, J. L., M. C. SIMMONS and G. P. HINDS: Analyt. Chem. **30**, 25 (1958).
[937] OHKOSHI, S., Y. FUJITA and T. KWAN: Bull. Chem. Soc. Japan **31**, 770, 772, 773 (1958).
[938] OLSON, A. C.: Ind. Eng. Chem. **52**, 833 (1960).
[939] O'NEILL, H. J., and L. L. GERSHBEIN: Analyt. Chem. **33**, 182 (1961).
[940] ONGKIEHONG, L.: in R. P. W. SCOTT: Gas Chromatography 1960; Butterworths Scientific Publ., London 1960, S. 7.
[941] ORR, C. H., and J. E. CALLEN: J. Amer. chem. Soc. **80**, 249 (1958).
[942] ORMEROD, E. C., and R. P. W. SCOTT: J. Chromatogr. **2**, 65 (1959).
[943] ORR, C. H., and J. E. CALLEN: Ann. N. Y. Acad. Sci. **72**, 649 (1959).
[944] OSTER, H.: Z. analyt. Chem. **170**, 264 (1959).
[945] OTVOS, J. W., and D. P. STEVENSON: J. Amer. chem. Soc. **78**, 546 (1956).
[946] OZIRANER, S. N., G. A. GAZIEV, M. I. YANOVSKII and V. S. KORNYAKOV: Ind. Lab. **25**, 791 (1959).
[947] PAIN, J., M. F. HUGEL et M. BARBIER: Compt. rend. Acad. Sci. **250**, 1046 (1960).
[948] PALMER, R. C., D. K. DAVIS and W. VAN WILLIS: Analyt. Chem. **32**, 894 (1960).
[949] PAOLETTI, P., e E. GROSSI: Ricerca Sci. **30**, 726 (1960).
[950] PAQUOT, C., D. LEFORT et A. POURCHEZ: Rev. franç. Corps Gras **7**, 391 (1960).
[951] PARKE, H. G.: Control. Engng. **6**, 89 (1959).
[952] PARKER, W. W., G. Z. SMITH and R. L. HUDSON: Analyt. Chem. **33**, 1170 (1961).
[953] PATTON, H. W., and J. S. LEWIS: Analyt. Chem. **27**, 1034 (1955).
[954] PATTON, H. W., J. S. LEWIS and W. I. KAYE: Analyt. Chem. **27**, 170 (1955).
[955] PATTON, H. W., and G. P. TOUEY: Analyt. Chem. **28**, 1685 (1956).
[956] PATTON, S.: J. Dairy Sci. **43**, 1350 (1960).
[957] —: J. Dairy Sci. **44**, 207 (1961).
[958] PATTON, S., R. D. MCCARTHY, L. EVANS and T. R. LYNN: J. Dairy Sci. **43**, 1187 (1960).
[959] PAYN, D. S.: Chem. and Ind. **1960**, 1090.
[960] PERCIVAL, W. C.: Analyt. Chem. **29**, 20 (1957).
[961] PERILA, O., and C. T. BISHOP: Canad. J. Chem. **39**, 815 (1961).
[962] PERKIN-ELMER CORP: Essential Oils and Aromatics, Monthly Reporter **9**, 5 (1959).
[963] PETERS, K., u. W. LOHMAR: Angew. Chem. **50**, 40 (1937).
[964] PETERSON, D. L., and G. W. LUNDBERG: Analyt. Chem. **33**, 652 (1961).
[965] PETERSON, J. I.: Chem. and Eng. News **39**, 42 (1961).
[966] PETROCELLI, J. A., and D. H. LICHTENFELS: Analyt. Chem. **31**, 2017 (1959).
[967] PETROWITZ, H. J., F. NERDEL und G. OHLOFF: J. Chromatogr. **3**, 351 (1960).
[968] PHILLIPS, C. S. G.: in V. J. COATES, H. J. NOEBELS and I. S. FAGERSON: Gas Chromatography, Academic Press, Inc., New York 1958, S. 51.
[969] PHILLIPS, C. S. G.: Disc. Faraday Soc. **7**, 241 (1949).
[970] —: J. Sci. Instr. **28**, 342 (1951).
[971] PHILLIPS, C. S. G., and P. L. TIMMS: J. Chromatogr. **5**, 131 (1961).
[972] PHILLIPS, T. R., and D. R. OWENS: in R. P. W. SCOTT: Gas Chromatography 1960, Butterworths Scientific Publ., London 1960, S. 308.
[973] PICHLER, H., u. H. SCHULZ: Brennstoff-Chem. **39**, 149 (1958).
[974] PIEROTTI, G. J., C. H. DEAL, E. L. DERR and P. E. PORTER: J. Amer. chem. Soc. **78**, 2989 (1956).
[975] PIETSCH, H.: Erdöl und Kohle **11**, 157 (1958).
[976] PILLERI, R., u. M. VIETTI-MICHELINA: Z. analyt. Chem. **174**, 172 (1960).
[977] PINES, H., and G. BENOY: J. Amer. chem. Soc. **82**, 2483 (1960).

[978] Pines, H., and W. O. Haag: J. Amer. chem. Soc. **82**, 2471 (1960).
[979] Pitkethly, R. C.: Analyt. Chem. **30**, 1309 (1958).
[980] Pollard, F. H., and C. J. Hardy: Chem. and Ind. **1955**, 1145.
[981] —: in D. H. Desty: Vapour Phase Chromatography, Butterworths Scientific Publ., London 1957, S. 115.
[982] Pompeo, D. J., and J. W. Otvos: US Patent 2641710 (1953).
[983] Popjak, G., and R. Cornforth: J. Chromatogr. **4**, 214 (1960).
[984] Porcaro, P. J., and V. D. Johnston: Analyt. Chem. **33**, 361 (1961).
[985] Porter, P. E., C. H. Deal and F. H. Stross: J. Amer. chem. Soc. **78**, 2999 (1956).
[986] Porter, R. S., and J. F. Johnson: Analyt. Chem. **31**, 866 (1959).
[987] —: Nature (Lond.) **183**, 391 (1959).
[988] —: Analyt. Chem. **33**, 1152 (1961).
[989] Pratt, G. L., and J. H. Purnell: Analyt. Chem. **32**, 1213 (1960).
[990] Price, S. J. W., and K. O. Kutschke: Canad. J. Chem. **38**, 2128 (1960).
[991] Primavesi, G. R.: Nature (Lond.) **184**, 2010 (1959).
[992] Primavesi, G. R., G. F. Oldham and R. J. Thompson: in D. H. Desty: Gas Chromatography, Butterworths Scientific Publ., London 1958, S. 165.
[993] Pritkin, L.: Control. Engng. **1960**, 149.
[994] Purcell, J. R., and R. N. Keeler: Rev. Sci. Instr. **31**, 304 (1960).
[995] Purnell, J. H.: Nature (Lond.) **184**, 2009 (1959).
[996] —: J. Chem. Soc. (Lond.) **1960**, 1268.
[997] Purnell, J. H., and C. P. Quinn: in R. P. W. Scott: Gas Chromatography 1960, Butterworths Scientific Publ., London 1960, S. 184.
[998] Purnell, J. H., and M. S. Spencer: Nature (Lond.) **175**, 988 (1955).
[999] Puy, C. H. de, and P. R. Story: Tetrahedron Letters **1959**, 20.
[1000] Pypker, J.: in R. P. W. Scott: Gas Chromatography 1960, Butterworths Scientific Publ., London 1960, S. 240.
[1001] Quin, D. L.: Nature (Lond.) **182**, 865 (1958).
[1002] —: J. org. Chem. **24**, 911 (1959).
[1003] Quin, L. D., and M. E. Hobbs: Analyt. Chem. **39**, 1400 (1958).
[1004] Quin, L. D., B. S. Menefee and N. A. Pappas: J. org. Chem. **26**, 267 (1961).
[1005] Quiram, E. R., and W. F. Biller: Analyt. Chem. **30**, 1166 (1958).
[1006] Radin, N. S., A. K. Hajra and Y. Akahori: J. Lipid Research **1**, 250 (1960).
[1007] Ralls, J. W.: Analyt. Chem. **32**, 332 (1960).
[1008] —: J. Agricult and Food Chem. **8**, 141 (1960).
[1009] Rao, C. N. R., and S. N. Balasubrahmanyam: Chem. and Ind. **1960**, 625.
[1010] Rath, G. A.: Riechstoffe und Aromen **10**, 293 (1960).
[1011] Rattray, J. B. M., R. P. Cook and A. T. James: Biochem. J. Proc. **64**, 10 p. (1956).
[1012] Raupp, G.: Z. analyt. Chem. **164**, 135 (1958).
[1013] —: Angew. Chem. **71**, 284 (1959).
[1014] Ray, N. H.: J. appl. Chem. **4**, 21 (1954).
[1015] —: J. appl. Chem. **4**, 82 (1954).
[1016] —: Nature (Lond.) **182**, 1663 (1958).
[1017] —: Nature (Lond.) **184**, 54 (1959).
[1018] Reed, T. M.: Analyt. Chem. **30**, 221 (1958).
[1019] Reitsema, R. H., and N. L. Allphin: Analyt. Chem. **33**, 355 (1961).
[1020] Rhoades, J. W.: Food Research **23**, 254 (1958).
[1021] —: The Coffee Brewing Institute, Publ. No. 34, New York, 1959.
[1022] —: J. Agricult. and Food Chem. **8**, 136 (1960).
[1023] Richardson, D. B., M. C. Simmons and I. Dvoretzky: J. Amer. chem. Soc. **82**, 5001 (1960).
[1024] Richardson, R. D., and P. Tarrant: J. org. Chem. **25**, 2254 (1960).
[1025] Riedel, O., u. E. Uhlmann: Z. analyt. Chem. **166**, 433 (1959).
[1026] Riley, B.: in R. P. W. Scott: Gas Chromatography 1960, Butterworths Scientific Publ., London 1960, S. 81.
[1027] Rio, A., D. Ripa e S. Tribastone: Chim. e Ind. **41**, 1185 (1959).

[1028] RITTER, H.: Privatmitteilung.
[1029] RITTER, H., u. H. SCHNIER: Z. analyt. Chem. 170, 310 (1959).
[1030] ROBB, J. C., and D. VOFSI: in D. H. DESTY: Vapour Phase Chromatography Butterworths Scientific Publ., London 1957, S. 428.
[1031] ROBINSON, M. A., and A. S. SAID: Vortrag beim 138th meeting. Amer. Chem. Soc., New York N. Y., Sept. 1960.
[1032] RÖCK, H.: Ausgewählte moderne Trennverfahren zur Reinigung organischer Stoffe. Dr. D. Steinkopff Darmstadt, 1957.
[1033] —: Chem.-Ing.-Techn. 28, 489 (1956).
[1034] ROE, E. T., and D. SWERN: J. Amer. Oil Chemists Soc. 37, 661 (1960).
[1035] ROGERS, J. A.: Proc. Sci. Sect. Toilet Goods Assoc. 32, 9 (1959).
[1036] ROGERS, L. B., and C. N. REILLEY: Vortrag beim 138th meeting. Amer. Chem. Soc., New York, Sept. 1960.
[1037] ROHRSCHNEIDER, L.: Z. analyt. Chem. 170, 256 (1959).
[1038] ROOT, M. J., in V. J. COATES, H. J. NOEBELS and I. S. FAGERSON: Gas Chromatography, Academic Press, Inc., New York 1958, S. 99.
[1039] ROSIE, D. M., and R. L. GROB: Analyt. Chem. 29, 1263 (1957).
[1040] ROSSI, C., S. MUNARI, L. CENGARLE e G. F. TEALDO: Chim. e Ind. 42, 724 (1960).
[1041] ROTZSCHE, H.: in Gas-Chromatographie, Akademie-Verlag, Berlin 1959, S. 275.
[1042] ROTZSCHE, H.: Z. analyt. Chem. 175, 338 (1960).
[1043] ROUAYHEB, G. M., O. F. FOLMER and W. C. HAMILTON: Vortrag bei der Pittsburgh Conf. on Analyt. Chem. and Applied Spectroscopy, März 1960, Meeting programm, p. 38—39.
[1044] ROUIT, C.: in D. H. DESTY: Vapour Phase Chromatography, Butterworths Scientific Publ., London 1957, S. 291.
[1045] ROWAN, R.: Vortrag bei 137th National Meeting, Amer. Chem. Soc., Cleveland, April 1960.
[1046] ROWE, C. E.: Biochem. J. 76, 471 (1960).
[1047] RUDLOFF, E. VON: Canad. J. Chem. 38, 631 (1960).
[1048] —: Canad. J. Chem. 39, 1 (1961).
[1049] RUHLMANN, K., u. W. GIESECKE: Angew. Chem. 73, 113 (1961).
[1050] RUNEBERG, J.: Acta Chem. Scand. 14, 1288 (1960).
[1051] RUNGE, F.: Diss. Berlin 1822 und „Der Bildungstrieb der Stoffe“ 1855. Vgl. Schleicher & Schüll 1956: Das chemische Wappen.
[1052] RUSSELL, D. S., and M. E. BEDNAS: Analyt. Chem. 29, 1562 (1957).
[1053] RUYS, A. H., u. R. TER HEIDE: Seifen-Öle-Fette-Wachse 86, 35 (1960).
[1054] RYBICKA, S. M.: Chem. and Ind. 1960, 1594.
[1055] RYCE, S. A., and W. A. BRYCE: Analyt. Chem. 29, 925 (1957).
[1056] —: Canad. J. Chem. 35, 1293 (1957).
[1057] —: Nature (Lond.) 179, 541 (1957).
[1058] —: Analyt. Chem. 33, 654 (1961).
[1059] RYCE, S. A., P. KEBARLE and W. A. BRYCE: Analyt. Chem. 29, 1386 (1957).
[1060] SAKAIDA, R. R., R. G. RINKER, R. F. CUFFEL and W. H. CORCORAN: Analyt. Chem. 33, 32 (1961).
[1061] SAMBASIVARAO, K.: Dissertation Ohio State Univ. 1960. Diss. Abst. 21, 1047 (1960).
[1062] SAMSEL, E. P., and J. C. ALDRICH: Analyt. Chem. 31, 1288 (1959).
[1063] SANDLER, S., and J. A. BEECH: Canad. J. Chem. 38, 1455 (1960).
[1064] SANDLER, S., and R. STROM: Analyt. Chem. 32, 1890 (1960).
[1065] SAROFF, H. A., and A. KARMEN: Analyt. Biochem. 1, 344 (1960).
[1066] SASAKI, N., K. TOMINAGA and M. AOYAGI: Nature (Lond.) 186, 309 (1960).
[1067] SASSIVER, M. L., and J. ENGLISH: J. Amer. chem. Soc. 82, 4891 (1960).
[1068] SCHAY, G.: Theoretische Grundlagen der Gas-Chromatographie. Deutscher Verlag der Wissenschaften, Berlin 1960.
[1069] SCHAY, G., P. FEJES, I. HALASZ u. J. KIRALY: Magyar Kem. Folyóriat 63, 143 (1957).
[1070] SCHAY, G., A. PETHO u. P. FEJES: Acta Chim. Acad. Sci. Hung. 22, 285 (1960).

[1071] SCHAY, G., G. SZEKELY and P. FEJES: Hua Hsueh Hsueth Pao **23**, 421 (1957).
[1072] SCHEPARTZ, A. I., and E. P. McDOWELL: Analyt. Chem. **32**, 723 (1960).
[1073] SCHLEIERMACHER, M.: Wiedemanns Ann. **34**, 623 (1888); **36**, 346 (1889).
[1074] SCHLENK, H., H. K. MANGOLD, J. L. GELLERMAN, W. E. LINK and R. A. MORRISSETTE: J. Amer. Oil Chemists Soc. **37**, 547 (1960).
[1075] SCHMAUCH, L. J.: Analyt. Chem. **31**, 225 (1959).
[1076] SCHMAUCH, L. J., and R. A. DINERSTEIN: Analyt. Chem. **32**, 343 (1960).
[1077] SCHMAUCH, L. J., R. A. DINERSTEIN and N. H. RAY: Nature (Lond.) **183**, 673 (1959).
[1078] SCHMIED, H., and W. S. KOSKI: J. Amer. chem. Soc. **82**, 4766 (1960).
[1079] SCHNEYDER, J.: Mitt. Klosterneuburg Ser. A., Rebe und Wein **8**, 186 (1958).
[1080] SCHOLS, J. A.: Analyt. Chem. **33**, 359 (1961).
[1081] SCHOMBURG, G.: Z. analyt. Chem. **164**, 147 (1958).
[1082] SCHOMBURG, G., R. KÖSTER u. D. HENNEBERG: Z. analyt. Chem. **170**, 285 (1959).
[1083] SCHORMMÜLLER, J., u. H. LANGNER: Z. Lebensm.-Unters. u. Forsch. **113**, 104 (1960).
[1084] SCHRADE, W., E. BÖHLE, R. BIEGLER, V. MEDER u. R. TEICKE: Klin. Wschr. **38**, 126 (1960).
[1085] SCHRADE, W., E. BÖHLE, R. BIEGLER, R. TEICKE u. B. ULLRICH: Klin. Wschr. **38**, 739 (1960).
[1086] SCHREIBER, H. P., and M. H. WALDMAN: Canad. J. Chem. **37**, 1782 (1959).
[1087] SCHRÖTER, M., u. E. LEIBNITZ: Vortrag beim 3. Symposium über Gas-Chromatographie, vgl. Referatenband Akademie der Wissenschaften Berlin 1961, S. 199.
[1088] SCHWARZ, H. P., L. DREISBACH, M. BARRIONUEVO, A. KLESCHICK and I. KOSTYK: Arch. Biochem. Biophys. **92**, 133 (1961).
[1089] SCHWENK, U., u. H. HACHENBERG: Brennstoff-Chem. **41**, 183 (1960).
[1090] —: Brennstoff-Chem. **42**, 72 (1961).
[1091] SCHWENK, U., H. HACHENBERG u. M. FÖRDERREUTHER: Brennstoff-Chem. **42**, 194 (1961).
[1092] SCHWENK, U., H. HACHENBERG u. E. SCHNECK: Brennstoff-Chem. **41**, 33 (1960).
[1093] SCARPELLINO, R.: J. Dairy Sci. **44**, 10 (1961).
[1094] SCOTT, B. A., and A. G. WILLIAMSON: Nature (Lond.) **183**, 1322 (1959).
[1095] SCOTT, D. S., and A. HAN: Analyt. Chem. **33**, 160 (1961).
[1096] SCOTT, C. G.: J. Inst. Petrol. **45**, 118 (1959).
[1097] —: in R. P. W. SCOTT: Gas Chromatography 1960, Butterworths Scientific Publ., London 1960, S. 372.
[1098] SCOTT, C. G., and D. A. ROWELL: Nature (Lond.) **187**, 143 (1960).
[1099] SCOTT, R. P. W.: Nature (Lond.) **176**, 793 (1955).
[1100] —: in D. H. DESTY: Vapour Phase Chromatography, Butterworths Scientific Publ., London 1957, S. 131.
[1101] —: Nature (Lond.) **183**, 1753 (1959).
[1102] —: in D. H. DESTY: Gas Chromatography, Butterworths Scientific Publ., London 1958, S. 36.
[1103] —: Nature (Lond.) **185**, 312 (1960).
[1104] SCOTT, R. P. W., and J. D. CHESHIRE: Nature (Lond.) **180**, 702 (1957).
[1105] SCOTT, R. P. W., and C. A. CUMMING: in R. P. W. SCOTT: Gas Chromatography 1960, Butterworths Scientific Publ., London 1960, S. 3.
[1106] SCOTT, R. P. W., and G. S. F. HAZELDEAN: in R. P. W. SCOTT: Gas Chromatographie 1960, Butterworths Scientific Publ., London 1960, S. 144.
[1107] SEELY, G. R., J. P. OLIVER and D. M. RITTER: Analyt. Chem. **31**, 1993 (1959).
[1108] SELF, R.: Nature (Lond.) **189**, 223 (1961).
[1109] SERPINET, J.: Chim. anal. **41**, 146 (1959).
[1110] SETZKORN, E. A., A. B. CAREL, H. F. SMITH and W. C. HAMILTON: Vortrag bei Pittsburgh Conf. on Analyt. Chem. and Applied Spectroscopy, März 1960. Meeting program, S. 45.

[1111] SIMMONS, M. A., and L. R. SYNDER: Analyt. Chem. **30**, 32 (1958).
[1112] SIMMONS, M. C., D. B. RICHARDSON and I. DVOROTZKY: in R. P. W. SCOTT: Gas Chromatography 1960, Butterworths Scientific Publ., London 1960, S. 211.
[1113] SIMMONS, M. C., L. M. TAYLOR and M. NAGER: Analyt. Chem. **32**, 731 (1960).
[1114] SINGLIAR, M., A. BOBAK u. J. BRIDA: Chem. Zvesti **14**, 209 (1960).
[1115] SLADECEK, J.: Coll. čzechoslov. chem. Commun. **25**, 636 (1960).
[1116] SMITH, B.: Acta Chem. Scand. **13**, 887 (1959).
[1117] SMTIH, B., and R. OHLSON: Acta. Chem. Scand. **13**, 1253 (1959).
[1118] —: Acta Chem. Scand. **14**, 1317 (1960).
[1119] SMITH, D. E., and J. R. COFFMAN: Analyt. Chem. **32**, 1733 (1960).
[1120] SMITH, D. H., F. S. NAKAYAMA and F. E. CLARK: Soil Sci. Soc. Amer. Proc. **24**, 145 (1960).
[1121] SMITH, D. M., J. C. BARTLET and L. LEVI: Analyt. Chem. **32**, 568 (1960).
[1122] SMITH, D. M., and L. LEVI: Chem. in Canada **12**, 53 (1960).
[1123] SMITH, D. E.: Analyt. Chem. **32**, 1049 (1960).
[1124] SMITH, D. E., and R. D. RADFORD: Analyt. Chem. **33**, 1160 (1961).
[1125] SMITH, G. G., W. H. WETZEL and B. KÖSTERS: Analyst **84**, 480 (1961).
[1126] SMITH, H. A., and P. P. HUNT: J. phys. Chem. **64**, 383 (1960).
[1127] SMITH, J. F.: Chem. and Ind. **1960**, 1024.
[1128] SMITH, J. R., and L. H. HAMILTON: Physiologist **3**, 145 (1960).
[1129] SMITH, R. N., J. SWINEHART and G. D. LESNINI: Analyt. Chem. **30**, 1217 (1958).
[1130] SOEMANTRI, R. M., and H. I. WATERMAN: J. Inst. Petrol. **43**, 94 (1957).
[1131] SØRENSEN, I. B., u. P. SØLTOFT: Acta Chem. Scand. **10**, 1673 (1956).
[1132] SOKOL, L.: Coll. čzechoslov. chem. Commun. **24**, 437 (1959).
[1133] SPAUSCHUS, H. O., and R. S. OLSEN: Refrig. Eng. **67**, 25 (1959).
[1134] SPENCER, C. F., F. BAUMANN and J. F. JOHNSON: Analyt. Chem. **30**, 1473 (1958).
[1135] SPENCER, C. F., and J. F. JOHNSON: J. Chromatogr. **4**, 244 (1960).
[1136] SPINGLER, H., u. F. MARKERT: Mikrochim. Acta **1959**, 123.
[1137] STADLER, P. A., A. ESCHENMOSER, E. SUNDT, M. WINTER u. M. STOLL: Experientia **16**, 283 (1960).
[1138] STAHL, E., u. L. TRENNHEUSER: Arch. Pharm. **293**, 826 (1960).
[1139] STAHL, W. H., W. A. VOELKER and J. H. SULLIVAN: Food Technol. **14**, 14 (1960).
[1140] STALKUP, F. I., and R. KOBAYASHI: Vortrag beim Washington meeting of the AIChE, Dez. 1960.
[1141] STANFORD, F. G.: J. Chromatogr. **4**, 419 (1960).
[1142] STANLEY, W. L., R. M. IKEDA, S. H. VANNIER and L. A. ROLLE: Food Technol. **14**, 35 (1960).
[1143] STEPHENS, R. L., and A. P. TESZLER: Analyt. Chem. **32**, 1047 (1960).
[1144] STERLING, J. N.: Dissertation, State University Iowa 1960.
[1145] STERNBERG, J. C., and R. E. POULSON: J. Chromatogr. **3**, 406 (1960).
[1146] STEVENS, R.: J. Inst. Brewing **66**, 453 (1960).
[1147] STEVENSON, G. W., and J. M. LUCK: J. biol. Chem. **236**, 715 (1961).
[1148] STEWART, J. E., R. O. BRACE, T. JOHNS and W. F. ULRICH: Nature (Lond.) **186**, 628 (1960).
[1149] STÖCKLIN, G., F. SCHMIDT-BLEEK u. W. HERR: Angew. Chem. **73**, 220 (1961).
[1150] STOFFEL, W., and E. H. AHRENS: J. Lipid Research **1**, 139 (1960).
[1151] STOFFEL, W., F. CHU and E. H. AHRENS: Analyt. Chem. **31**, 307 (1959).
[1152] STRASSBURGER, J., G. M. BRAUER, M. TRYON and A. F. FORZIATI: Analyt. Chem. **32**, 454 (1960).
[1153] STREIM, H. G., A. BOYCE and J. R. SMITH: Analyt. Chem. **33**, 85 (1961).
[1154] STRICKLER, A., and W. S. GALLAWAY: Vortrag bei Pittsburgh Conf. on Analyt. Chem. and applied Spectroscopy, März 1960 Meeting program, S. 41.
[1155] STUVE, W.: in D. H. DESTY: Gas Chromatography, Butterworths Scientific Publ., London 1958, S. 178.

[1156] Stuve, W.: Fette, Seifen, Anstrichmittel **63**, 325 (1961).
[1157] Sundberg, O. E., and C. Maresh: Analyt. Chem. **32**, 274 (1960).
[1158] Sunner, S., K. J. Karrman u. V. Sunden: Mikrochim. Acta **1956**, 1144.
[1159] Sullivan, J. H., J. T. Walsh and C. Merritt: Analyt. Chem. **31**, 1826 (1959).
[1160] Sullivan, L. J., J. R. Lotz and G. B. Willingham: Analyt. Chem. **28**, 495 (1956).
[1161] Swann, W. B., and J. P. Dux: Analyt. Chem. **33**, 654 (1961).
[1162] Sweeting, J. W.: Chem. and Ind. **1959**, 1150.
[1163] Swell, L., H. Field, P. E. Schools and C. R. Treadwell: Proc. Soc. exp. Biol. Med. **103**, 651 (1960).
[1164] Swisher, R. D., E. F. Kaelble and S. K. Liu: Vortrag beim 138th meeting, Amer. Chem. Soc., New York, Sept. 1960, Abstracts, **30-0**, No. 41.
[1165] Swoboda, P. A. T.: Chem. and Ind. **1960**, 1262.
[1166] Szonntagh, E. L., and J. R. Stewart: Vortrag beim Symposium on Vapor Phase Chromatography, Third Delaware Valley Regional Meeting, Amer. Chem. Soc., Philadelphia, Febr. 1960. Abstracts of Papers, p. 3—4.
[1167] Szulcewski, D. H., and T. Higuchi: Analyt. Chem. **29**, 1541 (1957).
[1168] Szymanski, H., C. Salinas and P. Kwitowski: Nature (Lond.) **188**, 403 (1960).
[1169] Tagaki, W., and T. Mitsui: Bull. agr. chem. Soc. Japan **24**, 217 (1960).
[1170] Takayama, Y.: J. chem. Soc. Japan, Ind. chem. Sect. **61**, 682 (1958).
[1171] —: J. chem. Soc. Japan, Ind. chem. Sect. **61**, 685 (1958).
[1172] Takeda, I., and Y. Mashiko: J. chem. Soc. Japan, Ind. chem. Sect. **62**, 1798 (1959).
[1173] Taylor, B. W.: Vortrag beim Symposium on Vapor Phase Chromatography, Third Delaware Valley Regional Meeting, Amer. Chem. Soc., Febr. 1960, Philadelphia, Abstracts of Papers, p. **4**.
[1174] Teitelbaum, C. L.: J. Soc. Cosmetic Chemists **8**, 316 (1957).
[1175] Tenney, H. M.: Analyt. Chem. **30**, 2 (1958).
[1176] Tenney, H. M., and R. J. Harris: Analyt. Chem. **29**, 317 (1957).
[1177] Tepe, J. B., and H. J. Wesselman: J. Amer. pharm. Ass., Sci. Ed. **47**, 457 (1958).
[1178] Teranishi, R., C. C. Nimmo and J. Corse: Analyt. Chem. **32**, 896 (1960).
[1179] —: Analyt. Chem. **32**, 1384 (1960).
[1180] Testerman, M. K., and P. C. McLeod: ISA Proceedings: 1961 International Gas Chromatography Symposium, p. 125.
[1181] Tharp, B. W., and S. Patton: J. Dairy Sci. **43**, 475 (1960).
[1182] Theile, F. C., D. E. Dean and R. Suffis: Perfumery and Essential Oil Record **51**, 535 (1960); vgl. auch Amer. Perfumer and Aromatics **75**, 103 (1960).
[1183] Theimer, E. T.: Proc. Sci. Sect. Toilet Goods Assoc. **32**, 35 (1959); vgl. auch Drug and Cosmetic Ind. **85**, 754, 824, 830 (1959).
[1184] Thomas, C. O., and H. A. Smith: J. phys. Chem. **63**, 427 (1959).
[1185] Thomas, R.: Analyst **85**, 551 (1960).
[1186] Thompson, C. J., H. J. Coleman, C. C. Ward and H. T. Rall: Analyt. Chem. **32**, 424 (1960).
[1187] —: J. chem. and eng. Data **4**, 347 (1959).
[1188] Timms, D. G., H. J. Konrath and R. C. Chirnside: Analyst **83**, 600 (1958).
[1189] Toth, J., u. L. Graf: Acta Chim. Acad. Sci. Hung. **22**, 331 (1960).
[1190] —: Magyar Kem. Folyóirat **66**, 123 (1960).
[1191] Tswett, M.: Ber. dtsch. bot. Ges. **24**, 318, 384 (1906).
[1192] Tuey, G. A. P.: in D. H. Desty: Vapour Phase Chromatography, Butterworths Scientific Publ., Diskussionsbeitrag, London **1957**, S. 192
[1193] Tuna, N., M. L. Louden and M. J. Sundeen: Univ. of Minn. Med. Bull. **31**, 134 (1959).
[1194] Turner, N. C.: Natl. Petrol. News **35**, R-234 (1943).
[1195] Turkeltaub, N. M.: J. analyt. Chem. USSR **5**, 200 (1950).
[1196] Turkeltaub, N. M., B. I. Anvaer, A. I. Kolyubyakina u. M. S. Selenkina: Zavodskaya Lab. **25**, 149 (1959).

[1197] Upham, F. T., F. T. Lindgren and A. V. Nichols: Analyt. Chem. **33**, 845 (1961).
[1198] Ven Horst, S. H., H. Ven Horst and K. O'Connor: J. chem. Educ. **37**, 593 (1960).
[1199] Vertalier, S., et F. Martin: Chim. anal. **40**, 80 (1958).
[1200] Viakliniev, D. A., u. P. F. Komissarov: Dokl. Akad. Nauk SSSR N.S. **129**, 138 (1959).
[1201] Vilkas, M., et N. A. Abraham: Bull. soc. chim. France **1959**, 1651.
[1202] Villalobos, R.: Vortrag bei 1960 ISA Symposium on Instrumental Methods of Analysis, Juni 1960, Montreal, Canada. ISA Proc. **6**, C7-1—C7-8.
[1203] Villalobos, R., R. O. Brace and T. Johns: ISA Proc. Anal. Instr. Div. 2nd Int. Gas Chromatography Symposium, Juni 1959. Preprints **2**, 16—26.
[1204] Vinogradova, O. M., G. M. Zhabrova, B. M. Kadenatsi u. M. I. Yanovskii: J. General Chem. USSR **29**, 3357 (1959). Übersetzung 1960.
[1205] Vizard, G. S., and A. Wynne: Chem. and Ind. **1959**, 196.
[1206] Vogel, A. M., and J. J. Quattrone: Analyt. Chem. **32**, 1754 (1960).
[1207] Vorbeck, M. L., L. R. Mattick, F. A. Lee and C. S. Pederson: Nature (Lond.) **187**, 689 (1960).
[1208] Vosti, D. C., H. H. Hernandez and J. B. Strand: Food Technol. **15**, 29 (1961).
[1209] Vyakhirev, D. A., A. I. Bruck u. S. A. Guglina: Dokl. Akad. Nauk. SSSR N. S. **90**, 577 (1953).
[1210] Vyakhirev, D. A., N. P. Chernyaev and A. I. Bruk: Zhur. Fiz. Khim. **34**, 1096 (1960).
[1211] Walsh, J. T., and C. Merritt: Analyt. Chem. **32**, 1378 (1960).
[1212] Warren, G. W., W. J. Lambdin, J. F. Haskin and V. A. Yarborough: Analyt. Chem. **31**, 1016 (1959).
[1213] Warren, G. W., L. J. Priestley, J. F. Haskin and V. A. Yarborough: Analyt. Chem. **31**, 1013 (1959).
[1214] Wawzonek, S., and T. P. Culbertson: J. Amer. chem. Soc. 82, 441 (1960).
[1215] Weaver, N., and J. H. Law: Nature (Lond.) **188**, 938 (1960).
[1216] Wehe, A. H., and J. J. McKetta: Analyt. Chem. **33**, 291 (1961).
[1217] Wehrli, A., and E. Kovats: Helv. chim. Acta **42**, 2709 (1959).
[1218] —: J. Chromatogr. **3**, 313 (1960).
[1219] Weinig, E., u. L. Lautenbach: Arch. Kriminol. **122**, 11 (1958).
[1220] Weinstein, A.: Analyt. Chem. **32**, 288 (1960).
[1221] —: Analyt. Chem. **33**, 18 (1961).
[1222] Weiss, H., et A. Kreyenbuhl: Bull. soc. chim. France **1961**, 603.
[1223] Wencke, K.: Chem. Techn. **8**, 728 (1956).
[1224] —: Chem. Techn. **9**, 404 (1957).
[1225] Wesselman, H. J.: J. Amer. pharm. Assoc., sci. Ed. **49**, 320 (1960).
[1226] West, P. W., B. Sen and N. A. Gibson: Analyt. Chem. **30**, 1390 (1958).
[1227] West, P. W., B. Sen and B. R. Sant: Analyt. Chem. **31**, 399 (1959).
[1228] Westaway, H., and J. F. Williams: J. appl. Chem. **9**, 440 (1959).
[1229] Wet, W. J. de, P. C. Haarhoff and V. Pretorius: J. South African Chem. Inst. **13**, 19 (1960).
[1230] Wet, W. J. de, and V. Pretorius: J. South African Chem. Inst. **13**, 13 (1960).
[1231] Weurman, C., and J. Dhont: Nature (Lond.) **184**, 1480 (1959).
[1232] Weygand, F., u. R. Geiger: Chem. Ber. **89**, 647, 1543 (1956).
[1233] Weygand, F., B. Kolb, A. Prox, M. A. Tilak u. I. Tomida: Hoppe-Seylers Z. physiol. Chem. **322**, 38 (1960).
[1234] —: Z. analyt. Chem. **181**, 396 (1961).
[1235] Whatmough, P.: Nature (Lond.) **179**, 911 (1957).
[1236] —: Nature (Lond.) **182**, 863 (1958).
[1237] Wheatley, V. R., and A. T. James: Biochem. J. **65**, 36 (1957).
[1238] White, D., and C. T. Cowan: in D. H. Desty: Gas Chromatography, Butterworths Scientific Publ., London **1958**, S. 1160.
[1239] Whitham, B. T.: in D. H. Desty: Vapour Phase Chromatography, Butterworths Scientific Publ., London 1957, S. 194.

[1240] Whitham, B. T.: in D. H. Desty: Vapour Phase Chromatography, Butterworths Scientific Publ., London 1957, S. 395.
[1241] —: Nature (Lond.) **182**, 391 (1958).
[1242] Whittemore, I. M.: Rept., Juni-Aug. 1960, p. 49—51. UCRL-9408, Office of Tech. Services, U.S. Dept. Commerce, Washington 25, D. C.
[1243] Whittenbaugh, J. A., J. D. McGinness and C. A. Lucchesi: Tappi **43**, 1027 (1960).
[1244] Wiberg, K. B., and G. Foster: J. Amer. chem. Soc. **83**, 423 (1961).
[1245] Wicke, E.: Öl u. Kohle verein. Erdöl u. Teer **37**, 405 (1941).
[1246] Wiebe, A. K.: J. phys. Chem. **60**, 685 (1956).
[1247] Wiel, A. van der: Nature (Lond.) **187**, 142 (1960).
[1248] Wightman, R. E., F. W. Karasek and M. M. Fourroux: Vortrag bei ISA 1960 Winter Instrument-Automation Conference and Exhibit, Houston, Tex., Febr. 1960. ISA Conference Preprint 5-H60.
[1249] Wilks, P. A., and C. W. Warren: Vortrag bei Pittsburgh Conf. on Analyt. Chem. and Applied Spectroscopy, März 1960; vgl. in CIC Newsletter, No. **6**, 1 (1960).
[1250] Williams, I. H.: J. Chromatogr. **5**, 457 (1961).
[1251] Williams, P. M.: Nature (Lond.) **189**, 219 (1961).
[1252] Willis, V.: Nature (Lond.) **184**, 894 (1959).
[1253] Wilson, E. A., M. L. Moberg and H. W. Pust: Vortrag bei Pittsburgh Conf. on Analyt. Chem. and Applied Spectroscopy, März 1960. Meeting program, p. 39.
[1254] Wilzbach, K. E., and P. Riesz: Science **126**, 748 (1957).
[1255] Winefordner, J. D., D. Steinbrecher and W. E. Lear: Analyt. Chem. **33**, 512 (1961).
[1256] Wirth, H.: Monatsh. Chem. **84**, 156 (1953).
[1257] —: Monatsh. Chem. **84**, 741 (1953).
[1258] —: Mikrochemie **40**, 15 (1953).
[1259] Wirth, M. M.: in D. H. Desty: Vapour Phase Chromatography, Butterworths Scientific Publ., London 1957, S. 154.
[1260] Wiseblatt, L.: Cereal Chem. **37**, 728 (1960).
[1261] —: Cereal Chem. **37**, 734 (1960).
[1262] Wiseman, W. A.: Chem. and Ind. **1956**, 127.
[1263] —: Nature (Lond.) **183**, 1321 (1959).
[1264] —: Nature (Lond.) **185**, 841 (1960).
[1265] Wisniewski, D. F., and G. C. Stalker: Petrol. Refiner **40**, 117 (1961).
[1266] Witjens, P. H.: Amer. Perfumer Aromat. **75**, 49 (1960).
[1267] Woidich, H., H. Gnauer u. O. Riedl: Z. Lebensm.-Unters. u. Forsch. **112**, 184 (1960).
[1268] Wolf, F., u. H. Beyer: Chem. Tech. **11**, 142 (1959).
[1269] Wolfgang, R., and F. S. Rowland: Analyt. Chem. **30**, 903 (1958).
[1270] Wolff, G., et J.-P.: Rev. franç. Corps Gras **7**, 73 (1960).
[1271] Wynn, J. D., J. R. Brunner and G. M. Trout: Food Technol. **14**, 248 (1960).
[1272] Yueh. M. H., and F. M. Strong: J. Agricult. and Food Chem. **8**, 491 (1960).
[1273] Yamauchi, T., and S. Matsuda: Bull. Jap. Petrol. Inst. **2**, 76 (1960).
[1274] Yanovski, M. I., u. G. A. Gaziev: Vestnik Akad. Nauk SSSR **30**, 27 (1960).
[1275] Yavorsky, P. M., and E. Gorin: Unclassified Rept. NYO 2597 by Office of Isotopes Development, U. S. Atomic Energy Comission April 30, 1960.
[1276] Young, I. G.: ISA Proc. Analyt. Instr. Div. 2nd Int. Gas Chromatography Symposium, Juni 1959, Preprints **2**, 40—47.
[1277] Young, J. R.: Chem. and Ind. **1958**, 594.
[1278] Youngs, C. G.: Analyt. Chem. **31**, 1019 (1959).
[1279] Yuchovitzki, A. A., O. W. Solotarewa, W. A. Sokolow u. N. M. Turkeltaub: Dokl. Akad. Nauk SSSR N. S. **77**, 435 (1951).
[1280] Yuchovitzki, A. A., N. M. Turkeltaub u. W. A. Sokolow: Dokl. Akad. Nauk SSSR N. S. **88**, 859 (1953).
[1281] Yuchovitzki, A. A., N. M. Turkeltaub u. T. W. Georgievskaya: Dokl. Akad. Nauk SSSR N. S. **92**, 987 (1953).

[1282] YUCHOVITZKI, A. A., O. V. ZOLOTAVERA, V. A. SOKOLOV u. N. M. TURKELTAUB: Dokl. Akad. Nauk. SSSR. N. S. **77**, 435 (1951).
[1283] YUCHOVITZKI, A. A., u. N. M. TURKELTAUB: Zavodskaja Lab. **24**, 796 (1958). Anal. Abst. **6**, 1967 (1959).
[1284] ZAKAIB, D. D.: Analyt. Chem. **32**, 1107 (1960).
[1285] ZAREMBO, J. E., and I. LYSYJ: Analyt. Chem. **31**, 1833 (1959).
[1286] ZIENTARA, F., and J. L. OWADES: Amer. Brewer **93**, 37 (1960).
[1287] ZIFFER, H., W. J. A. VANDEN HEUVEL, E. O. A. HAAHTI and E. C. HORNING: J. Amer. chem. Soc. **82**, 6411 (1960).
[1288] ZINN, I. L., W. J. BAKER, H. L. NORLIN and R. F. WALL: in V. J. COATES, H. J. NOEBELS and I. S. FAGERSON: Gas Chromatography, Academic Press, Inc., New York 1958, S. 281.
[1289] ZLATKIS, A.: Analyt. Chem. **30**, 332 (1958).
[1290] —: Analyt. Chem. **31**, 620 (1959).
[1291] —: Privatmitteilung.
[1292] ZLATKIS, A., and H. R. KAUFMAN: Nature (Lond.) **184**, 2010 (1959).
[1293] ZLATKIS, A., S. LING and H. R. KAUFMANN: Analyt. Chem. **31**, 945 (1959).
[1294] ZLATKIS, A., and J. E. LOVELOCK: Analyt. Chem. **31**, 620 (1959).
[1295] ZLATKIS, A., L. O'BRIEN and P. R. SCHOLLY: Nature (Lond.) **181**, 1794 (1958).
[1296] ZLATKIS, A., and J. F. ORO: Analyt. Chem. **30**, 1156 (1958).
[1297] ZLATKIS, A., J. F. ORO and A. P. KIMBALL: Analyt. Chem. **32**, 162 (1960).
[1298] ZLATKIS, A., and J. A. RIDGWAY: Nature (Lond.) **182**, 130 (1958).
[1299] ZLATKIS, A., and M. SIVETZ: Food Research **25**, 395 (1960).
[1300] ZUBYK, W. J., and A. Z. CONNER: Analyt. Chem. **32**, 912 (1960).
[1301] ZWEIG, G., and T. E. ARCHER: J. Agricult. and Food Chem. **8**, 190 (1960).

Sachverzeichnis

Substanzverzeichnis